中国科协学科发展研究系列报告

中国科学技术协会 / 主编

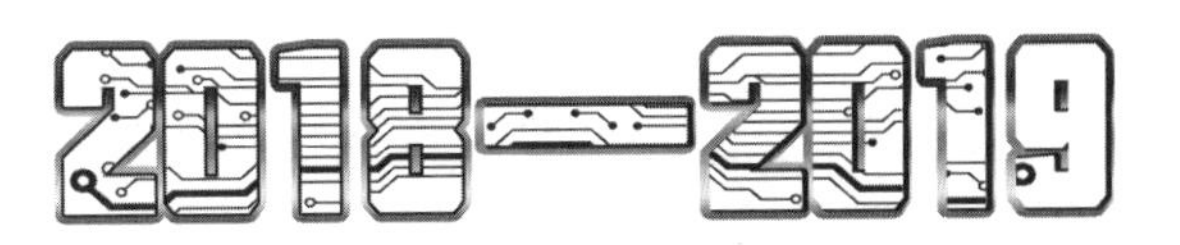

化学
学科发展报告

—— REPORT ON ADVANCES IN ——
CHEMISTRY

中国化学会 / 编著

中国科学技术出版社
·北　京·

图书在版编目（CIP）数据

2018—2019 化学学科发展报告 / 中国科学技术协会主编；中国化学会编著 . —北京：中国科学技术出版社，2021.4

（中国科协学科发展研究系列报告）

ISBN 978-7-5046-8517-9

Ⅰ. ① 2… Ⅱ. ①中… ②中… Ⅲ. ①化学—学科发展—研究报告—中国—2018—2019 Ⅳ.① O6-12

中国版本图书馆 CIP 数据核字（2020）第 036886 号

策划编辑	秦德继 许 慧
责任编辑	许 慧
装帧设计	中文天地
责任校对	张晓莉
责任印制	李晓霖

出 版	中国科学技术出版社
发 行	中国科学技术出版社有限公司发行部
地 址	北京市海淀区中关村南大街16号
邮 编	100081
发行电话	010-62173865
传 真	010-62179148
网 址	http://www.cspbooks.com.cn

开 本	787mm × 1092mm 1/16
字 数	366千字
印 张	23.75
版 次	2021年4月第1版
印 次	2021年4月第1次印刷
印 刷	河北鑫兆源印刷有限公司
书 号	ISBN 978-7-5046-8517-9 / O · 206
定 价	98.00元

2018—2019

化学
学科发展报告

首席科学家　杨学明

专家组成员　（按姓氏笔画排序）

丁有钱　卜显和　于　贵　于吉红　马　丁
王　丹　王　训　王　树　王　繁　王文宁
王双印　王永刚　王齐华　王利祥　王宏达
王树涛　王海辉　王强斌　王键吉　王毅琳
牛丽亚　毛兰群　方文军　方晓红　左景林
石先哲　龙亿涛　占肖卫　叶明亮　史红星
冯小明　兰亚乾　朱　权　朱伟明　朱守非
朱晓张　庄乃锋　刘　义　刘　倩　刘　敏
刘　强　刘卫敏　刘子桐　刘伟生　刘明杰
刘艳芳　刘海超　刘智攀　齐　飞　闫文付
闫学海　江　雷　江桂斌　江海龙　许国旺
孙立贤　李　丹　李　忠　李　科　李子臣

当今世界正经历百年未有之大变局。受新冠肺炎疫情严重影响，世界经济明显衰退，经济全球化遭遇逆流，地缘政治风险上升，国际环境日益复杂。全球科技创新正以前所未有的力量驱动经济社会的发展，促进产业的变革与新生。

2020 年 5 月，习近平总书记在给科技工作者代表的回信中指出，“创新是引领发展的第一动力，科技是战胜困难的有力武器，希望全国科技工作者弘扬优良传统，坚定创新自信，着力攻克关键核心技术，促进产学研深度融合，勇于攀登科技高峰，为把我国建设成为世界科技强国作出新的更大的贡献”。习近平总书记的指示寄托了对科技工作者的厚望，指明了科技创新的前进方向。

中国科协作为科学共同体的主要力量，密切联系广大科技工作者，以推动科技创新为己任，瞄准世界科技前沿和共同关切，着力打造重大科学问题难题研判、科学技术服务可持续发展研判和学科发展研判三大品牌，形成高质量建议与可持续有效机制，全面提升学术引领能力。2006 年，中国科协以推进学术建设和科技创新为目的，创立了学科发展研究项目，组织所属全国学会发挥各自优势，聚集全国高质量学术资源，凝聚专家学者的智慧，依托科研教学单位支持，持续开展学科发展研究，形成了具有重要学术价值和影响力的学科发展研究系列成果，不仅受到国内外科技界的广泛关注，而且得到国家有关决策部门的高度重视，为国家制定科技发展规划、谋划科技创新战略布局、制定学科发展路线图、设置科研机构、培养科技人才等提供了重要参考。

2018 年，中国科协组织中国力学学会、中国化学会、中国心理学会、中国指挥与控制学会、中国农学会等 31 个全国学会，分别就力学、化学、心理学、指挥与控制、农学等 31 个学科或领域的学科态势、基础理论探索、重要技术创新成果、学术影响、国际合作、人才队伍建设等进行了深入研究分析，参与项目研究和报告编写的专家学者不辞辛劳，深入调研，潜心研究，广集资料，提炼精华，编写了 31 卷学科发展报告以及 1 卷综合报告。综观这些学科发展报告，既有关于学科发展前沿与趋势的概观介绍，也有关于学科近期热点的分析论述，兼顾了科研工作者和决策制定者的需要；细观这些学科发展报告，从中可以窥见：基础理论研究得到空前重视，科技热点研究成果中更多地显示了中国力量，诸多科研课题密切结合国家经济发展需求和民生需求，创新技术应用领域日渐丰富，以青年科技骨干领衔的研究团队成果更为凸显，旧的科研体制机制的藩篱开始打破，科学道德建设受到普遍重视，研究机构布局趋于平衡合理，学科建设与科研人员队伍建设同步发展等。

在《中国科协学科发展研究系列报告（2018—2019）》付梓之际，衷心地感谢参与本期研究项目的中国科协所属全国学会以及有关科研、教学单位，感谢所有参与项目研究与编写出版的同志们。同时，也真诚地希望有更多的科技工作者关注学科发展研究，为本项目持续开展、不断提升质量和充分利用成果建言献策。

中国科学技术协会

2020 年 7 月于北京

在中国科协学会学术部指导下，自 2006 年起，中国化学会已连续六次完成 2006—2007、2008—2009、2010—2011、2012—2013、2014—2015 以及 2016—2017 化学学科发展报告编撰工作。2018 年，中国化学会再次承担了 2018—2019 年度化学学科发展研究项目，组织所属各学科委员会和专业委员会对化学学科近三年来取得的进展进行调研，撰写完成了《化学学科发展报告（2018—2019）》(以下简称本报告）。

本报告由综合报告和专题报告两部分组成。其中，综合报告由四部分组成，包括引言、近期化学领域研究热点国内外研究进展比较、近三年来中国化学学科的进展和发展趋势及展望。该部分内容由综合报告撰稿人根据 31 个学科、专业委员会和有关专家提供的资料编写而成，文中共涉及国内化学科研工作者发表的 1100 余篇论文。

9 篇专题报告是中国化学会组织有机固体、环境化学、电化学、分子筛、手性化学、燃烧化学、纤维素、农业化学和仿生材料化学 9 个专业委员会编撰的。在系统研究的基础上，9 个专业委员会分别总结了相关研究领域近五年的工作进展，并对未来发展趋势进行了展望，以期能为相关领域的科研工作者，尤其是在读研究生提供参考。9 篇专题报告共引用了 1000 余篇参考文献。

本报告的编写得到化学界的许多院士、专家的大力支持和积极响应，他们亲自参与了调研、编写和审稿，对他们所付出的辛勤劳动，表示衷心的感谢。报告虽经有关专家多次审阅，但一定还存在材料取舍和编排不当、疏漏等不少的缺陷与瑕疵。对此，编写组恳请国内广大化学同人予以谅解。对于报告的不足，欢迎同人们批评指正。

中国化学会

2019 年 12 月

综合报告

专题报告

ABSTRACTS

Comprehensive Report

Reports on Special Topics

综合报告

化学发展研究

1. 引言

在人类社会的现代化进程中，化学科学一直是人类认识和改造物质世界的重要方法和工具。作为一门研究物质的性质、组成、结构以及变化规律的基础学科，化学学科的发展水平是社会文明的重要标志。当前，能源问题、信息问题、环境问题、生命健康问题和资源问题已成为关乎全球可持续发展的关键。随着社会经济的快速发展，在清洁能源、环境保护、智能器件、信息技术、国防安全等领域强烈需求的驱动下，我国化学研究蓬勃发展，与材料、能源、生物等前沿学科的交叉融合日益增强，学科布局日趋均衡。本报告按分学科和交叉学科分类，分别总结分析了近两年化学学科的国内外热点、我国在化学学科方面的最新研究进展和未来发展趋势，以期达到为科技工作者明确重点研究领域提供参考，为党和国家重大决策提供支撑的目的。

本报告分为“近期化学领域研究热点国内外研究进展比较”“近三年来中国化学学科的进展”和“发展趋势及展望”三个主要部分。“近期化学领域研究热点国内外研究进展比较”部分通过剖析涵盖从基础的化学理论研究到生物大分子这样的复杂体系、再到纳米材料和与生态环境息息相关的二氧化碳还原这样的宏观和面向国计民生的国际热点课题，比较评析国内外化学学科的发展状态，展示了我国化学工作者对国际化学学科最新研究热点和趋势的把握和引导能力以及在国际化学学科前沿领域里研究水平。“近三年来中国化学学科的进展”部分按无机化学、有机化学、物理化学、分析化学、高分子化学、核化学和放射化学七个分学科，以及纳米化学、绿色化学、晶体化学、公共安全化学、化学生物学五个交叉学科和化学教育学分类，分别总结和评价我国 2017 年 5 月 31 日至 2019 年 6 月 30 日期间的化学学科的新观点、新理论以及新方法、新技术、新成果等发展状况。“发展趋势及展望”分别分析了我国化学学科中无机化学、有机化学、物理化学、高分子化学、若干交叉学科和化学生物学未来五年发展的战略需求和重点发展方向，提出本学科未来五年的发展趋势及发展策略。

2. 近期化学领域研究热点国内外研究进展比较

一个学科或专业方向的研究热点指的是在某段历史时期内，国际上该学科或专业领域内新兴起的或很多研究者关注、研究和发展的热门课题，包括研究对象或现象、理论方法、实验技术等。研究热点往往代表着该领域的国际前沿和必须面临和解决的课题，指示着该领域的发展方向。了解掌握并能及时跟踪、参与甚至引导专业领域的国际研究热点，是一个国家在该专业领域的科研实力和水平的重要指标。

化学是一门涵盖面极其广泛、应用范围几乎包括科技前沿和国计民生的各个方面的学科，本文仅就理论化学中的基于神经网络的势能面构建方法、生物大分子的相分离等六个热点的国内外研究进展进行比较。

2.1 基于神经网络的势能面构建方法

势能面是化学基础理论的一个最基本的概念。在理论化学中，化学反应被认为是原子在势能面上遵循量子力学规律运动的结果，精确地构造化学反应的势能面是理论化学的一项最基本的课题。当今，随着实验科学的发展，国际上理论化学计算模拟的方向正在发生巨大变化，由小尺度、静态模拟向复杂体系、动态模拟过渡，建模方式也从传统的手动建模向现在的高通量自动化建模方向发展。目前主流的量子力学计算基于严格求解薛定谔方程，具有精度高、通用性强的特点，并且可以描述化学键的形成与断裂。但是，其计算代价高，速度慢，难以对自由度较多的高精度势能面或者复杂体系的全局势能面进行有效采样。对高精度势能面，传统的函数拟合与样条插值等方法难以扩展到多自由度情形。而对复杂体系，传统力场虽然计算速度非常快，比 DFT 方法高 5~6 个数量级，但是精度一般不高，且难以描述化学反应，通用性差。

最近几年得到蓬勃发展的基于神经网络（Neural network，NN）的势能面具有速度快、精度高等特点，是未来重要的研究方向。然而，由于化学反应的复杂性（如过渡态结构不像反应物和产物），以及神经网络势的预测能力显著依赖于数据集的大小（完备程度），更准确地说，原子化学环境的不同程度，前期国际上的研究工作已经表明建立适用于化学反应研究的神经网络势函数难度大。主要的挑战来自两个方面：一是需要选择合适的描述符来描述体系的几何结构；二是需要有较为完备的训练集数据。

为了构建多自由度体系的高精度势能面，大连化学物理研究所张东辉研究组引入交换不变多项式以及在此基础上简化得到的基本不变量来作为神经网络的输入层，大大增强了神经网络的拟合能力，得到了精度远超之前版本的势能面。而针对数据集完备性问题，复旦大学刘智攀课题组基于 Belher-type 高维神经网络架构提出了全局 – 到 – 全局（globalto-global）的方案，即 SSW-NN 方法。此方案运用该课题组之前发明的随机势能面行走（SSW）全局搜索技术产生训练数据集，该数据集将不仅包含稳定结构，同时包括大量反应过渡态的化学环境。通过拟合 SSW 全局势能面数据，得到全局神经网络势，可同时具有结构和化学反应的预测能力。

整体看来，在多自由度体系高精度势能面构建和复杂体系全局势函数拟合两方面，我国都处于世界先进水平。

2.2 生物大分子的相分离

生物大分子的相分离或者相变描述的是一种细胞内不同成分间相互碰撞、融合形成液滴，从而使一些成分被包裹在液滴内，一些成分被阻隔在液滴外的现象。近年来，科学家发现生物大分子的相分离在无膜器官的形成、信号转导、细胞骨架、超分子组装、基因的激活等生命过程中发挥着重要功能。揭开相分离的物理化学机制成为生物物理化学的前沿问题。相分离是近年来在生物物理化学乃至生命科学领域发展非常迅速的热门方向，2018 年 3 月，*Nature* 期刊在 News Feature 栏目专门刊文介绍了这个领域的发展历史及研究进展。2009 年“相分离”的研究开始出现，这一领域早期的标志性工作分别是 2011 年 Hyman、Mitchison 和 Brangwynne 发现核仁中存在液液分离现象，以及 2012 年德克萨斯大学西南医学院的结构生物学家 Michael Rosen 和生物化学家 Steven McKnight 在试管中通过简单的生化反应重现出了 RNA 和蛋白质分子间可以形成液滴类的物质。2015 年开始生命科学领域逐渐形成了相分离研究的热潮，并且在 2018 年呈现出相关研究的井喷式发展，该年度仅在 *Cell*、*Nature* 和 *Science* 期刊上就发表了十几篇关于生物大分子相分离的论文。

我国科学家从很早就已开始了生物大分子相分离的相关研究，例如李丕龙于 2012 年就在 *Nature* 上发表了体外系统研究相分离领域的第一篇文章，在这一领域形成研究热潮后，我国科学家也开展了很多具有独创性的重要工作。例如，温文玉揭示了蛋白相变调控细胞命运决定因子定位的分子机制；张宏揭示了 mTOR 调控相变以及自噬性降解的机制；周强阐释了蛋白激酶中含有的组氨酸富集结构域（Histidine-Rich Domain，HRD）可以通过相位分离（Phase separation）对细胞基因转录进行调控的分子机制。有关相分离的理论研究特别是染色质的相分离模型方面，高毅勤也做出了具有开创性的工作。先前人们提出的相分离模型均主要关注蛋白的结合能力或序列的表观遗传特性，较大程度忽略了 DNA 自身特性沿序列的差异分布，即序列本身作为“嵌段高分子”，其性质对相分离过程的直接影响。高毅勤通过对染色质测序、结构和表观遗传数据的深入分析，基于一个物种不同 DNA 区段的 CpG 岛密度差异，将基因组划分为两种序列、表观遗传、结构和转录性质截然不同的区段，提出了一个基于一维序列的可以自下而上地解释不同生命过程中染色质结构和表观遗传变化的相分离模型，并对其物理驱动力进行了讨论。他们提出高度不均一的一维序列在三维空间的相分离是染色质三维结构形成的一个可能驱动力，它与细胞类型特异的表观遗传修饰和转录因子共同塑造了不同细胞类型的染色质结构。

随着相分离的研究逐渐增多，研究人员发现相分离在无膜器官的形成、信号转导、细胞骨架、超分子组装、基因的激活等过程中都发挥着重要功能。已有的研究表明相分离在细胞中普遍存在，与基因组的组装、转录调控可能密切相关，相分离的失调可能是一些疾病（如神经 / 肌肉退行性疾病）发生的病因，相关领域的科学家也开始通过相分离这个视角重新审视相关疾病，寻找治疗这些疾病的新思路。因此生物大分子相分离方面的研究具有非常重要的理论价值和广阔的应用前景，未来仍然将是生命科学领域中的研究热点，值得我国科学家在其中投入更多的科研力量。

2.3 生物大分子的动态修饰

作为生命过程中一种普遍存在的调控方式，生物大分子动态化学修饰的重要生理价值和病理意义已得到了人们的广泛认同和重视，针对这一科学问题的研究极具前沿性和挑战性，是当前化学与生命科学的交叉前沿。前沿化学技术的开发和化学修饰探针分子在该领域的研究中扮演着关键角色。当前，国际同行已经充分认识到化学生物学方法和技术在这一研究领域中的巨大潜力，并着手以化学方法的创新和技术的革新为突破口，加速生物大分子动态修饰的分子机制和功能解析，加深对其与人类疾病内在关系的认识，加快发掘靶向化学干预手段和新靶标的发现。例如，普林斯顿大学的 Tom Muir 教授致力于对具有各种化学修饰的组蛋白、核小体的合成与组装，并以此研究这些控制细胞命运的关键复合体的功能和性质，这一工作使我们对染色体的“结构 - 性质 - 功能”之间的关系产生全新的认识。遗传密码子拓展技术的发明人、Scripps 研究所的 Peter Schultz 教授和生物正交反应概念的提出者、斯坦福大学的 Carolyn Bertozzi 教授均致力于发展非天然氨基酸、非天然糖和非天然碱基等非天然“元件”的在体引入技术，以实现外源化学物质与内源生物合成机器的高度协同，为生物大分子动态修饰的研究提供了关键的工具和全新的视角。而哈佛大学的 Stuart Schreiber 教授、加州大学旧金山分校的 Kevan Shokat 教授等则系统地建立了基于小分子化合物的生物大分子靶向干预方法，促进了化学遗传学的发展。这些基于化学思想的研究方法和工具正在为生物大分子动态化学修饰的探索提供强大的技术支撑。目前，我国科学家已经在这一新的学术生长点上积极开展了先期研究。例如，含有翻译后修饰的蛋白质的化学合成、具有均一结构的多糖分子的人工合成、检测表观遗传修饰碱基的化学小分子探针的开发、活细胞内的生物正交标记及切割反应的开发、单分子单细胞成像及测序技术的发展、胆固醇共价修饰蛋白的发现与鉴定以及靶向亚细胞器、调控信号通路等一系列工作，为推动该领域的深入研究奠定了基础，并储备了高水平的人才队伍。

展望未来，今后生物大分子动态修饰的研究将呈现下列发展态势。

（1）如何从不同的时间、空间尺度对生物大分子及其化学修饰变化进行特异标记，实现可视化研究和动态刻画。综合使用多种研究手段，实现生物大分子动态修饰发现与高通量、多参数时空特异分析等，将是首要的研究内容。同时，实现对动态修饰的时空特异探测和高精度成像，是当前生物大分子动态修饰研究的技术难题和迫切需求，对于推动当前该领域发展至关重要。

（2）伴随着诸多重要生物大分子动态修饰的发现及其分布谱图的表征，围绕生物大分子修饰的产生、消除、识别、调控等动态过程，迫切需要深入开展相关的化学基础、分子机制和功能解析研究，并在原子、分子、细胞器、细胞、组织、个体等不同层次上揭示生物大分子修饰的动态特性和调控规律。

（3）发现具有调控翻译后修饰蛋白及其生物识别过程，以及核酸碱基修饰及其生物识别过程的小分子活性化合物的化学生物学研究具有极大的潜力。以此为依托，开展疾病相关的生物大分子修饰酶及其作用网络的化学干预、阐明小分子与生物大分子间相互作用的结构机制、发现调控和修饰位点、获得靶向干预的先导化合物等都是今后化学和生物医学交叉领域的研究热点。

为了应对上述发展趋势，应充分发挥学科交叉的优势，着眼于发展原创的、不可替代的新技术、新方法，切实推动化学生物学引领生物大分子动态修饰研究从静态走向动态，从体外走向体内，从定性走向定量，从简单体系走向复杂体系，加速孕育更多具有国际影响力的研究成果。

2.4 纳米复合材料的流变学理论模型

在高分子纳米复合材料流变学研究方面，国内外长期关注纳米粒子在高分子基体中的自组装行为，提出逾渗理论、拥堵转变模型等来探讨纳米复合材料类液 - 类固转变行为，但这些理论或模型长期忽略高分子黏弹性，无法解释温度、界面相互作用等对补强和耗散行为的影响，对高分子纳米复合材料制备加工与性能调控缺乏有效的指导。浙江大学郑强课题组基于所提出的“两相流变”模型，在高分子纳米复合材料流变学方面开展了持续的基础理论研究工作。在磁流变材料结构与性能研究方面，国外学者主要专注于磁流变材料稳态磁致力学行为的理论研究。中国科学技术大学龚兴龙课题组从瞬态力学响应出发，从实验和理论的角度对磁流变弹性体力学性能进行了系统的阐释。

2.5 胶体马达

胶体马达（也称微纳米马达）是指在分散介质中能够将周围环境中存储的化学能或其他形式的能量转化为自推进运动的胶体粒子。开展胶体马达研究可为认识自然界中的集群行为提供物理模型，也可用于构筑新型的活性超材料，并可为精准医学带来新颖的解决方案。该领域自 2004 年建立以来已经逐渐发展成为一个多学科交叉的新兴领域，近年来更是成了大国科技竞争中的制高点。我国科学家在 2010 年左右陆续开展了该领域研究，并在胶体马达的可控制备、运动控制和生物医学应用等方面取得了长足的进步，部分研究成果已经达到了国际先进水平，使我国成为国际上胶体马达研究的中心之一。尽管在胶体马达驱动机理和集群行为物理理论研究方面相较于国际同行仍有一定差距，但正在相关方面不断取得突破。例如，哈尔滨工业大学贺强教授等在国际上率先将层层自组装技术运用于自驱动胶体马达的设计与构筑中，发展了胶体马达可控构筑的新方法。近年来，他们还在胶体马达集群行为研究方面取得了突破，揭示了胶体马达在动态自组装形成一维带状集群过程中的巨数波动等非平衡态特征。在发展趋势方面，胶体马达的集群行为、趋向行为以及生物医学应用（如主动靶向药物递送）将成为国内外相关研究的热点和前沿。

2.6 二氧化碳的电还原

减少二氧化碳排放，控制二氧化碳在大气中的浓度已经是全球各国政府应对环境和能源危机的最主要举措和课题，所以二氧化碳的电还原过程具有重要的研究价值和潜在的应用前景。现在对于催化剂在反应过程中活性位点的确认还存在争议。通常人们认为铜基电催化剂表面的氧物种在 CO_2 电还原过程中发挥重要作用。Alexis T. Bell 等针对 Cu 催化剂次表面氧物种的作用进行了研究，通过 DFT 计算认为次表面氧较不稳定，而且对 CO_2 的吸附过程不是必需的。相对于 CO 和 CH_4 等 C_1 产物，C_2 产物具有更重要的价值。Edward H. Sargent 等采用 B 修饰的 Cu 催化 CO_2 电还原反应制得 C_2 产物，B 掺杂可以调节催化剂中 $Cu^{\delta+}/Cu^0$ 的比例，进而影响 CO 在催化剂表面的吸附和二聚过程，从而显著提高了 C_2 产物的法拉第效率和催化剂稳定性。我国学者目前的研究多集中于开发 CO_2 电还原过程的高效催化剂，致力于提高催化剂的法拉第效率，降低还原过程的过电位，但产物通常为 CO、CH_4 或甲醇。我国学者和国际研究同行在研究水平上已基本处于同一层次，但是在研究的深度和创新性方面尚存在某些不足，对深层次问题的研究还不够深入；此外，理论研究和生产实际的结合还有待加强，亟须把具有重大应用价值的工艺应用于实际生产过程中。在后续的研究工作中，期待我国学者提出更多新的研究理念，涌现更多新的成果，真正在国际绿色化学界发挥引领作用。

3. 近三年来中国化学学科的进展

本部分按学科分类，分别总结和评价我国 2017 年 5 月 31 日至 2019 年 6 月 30 日期间化学学科的新观点、新理论以及新方法、新技术、新成果等发展状况。

3.1 无机化学

无机化学是化学学科中发展最早的分支学科，可以为能源材料、信息材料和物质转化过程等提供新材料和新过程。在无机化学领域里的金属有机框架（MOF）材料方面，我国学者揭示了介孔 MOF 与生物大分子、无机簇、纳米颗粒等客体的相互作用，并展示出介孔 MOF 在催化、药物缓释、基因治疗、能源储存等各方面的巨大应用潜力。在新型功能纳米复合催化剂及多孔催化材料领域，以材料的结构与功能关系为研究重点，开发和拓展了多种无机多孔催化材料的合成方法，既保持了多孔材料相对密度低、比强度高、比面积大、渗透性好等优点，又有效地解决了其孔道调变、多级结构设计、化学稳定性等关键科学问题，提供了其在高效催化等领域的应用。利用计算机技术高通量地预测和筛选具有特定功能的新材料，自修复材料、可穿戴储能器件、分子铁电体、手性发光材料及圆偏振器件的新成果不断涌现。发展出稀土上转换发光特性结合光热 / 光动力 / 光声等光学诊疗手段，发展多功能纳米体系，实现多模态生物医学成像及肿瘤等重大疾病诊疗。

于吉红团队在国际上首次提出基于生物基因组学思想的高通量预测和筛选晶体材料的新方法，可以用来预测和筛选分子筛材料，还可以用于其他由简单结构基元构成的复杂晶体结构[1]。张洪杰团队在新型功能纳米复合催化剂及多孔催化材料领域，开发和拓展了多种无机多孔催化材料的合成方法，有效地解决了孔道调变、多级结构设计、化学稳定性等关键科学问题，设计合成了二氧化铈封装贵金属催化复合材料。熊仁根和游雨蒙团队首次合成了一类具有极大压电系数的分子铁电体[2]，获得了一类新颖的不含金属的全有机钙钛矿铁电体[3]，并发展了一种多极轴分子铁电体的合成策略。

张洪杰团队、林君团队利用稀土上转换发光特性，结合光热 / 光动力 / 光声等光学诊疗手段，发展了系列多功能纳米体系，实现多模态生物医学成像及肿瘤等重大疾病诊疗。唐金魁团队结合过渡金属和稀土金属离子的酰腙多齿配体，成功制备了罕见的 3d–4f 异金属格子及大环超分子化合物。通过顺磁离子的引入，实现了对化合物中金属离子间磁相互作用的调控，有效地抑制了量子隧穿效应，获得了新颖的 3d–4f 异金属单分子磁体。陈继团队利用量化计算方法研究重稀土分离反应机理，发现随着稀土序列从 Ho 至 Lu 逐渐增加，稀土离子与萃取剂中心磷原子和酸根的两个氧原子之间距离变小，络合能力逐渐提高，与实验结果一致。

邓鹤翔团队揭示了介孔 MOF 与生物大分子、无机簇、纳米颗粒等客体的相互作用，并在催化、药物缓释、基因治疗、能源储存等各方面展示出巨大的应用潜力[4–7]。李丹团队发现一例新制备的腺嘌呤基生物金属 – 有机框架材料为含有对称面没有对称中心的非手性结构，但却具有光学活性[8]。苏成勇和潘梅研究团队发现基于预设激发态质子转移动态光响应的超快速水分子荧光探针 MOF[9]。卜显和课题组提出了通过“配位空间”的多层次整体调控实现功能配位聚合物构筑的新理念，取得了系列创新成果：通过对金红石结构甲酸配位聚合物框架中客体偶极与金属中心自旋的调控，实现了多重磁电双稳态共存[10]；基于主 – 客体超分子作用，实现基于主 – 客体的给 – 受体体系的构筑及发光、导电等性能的调控[11]；基于配位键调控产物形貌，构筑了具有泡状孔结构的氮掺杂碳箔作为钠离子电容器储能材料[12]；基于配位键的结构柔性构筑可随压力展现动态结构及荧光变化的框架，实现多重响应的荧光性质调控，发展新的发光传感材料体系[13]。李丹、周小平团队自组装得到手性金属有机五角三四面体，证明了超分子框架具有永久性的孔洞，对 CO_2 具有中等强度的吸附能力[14]。潘梅团队将“自下而上”的金属 – 有机配位组装与“自上而下”的后合成形貌加工调控相结合，实现了超薄二维 MOF 的简便、绿色、宏量制备，并为光学存储器等应用建立了元器件模型[15]。左景林团队构建了一类新型氧化还原活性可调节的柔性 MOFs 材料，具有呼吸效应，可进一步探索其在气体吸附分离、分子传感等领域的应用潜力[16]。他们还成功制备了具有氧化还原开关以及光、电多重响应的新型自旋转换材料[17]。江海龙团队在 MOF 孔空间引入金属纳米颗粒，通过整合这两类组分间的多重功能协同，推进了 MOF 在光催化中的应用[18-24]。郑丽敏课题组利用手性 1- 苯乙基胺基甲基膦酸作为配体，通过 pH 调控使配位聚合物的分子手性得以传递和放大，实现手性从分子层次到宏观聚集体的表达[25]。李承辉和左景林等与鲍哲南教授合作，通过大量的羧基 -Zn（II）弱配位作用制备了一种高强度的刚性自修复材料，该材料在 3D 打印和医用外固定支架方面体现出良好的应用前景[26]。他们通过在高分子链中引入热力学稳定而动力学活泼的配位键，实现了高韧性材料的室温自修复[27]。左景林团队利用四硫富瓦烯苯四羧酸配体设计合成了氧化还原活性可调节的柔性 MOFs 材料[28]。邓鹤翔与程佳瑞团队合作，通过脉冲激光辐照 MOF 原料成功制备了颗粒大小均一的金属纳米晶粒[29]。苏成勇和潘梅研究团队以单层稀土 MOF 作为晶种，构筑了具有亚毫米尺度的间隔色域发光多层次异核稀土 MOF 单晶，实现了光谱编码和空间编码结合的三维微区编码器件模型[30]。他们将刚性三角配体和具有柔性动态压敏变色属性的四角配体定向配置于微晶格的“基座”和“立柱”方位，利用微米尺度的 MOF 单晶，观察到独特的各向异性压致变色效应[31]。苏成勇团队利用分步自组装法获得高纯度单一手性 Fe–Pd 双金属配位分子笼，解决了立体化学活性金属中心的手性稳定性问题，并利用纯手性分子笼拆分有机小分子阻转异构对映体[32]。童明良和倪兆平团队通过将氨基官能团引入霍夫曼型 MOF 材料中，合成了具有五种自旋状态的四步自旋转变 MOF 材料[33]。张振杰和爱尔兰利莫瑞克大学 Michael J. Zaworotko 教授合作报道了一类超微孔 MOF 材料，具有超强的水和酸碱稳定性，对乙炔具有前所未有的分离效果[6]。张振杰与 Michael J. Zaworotko 教授、清华 – 伯克利深圳学院的余旷合作，设计合成了一种酰亚胺连接的［2+3］柔性多孔有机笼和其晶体，可以实现 C3 混合气体有效的选择性分离[34]。汪成团队将发光基团和电子受体分别或同时引入到 MOF 骨架中，可在 MOF 中成功实现对荧光 PET 过程的高效调控，构筑固态荧光开关和荧光增强探针[35]。欧阳钢锋团队提出一种半胱氨酸增强的仿生封装策略，可快速、高效地将不同表面化学性质的蛋白质和酶封装在 MOF 内[36]。陆伟刚和李丹团队发现首例通过开放金属位点与乙炔诱导契合的柔性 MOF，该材料能提高对混合气体中乙炔的选择性。他们将酶的诱导契合效应引入到 MOF 中，发现其对乙炔的作用力持续增强[37]。张继稳与法国 Paris–sud 大学 Ruxandra Gref、美国西北大学 Fraser Stoddart 研究组合作，制备了载药 CD-MOF 的聚丙烯酸（PAA）复合微球，该微球具有明显的缓释特征和较低的细胞毒性，是一类具有新型结构特征的缓释微球制剂[38]。杨国昱综述总结了团队多年来在稀土氧合团簇有机骨架领域取得的主要进展，阐述了诱导聚集成簇与协同配位策略的产生和发展[39]。谭必恩团队实现了在低温和简易条件下制备三嗪环骨架材料。该类材料具有层状结构，有很大的比表面积，具有优异的可见光催化产氢性能；在碳化之后，其还可作为钠离子电池的负极材料[40]。他们通过控制加料速率来调控聚合物反应的进度，合成了可与其他弱键体系（如：硼酯类、亚胺键类等）的共价有机框架（COFs）材料相媲美的高结晶性共价三嗪框架（CTFs）。发现高结晶的 CTFs 的光催化去除 NO 能力强于无定形的 CTFs[41，42]。崔勇团队制得系列包含一种或多种活性位点且结构稳定的多孔固体，实现了对多种有机反应的高效、高选择性异相催化，并应用于手性药物和生物活性分子的合成。解决了传统固载催化剂的活性点分散不均和易流失等瓶颈问题，克服了均相催化剂在反应中易聚合、异构或氧化等失活难题[43-46]。王平山团队合成了一种新型的含有 6 个未配位的枝状星形三联吡啶有机配体，将其与 Zn^{2+} 进行配位自组装，一步反应定量得到一个 Bucky 球状超分子“纳米容器”，该 Bucky 分子球可以进一步分层自组装成 30 nm 左右更大的“浆果状”纳米结构[47]。杨英威团队构筑了基于胸腺嘧啶功能化联苯拓展型柱［6］芳烃的荧光超分子聚合物体系，实现了对水中污染物汞离子的高灵敏度、高选择性和低检测限的荧光传感检测和快速吸附去除[48]。龚兵团队合成了一系列具有含氢键侧链但不同骨架电子性质的六元苯乙炔（m-PE）大环，用以观察多重氢键相互作用对管状自组装行为的影响[49]。王维团队设计并合成了异质纳米团簇的哑铃两亲分子，通过溶液自组装构筑了一种立方相囊泡，探索出超分子构筑新基元与自组装的自主创新思路[50]。孔祥建与龙腊生团队提出了阴离子缓释及模块单元的组装策略，合成高核稀土团簇化合物，发展了一种制备单分散金属团簇的简单普适方法，研究了稀土 - 过渡金属团簇的单分子磁性。他们利用阴离子缓释的方法制备了包含 140 个稀土离子的高核稀土团簇 Gd_{140}[51]；采用水热法成功合成了迄今为止最高核环状稀土 - 钛氧团簇 $Eu_{24}Ti_8$[52]。刘超报道了固相中首例具有 Th 对称性无配体保护的全金属团簇[53]。郑南峰课题组报道了全新手性双金属纳米团簇 Ag_{78} 的合成及其全结构，一步得到 100% 光学纯 *R* 或 *S* 构型 Ag_{78} 团簇[54]。山东大学孙頔团队通过溶剂热法自组装得到一个具有富勒烯拓扑结构的 180 核纳米银笼[55]。洪文晶、谢素原课题组制备了一系列尺寸在 1 nm 左右的石墨烯 / 富勒烯 / 石墨烯器件，系统表征了其电输运性质。从实验上证明采用不同的富勒烯可实现对该器件的能带调节[56]。谢素原、邓顺柳、张前炎团队通过燃烧法成功合成并分离得到第一个含有双七元环的非经典富勒烯 C_{66} 的氢化物 dihept-$C_{66}H_4$。对于至今未果的合成施瓦茨碳同素异形体来说迈出了重要的一步[57]。从曲面结构的十氯碗烯出发，合成了十吡咯取代的碗烯分子。该十吡咯碗烯分子分别与所有富勒烯类型进行组装，均能形成有序的二维富勒烯组装结构的单晶，解决了一些长期未解的富勒烯几何结构精确表征的问题[58]。兰亚乾团队利用分步合成法，预先合成具有氧化还原活性的多金属氧簇（多酸），进一步与导电或光敏感有机配体组装实现多孔晶态材料的精准合成，在纯水中实现 CO_2 到 HCOOH、CH_4 的高效转化[59, 60]。洪茂椿课题组首次得到结构新颖的沙漏型 Cu_6I_7- 阴离子金属簇。该系列金属簇基配位聚合物材料的荧光颜色可以通过阳离子诱导物的大小进行调控，其对温度、酸碱、溶剂和机械力有非常高的稳定性。研究人员将其作为黄色荧光粉制作了一系列高显色指数（CRI）的白光 LEDs，显示出其在高显色指数白光器件中的应用前景[61, 62]。孙庆福与韩克利的合作团队，制备了目前为止最高发光量子产率的镧系超分子四面体（Φ=23.1%）[63]。

邵华武与蒋兴宇团队合作发展了纳米尺度的有机双光子荧光染料并应用于细胞线粒体和微生物成像。将聚集诱导发光的分子通过不同的化学修饰，能够聚集成 20~40 nm 的纳米颗粒，通过单光子激发或双光子激发，这些颗粒能够准确定位到细胞线粒体内。另外，此类荧光染料可保证荧光强度不被洗涤步骤所影响[64]。卢灿忠团队设计合成了一类高效的有机小分子热活化延迟荧光蓝光材料 B-oCz 和 B-oTC，实现了很小的最低单 - 三重激发态能隙和较大的辐射跃迁速率。同时，分子的非辐射跃迁得到有效抑制[65]。陈勇与陆为团队合作利用超分子组装的方法构筑了一系列强发光的金（I）卡宾双盐超分子聚集体，通过系统改变阴离子和阳离子的电子结构，实现了金（I）卡宾双盐超分子聚集体发光从蓝光、绿光、红光到近红外光的全覆盖和精确调控金（I）卡宾双盐自组装材料的 CIE 坐标，获得了强磷光发射的白光材料[66]。张俊龙团队将近红外二区探针的研究范围从金属纳米材料、共轭聚合物、有机小分子拓展到金属配合物，镱卟啉配合物量子产率高达 25%（氘代溶剂中为 67%）。他们与李富友、冯玮课题组合作，将稀土 τ 探针应用于胃部原位 pH 的定量检测，展示该探针可以动态监测胃部 pH 的能力[67, 68]。郑佑轩团队利用手性八氢联萘酚作为新的手性源，结合热活化延迟荧光（TADF）骨架设计合成了系列高性能的手性发光材料，并制备了高效率 CP-OLEDs，表现出强的圆偏振电致发光信号[69]。燕红课题组利用硼簇构筑了超长有机磷光分子，在无重原子的有机磷光材料中表现出优异的发光性能和动态发射行为，如力致和热致变色[70]。燕红与徐静娟团队合作将具有聚集诱导发光（AIE）性质的碳硼烷衍生物用于电致化学发光（ECL）研究，其测试条件的生物相容性为后续应用于生物体系的检测奠定了研究基础，而且填补了有机阴极 ECL 材料的空白[71]。郑佑轩和左景林研究团队把硫原子引入到配体中，这类配体可以广泛应用到高效率蓝绿光材料[72]。他们以硫代甲酸衍生物为辅助配体应用于红光铱配合物中，显示了纯红光和载流子传输的双极性能[73]。李承辉团队制备得到一类全新的氮杂稠环染料，该染料吸收光谱与酞菁类似，具有分离度很高的两个吸收峰[74]。潘梅课题组设计了一种基于 D-π-A 结构的金属有机超分子体系，受超分子自组装体中单光子及双光子吸收、重原子效应、π-π 堆积、J- 聚集效应等协同作用，首次实现了紫外、可见及近红外光激发下的长余辉发光性能[75]。徐兆超团队与新加坡科技设计大学教授刘晓刚合作，发现了一种电荷在供体和受体间往返转移过程，将这种新型的光诱导分子内电荷转移机制命名为“分子内扭转电荷穿梭"[76]。陈学元团队提出一种独特的基于全无机钙钛矿量子点（$CsPbX_3$，X = Cl，Br，I）高效长余辉光转换的策略，实现了可见波段全光谱的高效长余辉发光调控[77]。王泉明团队通过对团簇 C@Au_6 外围的有机膦配体上引入两个吡啶基团，从而形成十二个氮配位点，得到产物 C@Au_6Ag6。该团簇的发光具有很大的 Stokes 位移以及较长的寿命（22 μs）[78]。李隽课题组与美国布朗大学 Wang Lai-Sheng 合作，发现了具有高度对称性的双稀土金属反夹心硼团簇 Ln（B_8）Ln（Ln = La，Pr，Tb），构成了独特的 s 型和 p 型双重芳香性，展示了一种新型的（d-p）d 键，对增强体系的稳定性发挥了重要作用[79]。

许华平团队以生物小分子硒代半胱氨酸为原料合成了硒原子掺杂的荧光碳量子点，具有优异的生物相容性，对羟自由基具有很好的清除效果[80]。许华平与聂广军团队合作利用生物小分子半胱氨酸在水溶液中制备了具有手性光学活性的氮硫原子掺杂的碳量子点[81]。曾泽兵团队报道了氧原子嵌入型线性并五苯和并九苯衍生物的简易制备方法，系统研究了该类型化合物的物理性质、电子结构以及器件应用[82]。于吉红团队通过水热/溶剂热合成方法将碳点原位限域在分子筛晶体之中，成功开发出一类全新的具有超长延迟荧光寿命的 TADF 材料[83]。赵劲团队通过对金属酶的仿生模拟，发展了多种在生物相容条件下的"类酶 - 仿生金属催化"反应；同时还进一步设计了新的无机纳米 - 生物杂化系统，实现了运用模式生物进行人工半光合作用[84-87]。闫东鹏团队提出了利用 TADF 辅助 Förster 共振能量转移实现超长有机室温磷光的机理[88]。龚汉元团队报道了大环传感器通过自身缔合以及与阴离子竞争性综合作用下高选择性地识别焦磷酸根和磷酸二氢根[89]。董永强团队与何自开、彭谦和唐本忠院士合作，通过控制分子的系间窜越开发高性能开关型机械力响应性发光材料（MRL），可在薄膜上实现微米级别的可擦写光学信息记录等多种应用[90]。范楼珍团队设计合成了一种新型的不同尺寸大小的高结晶度三角形结构碳量子点，实现了其从蓝色到红色的高色纯度窄带宽荧光发射，制备了高色纯度、高性能、高稳定性、全色电致 LEDs[91]。他们首次实现基于碳量子点荧光粉的紫外激发暖白光 LEDs 的制备[92]。赵翠华团队设计合成了一类新型的三芳基硼类衍生物，通过选择不同的氨基即可实现温敏荧光双发射和可转换的圆偏振发光（CPL）特性[93]。费泓涵团队合成了一类结构新颖的阳离子型无机卤化铅二维层状晶格材料，该类材料表现出具有大 Stokes 位移的宽光谱发射[94]。袁明鉴团队制备了具有良好光谱和热稳定性的准二维铷 - 铯合金钙钛矿蓝色发光材料，组装成的钙钛矿蓝光 LED 器件展示出高达 1.35% 的外量子效率和优良的光谱稳定性以及较长的半衰期寿命[95]。严秀平团队通过制备多肽和抗体修饰的长余辉长寿命发光纳米材料，实现了肿瘤相关蛋白、干细胞、活体肿瘤等的检测和成像[96, 97]。袁荃团队通过改变合成条件和掺杂比例实现了对长余辉纳米颗粒尺寸、发光强度和发光寿命的调控，并实现了血清中溶菌酶的高灵敏检测以及超低背景活体肿瘤成像[98, 99]。严纯华团队在超声波造影剂纳米泡内嵌无机 808nm 激发上转换纳米复合材料，用于肿瘤的多重成像和治疗，解决了荧光成像穿透深度低的问题[100]。张洪杰团队设计合成了一种新颖的近红外Ⅱ区光响应的“一体化”芬顿试剂，克服了传统光热疗法组织穿透深度有限的问题[101]。庞代文团队通过开发一种发光在 1600 nm 的核壳结构硫化铅 / 硫化镉量子点荧光探针，实现深层组织荧光成像[102]。陈学元研究员报道了一种改进的溶剂热法，用于单分散、可被 LED 激活的近红外长寿命纳米颗粒 $ZnGa_2O_4$：Cr^{3+} 的合成[103]。邱建荣团队报道了一种通过晶体场控制来调节近红外发射长余辉材料发射带宽和强度的方法，可实现材料深的组织穿透能力[104]。张凡团队设计了荧光寿命可调的红外Ⅱ区稀土纳米颗粒探针，实现活体多重成像和量化诊断[105]。李富友团队提出了时阈近红外多重成像的方法，制备了激发发射都在近红外Ⅱ区的“零”Stokes 位移成像探针，具有优异的发光性能[106]。

3.2 有机化学

2017 年以来，我国化学家在有机化学领域持续取得突破性进展。在惰性化学键的活化及转化等前沿领域做出了一批原创性的成果，发展出一系列具有自主知识产权的手性配体和催化体系，实现了众多高对映体纯度手性分子的精准可控合成。另外，一些新的合成化学手段，如可见光或电化学驱动的氧化还原反应开始与不对称催化相结合，为手性分子的构建提供了全新的成键方式，极大地拓展了不对称催化合成的研究范畴。结合物理化学的新技术和手段，对一些基本的科学问题也做了有益的探索。

3.2.1 有机合成和方法学

左智伟等利用廉价的铈盐作为光催化剂，成功实现了甲烷、乙烷等烷烃的氨基化、烷基化和芳基化反应[1]。储玲玲等利用镍催化与光化学协同催化的模式，实现了末端炔烃的双官能团化[2]。金键等利用廉价易得的铁络合物作为光催化剂，通过脱羧烷基化反应成功地在喹啉等杂芳环上引入了烷基侧链[3]。

向多肽中引入非天然氨基酸或对多肽的残基进行化学修饰是多肽药物研发的关键策略。许兆青与王锐等以 *N*- 羟基邻苯二甲酰亚胺（NHP）酯作为烷基化试剂，在可见光促进下，Cu（I）催化甘氨酸及多肽中甘氨酸残基 C–H 键的烷基化反应[4]。肖文精等报道了一例由光介导的铜催化环丁酮肟酯、芳基乙烯、芳基硼酸三组分自由基偶联反应[5]。刘心元等发展了一种新的光催化扩环策略，成功地实现了 8~11 元苯并酰胺环的构建[6]。陈以昀等首次报道在光照条件下，利用供体 – 受体复合物产生酰氧基自由基的方法，实现了 C（sp^3）–H 的烯丙基化以及烯烃的双官能团化[7]。徐海超等通过阳极氧化促进的自由基串联环化一步构筑了多取代苯并咪唑酮和苯并噁唑酮结构[8]。陈填烽等发展了一类电化学条件下芳胺或酚的衍生物区域选择性的 C–H 氨基化反应，能够非常方便地合成各类 *N*- 芳香唑类化合物[9]。焦宁等利用电催化的策略，于 60℃条件下，在阴极实现 1，2- 二氯乙烷的裂解产生氯乙烯和氯化氢，同时利用电化学的阳极氧化将氯化氢作为氯源，实现对芳基、杂环化合物的氯代反应[10]。梅天胜等将金属有机化学与电化学相结合，首次成功实现了电化学条件下镍催化的芳基溴代物与硫醇的偶联反应[11]。汪志勇等利用电催化的策略在阳极通过碘自由基反应成功实现了环戊酮 α-位的氨基化反应[12]。雷爱文等报道了一例在电催化条件下无须额外氧化剂的C–N/C–H偶联反应，成功制备了一系列芳基取代的叔胺类化合物[13]。

3.2.2 不对称催化

周其林和朱守非等系统总结了基于手性螺环膦-噁唑啉配体衍生的铱络合物在催化不饱和烯烃的不对称氢化反应方面的进展[14]。他们利用基于该骨架的手性亚磷酰胺配体实现了镍催化烯烃的分子内不对称氢烯基化反应[15]。汪君[16]和李兴伟[17, 18]等利用基于该骨架的手性环戊二烯基配体铑络合物实现了多类芳基碳氢键不对称官能团化反应。针对螺二氢茚结构的不对称合成，丁奎岭利用铱催化不对称氢化反应及后续缩合反应实现了环己烷稠合的螺二氢茚衍生物的高效不对称合成[19]。冯小明和刘小华等利用手性双氮氧配体与Lewis酸络合的手性催化剂活化缺电子的2π合成子实现了多类不对称环加成或环化反应[20]；利用镍催化不对称Claisen重排反应[21]、铁或钪催化不对称加成反应[22, 23]构筑连续季碳手性中心[24-27]。唐勇等基于“边臂”的系列手性噁唑啉配体的手性Lewis酸催化的吲哚衍生物［4+2］[28]、［3+2］[29]和［2+2+2］[30]等环加成反应合成了具有复杂环系结构的吲哚啉衍生物。林国强等以手性烯烃配体实现[1, 4]-金属迁移启动的烯烃对不饱和酮（亚胺）的不对称共轭加成反应[31]。张绪穆发展了系列新手性膦配体，实现了铑催化共轭羧酸[32]、四取代联烯基砜不对称氢化反应[33]、非活化1，1-双取代烯烃不对称氢甲酰化反应[34]、苯乙烯不对称氢氰化反应[35]以及钌催化芳基烷基酮不对称还原胺化反应[36]。杜海峰等发展了基于手性双烯（炔）的受阻Lewis酸碱对，催化亚胺、烯醇硅醚和缺电子杂芳香化合物的不对称转移氢化反应[37]。

通过使用手性过渡金属络合物催化实现其对映选择性官能团化是近几年研究的热点。龚流柱等利用手性亚磷酰胺配体衍生的钯络合物为催化剂实现了烯丙位碳氢键不对称胺化[38]和烷基化反应[39]。史炳锋等分别利用手性磷酸或手性联二萘酚衍生的钯络合物催化脂肪族酰胺β-位亚甲基碳氢键不对称芳基化[40]和炔基化反应[41]。陈弓和何刚等以含有8-氨基喹啉的手性氨基酸类配体与铱的络合物催化二噁唑酮类底物γ-位亚甲基碳氢键不对称胺化反应，实现了γ-内酰胺的高对映选择性合成[42]。余永耀等利用钌/手性双胺配体为催化剂也可实现类似的反应[43]。徐森苗等以一类新型手性双齿吡啶硼基配体的铱络合物催化环丙基酰胺亚甲基碳氢键不对称硼化反应[44]。叶萌春等报道了手性二级膦氧配体的镍/铝双催化体系可以促进苯并咪唑碳氢键与烯烃的分子内环化反应[45]。施世良等利用手性氮杂环卡宾镍络合物实现了吡啶碳氢键与烯烃的分子内环化反应[46]。

游书力等提出了“催化不对称去芳构化”概念，发展了一系列从芳香化合物出发合成手性多环化合物的方法，实现了多类基于吲哚啉并吡咯母核结构的天然产物及类似物的高效不对称合成[47]。利用铱催化不对称烯丙基取代反应，将不对称去芳构化的范围拓展至简单取代苯环[48]，并实现一步反应同时削弱两个相邻芳环的芳香性[49]。贾义霞等利用钯催化分子内 Heck 反应实现了吲哚、苯并呋喃、吡咯等多类芳香化合物的不对称去芳构化[50]。以乙烯基环丙烷为反应试剂，郭海明和游书力等分别报道了苯并唑类的不对称［3+2］反应[51]和苯并异噁唑的不对称［4+3］反应[52]。闫海龙课题组利用有机催化的亚乙烯基邻醌亚甲基中间体的不对称［4+2］反应实现了苯并呋喃和吲哚的去芳构化[53, 54]。在贫电子芳香化合物方面，游书力等报道了钯催化 3- 硝基吲哚与乙烯基环氧乙烷的不对称［3+2］反应[55]。最近，张俊良和卢一新等分别报道了手性叔膦催化 3- 硝基吲哚（2- 硝基苯并呋喃）与联烯的不对称［3+2］反应[56, 57]。范青华和周永贵等分别报道了钌催化喹（喔）啉衍生物不对称氢化 / 还原胺化反应[58]和钯催化嘧啶酮衍生物不对称氢化反应[59]。

在轴手性联芳基化合物的不对称合成方面，史炳锋等利用瞬态导向策略发展了钯催化联芳基醛的不对称碳氢键炔基化[60]、烯丙基化[61]和芳基化反应[62]。以吡啶为导向基团，史炳锋和游书力等分别实现了钯催化联芳基化合物不对称碳氢键氧化 Heck 反应[63]和铑催化不对称碳氢键芳基化反应[64]。李兴伟等利用手性环戊二烯基铑络合物催化的吲哚碳氢键活化 / 环化反应合成了轴手性联吲哚类衍生物[65]。顾振华等从具有扭转张力的环状双芳基高碘盐或芴醇出发，通过手性铜络合物催化的碳碘键断裂 / 胺化反应[66]或手性钯络合物催化的碳碳键断裂 / 芳基化反应[67]也实现了轴手性联芳基化合物的不对称合成。谭斌课题组利用手性磷酸催化 β－萘胺与对苯醌亚胺的不对称 Michael 加成反应对映选择性地合成了联芳基氨基醇[68]。以 β－萘基偶氮酯为亲电试剂，将其与吲哚偶联，实现了多类吲哚衍生的轴手性联芳基化合物的不对称合成[69]。利用原位生成的亚乙烯基邻醌亚甲基类衍生物与 β－萘胺或 β－萘酚反应也可以得到轴手性烯烃化合物及由此衍生的新型轴手性平台分子 EBINOL[70]。麻生明使用钯催化 1，3- 双取代联烯基碳酸酯的不对称烯丙基取代反应，实现了轴手性 1，3- 双取代联烯的对映选择性合成[71]。

构建含有碳（sp^3）主族元素（硼、硅）键的手性中心近来也受到人们的广泛关注。施世良等报道了一种 α－烯烃的硼氢化反应[72]；史壮志等利用手性铜络合物催化脱氟硼化反应实现了偕二氟烯丙基硼酸酯的对映选择性合成[73]；陆展等发展了钴催化内炔烃串联硼氢化 / 不对称氢化反应[74]；李必杰等利用铑催化不对称硼氢化反应实现了不同取代类型的 α，β－不饱和酰胺的立体多样性官能团化反应[75]；周其林和朱守非等利用 Lewis 碱配位活化的策略实现了硼烷对铑卡宾的不对称加成反应[76]；陆展等还实现了铁催化 α－烯烃的不对称硅氢化反应[77]和钴催化末端炔烃双重反马氏（不对称）硅氢化反应[78]，合成了高对映体纯度的（偕二）硅烷化合物；黄正报道了钴催化炔烃与二芳基硅烷的不对称硅氢化反应，实现了硅手性中心的构建[79]。

通过模拟酶促反应机制，发展高性能的催化体系也一直是化学家追求的目标。赵宝国和袁伟成等利用“手性羰基催化”的概念发展了一类轴手性吡哆醛，可以催化甘氨酸酯与亚胺的不对称 Mannich 反应[80]。郭其祥等也报道了轴手性醛催化甘氨酸酯与查尔酮的不对称 Michael 加成 / 缩合反应[81]，进一步将手性羰基催化与钯催化相结合，实现了以甘氨酸酯为亲核试剂的不对称烯丙基取代反应[82]。周永贵等发展了基于二茂铁骨架的平面手性环状亚胺，可以作为 NAD(P)H 的类似物参与钌催化缺电子烯烃的不对称氢化反应[83]。罗三中等以手性伯胺为催化剂实现了 β－二羰基化合物与 N，O－缩醛的不对称 Mannich 反应[84]以及 4－取代环己酮的脱氢氧化去对称化反应[85]。陈应春和杜玮等使用手性碱 / 钯共催化策略，实现了 β，γ－不饱和羰基化合物 γ－位不对称官能团化反应[86]。谭斌等利用手性磷酸首次实现了不对称催化的 Ugi 四组分反应[87]。胡文浩和徐新芳等利用手性 Brønsted 酸活化的亚铵离子为亲电试剂，实现了手性 β－胺基酸（酮）的高效不对称合成[88, 89]。涂永强等利用螺环酰胺衍生的三氮唑类手性阳离子催化剂催化的不对称烷基化反应，成功地构建了含有两个相邻季碳手性中心的双吲哚骨架[90]。

利用两种手性催化剂能够独立活化不同的前手性试剂，则可以实现含多个手性中心分子的立体化学多样性合成。张万斌[91, 92]和王春江[93]等分别报道了手性铜络合物活化的甘氨酸酯亲核试剂与手性 π－烯丙基钯（铱）亲电试剂的反应，高选择性地构建含连续手性中心分子的全部非对映异构体。

自由基参与的不对称催化近年来受到很多关注。刘国生等发现在手性双噁唑啉铜催化体系下，Togni 试剂生成的三氟甲基自由基与烯烃反应生成苄位或酰胺 α－位自由基，再被炔基或芳基铜物种捕获，实现烯烃的不对称三氟甲基炔基化[94]和三氟甲基芳基化反应[95]。刘心元等利用手性磷酸 / 铜或手性双胺 / 铜催化体系也成功实现了烯烃的不对称自由基的双胺化反应[96]、氧化三氟甲基化[97]和氟烷基化 /Friedel–Crafts 反应[98]。

可见光或电化学驱动的氧化还原反应与不对称催化相结合为手性分子的高效合成提供了新的可能。江智勇等以双氰基吡嗪衍生物 DPZ 为光催化剂，结合手性磷酸催化剂，实现了 α－胺基自由基或前手性羰游基加成反应启动的烯烃不对称官能团化[99, 100]，以及 α－胺基自由基与前手性羰基 α－位自由基的不对称交叉偶联反应[101]。他们还报道了在可见光照射及手性 Lewis 酸（或手性磷酸）存在下，激发态的靛红等 β－二羰基化合物可攫取甲苯苄位的氢原子，进而发生不对称自由基交叉偶联反应[102]。肖文精和陆良秋等发现可见光促进的 Wolff 重排反应生成的烯酮中间体可以与基于烯丙基钯的两性离子中间体发生不对称［4+2］或［5+2］反应[103, 104]。刘国生[105]和肖文精、陆良秋等[106]分别报道了铜催化苄位自由基及炔丙位自由基不对称氰基化反应。龚磊等报道了铜催化烷基自由基对亚胺的不对称加成反应[107]。俞寿云等报道了钯催化烷基自由基不对称烯丙基取代反应[108]。郭昌等发现，通过电化学氧化生成的苄位自由基和前手性羰基 α－位自由基可以在手性 Lewis 酸作用下发生不对称交叉偶联反应[109]。

3.2.3 天然产物研究进展

过去的两年间我国在天然产物（NPs）（包括海洋天然产物（MNPs））的研究中取得了巨大进步，具有如下几点发展趋势。

3.2.3.1 从关注常量成分转向关注微量活性成分

庾石山等采用 HPLC-MS-SPE-NMR 联用技术从鹿角杜鹃（*Rhododendron latoucheae*）中获得了 3 个新的微量成分（<0.02 ppm），其中 rhodoterpenoid A 表现出较好的抗 I 型单纯疱疹病毒（HSV）活性（IC_{50} 8.62 μM）[110]。石建功等从乌头（*Aconitum carmichaelii*）侧根水提液中分离到一种镇痛活性的微量成分 aconicarmisulfonine A（0.25 ppm），该化合物在小鼠体内 0.1 mg/kg 剂量下表现出 46.7% 的抑制作用[111]。林厚文等从海绵 *Dysidea arenaria* 中分离鉴定了 1 个微量的 C21 杂萜二聚体 dysiarenone（6.6 ppm），可以抑制 COX-2 和前列腺素 E2[112]。

3.2.3.2 从关注新结构转向关注成药性与生态功能

郝小江、杨崇林等以秀丽隐杆线虫为模型，从中国狗牙花（*Ervatamia chinensis*）中发现 4 个具有溶酶体活性的双吲哚生物碱 ervachinines A-D，其通过 STAT3 而非传统的 RIP1 和 RIP3 信号通路诱导溶酶体损伤及细胞死亡[113]。宋丹青等以具有抗丙肝病毒（HCV）活性的苦豆碱（aloperine）为先导结构，设计合成了 34 种衍生物，发现其中的 12*N*-4’-methylpiperazine-1’-sulfonyl aloperine 是一种安全有效的抗 HCV 候选药物[114]。谭仁祥等从人痰来源的青霉菌 *Penicillium velutinum* 的代谢产物中分离鉴定了一个新的聚酮类化合物 citrofulvicin，其在 0.1 μM 浓度条件下对骨质疏松斑马鱼模型具有成骨作用[115]。

3.2.3.3 注重拓展 NPs 多样性的方法研究

岳建民等将成分分离与化学合成相结合，从植物红景天（*Dysoxylum hongkongense*）中分离鉴定了 4 个融合抗坏血酸片段的独特二萜 hongkonoids A-D，并完成了其全合成，其中衍生物 hongkonoid A-5’- 乙酸酯表现出高效低毒的抗炎作用[116]。朱伟明等采用天然组合化学的方法对浒苔真菌的发酵产物进行转氨反应，获得了群体感应活性的 α - 吡啶酮类生物碱[117]。张勇慧等将球毛霉（*Chaetomium globosum*）和黄曲霉（*Aspergillus flavipes*）共培养，获得了稠合 1，4- 噻嗪单元的细胞松弛素类化合物 cytochathiazines A-C，其中 cytochathiazine B 可能通过激活 caspase-3 通路（诱导细胞凋亡）抑制白血病细胞 NB4 的增殖[118]。

3.2.3.4 从揭示活性化合物的生物合成机制转向其生物制备

如邓子新等发现了庆大霉素 C 生物合成中关键的 6’-*N*- 甲基转移酶[119]。鞠建华等阐明了 6 个 ilamycins 的生物合成途径，其中 ilamycin E1 具有显著的抗结核分枝杆菌活性（MIC 0.98 nM）[120]。

3.2.4 天然产物全合成

应用光驱动的氧化还原反应（photo-redox-Chemistry）、电化学（electro-Chemistry）反应、流体化学（flow Chemistry）反应和过渡金属催化的 C-H 键活化反应为关键步骤来实现复杂天然产物的全合成成为近来研究的热点。

秦勇等通过光诱导的自由基串联反应，成功地实现了构建 C-N 的新模式，实现了一系列具有重要生物活性的生物碱的立体选择性合成[121]，是我国光驱动的氧化还原反应的代表性工作。此外龚建贤和杨震等利用光驱动的氧化还原反应为关键步骤实现了海洋天然产物（–）-pavidolide B 的不对称合成[122]。夏成峰等利用光驱动的自由基环化反应实现了 Kopsia 生物碱（+）-flavisiamine F 的全合成[123]。高栓虎等以光促进的烯醇化 Diels-Alder（PEDA）反应为关键步骤，实现了一系列含有多个立体中心的蒽醇类和多环化合物的全合成[124]。雷晓光等以光诱导的单线态氧介导的 Schenck-ene 反应为关键步骤实现了二萜类天然产物（+）-*ent*-kauradienone 和（–）-jungermannenone C 的全合成[125]。

C-H 官能团化反应在复杂天然产物的全合成中逐渐拓展开来。赵玉明等通过钯催化串联环化和后期 sp^3 C-H 键氧化策略实现了三尖杉类天然产物 ephanolides B 和 C 的首次全合成[126]；李昂等利用钯促进的 C-H 键氧化反应在 septedine 合成后期引入仲醇[127]。

下面以两类代表性天然产物为例，总结它们全合成的特点。第一类是虎皮楠生物碱。岳建民和郝小江等对于虎皮楠生物碱的发现和鉴定做出了重要贡献[128]。此类生物碱也是国际上全合成化学家的竞争热点之一。Daphenylline 是一个结构特殊的虎皮楠生碱，其复杂六并环骨架中含有一个四取代苯环。翟宏斌等[129]和李昂等[130]分别运用不同的仿生重排策略完成了该分子的全合成。邱发洋等利用系列周环反应构建 daphenylline 的 D/F 环系，也实现了该分子的全合成[131]。李昂等运用分子间［3+2］环加成和 Diels-Alder 环加成作为关键反应完成了 daphniyunnine C（longeracinphyllin A）、hybridaphniphylline B 等的首次合成[132, 133]。徐晶等利用钯催化 Heck 环化和 Nazarov 环化反应为关键步骤实现了另外一个化合物 himalensine A 的全合成[134]。

贝壳杉烷是一类具有广泛生物活性的天然产物，其具有抗肿瘤、抗炎和免疫调节作用。丁寒峰等以 pharicin A，pseurata C 和 pharicinin B 为研究目标，利用分子内的［5+2］环化反应和 Pinacol 重排反应为关键步骤，构建了该类天然产物的四环骨架[135]。李志成等以 oridonin、eriocalyxin B、neolaxiflorin L、xerophilusin I、15-epi-enmelol 为合成目标，利用 Diels-Alder 反应构建了贝壳杉烷的 A/B 环系，利用 Mukaiyama-Michael/carbocyclization 串联反应构建它们 C/D 环系[136]，完成了五个贝壳杉烷的全合成，并进行了相应的生物学评价。罗佗平等以 Diels-Alder 反应和 SmI_2- 介导的还原环化反应为关键步骤实现了 maecrystal P 的不对称全合成[137]。

3.2.5 物理有机化学

物理有机化学是以物理的手段和技术研究有机化学反应机理和本质的学科。近两年，我国科学家在物理有机化学研究各个领域都取得了重要进展，在催化反应机理研究、计算有机化学、热力学 / 非共价作用力、中间体表征和新颖分子结构合成与表征等方面均取得了重要突破。

催化反应机理研究是理解和预测新型有机反应的重要手段。程津培、雷爱文、罗三中与佟振合组成的研究团队提出了单电子转移活化 C-H 键的新思想，发展了包括过渡金属[138]、有机小分子[139]、光活化[140]和电化学活化 C–H 键的新催化体系和模式，研究总结了其催化活化的机制与规律；发展了可见光催化脱氢交叉偶联、氧化自由基偶联、不对称烯胺氧化转化等新反应[141]。王梅祥、张欣豪等以稳定的超分子铜络合中间体为依托，结合多种光谱研究手段阐明了铜催化芳烃偶联机制[142]。席振峰和张文雄等合成并研究了螺环三价铜配合物，发现了三价铜和一价铜之间的氧化还原转化过程，为三价铜还原消除机制提供了直接证据[143]。黄正等通过动力学以及晶体衍射手段研究了乙醇作为氢源的铱催化转移氢化反应机制[144]。雷爱文等利用低温原位同步辐射装置发现了一价铜能够被有机锂试剂还原为零价铜物种，提出了以二价铜盐出发合成有机铜试剂的方法[145]。

计算化学已成为研究反应机理的强有力手段。方维海、陈雪波等通过理论计算对光诱导反应过程激发态进行了深入探索，取得了系列进展[146–148]。蓝宇等对过渡金属催化烃类官能团化反应机理及其选择性进行了深入的研究[149]，阐明了铑铜双金属催化炔烃双芳基化反应机理[150]。在碳氧键活化方面，洪鑫等通过理论计算阐明了 MgI_2 在镍催化苄基醚参与的 Kumada 反应中的促进作用[151]。罗三中和张龙等研究了伯胺催化中的位阻控制模式，提出了双层 Sterimol 参数模型，实现了不对称催化反应的选择性预测[152]。薛小松等研究了手性芳基碘催化苯乙烯衍生物的不对称偕二氟化反应的机制，提出了适用于 C2 轴对称性的高价碘催化烯烃双官能团化反应的对映选择性控制模型[153]。黎书华等提出了将分子动力学模拟或反应坐标牵引相结合的反应路径搜索方法，实现了 $B(C_6F_5)_3$ 催化 1，3–共轭二烯和苯酚的氢芳基化反应的理论设计和实验验证[154–156]。

我国科学家在键能研究领域一直处于研究前沿。程津培等系统建立了不同系列的酸碱化合物在质子型离子液体（[DBUH][OTf]）中的 pK_a 标度，并通过与水中 pK_a 参数相关揭示了离子液体溶剂化行为[157]。该团队还建立了国际上首个涵盖全面、数据权威、智能型键能数据库（iBonD）[158]。针对当前化学研究中面临的复杂和多元特征，他们提出了组合或互补使用多种键能参数理解复杂反应体系，如预测 C–H 键活化的活性和选择性[159]、质子耦合的电子转移的活性[160]、亚胺还原的活性[161]等，为理性应用键能数据提供了优秀的范例。在非共价作用力方面，王梅祥、王德先等利用大环缺电子芳烃体系探索了基于阴离子 $-\pi$ 作用的阴离子识别体系[162]。

活泼中间体的结构表征是研究有机化学反应机理的重要工具。王新平等合成和表征了部分基于主族元素的稳定自由基及自由基阳离子[163–165]，研究发现了过渡金属与主族元素自由基之间的电子转移过程[166]。同时通过该课题组发展的稳定双氮自由基阳离子构筑了稳定的一维有机磁性链[167]。应用基质隔离红外、紫外以及电子自旋检测技术，曾小庆等研究了酰基叠氮的重排机制[168, 169]以及光 / 热条件下硫 – 氮键的旋转机制[170]，并研究了气相条件下若干氧、氮、硫等不稳定自由基的结构及光谱性质[171–173]。

席振峰和张文雄等合成了一系列金属五元杂环及金属杂螺环化合物，并发现该类金属杂环戊二烯的阴离子或二阴离子结构具有较好的金属芳香性[174-176]。从欢等通过模板法合成了稳定的含两个 Mobius 拓扑结构芳香纳米环的索烃，并通过理论计算验证了其稳定性和芳香性[177]。朱军等通过理论计算发现 16 电子的锇杂戊搭烯和带有一个季鏻取代基锇杂吡啶盐同时在基态和激发态具有芳香性的特性[178, 179]。

3.2.6 元素有机（氟化学）研究进展

由于氟元素的独特性质（最大的电负性、较小的原子半径、能够形成很强的 C–F 单键），许多化学家都致力于含氟分子结构、功能及性质的研究。氟化合物在医药、农药及先进材料领域占有重要地位，表现出其独特性及不可替代性。我国化学工作者在发展新型氟化学合成试剂、新型氟化学合成反应方面做了许多原创性的工作。

3.2.6.1 新型氟化方法的开发

Balz–Schiemann 反应是工业上大规模制备氟代芳烃所用的主要方法之一。由于该反应所需温度高，同时会释放氮气及三氟化硼气体，因此该方法具有一定危险性。胡金波等对 Balz–Schiemann 反应进行了改良[180]，在高价碘（III）存在下，反应甚至室温下就能进行。胥波和 Hammond 等利用廉价易得的 KF 为氟源，以六氟异丙醇为溶剂，室温下实现炔胺的亲核氟化[181]。

自由基氟化受到越来越广泛的关注。李超忠等发现在铜介导下，亲核氟化试剂可变为自由基氟化试剂[182]。刘磊等利用烷氧自由基发生 1，5– 氢迁移然后构建 C–F 键[183]。在铁催化下，以烷基过氧化物为烷氧自由基前体，硼氢化锂为还原剂，NFSI 为氟源，可以顺利地构建一系列结构多样的 δ – 氟代醇。许丹倩和 Lou 等在钯催化下实现醇类底物区域选择性地 sp^2 C–H 及 sp^3 C–H 键氟化[184]。陈建平等报道了丙二酸衍生物在银催化下可以选择性地脱去一分子或两分子二氧化碳生成 α – 氟代羧酸或者二氟烷烃[185]。

3.2.6.2 新型氟烷基化反应的开发

近年来，氟烷基自由基引发的烯烃双官能团化发展迅速。刘心元等利用手性金鸡纳碱衍生的磺酰胺为配体，一价铜为催化剂，Togni 试剂为三氟甲基源，实现了烯基取代肟的自由基氧 – 三氟甲基化，能以较高的收率及对映选择性得到三氟甲基取代的异噁唑啉[186]。他们利用铜 / 手性膦酸体系实现了 1，1– 双芳基烯烃的双碳化反应[187]。刘国生等发展了首例钯催化的非活化烯烃的对映选择性胺化 – 三氟甲氧基化，这一方法可快速构建光学纯的 3– 三氟甲氧基取代的哌啶[188]。他们也实现了烯烃的 1，2– 双三氟甲氧基化[189]。

卿凤翎等将廉价易得的三氟甲磺酸酐发展成为一个三氟甲基自由基前体，在可见光氧化还原条件下，可以顺利实现（杂）芳环以及末端炔的三氟甲基化[190]。王毅、梁勇和 Wu 等开发了一种离去基团辅助的从氧化还原活性的 *N*– 羟基 – 氯代苯甲醛肟（NHBC）酯生成氟烷基自由基的策略，并成功用于未活化的烯烃的光诱导氢氟化和芳基化[191]。

二氟卡宾是有机氟化学中一个非常重要的活性中间体，二氟卡宾化学受到越来越多的关注。胡金波等发现，以 $TMSCF_3$ 为唯一氟烷基源，在铜介导下可以高效制备 CuC_2F_5，实现了氟碳链从 C1 到 C2 的过程[192]。他们以 $TMSCF_2Br$ 为二氟卡宾试剂，解决了碳亲核试剂与二氟卡宾反应效率不高的问题[193]。王剑波等利用 $TMSCF_2Br$ 为二氟卡宾试剂，发展了与异腈、亚胺的三组分串联反应制备 α，α-双氟-β-氨基取代的酰胺[194]。肖吉昌等利用二氟乙酸鏻内盐（$Ph_3P^+CF_2CO_2^-$，PDFA）在反应中既作为二氟卡宾试剂与氨基钠反应原位生成 CN^-，又作为自由基二氟甲基前体在光氧化还原条件下产生二氟甲基自由基，实现了烯烃的氰基-二氟甲基化反应[195]。张新刚等展示了二氟卤代烷烃在二氟烷基引入中的重要应用[196]。在已有工作的基础上，该小组相继实现了镍催化的（杂）芳基氯代物的二氟甲基化[197]、铜催化的二级炔丙基磺酸酯高立体选择性三氟甲基化和二氟甲基化[198]以及铁催化的芳基格氏试剂的二氟烷基化[199]。胡金波等进一步拓展了二氟甲基吡啶基砜的应用，在铁催化下实现芳基锌试剂的二氟甲基化[200]。王细胜等利用还原偶联的策略，在镍催化下实现了芳基碘代物与氟碘烷烃的偶联[201]。卿凤翎等以 $TMSCF_2H$ 为二氟甲基源实现了杂芳环 C–H 键的直接二氟甲基化[202]。

3.2.6.3　其他含氟官能团引入的新方法

含三氟甲氧基的化合物在医药、农药及功能材料领域有着广泛的应用。胡金波等开发了以苯甲酸三氟甲酯作为一个实用、高效的三氟甲氧基化试剂，顺利实现苯炔的 1，2-双官能团化、卤代烃的亲核取代、芳基锡试剂的偶联以及烯烃的双官能团化等的反应[203]。汤平平等发展了首例银促进的苄位 C–H 键氧化三氟甲氧基化[204]。随后他们在钴催化下，成功利用 CF_3O^- 为亲核试剂，实现了环氧烷的开环[205]。

沈其龙和 Gouverneur 等合作报道了一个新型亲电 SCF_2Br 转移试剂 $PhC(CH_3)_2OSCF_2Br$。在铜催化下，该试剂可以实现芳基硼酸酯的直接溴二氟甲硫基化；$ArSCF_2Br$ 在银存在下可与［^{18}F］KF 发生氟溴交换生成［^{18}F］$ArSCF_3$[206]。王永强等利用沈其龙和吕龙等发展的 $PhSO_2SCF_2H$ 试剂，实现了醛的自由基二氟甲硫基化[207]。董佳家和 Sharpless 等合成了一个新的氟磺酰基转移试剂——氟磺酰基咪唑盐。该试剂是一个稳定的固体，有着比氟磺酰氟更广的底物适用范围[208]。

3.3　物理化学

近年来，我国物理化学研究蓬勃发展，下面按照传统物理化学的学科分支详细介绍过去两年内物理化学领域的新观点、新理论、新方法、新技术等新成果。

3.3.1　生物物理化学

过去两年中，我国学者在揭示生命现象的物理化学机制和建立生物物理化学新技术和新方法方面取得了开创性研究成果。

3.3.1.1　揭示生命现象的物理化学机制

近年来，生物大分子的相分离的物理化学机制成为生物物理化学的前沿问题。先前人们提出的相分离模型均主要关注蛋白的结合能力或序列的表观遗传特性[1-4]，较大程度忽略了 DNA 自身特性沿序列的差异分布。高毅勤等通过对染色质测序、结构和表观遗传数据的深入分析，提出了一个可以自下而上地解释不同生命过程中染色质结构和表观遗传变化的相分离模型[5]。来鲁华等揭示了转录抑制因子与 DNA 形成相分离的调控规律[6]。在揭示蛋白质和糖等生物大分子的生命功能方面，李国辉等揭示了一类古老核糖核酸酶——RNaseP 酶的催化微观机理[7]，并提出了肺癌转移的新机制[8]。王文宁等首次证实两个内在无序蛋白质（IDP）可以形成无固定结构的动态模糊复合物[9]。王宏达应用基于原子力显微镜（AFM）的“力示踪技术”直接检测了单个葡萄糖分子跨越细胞的力及需要的时间，证实盐桥在葡萄糖转运体 1（GLUT1）介导的葡萄糖分子的跨膜转运过程中发挥关键作用[10]。

3.3.1.2　建立生物物理化学研究的新技术和新方法

黄岩谊等发展出一种全新概念的 DNA 测序方法——纠错编码（简称 ECC）测序法，利用多轮测序过程中产生的简并序列间的信息冗余，大幅度增加了测序精度[11]。陈春来等发展了基于光激活的单分子荧光共振能量转移（sm-PAFRET）技术，基于表面瞬时荧光相关光谱检测的新方法，揭示了 Cas9 蛋白切割过程中的长程别构调控和校验机制[12]以及抗菌短肽 Oncocin 的工作机制[13]，阐释了 RNA 二级结构调控翻译速率和诱导程序化阅读框移位的分子机制[14]。赵新生等发展了三阶 FRET-FCS 方法，并在 M.HhaI 酶的研究中发现了新的结构[15, 16]。徐平勇等将海森去噪方法应用于单分子定位显微成像技术，实现了快速单分子成像[17]。黄方等利用闪烁纳米荧光探针建立了用于活细胞动态研究的荧光方法[18]以及可对活细胞上微量表达的 GPCR 进行定量表征的方法[19]。刘义等基于微量热法建立了快速、准确检测化学物质溶源诱导活性的方法[20, 21]，阐明了化学物质对溶源激活过程的影响途径及作用机制，为纳米材料生物安全性评价提供了理论依据。

3.3.2　催化化学

催化是化学各分支中与应用结合最紧密的学科。过去两年，我国在催化基础与工程应用研究方面取得了一系列突破性进展。

3.3.2.1　发展新型催化剂，建立了一系列新的催化体系

过去两年里，我国科学家通过发展新型催化剂，实现了一系列重要化学品的高效催化转化。路军岭、杨金龙与韦世强等运用原子层沉积（ALD）技术，在负载 Pt 纳米催化剂上得到了原子级分散的 $Fe_1(OH)_x$ 物种，构筑出 $Fe_1(OH)_x$-Pt 界面单位点催化活性中心。在富氢气氛下的 CO 优先氧化反应中，该催化剂在 -75 ℃至 107 ℃的温度区间内实现了 100% 选择性去除 CO[22]。覃勇等实现金属配合物催化剂的可靠封装，提高封装后的催化剂的催化效率以及重复使用性[23]。王野等发展出通过非金属元素掺杂金属表面活化水分子而促进 CO_2 还原的新方法，获得了目前报道的最高的甲酸生成速率[24]。李灿等研发了单核锰催化剂，其水氧化活性超过 $200s^{-1}$，是目前报道的具有最高水氧化活性的多相催化剂[25]。王绪绪等与李灿团队合作发展了一种固态 Z- 机制复合光催化剂，在可见光下将

H_2O 和 CO_2 高效转化为甲烷，实现了太阳能人工光合成燃料过程[26]。左智伟等以廉价的铈盐为光催化剂，醇为氢转移催化剂，实现了温和条件下甲烷的胺化、烷基化和芳基化等反应[27]。谭斌等利用手性磷酸催化，实现了经典 Ugi 四组分反应的不对称控制，建立了快速、高效合成酰胺化合物库的新策略[28]。该工作是催化不对称多组分反应研究领域的一次突破。曹勇等在深入理解生物质平台化合物 5- 羟甲基糠醛（HMF）临甲酸转化中所经历特殊反应通道的基础上，成功设计并构建出以甲酸、HMF 及乙烯为原料，通过集成式两步法高选择定向合成大宗化学品对二甲苯（PX）的反应体系[29]。

3.3.2.2 发现新的催化原理，提出新的催化概念

高效催化反应往往建立在新的催化原理基础之上。赵宝国等首次提出了“羰基催化”的概念，通过甘氨酸酯与亚胺的 Mannich 反应高活性、高选择性地实现了伯胺（甘氨酸酯）α 位的不对称官能化，以最短的步骤高原子经济性地合成了一系列含双手性碳中心的 α，β－二氨基酸衍生物[30]。傅尧和尚睿等利用一种简单易得的非金属阴离子复合物光催化体系，成功催化羧酸脱羧、烷基胺脱氮，并有效用于经典 Minisic 和 Heck 反应。该体系突破了传统贵金属或有机染料光催化剂限制，解决了过渡金属在药物合成中残留等问题[31]。王野等提出“接力催化（Relay catalysis）”的概念，将具有不同功能的催化活性组分集成为多功能催化体系，实现合成气制含氧化合物的可控的接力催化反应[32]。王峰等提出了“界面路易斯酸碱对”催化概念，实现了在无酸添加条件下，以乙烯、甲醇和 CO 等低碳分子为原料，一步高效催化转化制备丙酸甲酯[33]。吴凯等发现金属物种和 CuO 之间的电荷传递可以调控 CO 的氧化反应。他们分别将 Au 单原子[34]和 Pt 单原子[35]负载在 CuO/Cu（110）上，前者因带有负电荷而对 CO 的氧化反应具有较高的催化活性，后者则不能催化 CO 氧化。该研究首次揭示出影响薄层催化剂效率的本征参量。

3.3.2.3 基于表面物理化学，发现新的催化机理和反应路径

催化反应的本质是对化学反应路径的调控。吴凯团队利用自组装策略实现对表面反应的调控。他们利用 Au(111）表面上 4，4′－二（2，6－二氟代吡啶 -4- 基）-1，1′：4′，1″-三联苯（BDFPTP）分子形成的规整自组装结构高选择性地产生两种脱氢环化产物[36]；类似的策略在 Ag（111）表面仍然有效[37-39]。利用 1，4- 二溴 -2，5- 二乙炔基苯这一双官能团分子作为反应前驱体，通过对反应过程的精准控制，先后得到由炔－银－炔的一维有机金属链状结构和由炔－银－炔、炔－银－苯两种节点排列而成的二维结构，在固体表面实现了非对称反应[40]。迟力峰团队实现了正构烷烃在多种金属表面的端基选择性脱氢和碳－碳偶联，实验和理论研究均表明 Au（110）－（1×3）重构的衬底具有更高的活性，从而降低了碳氢键的活化能[41]。该团队围绕碳氢活化进行了一系列系统性探索，利用表面化学反应制备纳米石墨烯[42]、四轴烯分子[43]等；利用晶格失配引起的分子不对称吸附导致局域反应活性增强[44]。

3.3.2.4　基于新的催化剂设计，实现了自主研发的工程应用

我国学者在催化剂设计方面的多项科研成果达到世界先进水平，成功应用于我国的化工生产。刘中民团队成功研发了新一代甲醇制烯烃（DMTO）催化剂，其性能指标全面优于全球市场同类产品。2018 年我国首套自主研发的 60 万吨 DMTO 装置、也是全球第十三套 DMTO 装置在陕西延长石油延安能源化工有限责任公司一次投料试车成功。李永旺团队解决了费托合成铁基催化剂活性结构及其反应动态调控机制的难题，自主研发出高温浆态床煤炭间接液化成套工业化技术，在全球单体最大规模的神华宁煤 400 万吨 / 年、内蒙古伊泰 100 万吨 / 年以及山西潞安 100 万吨 / 年的煤制油商业示范装置中实现了满负荷工业运行。宗保宁团队发明了高强度微球催化剂和高效分离设备，以浆态床蒽醌加氢工艺替代固定床，打破国外浆态床过氧化氢生产技术的封锁。段雪团队的李殿卿开发了高分散 Pd 催化剂用于蒽醌选择性加氢，H_2O_2 生成活性最高可达 5400kg（H_2O_2）· kg^{-1}（Pd）· day^{-1}，是传统催化剂的 2.5 倍，彻底改变了我国 H_2O_2 行业长期落后于国际先进水平的局面，在鲁西化工集团获得成功应用。

3.3.3　化学动力学

我国化学动力学领域的研究专家在揭示大气和星际化学、单分子反应的分子动力学方面不断取得进展。

3.3.3.1　气相反应动力学

王兴安等首次观测到了化学反应散射中日冕环的现象，并揭示了该现象所隐藏的反应动力学机理[45]。他们自主研制的交叉分子束反应动力学研究装置对 H 原子的速度分辨率达到世界同类仪器最好水平[46]。肖春雷和杨学明团队利用改进的交叉分子束技术，结合孙志刚等自行发展的非绝热量子波包动力学方法，揭示了低温下 F + H_2 反应中共振增强隧穿效应在星际化学中对于氟化氢产生的贡献[47]。李军和新墨西哥大学郭华、D. Neumark 等合作，解释了利用光剥离慢电子速度成像方法测量得到的低温 CH_3OHF^- 光电子谱中的若干个多层次窄峰，证明其主要来自 Feshbach 共振[48]。边文生等在对典型的势阱速控反应 C（^{1}D）+ HD 的理论研究中发现纳入锥形交叉对拓扑结构影响的绝热势能面上的量子动力学计算结果明显优于忽略锥形交叉影响的势能面的结果[49]。王凤燕和徐昕合作对诱导气相金属原子发生氧化反应的电子转移距离做了精确测量，从而验证了反应动力学著名的经典模型—渔叉机理[50]。

3.3.3.2　分子光谱和单分子反应动力学

周鸣飞团队采用激光溅射 - 低温基质隔离技术，在 4K 低温惰性氖基质中成功制备了饱和配位的碱土金属钙、锶和钡的八羰基配合物分子 M（CO）$_8$（M = Ca，Sr，Ba），并测量了红外光谱，发现碱土金属钙、锶和钡的（n−1）d 轨道在一定条件下也可以表现出典型的过渡金属成键特性[51]。胡水明等利用激光锁频的光腔衰荡光谱技术首次获得了 HD 分子的泛频振转跃迁的饱和吸收光谱，建立了在四体系统中检验量子电动力学的方法[52]。

袁开军等利用大连相干光源研究水分子光解动力学，发现水分子在极紫外光下会光解产生转动能超过解离能的 OH 自由基，说明星际空间中超热羟基存在一个新的来源[53]。谢代前等通过理论计算发现 HCO 分子态光解反应中存在物质波干涉现象，阐释了实验观测到的产物转动分布的振荡结构的产生机制[54]。蒋彬团队通过 DFT 计算构建出甲醇分子在 Cu（111）表面的 18 维反应势能面，通过准经典轨线计算发现振动局域模的激发能增加了该局域模所在的化学键断裂的概率[55]。郭雪峰等建立了研究 DNA 导电性的单分子技术，成功实现了具有单个碱基对分辨率的对 DNA 杂合 / 脱杂合的动力学过程的实时监测，揭示了单分子水平上的主客体相互作用、氢键自组装、SN1 和亲核加成反应的动力学过程以及立体电子效应的本征规律，开拓了单分子化学反应动态过程的可视化和单分子生物物理的电学精准检测的新方向[56-58]。

3.3.3.3　自主发展的原位表征技术

近两年，我国在自组研发原位表征技术方面实现了重大突破。郑俊荣团队利用超快红外夹角法，通过原位实时解析甲酸降解成氢气的反应中间体展示了重要的反应中间体[59]；得到离子液体的直接结构信息——自由离子是构成离子液体的主要成分[60]，推翻了以前普遍认为的在石墨烯等类金属材料表面不能形成强束缚激子的错误观点，并定量指出二维电子屏蔽是形成这种传统理论解释不了的现象的根本原因[61]。李灿团队在国际上率先发展了空间分辨的光生电荷原位动态成像技术，并将其应用到微纳尺度光催化材料电荷分离的成像研究中，揭示了纳米尺度助催化剂及表面缺陷对光催化材料内建电场的方向和大小的有效调控；揭示光催化材料中载流子迁移率扩散差异诱导的电荷分离，这种驱动力甚至在某些条件下可以超过传统的内建电场驱动力[62]。杨学明等自行研制出世界首套“基于可调极紫外相干光源的综合实验研究装置”，以此为工具发现水分子在极紫外光区域光解离动力学中的新奇现象和中性水分子系列团簇的振动分辨光谱等。王兴安等自主研制出结合阈值激光电离技术以及速度成像技术的交叉分子束反应动力学研究装置，其 H 原子速度分辨率达到世界同类仪器最好水平。

3.3.4　化学热力学

近年来，我国在化学热力学与其他前沿学科如绿色化学、生命科学、能源、材料科学等交叉领域取得了重要进展。

3.3.4.1　离子液体的化学热力学

韩布兴团队发现组分两两互溶的离子液体 / 水三元体系中存在两相区，在宏观相分离之前有一个小尺寸预相分离区[63]。以预分离相区为模板合成出高比表面的多级孔 Ru 和 Pt 金属催化剂。王键吉团队开发了一类完全由离子液体组成的高温微乳液和 CO_2 响应的离子液体微乳液。此离子液体微乳液的独特相行为能够应用于 Knoevenagel 反应，实现均相反应、异相分离、微乳液循环利用的有效集成和可持续的化学过程[64]。李浩然团队通过引入第一配位圈的概念，修正了 Onsager 反应场，并将其应用到离子液体的极性研究，总结出了一个离子液体的整体极性规律：伯、仲、叔胺盐＞吡啶盐≈咪唑盐≈吡咯盐≈哌啶盐≈吗啉盐＞季铵盐≈季鏻盐≈胍盐[65]。建立了利用核磁共振测定质子型离子液体离子率的方法，并通过对不同温度下的平衡常数测定，得到反应焓变和反应熵变，讨论了质子转移前后 Brønsted 碱的对称熵变化对离子率的影响[66]。

3.3.4.2　离子液体的化学热力学模型

张锁江团队采用分子动力学模拟和原位实验表征相结合的方法研究系列离子液体在水溶液中离子簇的形成机理和变化规律[67]。对离子液体中气泡行为进行了实验和模拟研究，构建了适宜于描述跟踪离子液体中气泡界面的数学模型，提出预测离子液体体系多气泡平均直径新关联式，实现了气泡流动 – 传递耦合过程的准确模拟[68]。

3.3.4.3　界面热力学

陆小华团队提出了纳微实验 + 分子模拟 + 热力学模型三者有机耦合的新观点，构建了界面引入后的热力学理论新模型，开发了利用纳微实验数据定量获得微观参数的新方法，建立了基于分子参数的仅含有一个通用化参数的受限纳米粒子自由能模型。该团队还采用原子力显微镜（AFM）定量研究了复杂界面的热力学性质。发现在固定体系中单分子作用力对于一种蛋白为恒定值，不随材料的粗糙度和孔结构的变化而改变[69]。

3.3.5　光化学

光化学是研究处于电子激发态的原子和分子的结构及其物理和化学性质的科学，近年来，我国光化学研究领域取得了一系列重要研究成果。光化学正在与材料、能源、生命、信息、环境等学科交叉融合，我国光化学研究领域的队伍不断壮大，发展势头相当迅猛，取得了一系列重要研究成果。

在可见光驱使的有机合成领域，左智伟等率先发展了 LMCT（金属到配体的电子跃迁）催化模式，通过铈盐和醇复合物的光促配体到金属的电子转移，实现了甲烷等气态烷烃分子的高选择性胺化反应[70]。傅尧和尚睿等巧妙利用碘化钠碘化钠 / 三苯基膦复合物光诱导分子间电荷转移，成功实现了温和条件下脱羧偶联、去胺基烷基化、三氟甲基化等反应[71]。在可见光诱导的不对称合成领域，江智勇等首次将可见光不对称催化质子化反应用于 1，2– 二酮的不对称还原[72]。通过有机光敏剂与手性螺环膦酸的可见光协同催化，完成了 *N*– 芳基甘氨酸与含氮芳杂环端烯的自由基共轭加成 – 不对称质子化反应[73]。俞寿云等利用可见光氧化还原与钯协同催化，以 4– 烷基 –1，4– 二氢吡啶为烷基源，实现了温和条件下自由基型高区域选择性和立体选择性的不对称烯丙基烷基化反应[74]。肖文精、陆良秋等通过可见光促进的 Wolff 重排反应，实现了钯催化的不对称烯酮环加成反应，开辟了含有手性季碳喹啉酮、七元环内酯等化合物不对称合成的新途径[75, 76]。吴骊珠等在溶液相中实现了可见光催化查尔酮和肉桂酸酯衍生物分子间［2+2］性二聚反应，高效、高选择性构筑了取代基多样性的四环烷[77]。从欢等利用经典光化学蒽［4+4］二聚反应的可逆性，自下而上精确合成了一系列新型碳纳米大环分子[78, 79]，还利用铜模板法首次精准合成共轭莫比乌斯索烃[80]。

人工模拟光合作用光催化制氢、放氧及 CO_2 还原是解决能源及环境问题的有效途径之一。李灿等成功构筑了表观量子效率（AQE）达 10.3%@420 nm、太阳能到氢能（STH）转化效率为 0.5% 的高效 Z 机制全分解水制氢体系[81]。隋曼龄等成功将光纤引入液体环境透射电子显微镜中来原位观察光催化水裂解产氢反应过程，揭示出在真实光催化条件下率先形成的 TiO_2 表面氢化层对光催化过程的作用[82]。吴骊珠等模拟了自然界光合系统 II 的 OEC 结构，成功构筑了类立方烷型 Cu_4O_4 高效水氧化催化剂，产氧 TOF 为目前人工模拟铜基分子型产氧催化剂的最高值[83]。谢毅等创造性地在超薄二维半导体的禁带中引入中间能带，制备了立方相 WO_3 超薄片，首次在单一材料上实现了室温下红外光驱动的 CO_2 还原[84]。

发光材料的制备及其在荧光传感、成像、光动力治疗等方面的应用研究是光化学中十分重要的研究内容之一。杨国强等基于 BODIPY“生色团反应”设计了新型超高灵敏度的甲醛和温度荧光探针，其是目前检测信噪比最高的 Turn-on 荧光探针[85]。朱为宏和郭志前课题组开发了对脑部 Aβ 斑块进行原位成像的近红外荧光探针[86]，可实现对阿尔茨海默病（AD）模型小鼠脑部 Aβ 斑块的准确结合和近红外荧光标记。唐波和李平课题组设计合成了检测活体脑部乙酰胆碱酯酶活性的双光子荧光探针[87]，以及用于检测脑部羟基自由基的双光子荧光探针[88]，相关工作为在活体水平上的抑郁症诊断提供了新思路。兰州大学房建国团队筛选出快速特异性检测硫氧还蛋白还原酶 TrxR 的荧光探针[89]。张凡课题组报道了一系列近红外二区（NIR-II）分子探针，实现了活体小动物淋巴循环的高分辨率长时间成像和深组织穿透的 pH 传感[90]、药物诱导肝损伤的原位检测[91]、活体内自组装的 NIR-II 纳米探针导航卵巢癌实体瘤和转移灶的精准切除[92]等。赵春常课题组报道一种可激活的 NIR-II 荧光探针用于结直肠癌的可视化研究，该探针可在 900~1300 nm 处显示硫化氢激活的比率荧光和 NIR-II 成像[93]。李峻柏团队通过“免疫欺骗”的思路，实现了高选择性的肿瘤光动力治疗[94, 95]。汪鹏飞团队设计合成了一种可在肿瘤内原位产生氧气的新型锰（Ⅱ）- 碳点纳米组装体，可作为一种高效的肿瘤微环境刺激响应的氧气发生器，用于磁共振 / 荧光双模态成像介导的多功能纳米光诊疗剂来增强对乏氧肿瘤的光动力治疗[96]。

开发高效的三线态能量转移体系对提高电致发光器件的效率、磷光传感与成像以及理解光合作用的三线态光保护机理具有重要的意义。钟羽武等利用不同金属光功能配合物作为能量给、受体，通过组装制备了低维晶体，实现高效三线态能量转移[97]，并实现了微纳尺度下发光颜色变化的原位调控与温敏监测[98]。利用超分子作用抑制三线态电子的非辐射跃迁为构建有机室温磷光材料提供了契机。刘育课题组制备的葫芦脲主客体复合物的磷光高达 81.2%，是迄今纯有机室温磷光量子产率的最高纪录[99]。田禾、马骧课题组制备了一系列具有高效室温磷光发射的无定形态环糊精衍生物[100]，通过将各种含氧官能团取代的苯基磷光单体与丙烯酰胺简单二元共聚，得到无重原子无定形态纯有机聚合物室温磷光材料，移除激发光源后发光现象仍可以持续 5 s[101]。吴骊珠等发展了水相及 HeLa 细胞中的可见及近红外光响应的有机室温磷光纳米组装材料，研究表明组装体高效的有机室温磷光源于激发态的二聚体[102]。赵永生等利用喷墨打印的方式精准构建了红绿蓝微纳激光阵列作为显示面板，实现了主动发光激光显示[103]。

3.3.6 胶体与界面化学

最近两年来，我国胶体与界面化学领域的学者在手性发光材料控制、生物分子组装、软物质动态组装、应用胶体研究等方面取得了国际领先的研究成果。

3.3.6.1 手性发光材料

圆偏振发光在 3D 显示、光学存储、光学防伪以及不对称合成等方面具有重要应用。刘鸣华、段鹏飞团队通过将常规发光分子或量子点等与手性纳米管共组装，基于常规发光分子（粒子）实现了一系列圆偏振发光。并通过变换发光分子或粒子，获得了能够在可见光区全波段调制的圆偏振光[104, 105]。利用此策略，他们还实现了基于荧光共振能量转移的上转换圆偏振发光[106–108]。更进一步，他们通过制备具有发光性质的手性电荷转移复合物[109]，首次实现了分子间电荷转移复合物的圆偏振发光。这些普适性的方法为推进圆偏振发光材料的实际应用奠定了坚实的基础。

3.3.6.2 生物分子组装

具有生物活性的组装结构在仿生及生物医学领域具有重要价值。李峻柏团队[110]利用模板法制备了二氧化硅“纳米海绵”并高效负载光酸分子，进一步在其表面重组 ATP 合酶构筑了“人工叶绿体”，在体外实现了可控与高效的 ATP 光合成；在含有 ATP 合酶的叶绿体中富集能量匹配的亲水性量子点，提升了叶绿体的光合磷酸化效率。闫学海团队[111, 112]通过将生物启发的矿化氨基酸及催化活性基元的整合，实现了仿生叶绿素的生物合成。利用基于氨基酸配位驱动自组装，制备了超分子姜黄素纳米制剂，大大提高了姜黄素的抗肿瘤活性，并减小不良反应。贺强团队[113–116]首次利用中心粒细胞对细菌膜伪装纳米粒子的主动吞噬，成功制备了具有趋化自寻能力的细胞杂化胶体马达。

3.3.6.3 基于新原理的胶体材料研究

新的原理是先进胶体材料制备的基础。黄建滨、阎云团队[117]将结块过程与构筑塑性薄膜相结合，正向地将结块的原理应用于由粉末材料向连续的液晶相超分子薄膜的构筑上，提出了一种全新且十分简便的构筑超分子薄膜材料的方法。蒋凌翔团队利用环糊精复合物通过“晶格自组装”形成高度刚性的微米管和多面体结构，具有类似单晶的有序性；并且可以形成空心菱形十二面体结构，与病毒衣壳的多面体结构类似[118, 119]。李广涛团队创新性地将光子晶体微球作为腔室化单元，通过进一步的组装得到光子晶体微球多腔室体系，赋予了多腔室体系正交反应活性[120]。王树涛团队发展了普适性乳液界面聚合方法，实现了拓扑结构和化学组成可调的亲 / 疏水异质聚合物微球的可控制备[121]。安琪团队将“挠曲电”效应与层层组装结合，发展出自供能的薄膜材料[122]。房喻团队[123，124]利用基于动态共价键的离子液体凝胶创制了一类兼具自愈合、可循环和可重塑的软光学器件。齐利民等[125]利用动力学控制生长与选择性表面包覆相结合的策略，实现了金纳米棒的二次生长，进而实现单分散的箭头状金纳米晶的可控合成。

3.3.7 理论与计算化学

2017 年以来，我国理论与计算化学研究在方法发展、材料与药物设计、反应机理、激发态与光化学等领域都取得了许多重要进展。

3.3.7.1 密度泛函杂化方法发展

徐昕研究组将 Hartree–Fock 交换能与二阶微扰关联能杂化到密度泛函中，可以通过尽量减少参数的数量以及拟合的程度，构造出既能很好地描述体系的电子密度又能很好地描述体系的能量的双杂化泛函[126]。他们还发展了动力学蒙特卡洛（KMC）模拟，提出一种称为 XPK 的杂化方法[127]。测试表明 XPK 方法具有与直接 KMC 模拟类似的精度，但效率被大大提高。

3.3.7.2 应用神经网络进行势能面模拟

张东辉研究组引入交换不变多项式以及在此基础上简化得到的基本不变量来作为神经网络的输入层，得到了精度远超之前版本的势能面[128]。针对数据集完备性问题，刘智攀课题组提出了全局 – 到 – 全局（global–to–global）的高维神经网络势训练方案[129]。该方案运用随机势能面行走（SSW）全局搜索技术产生训练数据集，该数据集将不仅包含稳定结构，同时包括大量反应过渡态的化学环境。通过拟合 SSW 全局势能面数据，该势能面可以同时具有结构和化学反应的预测能力。

3.3.7.3 计算机辅助药物设计方法发展

来鲁华、裴剑锋团队整合发展了开放式图形在线计算服务平台 CavityPlus，用于精确探测蛋白质表面的结合口袋，并进行可药性、别构位点及共价化合物设计位点预测[130]。所发展的相关方法成功应用于 15–LOX 和 GPX4 的激活剂设计及调控机理研究[131，132]。王任小团队发展了用于系统评价打分函数性能的方法体系 CASF，可以对打分函数本身的性能得出更加准确的评价[133]。李洪林团队基于反玻尔兹曼统计方法，发展了一套针对 DNA– 配体结合的特异性打分函数，并设计了多目标优化模型，开发了 DNA– 配体的特异性分子对接方法 iDNAbinder，可以针对转录因子 DNA 结合的转录响应元件进行高选择性的小分子配体虚拟筛选。应用该方法成功地获得了转录激活因子 AP–1 的天然调节剂[134]。化合物的 ADMET 性质预测在药物设计中起到关键作用，华东理工大学唐赟团队开发并更新了 admetSAR 在线预测服务网站[135]，并建立了对化合物 ADMET 性质进行优化计算的网络服务器 ADMETopt[136]。北京大学来鲁华、裴剑锋团队利用深度学习技术发展了化合物口服毒性等性质预测方法[137，138]。

3.4 分析化学

分析化学是研究物质的化学组成、含量、结构和形态的科学，被誉为“科学技术的眼睛”，其发展与人类社会的发展、各相关学科的发展密切相关。2017年以来，我国分析化学相关研究工作的水平不断提高，在生物分析和传感领域的研究始终保持强劲的发展势头，在生物活体分析、单分子和单细胞分析、基于功能性核酸的生物分析、纳米分析等领域的研究不断发展，在国际顶级期刊发表的研究论文数逐年增加，彰显了我国分析化学和分析科学领域在国际上的地位。

3.4.1 单分子、单细胞分析和纳米孔分析研究进展

艾仕云等[1]利用Aerolysin生物纳米孔对短链核酸分子的超灵敏分辨，实现了对超低浓度的癌细胞的检测。吴海臣团队利用纳米颗粒负载放大效应及“Click”反应，开发了基于纳米孔的癌症标记物检测方法[2]，方法检测限可达亚飞摩尔水平。王康等[3]利用金纳米颗粒在玻璃纳米管尖端自组装，构建等离子体纳米孔，在i-motif DNA辅助下，实现对细胞内区域pH的检测。在DNA测序方面，研究人员优化传统纳米孔DNA测序技术，实现了对FANA的序列信息读取[4]。李冰凌等利用尺寸较大的固体纳米孔研究了DNA自组装行为[5]；田野等通过调控离子选择性进行其能量转换研究[6]。李冰凌和金永东等合作创新性地利用先进的纳米孔技术在单分子水平上及无共价修饰的均质条件下来表征DNA的结构[7]。毛兰群等采用DNA填充的智能纳米孔道作为模型，系统研究了在两个对称状态中间所形成的离子整流效应的动态变化[8]。通过粗粒化的PNP模型以及一维的统计模型验证了实验结果，针对不同的分子填充模型所形成的非对称度和离子整流效应建立了量化的关系。并且基于离子整流的特性，发展了一种基于ATP传感天平的应用。龙亿涛团队在纳米孔和单分子检测方面取得了很多突破性的研究成果，他们采用单个具有纳米级限域孔道结构的Aerolysin膜蛋白分子，提出并构建成了单个分子测量界面[9]，精准调控复杂测量界面内每一个检测单元，运用电化学高灵敏的测量方法获得了DNA分子在单分子水平上的结构和动态特征信息[11]，完成了混合体系中单个分子的超灵敏检测和核酸外切酶“分步降解”单链DNA过程的实时观测。与最早使用的α-Hemolysin蛋白孔道相比，Aerolysin蛋白孔道极大地提高单分子电化学界面分析的精准度，是目前用于单分子分析最灵敏的纳米孔道之一。为了将基于单分子界面的电化学单分子技术发展成通用方法，龙亿涛团队整理了Aerolysin纳米孔道实验手册[12]。

3.4.2 基于功能核酸和适配体分析的研究

功能性核酸适体具有与抗体相当的特异性和亲合力，而且还具有靶标范围广、易于精准制备、便于修饰标记、设计灵活可控、免疫原性低和分子量小等优点。传统DNA核酸适体仅以A、T、G、C四种天然核苷酸为结构单元，功能活性相对单一。谭蔚泓的团队设计合成了多种新型人工碱基。设计了非天然碱基zT，并利用该碱基的反式（*trans*-zT）与

顺式（*cis*-zT）两种构型，实现了对DNA杂交结构的可逆光调控[13]。设计了含三氟甲基的新型疏水碱基及相应人工核酸分子，首次发现了核酸可通过三氟甲基型人工碱基的疏水作用进行自组装[14]，进一步提高了核酸分子探针的稳定性。设计合成了二茂铁人工碱基，研究结果表明，含有二茂铁碱基的DNA探针具有可逆的电化学活性，利用其对DNA互补杂交的影响，可以有效区分互补位点的ATGC碱基，并可用于检测DNA链中单个碱基的变化[15]。用Tau蛋白的磷酸化多肽片段为靶标，首次筛选出可特异性识别病理性Tau蛋白的核酸适体，并证明该核酸适体可用于抑制Tau蛋白的磷酸化过程，为Tau蛋白病变机制的研究及相应诊疗方案的研发提供了重要分子工具[16]。利用缺血小鼠的脑组织切片为筛选靶标，以正常小鼠脑组织切片为负对照，筛选获得了能够特异性识别缺血脑切片的核酸适体LCW17，并鉴定出其靶标蛋白为高密度脂蛋白Vigilin，为缺血性中风的分子机制研究与诊疗新方法研发提供新工具[17]。

核酸适体细胞筛选新方法的提出与细胞识别基本性质的发现，为细胞分析提供了有效分子识别探针与理论指导。美国化学会分析化学委员会特邀杜衍研究员和董绍俊院士（发展中国家科学院）对核酸生物传感器（主要包括：DNA传感器、基因诊断以及核酸适配体/DNA酶传感器）的工作原理、研究现状、面临的挑战以及发展趋势作了详细的评述[18]。

病态细胞的细胞膜上存在着各类蛋白与蛋白、脂分子与蛋白间的异常相互作用，标志着各类疾病的发生。受自然界马达蛋白的启发，谭蔚泓等发展了由磷脂-DNA构成的新型分子步行者[19]。DNA步行者锚定于细胞表面，随着膜脂分子运动而移动，每一次膜脂分子的瞬时相互作用转化为可以累加的荧光信号。累加的荧光信号逐渐达到一个可以被检测的量级，从而可用于研究膜脂分子动态瞬时相互作用及相关运动参数的检测。

杨黄浩和李娟等特异性结合肝细胞生长因子受体c-Met的核酸适体作为识别单元，结合荧光能量共振转移技术，实现了细胞表面c-Met蛋白二聚化的动态成像分析[20]。为研究蛋白质二聚化过程及其相关生物效应提供了新方法。

近年来，聚合酶链反应和等温扩增反应被广泛应用于基因检测方面。李冰凌等[21]通过引入一种三通传导结构将等温扩增子（LAMP amplicon）与无酶核酸分子线路（CHA）相偶联，实现普适型、合理性兼容的基因诊断方式。可实现利用同一套CHA序列，仅根据目标基因替换10~12个核苷酸直接应用于新的待测基因的检测，具有超高的灵敏度和选择性。

外泌体是携带了母体细胞相关的蛋白及遗传物质，近年来作为一种新兴的非侵入式肿瘤标志物受到广泛关注。谭蔚泓等利用核酸适体的分子识别特性及其对金纳米颗粒的稳定作用，发展了一种可视化的多元检测方案，实现了对外泌体膜蛋白谱图信息的获取和分析[22]。同时，利用核酸适体的分子识别特性，在外泌体表面引发靶蛋白特异性的核酸杂交链式反应，实现了DNA纳米结构在纳米尺度外泌体（30~100 nm）膜表面上的自组装[23]。董益阳等[24]利用 DNA 四面体将核酸适体电化学探针有序固定在电极表面，实现了癌症相关外泌体的高灵敏度、高特异性检测。

孙佳姝团队利用荧光标记的核酸适体发展了一种微流控热泳适体传感器，用于对癌细胞相关外泌体进行特异性捕获与检测，并获得外泌体表面蛋白组学信息[25]。同时，开发了相关的机器学习算法，对 70 份 I–IV 期淋巴瘤、乳腺癌、肝癌、肺癌、卵巢癌和前列腺癌血清以及健康对照的外泌体蛋白组学信息进行了深度学习，并利用学习获取的经验，对 102 份癌症血清样本的单盲检测结果进行分析，对 6 种癌症（I–IV 期）分类准确率 68%，I 期癌症检测准确率 95%，特异性 100%。

为了实现肿瘤的靶向药物递送，降低全身性的药物毒副作用，张晓兵等[26]通过 DNA 树枝状聚合物构建了腺相关病毒与核酸适体偶联体（G–sgc8–AAV2），实现了基于腺相关病毒载体的靶向基因转导。与单个适体交联的载体（sgc8–AAV2）相比较，G–sgc8–AAV2 载体与靶细胞的结合亲和力增强了 21 倍。邱丽萍等[27]利用肿瘤细胞膜外微环境 pH 比正常细胞低的特点，构建了一种 pH 响应、动态变构的核酸适体，实现了核酸适体分子识别能力的自适应调控，进一步提高了核酸适体对肿瘤细胞分子识别的特异性，降低了药物分子对正常细胞的毒副作用。

汪铭和谭蔚泓等成功构建了基于超分子组装调控的环形核酸适体，并将其应用到小分子抗肿瘤药物和蛋白质输送中。研究表明，环形核酸适体在生物体系能为小分子疏水药物以及大分子蛋白质的高效输送提供独特的分子工具[28, 29]。叶茂和谭蔚泓等[30]将癌症治疗药物氟尿苷与体内的血清白蛋白结合，将药物转运至肿瘤组织，成功实现了抗癌药物的体内靶向输送。

谭蔚泓等[31]在细胞中构建 DNA 逻辑回路，通过人工模拟免疫反应，可实现移除病原体 DNA 的目的。当入侵原型细胞的病原体 DNA 片段数目低于系统容忍值时，DNA 逻辑反应网络处于休眠状态；而当病原体 DNA 片段数目高于系统阈值时，DNA 逻辑反应网络被迅速激活并执行一系列 DNA 分子运算，产生大量的人工抗体模拟物，捕获病原体 DNA 片段并降解。

刘巧玲等利用 DNA 链杂交和置换反应，实现了 DNA 纳米棱柱在一种仿生巨型囊泡表面的可逆调控[32]。谭蔚泓等发展了一种三维 DNA 纳米逻辑机器人，其集成了多个核酸适体功能触角，成功实现在癌细胞表面的运算识别[33]。

3.4.3 生物传感与活体分析和诊疗研究进展

生物传感与分析研究近年来发展迅速，我国学者针对活体分析化学研究中存在的关键科学问题，在原理发展、方法建立、方法的生理学应用方面展开了富有挑战性的探索和系统而深入的研究。

微电极植入活体内接触到组织或血液会吸附蛋白质导致电极表面污染使得电极的灵敏度降低并引发一系列的免疫反应。毛兰群等将两性离子磷酸胆碱官能化的乙烯二氧噻吩

（EDOT-PC）（一种模拟细胞膜的导电聚合物）通过电化学聚合到碳纤维微电极（CFE）的表面以提高微电极的抗污染能力[34]。活体实验结果表明，PEDOT-PC/CFE 的灵敏度相对于活体前仍保持在 92.8% ± 6.8%。漆酶分子活性中心的铜离子深埋于酶分子的内部，很难实现漆酶分子的直接电子转移和基于此的生物电化学催化。他们进一步揭示了乙醇调控漆酶 - 碳纳米管复合物催化性能的机理[35]。相对于已报道的提高漆酶电催化活性的方法，利用有机溶剂分子提高漆酶的直接电催化性能则更简单有效。汪尔康院士等提出了纳米酶（Nanozyme）的概念，并将其用于生物传感领域。与天然酶相比，纳米酶稳定性、实用性更好。董绍俊研究组通过一锅水浴法，以血红素为铁源成功合成了负载有 Fe_3O_4 纳米粒子的三维多孔石墨烯复合材料。该材料具有优异的类过氧化物酶性质，基于此构建了新型的葡萄糖生物传感器，检测限可以达到 0.8 μM[36]。此外，通过共沉淀法，将 NiPd 空心球和葡萄糖氧化酶（GOx）同时固定在沸石分子筛（ZIF-8）上，制备出的 GOx@ZIF-8（NiPd）纳米花同时表现出 NiPd 空心球的类过氧化物酶活性和 GOx 的酶活性[37]。离子电流整流是在纳米尺度的体系中被观察到的，在微米尺度上的整流鲜见报道。于萍等[38]通过表面引发原子转移自由基聚合的方法，在玻璃微米管的内表面实现了聚咪唑阳离子刷的可控修饰，并通过利用聚咪唑阳离子刷功能化的微米管率先观察到了微米尺度的整流，并提出了同时适用于微米和纳米尺度整流的新模型——“三层”理论模型。设计和调控分子间弱相互作用可为基于生物传感的活体分析化学研究提供新的思路。毛兰群等[39]通过调控 ATP 与金属有机框架 ZIF-90 中 Zn^{2+} 离子与 2- 醛基咪唑配体之间的竞争性配位作用，实现了由 ATP 触发的金属有机框架可控解离。与常规的荧光蛋白成像技术相比，针对 RNA 分子的活细胞成像技术还没有得到很好的开发。樊春海等报道了一种核酸适体（aptamer）启动的荧光互补（AiFC）探针[40]。该探针通过核酸工程改造，将一种荧光 RNA 适配体 spinach 分裂成两个片段，并且可以与目标 mRNA 共组装。在细胞中进行表达后，内源性 mRNA 目标分子可以招募分裂的 spinach 探针，将这两个片段带到邻近位置，从而在原位形成荧光团结合位点，并启动荧光。在活动物层次开展并建立与神经活动密切相关的化学或物理信号记录的新原理和新方法能够更加真实定量地反映生命活动过程中的化学信息。毛兰群等[41]利用具有独特电子及化学结构的氧化石墨炔所制备的器件能够实现呼吸频率的快速监测，响应时间可快达 7 ms。机理研究表明，氧化石墨炔中炔键的存在对其快速的响应发挥了关键的作用。他们对 Hofmeister 序列中单价阴离子对应整流比大小进行排序，发现了该序列与 Hofmeister 序列一致，这也是首次在固体纳米孔中观察到 Hofmeister 序列[42]。核酸纳米技术应用于生物医学的一个重要问题是如何让核酸纳米结构高效进入活细胞。樊春海课题组与马余强课题组合作对这种带负电荷的纳米结构与细胞膜的“同电荷相吸”现象进行了机制研究，提出了“角攻击”模型[43]。这种模型认为，具有尖锐棱角并且可以自由旋转的结构更有利于降低该结构与细胞膜之间的库伦斥力，从而提高细胞摄取的效率。这些发现为合理设计框架核酸用于活细胞内计算提供了参考。针对谷氨酸这一重要神经递质的活体分析，研究者等构建了一种以谷氨酸合成酶为识别元件的生物电化学传感界面[44]。在该酶与电极之间引入合适的电子转移介体，可以有效调控其电催化的方向。纳米技术的发展为肿瘤的精确诊断和精准治疗提供了新的策略。姜秀娥等[46]通过一种简单的离子掺杂法调节肿瘤微环境从而增强肿瘤治疗效率，以 $FeCl_3$ 为氧化剂和掺杂剂制备了掺铁的聚二氨基吡啶纳米片（Fe-PDAP），用来负载青蒿素（DHA）和光敏剂亚甲基蓝（MB）。这种新颖的纳米结构分解 H_2O_2 产生 O_2，克服了肿瘤缺氧问题，提高了光动力治疗效率。

3.4.4 生物分子界面作用过程的研究

以蛋白质离子通道为代表的生物孔道结构在生物体内的传质、换能和信号传导过程中发挥着关键性作用。樊春海课题组与亚利桑那州立大学颜颢课题组合作，报道了一种以 DNA 折纸结构为模板的仿生矿化新方法[48]。该方法可以在保持核酸折纸结构精巧设计的前提下，提升其力学性能。他们提出框架核酸诱导二氧化硅沉积的团簇预水解策略（OMPC），将经典 Stöber 硅化学引入 DNA 结构体系，通过二氧化硅仿生矿化方法，成功实现了精确可控的 DNA- 二氧化硅复杂纳米结构制备。

细胞膜表面存在很多受体分子，担负着细胞与外界的物质的传输与信息传递的功能。葡萄糖转运体 1（GLUT1）广泛存在于人体细胞表面，对于维持正常生理功能极为重要，其表达和功能异常与很多疾病相关。王宏达等[49]利用直接随机光学重建超分辨显微镜（dSTORM）对 GLUT1 的分布和组装进行了研究，发现 GLUT1 转运体在 HeLa 细胞膜上形成了平均直径约为 250nm 的聚集体；GLUT1 和脂质筏（Lipid Rafts）之间有共定位分布的空间联系；同时还发现不仅脂质筏区域的环境可以稳定 GLUT1 在细胞膜上的分布，而且肌动蛋白细胞骨架和 N- 糖基化在 GLUT1 聚集体的形成中起着重要的作用

樊春海等报道了如何利用 DNA 折纸技术生成一组形状分辨纳米力学标签[50]。当 DNA 折纸形状 ID 用于标记包含两个单核苷酸多态性（SNP）的目标序列时，该方法能在 AFM 成像下区分间隔为 30 个碱基的邻近标记位点。这种分辨率是利用超分辨率成像技术的基因分型技术的 3 倍。该研究组发展了一种将框架核酸界面工程与三维折纸技术相结合，实现生物分子定向转运的分子线程依赖的转运系统[51]。樊春海等与慕尼黑大学的合作者建立了具有计算能力和分子智能的单分子 DNA 巡航系统[52]，其本质上是一种基于链式反应的 DNA 纳米机器人。该系统利用了 DNA 碱基配对相互作用的序列特异性精度、DNA 折纸结构的分子可寻址性和 DNA 链位移级联的计算能力。该研究组还与南洋理工大学的合作者设计了不同形状和大小的框架核酸结构（FNAs），并且研究了它们对小鼠和人类皮肤外植体的穿透性[53]。

3.4.5 质谱分析方法与仪器研制

3.4.5.1 质谱成像技术

质谱成像技术（MSI）是基于质谱发展起来的一种分子成像新技术。杭纬课题组提出

针尖增强近场解吸技术，大幅度改善激光质谱的空间分辨率，得到直径为 200~300 nm 的弹坑，获得相应的质谱图，实现 80nm 横向分辨率的质谱成像[54]。该课题组进一步发展了用于化学成分和形貌共成像的近场解吸质谱技术，实现了 250 nm 的成像分辨率和 3D 形貌重构的化学单细胞成像[55]。聂宗秀课题组开发了一种新的无标记激光解吸/电离质谱成像策略，通过监测纳米载体上负载药物的固有质谱信号强度比，实现组织中原位药物释放的可视化和量化[56]。再帕尔·阿不力孜课题组提出了一种空间分辨的代谢组学方法，通过气动辅助解吸电喷雾电离质谱成像在 256 名食管癌患者的组织中定位了不同代谢途径中的多种代谢物，提供了与肿瘤相关的代谢途径的线索[57]。该技术不仅可以自动识别和量化解剖学相关代谢物的光谱特征，还可以深入了解分子水平的病理机制，可广泛应用于分子组织学分析[58]。潘洋研究团队发展了一种基于解析电喷雾（DESI）的二次光电离质谱成像技术（DESI–PI–MSI），对小鼠的脑、脊柱等组织切片进行质谱成像。DESI–PI–MSI 可实现多种极性和非极性组分的高灵敏度低检出限空间成像，从而为生物标志物的高灵敏探测和药物代谢精确成像奠定了基础[59]。

3.4.5.2 质谱联用

林金明课题组将微流控芯片与质谱检测技术联用，研制了适合于细胞在线分析的微流控芯片，构建了细胞微流控芯片 – 质谱分析平台（CM–MS），发展出一种新型全自动的细胞代谢研究平台。与国际知名仪器产家岛津公司合作，成功推出了全球第一台微流控芯片 – 质谱联用细胞分析系统（CELLENT CM–MS），并于 2019 年上半年成功上市[60-63]。方群课题组发展了一种基于微流体液滴的热迁移分析系统（dTSA），可实现高通量筛选小分子蛋白质适配体[64, 65]。该课题组将电喷雾喷针和电接触电极集成在玻璃材质芯片上，发展出一种毛细管电泳与质谱联用的技术，拓宽了质谱技术的应用范围[66]。该课题组进一步发展出基于SODA技术的3D液滴微流控细胞培养新方法，实现纳升级液滴细胞培养[67]。

陈子林课题组采用化学稳定性和热稳定性好的聚醚醚酮毛细管代替石英毛细管，成功实现了对多组中药有效成分的高效分离和检测[68]。该课题组开发了一种新型基于离子液体 – 苯乙烯的有机聚合物整体柱，有效提高了分离选择性[69]。张真庆课题组采用毛细管等电聚焦 – 质谱分析的方法，成功在负离子模式下实现了氨基葡聚糖的分离和检测[70]。许国旺课题组采用稳定同位素标记结合 CE–MS 的方法，用于极性代谢物的非靶向代谢组学分析[71]。该方法不仅可以检测代谢物的含量，还可以对代谢物的代谢途径进行推导分析。

3.4.5.3 质谱新应用

熊伟和黄光明等合作，利用单细胞质谱、光遗传、分子生物学、电生理及动物行为学等技术方法揭示了一条脑内谷氨酸合成新通路及其参与日光照射改善学习的分子及神经环路机制[72]。该研究成果也将目前神经细胞成分分析的研究推向了活细胞及单细胞的水平[73]。欧阳证和瑕瑜联合研究团队开发了聚合物涂层转化富集（PCTE）方法，用于生物流体样品的直接分析。该方法不仅能实现快速（1 min 内）对脂质进行定性定量分析，而且还有详细的脂质 C=C 结构位置分析[74, 75]。袁谷、周江课题组建立了基于电喷雾电离质谱分析核酸高级结构的方法，实现了对人类成熟 microRNA 形成 G- 四链体及其二聚体的性质与溶液条件、结合小分子对其结构影响的快速分析与研究，扩大了对于 miRNA G- 四链体的认识及对核酸高级结构性质的理解，揭示了通过调控核酸高级结构从而调节 miRNA 功能的可能性[76-78]。

3.4.6 色谱

样品前处理是色谱分析的关键环节及瓶颈。张丽华等[79]发展了基于细胞印迹与适配体协同效应的人工抗体材料，成功实现了对血液中痕量肿瘤细胞 SMMC-7721 的高效捕获和无损释放。刘震等[80]发展了基于定向印迹和硼酸亲和的糖蛋白质、糖肽和单糖的富集新技术，实现了蛋白质组学样品中低丰度糖基化修饰的高灵敏鉴定。梁鑫淼等[81]采用乳液界面聚合方法合成了具有亲水 - 疏水异质结构的聚合物颗粒，这种纳米孔内的异质结构允许不同分子依赖于溶剂条件局部吸附在亲水性或疏水性的区域上，利用该特性实现了内源性糖肽的选择性富集。卿光焱等[82]将基于多氢键的智能聚合物材料理念引入富集材料的设计中，发展了一种智能聚合物材料，该材料具有显著的溶剂、pH 和温度响应性。李攻科等[83]发展了基于磁性聚苯乙炔共轭微孔聚合物微球的微量技术，对蔬菜和水果中杀菌剂的检测限可以低至 0.27ng/L。

色谱固定相是色谱技术的核心，手性共价有机框架材料（COFs）应用于手性异构体的分离具有良好的效果。崔勇等[84]阐释了手性 COFs 材料对对映体的分离机理，进一步推动了 COFs 在手性分离中的应用。邱洪灯等[85]首次报道了碳点键合硅胶亲水色谱固定相，研究证明了碳点作为新型色谱分离介质具有优异的分离选择性。杨炳成等[86]发展了一种低柱流失的 HILIC 固定相制备技术，有效缓解了亲水色谱固定相高信号背景、高噪声、基线漂移的问题。

如何分析具有重要生物学价值的低丰度组分一直是困扰分析化学家的难点之一。许国旺等[87]建立了一种同时覆盖短链、中链和长链酰基辅酶 A 的在线二维液相色谱 - 质谱轮廓分析方法。实现了一次进样同时有效分离短链、中链和长链酰基辅酶 A。秦钧等[88]采用高 pH 梯度结合低 pH 梯度洗脱组成的多维色谱与质谱联技术发现胃发育过程中差异表达的蛋白在弥漫性胃癌中显著高表达，为揭示胃发育过程以及与胃癌发生之间的关系提供了重要依据。

在色谱仪器和装置方面，李彤等[89]基于高精度直驱电机和十通切换阀研制了一种单程直驱超高压纳升泵，在流量准确性、稳定性、最高耐压、梯度误差等方面达到了进口部件的技术水平，填补了国内空白。唐涛等[90]利用双回路技术研制了一体化自动进样馏分收集器，不仅具有样品进样、收集的基本功能，而且可以作为接口连接多套液相色谱系统，实现样品微量制备、难分离组分的精细拆分和复杂样品的二维分离等多种功能。王涵文等[91]研制了A91plus实验室高端气相色谱仪，采用自主知识产权的电气控制系统，结合最新的数据放大技术和“双芯”处理器，将电子气路控制精度提高至千分之一psi，全面提升了检测灵敏度，打破了进口仪器对高端市场的垄断。

在蛋白质组学方面，叶明亮等[92]将Ti^{4+}–IMAC与SH2超亲体顺序富集策略应用于酪氨酸磷酸化蛋白质分析，具有优异的富集效率和出色的鉴定灵敏度。将酪氨酸磷酸化肽段数目提高了41%，富集特异性达到90.1%。此外发展了基于SH2超亲体的“一步法”富集策略，并用于两个HER2高表达得乳腺癌细胞系中酪氨酸磷酸化定量分析，得到细胞系各异的酪氨酸磷酸化特征[93]。张丽华等[94]发展了多重标记的蛋白质学定量方法，用于人肺癌A549细胞系在TGF–β诱导的EMT过程中蛋白质的动态变化研究，发现了band 4.1–like protein 2（EPB41L2）和α–II血影蛋白（Alpha–II spectrin，SPTAN1）表达量的逐渐上调。贺福初等[95]利用多维色谱–质谱联用技术分析了110对早期肝癌组织和癌旁组织样本，实现了早期肝癌的分子分型并发现早期肝癌与固醇代谢密切相关，为早期肝癌的化疗奠定了基础。

在代谢组学方面，许国旺等[96]对6个临床中心的1400多例血清进行研究后，发现一组与AFP互补的有望早期预警肝癌的血清代谢标志物。朱正江等[97]利用基于LC–MS的非靶标代谢组学分析方法，确定了一组潜在的代谢物生物标志物，以预测局部晚期直肠癌对新辅助化疗（NCRT）的肿瘤反应。

在中药组学方面，梁鑫淼等[98]针对复杂中药莪术，发展了二维正交分离分析与制备方法，推测出75个可能的新化合物和332个未知化合物，并从莪术中首次发现二苯基庚烷类化合物对β2–AR受体具有较好的激动作用。岳建民等[99]从香港樫木中发现一个17元大环脂肽化合物，能够显著逆转癌细胞的多药耐药性。果德安等[100]利用二维色谱质谱联用技术，从钩藤属植物中表征出1227个吲哚类生物碱，为中药质量标准的深入研究提供了典范。

3.5 高分子化学

过去两年，我国学者在高分子科学领域取得一系列成果，在基于聚集诱导发光聚合物的设计合成及应用拓展方面，继续引领这一方向的发展；在基于非富勒烯受体光伏材料设计及太阳能电池领域，也继续保持领先地位，光伏效率持续提升。在生物医用高分子领域，突破传统研究思路的高分子载体的设计及生物医用材料等也取得了一些新进展；高分子合成领域，在烯烃可控聚合方面取得的系统性研究成果也得到国际同行重视。另外，我国学者也开始关注基于再生资源聚合物以及聚合物的降解回收工作。

高分子合成化学中光调控的可控自由基聚合是最近研究的热点。陈茂等发展了新的可见光调控的活性自由基聚合，从小分子或高分子引发剂出发，实现了（氟代）丙烯酸类单体活性自由基聚合[1]。安泽胜等提出了（光）酶催化RAFT聚合的新策略，通过酶催化持续产生低浓度自由基的方法来驱动高分子量聚合物的合成，并通过酶催化除氧的方式实现了在空气环境下的可见光调控聚合[2, 3]。刘润辉等采用六甲基二硅基胺基锂为催化剂引发*N*–羧基环内酸酐（NCA）的开环聚合，实现了空气氛下NCA的快速开环活性聚合[4, 5]。

金属催化聚合方面，陈昶乐在金属催化的烯烃与极性单体共聚反应方面做了大量工作。提出了配体次级配位效应的概念以及配体–底物效应的概念，通过设计新的催化剂，实现了对共聚合过程、结构、组成等的全方位控制[6–8]，在《自然综述化学》上发表了烯烃共聚的邀请综述[9]。崔冬梅等以杂环稠合金属钪烷基配合物催化乙烯和丁二烯的共聚合，成功制备出高乙烯结构单元含量、无熔点、低玻璃化温度、拉伸强度高、抗冷流性好的新型顺丁胶[10]。他们还通过稀土催化剂配体上连接给电子侧臂调控极性基团与催化剂的螯合作用，实现了极性与非极性苯乙烯梯度、楔形、无规、交替等各种序列分布共聚合，发现吸电子的极性对氟苯乙烯与催化中心反馈诱导作用，成功实现了与乙烯共聚时极性单体的"正"效应，制备得到一系列烯烃新材料[11, 12]。李悦生等在催化中心镍的Pz轨道上方引入遮蔽基团，可有效抑制官能团毒化副反应，在保持相同丙烯酸酯插入率的条件下使共聚催化活性提高1个数量级以上，线性聚合物分子量提高5~8倍[13]。

有机催化聚合方面，李志波等开发了有机环状磷腈超强碱（CTPB），可高效催化丁内酯（BL）开环聚合得到高分子量线性PBL以及含PBL的聚酯嵌段共聚物[14]。陶友华等合成了一系列结构新颖的单分子双功能有机催化剂（硫脲–吡啶弱碱有机催化剂），解决了氨基酸来源单体手性聚合中的瓶颈问题[15]。

多组分聚合与无金属催化聚合方面，秦安军、唐本忠、胡蓉蓉等在基于三键单体的高效点击聚合、多组分聚合方面取得了系列新进展。通过自发的炔–胺点击聚合获得了区域与立构控制的反式结构聚β–氨基丙烯酸酯[16]，建立了绿色单体，例如氧气、二氧化碳等与炔类单体的聚合反应[17]。利用无须金属催化的活化炔、芳香二胺、甲醛多组分一锅煮串联聚合反应，聚合得到序列结构可控的聚芳杂环如四氢嘧啶、二氢吡咯酮聚合物，具有发光等特殊功能[18]。

吕小兵等在环氧烷烃对映选择性开环共聚制备手性聚合物方面取得新进展，他们采用多手性中心协同诱导策略，设计出多种优势手性双金属催化剂，实现了内消旋环氧烷烃与酸酐或羰基硫的不对称交替共聚，以及外消旋环氧烷烃与酸酐的动力学拆分共聚，合成得到系列主链手性的全同结构聚酯[19, 20]。混合单体的选择性聚合是高分子化学的前沿课题之一。李悦生等通过单体反应活性与聚合动力学差异，利用有机催化剂实现了环氧烷烃、环酸酐和丙交酯的选择性自切换共聚[21]。王献红、谢孝林等设计了含羧基的三硫代碳酸酯，能同时调控二氧化碳和环氧化合物的共聚合以及烯类单体的RAFT聚合，以此作为双官能团链转移剂实现了对两种聚合过程在同一高分子链上的单独精确调控，通过一步法制备得到组成及链段长度可调的聚碳酸酯和烯类聚合物嵌段共聚物[22]。高分子精准合成是高分子新材料研制的基石，张正彪基于马来酰亚胺化学反应的多样性和高效性，构建了有机合成和高分子合成的桥梁，为精准合成具有精密链结构的高分子提供了新路线[23, 24]。

脂肪族含硫高分子是一类重要的功能聚合物材料。陈永明等发展了一种在单质硫参与下，以脂肪族二胺为单体一步聚合得到聚硫代酰胺的方法，得到了高产率、高分子量的聚合物，热力学性质良好，折光指数在1.60~1.80范围内[25]。胡蓉蓉、唐本忠等通过二异腈、二胺和单质硫参与的室温多组分反应制备了一系列聚硫脲高分子，它们可用于高效选择性汞离子检测与去除[26]。吕小兵等报道了催化剂催化的硫化羰（COS）与内消旋环氧化合物的不对称交替共聚合反应，制备得到了主链手性的99%全同结构的半结晶性聚（单硫代碳酸酯），聚合物的熔点高达232℃[27]。最近他们又利用有机铵盐引发的环硫烷烃与硫代酸酐的交替共聚反应，制备全同立构的环硫丙烷/硫代丁二酸酐共聚物[28]。张兴宏等建立了有机Lewis酸碱协同催化合成含硫高分子的新体系，以COS与环氧烷烃为单体，通过抑制或利用氧－硫交换反应，分别获得了聚硫代碳酸酯和聚硫醚[29–31]。

生物大分子方面，陈国颂等提出利用设计的"诱导配体"所引入的糖－蛋白质作用和罗丹明二聚化，获得了一系列具有规整、多级结构的蛋白质组装体。利用冷冻透射电镜对结构和计算机模拟对机理进行了分析，建立了全新的、具有一定普适性的构建蛋白质组装体新路线[32]。他们还通过巧妙的高分子链结构设计，精确地控制了糖功能基元在纳米粒子表面的分布，阐明了糖功能基元分布对细胞内吞的影响[33, 34]。张文彬等应用"组装－反应"协同的理念，一方面发展了多种可基因编码的蛋白质反应对，另一方面结合蛋白质缠绕基元，发展了蛋白质索烃等拓扑结构的原核表达制备方法[35–37]。杨鹏等提出基于解折叠蛋白质链短程有序堆积的蛋白质可控聚集与界面黏附新机制，建立了基于蛋白质可控聚集与界面黏附的材料表面功能化新体系[38–40]。在生物大分子化学后修饰领域，刘建钊等开发了RNA定点与非定点标记的方法，并通过逆转录诱导碱基发生突变，进而精确识别修饰位点[41]；利用细胞内RNA合成过程引入人工合成碱基类似物，然后借助正交反应进行化学基团标记[42]。

高分子物理方面，针对缔合高分子体系，陈全等提出了利用凝胶程度略超过凝胶点样品的线性黏弹性来解析缔合能的新方法，明晰了体系凝胶程度与脆韧转变的关系[43, 44]。崔树勋等利用基于AFM的单分子力谱（SMFS）技术、拉伸分子动力学（SMD）模拟等方法，成功在高真空环境中得到了聚苯乙烯（PS）单链内的 π－π 作用强度，并观察到了力诱导下PS单链 π－π 堆积方式的转变[45]。曹毅等在以马来酰亚胺与巯基偶联物为例，揭示了力化学响应基团的多重力反应路径遵从动力学配分机制[46]，他们还从实验上直接验证了疏水相互作用的尺寸依赖性[47]。张文科等利用AFM单分子力谱方法，发现在力致熔融过程中螺旋链主要采取平稳的滑移运动，而锯齿形链采取黏滑（stick–slip）运动模式[48, 49]。俞炜等发展了表征高分子纳米复合材料填料分散状态的流变学新方法，实现了纳米粒子相分离行为和分散状态的定量表征[50]，并推广到高分子结晶行为的研究，提出了定量表征高分子结晶度和晶体聚集行为的流变学方法[51]。

高分子理论与模拟方面，孙昭艳等利用计算机模拟手段探究了高分子流体及其纳米复合物中动力学异质性的物理起源，明确了链长、链刚性、温度以及纳米粒子填充对动力学异质性的影响规律[52, 53]。燕立唐等阐述了二维功能大分子在磷脂双分子层间的输运机理和扩散动力学，并预测了密堆积 Janus 粒子体系在剪切场诱导下的塑晶—取向晶转变现象[54, 55]。李卫华等在嵌段共聚物自组装的理论研究中提出了针对目标纳米结构，反向推演嵌段共聚物分子结构新理念。依据该理念，理论计算成功预测了多种稳定的层球混杂结构、Laves 相结构、单螺旋结构等，部分理论预测获得了实验证实[56-58]。

生物医用高分子材料方面，申有青等设计合成了一类无毒但具有高抗肿瘤活性的聚硫脲树枝状高分子，其抗肿瘤机理是通过抑制肿瘤新生血管的形成从而抑制肿瘤的生长[59]。最近他们又设计合成了酶响应型主动渗透的高分子药物偶联物，其能通过跨细胞传递的方式快速主动渗透至肿瘤深处[60]。张先正等将生物合成的大分子材料，诸如人体毛发、细胞膜等与化学合成材料结合，研发出了一系列功能可控、用于重大疾病治疗的新型生物医用材料[61-63]。陈学思、田华雨等提出“静电、氢键和疏水作用协同增效”的策略，克服了高分子基因载体构建的瓶颈问题，解决了基因转染效率与生物相容性相互制约的难题[64]。王均等发展了可“变身”式高分子纳米载体，调控了纳米药物与生物系统的相互作用；发展了肿瘤酸度响应的尺度“可塑”的“集束化”高分子纳米载体，实现了肿瘤相关巨噬细胞和肿瘤细胞的联合治疗[65, 66]。程义云等通过理性设计获得了系列高性能聚合物载体，包括硼酸高分子、含氟高分子等，无须对蛋白质修饰即可实现高效胞内递送[67, 68]。高卫平等发展了定点原位聚合诱导自组装方法，可控合成蛋白质 - 两嵌段高分子偶联物胶束[69]，通过基因工程技术精准合成了温度和酶双重响应性蛋白质 - 多肽偶联物[70]，在最大限度地保留蛋白质活性的同时显著改善蛋白质的药物代谢动力学、生物分布以及抗肿瘤功效。在成像探针方面，蒋锡群等提出了一种两步放大肿瘤微环境信号的新概念和新技术，创制的探针能够对肿瘤微环境中的酸性和乏氧进行连续响应，显著提高了肿瘤检测的信噪比和灵敏度[71]，最近他们又精准合成了大尺寸球状单分子聚合物（45 nm），比较了相同体积下蠕虫状和球状单分子聚合物的生物学行为，证明了蠕虫状聚合物具有优异的组织渗透和突破细胞膜的能力，而球状聚合物具有延长体内循环时间的能力[72]。张川等通过 DNA 纳米精确组装技术构建了成分、形貌完全可控的精确纳米药物，实现了特洛伊木马式的高效药物输送和肿瘤治疗[73]以及集基因 - 化学治疗功能合二为一的含药反义寡核苷酸 - 药物基因（Chemogene）[74]。

在共轭聚合物设计合成及功能应用方面，刘俊等利用硼原子 p-π* 共轭降低 LUMO 能级的原理，发展了 p-π* 共轭的 n- 型高分子半导体，表现出低的电子能级和高的电子迁移率，可作为受体材料用于高分子太阳能电池。另外，刘俊等采用硼氮配位键设计 n- 型有机半导体的策略，发展出具有低 LUMO/HOMO 能级的硼氮配位键稠环分子[75, 76]。裴坚等首次揭示了共轭高分子的固相形貌会直接继承其溶液中的组装结构特点，并最终影响场效应晶体管器件的载流子迁移率[77]。他们利用垂直提拉法在超过 4 英寸的晶圆上获得了具有优异均一性的高分子单分子层薄膜，其表现出比多分子层薄膜更优异的 n 型载流子传输特性[79]。胡文平等成功实现了具有高结晶性聚丁二炔共轭高分子片状晶体，首次实现了基于单个共轭高分子晶体上沿高分子共轭链和垂直链方向的电荷传输各向异性研究[80]。最近我们采用一步法合成了一种分子量介于 1~10 kDa 之间的新型共轭材料体系，被称之为“介观聚合物（Mesopolymer）”[81]。

高效聚合物太阳电池方面，我国学者是非富勒烯电子受体太阳能电池的提出者和引领者，取得了一系列原创性成果。占肖卫等设计合成了强近红外吸收的二维共轭稠环电子受体材料，研究了同分异构效应对有机太阳能电池性能的影响，制备了高性能的半透明器件[82]以及高性能的稠环电子受体 - 钙钛矿杂化太阳能电池[83]，并在《自然综述材料》上发表了非富勒烯受体的邀请综述[84]。侯剑辉等系统地研究了卤修饰方法在分子设计优化中的应用，制备了一系列优异的有机光伏材料，逐步将单结聚合物太阳能电池的光伏效率推进至 13% 以上[85, 86]，他们又制备了叠层聚合物太阳能电池，将光伏效率提高到 14.9%[87, 88]。最近，他们通过研究分子间静电场在自由电荷产生过程中的作用及原理，针对有机光伏电池中的自由电荷产生机制提出了新原理[89]，进一步设计了一系列新型的聚合物电子给体材料和小分子受体材料，将有机光伏电池的能量转换效率提升 16% 以上[90]。陈红征等采用简单的非稠合环核作为构筑单元，利用分子内非共价键作用保持分子骨架的平面性，构筑了系列易于合成和光电性能优异的有机电子受体，在聚合物太阳能电池中表现出很好的效果[91, 92]。

在全聚合物太阳能电池方面，李永舫等设计了具有强吸收、窄带隙小分子受体结构单元与噻吩单元共聚合成聚合物受体，选用宽带隙聚合物作为给体制备的全聚合物太阳能电池的光伏效率高达 9.19%，最近他们又将全聚合物太阳能电池的光伏效率提高到 11.2%[93–95]。黄飞等发展了一系列基于酰亚胺功能化的苯并三唑共轭聚合物，通过分子结构的精细设计调控了聚合物的光电性能，实现了效率超过 11% 的全聚合物太阳电池以及效率超过 16% 的非富勒烯聚合物太阳电池[96–98]。

有机叠层太阳能电池是提高有机太阳能电池光伏效率的一个重要策略。陈永胜等研究采用在可见和近红外区域具有良好互补吸收的子电池，构筑了效率高达 17.3% 的有机叠层太阳能电池[99–100]。

唐本忠院士团队结合聚集诱导发光（AIE）材料的发光特性，设计了含四苯基乙烯（TPE）的引发剂，通过将光化学反应中的光“开 - 关”可控性质与 TPE 分子的黏度旋转受限性质有机结合，实现了对可逆加成 - 断裂链转移（RAFT）聚合过程的可视化[101]；提出了 AIE 基元聚合与给受体奇偶效应两种增强敏化产生活性氧的新策略，并成功应用于小鼠肿瘤的成像辅助光动力治疗[102]；基于课题组前期在研究轴手性 AIE 分子过程中观察的聚集湮灭圆二色（AACD）效应，合成了一系列基于联二萘酚的轴手性 AIE 聚合物，通过将圆二色光谱测试和分子动力学模拟相结合，实现了原位、实时及定量检测分子聚集过程的构象变化[103]；制备了基于 TPE 的、可通过多重氢键聚合的嘧啶酮衍生物，通过常规柱色谱分离得到了纯 *E*- 和 *Z*- 式异构体，两种异构体产物具有不同的光物理性质并实现了在化学传感和图案化等方面的应用[104]。

动态共价高分子网络及自修复材料方面，谢涛等通过理性设计拓展了动态共价高分子网络的功能，利用硅氧烷的动态平衡构筑了复杂多级结构陶瓷[105]，实现了高分子应力的数字化编程控制[106]，提出了单组份软体机器的编程方法[107]。孙俊奇等构筑了兼具高力学强度、透明、与基底聚合物黏附力强的自修复超分子聚合物原子氧防护涂层。在近地轨道太阳辐照的条件下，涂层能够自发而迅速地修复涂层上深达基底的裂痕。游正伟等制备得到了一种具有空前力学性能的高效自愈合弹性体，材料表现出更优的自愈合性能[108, 109]。李承辉、左景林等利用强弱配位键的结合，基于“积弱成强”的设计策略，制备得到了兼具优良力学性质和自修复性能的材料[110]。

其他智能材料方面，宛新华等利用聚合物的低临界共溶温度，实现了结晶抑制剂的高效回收再利用。他们又进一步制备了一类由两亲性、手性嵌段共聚物与磁性纳米粒子共组装而成的磁性纳米拆分剂，实现了在外加磁场下固态外消旋体的高效、高光学纯度手性分离[111, 112]。彭慧胜以凝胶作为电极，通过溶液挤出方法连续制备出可拉伸的发光纤维，构建出柔性的织物显示器件，在生物电子学和人工智能领域显示了重要的应用前景[113]。俞建勇、丁彬等通过溶胶 - 凝胶静电纺丝法制备了柔韧的 SiO_2 纳米纤维膜，与壳聚糖复合得到了具有超弹性的 SiO_2 纳米纤维 - 壳聚糖（SiO_2 NF-CS）三维支架，该支架在体液中表现出快速形状回复性，可望在软组织与骨界面处的骨缺损修复中得到应用[114]。曲良体等利用若干种碳基高分子材料设计出革新性的湿气发电器件，其中官能团梯度的结构实现了离子在高分子层中的定向迁移从而产生电信号，为低成本、便携式可集成的新能源器件提供了新思路[115-117]。张林等通过增加聚乙烯醇调控界面聚合过程中哌嗪的扩散系数，增大其与油相中均苯三甲酰氯单体的扩散系数之差，制备出纳米尺度的泡囊、管状等三维图灵结构，其水传递速度是聚酰胺分离膜的 3~4 倍[118, 119]。在油水凝胶方面，刘明杰等提出亲水 / 亲油高分子协同网络的设计理念，制备了宽温域（-80~90 ℃）力学性能稳定的油水凝胶。他们还通过乳液聚合制备得到具有优异的热机械性能和形状记效应的油水凝胶，通过引入具有正交响应性的油水超分子网络，使该油水凝胶具有双重可编辑性[120-122]。

二维材料方面，王博、冯霄等首次将脂肪族大环结构环糊精连接成三维阴离子型共价有机框架（COF），通过液液界面聚合制备了系列具有超低介电常数的 COF 薄膜，通过电聚合噻吩成功制备分子筛分柔性氢气分离膜[123-125]。吴丁财等发展了系列新颖功能多孔高分子，包括可对水中污染物进行可视化检测和超快净化的多功能微孔高分子[126]，可用于高电流密度超稳定锂金属电池的二维分子刷功能化多孔聚丙烯隔膜[127]。汪成等成功合成高结晶性、化学稳定性较好的全共轭二维卟啉基 COF，在光催化氧化胺生成亚胺反应中的获得应用[129]。

高分子自组装及超分子聚合物方面，周永丰等开发了一类新颖的大分子自组装基元－交替共聚物，从实验和理论上揭示了交替共聚物自组装的独特性，拓展了大分子自组装的研究内容和范畴[130]。杜建忠等针对糖尿病构筑了基于糖聚合物与糖结合蛋白或苯硼酸的高分子囊泡，高糖浓度时自动吸入并存储葡萄糖，低糖浓度时释放葡萄糖，从而维持血糖稳定[131]。史林启等通过嵌段共聚物的可控组装构建了系列纳米分子伴侣，能够辅助蛋白质正确折叠，调控蛋白质复性，抑制蛋白质错误聚集，提高抗肿瘤纳米药物的递送效率和抗细菌生物被膜的治疗效果[132, 133]。溶液中的超分子聚合是自发的过程，组装过程不易可控。张希、徐江飞等将超分子聚合从溶液转移至液－液界面，成功制备了链结构和性质可调控的超分子聚合物[134]。通过设计双官能度单体，将连续的光二聚反应转化为聚合，可在水溶液中可控地制备聚阳离子型高分子[135]。

目前，人们开始关注以再生资源制备高分子材料以及实现材料服役后的单体回收。聚乳酸是最重要的生态环境高分子，也是生物可降解生物基高分子的代表。陈学思等设计了高活性、高立体选择性催化体系，实现了外消旋丙交酯 98% 全同选择性聚合，并进一步用于高旋光性聚 L- 乳酸或聚 D- 乳酸的高效合成，制备出立构规整度达 99.8% 的旋光性聚乳酸，两者的立体复合物熔点达到国际报道最高值 254℃[137, 138]。近两年发展出了几类 γ－丁内酯高效可控开环聚合的催化剂（体系），制备得到高分子量的聚合物及嵌段共聚物[139]，并为制备绿色可回收高分子材料提供了新思路。陶友华等通过高效的成环反应将赖氨酸直接转化为环状赖氨酸单体，以二甲基吡咯作为氨基保护基团，采用有机强碱磷腈（*t*-BuP4）为催化剂实现了环状赖氨酸单体在温和条件下制备聚 ε－赖氨酸[140]。张立群等基于衣康酸酯和少量二烯烃（异戊二烯或丁二烯）通过乳液聚合制备了生物基衣康酸酯弹性体[141]，可望用于绿色轮胎材料、高温耐油材料、阻尼材料等领域。张若愚、朱锦等以生物质来源的呋喃二甲酸基聚酯为基体，通过在高分子主链中引入一系列可降解结构，通过引入短链二元脂肪酸实现高阻隔可降解材料的制备，通过引入羟基脂肪酸大幅提升芳香族聚酯的降解性能，通过引入聚乙二醇提升水解能力，有望用于海水降解材料[142, 143]。

在甲壳素、纤维素的利用方面，张俐娜、蔡杰等最近报道了基于氢氧化钾及尿素水溶液制备高强韧双交联甲壳素水凝胶和高强度透明甲壳素膜的新方法，利用高效、节能、“绿色”途径制备得到高强度透明甲壳素膜[144]。他们继续利用氢氧化钾及尿素水溶液在温和条件下直接构建出两亲性季铵化 β－甲壳素衍生物，它们在水中自组装形成胶束，具有优良的生物相容性和广谱抗菌活性[145]。张军等在纤维素分子链上同时化学键合卟啉与季铵盐基团，得到了白光驱动、高效杀灭耐药性细菌且无毒的纤维素基抗菌涂层材料[146]。他们又设计合成了新型比率型胺响应的纤维素基荧光材料，成功实现了海鲜食品新鲜度原位可视化监测[147]。刘野等设计了一种新型环氧烷烃单体，可以与 CO_2 在双核金属催化剂作用下发生交替共聚合反应，获得一种 100 ℃能够完全转化为环氧烷烃单体的可循环使用的聚碳酸酯塑料[148]。吕华等从天然氨基酸4-羟基L-脯氨酸（4-HYP）出发，制备了一系列桥环内硫酯（NR-PTL）单体，在温和条件实现了其可控聚合，得到高分子量的聚硫酯。该系列聚硫酯在常规环境中极为稳定而在弱碱稀溶液中可以完全化学解聚[149]。

在流变学领域，浙江大学郑强课题组揭示了受限高分子基体的流体动力学效应及纳米粒子网络对高分子纳米复合材料的模量贡献，阐明了“粒子相”结构的相似性以及粒子拓扑形态、界面作用等对“粒子相”黏弹性的影响规律，建立了时间-浓度叠加新原理[150-155]，突破了传统模型仅适用于孤立粒子或均匀分散体系的局限。陈全在缔合高分子分子流变学[156, 157]和聚丁烯-1结构性能关系[158, 159]领域取得了一系列原创性成果，2019年5月8日获日本流变学学会授予的“2018年度日本流变学会奖励奖”。龚兴龙课题组系统提出了一种基于磁偶极子和黏弹性模型的综合理论模型[160]，结合实验研究和数值模拟，发现了磁流变聚合物凝胶在振荡剪切作用下的法向应力变化[161]，研制出一种对外部应力和磁场表现出双模敏感性的柔性海绵材料，并提出了基于磁-力-电多场耦合的导电网络传感模型[162]。基于剪切增稠流变材料我们研发出一种具有传感和自防护双重功能的自愈合导电人工皮肤，进一步构建了集能量收集、安全防护和传感特性的摩擦纳米发电机型电子皮肤[163-165]。在原油管道输送领域，张劲军课题组发展了电场处理改善含蜡原油低温流动性的理论和方法，研发了电场处理改性装置[166-168]，发现对含悬浮蜡晶颗粒（未胶凝）的流动和静态原油施加0.2~0.8 kV/mm的直流电场，可显著降低原油黏度（降黏率可达70%）[169]、削弱原油胶凝结构强度和触变性[154]；研究了处理条件（电场强度、温度）[170]、原油组分（沥青质）[171]等因素对电场改性效果的影响，指出了国外学者对原油电场改性机理解释的存在问题。提出了电场-降凝剂综合改性方法并获发明专利授权[172]。

3.6 核化学和放射化学

核燃料循环化学方面，上海应用物理研究所针对钍基熔盐堆核能系统燃料处理做了系列研究。水法方面，赵皓贵等[1]基于30级10 mm环隙式萃取器台架系统，对酸式进料、单循环Thorex流程工艺进行了台架实验验证。全流程钍回收率为99.994%，铀回收率为99.30%，钍中铀分离因子SFU/Th为1.5×10^2，铀中去钍分离因子SFTh/U为2.2×10^4。李铮[2]等通过多级逆流萃取证明乙异羟肟酸能够显著提高流程对Zr和Ru的去污。Li Ruifen等[3-7]对比了磷酸三异戊酯（TiAP）、磷酸三仲丁基酯（TsBP）、甲基膦酸二（1-甲庚）酯（DMHMP）和磷酸三丁酯（TBP）等四种萃取剂的物理性质以及对U（VI）、Th（IV）、硝酸和主要裂变产物的萃取能力及萃取容量，并提出了以DMHMP为萃取剂的Th-U共去污流程，并用串级实验及离心萃取器进行了验证。流程模拟计算方面，于婷等[8]基于$Th(NO_3)_4$-$UO_2(NO_3)_2$-HNO_3-H_2O/30%TBP-正十二烷分配比模型，使用串级萃取理论编写了 Thorex 流程钍铀分离工艺单元（1B）的计算机模拟程序。干法方面，为验证氟盐体系中铀氟化挥发分离的技术可行性，窦强等[9-11]开展了公斤级 FLiBe 熔盐中铀的氟化挥发行为研究。经氟化反应，氟盐中的铀浓度从 1 wt%~10 wt% 下降至 ppm 级水平，实验中 UF_6 产品的冷凝回收率超过了 95%，冷凝收集盐中稀土裂变产物的去污系数均大于 100，在公斤级蒸馏实验中实现了氟盐蒸馏速率达到 6 kg/h。周金豪等[12, 13]在 FLiNaK 熔盐体系中采用中心冷棒式冷冻壁保护样品的方式开展了冷冻壁防腐蚀效果研究，分别测试 304、316L、Inconel 600 及石墨等材质样品，结果发现冷冻壁盐层对样品有明显的保护作用。黄卫等[14, 15]在 LiF-NaF-KF（FLiNaK，46.5-11.5-42.0 mol%）和 LiF-BeF_2（FLiBe，67-33 mol%）两种氟盐体系中典型锕系元素离子（U^{4+} 和 / 或 Th^{4+}）的电化学行为和初步的电解分离的研究，为钍基熔盐堆的干法电化学分离研究奠定了基础。

铀 - 钚循环干法后处理基础研究方面，张凯等[16]分别采用高温处理、HCl 气体鼓泡和恒电位电解等方法依次去除了熔盐中的易挥发物质、氧离子和金属离子等杂质，获得了较高纯度的熔盐。肖益群等[17]通过循环伏安法、方波伏安法和计时电位法等研究了 LiCl-KCl 共晶熔盐中 ZrCl4 于 Mo 电极上的电化学行为，并计算了 Zr（IV）的扩散系数及 Zr（II）/Zr（0）的表观标准电势。上海交通大学周文涛等[18, 19]通过 CALPHAD 方法用双子层模型（two-sublattice model）预估了 LiCl-KCl-$GdCl_3$ 体系的三相图，根据相图确定了 720~850 K 温度 $GdCl_3$ 的溶解度，并研究了高至 3% 摩尔含量的 $CdCl_3$ 的活度系数和表观电势。核化学与放射分析化学方面，西北核技术所李雪松等[20]选用溶液蒸干靶、粉状靶和块状靶作为研究对象，研究了三种靶中气体裂变产物氪、氙的释放率，结果表明气体裂变产物释放率在三种铀靶中差异较大，在块状靶中最低。宋志君等[21]针对环境水中 ^{99}Tc 的监测需求开发了 ^{99}Tc 放化传感器原理机，重点开展了 ^{99}Tc 在 AG4-X4 和 AGMP1 两种阴离子树脂上的静态吸附研究、^{99}Tc 探测系统研制、组装调试及性能测试等。张凌等[22]制备了纯化的氧化石墨烯胶体溶液，提出了基于氧化石墨烯电离增强剂的单铼带铀加载技术，并探究了氧化石墨烯提升铀电离效率的规律。沈小攀等[23]采用实验室研制的激光共振电离质谱仪，建立了锡同位素的激光共振电离质谱分析方法。针对痕量核素的分析，Yuan Xianglong 等[24]首次将正交加速技术应用于激光共振电离 - 飞行时间 - 质谱仪。邸斌、史可亮等[25, 26]以 AMP-PAN 树脂作为放射性铯的分离富集材料，详细探究了 Cs^+ 在土壤和不同酸性溶液中的热稳定性以及 AMP-PAN 树脂的辐照稳定性，结果表明该树脂具有良好的辐照稳定性和对铯的负载能力。

核燃料制备基础研究方面，Guo Hangxu、Tian Wei 等[27-29]采用 Pechini 型聚合螯合法实现了纯 UC 陶瓷粉末的低温合成；采用微波辅助快速内部凝胶法与碳热还原法相结合，成功制备了直径为（675 ± 10）μm 的 UC 微球。环境放射化学方面，王鑫等[30]通过机械混合法制备了一种基于铌酸银（$AgNbO_3$）的耐高温放射性碘吸附剂（$AgNbO_3/Al_2O_3$），其对放射性碘的去污因子远高于常规载银吸附剂。王凯峰等[31]通过沸热分散方法提取膨润土胶体，并借助多种表征方法研究了膨润土胶体的性质。X 射线粉末衍射和高分辨透射电子显微镜测试结果表明，膨润土胶体的主要成分为蒙脱石；动态光散射仪测试分析结果显示，膨润土胶体的水合动力学直径为94 nm，zeta电位为 –45 mV；原子力显微镜测试结果表明，膨润土胶体的平均粒径和高度分别为（90 ± 27）nm 和（16.6 ± 2.6）Å，且单片层膨润土胶体主要以附着双层和三层水分子的形式存在。齐立也等[32]通过批式吸附实验研究了溶液 pH、离子强度、温度、固液比等因素对 $^{125}I^-$ 在高庙子膨润土上吸附行为的影响。结果表明，$^{12}5I^-$ 在高庙子膨润土上的吸附受溶液 pH 和离子强度影响显著。采用自动电位滴定技术测得高庙子膨润土的 pHPZC ≈ 9.5，蒙脱石的 pHPZC ≈ 10.5。

放射性废物处理处置研究方面，Li Jie，Sheng Daopeng 等[33, 34]开发了一种阳离子聚合网状结构的固体吸附剂，可以用于从高酸度溶液中去除 ^{99}Tc，并用核设施地下水进行了验证。核药物化学和标记化合物方面，钟建秋等[35]以聚酰胺 – 胺树状大分子（PAMAM）为纳米载体，将具有肿瘤靶向性的精氨酸 – 甘氨酸 – 天冬氨酸（RGD）与纳米载体相连，并通过放射性核素 ^{131}I 进行标记，对标记物的体内外药效学性质进行评价。阳国桂等[36]采用静态吸附实验和动态吸附淋洗实验，研究了利用活性炭纤维从 ^{99}Mo 中吸附分离其衰变子体 ^{99}Tcm 的工艺和性能。程亮等[37]以 2– 溴三氟甲磺酸乙酯与 $^{18}F^-$ 反应生成 $BrC_2H_4\text{–}^{18}F$，再与 *N*，*N*– 二甲基乙醇胺反应，纯化后得到产品，改变了传统工艺中以价格比较昂贵的 $TsOCH_2CH_2TsO$ 为原料的方法。

3.7 交叉学科及其他学科

3.7.1 化学生物学

3.7.1.1 生物大分子和生命机器的高效合成、构筑

元英进课题组证实重排驱动基因组快速进化技术可以提高细胞工厂的生产效率，加速微生物的进化和生物学知识的发现[1, 2]。王江云课题组首次提出并设计了光能储存蛋白 PSP，为设计人工光合细胞和进化具有非天然光催化活性的人工生命体提供了契机[3]。刘磊课题组发展了可逆骨架修饰的方法，合成了位点特异性的磷酸化质子通道 M2–pSer64[4]，发展了用于高效构筑不同形式泛素化蛋白的化学合成方法，将半胱氨酸 – 氨乙基化辅助化学泛素化策略用于泛素化组蛋白类似物的合成[5]，开展了 K27 二泛素化 H2A 在 DNA 损伤修复通路中的功能研究[6]，以及 K27 泛素链的分子识别机制研究[7]。易文课题组开发了一种可光裂解的稳定同位素编码的化学探针，用于大规模 O–GlcNAc 糖基化蛋白 / 多肽以及其修饰位点的定量检测[8]；还发现了 O–GlcNAc 糖基化的底物蛋白通过糖基化调控蛋白的翻译过程[9]。赵宗保课题组筛选得到多种偏好 NCD 的氧化还原酶突变体，成功用于选择性代谢调控[10]，进一步通过解析晶体结构，发现突变造成辅酶结合空腔收缩，有利于 NCD 结合的分子间相互作用[11]。刘俊秋课题组将量子点有序排布到蛋白片层表面，实现高效荧光共振能量转移，获得了基于蛋白质组装体的光捕获系统[12]，发展了一个完全

基于荧光蛋白的光捕获系统[13]。赵军锋课题组成功实现了炔酰胺与单硫代羧酸的选择性加成反应，实现了以单硫代 α-氨基酸为硫试剂的硫代多肽的高效合成[14]。余孝其课题组发现其大环多胺的 Zn 配合物可有效提高阳离子聚合物的基因递送性能[15]；建立了“环氧开环聚合”法制备高效高生物相容性非病毒基因载体的新概念[16]；构建了基于大环多胺-Gd 配合物的多功能碳量子点纳米递送系统[17, 18]；开发了数种荧光刺激响应的纳米基因递送材料[19, 20]。张隽佶课题组近期与以色列希伯来大学 Itamar Willner 课题组合作，引入二噻吩乙烯类光控开关，通过光调控 DNA 功能水凝胶形成了功能可逆调控的多响应水凝胶[21]。

3.7.1.2　生物大分子及生命过程等在体调控

陈鹏课题组与王初课题组合作，提出并发展了一种蛋白质“邻近脱笼”策略 CAGE-prox，在活细胞及活体动物内实现了不同种类蛋白质的原位激活，建立并验证了“激酶正交激活和信号转导调控”等一系列原创应用[22]。邓宏魁课题组与合作者首次证明利用化学小分子调控细胞信号通路，可实现功能细胞在体外的长期维持[23]。张艳课题组发现一种可用可见光诱导的生物正交反应，实现了可见光诱导的生物正交反应与张力促进的点击反应对两种蛋白的正交标记[24]。陈以昀课题组与徐天乐课题组合作首次报道了将有机荧光分子作为光催化剂，通过光释放 IPTG 分子有效光调控大肠杆菌中的蛋白表达，通过光释放巴氯芬药物有效调控 GABAB 受体功能，实现了亚细胞定位的可见光去笼[25]。蒋先兴等开发了基于亚硝基（nitroso）和二烯（diene）的“点击式”生物正交反应进行光活化荧光标记的策略，能用于活细胞及动物体内的原位细胞成像[26]。杨朝勇课题组结合 DNA 折纸术（DNA origami）和光响应偶氮苯分子，在体外仿生构筑了光驱动的底物通道用以实现级联酶反应活性的调控[27]。曲晓刚课题组合成了一系列 D-和 L-氨基酸修饰的聚金属氧酸盐（POM）衍生物，实现了淀粉样聚集的手性选择化学调控[28]。他们还报道了一种非均相的铜催化剂，可以优先在具有高催化活性的活细胞线粒体中积累，以实现局部的药物合成[29]。

3.7.1.3　生物大分子动态化学修饰及其参与生命过程的标记与探测

周翔课题组发展了不借助抗体的 RNA N6-甲基腺嘌呤单碱基位点检测的新方法[30]，通过超分子调控系统实现了 5-醛基胞嘧啶（5fC）的识别和可逆调控[31, 32]。首次绘制了 5fU 在基因组中的分布谱图[33]，实现了 5-醛基尿嘧啶（5fU）的检测[34]。周翔课题组和邓鹤翔课题组合作首次利用介孔 MOF 材料作为基因转染材料实现了单链 DNA 的负载和释放[35]。田禾课题组将糖基光控小分子荧光探针（Gal-NSp）与人血清白蛋白（HSA）相结合，构建了可通过远程光控实现双制式荧光信号细胞精准定位及靶标识别的蛋白质光控荧光探针复合物[36]。庞代文课题组研究建立了量子点单病毒三维实时动态示踪的方法，揭示了活细胞内单个禽流感病毒侵染的精细动态行为机制[37-41]。方晓红课题组提出了一个机器学习的深度神经网络架构 CLDNN，对蛋白质单分子化学计量比的变化进行准确、高效的测定[42]。王江云课题组揭示了G-蛋白偶联受体、酪氨酸激酶等药物靶点蛋白的激活及偏向性信号转导机制[43]。杨朝勇课题组与陈兴课题组合作，开发了基于荧光D-型氨基酸探针代谢标记肠道菌群用于荧光跟踪和评估移植后菌群存活率的新方法[44]。席真课题组与易龙课题组合作，通过同时检测两个癌生物标志物来有效区分不同类型的癌细胞[45]。周传政课题组发现5-醛基胞嘧啶（5fC）导致DNA-组蛋白交联，并讨论了潜在的生物学效应[46]。他们还与彭谦课题组合作提出了RNA转酯反应通过South构象过渡态导致RNA断裂的新机制[47]。黄硕课题组利用纳米孔测序技术，在单分子水平实现烷基化鸟嘌呤O6-CMG的直接检测[48]。鞠熀先、丁霖教授课题组利用DNA序列的编码功能构建了一种分级编码策略，实现了细胞生理状态改变和上皮细胞-间充质转化过程中两种单糖变化的动态监测[49]。杨光富课题组得到了首个识别丁酰胆碱酯酶BChE的近红外荧光探针，在活细胞、斑马鱼和AD小鼠模型中，很好地实现了内源性BChE的快速、原位检测[50]。颜晓梅课题组发展了细胞外囊泡的单颗粒水平多参数定量表征技术[51]。巢晖课题组开发了一种铱（III）配合物作为荧光探针超分辨示踪线粒体动力学，可以在活细胞中清晰地观察线粒体嵴的结构[52]。骆观正课题组基于天然核酸内切酶实现了全转录组范围单碱基精度的m^6A检测[53]。余孝其课题组设计了一类新型基于嘌呤碱基的聚集诱导发光的细胞内脂滴靶向荧光探针[54]，建立了一种新的基于Wittig反应的小分子荧光探针，用于5fU的定性及定量检测和标记与成像[55]，设计了一种稳定的溶酶体黏度检测探针[56]。姜志宏课题组基于世界上第一块TiO_2-PGC芯片，建立了迄今最灵敏的糖组学分析技术，发现人血清IgG上大量新N-糖链结构[57]。

3.7.1.4　生物大分子机器及生命过程的机制解析

吴乔课题组发现在黑色素瘤细胞中铁参与细胞凋亡的诱导过程，从机制上阐释了一条铁激活的ROS诱导细胞焦亡的信号转导新通路[58]。李祥课题组揭示了琥珀酰化影响组蛋白与DNA之间的相互作用从而影响核小体结构的稳定[59, 60]。潘李锋课题组首次解析了线性泛素链组装复合物LUBAC中Sharpin蛋白的UBL结构域结合HOIP的UBA结构域的复合物结构[61]，解析了噬受体蛋白Optineurin结合线性泛素链的分子机制[62]，从结构角度完整揭示了自噬受体蛋白NDP52通过NAP1来招募TBK1激酶的分子机制[63]。

3.7.1.5　基于化学生物学策略的靶标验证与靶向化合物开发

郭子建和王晓勇课题组合成了一种能靶向线粒体的三联吡啶铂配合物，通过对线粒体和细胞质中硫氧还蛋白还原酶的抑制，最终达到抑制肿瘤细胞增殖、克服细胞耐药性的目的。还设计了一系列具有线粒体靶向功能的吡啶衍生物铂配合物，可通过干预多种遗传和代谢途径抑制肺癌[64, 65]。杨财广课题组与美国陈建军课题组和钱志坚课题组合作，以FTO为靶标，获得新小分子抑制剂抑制了白血病细胞增殖，指明了分子靶向RNA表观转录抗肿瘤研究的新方向[66]。程靓课题组与汪铭课题组合作，利用核黄素单核苷酸和细胞中的氧气实现了核苷、寡核苷酸以及活体细胞水平上的m^6A去甲基化[67]。张健课题组筛选优化得到了第一个具有功能的 SIRT6 激动剂 MDL-800，可在肝癌细胞内特异性激活 SIRT6 组蛋白去乙酰化活性，抑制肝癌细胞增殖[68]。李祥课题组与清华大学李海涛课题组合作开发了首个靶向 AF9 和 ENL YEATS 结构域的高效、特异性抑制剂，具有降低白血病细胞中的相关致癌基因的表达[69]。刘涛研究组通过遗传密码子拓展技术将人工合成的磷酸化酶抑制剂编码到人类细胞的蛋白组上，开发了一种全新的寻找磷酸化酶药物靶点的技术[70]。曲晓刚课题组发现一种锌指状手性金属螺旋的对映体，作为端粒 G- 四链靶向配体，可以优先减少乳腺癌干细胞的生长[71]。巢晖研究组与合作者将联吡啶钌（II）配合物作为光敏剂核心结构与铂（II）前体通过配位驱动自组装超分子，实现了线粒体与细胞核双靶向的双光子光动力疗[72]。杨振军研究组设计合成了一系列以胞嘧啶 / 胸腺嘧啶为头部，以油醇甘油醚为疏水尾链，以酯键或酰胺键链接的中性脂材[73]。雷晓光课题组和王初课题组合作，设计了一系列光交联胆酸分子探针，在活细胞水平上全面探寻了哺乳动物体内可以和胆酸分子特异性结合的潜在蛋白靶点[74]。梁宏和陈振锋课题组基于中药活性成分，设计发现多个具有多靶点多重作用机制的先导抗肿瘤金属配合物，可作为端粒酶抑制剂，为凋亡和自噬的双模式死亡诱导剂[75]；并得到了同时引起肿瘤细胞促死性自噬和凋亡的靶向线粒体的铂配合物[76]。梁宏和杨峰课题组与芝加哥大学以及上海第十人民医院合作阐明了 ACF7 蛋白精细策划的动态骨架网络如何控制细胞连接行为和参与炎症性肠病的发病机制[77]。

3.7.2 纳米化学

纳米化学是一个发展前景十分广阔的领域，根据专业研究方向，我们着重将近两年纳米化学领域取得的重要进展分别从“无机纳米材料合成”“有机纳米材料合成”“纳米组装”“纳米仿生”“纳米孔材料”“纳米生物”“纳米碳材料”“纳米催化”“纳米能源”九个方向分别阐述。

3.7.2.1 无机纳米材料合成

李亚栋课题组发展了主客体方法[1]、包裹热解法[2]、聚合物热解[3]、氧化物缺陷法[4]、颗粒单原子化[5]、块体金属热扩散[6]等多种合成金属单原子的方法；王训教授课题组成功将无机纳米线的直径限制在 1 nm 左右，成功制备得到单晶胞直径 MoO_3 纳米环[7]及具原子尺度超薄片等非稳态结构的 1T MoS_2[8, 9]、TiO_2（B）[10]；发展了金属团簇强磷光材料的理性合成策略[11, 12]；合成了一系列新颖的纯炔配体保护的金、金银、金铜纳米团簇[13-18]；实现了手性团簇间的可逆转换[19]；首次在溶液中合成了具有类富勒烯核心结构的金纳米团簇[20]。

3.7.2.2 有机纳米材料合成

东京大学 Hiroyuki Isobe 课题组首次由苯环化合物出发，通过 9 步合成了由数十个苯环组成的具有周期性空位缺陷的分子纳米管[21]；Leigh 等报道了含三条“编织链”的分子结[22]，随后又发现了两种拓扑异构体，是迄今已报道的最复杂的分子结[23]；兰州大学王为课题组、北京大学孙俊良课题组与加州大学伯克利分校的 Omar M. Yaghi 等合作首次实现了基于亚胺键的三维共价有机框架（COFs）材料大尺寸、高质量单晶的生长和 X- 射线衍射结构解析[24]；美国西北大学的 William R. Dichtel 等报道了一种晶种生长微米级单晶二维 COFs 的新策略[25]。

3.7.2.3 纳米组装

樊春海课题组利用框架核酸诱导二氧化硅沉积的团簇预水解策略，实现了精确可控 DNA- 二氧化硅复杂纳米结构的制备[26]；王强斌团队通过基因工程手段设计蛋白指导其多样化组装，并在特定位置镶嵌纳米粒子，实现了生物大分子 - 无机纳米粒子复合体系的可控组装[27]，并首次利用病毒蛋白与基因组 RNA 内在作用机制在 DNA 支架上进行原位可控组装体系的设计，实现了 DNA- 蛋白复合结构的多级可控构筑[28]；钟超课题组与合作者以 DNA 结构作为原位成核的骨架，利用高速原子力显微镜清晰地观测到了淀粉样蛋白的成核组装过程[29]；段鹏飞团队及其合作者利用超分子自组装方法成功制备了具有新型圆偏振发光性质的钙钛矿纳米晶[30]。

3.7.2.4 纳米仿生

一系列具有重要应用前景的高性能仿生结构材料和功能材料被成功创制。①纤维材料；俞书宏等受珍珠质的多级界面启发，制备了高强、高导电性的石墨烯纤维[31]，构筑了高强、高韧的纤维素基纳米复合纤维[32]。②薄膜材料；俞书宏等以剥离的超薄纳米云母片为组装单元，构筑了仿贝壳结构的可隔离紫外线的高强度透明薄膜[33]，姜源等在基底经仿生矿化法生长出仿贝壳棱柱层结构的碳酸钙薄膜[34]，唐智勇等通过将纳米线层层组装获得了对光响应的仿甲虫壳手心螺旋结构薄膜[35]。③块体材料；俞书宏[36, 37]、郭林[38]、柏浩[39]、程群峰[40]等分别利用微纳米单元组装构筑了轻质高强的仿珍珠质材料和仿生螺旋胶合板结构材料。④仿生智能材料；江雷等通过研究瓶子草毛状表面两种不同的水传输模式，构建了超快的水收集和传输分级微通道[41]，受植物叶片启发，制备了具有温度响应的纳米闸门薄膜，实现了不同尺寸分子的智能分离[42]。

3.7.2.5 纳米孔材料

唐智勇等基于 C–C 偶联反应制备了大面积的共轭微孔聚合物薄膜，这种具聚合物膜作为有机纳滤膜展现出了优异的分子截留性能和超高的溶剂通量[43]；李晋平等利用金属有机框架材料中的铁 - 过氧位点与乙烷的强相互作用高效分离乙烷、乙烯混合气体[44]；顾成等通过在金属有机框架材料刚性骨架的笼状孔壁上引入温度响应的动态开关，从而精确控制气体分子的扩散，实现气体（氧气、氩气，乙烷、乙烯）的高效筛分[45]；金万勤等利用阳离子精确控制氧化石墨烯的层间距，实现了优异的离子筛分和海水淡化性能[46]。

3.7.2.6 纳米生物

（1）在纳米生物检测方面，发展了活细胞体系单分子水平超分辨光学成像及高灵敏、定量表征方法，提出了利用人工智能深度学习技术从单分子检测信号中准确地定量生物分子化学计量比的新策略[47, 48]；建立了基于石墨烯电极的生物单分子电学检测新技术，实现了具有单碱基对分辨率的DNA杂交、去杂交动力学表征，发现了一种非膜蛋白形成的离子通道[49, 50]；开发了无标记激光解吸电离质谱成像技术用于原位监测药物从纳米载体释放的过程[51]；研制了近红外II区上转化纳米材料用于活体内多目标物检测[52]的方法。

（2）在疾病的纳米诊断和靶向治疗方面，提出了“分子元素”的新概念[53]，构建了用于肿瘤诊断的分子识别新体系和用于液体活检的纳米检测新技术[54, 55]；开发了可精准递送药物的DNA纳米机器人[56]；通过构建DNA树枝状聚合物、DNA纳米花等基于DNA纳米结构的药物载体，实现光响应等可控、高效药物递送[57, 58]；提出了基于纳米生物材料的肿瘤放射免疫联合治疗新途径，通过纳米粒子诱导产生免疫应答，实现对小鼠肿瘤转移和复发的有效抑制[59]；研制了具有原子尺度分散的高效催化纳米颗粒用于放大线粒体氧化应激进行肿瘤治疗[60]。

（3）在纳米生物效应与安全性方面，揭示了表面修饰、元素掺杂、结晶度、长度、晶面、氧含量、金属离子释放等理化特性与纳米材料的生物毒性和炎症效应相关性[61-63]；通过巧妙控制柔性多肽构象构建高靶向性能“纳米人工抗体”[64]；揭示了低剂量氧化石墨烯与环境重金属的巨噬细胞联合毒性作用，以及金属氧化物纳米颗粒在斑马鱼胚胎和幼体发育不同阶段的毒性差异[65-67]；运用仿生纳米技术模拟体内缓解淀粉样蛋白生成[68]；发现碳纳米管长期呼吸暴露除了肺部炎症和纤维化反应，对远端部位的肿瘤转移有明显的促进作用[69]；建立了纳米材料结构 – 活性关系的多组学研究方法[70]以及基于石英晶体微天平的纳米表面蛋白冠与受体作用的定量分析方法[71, 72]。

3.7.2.7 纳米碳材料

王春儒团队展示了金属富勒烯在靶向肿瘤治疗方面的应用[73]，张锦和李彦等分别实现了单一手性单壁碳纳米管的可控制备[74, 75]，彭练矛等制备出5纳米单壁碳纳米管CMOS器件[76, 77]。产业化方面，北京天奈公司建成了产能达1000吨/年的定向碳纳米管生产线，并形成了万吨级动力电池碳浆生产线，制定了碳纳米管导电浆料国家标准。在石墨烯领域，刘忠范、彭海琳团队实现了大面积超洁净石墨烯薄膜的制备[78]，展示了石墨烯玻璃等杀手锏级应用[79]；成会明团队发展了基于电解水的氧化石墨烯的连续化规模制备方法[80]，并通过专利转让实施；李玉良团队于2010年首次成功制备石墨炔，目前已实现从其结构控制制备到能源和催化应用等方面的重要突破[81-83]。

3.7.2.8 纳米催化

我国在单原子催化[84]、纳米限域催化[85]和纳米界面催化[86]等方面处于国际领先地位。①在单原子、原子级分散催化方面，李亚栋团队推动了单原子催化剂在不同反应体系中的应用[5, 6]；张涛团队开发了具优异热稳定性的单原子分散催化剂，并应用于高温反应体系[87, 88]；厦门大学团队在原子级分散催化剂的催化分子机制方面开展了系统工作，提出催化金属配位环境的重要性[86, 89]。②在纳米限域催化方面，包信和院士团队提出了低能耗的室温电化学水汽变换制备高纯氢气的新概念，并将纳米限域从三维拓展到二维材料，实现了甲烷低温下的高选择性转化[85, 90, 91]；浙江大学发展了利用沸石限域负载的高温抗烧结纳米催化剂[92]。③在纳米界面催化方面，北京大学开发了超低温水煤气变换反应的高活性纳米界面催化剂[93]；中国科学技术大学利用单位点的铂基界面纳米催化剂攻克了燃料电池电极 CO 中毒的关键问题[94]；厦门大学发展了炔烃半氢化的高选择性、高活性界面配位纳米催化剂[95]，并基于 CdS 量子点光催化剂首次实现了光催化原生木质素的高效转化和木质纤维素的全利用[96]。④在纳米催化产业化方面，中科院大连化物所、浙江大学、厦门大学等团队已成功地将单原子催化剂、纳米配位催化剂等应用于开发氢甲酰、炔基化合物半氢化、硝基化合物氢化等重要化工过程的绿色化工技术，大幅减低了污染物的排放。

3.7.2.9 纳米能源

中科院物理所报道了多种高容量钠离子电池电极材料[97-99]，开发的首辆钠离子电池低速电动车于 2018 年问世；北京理工大学成功构建了高能量密度水系铝离子电池[100]；中科院化学所与过程所构建的中空多壳层结构电极材料为今后研究的开展提供了新的增长点[101-103]。我国在太阳能高效利用与转化方面居于世界前列，南开大学和国家纳米中心制备的叠层有机太阳能电池刷新了有机 / 高分子太阳能电池光电转化效率的纪录[104]；在提升钙钛矿太阳能电池光电转换效率的同时，严纯华和周欢萍等在电池的长期稳定性方面获得了突破[105]；上海交通大学研发出钙钛矿薄膜大规模制备的新沉积方案，有利于大面积装置的制造[106]。燃料电池是新能源领域发展的重要方向，中科院化学所与过程所团队在薄层石墨炔上实现了氮的定点、定量掺杂，为非贵金属 ORR 催化剂的设计提供了新思路[107]。我国在纳米能源与自驱动系统研究领域居国际领先和引领地位，摩擦纳米发电机开始迈向产业化[108]，王中林和张弛团队构建了海洋能收集的纳米发电机网络[109, 110]，大力推动了蓝色能源技术的发展。

3.7.3 绿色化学

在含微量 CO 的“粗氢”使用和 CO 高效转化等方面，马丁课题组使用的原子级分散 Pt/MoC 在硝基苯抗 CO 选择性加氢反应中表现出优异活性，为“粗氢”在工业生产中的应用奠定基础[1]；使用 Pt-Mo_2C/C + Ru/C 催化 CO 在水相中合成烃类[2]，此外还研究了 MoC 在糠醛加氢反应中的溶剂效应，反应溶剂可以有效调控产物的选择性[3]。

在二氧化碳的化学转化利用方面，韩布兴团队设计了一系列高效催化剂用于 CO_2 的电还原转化制化学品和燃料[4]。Ir/α-Co（OH）^{2} 催化剂[5]在 CO_2 还原制 CO 反应中的法拉第效率高达 97.6%，CO 生成的 TOF 值可达到 38290 h^{-1}。此外，双金属 Pd-Cu 气凝胶和 CuSe 催化剂在 CO_2 电还原制甲醇反应中表现出优异的性能，法拉第效率分别可达到 80% 和 77.6%[6, 7]。何良年团队致力于 CO_2 在有机反应中的官能团化研究[8-10]，取得了系列进展并发表了专题综述。赵凤玉等使用 Cu/TiO_2 催化 CO_2 与 *N*- 甲基苯胺的甲基化反应，高收率地获得了 *N*，*N*- 二甲基苯胺[11]。此外，他们使用 Pt/Al_2O_3 催化硝基苯加氢重排制对氨基苯酚，超临界 CO_2 同时作为反应介质和路易斯酸，促进中间体的重排[11]。江焕峰等围绕二氧化碳的资源化利用，合成了一些具有重要用途功能分子的新催化体系和新反应[13，14]。

在生物质催化转化领域，王艳芹等使用多功能 Ru/$NbOPO_4$ 催化剂，成功实现了木质素中 C–O 键和 C–C 键的同时氢解得到单环化合物，打破了传统木质素单体化合物的理论收率[15]。马隆龙团队首次在非贵金属 Ni@C 催化剂上实现纤维素水相一步法催化转化为乙醇[16]。傅尧等发展了三氟甲磺酸 / 金属盐催化体系，完成了由木质纤维素高效催化转化为生物可降解聚酯材料单体的过程[17]。还实现了催化天然存在的大环内酯类化合物重排以及废弃聚酯材料解聚转化为稳定的五元环内酯[18]。胡常伟等以生物质为原料，通过溶剂体系、催化剂和助剂调控，实现了生物质组分的选择性溶剂解[19，20]。

在绿色溶剂研究领域，张锁江团队通过使用处于限域状态的"固载化"离子液体有效提升了电池的倍率性能及循环稳定性此外，他们开展了系列新型离子液体金属络合物绿色合成技术及离子液体络合物电解质研究，获得了优异的光电性能[21-23]。吴卫泽等应用功能化离子液体和低共熔溶剂（DES）吸收烟气 SO_2，提出了原位再生功能化的低共熔溶剂和转化 SO_2 为硫黄的方法[24，25]。

光催化作为一种清洁高效的催化体系，受到人们高度重视。傅尧等开发了新型光催化体系，成功地应用于脱羧反应和偶联反应[26-28]。宗旭等基于光电催化手段，提出将 CO_2 和 H_2S 协同转化为 S 和 CO 策略，为天然气中有害气体的净化和资源化利用提供了一条绿色途径。他们通过采用提高光催化剂中电荷输运的手段，在 HI 和 HBr 光分解制氢反应表现出高活性和能量转化效率[29-31]。

在绿色催化与有机合成领域，唐勇等成功地构建了多环吲哚啉和手性六氢吡喃[32-34]。李浩然教授等研究了 $CoCl_2$ 碱性溶剂中愈创木酚的氧化过程，认为在反应诱导期形成的 CoOx（OH）y 是活性组分[35]；此外，他们发现在空气氧化 2，3，6- 三甲基苯酚反应中，溶剂对产物选择性有较大影响[36]。江焕峰等以氧气等作为氧化剂，实现了多种类型 C–C 键、C–N 键、C–O 键和 C–S 键等的一步构建，获得了一系列具有生物活性的呋喃、喹啉、噻唑等骨架结构，应用前景广阔[37，38]。

在绿色化学科研成果的工艺研发与产业化应用方面，宗保宁团队开发了苯选择加氢 - 环己烯与醋酸酯化 - 醋酸环己酯加氢制备环己醇并联产无水乙醇技术，碳原子利用率接近 100%，污染物接近"零"排放，已完成 20 万吨 / 年工艺包和工程设计并开始工程建设。魏飞团队在氯乙烯无汞催化剂的开发、高选择性甲醇制丙烯工艺以及流化煤基甲醇制芳烃技术研发方面取得了重要进展，并深入研究了催化剂体系的构 - 效关系[39-42]。

3.7.4 晶体化学

2017—2019 年，晶体化学领域在 COF/MOF 晶态材料、分子极性晶体、非线性光学晶体、金属团簇等领域取得了可喜进展。

COF/MOF 材料具有多孔性、高比表面积、孔道可调等独特的优点，被广泛应用于主客体化学的研究以及功能复合材料的制备。在 COF/MOF 类光功能材料方面，卜显和、许健团队构筑了具备温度、压力双刺激下，物质结构可逆渐变的智能配合物网络 NKU-121。该材料在温度和压力刺激下，四聚物网络发生形变，促使发光波长范围涵盖整个可见区区域的可控变化[1]。郎建平课题组将具光反应性烯烃物质纳入 Zn（bdc）（3-F-spy）MOF 材料中，从而使该单晶在 UV 光照射下表现出三种类型的光机械宏观变形[2]。臧双全团队利用配体定向取代组装策略，成功构建银硫团簇基 MOFs：[（Ag_{12}（StBu）$_8$（CF_3COO）$_4$（bpy）$_4$）]$_n$（Ag_{12}bpy）。Ag_{12}bpy 的稳定性较孤立的 Ag_{12} 团簇大大提高，室温荧光量子产率提升到 12.1%，荧光发射颜色变为绿色[3]。吴新涛和朱起龙团队设计合成出具有较高的孔隙率和大的孔道尺寸的三维 MOF 材料 HSB-W1，制备出了许多高品质的单相白光复合材料（量子产率和显色指数高达 26% 和 92）[4]。苏成勇和潘梅课题组以单层稀土 MOF 作为晶种，构筑了具有亚毫米尺度的间隔色域发光多层次异核稀土 MOF 单晶，并实现了独特的光谱编码和空间编码结合的三维微区编码器件模型[5]。王殳凹、徐亚东和欧阳晓平的研究团队首次利用半导体 MOF 材料 [（CH_3）$_2NH_2$]Tb_2L_3（DMF）$_2$（H_2O）$_2$（HCOO）实现高效、高度灵敏的 X 射线探测[6]。汪成团队制备了具有黄色荧光的三维共价有机框架，并通过旋涂法首次制备了基于 COF 的白色发光二极管[7]。将发光基团和电子受体同时引入到三维 MOF 框架中，提出了一种简单、朴实的荧光光诱导电子转移固态调控的新策略[8]。董育斌团队合成了新型的 UiO-66 型 NMOF 纳米光敏剂（UiO-66-TPP-SH），具有低细胞毒性、良好的膜通透性和高效的单线态氧生成能力[9]。

在气体分离和储存领域，陈小明和张杰鹏的研究团队报道了一种新型的亲水性 Zn MOF 结构，实现了温和条件下的选择性为 99.5% 的 1，3- 丁二烯的高效纯化[10]。李晋平、周伟、陈邦林的研究团队在乙烷/乙烯混合物中实现了一次吸附循环分离高纯度（99.99%）乙烯产品[11]。鲁统部团队发现了一种超稳定的 MOF 材料（TJT-100），能实现一次分离过程即可获得高纯度乙烯（>99.997%）[12]。洪茂椿、周宏才的研究团队设计合成了一系列基于六核锆簇的柔性 MOF 材料。这类材料可以作为液溴存储材料，吸附溴的 MOF 材料能实现高效的溴化反应[13]。有别于 COF/MOF 材料的特性，黄飞鹤团队提出了非多孔自适应晶体在吸附与分离中的应用，发现基于柱芳烃的纳客可以应用于苯乙烯 / 乙基苯分离、对二甲苯纯化、碘可逆吸附、1- 戊烯 /2- 戊烯分离、甲基环己烷 / 甲苯分离等[14-19]。朱广山团队将印迹技术的分子识别能力和多孔芳香骨架材料的主客体作用结合到一起，在核原料铀提取[20]、重金属离子清除[21]等领域表现出了优异的性质。王殳凹团队创新性地采用 MOFs 材料 SCU-CPN-1 选择分离放射性 TcO^{4-}[22]。

虽然 COF 的多晶结构被广泛研究，但其“更真实”的单晶 SXRD 结构始终无法获得。王为、孙俊良与 Omar M. Yaghi 等合作，通过加入过量苯胺作为成核抑制剂和竞争性调节剂来控制亚胺键的成键速度，优化晶体生长得到大尺寸、高质量单晶，成功地解决了这一大难题[23]。汪成、孙俊良两团队合作，成功合成出三种同构型三维 COF，通过连续旋转电子衍射技术，首次在原子水平确定了 COF 粉晶样品的结构[24]。

在新能源材料领域，卜显和团队通过热解 2D 锰基 MOF 纳米片衍生的多级孔氮掺杂褶皱碳箔，将其用作钠离子电容器负极材料，展现出高倍率性能[25]。卜显和、常泽团队基于晶体主 - 客体平台实现了高度可调的 NKU-111⊃客体的给体 - 受体系统的合理构建，并实现了富电子和缺电子基团之间的给体 - 受体相互作用调控，以及基于电荷转移相关性质的调控[26]。郎建平团队合成了具有高效析氧电催化活性的纳米三金属 MOF 材料 Fe/Ni/Co（Mn）-MIL-53s[27]。刘伟生、阎兴斌团队由 MIL-125（Ti）和 ZIF-8 两种 MOF 材料制备获得 TiO_2/C 阳极材料和 3D 纳米多孔阴极材料，由此构建获得具有高能量密度、高功率输出和高稳定性的钠离子混合电容器[28]。孙为银团队结合密度泛函计算，设计并成功地获得了一系列具有可控切面的纳米级 MOF 材料 NH_2-MIL-125（Ti），并发现含有 {110} 面的样品表现出最高的光催化产氢活性和表观量子产率[29]。张敏和鲁统部教授采用序列沉积的方法将 $CH_3NH_3PbI_3$ 量子点封装于铁卟啉基 MOF 孔道中，制备出系列高效、稳定的 CO_2 还原复合光催化剂体系[30]。江海龙团队将 MOF 颗粒与 Au 纳米棒、稀土纳米颗粒等理性复合，将材料的吸收范围拓宽至可见光区甚至红外光区[31, 32]，在 Al-TCPP 中构筑 Pt 单原子催化剂，实现了可见光照下的高效光解水产氢[33]，在 PCN-777 上沉积 Pt 纳米颗粒，在无牺牲剂条件下将光解水产氢反应与卞胺氧化偶联反应耦合，实现高附加值化学转化[34]，此外，他们还构筑了 Pt/PCN-224 复合催化剂，在极其温和、绿色条件下实现了苯甲醇高效、高选择性（100%）地转化为苯甲醛[35]。

在分子基铁电材料领域，熊仁根团队合成出可以和传统陶瓷类压电材料 $BaTiO_3$ 相媲美的 $TMCMMnCl_3$ 有机 - 无机杂化钙钛矿材料[36]。并在此基础上，又开出发压电系数高达 1540 pC/N 的 $(TMFM)_x(TMCM)_{1-x}CdCl_3$[37]，与游雨蒙团队合作研制出首例无金属钙钛矿型铁电体[38]。龙腊生团队合成出了室温多轴分子 - 离子铁电材料 [NMe_4][$GaCl_4$]，发现其在室温下具有强磁电耦合效应[39]。罗军华、孙志华团队利用柔性有机胺阳离子与 CoCl42- 无机骨架构筑了具有高居里温度（378K）和明显铁电自发极化的无机 - 有机杂化铁电晶体材料[40]，并首次构筑了居里温度达 412K、包含有机阳离子和无机碱金属的二维双层钙钛矿铁电体[41]。

在非线性光学晶体领域，潘世烈团队基于材料模拟方法提出了一种将一类 $BO_{4-x}F_x$（x = 1，2，3）功能基团引入硼酸盐框架的设计策略，成功设计了系列新型氟化硼酸盐深紫外非线性光学晶体[45]。吴立明和陈玲团队合成得到晶体带隙较 $AgGaS_2$ 大大提高的 $Li_{0.60}Ag_{0.40}GaS_2$ 晶体，其透过截止边达到 365 nm，激光损伤阈值达 AGS 的 8.60 倍[46]。陈玲团队合成了新型 $NaNH_4PO_3F \cdot H_2O$ 晶体，可实现 194 nm 的深紫外激光相匹配输出[47]。龙西法团队发现 $Mg_3B_7O_{13}Cl$ 晶体同时具有二阶非线性光学效应和铁电性，且紫外截止波长为 155nm[48]。于浩海、张怀金团队通过分子设计，筛选得到 $La_3SnGa_5O_{14}$，发现该晶体的红外截止边达到 11μm，具有禁带宽度宽、损伤阈值高、非线性系数大等优势[49]。郭国聪课题组制备了两种异质同构的 $Rb_2Ge_4Se_{10}$ 和 $Cs_2Ge_4Se_{10}$ 晶体，其倍频信号分别为商用 $AgGaS_2$ 的 8.0 和 8.5 倍，具有宽的红外透过范围（0.6~25 μm）[50]。叶宁团队设计并生长出了紫外截止边、双折射和倍频效应非常接近或优于 KBBF 的 ABBF 和 γ-BBF 晶体[51]，制备获得理论预测最短相位匹配波长达 169nm 的（$Sr_2B_{10}O_{14}F_6$）和 171nm 的（$Ca_2B_10O_{14}F_6$）[52]，以及氰尿酸盐化合物 $ABHC_3N_3O_3 \cdot xH_2O$（AB= KLi，RbLi，RbNa，CsNa）[53]。罗军华团队从非 π 共轭基元来开发深紫外 NLO 光学晶体材料，制备出截止波长为 186 nm 的 $NH_4NaLi_2(SO_4)_2$ 单晶[54]。

在手性和拓扑结构化合物的合成和性质研究方面，崔勇团队以（*R*）/（*S*）-1-苯乙胺（1-PEA）为诱导剂，将非手性的二胺或三胺与具有 C3 对称性的 1，3，5-triformylphloroglucinol（Tp）进行缩合，成功合成出 9 种二维手性 COFs[55]。苏成勇团队利用分步自组装法成功获得高纯度单一手性 Fe-Pd 双金属配位分子笼[56]。李丹团队首次报道了在非手性结构的腺嘌呤基生物 MOF 材料中观察到光学活性，且具有较强的正负两种信号[57]。金国新团队通过 π－π 堆积作用和卤素原子的引入实现了对金属 -2- 索烃化合物拓扑构型的调控[58]。

在簇合物和单分子磁体研究方面，王泉明团队进行了强磷光货币族金属团簇的理性合成，实现了对货币族金属簇基发光材料结构与性能的调控[59]。杨国昱团队成功构建了系列稀土氧合团簇有机骨架，在稀土氧合团簇有机骨架领域取得了创新性研究成果[60]。郑寿添团队合成获得了接近 300 核的超巨型多铌氧簇聚物，是仅次于 $\{Mo_{368}\}$ 的第二大无机多酸簇分子，揭示了铌金属可以和 Mo 及 W 一样形成高核巨型簇聚物[61]。施祖进、蒋尚达、高松的研究团队研究了双金属氮杂富勒烯 $Gd^2@C_{79}N$ 的分子结构和量子比特行为，证明了在这一体系中可以实现任意叠加态的操控，并可应用于 Grover 算法中[62]。孔祥建、龙腊生团队在高核稀土团簇[63]、稀土 - 钛氧团簇化合物[64]方面取得新进展。童明良教授、Richard A. Layfield 教授和 Akseli Mansikkamäki 教授的研究团队获得了一种镝茂金属阳离子 $[(CpiPr_5)Dy(Cp^*)]^+$ 的单分子磁体，其阻隔温度高达 80K，首次突破液氮温度[65]。倪兆平、童明良团队还在三维（3D）霍夫曼型 MOF 金属中发现具有前所未有的滞后四步自旋交叉性质[66]。

人才培养和团队建设方面，熊仁根团队的“新型分子基铁电体的基础研究”获得了 2017 年度国家自然科学奖二等奖。中国科技大学江海龙教授 2017 年度国家自然科学基金杰青项目资助。苏州大学的王殳凹教授和郑州大学的臧双全教授获得 2018 年度国家自然科学基金杰青项目资助。

3.7.5 公共安全化学

3.7.5.1 公共安全化学相关理论研究

公共安全化学的主要特征是以化学方法途径解决公共安全问题，减少甚至消除公共安全领域的化学风险隐患或灾害后果，主要内容涉及化学战争、化学恐怖、化学事故和化学污染等方面。公共安全化学攸关政治稳定、国防强固、经济建设、国民健康和科技发展等，贯穿国家安全体系的多个部分。军事科学院防化研究院从战略层面对我国面临的化学安全形势进行了全面分析和研判，率先论证提出了将化学安全上升为国家战略的建议，向国家研提人大建议 3 份，中央决策咨询《专报》1 份，取得了标志性成果，从战略上引领了公共安全化学专业理论技术体系的发展，有力促进了公共安全化学理论的完善。

3.7.5.2 公共安全化学相关技术研究

毒害物质分析与鉴定技术继续提高。军事科学院防化研究院代表中国参加国际禁化武组织（OPCW）水平考试取得优异成绩，相关分析方法被 OPCW 收入蓝皮书规程，持续保持了我国在化武核查分析领域的话语权。芥子气 - 白蛋白加合物定量检测新方法，为芥子气中毒的早期诊断和医疗救治提供了工具。气相色谱 - 离子迁移谱联用技术解决了离子迁移谱用于同时检测光气、芥子气与其迁移率相近干扰物混合的难题。芥子气染毒尿样前处理和气相色谱 - 三重四级杆串联质谱检测技术解决了芥子气染毒检材中痕量硫二甘醇亚砜难以检测的问题。多种荧光化学传感器技术已用于神经毒剂类似物氯磷酸二乙酯检测。纳米孔分析已应用于神经毒剂、炭疽杆菌、肉毒素的检测。

危险化学品远距离遥测技术获得新突破。危险化学品傅立叶变换红外光谱遥测报警技术实现了非接触式远距离探测识别与监测预警，2018 年获国家科技进步奖二等奖。

“一带一路”公共安全化学研究走向国际。2018 年军事科学院防化研究院两次赴柬埔寨历史遗留化武现场实施环境化学安全国际援助任务，现场开展了调查、采样、测试、鉴定以及环境污染影响评价，为柬方排查历史遗留化武提供了理论与技术支持，为推进“一带一路”国家倡议做出了贡献。

新型毒品及相关物质的检验与鉴定分析技术不断完善。毒物与毒品分析方法建立与应用、现场毒物与毒品相关物质的快速检测技术等，取得了诸多学术价值高、实用性强的成果。QuEChERS（快速 quick、简便 easy、廉价 cheap、有效 effective、可靠 rugged 和安全 safe）方法可更加高效快速地分析复杂基质中的杀虫剂、除草剂等多种目标化合物。北京大学城市与环境学院利用 SPE-HPLC-MS/MS 技术，建立了通过污水监测实现毒品溯源追踪的方法，提高了警方缉毒的效率。

灵敏度、选择性、准确性及分析速度的提高依然是当前爆炸物分析方法的研究热点。表面增强拉曼散射增强因子通常会达到 106 以上，突破了炸药检测的局限性。荧光探针开始用于炸药如 2，4，6- 三硝基苯酚（TNP）等的检测。太赫兹时域光谱（THz-TDS）已用于对 HMX、RDX、PETN、LLM、TATB 等火工药剂的检测。

研发了基于特征标志物的溯源追踪关键技术和基于共性致/解毒机制的未知剧高毒化学危害因子快速发现及通量筛查技术。发展了基于新型纳米材料、免疫生物识别、有机物离子雾化等的多残留、高灵敏、高通量快速检测新技术。针对我国特有的传统发酵食品，建立了内源性危害物快速鉴别技术和产地特征识别技术。利用成像探测技术研发进口特色食品有害因子快速侦测产品，实现有害因子智能监控和非人工实时监控分选。

3.7.5.3　公共安全化学相关材料研究

以纳米材料为代表的新型指印显现试剂材料已得到实际应用并取得了良好效果。石墨碳化氮作为近年来发现的一种新型荧光材料，在检测重金属离子、爆炸物、生物传感等领域呈现出较好的应用前景。过滤吸附一体化纳米纤维织物、纳米金属氧化物、金属有机框架等新型广谱安全防护材料可实现对经典化学毒剂和典型工业有毒化合物的连续可再生防护，也为新型消毒器材研制提供了核心材料支撑。

3.7.5.4　公共安全化学教育等其他研究

实验室化学安全教育与风险防控研究受到广泛重视。《高等学校化学实验室安全基础》与《清华大学实验室安全管理制度汇编》等专著受到较多关注。具有自主知识产权的化学信息平台已在禁毒、化学品危害与风险评估、食品添加剂安全性评估等方面得到实际应用。烟火药类自制炸药数据库建设等相关成果已应用于涉恐爆炸物、毒物的检测与危害性评估工作。

3.8　化学教育学

3.8.1　中学化学课程与教材建设及比较研究

中学化学课程标准的研制与修订一直是推动化学课程改革的重要举措。教育部组织的 2003 版全国高中化学课程标准修订工作完成，于 2018 年正式发布[1]。本次修订工作表现出以下突出特点：①在课程目标方面，提出宏观辨识与微观探析、变化观念与平衡思想、证据推理与模型认知、科学探究与创新意识、科学态度与社会责任 5 大化学学科核心素养。②在课程结构方面，设置必修、选择性必修和选修 3 类课程。高中学生学业水平合格考试以必修课程内容的要求为准，考试成绩作为学生高中毕业的依据；选择化学作为计入高考总成绩的学业水平考试科目的学生，需要修习选择性必修全部 3 个模块的内容；选修（3 个系列）供学生自由选择修习。③在课程实施方面，构建“素养为本”的实施建议，突出化学学科大概念的统领作用，将每个化学学科核心素养都划分为 4 个水平，每个内容主题都设定了具体对应的学业要求[2-7]。针对义务教育阶段的化学课程标准，目前教育部已经启动并开展义务教育阶段化学课程标准的调研及修订工作。

在教材建设方面，三个版本的高中教材（人民教育出版社、山东科学技术出版社、江苏教育出版社）均完成了教材的修订和送审工作。高中教材的修订一方面根据新修订课标的要求，结合化学科学和社会发展的时代性，对教材内容做了全面的修改；另一方面特别注重贯彻落实核心素养和化学学科核心素养的培养，在内容选取、活动设计、教与学的方式等方面均做出积极探索，将我国基础教育化学教材建设的水平又向前推进了一大步。项目学习是国际广泛共识的培养学生核心素养的有效途径之一，王磊团队主编了初中项目式学习实验教材[8]，教材通过8个项目活动全面承载了初中化学课程标准的学习内容和要求，是我国第一套基于项目式学习理念研发的中学化学教材。

化学教材研究和国际比较一直是我国化学教育研究者重要的研究领域，周青团队通过研究10国（美国、澳大利亚、英国、法国、德国、日本、韩国、俄罗斯、新加坡，中国）教材在物质结构与性质、元素及其化合物、化学反应原理、有机化学、化学计量、实验基础等重要主题的内容选择、编排、资源设计等特点，得出国内外教材在每个主题上的难度分布数据[9, 10]，并出版《中小学理科教材难度国际比较研究丛书：中小学理科教材难度国际比较研究（高中化学卷）》专著[11]。

3.8.2 学科能力素养的内涵、评价和教学提升研究

3.8.2.1 学科能力素养的内涵、评价与进阶的相关研究

王磊团队出版了《基于学生核心素养的化学学科能力研究》专著，全面反映了研究团队在化学学科能力理论研究、评价研究和教学改进研究方面取得的成果[12]。该团队将学科能力素养的研究下沉到完成特定学科认识活动和问题解决任务层面[13]。通过构建化学学科核心素养和关键能力构成及评价模型，研发化学学科知识图谱和各核心概念的学习表现指标体系，明确测评试题研发策略和编码框架，形成在线测评试题库，在学生学习的不同阶段及时段追踪诊断学生表现，形成满足不同群体需求的诊断反馈报告[14, 15]。王磊团队依托北京师范大学未来教育高精尖创新中心“智慧学伴”平台，探讨“智慧学伴”中学科能力发展评学教系统建设的理论框架，从学科能力发展目标的精准确定、学科能力表现的在线诊断与分析、学科能力发展资源的精准和个性化推荐三个方面论述“智慧学伴”对促进学生学科能力发展的教与学具有支撑作用[16]。

王祖浩团队开发了科学能力测试工具和科学态度评量工具，经初测并运用Rasch模型对工具进行了信效度分析及性别项目功能检验，结果均表明其信效度优良，不存在性别项目功能差异[17]。该团队以Rasch模型为依据，基于Wilson测量建构“四基石”框架，设计编制了“化学符号表征”能力（CSRA）的测验工具。分别经中国同一地区两所学校的两轮测试检验测验工具的质量[18, 19]。

邓阳、王后雄等研究设计了创造性想象力测试任务和评价标准，分析了不同类型中学生创造性想象力的发展状况和差异，为提升学生的创新精神提出了具体策略[20]。邓阳等利用个案研究的方法探讨了学生在阅读、同伴互评和同伴讨论背景下围绕有机化学合成实验开展科学写作的能力表现[21, 22]。

王后雄团队通过论证如何把握“素养”“情境”“问题”和“知识”四个要素在命题中的定位及相互联系，建构以化学学科核心素养为导向的命题框架，成为各类考试命题的参考[23]。

3.8.2.2　促进学科能力素养提升的教学改进研究

自核心素养提出之后，教育界掀起了促进核心素养培养的理论与实践探索。王磊团队持续关注如何基于学科能力框架和指标体系进行教学改进[24, 25]，强调特定领域的认识模型的构建[26]。

其次，关注项目式教学。以高中化学“有机化学基础”选修模块的项目教学案例为例呈现了项目教学设计思路和教学实践过程，概括了素养导向下的项目学习的主题论证和确定、活动规划和设计、情境素材选取和呈现等方面的思路和策略，为教师开展项目教学实践提供参考[27]。通过对项目教学的课堂录像编码分析，发现项目教学的关键过程、高频行为类型、高频和次高频问题类型。根据编码结果回顾课堂录像，分析讨论教师在项目教学中如何通过高频行为类型、高频和次高频问题类型帮助学生建立有机物和有机反应的认识角度和认识思路，促进学生化学学科核心素养的发展[28]。

王磊团队总结概括近十年来国际科学教育及化学教育研究在模型与建模领域的热点及现状，通过对研究现状及研究不足的分析，为我国化学教育在模型及建模领域的研究提供相关建议与启示[29]。此外，他们从教师教育研究的视角，对教师有关模型和建模本质和功能的理解、教师建模知识的内涵及构成、教师建模教学知识的评价以及教师建模的实践研究四个方面对已有研究进行梳理[30]。

胡久华团队的研究表明促进学生核心素养的发展需要学生通过深度学习[31]实现学习方式的改变，在教师引领下，学生围绕具有挑战性的学习主题，开展以化学实验为主的多种探究活动，从宏微结合、变化守恒的视角，运用证据推理与模型认知的思维方式，解决综合复杂问题，获得结构化的化学核心知识，建立运用化学学科思想解决问题的思路方法[32, 33]。该团队以具体的学科内容为载体，探索基于模型建构的教学，开发课堂教学内容[34]，设计建模教学评价体系，探索有效建模教学策略，为培养学生模型建构素养提供实践经验[35]。与此同时探索了在中学课堂开展社会性科学议题的一般思路和方法[36]，从议题的确立到议题的践行，提炼出社会性科学议题教学的核心问题与对策[37]，探索化学必做实验的实施模式、关键问题与策略[38]。

王祖浩团队通过对 2015 年 PISA 中国地区学生数据进行研究发现，对社会经济地位较低的女生而言，科学探究活动对科学能力的正向影响必须基于良好的科学课堂纪律[39]。

靳莹团队探索了科学价值观教学的途径与方式。科学价值观的教学不是观念的灌输、告知，而是理解的、开放的建构，是对现实世界的反思、深思。通过加强 HPS 教学和 STSE 教学，促进科学价值观的形成与发展[40]。

吴晓红团队围绕宁夏地区独特的地理条件、丰富的地方资源，以地方资源为背景开展化学主题式教学。打破了原有的知识体系，使化学知识围绕“地方资源”这一主题展开教学，既吸引了学生的好奇心，也让学生在学习化学知识的过程中充满了乐趣[41–43]。

靳莹团队阐释了蒙以养正的教育价值，明确了“师者引导”的实现方式与“立教明德”的德行意蕴，使立德与树人建立紧密联系，凸显教育过程中教师、学生的德行相长的内涵[44]。

3.8.3 学生学习机制研究与教学设计策略

周青团队基于认识结构测查与心智模型测查，对学生化学学习困难进行测评。从化学中各主题入手，对学生化学学习中认知结构类型、心智模型类型、学习困难的类型，以及认知结构、心智模型与学习困难之间的关系进行了测查与分析[45, 46]。出版《化学认知结构的测量》著作，在学生化学学习机制的角度上，为化学教学设计提供了可借鉴的规律性发现[47]。

毕华林团队在开发相关化学概念理解水平测查量表的基础上[48]，研究如何通过探究教学、建模教学、可视化教学等促进学生化学概念的理解。该团队开展了“解释驱动探究”教学促进学生氧化还原反应概念学习的研究，构建了解释驱动探究促进学生概念学习的模型，采用准实验研究设计进行教学干预，研究结果表明解释驱动探究能够有效地促进学生对化学概念的理解，并消除学生的某些相异构想[49]。开展了利用数字化实验促进学生离子反应概念学习的研究，既充分调动了学生探究的积极性，也促进了学生对离子反应微观本质的深刻理解[50]。采用现象图析学的研究方法，对 8 名高一年级的学生进行访谈，访谈内容是对“电解质”概念的理解。结果发现学生概念理解的四种方式，分别是“形成词语联想”“建立知识联系”“获得概念意义”和“实现概念迁移”。这一结果为进一步研究和测查学生的概念理解水平提供了基础[51]。

毕华林团队进行了中学生氧化还原反应三重表征心智模型的研究，测试结果表明，不同年级中学生氧化还原反应的心智模型是多元的，且随着年级的升高，学生心智模型是不断完善的，学优生和学困生的差异主要在于微观表征的水平[52]。靳莹团队认为理解性学习是构建个体心理操作和社会文化中介的多元化意义的过程。其中，学习者对核心概念的理解水平直接影响其对整个学科的理解，根据化学学习三重表征的思维方式，以思维导图为表征手段，利用随机进入式教学模式，有利于实现化学核心概念的深层次理解[53]。

李远荣团队通过脑动仪、眼动仪等从学习认知的角度基于信息加工理论，研究学生化学学习的机制，将眼动仪的量性研究与口语报告、问卷调查等质性研究结合，对学生的化学学习机制进行深度的实证研究，为学生的化学学习和教师的化学教学提供实证支撑[54-57]。钱扬义团队提出了“化学概念结构”心理学研究的“群 – 构 – 距”的研究范式。即化学概念的概念群、权重结构、贮存结构和语义间距[58, 59]。

3.8.4 课堂教学的结构系统与教师教学行为研究

郑长龙团队在化学课堂层级结构模型的基础上，进一步指出化学课堂系统是一个由目标、策略、内容、活动、情境和评价等功能性要素构成的整体，构建了化学课堂系统要素结构模型[60]，基于功能对化学课堂教学内容进行了新的分类，并开发了化学课堂教学内容的编码系统[61]。胡久华团队建立起系统的基于认识发展的理论内涵，得出促进学生建立认识角度的重要的有效教学行为[62]，为教师实施促进学生认识角度的课堂教学提供理论指导，解决相关教师培训的问题[63]。马宏佳团队对专家型教师视角下的化学学科核心素养开展质性研究[64]，对比分析教师的课堂教学行为[65]，基于“化学师范生备课组”的活动个案探索关注学科知识的职前化学教师的自主研修[66]，为丰富对化学学科核心素养的认知，提升化学教师的化学教学能力，提供启示和借鉴。

3.8.5 中学化学实验研究及信息技术手段应用

钱扬义团队在“信息技术与化学教学融合”的理论研究与实践应用方面有新突破，首次提出了手持技术的“TQVC 概念认知模型”。即“转化（Transformation）、量化感知（Quantitative Perception）、视觉感知（Visual Perception）、比较（Compare）”概念认知模型[67-69]。表征化学概念的数据无法用手持技术直接测量，该模型提出了间接测量表征化学概念相关数据的认知路径，强化了化学概念间有效认知，拓展了手持技术应用范围。吴晓红团队、马宏佳团队等在化学数字化实验教学应用及创新方面做了许多探索，用手持技术实验设备[70-80]、智能手机[81-83]、微距摄影[84]等手段开展中学化学实验研究。

钱扬义团队在“化学教育游戏开发”方面持续推进[85]，自主开发化学教育新游戏，获批 1 项发明专利[86]和 1 项外观专利[87]。秉承“学化学，玩化学，学好化学，化学好玩”理念，根据“先打牌后测试，解决化学老难题”思路[88-91]，江家发团队基于文献研究方法对增强现实技术在科学（化学）教育中的应用价值、层次与教学整合路径进行了分析和展望[92, 93]。靳莹团队围绕基于真实 - 复杂情境的理解性学习实践开展研究，加强了体验式实验安全教育，让学生在体验中增强的安全意识和安全观念，提高自我防护能力和形成安全观念[94]。

3.8.6 职前与职后教师培养研究

根据《中共中央国务院关于全面深化新时代教师队伍建设改革的意见》（中发〔2018〕4 号）的决策部署，2018 年 3 月，教育部等五部门印发《教师教育振兴行动计划（2018—2022 年）》，将我们国家对教师教育的重视推向一个新的高度。

随着教师资格证制度的实行，教师资格考试成为教师教育关注的重点问题。靳莹团队以《教师教育课程标准》和《教师资格标准》为依据，按照教师资格考试《化学学科知识与教学能力》考试大纲编写教材[95, 96]，探索优质高效的教师教育途径与策略；吴晓红团队在研读高 7 中化学教科书和课程标准的基础上，设计了全面、有效、实用的教学设计书系列。

在职后教师培养方面，教师培训的实效性低是难以回避的问题。王磊等针对学科教师培训针对性不强、内容泛化、方式单一、质量监控薄弱等突出问题，采用自上而下与自下而上相结合的方式，基于教师教学任务及实践工作需要构建包括一级、二级、三级指标体系的教学能力系统，并建立了教学能力水平分级模型[97]。刘敬华团队认为教师培训是促进教师专业成长的催化剂，通过“前期调研、集中研修、影子教师研修、返岗实践、总结提升”5个阶段，促进职后初中化学教师的专业成长[98]。胡久华团队阐述了以化学教学能力为导向的全日制教育硕士全程一体化培养模式[99]，吴晓红团队基于共享理念设计了“本硕互动”学习模式[100]。

郑长龙团队开发了化学教师课堂教学表现的评价量表，并以教师专业发展阶段、性别及教学内容类型为变量，对化学教师课堂教学表现从总体、维度、指标及水平4个方面进行了差异性研究[101]。

刘敬华团队认为实践性知识是教师知识的重要组成部分，化学教师实践性知识包括：教师信念知识、自我知识、人际知识、策略性知识、情境性知识、批判反思性知识[102]，基于此得出：师范生和中学化学教师的实践性知识受到教育信念、工作环境、教研方式、教龄的影响[103]。从“观课”“备课”“上课”“评课”“说课”“实验教学”几方面引领师范生的专业成长[104]。

周青团队通过系统地挖掘、分析、整合与“萃取”优秀教师关于特定主题PCK的规范性框架，从而形成优秀化学教师PCK规范资源库[105]。刘敬华团队的探查研究表明不同化学教师群体其PCK（化学课程观、教育素材知识、学生知识、教学表征策略）水平不同。高中化学骨干教师PCK整体表现良好，其学生知识维度最好，教师培训和同伴学习能够促进化学骨干教师PCK的发展[106]；化学教研员学科教学知识影响着其教学指导的能力和水平，通过个案研究构建了优秀化学教研员PCK各要素之间正八面体结构的关系模型[107]。

王磊团队以北京师范大学“高端备课”项目为平台进行调查。结果表明教师在“高端备课”培训过程中，PCK的一级维度和二级维度均得到发展，其中学生学习知识和教学策略知识这2个一级维度的提升最为明显。教师普遍认为培训中的备课研讨环节和试讲反思改进环节，以及指导专家的分析讲解、质疑提问和讨论建议这3种指导行为是促使其PCK提升的主要原因[108]。该团队建构了基于学习进阶的卓越教师专业发展模型，应用进阶模型对卓越教师专业发展项目的设计与实施展开研究，取得了较好的实践效果[109]。

3.8.7 学术建制、人才培养、研究平台等方面的进展（高等化学教育）

2017—2018年，全国新增设化学类专业34个。截至2018年年底，全国共开办化学类专业818个，占理科专业总数的16.73%；化学类专业在校生20.42万人，占理科类专业在校生总数的21.10%。

2018年11月，2018—2022年教育部高等学校教学指导委员会成立，化学类专业和大学化学课程教学指导委员会共有委员85人，主任委员分别由厦门大学郑兰荪院士和华南理工大学高松院士担任。2018年6月，中国化学会化学教育委员会完成换届，新任委员66人，由北京师范大学王磊教授任主任。

2018年1月，《普通高等学校化学类专业教学质量国家标准》正式发布，化学教指委还发布了理论教学基本内容和实验教学基本内容，形成了化学类专业标准体系。化学教指委联合《大学化学》组织专刊，引导高校学习和落实国家标准。2018 年 11 月，教育部评估中心委托中山大学牵头制定高等学校理科类专业认证标准。2018 年 5 月，教育部评估中心联合俄罗斯联邦国家公共认证中心对华东理工大学化学专业开展了联合认证试点。

2018 年，化学类专业共有 7 项成果获得高等教育国家级教学成果奖，其中一等奖 1 项、二等奖 6 项；8 项成果获得基础教育国家级教学成果奖，其中一等奖 2 项、二等奖 6 项。

2018 年教育部开展了新工科研究与实践立项研究，全国共有 6 个化学类项目获得立项。中国高教学会主持的重大攻关项目“互联网 + 课程”在线开放课程群建设的创新与实践，促进了化学类在线开放课程及资源建设。截至 2018 年年底，在“中国大学慕课”上线的化学类课程达到 100 门。

2017—2018 年，高等教育出版社、科学出版社和化学工业出版社 3 家国家级出版社共新出化学类教材 97 部，修订再版 104 部，出版在使用教材 1074 部。

2017—2018 年，国内主要教学研究期刊共发表化学类专业教学研究论文近 520 篇，慕课建设与应用、课堂互动系统应用、教学效果定量考核成为教学研究的热点。

4. 发展趋势及展望

随着我国国民经济进入新常态，中国的经济已经从对量的追求转为对质的提升，增强经济发展的科技内涵，处理好发展与环境的关系，对于化学学科来讲，就是要面向国际科学前沿，面向国民经济主战场，面向新常态经济下在资源、环境、健康等方面提出的重大课题，在国际化学领域实现从“跟跑者”向“并行者”和“领跑者”的转变。下面就化学学科的各个专业和领域对我国化学领域的发展趋势做分析展望。

4.1 无机化学

基于稀土资源高端化和平衡化利用的重大需求，无机化学与材料科学、生物医学的学科边界更加模糊，特别是近年来稀土上转换纳米晶的可控合成及生物医学应用成为研究热点，结合现代光生物学、光遗传学等发展稀土基纳米基因表达调控、光学免疫治疗等并展现出了巨大的应用前景。基于稀土资源清洁化利用的重大需求，稀土元素的配位化学反应机理研究和稀土元素的清洁萃取分离化工过程研发关联程度愈发紧密。

功能材料的研发一直是全世界科学家共同致力的目标，然而目前实现这一目标仍然主要依赖于研究者不断重复的“尝试法”实验。应用和发展量子化学和凝聚态理论，发展化学信息学和数据库技术，更加注重理论指导下面向功能的组成和结构设计，从而逐步建立综合无机化学合成、材料设计和构效关系的模拟计算系统，深化对无机化学反应过程的认识，建立适于无机化学合成和性质研究的实验 – 理论 – 模拟系统，利用计算机技术高通量

地预测和筛选具有特定功能的新材料，将三维晶体结构表达为一维的“基因”编码，晶体材料的结构特征就储存在这些基因编码中，这种新颖的“基因”途径不仅可以用来预测和筛选分子筛材料，还可以用于其他任何由简单结构基元构成的复杂晶体结构。

合成方法多样化、微型化、程序化、规律化已成趋势，包括组合化学、生物和自然启发的高效绿色合成、极端条件合成等方法日益受到人们的关注。特定功能的分子设计、有序的分子组装是获取高性能材料的关键。研究光电功能化合物，探讨其合成、结构、形貌与性能的关系，研究晶态材料的可控制备也是目前热点。发光材料是有机电致发光二极管（OLED）的核心部分，目前基于重金属配合物的绿光、红光材料器件的效率和稳定性均已达到实用化要求，但稳定高效蓝光材料器件的开发却进展缓慢。有机小分子热活化延迟荧光（TADF）材料成为最有望在这方面取得突破的一类有机电致发光材料。高发光量子产率的白光材料对于发展低成本固态发光显示技术非常重要。手性发光材料及圆偏振器件是近期出现的新领域。将近红外二区探针的研究范围从金属纳米材料、共轭聚合物、有机小分子拓展到金属配合物，对于成像引导疾病的诊断和治疗具有重要意义。

金属有机框架是一种高度有序的多孔材料，因其在气体存储与分离、传感和催化等领域的潜在应用得到广泛关注。其中，柔性的 MOFs 材料由于其具有晶态材料的长程有序结构和柔性材料的结构互变两类属性，引起了人们的兴趣。此外，具有氧化还原活性的 MOFs 材料（还原活性金属节点或有机配体）在微孔导体、电催化、能量存储器件和电化学传感器等方面也展现出了诱人的应用前景。手性材料在手性识别和分离、手性催化、非线性光学等材料等方面具有重要的应用前景。在与手性分子聚集体相关的一些基本化学问题、手性配合物的手性识别与分离等研究方面才刚刚起步。

生物无机化学研究阐明无机离子、分子和材料在生命过程中的功能和意义，如发现和研究能够显示或调控生命过程的金属化合物探针，具有治疗、诊断和预防疾病的金属和无机药物以及仿生、生物启发的工业催化剂和智能材料。生物矿化是自然界的一种普遍现象，近年来，以生物分子为模板进行矿化也成为材料学家可控合成新材料的一种重要途径，在纳米影像、高灵敏传感、肿瘤无创诊疗、疫苗、催化、电池等领域均有重要应用价值。

4.2 有机化学

生物大分子的动态化学修饰在生物个体的发育和细胞命运的调控中均扮演了关键角色，并对疾病的发生和发展起着决定性的作用。这一领域的研究已成为化学与生命科学交叉领域最受关注的前沿方向之一，而发展生物大分子动态修饰的原位标记与时空探测技术具有重要意义。从大分子动态修饰研究的历史可以看出，每一种新的大分子体外获取、化学标记、动态检测技术的出现和应用都推动着大分子动态修饰研究迈上一个新台阶。也正是基于这些技术的发展，才导致大分子动态修饰研究范围的丰富以及手段的逐步建立。同样，化学免疫学的研究具有鲜明的学科交叉性和前沿性，也是国家生物安全和医药卫生等领域的重大战略需求。化学免疫治疗相对传统免疫治疗方案来说其用药成本有着得天独厚的优势，但其在人体内的具体作用机制尚待解析，利用化学工具探测免疫识别过程，对调控免疫识别信号等都具有十分重要的意义。因此，未来应从理论和实验源头上进行创新，利用化学生物学这一新兴交叉学科以往在驱动生命科学、医学等研究中的经验，建立和发展大分子动态修饰的化学标记与检测技术中涉及的新概念、新方法、新技术和新仪器，从原子尺度发现并解析生物大分子科学中新的动态修饰，揭示动态修饰的本质与规律。同时，尽快在化学与免疫学这两个传统研究领域之间打通堵点，构筑桥梁，促进新研究模式的形成，通过解析细胞免疫调控的化学机制，实现细胞免疫响应的化学干预，提出并开发基于原创化学思想的免疫治疗新策略，这些都代表着化学生物学领域今后发展的重要方向。

4.3 物理化学

随着理论计算与实验技术的迅速发展，在今后5年内，理论与实验相结合，揭示、预测所研究体系的过程和机制、发展新的物理化学概念、原理、理论和技术，是物理化学各个分支共同的发展趋势和战略需求。未来5年，我国在物理化学领域的重点发展方向包括：①进行理论方法的发展与计算程序开发，建立通用的高效电子结构计算与分子模拟平台；发展适用于复杂体系和过程的多尺度模拟方法，为材料物理化学和生物物理化学实验研究提供理论支撑和结果预测；②新的物理化学原理、概念指导下的功能材料设计与性质研究，发展新型催化、分子组装、生物及仿生材料，解决学科自身发展和国家能源、环境、医药以及国防需求；③发展具有超高时空分辨力的原位表征技术，揭示生命现象的物理化学机制、催化过程的分子机制和动力学。

4.4 分析化学

分析仪器、分析材料和分析方法是分析化学研究的三大要素，是分析化学发展的基础，新的分析原理是对分析化学发展的具有指导性的意义，发展实时、原位、在线、活体、高灵敏的分析技术依然是分析方法面临着的挑战。研究者对新型纳米结构的研究发展给予了高度关注，基于纳米孔等离激元纳米颗粒、荧光纳米探针的分析应用以及纳米传感器等纳米分析的研究依然是目前分析化学的热点领域；成像分析尤其是活体的成像分析是近年来关注度很高的领域，如何在复杂的机体中实现对低浓度物质的灵敏、时空精确的成像是今后的研究重点；活体分析化学正在成为分析化学重要的前沿领域之一。然而活体分析目前在临床上应用的并不多，需要解决复杂的体液成分对传质和信号的影响，更重要的是需要避免对机体尤其是脑和神经系统的干扰；单分子和单细胞分析，迫切需要新的分析材料和高灵敏的检测技术；新的蛋白质组学和多肽组学、代谢组学研究需要高通量的灵敏的分离和检测技术，提取和分析完整、全部的蛋白质或代谢组分是终极的目标，尤其是新的质谱技术和数据处理和分析方法。针对生命体系的分析以及环境分析始终是分析化学的研究的主要内容，发展新的分析原理、仪器和装置，解决涉及生命、环境和材料科学等有影响的重大科学问题为主要任务。近年来，我国分析化学基础研究已经取得了长足的进步，然而，在发展和建立原创性的分析化学原理和方法方面，我国在相关研究领域还有相当大的提升空间。分析方法的建立，离不开新的分析材料和分析仪器，目前的高精尖的分析仪器依然被国外的公司所垄断，未来必须加强分析仪器装置研究的原始创新性工作。

质谱是一种高速发展的分析方法，在现代科学中定量和定性分析扮演着越来越重要的角色。更高的灵敏度、更高的分辨率、更快的检测速度、更强的兼容性和更低的检测限是其作为一种分析方法所需要追求的目标。国际上质谱应用研究也是朝着以上几点要求的方向而前进。我国在质谱分析应用研究和新方法开发已经处于第一梯队，这个结论可以从质谱领域我国的顶级期刊文章数的世界贡献率得到佐证。按照目前质谱学术领域的潮流，敞开式质谱、质谱成像、质谱的组学应用研究将继续成为未来的研究热点。敞开式质谱研究将重点解决定量问题和小型化问题。质谱成像将会朝着提高成像分辨率、灵敏度和采集速度上方向努力。质谱的组学应用研究将着重于不同组学间数据库大平台的构建、对接和数据标准化。方法学和应用学的研究离不开高质量仪器的支持。在质谱制造技术层面，我国与欧美主流厂商差距巨大，没有后发优势，技术相对薄弱，这一结论可以从国产质谱的国内市场的占有率得到佐证。就质谱制造技术而言，未来主要朝着三个可能的方向，即小型便携化质谱、高灵敏高分辨的高端质谱、新型联用技术发展。小型化质谱领域里，我国与国际差距不断缩小，国外已经推出 Torion、TRIDION-9 等不少商业化小型质谱，并应用于消防和航天等领域。国内的企业也推出 Ω Reactor、MS Mate、Mini β 等小型化质谱，并成功应用在疾控中心、防化院等场所里。在高端质谱研制领域，我国有明显的进步，但与国外还有很大的差距。目前市场上国产 MALDI TOF 质谱呈现井喷式发展，国内已经有 9 家企业年推出了国产化的 MADLI-TOFMS，但是市场的认可度还有待提高。中科院生态环境研究中心汪海林课题组开发了一种高效独特的垂直超滤方法，能够在不损失 DNA 的情况下去除 Na^+ 和 K^+ 以及磷酸盐等无机盐，从而增强最终的 UHPLC-MS/MS 检测，同时利用 Mg^{2+} 辅助消化酶切预处理的方法大大缩短消化酶切时间，使未修饰 dC 与甲基化 dC 之间的不同消化酶切率同步，为在整体范围内准确测量 DNA 甲基化、检测罕见的 DNA 修饰和不稳定的 DNA 修饰提供了解决方案[26]。

生命科学、环境科学、公共安全等领域的不断纵深发展，不仅对色谱分离提出更高的挑战，同时也带来更多的机遇。在样品制备方面，针对微量、痕量、甚至超痕量（如单细胞等）样品的分析需求，亟须发展高效、高回收率的样品处理新方法；为实现目标组分的精准定位，发展高空间分辨的原位样品制备技术至关重要；针对规模化样品分析的需求，研制自动化、集成化和高通量的样品制备系统必将受到更多的关注。在分离方面，研制亚微米级（如光子晶体等）超高效分离材料、可保持蛋白质复合体等生物大分子完整性的高分辨分离材料，以及构建基于不同样品性质或保留机理差异的新型多维色谱分离模式，必将有助于大幅提升复杂样品的分离峰容量。在检测方面，超细内径毛细管色谱柱的研制，可以显著提高液质联用系统的鉴定灵敏度和覆盖度；构建大进样量、高流速的微柱分离系统，则可以确保液质联用分析的重现性和分析通量。在仪器研制方面，微型化、现场快速检测设备是下一步色谱仪器发展的重心，需要加快微纳升液相色谱和超高压液相色谱仪器的国产化进程，打破国外仪器公司垄断。尽管色谱作为相对成熟的分离技术已被广泛应用到医药、食品安全、环境监测等领域，我们相信，蛋白质组、代谢组、本草物质组、暴露组等多组学分析的蓬勃发展，必将推动色谱学科的发展迈向新的台阶。

4.5 高分子化学

当前我国关注高分子学科的主流基本问题与经典问题的学者开始增多，将来有可能逐渐摆脱“跟随”惯性，在一些重要的前沿方向取得重要成果。国际上高分子领域的一些前沿热点方向包括“软物质 3D 打印”“塑料生物电子学之滥觞”“聚合物材料功能仿生及其生物医用”“基于可再生资源的可持续聚合物”“自主性生命周期循环可控的聚合物”等。学科交叉和融合是发展趋势，需要结合化学、物理、生命、材料等领域的发展，提出创新性的思路。

高分子合成化学一直是高分子科学最具活力和创造性的研究方向之一，新单体、催化剂、新结构及功能高分子的设计合成是其核心内容，最近大家也逐渐重视对高分子降解及回收的研究，国际上也有不少重要新突破。亟须突破传统高分子合成化学的思维模式，深入挖掘和借鉴有机、催化化学的研究成果，深入理解化学反应的机理，发展新型催化剂（体系），为获取更高性能的功能高分子材料提供新的合成策略和方法。

在聚合物超分子体系研究领域，我们不能再满足于构筑新颖和漂亮的结构，而要重视由结构带来的特殊性质和功能。尤其是要考虑利用聚合物超分子体系来有针对性地解决其他学科难以解决的关键问题，并且将理论研究与实验研究相结合，将基础研究与应用研究相结合，利用聚合物超分子体系的研究成果推动社会的进步，满足人们对美好生活的更高需求。

光伏及聚合物太阳能方面，进一步大幅提升 NF-PSC 的光伏效率仍然势在必行，这类电池能否达到与无机或有机 / 无机杂化光伏技术相比拟的光伏效率尚未可知。另外，随着光伏效率的迅速提升，也需要重视和解决 NF-PSC 在实际应用中面临的问题，如：电池稳定性与衰减机制、大面积制备技术、高效率材料低成本制备等。期待我国学者在此领域继续做出独特和独有的贡献，为改善能源结构贡献中国策略。此外，想要真正实现有机光伏的产业化，需要在材料、器件以及工艺上的协同创新，需要解决在有机半导体材料制备、活性层薄膜形貌的调控、器件优化、器件工艺等方面中存在的一系列基础科学问题。有机光伏领域的科研工作者依旧是任重道远，不过我们相信经过不懈努力，同时加强后备人才的培养，有机光伏领域将在未来生活中发挥重要作用，并产生积极影响。

生物医用高分子材料处于一个高度交叉的学科领域，涉及化学、材料、生物、医学、药学等学科。应不断加大研究的深度和广度，如深入研究材料与生物体作用的机制，拓宽研究领域，加强生物材料、特别是纳米生物材料的生物安全性包括长期生物安全性的研究。应大力加强与生物、医学、药学等学科的科研合作，特别是和生物、医学等学科顶尖人才的合作，注重交叉领域人才的培养，在实践和应用中不断提出新问题、开拓新视野。

高分子纳米复合材料广泛用于建筑和交通运输等领域，但熔体黏度高，流体动力学、逾渗、拥堵转变等经典流变学理论难以有效指导其制备加工，致使该类产品的材料设计和生产主要依赖经验，结构和性能难以调控和优化。在理论指导性调控其结构与性能，对防治高层建筑玻璃幕墙坠落、工程车轮胎爆胎等重大安全事故具有重要意义。磁流变、剪切增稠等流变材料在传感、驱动、安全防护等领域前景广阔，其制备、性能机理、应用器件是未来发展的关键。未来研究应着眼于磁流变材料的磁致力学行为机理研究，解决高性能流变材料应用于智能传感、驱动中的关键问题，进一步拓展其在航空航天中的潜在应用。在原油管道输送领域，未来研究应深入探讨增强电场改性效果，揭示原油电场改性机理，提升改性效果稳定性，提出该法在原油管道输送中的工业应用方法。

4.6 交叉学科及其他学科

4.6.1 化学生物学

生物大分子的动态化学修饰在生物个体的发育和细胞命运的调控中均扮演了关键角色，并对疾病的发生和发展起着决定性的作用。这一领域的研究已成为化学与生命科学交叉领域最受关注的前沿方向之一，而发展生物大分子动态修饰的原位标记与时空探测技术具有重要意义。从大分子动态修饰研究的历史可以看出，每一种新的大分子体外获取、化学标记、动态检测技术的出现和应用都推动着大分子动态修饰研究迈上一个新台阶。也正是基于这些技术的发展，才导致大分子动态修饰研究范围的不断丰富以及手段的逐步建立。同样，化学免疫学的研究具有鲜明的学科交叉性和前沿性，也是国家生物安全和医药卫生等领域的重大战略需求。化学免疫治疗相对传统免疫治疗方案来说其用药成本有着得天独厚的优势，但其在人体内的具体作用机制尚待解析，利用化学工具探测免疫识别过程，调控免疫识别信号等都具有十分重要的意义。因此，未来应从理论和实验源头上进行创新，利用化学生物学这一新兴交叉学科以往在驱动生命科学、医学等研究中的经验，建立和发展大分子动态修饰的化学标记与检测技术中涉及的新概念、新方法、新技术和新仪器，从原子尺度发现并解析生物大分子科学中新的动态修饰，揭示动态修饰的本质与规律。同时，尽快在化学与免疫学这两个传统研究领域之间打通堵点，构筑桥梁，促进新研究模式的形成，通过解析细胞免疫调控的化学机制，实现细胞免疫响应的化学干预，提出并开发基于原创化学思想的免疫治疗新策略，这些都代表着化学生物学领域今后发展的重要方向。

4.6.2 纳米化学

纳米化学是一个发展前景十分广阔的领域，虽然已经快速发展，且目前我国也已在该领域形成了一批达到世界领跑水平的优势研究方向和优秀团队，但要想实现其在广泛应用，还需要长期的努力。未来五年，纳米化学将继续与其他学科结合，聚焦于如下几方面：①实现结构单元的精准合成，将合成化学的技巧运用与材料设计的艺术推到极致，并深入挖掘各类新型纳米结构的特殊功能；②以工程应用需求为导向，实现高度有序多功能纳米结构材料的可控制备，重点解决纳米材料从设计到制备、从实验室验证到工业化应用等一系列关键科学和技术问题，建立完整纳米材料设计制备理论体系，推动成果的逐步产业化应用；③明确纳米材料的市场需求，建立并规范材料的标准，进一步开拓纳米材料的应用领域，利用纳米材料解决催化、能源等领域中的重要科学问题。

4.6.3 绿色化学

在未来 5 年时间内，如何更加有效地对二氧化碳和生物质进行利用，开发新型高效催化剂体系，发展环境友好的合成路线，缩短反应步骤，提高反应的原子经济性，寻找新型反应溶剂体系，消除大气中 SO_2 和 NO_x 等污染物，是绿色化学发展的战略需求和发展方向。更加有效地利用新型绿色清洁能源包括太阳能和风能，可以减少煤炭和石油等化石能源的使用。使用可再生且无污染的化学原料替代不可再生或有毒的原料，使用绿色的反应介质如水、超临界流体和离子液体等合成更加绿色环保的化学品是未来的发展趋势。其中，氢能的经济性制取和便捷输运具有重要的研究价值和光明的应用前景，但是目前氢气的储存和运输仍然存在诸多难题；二氧化碳的大量且高附加值的利用可以有效减少排放量，为工业生产提供绿色碳源，减少化石能源的消耗，但是人工“固碳”的有效手段相对较少，经济性不高并且效率较低，是绿色化学研究领域的一大难题。

4.6.4 晶体化学

清洁能源、环境保护、绿色化学、智能与信息材料等领域是世界及我国化学主要的发展方向。晶体化学专业领域将对接世界前沿研究与国家重大战略需求，通过借助大科学仪器装置等先进的设备和技术发展晶态材料的晶体结构精确解析技术，在此基础上基于晶体工程学原理进行分子设计和制备研究以获得具有特定功能的新型材料，以满足国家产业发展的战略需求。未来五年，预期我国将在 COF/MOF 材料、柔性铁电 / 压电晶态材料、新型光电晶体、金属团簇材料等领域有更大的发展，部分材料走向实际应用。其中，多功能、高响应的光功能 COF/MOF 材料，高选择性、高效率的精细化工气体分离材料，以及高效催化类的 COF/MOF 材料方面有望进一步取得长足发展，并在应用方面有实质性的进展。分子基极性材料将在不断提升材料的压电系数同时，在材料的功能多样化、新型柔性器件开发方面再有新突破。超巨型氧簇聚物及其光电响应和催化性能、手性 / 拓扑化合物的合成、高磁热效应的稀土团簇化合物、高阻隔温度的单分子磁体以及与这些化合物相关的新物理效应等方面预计也会有新发现。我国光电晶体方面研究也处于领先地位，有多种晶体是我国率先发现并实现产业化，有力地促进了我国光电行业的发展，在国防军工方面也起到重要作用。未来五年，我国有望在新型深紫外 / 中远红外非线性光学晶体、新波长 / 超快激光晶体、新型的磁光、电光、闪烁、宽禁带半导体等光电晶体的开发和产业化方面有新进展，并进一步促进光电信息产业的发展。

4.6.5 公共安全化学

公共安全化学是一门新兴的学科，其概念和内涵随着科技的发展将不断丰富完善。公共安全化学的内涵和外延将会进一步明确，支撑公共安全化学的理论与技术体系、先进材料与装备体系、人才队伍体系等将进一步完善。未来公共安全化学通过与人工智能、大数据、互联网、物联网相互交叉融合发展，将会在精准化、广谱化、快捷化、网络化、智能化等方面实现新突破，取得新成果，促进公共安全化学专业领域的理论与技术水平大幅提高。公共安全化学材料研究设计及应用将在体系化、高效性、可靠性、实用性与经济性等方面继续突破，总体发展谱系更加清晰丰富，功效进一步增加，成本进一步降低，大大促进实际应用及相应装备发展。在科普、文化、教育与培训方面，公共安全化学教育逐步受到重视，教育培训和研究需求增加，化学安全应急理论与技术方面的教材将会更加丰富。

4.7 化学教育学

化学教育学将继续深入研究具体教学问题中核心素养和化学学科核心素养的表现、发展、培育和评价问题，力求做到教、学、评一体化。深入推动项目式课程、教材、教学案例的开发，深入探索项目式学习的途径与策略。深入推动实验教学的落实，提升学生动手实验的开设率，加强对实验创新和实验教学的研究。深入开展对科学大概念、科学思维和科学本质观方面的教与学研究。研究学生学习的规律，研制、试验和推广现代化的优秀课程、教材和教学资源，促进教育研究成果转化为生产力，推动我国教育改革创新。

化学教育学将通过信息技术与化学教学的深度融合，拓展“互联网 + 教育”的教育模式，推动手持技术、数字化实验与化学教学的深度融合，增加化学智慧教育、化学教育大数据分析与人工智能教育研究方向。通过加强大中学贯通的研究与实践，开发促进大中学贯通的高中选修课程和大学基础课程，加强化学科学研究者、化学教育研究者和中学化学教师之间的协同，共同搭建大中学贯通的体系。通过凝练总结我国化学教育的理论研究和应用实践的成果，推动化学教育研究成果的国际输出；积极开展国际合作交流，加强不同学科教育领域间的协同，学习和借鉴国际先进成果，促进化学教育领域向深化和特色化方向发展，提升化学教育的创新研究能力和国际影响力。

参考文献

3.1 无机化学

[1] Li Y, Li X, Liu J, et al. In silico prediction and screening of modular crystal structures via a high-throughput genomic approach[J]. Nature Communications, 2015 (6): 8328.

[2] You Y-M, Liao W-Q, Zhao D, et al. An organic-inorganic perovskite ferroelectric with large piezoelectric response [J]. Science, 2017, 357 (6348): 306-309.

[3] Ye H-Y, Tang Y-Y, Li P-F, et al. Metal-free three-dimensional perovskite ferroelectrics[J]. Science, 2018, 361 (6398): 151-155.

[4] Dong Z, Sun Y, Chu J, et al. Multivariate metal-organic frameworks for dialing-in the binding and programming the release of drug molecules[J]. Journal of the American Chemical Society, 2017, 139 (40): 14209-14216.

[5] Jiang H, Liu X-C, Wu Y, et al. Metal-organic frameworks for high charge-discharge rates in lithium-sulfur batteries [J]. Angewandte Chemie International Edition, 2018, 57 (15): 3916-3921.

[6] Wang Y, Liu Q, Zhang Q, et al. Molecular vise approach to create metal-binding sites in MOFs and detection of biomarkers[J]. Angewandte Chemie International Edition, 2018, 57 (24): 7120-7125.

[7] Peng S, Bie B, Sun Y, et al. Metal-organic frameworks for precise inclusion of single-stranded DNA and transfection in immune cells[J]. Nature Communications, 2018 (9): 1293.

[8] Xu L-L, Zhang H-F, Li M, et al. Chiroptical activity from an achiral biological metal-organic framework[J]. Journal of the American Chemical Society, 2018, 140 (37): 11569-11572.

[9] Chen L, Ye J-W, Wang H-P, et al. Ultrafast water sensing and thermal imaging by a metal-organic framework with switchable luminescence[J]. Nature Communications, 2017 (8): 15985.

[10] Tu D, Leong P, Guo S, et al. Highly emissive organic single-molecule white emitters by engineering *o*-carborane-based luminophores[J]. Angewandte Chemie International Edition, 2017, 56 (38): 11370-11374.

[11] Zhang D-S, Gao Q, Chang Z, et al. Rational construction of highly tunable donor-acceptor materials based on a crystalline host-guest platform[J]. Advanced Materials, 2018, 30 (50): 1804715.

[12] Kong L, Zhu J, Shuang W, et al. Nitrogen-doped wrinkled carbon foils derived from MOF nanosheets for superior sodium storage[J]. Advanced Energy Materials, 2018, 8 (25): 1801515.

[13] Yao Z-Q, Xu J, Zou B, et al. A dual-stimuli-responsive coordination network featuring reversible wide-range luminescence-tuning behavior[J]. Angewandte Chemie International Edition, 2019, 58 (17): 5614-5618.

[14] Luo D, Wang X-Z, Yang C, et al. Self-assembly of chiral metal-organic tetartoid[J]. Journal of the American Chemical Society, 2018, 140 (1): 118-121.

[15] Liao W-M, Zhang J-H, Yin S-Y, et al. Tailoring exciton and excimer emission in an exfoliated ultrathin 2d metal-organic framework[J]. Nature Communications, 2018, 9 (1): 2401.

[16] Su J, Yuan S, Wang H-Y, et al. Redox-switchable breathing behavior in tetrathiafulvalene-based metal-organic frameworks[J]. Nature Communications, 2017, 8 (1): 2008.

[17] Wang H-Y, Ge J-Y, Hua C, et al. Photo- and electronically switchable spin-crossover iron (II) metal-organic frameworks based on a tetrathiafulvalene ligand[J]. Angewandte Chemie International Edition, 2017, 56 (20): 5465-5470.

[18] Yang Q, Xu Q, Jiang H-L. Metal-organic frameworks meet metal nanoparticles: Synergistic effect for enhanced catalysis[J]. Chemical Society Reviews, 2017, 46 (15): 4774-4808.

[19] Xiao J-D, Han L, Luo J, et al. Integration of plasmonic effects and schottky junctions into metal-organic framework

composites: Steering charge flow for enhanced visible-light photocatalysis [J]. Angewandte Chemie International Edition, 2018, 57 (4): 1103-1107.

[20] Liu H, Xu C, Li D, et al. Photocatalytic hydrogen production coupled with selective benzylamine oxidation over MOF composites [J]. Angewandte Chemie International Edition, 2018, 57 (19): 5379-5383.

[21] Fang X, Shang Q, Wang Y, et al. Single pt atoms confined into a metal-organic framework for efficient photocatalysis [J]. Advanced Materials, 2018, 30 (7): 1705112.

[22] Li D, Yu S-H, Jiang H-L. From UV to near-infrared light-responsive metal-organic framework composites: Plasmon and upconversion enhanced photocatalysis [J]. Advanced Materials, 2018, 30 (27): 1707377.

[23] Xiao J-D, Jiang H-L. Metal-organic frameworks for photocatalysis and photothermal catalysis [J]. Accounts of Chemical Research, 2019, 52 (2): 356-366.

[24] Ma X, Wang L, Zhang Q, et al. Switching on the photocatalysis of metal-organic frameworks by engineering structural defects [J]. Angewandte Chemie-International Edition, 2019, 58: 12175-12179.

[25] Huang J, Ding H-m, Xu Y, et al. Chiral expression from molecular to macroscopic level via pH modulation in terbium coordination polymers [J]. Nature Communications, 2017, 8: 2131.

[26] Lai J-C, Li L, Wang D-P, et al. A rigid and healable polymer cross-linked by weak but abundant Zn(II)-carboxylate interactions [J]. Nature Communications, 2018, 9: 2725.

[27] Lai J-C, Jia X-Y, Wang D-P, et al. Thermodynamically stable whilst kinetically labile coordination bonds lead to strong and tough self-healing polymers [J]. Nature Communications, 2019, 10: 1164.

[28] Su J, Yuan S, Wang H-Y, et al. Redox-switchable breathing behavior in tetrathiafulvalene-based metal-organic frameworks [J]. Nature Communications, 2017, 8: 2008.

[29] Jiang H, Jin S, Wang C, et al. Nanoscale laser metallurgy and patterning in air using MOFs [J]. Journal of the American Chemical Society, 2019, 141 (13): 5481-5489.

[30] Pan M, Zhu Y-X, Wu K, et al. Epitaxial growth of hetero-Ln-MOF hierarchical single crystals for domain- and orientation-controlled multicolor luminescence 3D coding capability [J]. Angewandte Chemie-International Edition, 2017, 56 (46): 14582-14586.

[31] Chen C-X, Wei Z-W, Fan Y-N, et al. Visualization of anisotropic and stepwise piezofluorochromism in an MOF single crystal [J]. Chem, 2018, 4 (11): 2658-2669.

[32] Hou Y-J, Wu K, Wei Z-W, et al. Design and enantioresolution of homochiral Fe (II)-Pd (II) coordination cages from stereolabile metalloligands: Stereochemical stability and enantioselective separation [J]. Journal of the American Chemical Society, 2018, 140 (51): 18183-18191.

[33] Liu W, Peng Y-Y, Wu S-G, et al. Guest-switchable multi-step spin transitions in an amine-functionalized metal-organic framework [J]. Angewandte Chemie-International Edition, 2017, 56 (47): 14982-14986.

[34] Liang X, Zhang F, Yan Z P, et al. Fast synthesis of iridium (III) complexes incorporating a bis (diphenylphorothioyl) amide ligand for efficient pure green oleds [J]. ACS Appl Mater Interfaces, 2019, 11 (7): 7184-7191.

[35] Gui B, Meng Y, Xie Y, et al. Tuning the photoinduced electron transfer in a Zr-MOF: Toward solid-state fluorescent molecular switch and turn-on sensor [J]. Advanced Materials, 2018, 30 (34): 1802329.

[36] Ma X-F, Xia J-C, Yan Z-P, et al. Highly efficient green and red electroluminescence with an extremely low efficiency roll-off based on iridium (III) complexes containing a bis (diphenylphorothioyl) amide ancillary ligand [J]. Journal of Materials Chemistry C, 2019, 7 (9): 2570-2576.

[37] Zeng H, Xie M, Huang Y-L, et al. Induced fit of C_2H_2 in a flexible MOF through cooperative action of open metal sites [J]. Angewandte Chemie-International Edition, 2019, 58 (25): 8515-8519.

[38] Li H, Lv N, Li X, et al. Composite Cd-MOF nanocrystals-containing microspheres for sustained drug delivery [J].

Nanoscale, 2017, 9 (22): 7454-7463.

[39] Fang W-H, Yang G-Y. Induced aggregation and synergistic coordination strategy in cluster organic architectures [J]. Accounts of Chemical Research, 2018, 51 (11): 2888-2896.

[40] Wang K, Yang L-M, Wang X, et al. Covalent triazine frameworks via a low-temperature polycondensation approach [J]. Angewandte Chemie-International Edition, 2017, 56 (45): 14149-14153.

[41] Liu M, Huang Q, Wang S, et al. Crystalline covalent triazine frameworks by in situ oxidation of alcohols to aldehyde monomers [J]. Angewandte Chemie, 2018, 130 (37): 12144-12148.

[42] Liu M, Jiang K, Ding X, et al. Controlling monomer feeding rate to achieve highly crystalline covalent triazine frameworks [J]. Advanced Materials, 2019, 31 (19): 1807865.

[43] Tan C, Han X, Li Z, et al. Controlled exchange of achiral linkers with chiral linkers in Zr-based UIO-68 metal-organic framework [J]. Journal of the American Chemical Society, 2018, 140 (47): 16229-16236.

[44] Chen X, Jiang H, Hou B, et al. Boosting chemical stability, catalytic activity, and enantioselectivity of metal-organic frameworks for batch and flow reactions [J]. Journal of the American Chemical Society, 2017, 139 (38): 13476-13482.

[45] Xia Q, Li Z, Tan C, et al. Multivariate metal-organic frameworks as multifunctional heterogeneous asymmetric catalysts for sequential reactions [J]. Journal of the American Chemical Society, 2017, 139 (24): 8259-8266.

[46] Chen X, Peng Y, Han X, et al. Sixteen isostructural phosphonate metal-organic frameworks with controlled Lewis acidity and chemical stability for asymmetric catalysis [J]. Nature Communications, 2017, 8 (1): 2171.

[47] Chen M, Wang J, Liu D, et al. Highly stable spherical metallo-capsule from a branched hexapodal terpyridine and its self-assembled berry-type nanostructure [J]. Journal of the American Chemical Society, 2018, 140 (7): 2555-2561.

[48] Dai D, Li Z, Yang J, et al. Supramolecular assembly-induced emission enhancement for efficient mercury (II) detection and removal [J]. Journal of the American Chemical Society, 2019, 141 (11): 4756-4763.

[49] Zhong Y, Yang Y, Shen Y, et al. Enforced tubular assembly of electronically different hexakis (*m*-phenylene ethynylene) macrocycles: Persistent columnar stacking driven by multiple hydrogen-bonding interactions [J]. Journal of the American Chemical Society, 2017, 139 (44): 15950-15957.

[50] Liu H-K, Ren L-J, Wu H, et al. Unraveling the self-assembly of heterocluster janus dumbbells into hybrid cubosomes with internal double-diamond structure [J]. Journal of the American Chemical Society, 2019, 141 (2): 831-839.

[51] Zheng X-Y, Jiang Y-H, Zhuang G-L, et al. A gigantic molecular wheel of {Gd-140}: A new member of the molecular wheel family [J]. Journal of the American Chemical Society, 2017, 139 (50): 18178-18181.

[52] Zheng H, Du M-H, Lin S-C, et al. Assembly of a wheel-like $Eu_{24}Ti_8$ cluster under the guidance of high-resolution electrospray ionization mass spectrometry [J]. Angewandte Chemie International Edition, 2018, 57 (34): 10976-10979.

[53] Liu C, Tkachenko N V, Popov I A, et al. Structure and bonding in $[Sb@In_8Sb_{12}]^{3-}$ and $[Sb@In_8Sb_{12}]^{5-}$ [J]. Angewandte Chemie International Edition, 2019, 58 (25): 8367-8371.

[54] Yang H, Yan J, Wang Y, et al. From racemic metal nanoparticles to optically pure enantiomers in one pot [J]. Journal of the American Chemical Society, 2017, 139 (45): 16113-16116.

[55] Wang Z, Su H-F, Tan Y-Z, et al. Assembly of silver trigons into a buckyball-like Ag-180 nanocage [J]. Proceedings of the National Academy of Sciences, 2017, 114 (46): 12132-12137.

[56] Tan Z, Zhang D, Tian H-R, et al. Atomically defined angstrom-scale all-carbon junctions [J]. Nature Communications, 2019, 10 (1): 1748.

[57] Tian H-R, Chen M-M, Wang K, et al. An unconventional hydrofullerene $C_{66}H_4$ with symmetric heptagons retrieved

in low-pressure combustion[J]. Journal of the American Chemical Society, 2019, 141(16): 6651-6657.

[58] Xu Y-Y, Tian H-R, Li S-H, et al. Flexible decapyrrylcorannulene hosts[J]. Nature Communications, 2019, 10(1): 485.

[59] Qin J-S, Du D-Y, Guan W, et al. Ultrastable polymolybdate-based metal-organic frameworks as highly active electrocatalysts for hydrogen generation from water[J]. Journal of the American Chemical Society, 2015, 137(22): 7169-7177.

[60] Wang Y-R, Huang Q, He C-T, et al. Oriented electron transmission in polyoxometalate-metalloporphyrin organic framework for highly selective electroreduction of CO_2[J]. Nature Communications, 2018, 9(1): 4466.

[61] Yu M, Chen L, Jiang F, et al. Cation-induced strategy toward an hourglass-shaped Cu_6I_7- cluster and its color-tunable luminescence[J]. Chemistry of Materials, 2017, 29(19): 8093-8099.

[62] Huang Z, Miller S A, Ge B, et al. High thermoelectric performance of new rhombohedral phase of gese stabilized through alloying with $AgSbSe_2$[J]. Angewandte Chemie International Edition, 2017, 56(45): 14113-14118.

[63] Liu C-L, Zhang R-L, Lin C-S, et al. Intraligand charge transfer sensitization on self-assembled europium tetrahedral cage leads to dual-selective luminescent sensing toward anion and cation[J]. Journal of the American Chemical Society, 2017, 139(36): 12474-12479.

[64] Yang X, Wang N, Zhang L, et al. Organic nanostructure-based probes for two-photon imaging of mitochondria and microbes with emission between 430 nm and 640 nm[J]. Nanoscale, 2017, 9(14): 4770-4776.

[65] Chen X-L, Jia J-H, Yu R, et al. Combining charge-transfer pathways to achieve unique thermally activated delayed fluorescence emitters for high-performance solution-processed, non-doped blue oleds[J]. Angewandte Chemie-International Edition, 2017, 56(47): 15006-15009.

[66] Liu Q, Xie M, Chang X, et al. Tunable multicolor phosphorescence of crystalline polymeric complex salts with metallophilic backbones[J]. Angewandte Chemie-International Edition, 2018, 57(21): 6279-6283.

[67] Ning Y, Tang J, Liu Y-W, et al. Highly luminescent, biocompatible ytterbium (III) complexes as near-infrared fluorophores for living cell imaging[J]. Chemical Science, 2018, 9(15): 3742-3753.

[68] Ning Y, Cheng S, Wang J-X, et al. Fluorescence lifetime imaging of upper gastrointestinal pH in vivo with a lanthanide based near-infrared tau probe[J]. Chemical Science, 2019, 10(15): 4227-4235.

[69] Wu Z-G, Han H-B, Yan Z-P, et al. Chiral octahydro-binaphthol compound-based thermally activated delayed fluorescence materials for circularly polarized electroluminescence with superior EQE of 32.6% and extremely low efficiency roll-off[J]. Advanced Materials, 2019, 31(28): 1900524.

[70] Tu D, Cai S, Fernandez C, et al. Boron-cluster-enhanced ultralong organic phosphorescence[J]. Angewandte Chemie-International Edition, 2019, 58(27): 9129-9133.

[71] Wei X, Zhu M J, Cheng Z, et al. Aggregation-induced electrochemiluminescence of carboranyl carbazoles in aqueous media[J]. Angewandte Chemie-International Edition, 2019, 58(10): 3162-3166.

[72] Xia J-C, Liang X, Yan Z-P, et al. Iridium (III) phosphors with bis (diphenylphorothioyl) amide ligand for efficient green and sky-blue oleds with EQE of nearly 28%[J]. Journal of Materials Chemistry C, 2018, 6(33): 9010-9016.

[73] Lu G Z, Su N, Yang H Q, et al. Rapid room temperature synthesis of red iridium (III) complexes containing a four-membered Ir-S-C-S chelating ring for highly efficient OLEDs with EQE over 30%[J]. Chemical Science, 2019, 10(12): 3535-3542.

[74] Zheng W, Zhao Y, Zhuang W H, et al. Phthalorubines: Fused-ring compounds synthesized from phthalonitrile[J]. Angewandte Chemie International Edition, 2018, 57(47): 15384-15389.

[75] Wang Z, Zhu C Y, Yin S Y, et al. A metal-organic supramolecular box as a universal reservoir of UV, WL, and NIR light for long-persistent luminescence[J]. Angewandte Chemie International Edition, 2019, 58(11):

3481-3485.

[76] Chi W, Qiao Q, Lee R, et al. A photoexcitation-induced twisted intramolecular charge shuttle [J]. Angewandte Chemie International Edition, 2019, 58 (21): 7073-7077.

[77] Gong Z, Zheng W, Gao Y, et al. Full-spectrum persistent luminescence tuning using all-inorganic perovskite quantum dots [J]. Angewandte Chemie International Edition, 2019, 58 (21): 6943-6947.

[78] Lei Z, Pei X L, Guan Z J, et al. Full protection of intensely luminescent gold (I)-silver (I) cluster by phosphine ligands and inorganic anions [J]. Angewandte Chemie International Edition, 2017, 56 (25): 7117-7120.

[79] Li W L, Chen T T, Xing D H, et al. Observation of highly stable and symmetric lanthanide octa-boron inverse sandwich complexes [J]. Proc Natl Acad Sci USA, 2018, 115 (30): E6972-E6977.

[80] Li F, Li T, Sun C, et al. Selenium-doped carbon quantum dots for free-radical scavenging [J]. Angewandte Chemie International Edition, 2017, 56 (33): 9910-9914.

[81] Li F, Li Y, Yang X, et al. Highly fluorescent chiral N-S-doped carbon dots from cysteine: Affecting cellular energy metabolism [J]. Angewandte Chemie International Edition, 2018, 57 (9): 2377-2382.

[82] Wang Y, Qiu S, Xie S, et al. Synthesis and characterization of oxygen-embedded quinoidal pentacene and nonacene [J]. Journal of the American Chemical Society, 2019, 141 (5): 2169-2176.

[83] Jian C L, Ning W, Yue Y, et al. Carbon dots in zeolites: A new class of thermally activated delayed fluorescence materials with ultralong lifetimes [J]. Science Advances 2017, 3 (5): 1603171-1603179.

[84] Yan D, Wang G, Xiong F, et al. A selenium-catalysed para-amination of phenols [J]. Nature Communications, 2018, 9: 4293.

[85] Wei W, Sun P, Li Z, et al. A surface-display biohybrid approach to light-driven hydrogen production in air [J]. Science Advances, 2018, 4 (2): eaap9253.

[86] Xiong F, Lu L, Sun T-Y, et al. A bioinspired and biocompatible ortho-sulfiliminyl phenol synthesis [J]. Nature Communications, 2017, 8: 15912.

[87] Wu Q, Yan D, Chen Y, et al. A redox-neutral catechol synthesis [J]. Nature Communications, 2017, 8: 14227.

[88] Zhou B, Yan D. Hydrogen-bonded two-component ionic crystals showing enhanced long-lived room-temperature phosphorescence via TADF-assisted forster resonance energy transfer [J]. Advanced Functional Materials, 2019, 29 (4): 1807599.

[89] Yang J, Dong C-C, Chen X-L, et al. Excimer disaggregation enhanced emission: A fluorescence "turn-on" approach to oxoanion recognition [J]. Journal of the American Chemical Society, 2019, 141 (11): 4597-4612.

[90] Zhao W, He Z, Peng Q, et al. Highly sensitive switching of solid-state luminescence by controlling intersystem crossing [J]. Nature Communications, 2018, 9: 3044-3051.

[91] Yuan F, Yuan T, Sui L, et al. Engineering triangular carbon quantum dots with unprecedented narrow bandwidth emission for multicolored leds [J]. Nature Communications, 2018, 9: 2249-2259.

[92] Wang Z, Yuan F, Li X, et al. 53% efficient red emissive carbon quantum dots for high color rendering and stable warm white-light-emitting diodes [J]. Advanced Materials, 2017, 29 (37): 1702910.

[93] Sun Z-B, Liu J-K, Yuan D-F, et al. 2, 2-diamino-6, 6 '-diboryl-1, 1 '-binaphthyl: A versatile building block for temperature-dependent dual fluorescence and switchable circularly polarized luminescence [J]. Angewandte Chemie-International Edition, 2019, 58 (15): 4840-4846.

[94] Zhuang Z, Peng C, Zhang G, et al. Intrinsic broadband white-light emission from ultrastable, cationic lead halide layered materials [J]. Angewandte Chemie-International Edition, 2017, 56 (46): 14411-14416.

[95] Jiang Y, Qin C, Cui M, et al. Spectra stable blue perovskite light-emitting diodes [J]. Nature Communications, 2019, 10: 1868-1876.

[96] Chen L-J, Zhao X, Yan X-P. Cell-penetrating peptide-functionalized persistent luminescence nanoparticles for

tracking J774A.1 macrophages homing to inflamed tissues[J]. ACS Applied Materials & Interfaces, 2019, 11(22): 19894-19901.

[97] Sun S-K, Wang H-F, Yan X-P. Engineering persistent luminescence nanoparticles for biological applications: From biosensing/bioimaging to theranostics[J]. Accounts of Chemical Research, 2018, 51 (5): 1131-1143.

[98] Wang J, Ma Q, Zheng W, et al. One-dimensional luminous nanorods featuring tunable persistent luminescence for autofluorescence-free biosensing[J]. Acs Nano, 2017, 11 (8): 8185-8191.

[99] Wang J, Ma Q, Hu X-X, et al. Autofluorescence-free targeted tumor imaging based on luminous nanoparticles with composition-dependent size and persistent luminescence[J]. Acs Nano, 2017, 11 (8): 8010-8017.

[100] Chan M-H, Pan Y-T, Chan Y-C, et al. Nanobubble-embedded inorganic 808 nm excited upconversion nanocomposites for tumor multiple imaging and treatment[J]. Chemical Science, 2018, 9 (12): 3141-3151.

[101] Liu Y, Zhen W, Wang Y, et al. One-dimensional Fe_2P acts as a fenton agent in response to NIR II light and ultrasound for deep tumor synergetic theranostics[J]. Angewandte Chemie-International Edition, 2019, 58 (8): 2407-2412.

[102] Zhang M, Yue J, Cui R, et al. Bright quantum dots emitting at similar to 1, 600 nm in the NIR-IIb window for deep tissue fluorescence imaging [J]. Proceedings of the National Academy of Sciences of the United States of America, 2018, 115 (26): 6590-6595.

[103] Zhou Z, Zheng W, Kong J, et al. Rechargeable and led-activated $ZnGa_2O_4$: Cr^{3+} near-infrared persistent luminescence nanoprobes for background-free biodetection[J]. Nanoscale, 2017, 9 (20): 6846-6853.

[104] Nie J, Li Y, Liu S, et al. Tunable long persistent luminescence in the second near-infrared window via crystal field control[J]. Scientific Reports, 2017, 7: 12392.

[105] Fan Y, Wang P, Lu Y, et al. Lifetime-engineered NIR-II nanoparticles unlock multiplexed in vivo imaging[J]. Nature Nanotechnology, 2018, 13 (10): 941-946.

[106] Gu Y, Guo Z, Yuan W, et al. High-sensitivity imaging of time-domain near-infrared light transducer[J]. Nature Photonics, 2019, 13 (8): 525-531.

3.2 有机化学

[1] Hu A H, Guo J J, Pan H, et al. Selective functionalization of methane, ethane, and higher alkanes by cerium photocatalysis[J]. Science, 2018. 361: 668-672.

[2] Guo L, Song F, Zhu S Q, et al. syn-Selective alkylarylation of terminal alkynes via the combination of photoredox and nickel catalysis[J]. Nature Communications, 2018, 9: 4543.

[3] Li Z L, Wang X F, Xia S Q, et al. Ligand-Accelerated Iron Photocatalysis Enabling Decarboxylative Alkylation of Heteroarenes[J]. Organic Letters, 2019, 21: 4259-4265.

[4] Wang C, Guo M Z, Qi R P, et al. Visible-Light-Driven, Copper-Catalyzed Decarboxylative C (sp3)-H Alkylation of Glycine and Peptides[J]. Angewandte Chemie International Edition, 2018, 57: 15841-15846.

[5] Yu X Y, Zhao Q Q, Chen J, et al. Copper-Catalyzed Radical Cross-Coupling of Redox-Active Oxime Esters, Styrenes, and Boronic Acids[J]. Angewandte Chemie International Edition, 2018, 57: 15505-15509.

[6] Wang N, Gu Q S, Li Z L, et al. Direct Photocatalytic Synthesis of Medium-Sized Lactams by C-C Bond Cleavage[J]. Angewandte Chemie International Edition, 2018, 57: 14225-14229.

[7] Li Y, Zhang J, Li D F, et al. Metal-Free C (sp^3)-H Allylation via Aryl Carboxyl Radicals Enabled by Donor-Acceptor Complex[J]. Organic Letter, 2018, 20: 3296-3229.

[8] Xu F, Long H, Song J S, et al. De Novo Synthesis of Highly Functionalized Benzimidazolones and Benzoxazolones through an Electrochemical Dehydrogenative Cyclization Cascade[J]. Angewandte Chemie International Edition,

2019, 58: 9017-9021.

[9] Feng P J, Ma G J, Chen X G, et al. Electrooxidative and regioselective C-H azolation of phenol and aniline derivatives [J]. Angewandte Chemie International Edition, 2019, 58: 8400-8404.

[10] Liang Y J, Lin F G R, Adeli Y, et al. Efficient Electrocatalysis for the Preparation of (Hetero) arylChlorides and Vinyl Chloride with 1, 2-Dichloroethane [J]. Angewandte Chemie International Edition, 2019, 58: 4566-4570.

[11] Liu D, Ma H X, Fang P, et al. Nickel-catalyzed thiolation of aryl halides and heteroaryl halides through electrochemistry. Angewandte Chemie International Edition, 2019, 58: 5033-5037.

[12] Hu K F, Qian P, Su J H, et al. Multi-functionalization of Unactivated Cyclic Ketones via an Electrochemical Process: Access to Cyclic α-Enaminones [J]. Journal of Organic Chemistry, 2019, 84: 1647-1653.

[13] Liu K, Tang S, Wu T, et al. Electrooxidative para-selective C-H/N-H cross coupling with hydrogen evolution to synthesize triarylamine derivatives [J]. Nature Communications, 2019, 10: 639.

[14] Zhu S F, Zhou Q L. Iridium-Catalyzed Asymmetric Hydrogenation of Unsaturated Carboxylic Acids [J]. Accounts of Chemical Research, 2017, 50 (49): 988-1001.

[15] Li K, Li M L, Zhang Q, et al. Highly Enantioselective Nickel-Catalyzed Intramolecular Hydroalkenylation of N- and O-Tethered 1, 6-Dienes to form Six-Membered Heterocycles [J]. Journal of the American Chemical Society, 2018, 140 (24): 7458-7461.

[16] Teng L T, Zhou C, Yan X Q, et al. Solvent-Dependent Asymmetric Synthesis of Alkynyl and Monofluoroalkenyl Isoindolinones by CpRhIII-Catalyzed C-H Activation [J]. Angewandte Chemie International Edition, 2018, 57 (15): 4048-4052.

[17] Shen B X, Wan B S, Li X W. Enantiodivergent Desymmetrization in the Rhodium (III)-Catalyzed Annulation of Sulfoximines with Diazo Compounds [J]. Angewandte Chemie International Edition, 2018, 57 (47): 15534-15538.

[18] Yang X F, Zheng G F, Li X W. Rhodium (III)-Catalyzed Enantioselective Coupling of Indoles and 7-Azabenzonorbornadienes by C-H Activation/Desymmetrization [J]. Angewandte Chemie International Edition, 2019, 58 (1): 322-326.

[19] Zheng Z Y, Cao Y X, Chong Q L, et al. Chiral Cyclohexyl-Fused Spirobiindanes: Practical Synthesis, Ligand Development, and Asymmetric Catalysis [J]. Journal of the American Chemical Society, 2018, 140 (32): 10374-10381.

[20] Liu X H, Zheng H F, Xia Y, et al. Asymmetric Cycloaddition and Cyclization Reactions Catalyzed by Chiral N, N'-Dioxide-Metal Complexes [J]. Accounts of Chemical Research, 2017, 50 (10): 2621-2631.

[21] Zheng H F, Wang Y, Xu C R, et al. Stereodivergent synthesis of vicinal quaternary-quaternary stereocenters and bioactive hyperolactones [J]. Nature Communications, 2018, 9, 1968.

[22] Zhou P F, Lin L L, Chen L, et al. Iron-Catalyzed Asymmetric Haloazidation of α, β-Unsaturated Ketones: Construction of Organic Azides with Two Vicinal Stereocenters [J]. Journal of the American Chemical Society, 2017, 139 (38): 13414-13419.

[23] Tan F, Liu X H, Wang Y, et al. Chiral Lewis Acid Catalyzed Reactions of α-Diazoester Derivatives: Construction of Dimeric Polycyclic Compounds [J]. Angewandte Chemie International Edition, 2018, 57 (49): 16176-16179.

[24] Zhang D, Lin L L, Yang J, et al. Asymmetric Synthesis of Tetrahydroindolizines by Bimetallic Relay Catalyzed Cycloaddition of Pyridinium Ylides [J]. Angewandte Chemie International Edition, 2018, 57 (38): 12323-12327.

[25] Lv W X, Li Q J, Li J L, et al. gem-Difluorination of Alkenyl N-methyliminodiacetyl Boronates: Synthesis of α- and β-Difluorinated Alkylborons [J]. Angewandte Chemie International Edition, 2018, 57 (50): 16544-

16548.

[26] Ge S L, Cao W D, Kang T F, et al. Bimetallic Catalytic Asymmetric Tandem Reaction of β-Alkynyl Ketones to Synthesize 6, 6-Spiroketals [J]. Angewandte Chemie International Edition, 2019, 58 (12): 4017-4021.

[27] Zheng H F, Wang Y, Xu C R, et al. Diversified Cycloisomerization/Diels-Alder Reactions of 1, 6-Enynes through Bimetallic Relay Asymmetric Catalysis [J]. Angewandte Chemie International Edition, 2019, 58 (16): 5327-5331.

[28] Feng L W, Ren H, Xiong H, et al. Reaction of Donor-Acceptor Cyclobutanes with Indoles: A General Protocol for the Formal Total Synthesis of (±)-Strychnine and the Total Synthesis of (±)-Akuammicine [J]. Angewandte Chemie International Edition, 2017, 56 (11): 3055-3058.

[29] Liu Q W, Zhu J, Song X Y, et al. Highly Enantioselective + Annulation of Indoles with Quinones to Access Structurally Diverse Benzofuroindolines [J]. Angewandte Chemie International Edition, 2018, 57 (14): 3810-3814.

[30] Chen H, Wang L J, Wang F, et al. Access to Hexahydrocarbazoles: The Thorpe-Ingold Effects of the Ligand on Enantioselectivity [J]. Angewandte Chemie International Edition, 2017, 56 (24): 6942-6945.

[31] Zhang S S, Hu T J, Li M Y, et al. Asymmetric Alkenylation of Enones and Imines Enabled by A Highly Efficient Aryl to Vinyl 1, 4-Rhodium Migration [J]. Angewandte Chemie International Edition, 2019, 58 (11): 3387-3391.

[32] Chen C, Zhang Z, Jin S, et al. Enzyme-Inspired Chiral Secondary-Phosphine-Oxide Ligand with Dual Noncovalent Interactions for Asymmetric Hydrogenation [J]. Angewandte Chemie International Edition, 2017, 56 (24): 6808-6812.

[33] Long J, Shi L Y, Li X, et al. Rhodium-Catalyzed Highly Regio- and Enantioselective Hydrogenation of Tetrasubstituted Allenyl Sulfones: An Efficient Access to Chiral Allylic Sulfones [J]. Angewandte Chemie International Edition, 2018, 57 (40): 13248-13251.

[34] You C, Li S L, Li X X, et al. Design and Application of Hybrid Phosphorus Ligands for Enantioselective Rh-Catalyzed Anti-Markovnikov Hydroformylation of Unfunctionalized 1, 1-Disubstituted Alkenes [J]. Journal of the American Chemical Society, 2018, 140 (15): 4977-4981.

[35] Li X X, You C, Yang J X, et al. Asymmetric Hydrocyanation of Alkenes without HCN [J]. Angewandte Chemie International Edition, 2019, 10.1002/anie.201906111.

[36] Tan X F, Gao S, Zeng W J, et al. Asymmetric Synthesis of Chiral Primary Amines by Ruthenium-Catalyzed Direct Reductive Amination of Alkyl Aryl Ketones with Ammonium Salts and Molecular H_2 [J]. Journal of the American Chemical Society, 2018, 140 (6): 2024-2027.

[37] Meng W, Feng X Q, Du H F, Frustrated Lewis Pairs Catalyzed Asymmetric Metal-Free Hydrogenations and Hydrosilylations [J]. Accounts of Chemical Research, 2018, 51 (1): 191-201.

[38] Wang P S, Shen M L, Wang T C, et al. Access to Chiral Hydropyrimidines through Palladium-Catalyzed Asymmetric Allylic C-H Amination [J]. Angewandte Chemie International Edition, 2017, 56 (50): 16032-16036.

[39] Wang T C, Fan L F, Shen Y, et al. Asymmetric Allylic C-H Alkylation of Allyl Ethers with 2-Acylimidazoles [J]. Journal of the American Chemical Society, 2019, 141 (27): 10616-10620.

[40] Yan S Y, Han Y Q, Yao Q J, et al. Palladium (II)-Catalyzed Enantioselective Arylation of Unbiased Methylene C (sp^3)-H Bonds Enabled by a 2-Pyridinylisopropyl Auxiliary and Chiral Phosphoric Acids [J]. Angewandte Chemie International Edition, 2018, 57 (29): 9093-9097.

[41] Han Y Q, Ding Y, Zhou T, et al. Pd(II)-Catalyzed Enantioselective Alkynylation of Unbiased Methylene C(sp^3)-H Bonds Using 3, 3'-Fluorinated-BINOL as a Chiral Ligand [J]. Journal of the American Chemical Society, 2019,

141 (11): 4558–4563.

[42] Wang H, Park Y, Bai Z Q, et al. Iridium–Catalyzed Enantioselective C (sp^3)–H Amidation Controlled by Attractive Noncovalent Interactions [J]. Journal of the American Chemical Society, 2019, 141 (11): 7194–7201.

[43] Xing Q, Chan C M, Yeung Y W, et al. Ruthenium (II)–Catalyzed Enantioselective γ–Lactams Formation by Intramolecular C–H Amidation of 1, 4, 2–Dioxazol–5–ones [J]. Journal of the American Chemical Society, 2019, 141 (11): 3849–3853.

[44] Shi Y J, Gao Q, Xu S M, Chiral Bidentate Boryl Ligand Enabled Iridium–Catalyzed Enantioselective C (sp^3)–H Borylation of Cyclopropanes [J]. Journal of the American Chemical Society, 2019, 141 (11): 10599–10604.

[45] Wang Y X, Qi S L, Luan Y X, et al. Enantioselective Ni–Al Bimetallic Catalyzed exo–Selective C–H Cyclization of Imidazoles with Alkenes [J]. Journal of the American Chemical Society, 2018, 140 (16): 5360–5364.

[46] Zhang W B, Yang X T, Ma J B, et al. Regio– and Enantioselective C–H Cyclization of Pyridines with Alkenes Enabled by a Nickel/N–Heterocyclic Carbene Catalysis [J]. Journal of the American Chemical Society, 2019, 141 (14): 5628–5634.

[47] Tu H F, Zhang X, Zheng C, et al. Enantioselective dearomative prenylation of indole derivatives [J]. Nature Catalysis, 2018, 1, 601–608.

[48] Yang Z P, Jiang R, Wu Q F, et al. Iridium–Catalyzed Intramolecular Asymmetric Allylic Dearomatization of Benzene Derivatives [J]. Angewandte Chemie International Edition, 2018, 57 (49): 16190–16193.

[49] Yang Z P, Jiang R, Zheng C, et al. Iridium–Catalyzed Intramolecular Asymmetric Allylic Alkylation of Hydroxyquinolines: Simultaneous Weakening of the Aromaticity of Two Consecutive Aromatic Rings [J]. Journal of the American Chemical Society, 2018, 140 (8): 3114–3119.

[50] Li X, Zhou B, Yang R Z, et al. Palladium–Catalyzed Enantioselective Intramolecular Dearomative Heck Reaction [J]. Journal of the American Chemical Society, 2018, 140 (42): 13945–13951.

[51] Zhang M C, Wang D C, Xie M S, et al. Cu–catalyzed Asymmetric Dearomative + Cycloaddition Reaction of Benzazoles with Aminocyclopropanes [J]. Chem, 2019, 5 (1): 156–167.

[52] Cheng Q, Xie J H, Weng Y C, et al. Pd–Catalyzed Dearomatization of Anthranils with Vinylcyclopropanes by + Cyclization Reaction [J]. Angewandte Chemie International Edition, 2018, 57 (17): 5739–5743.

[53] Wang Z F, Smith A T, Wang W X, et al. Versatile Nanostructures from Rice Husk Biomass for Energy Applications [J]. Angewandte Chemie International Edition, 2018, 57 (42): 13722–13734.

[54] Peng L, Xu D, Yang X H, et al. Organocatalytic Asymmetric One–Step Desymmetrizing Dearomatization Reaction of Indoles: Development and Bioactivity Evaluation [J]. Angewandte Chemie International Edition, 2019, 58 (1): 216–220.

[55] Cheng Q, Zhang F, Cai Y, et al. Stereodivergent Synthesis of Tetrahydrofuroindoles through Pd–Catalyzed Asymmetric Dearomative Formal + Cycloaddition [J]. Angewandte Chemie International Edition, 2018, 57 (8): 2134–2138.

[56] Wang H M, Zhang J Y, Tu Y S, et al. Phosphine–Catalyzed Enantioselective Dearomative +–Cycloaddition of 3–Nitroindoles and 2–Nitrobenzofurans [J]. Angewandte Chemie International Edition, 2019, 58 (16): 5422–5426.

[57] Li K Z, Gonçalves T P, Huang K W, et al. Dearomatization of 3–Nitroindoles by a Phosphine–Catalyzed Enantioselective + Annulation Reaction [J]. Angewandte Chemie International Edition, 2019, 58 (16): 5427–5431.

[58] Chen Y, He Y M, Zhang S S, et al. Rapid Construction of Structurally Diverse Quinolizidines, Indolizidines, and Their Analogues via Ruthenium–Catalyzed Asymmetric Cascade Hydrogenation/Reductive Amination [J].

Angewandte Chemie International Edition, 2019, 58 (12): 3809–3813.

[59] Feng G S, Chen M W, Shi L, et al. Facile Synthesis of Chiral Cyclic Ureas through Hydrogenation of 2–Hydroxypyrimidine/Pyrimidin–2 (1H) –one Tautomers [J]. Angewandte Chemie International Edition, 2018, 57 (20): 5853–5857.

[60] Liao G, Yao Q J, Zhang Z Z, et al. Scalable, Stereocontrolled Formal Syntheses of (+) –Isoschizandrin and (+) –Steganone: Development and Applications of Palladium (II) –Catalyzed Atroposelective C–H Alkynylation [J]. Angewandte Chemie International Edition, 2018, 57 (14): 3661–3665.

[61] Liao G, Bing Li B, Chen H M, et al. Pd–Catalyzed Atroposelective C–H Allylation through β –O Elimination: Diverse Synthesis of Axially Chiral Biaryls [J]. Angewandte Chemie International Edition, 2018, 57 (52): 17151–17155.

[62] Liao G, Chen H M, Xia Y N, et al. Synthesis of Chiral Aldehyde Catalysts by Pd–Catalyzed Atroposelective C–H Naphthylation [J]. Angewandte Chemie International Edition, 2019, 58: 10.1002/anie.201906700.

[63] Luo J, Zhang T, Wang L, et al. Enantioselective Synthesis of Biaryl Atropisomers by Pd–Catalyzed C–H Olefination using Chiral Spiro Phosphoric Acid Ligands [J]. Angewandte Chemie International Edition, 2019, 58 (20): 6708–6712.

[64] Wang Q, Cai Z J, Liu C X, et al. Rhodium–Catalyzed Atroposelective C–H Arylation: Efficient Synthesis of Axially Chiral Heterobiaryls [J]. Journal of the American Chemical Society, 2019, 141 (24): 9504–9510.

[65] Tian M M, Bai D C, Zheng G F, et al. Rh (III) –Catalyzed Asymmetric Synthesis of Axially Chiral Biindolyls by Merging C–H Activation and Nucleophilic Cyclization [J]. Journal of the American Chemical Society, 2019, 141 (24): 9527–9532.

[66] Zhao K, Duan L H, Xu S B, et al. Enhanced Reactivity by Torsional Strain of Cyclic Diaryliodonium in Cu–Catalyzed Enantioselective Ring–Opening Reaction [J]. Chem, 2018, 4 (3): 599–612.

[67] Deng R X, Xi J W, Li Q G, et al. Enantioselective Carbon–Carbon Bond Cleavage for Biaryl Atropisomers Synthesis [J]. Chem, 2019, 5 (7): 1834–1846.

[68] Chen Y H, Qi L W, Fang F, et al. Organocatalytic Atroposelective Arylation of 2–Naphthylamines as a Practical Approach to Axially Chiral Biaryl Amino Alcohols [J]. Angewandte Chemie International Edition, 2017, 56 (51): 16308–16312.

[69] Qi L W, Mao J H, Zhang J, et al. Organocatalytic asymmetric arylation of indoles enabled by azo groups [J]. Nature Chemistry, 2018, 10: 58–64.

[70] Wang Y B, Yu P Y, Zhou Z P, et al. Rational design, enantioselective synthesis and catalytic applications of axially chiral EBINOLs [J]. Nature Catalysis, 2019, 2: 504–513.

[71] Song S H, Zhou J, Fu C L, et al. Catalytic enantioselective construction of axial chirality in 1, 3–disubstituted allenes [J]. Nature Communications, 2019, 10: 507.

[72] Cai Y, Yang X T, Zhang S Q, et al. Copper–Catalyzed Enantioselective Markovnikov Protoboration of α –Olefins Enabled by a Buttressed N–Heterocyclic Carbene Ligand [J]. Angewandte Chemie International Edition, 2018, 57 (5): 1376–1380.

[73] Gao P, Yuan C K, Zhao Y, et al. Copper–Catalyzed Asymmetric Defluoroborylation of 1– (Trifluoromethyl) Alkenes [J]. Chem, 2018, 4 (9): 2201–2211.

[74] Guo J, Cheng B, Shen X Z, et al. Cobalt–Catalyzed Asymmetric Sequential Hydroboration/Hydrogenation of Internal Alkynes [J]. Journal of the American Chemical Society, 2017, 139 (43): 15316–15319.

[75] Gao T T, Zhang W W, Sun X, et al. Stereodivergent Synthesis through Catalytic Asymmetric Reversed Hydroboration [J]. Journal of the American Chemical Society, 2019, 141 (11): 4670–4677.

[76] Pang Y, He Q, Li Z Q, Rhodium–Catalyzed B–H Bond Insertion Reactions of Unstabilized Diazo Compounds

Generated in Situ from Tosylhydrazones [J]. Journal of the American Chemical Society, 2018, 140 (34): 10663–10668.

[77] Cheng B, Liu W B, Lu Z, et al. Iron-Catalyzed Highly Enantioselective Hydrosilylation of Unactivated Terminal Alkenes [J]. Journal of the American Chemical Society, 2018, 140 (15): 5014–5017.

[78] Guo J, Wang H L, Xing S P, et al. Cobalt-Catalyzed Asymmetric Synthesis of gem-Bis (silyl) alkanes by Double Hydrosilylation of Aliphatic Terminal Alkynes [J]. Chem, 2019, 5 (4): 881–895.

[79] Wen H N, Wan X L, Huang Z, et al. Asymmetric Synthesis of Silicon-Stereogenic Vinylhydrosilanes by Cobalt-Catalyzed Regio- and Enantioselective Alkyne Hydrosilylation with Dihydrosilanes [J]. Angewandte Chemie International Edition, 2018, 57 (21): 6319–6323.

[80] Chen J F, Gong X, Li J Y, et al. Carbonyl catalysis enables a biomimetic asymmetric Mannich reaction [J]. Science, 2018, 360 (6396): 1438–1442.

[81] Wen W, Chen L, Luo M J, et al. Chiral Aldehyde Catalysis for the Catalytic Asymmetric Activation of Glycine Esters [J]. Journal of the American Chemical Society, 2018, 140 (30): 9774–9780.

[82] Chen L, Luo M J, Zhu F, et al. Combining Chiral Aldehyde Catalysis and Transition-Metal Catalysis for Enantioselective α-Allylic Alkylation of Amino Acid Esters [J]. Journal of the American Chemical Society, 2019, 141 (13): 5159–5163.

[83] Wang J, Zhu Z H, Chen M W, et al. Catalytic Biomimetic Asymmetric Reduction of Alkenes and Imines Enabled by Chiral and Regenerable NAD (P) H Models [J]. Angewandte Chemie International Edition, 2019, 58 (6): 1813–1817.

[84] You Y E, Zhang L, Cui L F, et al. Catalytic Asymmetric Mannich Reaction with N-Carbamoyl Imine Surrogates of Formaldehyde and Glyoxylate [J]. Angewandte Chemie International Edition, 2017, 56 (44): 13814–13818.

[85] Zhu L H, Long Zhang L, Luo S Z, Catalytic Desymmetrizing Dehydrogenation of 4-Substituted Cyclohexanones through Enamine Oxidation [J]. Angewandte Chemie International Edition, 2018, 57 (8): 2253–2258.

[86] Ran G Y, Yang X X, Yue J F, et al. Asymmetric Allylic Alkylation with Deconjugated Carbonyl Compounds: Direct Vinylogous Umpolung Strategy [J]. Angewandte Chemie International Edition, 2019, 58 (27): 9210–9214.

[87] Zhang J, Yu P Y, Li S Y, et al. Asymmetric phosphoric acid-catalyzed four-component Ugi reaction [J]. Science, 2018, 361 (6407): eaas8707.

[88] Wei H L, Bao M, Dong K Y, et al. Enantioselective Oxidative Cyclization/Mannich Addition Enabled by Gold (I)/Chiral Phosphoric Acid Cooperative Catalysis [J]. Angewandte Chemie International Edition, 2018, 57 (52): 17200–17204.

[89] Kang Z H, Wang Y H, Zhang D, et al. Asymmetric Counter-Anion-Directed Aminomethylation: Synthesis of Chiral β-Amino Acids via Trapping of an Enol Intermediate [J]. Journal of the American Chemical Society, 2019, 141 (4): 1473–1478.

[90] Chen S K, Ma W Q, Yan Z B, Zhang F M, Wang S H, Tu Y Q, Zhang X M, Tian J M. Organo-Cation Catalyzed Asymmetric Homo/Heterodialkylation of Bisoxindoles: Construction of Vicinal All-Carbon Quaternary Stereocenters and Total Synthesis of(-)-Chimonanthidine [J]. Journal of the American Chemical Society. 2018, 140: 10099–10103.

[91] Huo X H, He R, Fu J K, et al. Stereoselective and Site-Specific Allylic Alkylation of Amino Acids and Small Peptides via a Pd/Cu Dual Catalysis [J]. Journal of the American Chemical Society, 2017, 139 (29): 9819–9822.

[92] Huo X H, Zhang J C, Fu J K, et al. Ir/Cu Dual Catalysis: Enantio- and Diastereodivergent Access to α, α-Disubstituted α-Amino Acids Bearing Vicinal Stereocenters [J]. Journal of the American Chemical Society, 2018, 140 (6): 2080–2084.

[93] Wei L, Zhu Q, Xu S M, et al. Stereodivergent Synthesis of α, α-Disubstituted α-Amino Acids via Synergistic Cu/Ir Catalysis [J]. Journal of the American Chemical Society, 2018, 140 (4): 1508-1513.

[94] Fu L, Zhou S, Wan X L, et al. Enantioselective Trifluoromethylalkynylation of Alkenes via Copper-Catalyzed Radical Relay [J]. Journal of the American Chemical Society, 2018, 140 (35): 10965-10969.

[95] Wu L Q, Wang F, Chen P H, et al. Enantioselective Construction of Quaternary All-Carbon Centers via Copper-Catalyzed Arylation of Tertiary Carbon-Centered Radicals [J]. Journal of the American Chemical Society, 2019, 141 (5): 1887-1892.

[96] Wang F L, Dong X Y, Lin J S, et al. Catalytic Asymmetric Radical Diamination of Alkenes. Chem 2017, 3 (6): 979-990.

[97] Li X T, Gu Q S, Dong X Y, et al. A Copper Catalyst with a Cinchona-Alkaloid-Based Sulfonamide Ligand for Asymmetric Radical Oxytrifluoromethylation of Alkenyl Oximes [J]. Angewandte Chemie International Edition, 2018, 57 (26): 7668-7672.

[98] Lin J S, Li T T, Liu J R, et al. Cu/Chiral Phosphoric Acid-Catalyzed Asymmetric Three-Component Radical-Initiated 1, 2-Dicarbofunctionalization of Alkenes [J]. Journal of the American Chemical Society, 2019, 141 (2): 1074-1083.

[99] Yin Y L, Dai Y T, Jia H S, et al. Conjugate Addition-Enantioselective Protonation of N-Aryl Glycines to α-Branched 2-Vinylazaarenes via Cooperative Photoredox and Asymmetric Catalysis [J]. Journal of the American Chemical Society, 2018, 140 (19): 6083-6087.

[100] Cao K N, Tan S M, Lee R, et al. Catalytic Enantioselective Addition of Prochiral Radicals to Vinylpyridines [J]. Journal of the American Chemical Society, 2019, 141 (13): 5437-5443.

[101] Li J T, Kong M M, Qiao B K, et al. Formal enantioconvergent substitution of alkyl halides via catalytic asymmetric photoredox radical coupling [J]. Nature Communication, 2018, 9: 2445.

[102] Li F Y, Tian D, Fan Y F, et al. Chiral acid-catalysed enantioselective C-H functionalization of toluene and its derivatives driven by visible light [J]. Nature Communication, 2019, 10: 1774.

[103] Li M M, Wei Y, Liu J, et al. Sequential Visible-Light Photoactivation and Palladium Catalysis Enabling Enantioselective + Cycloadditions [J]. Journal of the American Chemical Society, 2017, 139 (41): 14707-14713.

[104] Wei Y, Liu S, Li M M, et al. Enantioselective Trapping of Pd-Containing 1, 5-Dipoles by Photogenerated Ketenes: Access to 7-Membered Lactones Bearing Chiral Quaternary Stereocenters. Journal of the American Chemical Society, 2019, 141 (1): 133-137.

[105] Wang D H, Zhu N, Chen P H, et al. Enantioselective Decarboxylative Cyanation Employing Cooperative Photoredox Catalysis and Copper Catalysis [J]. Journal of the American Chemical Society, 2017, 139 (44): 15632-15635.

[106] Lu F D, Liu D, Zhu L, et al. Asymmetric Propargylic Radical Cyanation Enabled by Dual Organophotoredox and Copper Catalysis [J]. Journal of the American Chemical Society, 2019, 141 (15): 6167-6172.

[107] Li Y J, Zhou K X, Wen Z R, et al. Copper (II)-Catalyzed Asymmetric Photoredox Reactions: Enantioselective Alkylation of Imines Driven by Visible Light [J]. Journal of the American Chemical Society, 2018, 140 (46): 15850-15858.

[108] Zhang H H, Zhao J J, Yu S Y. Enantioselective Allylic Alkylation with 4-Alkyl-1, 4-dihydro-pyridines Enabled by Photoredox/Palladium Cocatalysis [J]. Journal of the American Chemical Society, 2018, 140 (49): 16914-16919.

[109] Zhang Q L, Chang X H, Peng L Z, et al. Asymmetric Lewis Acid Catalyzed Electrochemical Alkylation [J]. Angewandte Chemie International Edition, 2019, 58 (21): 6999-7003.

[110] Liu F, Wang YN, Li Y, et al. Rhodoterpenoids A–C, three new rearranged triterpenoids from *Rhododendron latoucheae* by HPLC–MS–SPE–NMR. Scientific Reports, 2017, 7 (1): 7944.

[111] Guo Q, Xia H, Shi G, et al. Aconicarmisulfonine A, a sulfonated C_{20}–diterpenoid alkaloid from the lateral roots of *Aconitum carmichaelii*. Organic Letters, 2018, 20 (3): 816–819.

[112] Jiao W H, Cheng B H, Chen G D, et al. Dysiarenone, a dimeric C_{21} meroterpenoid with inhibition of COX–2 expression from the marine sponge *Dysidea arenaria*. Organic Letters, 2018, 20 (10): 3092–3095.

[113] Li Y, Zhang Y, Gan Q, et al. *C. elegans*–based screen identifies lysosome–damaging alkaloids that induce STAT3–dependent lysosomal cell death. Protein Cell, 2018, 9 (12): 1013–1026.

[114] Zhang X, Lv X Q, Tang S, et al. Discovery and evolution of aloperine derivatives as a new family of HCV inhibitors with novel mechanism. European Journal of Medicinal Chemistry, 2018, 143: 1053–1065.

[115] Chen Y, Jiang N, Wei YJ, et al. Citrofulvicin, an antiosteoporotic polyketide from *Penicillium velutinum*. Organic Letters, 2018, 20 (13): 3741–3744.

[116] Zhao J X, Yu Y Y, Wang S S, et al. Structural elucidation and bioinspired total syntheses of ascorbylated diterpenoid hongkonoids A–D. Journal of the American Chemical Society, 2018, 140 (7): 2485–2492.

[117] Du Y, Sun J, Gong Q, et al. New alpha–pyridones with quorum–sensing inhibitory activity from diversity–enhanced extracts of a *Streptomyces* sp. derived from marine algae. Journal of Agricultural and Food Chemistry, 2018, 66 (8): 1807–1812.

[118] Wang W, Zeng F, Bie Q, et al. Cytochathiazines A–C: three merocytochalasans with a 2H–1, 4–thiazine functionality from coculture of *Chaetomium globosum* and *Aspergillus flavipes*. Organic Letters, 2018, 20 (21): 6817–6821.

[119] Li S, Guo J, Reva A, et al. Methyltransferases of gentamicin biosynthesis. Proc. Natl. Acad. Sci. USA. 2018, 115 (6): 1340–1345.

[120] Ma J, Huang H, Xie Y, et al. Biosynthesis of ilamycins featuring unusual building blocks and engineered production of enhanced anti–tuberculosis agents. Nature Communications, 2017, 8 (1): 391.

[121] Wang X B, Xia D L, Qin W, et al. A Radical Cascade Enabling Collective Syntheses of Natural Products. Chem, 2017, 2, 803–816.

[122] Zhang P P, Yan Z M, Li Y H, et al. Enantioselective Total Synthesis of (–)–Pavidolide B. Journal of the American Chemical Society, 2017, 139: 13989–13992.

[123] Tong X G, Shi B F, Liang K J, et al. Enantioselective Total Synthesis of (+)–Flavisiamine F via Late–StageVisible–Light–Induced Photochemical Cyclization. Angewandte Chemie International Edition, 2019, 58: 5443–5446.

[124] Yang B C, Lin K K, Shi Y B, et al. Ti (Oi–Pr) $_4$–promoted photoenolization Diels–Alder reaction to construct polycyclic rings and its synthetic applications. Nature Communications, 2017, 8: 622.

[125] Hong B K, Liu W L, Wang J, et al. Photoinduced Skeletal Rearrangement Reveal Radical–Mediated Synthesis of Terpenoids. Chem, 2019, DOI: 10.1016/j.chempr.2019.04.023.

[126] Xu L, Wang C, Gao Z W, et al. Total Synthesis of (±)–Cephanolides B and C via a Palladium Catalyzed Cascade Cyclization and Late–Stage sp^3 C–H Bond Oxidation. Journal of the American Chemical Society, 2018, 140: 5653–5658.

[127] Zhou S P, Guo R, Yang P, et al. Total Synthesis of Septedine and 7–Deoxyseptedine. Journal of the American Chemical Society, 2018, 140: 9025–9029.

[128] Yang S P, Yue J M. Discovery of structurally diverse and bioactive compounds from plant resources in China. Acta Pharmacologica Sinica, 2012, 33: 1147–1158.

[129] Chen X M, Zhang H J, Yang X K, et al. Divergent Total Syntheses of (–)–Daphnilongeranin B and

(－)-Daphenylline[J]. Angewandte Chemie International Edition, 2018, 57: 947-951.

[130] Chen Y, Zhang W H, Ren L, et al. Total Syntheses of Daphenylline, Daphnipaxianine A, and Himalenine D[J]. Angewandte Chemie International Edition, 2018, 57: 952-956.

[131] Xu B, Wang B Y, Xun W, et al. Total Synthesis of (－)-Daphenylline[J]. Angewandte Chemie International Edition, 2019, 58: 5754-5757.

[132] Li J, Zhang W, Zhang F, et al. Total synthesis of daphniyunnine C (longeracinphyllin A)[J]. Journal of the American Chemical Society, 2017, 139: 14893-14896.

[133] Zhang W H, Ding M, Li J, et al. Total Synthesis of Hybridaphniphylline B[J]. Journal of the American Chemical Society, 2018, 140: 4227-4231.

[134] Chen Y Y, Hu J P, Guo L D, et al. A Concise Total Synthesis of (－)-Himalensine A[J]. Angewandte Chemie International Edition, 2019, 58: 7390-7394.

[135] Yu K, Yang Z N, Liu C H, et al. Total Syntheses of Rhodomolleins XX and XXII: A Reductive Epoxide-Opening/Beckwith-Dowd Approach[J]. Angewandte Chemie International Edition, 2019, 58: 8556-8560.

[136] Zhu L Z, Ma W J, Zhang M X, et al. Scalable synthesis enabling multilevel bio-evaluations of natural products for discovery of lead compounds[J]. Nature Communications, 2018, 9 (1): 1283.

[137] Su F, Lu Y D, Kong L G, et al. Total Synthesis of Maoecrystal P: Application of a Strained Bicyclic Synthon[J]. Angewandte Chemie International Edition, 2018, 57: 760-764.

[138] Yi H, Zhang G, Wang H, et al. Recent Advances in Radical C-H Activation/Radical Cross-Coupling [J]. Chemical Reviews, 2017, 117 (13): 9016-9085.

[139] Qin Y, Zhu L, Luo S, Organocatalysis in Inert C-H Bond Functionalization [J]. Chemical Reviews, 2017, 117 (13): 9433-9520.

[140] Chen B, Wu L Z, Tung C H, Photocatalytic Activation of Less Reactive Bonds and Their Functionalization via Hydrogen-Evolution Cross-Couplings [J]. Accounts of Chemical Research 2018, 51 (10): 2512-2523.

[141] Zhu L, Zhang L, Luo S, Catalytic Desymmetrizing Dehydrogenation of 4-Substituted Cyclohexanones through Enamine Oxidation, Angewandte Chemie International Edition, 2018, 57 (8): 2253-2258.

[142] Zhang, Q, Liu Y, Wang T, et al. Mechanistic Study on Cu (II)-Catalyzed Oxidative Cross-Coupling Reaction between Arenes and Boronic Acids under Aerobic Conditions [J]. Journal of the American Chemistry Society, 2018, 140 (16): 5579-5587.

[143] Liu L, Zhu M, Yu H T, et al. Organocopper (III) Spiro Complexes: Synthesis, Structural Characterization, and Redox Transformation [J]. Journal of the American Chemistry Society, 2017, 139 (39): 13688-13691.

[144] Wang Y, Huang Z, Leng X, et al. Transfer Hydrogenation of Alkenes Using Ethanol Catalyzed by a NCP Pincer Iridium Complex: Scope and Mechanism [J]. Journal of the American Chemistry Society, 2018, 140 (12): 4417-4429.

[145] Hong Y, Yang D L, Xin J, et al. Unravelling the hidden link of lithium halides and application in the synthesis of organocuprates [J]. Nature Communications, 2017, 8: 14794.

[146] Li M, Wong N, Xiao J, et al. Dynamics of Oxygen-Independent Photocleavage of Blebbistatin as a One-Photon Blue or Two-Photon Near-Infrared Light-Gated Hydroxyl Radical Photocage [J]. Journal of the American Chemistry Society, 2018, 140 (46): 15957-15968.

[147] Wu L, Cao X, Chen X, et al. Visible-Light Photocatalysis of C (sp^3)-H Fluorination by the Uranyl Ion: Mechanistic Insights [J]. Angewandte Chemie International Edition, 2018, 57 (36): 11812-11816.

[148] Ma L, Fang W, Shen L, et al. Regulatory Mechanism and Kinetic Assessment of Energy Transfer Catalysis Mediated by Visible Light [J]. ACS Catalysis, 2019, 9 (4): 3672-3684.

[149] Qi X T, Li, Y Z, Bai R P, et al. Mechanism of rhodium-catalyzed C-H functionalization: advances in theoretical

investigation [J]. Accounts of Chemical Research, 2017, 50 (11): 2799–2808.

[150] Tan, G Y, Zhu L, Liao X R, et al. Rhodium/copper cocatalyzed highly trans-selective 1, 2-diheteroarylation of alkynes with azoles via C–H addition/oxidative cross-coupling: a combined experimental and theoretical study [J]. Journal of the American Chemistry Society, 2017, 139 (44): 15724–15737.

[151] Chen P P, Lucas E L, Greene M A, et al. A unified explanation for chemoselectivity and stereospecificity of Ni-catalyzed kumada and cross-electrophile coupling reactions of benzylic ethers: a combined computational and experimental study [J]. Journal of the American Chemical Society, 2019, 141 (14): 5835–5855.

[152] Wang Y, Zhou H, Yang K, et al. Steric Effect of Protonated Tertiary Amine in Primary–Tertiary Diamine Catalysis: A Double–Layered Sterimol Model [J]. Organic Letters, 2019, 21 (2): 407–411.

[153] Zhou B, Haj M K, Jacobsen E N, et al. Mechanism and origins of chemo- and stereoselectivities of aryl iodide-catalyzed asymmetric difluorinations of β-substituted styrenes [J]. Journal of the American Chemical Society, 2018, 140 (45): 15206–15218.

[154] Yang M Y, Zou J X, Li S H, et al. Automatic reaction pathway search via combined molecular dynamics and coordinate driving method [J]. The Journal of Physical Chemistry A, 2017, 121 (6): 1351–1361.

[155] Yang M Y, Zhou Y Z, Li S H, et al. Combined molecular dynamics and coordinate driving method for automatic reaction pathway search of reactions in solution[J]. Journal of Chemical Theory and Computation, 2018, 14(11): 5787–5796.

[156] Wang G Q, Cheng X, Li S H, et al. Chemoselective borane–catalyzed hydroarylation of 1, 3–dienes with phenols [J]. Angewandte Chemie International Edition, 2019, 58 (6): 1694–1699.

[157] Wang Z, Gao F, Ji P, et al. Unexpected solvation–stabilisation of ions in a protic ionic liquid: insights disclosed by a bond energetic study [J]. Chemical Science, 2018, 9 (14): 3538–3543.

[158] Cheng J P, et al. The Most Comprehensive Bond Dissociation Energy Databank–*i*BonD, 2016, *http://ibond.chem.tsinghua.edu.cn*; *http://ibond.nankai.edu.cn*.

[159] Xue X S, Ji P, Zhou B Y, et al. The Essential Role of Bond Energetics in C–H Activation/Functionalization [J]. Chemical Reviews, 2017, 117 (13): 8622–8648.

[160] Yang J D, Ji P, Xue X S, et al. Recent Advances and Advisable Applications of Bond Energetics in Organic Chemistry [J]. Journal of the American Chemical Society, 2018, 140 (28): 8611–8623.

[161] Yang J D, Xue J, Cheng J P. Understanding the Role of Thermodynamics in Catalytic Imine Reductions [J]. Chemical Society Reviews, 2019, 48 (11): 2913–2926.

[162] Liu H B, Zhang Q, Wang M X. Synthesis, Structure, and Anion Binding Properties of Electron–Deficient Tetrahomocorona [arenes: Shape Selectivity in Anion–π Interactions [J]. Angewandte Chemie International Edition, 2018, 57 (22): 6536–6540.

[163] Wang W, Xu C, Fang Y, et al. An Isolable Diphosphene Radical Cation Stabilized by Three–Center Three–Electron p–Bonding with Chromium: End–On versus Side–On Coordination [J]. Angewandte Chemie International Edition, 2018, 57 (30): 9419–9424.

[164] Fang Y, Zhang L, Cheng C, et al. Experimental Observation of Thermally Excited Triplet States of Heavier Group 15 Element Centered Diradical Dianions [J]. Chemistry–A European Journal, 2018, 24 (13): 3156–3160.

[165] Li T, Tan G, Cheng C, et al. Syntheses, structures and theoretical calculations of stable triarylarsine radical cations [J]. Chemical Communications, 2018, 54 (12): 1493–1496.

[166] Tan G, Li J, Zhang L, et al. The Charge Transfer Approach to Heavier Main–Group Element Radicals in Transition–Metal Complexes [J]. Angewandte Chemie International Edition, 2017, 56 (41): 12741–12745.

[167] Wang W, Chen C, Shu C, et al. S = 1 Tetraazacyclophane Diradical Dication with Robust Stability: A Case of Low–Temperature One–Dimensional Antiferromagnetic Chain [J]. Journal of the American Chemical Society,

2018, 140 (25): 7820-7826.

[168] Wu Z, Feng R, Li H, et al. Fast Heavy-Atom Tunneling in Trifluoroacetyl Nitrene [J]. Angewandte Chemie International Edition, 2017, 56 (49): 15672 -15676.

[169] Liu Q, Qin Y, Lu Y, et al. Spectroscopic Characterization of Nicotinoyl and Isonicotinoyl Nitrenes and the Photointerconversion of 4-Pyridylnitrene with Diazacycloheptatetraene [J]. Journal of Physcial Chemistry A, 2019, 123 (17): 3793-3801.

[170] Wu Z, Feng R, Xu J, et al. Photoinduced Sulfur-Nitrogen Bond Rotation and Thermal Nitrogen Inversion in Heterocumulene OSNSO [J]. Journal of the American Chemistry Society, 2018, 140 (4): 1231-1234.

[171] Dong X, Deng G, Wu Z, et al. Spectroscopic Identification of H2NSO and syn- and anti-HNSOH Radicals [J]. Angew. Chem. Int. Ed. 2018, 57 (25): 7513 -7517.

[172] Xu J, Wu Z, Wan H, et al. Phenylsulfinyl Radical: Gas-Phase Generation, Photoisomerization, and Oxidation [J]. Journal of the American Chemical Society, 2018, 140 (31): 9972-9978.

[173] Wu Z, Chen C, Liu J, et al. Caged Nitric Oxide-Thiyl Radical Pairs [J]. Journal of the American Chemical Society, 2019, 141 (8): 3361-3365.

[174] Wei J, Zhang W X, Xi Z, The aromatic dianion metalloles [J]. Chemical Science, 2018, 9 (3): 560-568.

[175] Zhang Y, Wei J, Chi Y, et al. Spiro Metalla-aromatics of Pd, Pt, and Rh: Synthesis and Characterization [J]. Journal of the American Chemical Society 2017, 139 (4): 5039-5042.

[176] Zhang Y, Yang Z, Zhang W X, et al. Indacyclopentadienes and Aromatic Indacyclopentadienyl Dianions: Synthesis and Characterization [J]. Chemistry-A European Journal, 2019, 25 (16): 4218-4224.

[177] Fan Y Y, Chen D, Huang Z A, et al. An isolable catenane consisting of two Möbius conjugated nanohoops [J]. Nature Communications, 2018, 9: 3037.

[178] Chen D D, Shen T, An K, et al. Adaptive aromaticity in S0 and T1 states of pentalene incorporating 16 valence electron osmium [J]. Communications Chemistry, 2018, 1: 18.

[179] Shen T, Chen D D, Lin L, et al. Dual aromaticity in both the T0 and S1 states: osmapyridinium with phosphonium substituents [J]. Journal of the American Chemical Society, 2019, 141 (14): 5720-5727.

[180] Xing B, Ni C, Hu J. Hypervalent Iodine(III)-Catalyzed Balz-Schiemann Fluorination under Mild Conditions[J]. Angewandte Chemie International Edition, 2018, 57: 9896-9900.

[181] Zeng X, Li J, Ng C K, et al. (Radio)fluoroclick Reaction Enabled by a Hydrogen-Bonding Cluster[J]. Angewandte Chemie International Edition, 2018, 57: 2924-2928.

[182] Liu Z, Chen H, Lv Y, et al. Radical Carbofluorination of Unactivated Alkenes with Fluoride Ions[J]. Journal of the American Chemical Society, 2018, 140: 6169-6175.

[183] Guan H, Sun S, Mao Y, et al. Iron (II)-Catalyzed Site-Selective Functionalization of Unactivated C (sp^3)-H Bonds Guided by Alkoxyl Radicals[J]. Angewandte Chemie International Edition, 2018, 57: 11413-11417.

[184] Mao Y J, Lou S J, Hao H Y, et al. Selective C (sp^3)-H and C (sp^2)-H Fluorination of Alcohols Using Practical Auxiliaries[J]. Angewandte Chemie International Edition, 2018, 57: 14085-14089.

[185] Wang Z, Guo C Y, Yang C, et al. Ag-Catalyzed Chemoselective Decarboxylative Mono- and gem-Difluorination of Malonic Acid Derivatives[J]. Journal of the American Chemical Society, 2019, 141: 5617-5622.

[186] Li X T, Gu Q S, Dong X Y, et al. A Copper Catalyst with a Cinchona-Alkaloid-Based Sulfonamide Ligand for Asymmetric Radical Oxytrifluoromethylation of Alkenyl Oximes[J]. Angewandte Chemie International Edition, 2018, 57: 7668-7672.

[187] Lin J S, Li T T, Liu J R, et al. Cu/Chiral Phosphoric Acid-Catalyzed Asymmetric Three-Component Radical-Initiated 1, 2-Dicarbofunctionalization of Alkenes[J]. Journal of the American Chemical Society, 2019, 141: 1074-1083.

[188] Chen C, Pfluger P M, Chen P, et al. Palladium (II)-Catalyzed Enantioselective Aminotrifluoromethoxylation of Unactivated Alkenes using $CsOCF_3$ as a Trifluoromethoxide Source [J]. Angewandte Chemie International Edition, 2019, 58: 2392-2396.

[189] Chen C, Luo Y, Fu L, et al. Palladium-Catalyzed Intermolecular Ditrifluoromethoxylation of Unactivated Alkenes: CF_3O-Palladation Initiated by Pd (IV)[J]. Journal of the American Chemical Society, 2018, 140: 1207-1210.

[190] Ouyang Y, Xu X H, Qing F L. Trifluoromethanesulfonic Anhydride as a Low-Cost and Versatile Trifluoromethylation Reagent[J]. Angewandte Chemie International Edition, 2018, 57: 6926-6929.

[191] Zhang W, Zou Z, Wang Y, et al. Leaving Group Assisted Strategy for Photoinduced Fluoroalkylations Using N-Hydroxybenzimidoyl Chloride Esters[J]. Angewandte Chemie International Edition, 2019, 58: 624-627.

[192] Xie Q, Li L, Zhu Z, et al. From C_1 to C_2: $TMSCF_3$ as a Precursor for Pentafluoroethylation[J]. Angewandte Chemie International Edition, 2018, 57: 13211-13215.

[193] Xie Q, Zhu Z, Li L, et al. A General Protocol for C-H Difluoromethylation of Carbon Acids with $TMSCF_2Br$[J]. Angewandte Chemie International Edition, 2019, 58: 6405-6410.

[194] Zhang R, Zhang Z, Zou Q, et al. The Generation of Difluoroketenimine and Its Application in the Synthesis of α , α -Difluoro- β -amino Amides[J]. Angewandte Chemie International Edition, 2019, 58: 5744-5748.

[195] Zhang M, Lin J H, Xiao J C. Photocatalyzed Cyanodifluoromethylation of Alkenes [J]. Angewandte Chemie International Edition, 2019, 58: 6079.

[196] Feng Z, Xiao Y L, Zhang X. Transition-Metal (Cu, Pd, Ni)-Catalyzed Difluoroalkylation via Cross-Coupling with Difluoroalkyl Halides[J]. Accounts of Chemical Research, 2018, 51: 2264-2278.

[197] Xu C, Guo W H, He X, et al. Difluoromethylation of(hetero)aryl chlorides withchlorodifluoromethane catalyzed by nickel[J]. Nature Communications, 2018, 9: 1170-1179.

[198] Gao X, Xiao Y L, Wan X, et al. Copper-Catalyzed Highly Stereoselective Trifluoromethylation and Difluoroalkylation of Secondary Propargyl Sulfonates [J]. Angewandte Chemie International Edition, 2018, 57: 3187-3191.

[199] An L, Xiao Y L, Zhang S, et al. Bulky Diamine Ligand Promotes Cross-Coupling of Difluoroalkyl Bromides by Iron Catalysis[J]. Angewandte Chemie International Edition, 2018, 57: 6921-6925.

[200] Miao W, Zhao Y, Ni C, et al. Iron-Catalyzed Difluoromethylation of Arylzincs with Difluoromethyl 2-Pyridyl Sulfone. Journal of the American Chemical Society, 2018, 140: 880-883.

[201] Sheng J, Ni H Q, Zhang H R, et al. Nickel-Catalyzed Reductive Cross-Coupling of Aryl Halides with Monofluoroalkyl Halides for Late-Stage Monofluoroalkylation [J]. Angewandte Chemie International Edition, 2018, 57: 7634-7639.

[202] Zhu S Q, Liu Y L, Li H, et al. Direct and Regioselective C-H Oxidative Difluoromethylation of Heteroarenes[J]. Journal of the American Chemical Society, 2018, 140: 11613-11617.

[203] Zhou M, Ni C, Zeng Y, et al. Trifluoromethyl Benzoate: A Versatile Trifluoromethoxylation Reagent[J]. Journal of the American Chemical Society, 2018, 140: 6801-6805.

[204] Yang H, Wang F, Jiang X, et al. Silver-Promoted Oxidative Benzylic C-H Trifluoromethoxylation [J]. Angewandte Chemie International Edition, 2018, 57: 13266-13270.

[205] Liu J, Wei Y, Tang P. Cobalt-Catalyzed Trifluoromethoxylation of Epoxides [J]. Journal of the American Chemical Society, 2018, 140: 15194-15199.

[206] Wu J, Zhao Q, Wilson T C, et al. Synthesis and Reactivity of a-Cumyl Bromodifluoromethanesulfenate: Application to the Radiosynthesis of[18F] $ArylSCF_3$ [J]. Angewandte Chemie International Edition, 2019, 58: 2413-2417.

[207] Guo S H, Zhang X L, Pan G F, et al. Synthesis of Difluoromethylthioesters from Aldehydes [J]. Angewandte

Chemie International Edition, 2018, 57: 1663–1667.

[208] Guo T, Meng G, Zhan X, et al. A new portal to SuFEx click chemistry: A stable fluorosulfuryl imidazolium salt emerging as an "F– SO_2+" donor of unprecedented reactivity, selectivity, and scope [J]. Angewandte Chemie International Edition, 2018, 57: 2605–2610.

3.3 物理化学

[1] Marenduzzo D, Micheletti C, Cook P R. Entropy–Driven Genome Organization [J]. Biophysical Journal, 2006, 90 (10): 3712–3721.

[2] Junier I, Martin O, Kepes F. Spatial and topological organization of DNA chains induced by gene co–localization [J]. PLoS Computational Biology, 2010, 6 (2): e1000678.

[3] Erdel F, Rippe K. Formation of chromatin subcompartments by phase separation [J]. Biophysical Journal, 2018, 114: 2262–2270.

[4] Falk M, Feodorova Y, Naumova N, et al. Heterochromatin drives compartmentalization of inverted and conventional nuclei [J]. Nature, 2019, 570: 395–399.

[5] Liu S, Zhang L, Quan H, et al. From 1D sequence to 3D chromatin dynamics and cellular functions: a phase separation perspective [J]. Nucleic Acids Research, 2018, 46 (18): 9367–9383.

[6] Zhou H, Zhong S, Song Z, et al. Mechanism of DNA–induced phase separation for transcriptional repressor vrn1 [J]. Angewandte Chemie International Edition, 2019, 58 (15): 4858–4862.

[7] Lan P, Tan M, Zhang Y, et al. Structural insight into precursor tRNA processing by yeast ribonuclease P [J]. Science, 2018, 362 (6415): eaat6678.

[8] Wang X, Liu R, Zhu W, et al. UDP–glucose accelerates SNAI1 mRNA decay and impairs lung cancer metastasis [J]. Nature, 2019, https://doi.org/10.1038/s41586–019–1340–y.

[9] Wu S W, Wang D D, Liu J, et al. Dynamic Multisite Interactions between Two Intrinsically Disordered Proteins [J]. Angewandte Chemie International Edition, 2017, 56(26): 7515–7519.

[10] Pan Y G, Zhang Y B, Gongpan P C, et al. Single glucose molecule transport process revealed by force tracing and molecular dynamics simulations [J]. Nanoscale Horizons, 2018, 3 (5): 517–524.

[11] Chen Z, Zhou W, Qiao S, et al. Highly accurate fluorogenic DNA sequencing with information theory–based error correction [J]. Nature Biotechnology, 2017, 35(12): 1170–1178.

[12] Yang, M, Peng S, Sun R, et al. The Conformational Dynamics of Cas9 Governing DNA Cleavage Are Revealed by Single–Molecule FRET [J]. Cell Reports, 2018, 22 (2): 372–382.

[13] Peng, S, Yang M, Sun R, et al. Mechanism of actions of Oncocin, a proline–rich antimicrobial peptide, in early elongation revealed by single–molecule FRET [J]. Protein Cell, 2018, 9 (10): 890–895.

[14] Wu, B, Zhang H, Sun R, et al. Translocation kinetics and structural dynamics of ribosomes are modulated by the conformational plasticity of downstream pseudoknots [J]. Nucleic Acids Research, 2018, 46 (18): 9736–9748.

[15] Meng L Y, He S S, Zhao X S. Determination of Equilibrium Constant and Relative Brightness in FRET–FCS by Including the Third–Order Correlations [J]. Journal of Physical Chemistry B, 2017, 121(50): 11262–11272.

[16] He S S, Yang C, Peng S J, et al. Single–molecule study on conformational dynamics of M. HhaI [J]. RSC Advances, 2019, 9 (26): 14745–14749.

[17] Xue F, He W, Xu F, et al. Hessian single–molecule localization microscopy using sCMOS camera [J]. Biophysics reports, 2018, 4 (4): 215–221.

[18] He H, Liu X, Li S et al. High–Density Super–Resolution Localization Imaging with Blinking Carbon Dots [J]. Analytical Chemistry, 2017, 89 (21): 11831–11838.

[19] Khan N U, He H, Wang X, et al. A two-color fluorescence enhanced dot-blot assay for revealing co-operative expression of chemokine receptors in cells[J]. Chemical Communications, 2018, 54 (7): 778-781.

[20] Xu J, Kiesel B, Kallies R, et al. A fast and reliable method for monitoring of prophage-activating chemicals[J]. Microbial Biotechnology, 2018, 11 (6): 1112-1120.

[21] Xu J, Jiang F L, Liu Y, et al. An enhanced bioindicator for calorimetric monitoring of prophage-activating chemicals in the trace concentration range[J]. Engineering in Life Sciences, 2018, 18 (7): 475-483.

[22] Cao L, Liu W, Luo Q, et al. Atomically dispersed iron hydroxide anchored on Pt for preferential oxidation of CO in H2[J]. Nature 2019, 565(7741): 631-635.

[23] Zhang S, Zhang B, Liang H, et al. Encapsulation of Homogeneous Catalysts in Mesoporous Materials Using Diffusion-Limited Atomic Layer Deposition[J]. Angew. Chem. Int. Ed. 2018, 57(4): 1091-1095.

[24] Ma W, Xie S, Zhang X G, et al. Promoting electrocatalytic CO_2 reduction to formate via sulfur-boosting water activation on indium surfaces[J]. Nature Communications, 2019, 10(1): 892.

[25] Guan J, Duan Z, Zhang F, et al. Water oxidation on a mononuclear manganese heterogeneous catalyst[J]. Nature Catalysis 2018, 1(11): 870-877.

[26] Wang Y, Zhang Z, Zhang L, et al. Visible-Light Driven Overall Conversion of CO_2 and H_2O to CH_4 and O_2 on 3D-SiC@2D-MoS_2 Heterostructure[J]. Journal of American Chemical Society, 2018, 140(44): 14595-14598.

[27] Hu A, Guo J J, Pan H, et al. Selective functionalization of methane, ethane, and higher alkanes by cerium photocatalysis[J]. Science, 2018, 361(6403): 668-672.

[28] Zhang J, Yu P, Li S Y, et al. Asymmetric phosphoric acid-catalyzed four-component Ugi reaction[J]. Science 2018, 361(6407): eaas8707.

[29] Tao L, Yan T H, Li W, et al. Toward an Integrated Conversion of 5-Hydroxymethylfurfural and Ethylene for the Production of Renewable p-Xylene[J]. Chem, 2018, 4(9): 2212-2227.

[30] Chen J, Gong X, Li J, et al. Carbonyl catalysis enables a biomimetic asymmetric Mannich reaction[J]. Science 2018, 360(6396): 1438-1442.

[31] Fu M C, Shang R, Zhao B, et al. Photocatalytic decarboxylative alkylations mediated by triphenylphosphine and sodium iodide[J]. Science 2019, 363(6434): 1429-1434.

[32] Zhou W, Kang J, Cheng K, et al. Direct Conversion of Syngas into Methyl Acetate, Ethanol, and Ethylene by Relay Catalysis via the Intermediate Dimethyl Ether[J]. Angewandte Chemie International Edition, 2018, 57(37): 12012-12016.

[33] An J, Wang Y, Lu J, et al. Acid-Promoter-Free Ethylene Methoxycarbonylation over Ru-Clusters/Ceria: The Catalysis of Interfacial Lewis Acid-Base Pair[J]. Journal of American Chemical Society, 2018, 140(11): 4172-4181.

[34] Zhou X, Shen Q, Yuan K D, et al. Unraveling Charge State of Supported Au Single-atoms during CO Oxidation [J]. Journal of American Chemical Society, 2018, 140 (2): 554-557.

[35] Zhou X, Yang W S, Chen Q W, et al. Stable Pt Single Atoms and Nanoclusters on Ultrathin CuO Film and Their Performances in CO Oxidation[J]. Journal of Physical Chemistry C, 2016, 120 (3): 1709-1715.

[36] Chen Q W, Cramer J R, Liu J, et al. Steering On-Surface Reactions by a Self-Assembly Approach[J]. Angewandte Chemie International Edition, 2017, 56 (18): 5026-5030.

[37] Zhou X, Bebensee F, Yang M, et al. Steering Surface Reaction at Specific Sites with Self-Assembly Strategy[J]. ACS Nano, 2017, 11 (9): 9397-9404.

[38] Zhou X, Wang C, Zhang Y, et al. Steering Surface Reaction Dynamics with a Self-Assembly Strategy: Ullmann Coupling on Metal Surfaces[J]. Angewandte Chemie International Edition, 2017, 56 (42): 12852-12856.

[39] Zhou X, Dai J X, Wu K. Steering On-surface Reactions with Self-assembly Strategy[J]. Physical Chemistry

Chemical Physics, 2017, 19 (47): 31531-31539.

[40] Liu J, Chen Q W, Cai K, et al. Stepwise On-Surface Dissymmetric Reaction to Construct Binodal Organometallic Network[J]. Nature Communications, 2019, 10: 2545-2554.

[41] Sun K W, Chen A X, Liu M Z, et al. Surface-Assisted Alkane Polymerization: Investigation on Structure-Reactivity Relationship [J]. Journal of the American Chemical Society, 2018, 140 (14): 4820-4825.

[42] Zhong Q G, Hu Y B, Niu K F, et al. Benzo-Fused Periacenes or Double Helicenes? Different Cyclodehydrogenation Pathways on Surface and in Solution [J]. Journal of the American Chemical Society, 2019, 141 (18): 7399-7406.

[43] Zhong Q G, Ebeling D, Tschakert J, et al. Symmetry breakdown of 4, 4 '' -diamino-p-terphenyl on a Cu (111) surface by lattice mismatch [J]. Nature Communications, 2018, 9: 3277.

[44] Li Q, Gao J Z, Li Y Y, et al. Self-assembly directed one-step synthesis ofradialene on Cu (100) surfaces [J]. Nature Communications, 2018, 9: 3113.

[45] Yuan D, Yu S, Chen W, et al. Direct observation of forward-scattering oscillations in the H + HD → H_2 + D reaction [J]. Nature Chemistry, 2018, 10: 653-658.

[46] Yuan D, Guan Y, Chen W, et al. Observation of the geometric phase effect in the H + HD → H_2 + D reaction [J]. Science, 2018, 362 (6420): 1289-1293.

[47] Yang T, Huang L, Xiao C, et al. Enhanced reactivity of fluorine with para-hydrogen in cold interstellar clouds by resonance-induced quantum tunnelling [J]. Nature Chemistry, 2019, https://doi.org/10.1038/s41557-019-0280-3.

[48] Weichman M, DeVine J D, Babin M C, et al. Feshbach resonances in the exit channel of the F + CH_3OH → HF + CH_3O reaction via transition state spectroscopy [J]. Nature Chemistry, 2017, 9: 950-955.

[49] Wu Y, Cao J, Ma H, et al. Conical intersection-regulated intermediates in bimolecular reactions: Insights from C (1D)+ HD dynamics [J]. Science Advances, 2019, 5 (4): eaaw0466.

[50] Li F, Dong C, Chen J, et al. The harpooning mechanism as evidenced in the oxidation reaction of the Al atom [J]. Chemical Science, 2018, 9: 488.

[51] Wu X, Zhao L, Jin J, et al. Observation of alkaline earth complexes $M(CO)_8$ (M = Ca, Sr, or Ba) that mimic transition metals [J]. Science, 2018, 361: 912.

[52] Tao L, Liu A, Pachucki K, et al. Toward a Determination of the Proton-Electron Mass Ratio from the Lamb-Dip Measurement of HD [J]. Physical Review Letters, 2018, 120: 153001.

[53] Chang Y, Yu Y, Wang H, et al. Hydroxyl super rotors from vacuum ultraviolet photodissociation of water [J]. Nature Communication, 2019, 10: 1250.

[54] Han S, Zheng X, Ndengué S, et al. Dynamical interference in the vibronic bond breaking reaction of HCO [J]. Science Advances, 2019, 5: eaau0582.

[55] Chen L, Zhou X, Zhang Y, et al. Vibrational control of selective bond cleavage in dissociative chemisorption of methanol on Cu (111) [J]. Nature Communications, 2018, 9: 4039.

[56] Zhou C, Li X X, Gong Z L, et al. Direct observation of single-molecule hydrogen-bond dynamics with single-bond resolution [J]. Nature Communications, 2018, 9: 807.

[57] Guan J X, Jia C C, Li Y W, et al. Direct single-molecule dynamic detection of chemical reactions [J]. Science Advances, 2018, 4(2): eaar2177.

[58] Xin N, Wang J Y, Jia C C, et al. Stereoelectronic Effect-Induced Conductance Switching in Aromatic Chain Single-Molecule Junctions[J]. Nano Letters, 2017, 17 (2): 856-861.

[59] Zhang Y F, Chen X, Zheng B, et al. Structural Analysis of Transient Reaction Intermediate in Formic Acid Dehydrogenation Catalysis Using Two-Dimensional IR Spectroscopy [J]. Proc. Natl. Acad. Sci. U. S. A. 2018, 115: 12395-12400.

[60] Chen H L, Chen X, Deng J W, et al. Isotropic ordering of ions in ionic liquids on the sub-nanometer scale [J]. Chem. Sci. 2018, 9 (6): 1464–1472.

[61] Wen X W, Chen H L, Wu T M, et al. Ultrafast probes of electron-hole transitions between two atomic layers [J]. Nat. Commun. 2018, 9: 1859.

[62] Chen R, Pang S, An H, et al. Charge separation via asymmetric illumination in photocatalytic Cu2O particles [J]. Nature Energy 2018, 3 (8): 655–663

[63] Kang X C, Sun X F, Ma X X, et al. Synthesis of hierarchical porous metals using ionic-liquid-based media as solvent and template [J]. Angewandte Chemie International Edition, 2017, 56 (47): 12683–12686.

[64] Pei X Y, Xiong D Z, Pei Y C, et al. Switchable oil-water phase separation of ionic liquid-based microemulsions by CO_2 [J]. Green Chemistry, 2018, 20 (18): 4236–4244.

[65] Wang X. Y, Zhang S N, Yao J, et al. The Polarity of Ionic Liquids: Relationship between relative permittivity and spectroscopic parameters of probe [J]. Industrial & Engineering Chemistry Research, 2019, 58 (17): 7352–7361.

[66] Chen K Z, Wang Y T, Yao J, et al. Equilibrium in protic ionic liquids: The degree of proton transfer and thermodynamic properties [J]. Journal of Physical Chemistry B, 2018, 122 (1): 309–315.

[67] Wang Y L, Huo F, He H Y, et al. The confined [Bmim] [BF_4] ionic liquid flow through graphene oxide nanochannel: a molecular dynamics study [J]. Physical Chemistry Chemical Physics, 2018, 20 (26): 17773–17780.

[68] Bao D, Zhang X P, Dong H F, et al. A new FCCS-CFD coupled method for understanding the influence of molecular structure of ionic liquid on bubble behaviors [J]. Chemical Engineering and Processing, 2018, 125: 266–274.

[69] Dong Y H, An R, Lu X H, et al. Molecular interactions of protein with TiO_2 by the AFM-measured adhesion force [J]. Langmuir, 2017, 33 (42): 11626–11634.

[70] Hu A, Guo J J, Pan H, et al. Selective functionalization of methane, ethane, and higher alkanes by cerium photocatalysis [J]. Science, 2018, 361: 668–672.

[71] Fu M C, Shang R, Zhao B, et al. Photocatalytic decarboxylative alkylations mediated by triphenylphosphine and sodium iodide [J]. Science, 2019, 363: 1429–1434.

[72] Lin L, Bai X, Ye X, et al. Organocatalytic Enantioselective Protonation for Photoreduction of Activated Ketones and Ketimines Induced by Visible Light [J]. Angewandte Chemie International Edition, 2017, 56: 13842–13846.

[73] Yin Y, Dai Y, Jia H, et al. Conjugate Addition-Enantioselective Protonation of N-Aryl Glycines to α-Branched 2-Vinylazaarenes via Cooperative Photoredox and Asymmetric Catalysis [J]. Journal of the American Chemical Society, 2018, 140: 6083–6087.

[74] Zhang H H, Zhao J J, Yu S. Enantioselective Allylic Alkylation with 4-Alkyl-1, 4-dihydro-pyridines Enabled by Photoredox/Palladium Cocatalysis [J]. Journal of the American Chemical Society, 2018, 140: 16914–16919.

[75] Li M M, Wei Y, Liu J, et al. Sequential Visible-Light Photoactivation and Palladium Catalysis Enabling Enantioselective [4+2] Cycloadditions [J]. Journal of the American Chemical Society, 2017, 139: 14707–14713.

[76] Wei Y, Liu S, Li M M, et al. Enantioselective Trapping of Pd-Containing 1, 5-Dipoles by Photogenerated Ketenes: Access to 7-Membered Lactones Bearing Chiral Quaternary Stereocenters [J]. Journal of the American Chemical Society, 2019, 141: 133–137.

[77] Lei T, Zhou C, Huang M Y, et al. General and Efficient Intermolecular [2+2] Photodimerization of Chalcones and Cinnamic Acid Derivatives in Solution through Visible Light Catalysis [J]. Angewandte Chemie International Edition, 2017, 56: 15407–15410.

[78] Huang Z A, Chen C, Yang X D, et al. Synthesis of Oligoparaphenylene-Derived Nanohoops Employing an Anthracene Photodimerization-Cycloreversion Strategy [J]. Journal of the American Chemical Society, 2016, 138:

11144–11147.

[79] Xu W, Yang X D, Fan X B, et al. Synthesis and Characterization of a Pentiptycene–Derived Dual Oligoparaphenylene Nanohoop [J]. Angewandte Chemie International Edition, 2019, 58: 3943–3947.

[80] Fan Y Y, Chen D D, Huang Z A, et al. An Isolable Catenane Consisting of Two Möbius Conjugated Nanohoops [J]. Nature Communications, 2018, 9: 3037.

[81] Qi Y, Zhao Y, Gao Y Y, et al. Redox–Based Visible–Light–Driven Z–Scheme Overall Water Splitting with Apparent Quantum Efficiency Exceeding 10% [J]. Joule, 2018, 2 (11): 2393–2402.

[82] Lu Y, Yin W J, Peng K L, et al. Self–hydrogenated shell promoting photocatalytic H_2 evolution on anatase TiO_2 [J]. Nature Communications, 2018, 9: 2752.

[83] Jiang X, Li J, Yang B, et al. Bio–inspired Cu_4O_4 "Cubane": Effective Molecular Catalysts for Electrocatalytic Water Oxidation in Aqueous Solution [J]. Angewandte Chemie International Edition, 2018, 57: 7850–7854.

[84] Liang L, Li X D, Sun Y F, et al. Infrared light–driven CO_2 overall splitting at room temperature [J]. Joule, 2018, 2 (5): 1004–1016.

[85] Hu D, Zhang T, Li S, et al. Ultrasensitive reversible chromophore reaction of BODIPY functions as high ratio double turn on probe [J]. Nature Communications, 2018, 9: 362.

[86] Fu W, Yan C, Guo Z, et al. Rational Design of Near–Infrared Aggregation–Induced–Emission–Active Probes: In Situ Mapping of Amyloid–β Plaques with Ultrasensitivity and High–Fidelity [J]. Journal of the American Chemical Society, 2019, 141: 3171–3177.

[87] Wang X, Li P, Ding Q, et al. Observation of Acetylcholinesterase in Stress–Induced Depression Phenotypes by Two–Photon Fluorescence Imaging in the Mouse Brain [J]. Journal of the American Chemical Society, 2019, 141: 2061–2068.

[88] Wang X, Li P, Ding Q, et al. Illuminating the Function of the Hydroxyl Radical in the Brains of Mice with Depression Phenotypes by Two–Photon Fluorescence Imaging [J]. Angewandte Chemie International Edition, 2019, 58: 4674–4678.

[89] Li X, Zhang B, Yan C, et al. A fast and specific fluorescent probe for thioredoxin reductase that works via disulphide bond cleavage [J]. Nature communications, 2019, 10: 2745.

[90] Wang S, Fan Y, Li D, et al. Anti–quenching NIR–II Molecular Fluorophores for in vivo High–contrast Imaging and pH Sensing [J]. Nature communications, 2019, 10: 1058.

[91] Lei Z, Sun C, Pei P, et al. Stable, Wavelength–Tunable Fluorescent Dyes in the NIR–II Region for In Vivo High–Contrast Bioimaging and Multiplexed Biosensing [J]. Angewandte Chemie International Edition, 2019, 58: 8166–8171.

[92] Wang P, Fan Y, Lu L, et al. NIR–II Nanoprobes In–vivo Assembly to Improve Image–guided Surgery for Metastatic Ovarian Cancer [J]. Nature communications, 2018, 9: 2898.

[93] Xu G, Yan Q, Lv X, et al. Imaging of Colorectal Cancers Using Activatable Nanoprobes with Second Near–Infrared Window Emission [J]. Angewandte Chemie International Edition, 2018, 57: 3626–3630.

[94] Xuan M, Shao J, Li J, Cell membrane–covered nanoparticles as biomaterials [J]. National Science Review, 2019, 6: 551–561.

[95] Xuan M, Shao J, Zhao J, et al. Magnetic Mesoporous Silica Nanoparticles Cloaked by Red Blood Cell Membranes: Applications in Cancer Therapy [J]. Angewandte Chemie International Edition, 2018, 57, 6049–6053.

[96] Jia Q, Ge J, Liu W, et al. A Magnetofluorescent Carbon Dot Assembly as an Acidic H_2O_2–Driven Oxygenerator to Regulate Tumor Hypoxia for Simultaneous Bimodal Imaging and Enhanced Photodynamic Therapy [J]. Advanced Materials, 2018, 30 (13): 1706090.

[97] Sun MJ, Liu Y, Yan Y, et al. In Situ Visualization of Assembly and Photonic Signal Processing in a Triplet Light–

Harvesting Nanosystem [J]. Journal of the American Chemical Society, 2018, 140: 4269–4278.

[98] Sun M J, Zhong Y W, Yao J. Thermal–Responsive Phosphorescent Nanoamplifiers Assembled from Two Metallophosphors [J]. Angewandte Chemie International Edition, 2018, 57: 7820–7825.

[99] Zhang Z Y, Chen Y, Liu Y. Efficient Room–Temperature Phosphorescence of a Solid–State Supramolecule Enhanced by Cucurbit [6] uril [J]. Angewandte Chemie International Edition, 2019, 58: 6028–6032.

[100] Li D, Lu F, Wang J, et al. Amorphous Metal–Free Room–Temperature Phosphorescent Small Molecules with Multicolor Photoluminescence via a Host–Guest and Dual–Emission Strategy [J]. Journal of the American Chemical Society, 2018, 140: 1916–1923.

[101] Ma X, Xu C, Wang J, et al. Amorphous Pure Organic Polymers for Heavy–Atom–Free Efficient Room–Temperature Phosphorescence Emission [J]. Angewandte Chemie International Edition, 2018, 57: 10854–10858.

[102] Wang X F, Xiao H, Chen P Z, et al. Pure Organic Room Temperature Phosphorescence from Excited Dimers in Self–Assembled Nanoparticles under Visible and Near–Infrared Irradiation in Water [J]. Journal of the American Chemical Society, 2019, 141: 5045–5050.

[103] Zhao J, Yan Y, Gao Z, et al. Full–Color Laser Displays Based on Organic Printed Microlaser Arrays [J]. Nature Communications, 2019, 10: 870.

[104] Han J, Yang D, Jin X, et al. Enhanced Circularly Polarized Luminescence in Emissive Charge–Transfer Complexes [J]. Angewandte Chemie International Edition, 2019, 131 (21): 7087–7093.

[105] Shi Y, Duan P, Huo S, et al. Endowing perovskite nanocrystals with circularly polarized luminescence. Advanced Materials, 2018, 30 (12): 1705011.

[106] Han J L, Duan P F, Li X G, et al, Amplification of Circularly Polarized Luminescence through Triplet Triplet Annihilation–Based Photon Upconversion [J]. Journal of the American Chemical Society, 2017, 139 (29): 9783–9786.

[107] Yang D, Duan P F, Liu M H. Dual Upconverted and Downconverted Circularly Polarized Luminescence in Donor–Acceptor Assemblies, Angewandte Chemie International Edition [J]. 2018, 57 (61): 9357–9361.

[108] Jin X, Sang Y T, Shi, Y H, et al. Optically Active Upconverting Nanoparticles with Induced Circularly Polarized Luminescence and Enantioselectively Triggered Photopolymerization [J]. ACS Nano, 2019, 13 (3): 2804–2811.

[109] Han J L, Yang D, Jin X, et al. Enhanced Circularly Polarized Luminescence in Emissive Charge–Transfer Complexes, Angewandte Chemie International Edition [J]. 2019, 131 (21): 7013–7019.

[110] Jia Y, Li J. Reconstitution of FoF1–ATPase–based biomimetic systems [J]. Nature Reviews Chemistry, 2019, 3: 361–374.

[111] Li Y, Zou Q, Yuan C, et al. Amino Acid Coordination Driven Self–Assembly for Enhancing both the Biological Stability and Tumor Accumulation of Curcumin [J]. Angewandte Chemie International Edition, 2018, 130 (52): 17330–17334.

[112] Liu K, Yuan C, Zou Q, et al. Self–assembled zinc/cystine–based chloroplast mimics capable of photoenzymatic reactions for sustainable fuel synthesis [J]. Angewandte Chemie International Edition, 2017, 56 (27): 7876–7880.

[113] Wu Y, Si T, Gao C, et al. Bubble–pair propelled colloidal kayaker [J]. Journal of the American Chemical Society, 2018, 140 (38): 11902–11905.

[114] Shao J, Xuan M, Zhang H, et al. Chemotaxis–Guided Hybrid Neutrophil Micromotors for Targeted Drug Transport [J]. Angewandte Chemie International Edition, 2017, 56 (42): 12935–12939.

[115] Xuan M, Mestre R, Gao C, et al. Noncontinuous Super–Diffusive Dynamics of a Light–Activated Nanobottle Motor [J]. Angewandte Chemie International Edition, 2018, 57 (23): 6838–6842.

[116] Ji Y, Lin X, Zhang H, et al. Thermoresponsive Polymer Brush Modulation on the Direction of Motion of Phoretically Driven Janus Micromotors [J]. Angewandte Chemie International Edition, 2019, 58 (13): 4184-4188.

[117] Xie M, Che Y, Liu K, et al. Caking-Inspired Cold Sintering of Plastic Supramolecular Films as Multifunctional Platforms [J]. Advanced Functional Materials, 2018, 28 (36): 1803370.

[118] Yang S Y, Yan, Y, Huang J B, et al, Giant Capsids from Lattice Self-Assembly of Cyclodextrin Complexes [J]. Nature Communications, 2017, 8: 15856.

[119] Wu C X, Xie Q Q, Xu W W, et al. Lattice self-assembly of cyclodextrin complexes and beyond [J]. Current Opinion on Colloid & Interface Science, 2019, 39: 76-85.

[120] Gao N, Tian T, Cui J, et al, Efficient Construction of Well-Defined Multicompartment Porous Systems in a Modular and Chemically Orthogonal Fashion. Angewandte Chemie International Edition, 2017, 56 (14): 3880-3885.

[121] Fan JB, Song Y, Wang S, Jiang L, et al. A general strategy to synthesize chemically and topologically anisotropic Janus particles. Science Advances, 2017, 3 (6): e1603203.

[122] Li H T, Dai H, Zhang Y H, et al, Surface-Enhanced Raman Spectra Promoted by a Finger Press in an All-Solid-State Flexible Energy Conversion and Storage Film [J]. Angewandte Chemie International Edition, 2017, 56 (10): 2649-2654.

[123] Liu K, Gao S, Zheng Z, et al. Spatially Confined Growth of Fullerene to Super-Long Crystalline Fibers in Supramolecular Gels for High-Performance Photodetector [J]. Advanced Materials, 2019, 31 (18): 1808254.

[124] Liu J, Wang P, He Y, et al. Polymerizable Nonconventional Gel Emulsions and Their Utilization in the Template Preparation of Low-Density, High-Strength Polymeric Monoliths and 3D Printing [J]. Macromolecules, 2019, 52 (6): 2456-2463.

[125] Wang Q, Wang Z, Li Z, et al. Controlled growth and shape-directed self-assembly of gold nanoarrows [J]. Science Advances, 2017, 3 (10): 1701183.

[126] Su N Q, Zhu Z Y, Xu X. Doubly hybrid density functionals that correctly describe both density and Energy for Atoms. Su N Q, Zhu Z Y, Xu X, et al. Proceedings of the NationalAcademy of Sciences of the U. S. A. 2018, 115 (10): 2287-2292.

[127] Chen Z, Wang H, Su N Q, et al. Beyond mean-field microkinetics: toward accurate and efficient theoretical modeling in heterogeneous catalysis [J]. ACS Catalysis, 2018, 8 (7): 5816-5826.

[128] Shao K J, Chen J, Zhao Z Q, et al. Communication: Fitting potential energy surfaces with fundamental invariant neural network [J]. The Journal of Chemical Physics, 2016, 145 (7): 071101.

[129] Huang S D, Shang C, Zhang X J, et al. Material discovery by combining stochastic surface walking global optimization with a neural network [J]. Chemical Science, 2017, 8: 6327-6337.

[130] Xu Y J, Wang S W, Hu Q W, et al. CavityPlus: a web server for protein cavity detection with pharmacophore modelling, allosteric site identification and covalent ligand binding ability prediction [J]. Nucleic Acid Research, 2018, 46: W374-W379.

[131] Meng H, Dai Z W, Zhang W L, et al. Molecular mechanism of 15-lipoxygenase allosteric activation and inhibition [J]. Physical Chemistry and Chemical Physics, 2018, 20 (21): 14785-14795.

[132] Li C, Zhang W L, Xie X W, et al. Novel Allosteric Activators for Ferroptosis Regulator Glutathione Peroxidase 4 [J]. Journal of Medicine Chemistry, 2019, 62 (1): 266-275.

[133] Li Y, Su M Y, Liu Z H, et al. Assessing Protein-Ligand Interaction Scoring Functions with the CASF-2013 Benchmark [J]. Nature Protocol, 2018, 13 (4): 666-680.

[134] Bai F, Liu K D, Li H L, et al. Veratramine modulates AP-1-dependent gene transcription by directly binding to programmable DNA [J]. Nucleic Acids Research, 2018, 46 (2): 546-557.

[135] Yang H B, Lou C F, Sun L X, et al. admetSAR 2.0: web-service for prediction and optimization of chemical ADMET properties. Bioinformatics, 2019, 35 (6): 1067-1069.

[136] Yang H B, Sun L X, Wang Z, et al. ADMETopt: a web server for ADMET optimization in drug design via scaffold hopping [J]. Journal of Chemical Information and Modelling, 2018, 58 (10): 2051-2056.

[137] Li X, Xu Y J, Lai L H, et al. Prediction of Human Cytochrome P450 Inhibition Using a Multitask Deep Autoencoder Neural Network [J]. Molecular Pharmaceutics, 2018, 15 (10): 4336-4345.

[138] Xu Y, Pei J, Lai L. Deep learning based regression and multiclass models for acute oral toxicity prediction with automatic chemical feature extraction [J]. Journal of Chemical Information and Modeling, 2017, 57 (11): 2672-2685.

3.4 分析化学

[1] Xi D M, Li Z, L L P, et al. Ultrasensitive Detection of Cancer Cells Combining Enzymatic Signal Amplification with an Aerolysin Nanopore [J]. Analytical Chemistry, 2018, 90 (1): 1029-10342.

[2] Zhang Z H, Li T, Sheng Y Y, et al. Enhanced Sensitivity in Nanopore Sensing of Cancer Biomarkers in Human Blood via Click Chemistry [J]. Small, 2019, 15 (2): 1804078.

[3] Liu H L, Jiang Q C, Pang J, et al. A Multiparameter pH-Sensitive Nanodevice Based on Plasmonic Nanopores Liu H L, Jiang Q C, Pang J, Jiang Z Y, Cao J, Ji L N, Xia X H, Wang K. Advanced Functional Materials, 2018, 28 (1): 1703847.

[4] Yan S H, Li X T, Zhang P K, et al. Direct Sequencing of 2′-deoxy-2′-fluoroarabinonucleic Acid (FANA) using Nanopore-induced Phase-shift Sequencing (NIPSS) [J]. Chemical Science, 2019, 10 (10): 3110-3117.

[5] Zhu Z T, Wu R P, Li B L. Exploration of Solid-state Nanopores in Characterizing Reaction Mixtures Generated from a Catalytic DNA Assembly Circuit [J]. Chemical Science, 2019, 10 (7): 1953-1963.

[6] Zhu Z P, Wang D Y, Tian Y, et al. Ion/Molecule Transportation in Nanopores and Nanochannels: From Critical Principles to Diverse Functions [J]. Journal of the American Chemical Society, 2019, 141 (22): 8658-8669.

[7] Zhu Z T, Zhou Y, Xu X L, et al. Adaption of a Solid-State Nanopore to Homogeneous DNA Organization Verification and Label-Free Molecular Analysis without Covalent Modification [J]. Analytical Chemistry, 2018, 90 (3): 814-820.

[8] Jiang Y N, Feng Y P, Su J J, et al. On the Origin of Ionic Rectification in DNA-Stuffed Nanopores: The Breaking and Retrieving Symmetry [J]. Journal of the American Chemical Society, 2017, 139 (51): 18739-18746.

[9] Ying Y L, Long Y T. Single-molecule analysis in an electrochemical confined space [J]. Science China-Chemistry, 2017, 60 (9): 1187-1190.

[10] Ying Y L, Cao C, Hu Y X. et al. A Single Biomolecule Interface for Advancing the Sensitivity, Selectivity and Accuracy of Sensors [J]. National Science Review, 2018, 5 (4): 450.

[11] Cao C, Ying Y L, Hu Z L, et al. Discrimination of oligonucleotides of different lengths with a wild-type aerolysin nanopore [J]. Nature Nanotechnology, 2016, 11 (8): 713.

[12] Cao C, Liao D F, Yu J, et al. Construction of An Aerolysin Nanopore in a Lipid Bilayer for Single-oligonucleotide Analysis [J]. Nature Protocols, 2017, 12(9): 1901-1911.

[13] Wang R W, Jin C, Zhu X Y, et al. Artificial Base zT as Functional "Element" for Constructing Photoresponsive DNA Nanomolecules [J]. Journal of the American Chemical Society, 2017, 139 (27): 9104-9107.

[14] Jin C, Fu T, Wang R, et al. Fluorinated molecular beacons as functional DNA nanomolecules for cellular imaging [J]. Chemical Science, 2017, 8 (10): 7082-7086.

[15] Abdullah R, Xie S T, Wang E W, et al. Artificial Sandwich Base for Monitoring Single-Nucleobase Changes and

Charge-Transfer Rates in DNA [J]. Analytical Chemistry, 2019, 91 (3): 2074-2078.

[16] Teng I T, Li X W, Yadikar H, et al. Identification and Characterization of DNA Aptamers Specific for Phosphorylation Epitopes of Tau Protein [J]. Journal of the American Chemical Society, 2018, 140 (3): 14314-14323.

[17] Liu C, Jiang W, Yang P, et al. Identification of Vigilin as a Potential Ischemia Biomarker by Brain Slice-Based Systematic Evolution of Ligands by Exponential Enrichment [J]. Analytical Chemistry, 2019, 91 (10): 6675-6681.

[18] Du Y, Dong S J. Nucleic Acid Biosensors: Recent Advances and Perspectives [J]. Analytical Chemistry, 2017, 89 (1): 189-215.

[19] You M X, Lyu Y F, Han D et al. DNA Probes for Monitoring Dynamic and Transient Molecular Encounters on Live Cell Membranes [J]. Nature Nanotechnology, 2017, 12 (5): 453-459.

[20] Liang H, Chen S, Li P P, et al. Nongenetic Approach for Imaging Protein Dimerization by Aptamer Recognition and Proximity-Induced DNA Assembly [J]. Journal of the American Chemical Society, 2018, 140 (12): 4186-4190.

[21] Tang Y D, Lu B Y, Zhu Z T, et al. Establishment of a Universal and Rational Gene Detection Strategy Through Three-Way Junction-Based Remote Transduction [J].Chemical Science, 2018, 9 (3): 760-769.

[22] Jiang Y, Shi M L, Liu Y, et al. Aptamer/AuNP Biosensor for Colorimetric Profiling of Exosomal Proteins [J]. Angewandte Chemie-International Edition, 2017, 56 (39): 11916-11920.

[23] Wan S, Zhang L, Wang S, et al. Molecular Recognition-Based DNA Nanoassemblies on the Surfaces of Nanosized Exosomes [J]. Journal of the American Chemical Society, 2017, 139 (15): 5289-5292.

[24] Wang S, Zhang L, Wan S, et al. Aptasensor with Expanded Nucleotide Using DNA Nanotetrahedra for Electrochemical Detection of Cancerous Exosomes [J]. ACS Nano, 2017, 11 (4): 3943-3949.

[25] Liu C, Zhao J X, Tian F, et al. Low-cost Thermophoretic Profiling of Extracellular-Vesicle Surface Proteins for the Early Detection and Classification of Cancers [J]. Nature Biomedical Engineering, 2019, 3 (3): 183.

[26] Wu Y, Zhang L Q, Cui C, et al. Enhanced Targeted Gene Transduction: AAV2 Vectors Conjugated to Multiple Aptamers via Reducible Disulfide Linkages [J]. Journal of the American Chemical Society, 2018, 140 (1): 2-5.

[27] Li L, Jiang Y, Cui C, et al. Modulating Aptamer Specificity with pH-Responsive DNA Bonds [J]. Journal of the American Chemical Society, 2018, 140 (41): 13335-13339.

[28] Kuai H L, Zhao Z L, Mo L T. et al. Circular Bivalent Aptamers Enable in Vivo Stability and Recognition [J]. Journal of the American Chemical Society, 2017, 139 (27): 9128-9131.

[29] Jiang Y, Pan X, Chang J, et al. Supramolecularly Engineered Circular Bivalent Aptamer for Enhanced Functional Protein Delivery [J]. Journal of the American Chemical Society, 2018, 140 (22): 6780-6784.

[30] Jin C, Zhang H, Zou J, et al, MFloxuridine Homomeric Oligonucleotides "Hitchhike" with Albumin InSitu for Cancer Chemotherapy [J]. Angewandte Chemie-International Edition, 2018, 57 (29): 8994-8997.

[31] Lyu Y F, Wu C C, Heinke C, et al. Constructing Smart Protocells with Built-In DNA Computational Core to Eliminate Exogenous Challenge [J]. Journal of the American Chemical Society, 2018, 140 (22): 6912-6920.

[32] Peng R Z, Wang H J, Lyu Y F, et al. Facile Assembly/Disassembly of DNA Nanostructures Anchored on Cell-Mimicking Giant Vesicles [J]. Journal of the American Chemical Society, 2017, 139 (36): 12410-12413.

[33] Peng R Z, Zheng X F, Lyu Y F, et al. Engineering a 3D DNA-Logic Gate Nanomachine for Bispecific Recognition and Computing on Target Cell Surfaces [J]. Journal of the American Chemical Society, 2018, 140 (31): 9793-9796.

[34] Liu X M, Xiao T F, Wu F, et al. Ultrathin Cell-Membrane-Mimic Phosphorylcholine Polymer Film Coating Enables Large Improvements for InVivo Electrochemical Detection [J]. Angewandte Chemie-International Edition, 2017,

56 (39): 11802–11806.

[35] Wu F, Su L, Yu P, et al. Role of Organic Solvents in Immobilizing Fungus Laccase on Single Walled Carbon Nanotubes for Improved Current Response in Direct Bioelectrocatalysis [J]. Journal of the American Chemical Society, 2017, 139 (4): 1565–1574.

[36] Wang Q Q, Zhang X P, Huang L, et al. One–Pot Synthesis of Fe3O4 Nanoparticle Loaded 3D Porous Graphene Nanocomposites with Enhanced Nanozyme Activity for Glucose Detection [J]. ACS Applied Materials Interfaces, 2017, 9: 7465–7471.

[37] Wang Q Q, Zhang X P, Huang L, et al. GOx@ZIF–8 (NiPd) Nanoflower: An Artificial Enzyme System for Tandem Catalysis. Angewandte Chemie–International Edition, 2017, 56: 16082–16085.

[38] He X L, Zhang K L, Li T, et al. Micrometer–Scale Ion Current Rectification at Polyelectrolyte Brush–Modified Micropipets [J]. Journal of the American Chemical Society, 2017, 139 (4): 1396–1399.

[39] Deng J J, Wang K, Wang M, et al. Mitochondria Targeted Nanoscale Zeolitic Imidazole Framework–90 for ATP Imaging in Live Cells [J]. Journal of the American Chemical Society, 2017, 139 (16): 5877–5882.

[40] Wang Z J, Luo Y, Xie X D, et al. In Situ Spatial Complementation of Aptamer–Mediated Recognition Enables Live–Cell Imaging Of Native RNA Transcripts in Real Time [J]. Angewandte Chemie–International Edition, 2018, 57 (4): 972–976.

[41] Yan H L, Guo S Y, Wu F, et al. Carbon Atom Hybridization Matters: Ultrafast Humidity Response of Graphdiyne Oxides [J]. Angewandte Chemie–International Edition, 2018, 57 (15): 3922–3926.

[42] He X L, Zhang K L, Liu Y, et al, Chaotropic Monovalent Anion–Induced Rectification Inversion at Nanopipettes Modified by Polyimidazolium Brushes [J]. Angewandte Chemie–International Edition, 2018, 57 (17): 4590–4593.

[43] Ding H M, Li J, Chen N, et al. DNA Nanostructure–Programmed Like–Charge Attraction at the Cell–Membrane Interface [J]. ACS Central Sciences, 2018, 4 (10): 1344–1351.

[44] Wu F, Yu P, Yang X T, et al. Exploring Ferredoxin–Dependent Glutamate Synthase as an Enzymatic Bioelectrocatalyst [J]. Journal of the American Chemical Society, 2018, 140 (4): 12700–12704.

[45] Xiao T F, Wang Y X, Wei H, et al. Electrochemical Monitoring of Propagative Fluctuation of Ascorbate in the Live Rat Brain during Spreading Depolarization [J]. Angewandte Chemie–International Edition, 2019, 58 (2): 6616–6619.

[46] Bai J, Jia X D, Zhen W Y, et al. A Facile Ion–Doping Strategy to Regulate Tumor Microenvironments for Enhanced Multimodal Tumor Theranostics [J]. Journal of the American Chemical Society, 2018, 140 (1): 106–109

[47] Zhen W Y, Liu Y, Lin L, et al. BSA–IrO2: Catalase–like Nanoparticles with High Photothermal Conversion Efficiency and a High X–ray Absorption Coefficient for Anti–inflammation and Antitumor Theranostics [J]. Angewandte Chemie–International Edition, 2018, 57 (32): 10309–10313.

[48] Liu X G, Zhang F, Jing X X, et al. Complex Silica Composite Nanomaterials Templated with DNA Origami [J]. Nature, 2018, 559 (7715): 593–598.

[49] Yan Q Y, Lu Y T, Zhou L L, et al. Mechanistic Insights Into GLUT1 Activation and Clustering Revealed by Super–resolution Imaging [J]. Proceedings of the National Academy of Sciences of the United States of America, 2018, 115 (27): 7033–7038.

[50] Chao J, Zhang H L, Xing Y K, et al. Programming DNA Origami Assembly for Shape–Resolved Nanomechanical Imaging Labels [J]. Nature Protocols, 2018, 13 (7): 1569–1585.

[51] Ye D K, Li L, Li Z H, et al. Molecular Threading–Dependent Mass Transport in Paper Origami for Single–Step Electrochemical DNA Sensors [J]. Nano Letters, 2019, 19 (1): 369–374.

[52] Chao J, Wang J B, Wang F, et al. Solving Mazes with Single–molecule DNA Navigators [J]. Nature Materials,

2018, 18(3): 273-279.

[53] Wiraja C, Zhu Y, Lio D C S, et al. Framework Nucleic Acids as Programmable Carrier for Transdermal Drug Delivery[J]. Nature Communications, 2019, 10: 1147.

[54] Li X, Liang Z, Hang W, et al. Sub-micrometer-scale chemical analysis by nanosecondlaser-induced tip-enhanced ablation and ionization time-of-flight mass spectrometry. Nano Res,, 2018, 11: 5989-5996.

[55] Yin Z, Cheng X, Hang W, et al. Chemical and topographical single-cell imaging by near-field desorption mass spectrometry. Angew. Chem., 2019, 58: 4541-4546.

[56] Xue J, Liu H, Nie Z, et al. Mass spectrometry imaging of the in situ drug release from nanocarriers. Sci. Adv., 2018, 4: eaat9039.

[57] Sun C, Li T, Abliz Z, et al. Spatially resolved metabolomics to discover tumor associated metabolic alterations. PNAS, 2019, 116: 52-57.

[58] He J, Sun C, Li T, et al. A sensitive and wide coverage ambient mass spectrometry imaging method for functional metabolites based molecular histology. Adv Sci., 2018, 5(11): 1800250.

[59] Liu C, Qi K, Yao L, et al. Imaging of polar and nonpolar species using compact desorption electrospray ionization/postphotoionization mass spectrometry. Anal. Chem., 2019, 91(10): 6616-6623.

[60] Lin L, Lin X, Lin L, et al. Integrated microfluidic platform with multiple functions to probe tumor-endothelial cell interaction. Anal. Chem., 2017, 89(18): 10037-10044.

[61] Huang Q, Mao S, Khan M, et al. Dean flow assisted cell ordering system for lipid profiling in single-cells using mass spectrometry. Chem. Commun., 2018, 54: 2595-2598.

[62] Mao S, Zhang W, Huang Q, et al. In situ scatheless cell detachment reveals correlation between adhesion strength and viability at single-cell resolution. Angew. Chem. Int. Ed. En., 2018, 57: 236-240.

[63] Mao S, Zhang Q, Liu W, et al. Chemical operations on a living single cell by open microfluidics for wound repair studies and organelle transport analysis. Chem. Sci., 2019, 10: 2081-2087.

[64] Liu W W, Zhu Y, Fang Q, Femtomole-scale high-throughput screening of protein ligands with droplet-based thermal shift assay. Anal. Chem., 2017, 89(12): 6678-6685.

[65] Liu W W, Zhu Y, Feng Y M, et al. Droplet-based multivolume digital polymerase chain reaction by a surface-assisted multifactor fluid segmentation approach. Anal. Chem., 2017, 89: 822-829.

[66] Huang C M, Zhu Y, Jin D Q, et al. Direct surface and droplet microsampling for electrospray ionization mass spectrometry analysis with an integrated dual-probe microfluidic chip. Anal. Chem., 2017, 89: 9009-9016.

[67] Zhao S P, Ma Y, Lou Q, et al. Three-Dimensional Cell Culture and Drug Testing in a Microfluidic Sidewall-Attached Droplet Array. Anal Chem 2017, 89(19): 10153-10157.

[68] Zhou W, Liu Y, Chen Z, et al. Capillary electrophoresis-mass spectrometry using robust poly (etherether ketone) capillary for tolerance to high content of organic solvents, J. Chromatogr. A, 2019, 1593: 156-163.

[69] Liu Y, Zhou W, Chen Z, et al. Analysis of Evodiae Fructus by capillary electrochromatography-mass spectrometry with methyl-vinylimidazole functionalized organic polymer monolith as stationary phases, J. Chromatogr. A, DOI: 10.1016/j.chroma.2019.06.011.

[70] Ouyang Y, Zhang Z J, Linhardt R, et al. Negative-ion mode capillary isoelectric focusing mass spectrometry for charge-based separation of acidic oligosaccharides, Anal. Chem., 2019, 91: 846-853.

[71] Zeng J, Lehmann R, Xu G, et al. Comprehensive profiling by non-targeted stable isotope tracing capillary electrophoresis-mass spectrometry: A new tool complementing metabolomic analyses of polar metabolites, Chem. Eur. J., 2019, 25: 5427-5432.

[72] Zhu H, Wang N, Yao L, et al. Moderate UV exposure enhances learning and memory by promoting a novel glutamate biosynthetic pathway in the brain. Cell, 2018, 173(7): 1716-1727 e17.

[73] Zhu H, Zou G, Wang N, et al. Single-neuron identification of chemical constituents, physiological changes, and metabolism using mass spectrometry. Proc. Natl. Acad. Sci. USA, 2017, 114(10): 2586-2591.

[74] Zhang W, Chiang S, Li Z, et al. A polymer coating transfer enrichment method for direct mass spectrometry analysis of lipids in biofluid samples. Angew. Chem. Int. Ed. En., 2019, 58(18): 6064-6069.

[75] Zhang W, Zhang D, Chen Q, et al. Online photochemical derivatization enables comprehensive mass spectrometric analysis of unsaturated phospholipid isomers. Nat. Commun., 2019, 10(1): 79.

[76] Li F, Zhou J, Yuan G, et al. Exploration of a multi-target ligand, dehydroevodiamine, for the recognition of three G-quadruplexes in c-Myb proto-oncogene by ESI-MS. Inter. J. Mass Spectrom., 2017, 414: 39-44.

[77] Tan W, Yi L, Zhou J, et al. Hsa-miR-1587 G-quadruplex formation and dimerization induced by NH4+, molecular crowding environment and jatrorrhizine derivatives. Talanta, 2018, 179: 337-343.

[78] Li F, Tan W, Zhou J, et al. Up- and downregulation of mature miR-1587 function by modulating its G-quadruplex structure and using small molecules. Inter. J. Biol. Macromol., 2019, 121: 127-134.

[79] Liu L, Yang K, Gao H, et al. Artificial Antibody with Site-Enhanced Multivalent Aptamers for Specific Capture of Circulating Tumor Cells[J]. Analytical Chemistry, 2019, 91 (4): 2591-2594.

[80] Xing R, Wang S, Bie Z, et al. Preparation of molecularly imprinted polymers specific to glycoproteins, glycans and monosaccharides via boronate affinity controllable-oriented surface imprinting[J]. Nature Protocol, 2017, 12 (5): 964-987.

[81] Song Y Y, Li X L, Fan J B, et al. Interfacially Polymerized Particles with Heterostructured Nanopores for Glycopeptide Separation [J]. Advanced Materials, 2018, DOI: 10.1002/adma.201803299.

[82] Qing G Y, Lu Q, Li X L, et al. Hydrogen Bond based Smart Polymer for Highly Selective and Tunable Capture of Multiply Phosphorylated Peptides [J]. Nature Communications, 2017, 8: 1-12.

[83] Lei H Y, Hu Y L, Li G K. Magnetic poly (phenylene ethynylene) conjugated microporous polymer microspheres for bactericides enrichment and analysis by ultra-high performance liquid chromatography-tandem mass spectrometry [J]. Journal of Chromatography A, 2018, 1580: 22-29.

[84] Han X, Huang J J, Yuan C, et al. Chiral 3D Covalent Organic Frameworks for High Performance Liquid Chromatographic Enantioseparation[J]. Journal of the American Chemical Society, 2018, 140 (3): 892-895.

[85] Cai T P, Zhang H J, Chen J, et al. Polyethyleneimine-functionalized carbon dots and their precursor co-immobilized on silica for hydrophilic interaction chromatography[J]. Journal of Chromatography A, 2019, 1597: 142-148.

[86] Qian K, Yang Z Q, Zhang F F, et al. Low-Bleed Silica-Based Stationary Phase for Hydrophilic Interaction Liquid Chromatography[J]. Analytical chemistry, 2018, 90 (15): 8750-8755.

[87] Wang S Y, Wang Z C, Zhou L N, et al. Comprehensive analysis of short-, medium- and long-chain acyl-coenzyme As by on-line two dimensional liquid chromatography-mass spectrometry [J]. Analytical Chemistry, 2017, 89 (23): 12902-12908.

[88] Li X, Zhang C, Gong T, et al. A time-resolved multi-omic atlas of the developing mouse stomach [J]. Nature Communications, 2018, DOI: 10.1038/s41467-018-07463-9.

[89] 杨三东，唐涛，董智勇，等. 液相色谱仪用微流量直驱电控输液泵：中国，ZL201610324755.6[P]. 2018-07-03.

[90] 唐涛，张维冰，张政，等. 基于双回路技术的二维色谱在线/离线接口设计与评价[J]. 分析化学，2018，46 (3)：311-316.

[91] 王涵文，戴煊. 电子气路控制系统及其控制方法：中国，201810709777.3 [P]. 2018-12-18.

[92] Dong M M, Bian Y Y, Wang Y, et al. Sensitive, Robust, and Cost-Effective Approach for Tyrosine Phosphoproteome Analysis [J]. Analytical Chemistry, 2017, 89 (17): 9307-9314.

[93] Yao Y T, Wang Y, Wang S J, et al. One-Step SH2 Superbinder-Based Approach for Sensitive Analysis of Tyrosine

Phosphoproteome [J]. Journal of Proteome Research, 2019, 18: 1870–1879.

[94] Liu J H, Zhou Y, Shan Y C, et al. A Multiplex Fragment–Ion–Based Method for Accurate Proteome Quantification [J]. Analytical Chemistry, 2019, 91: 3921–3928.

[95] Jiang Y, Sun A, Zhao Y, et al. Proteomics identifies new therapeutic targets of early–stage hepatocellular carcinoma [J]. Nature, 2019, doi: 10.1038/s41586–019–0987–8.

[96] Luo P, Yin P, Hua R, et al A large–scale, multi–center serum metabolite biomarkers identification study for the early detection of hepatocellular carcinoma [J]. Hepatology, 2018, 67: 662–675.

[97] Jia H, Shen X, Guan Y, et al. Predicting the pathological response to neoadjuvant chemoradiation using untargeted metabolomics in locally advanced rectal cancer [J]. Radiotherapy and Oncology 2018, 128 (3): 548–556.

[98] Zhou W J, Wang J X, Liang X M, et al. Discovery of beta 2– adrenoceptor agonists in Curcuma zedoaria Rosc using label–free cell phenotypic assay combined with two–dimensional liquid chromatography [J]. Journal of chromatography. A, 2018, 1577: 59–65.

[99] Liu C P, Xie C Y, Yue J M, et al. Dysoxylactam A: A macrocyclolipopeptide reverses P–glycoprotein–mediated multidrug resistance in cancer cells [J]. Journal of the American Chemical Society. 2019, 141: 6812–6816.

[100] Pan H Q, Yao C L, Guo D A, et al. An enhanced strategy integrating offline two–dimensional separationand step–wise precursor ion list–based raster–mass defect filter: Characterization of indole alkaloids in five botanical origins of Uncariae Ramulus Cum Unicis as an exemplary application [J]. 2018, 1563: 124–134.

3.5 高分子化学

[1] Gong H, Zhao Y, Shen X, et al. Organocatalyzed photo–controlled radical polymerization of semi–fluorinated (meth) acrylates driven by visible light [J]. Angewandte Chemie–International Edition, 2018, 57 (1): 333–337.

[2] Liu Z F, Lv Y, An Z S. Enzymatic cascade catalysis for the synthesis of multiblock and ultrahigh–molecular–weight polymers with oxygen tolerance [J]. Angewandte Chemie–International Edition, 2017, 56 (44): 13852–13856.

[3] Zhou F F, Li R Y, Wang X, et al. Non–Natural photoenzymatic controlled radical polymerization inspired by dna photolyase [J]. Angewandte Chemie–International Edition, 2019, 58 (28): 9479–9484.

[4] Wu Y M, Zhang D F, Ma P C et al. Lithium hexamethyldisilazide initiated superfast ring opening polymerization of alpha–amino acid N–carboxyanhydrides [J]. Nature Communications, 2018, 9 (1): 5297.

[5] 宛新华，王献红. 空气氛下超快合成聚肽的催化体系 [J]. 高分子学报, 2019, (2): 99–101.

[6] Chen M, Chen C L. A versatile ligand platform for palladium– and nickel–catalyzed ethylene copolymerization with polar monomers [J]. Angewandte Chemie–International Edition, 2018, 57 (12): 3094–3098.

[7] Zhang D, Chen C L. Influence of polyethylene glycol unit on palladium– and nickel–catalyzed ethylene polymerization and copolymerization [J]. Angewandte Chemie–International Edition, 2017, 56 (46): 14672–14676.

[8] Li M, Wang X B, Luo Y, et al. A second–coordination–sphere strategy to modulate nickel– and palladium–catalyzed olefin polymerization and copolymerization [J]. Angewandte Chemie–International Edition, 2017, 56 (38): 11604–11609.

[9] Chen C L, Designing catalysts for olefin polymerization and copolymerization: Beyond electronic and steric tuning [J]. Nature Reviews Chemistry, 2018, 2 (5): 6–14.

[10] Wu C J, Liu B, Lin F, et al. Cis–1, 4–selective copolymerization of ethylene and butadiene: A compromise between two mechanisms [J]. Angewandte Chemie–International Edition, 2017, 56 (24): 6975–6979.

[11] Liu D, Wang M, Wang Z, et al. Stereoselective copolymerization of unprotected polar and nonpolar styrenes by an yttrium precursor: Control of polar–group distribution and mechanism [J]. Angewandte Chemie International Edition 2017, 56 (10): 2714–2719.

[12] Liu, B, Qiao, K. N, Fang, J, et al. Mechanism and effect of polar styrenes on scandium-catalyzed copolymerization with ethylene [J]. Angewandte Chemie-International Edition, 2018, 57 (45): 14896-14901.

[13] Zhang Y P, Mu H L, Pan L, et al. Robust bulky p, o neutral nickel catalysts for copolymerization of ethylene with polar vinyl monomers [J]. ACS Catalysis, 2018, 8 (7): 5963-5976.

[14] Zhao N, Ren C L, Li H K, et al. Selective ring-opening polymerization of non-strained gamma-butyrolactone catalyzed by a cyclic trimeric phosphazene base [J]. Angewandte Chemie-International Edition, 2017, 56 (42): 12987-12990.

[15] Li M S, Tao Y, Tang J D, et al. Synergetic organocatalysis for eliminating epimerization in ring-opening polymerizations enables synthesis of stereoregular isotactic polyester [J]. Journal of the American Chemical Society, 2019, 141 (1): 281-289.

[16] He B Z, Su H F, Bai T W, et al. Spontaneous amino-yne click polymerization: A powerful tool toward regio- and stereospecific poly (beta-aminoacrylate)s [J]. Journal of the American Chemical Society, 2017, 139 (15): 5437-5443.

[17] Song B Z, He B Z, Qin A J, et al. Direct polymerization of carbon dioxide, diynes, and alkyl dihalides under mild reaction conditions [J]. Macromolecules 2018, 51 (1): 42-48.

[18] Wei B, Li W Z, Zhao Z J, et al. Metal-free multicomponent tandem polymerizations of alkynes, amines, and formaldehyde toward structure- and sequence-controlled luminescent polyheterocycles [J]. Journal of the American Chemical Society, 2017, 139 (14): 5075-5084.

[19] Li J, Ren B H, Chen S Y, et al. Development of highly enantioselective catalysts for asymmetric copolymerization of meso-epoxides and cyclic anhydrides: Subtle modification resulting in superior enantioselectivity [J]. ACS Catalysis 2019, 9 (3): 1915-1522.

[20] Li J, Ren B H, Wan Z Q, et al. Enantioselective resolution copolymerization of racemic epoxides and anhydrides: Efficient approach for stereoregular polyesters and chiral epoxides [J]. Journal of the American Chemical Society, 2019, 141 (22): 8937-8942.

[21] Ji H Y, Wang B, Pan L, et al. One-step access to sequence-controlled block copolymers by self-switchable organocatalytic multicomponent polymerization [J]. Angewandte Chemie-International Edition 2018, 57 (51): 16888-16892.

[22] Wang, Y, Zhao, Y. J, Ye, Y. S, et al. A one-step route to CO_2-based block copolymers by simultaneous rocop of CO_2/epoxides and raft polymerization of vinyl monomers [J]. Angewandte Chemie-International Edition 2018, 57 (14): 3593-3597.

[23] Huang Z H, Zhao J F, Wang Z M, et al. Combining orthogonal chain-end deprotections and thiol-maleimide michael coupling: Engineering discrete oligomers by an iterative growth strategy [J]. Angewandte Chemie-International Edition, 2017, 56 (44): 13612-13617.

[24] Huang Z H, Shi Q N, Guo J, et al. Binary tree-inspired digital dendrimer [J]. Nature Communications, 2019, 10: 1918.

[25] Sun Z Y, Huang H H, Li L, et al. Polythioamides of high refractive index by direct polymerization of aliphatic primary diamines in the presence of elemental sulfur [J]. Macromolecules 2017, 50 (21): 8505-8511.

[26] Tian T, Hu R R, Tang B Z. Room temperature one-step conversion from elemental sulfur to functional polythioureas through catalyst-free multicomponent polymerizations [J]. Journal of the American Chemical Society, 2018, 140 (19): 6156-6163.

[27] Yue T J, Ren W M, Chen L, et al. Synthesis of chiral sulfur-containing polymers: Asymmetric copolymerization of meso-epoxides and carbonyl sulfide [J]. Angewandte Chemie-International Edition, 2018, 57 (39): 12670-12674.

[28] Yue T J, Zhang M C, Gu G G, et al. Precise synthesis of poly (thioester)s with diverse structures by copolymerization of cyclic thioanhydrides and episulfides mediated by organic ammonium salts [J]. Angewandte Chemie-International Edition, 2019, 58 (2): 618-623.

[29] 宛新华，王献红. 有机催化实现含硫高分子的精确合成 [J]. 高分子学报，2018,(7): 773-775.

[30] Zhang C J, Wu H L, Li Y, et al. Precise synthesis of sulfur-containing polymers via cooperative dual organocatalysts with high activity [J]. Nature Communications, 2018, 9: 2137-2146.

[31] Zhang C J, Zhu T C, Cao, X H, et al. Poly (thioether)s from closed-system one-pot reaction of carbonyl sulfide and epoxides by organic bases [J]. Journal of the American Chemical Society, 2019, 141 (13): 5490-5496.

[32] Yang G, Ding H M, Kochovski Z, et al. Highly ordered self-assembly of native proteins into 1D, 2D, and 3D structures modulated by the tether length of assembly-inducing ligands [J]. Angewandte Chemie-International Edition, 2017, 56 (36): 10691-10695.

[33] 刘冬生. 构筑"甜蜜的"纳米结构促进细胞内吞 [J]. 高分子学报，2018,(3): 321-322.

[34] Wu L B, Zhang Y F, Li Z, et al. "Sweet" architecture-dependent uptake of glycocalyx-mimicking nanoparticles based on biodegradable aliphatic polyesters by macrophages [J]. Journal of the American Chemical Society, 2017, 139 (41): 14684-14692.

[35] Da X D, Zhang W B. Active template synthesis of protein heterocatenanes. Angewandte Chemie-International Edition, 2019, DOI: 10.1002/anie.201904943.

[36] Wu X L, Liu Y J, Liu D, et al. An intrinsically disordered peptide-peptide stapler for highly efficient protein ligation both in vivo and in vitro [J]. Journal of the American Chemical Society, 2018, 140 (50): 17474-17483.

[37] Wang X W, Zhang W B. Protein catenation enhances both the stability and activity of folded structural domains [J]. Angewandte Chemie-International Edition, 2017, 56 (45): 13985-13989.

[38] Qin R R, Liu Y C, Tao F, et al. Protein-bound freestanding 2d metal film for stealth information transmission [J]. Advanced Materials, 2019, 31 (5): 1803377.

[39] Yang F C, Tao F, Li C, et al. Self-assembled membrane composed of amyloid-like proteins for efficient size-selective molecular separation and dialysis [J]. Nature Communications, 2018, 9. 5443.

[40] Tao F, Han Q, Liu K Q, et al. Tuning crystallization pathways through the mesoscale assembly of biomacromolecular nanocrystals [J]. Angewandte Chemie-International Edition, 2017, 56 (43): 13440-13444.

[41] Shu X, Dai Q, Wu T, et al. N-6-allyladenosine: A new small molecule for rna labeling identified by mutation assay [J]. Journal of the American Chemical Society, 2017, 139 (48): 17213-17216.

[42] Gao X, Shu X, Song Y, et al. Visualization and quantification of cellular RNA production and degradation using a combined fluorescence and mass spectrometry characterization assay [J]. Chemical Communications, 2019, 55: 8321-8324.

[43] Zhang Z J, Huang C W, Weiss R A, et al. Association energy in strongly associative polymers [J]. Journal of Rheology, 2017, 61 (6): 1199-1207.

[44] Wu, S. L, Cao, X, Zhang, Z. J, et al. Molecular design of highly stretchable lonomers [J]. Macromolecules, 2018, 51 (12): 4735-4746.

[45] Cai W H, Xu D, Qian L, et al. Force-induced transition of pi-pi stacking in a single polystyrene chain [J]. Journal of the American Chemical Society, 2019, 141 (24): 9500-9503.

[46] Huang W M, Wu X, Gao X, et al. Maleimide-thiol adducts stabilized through stretching [J]. Nature Chemistry 2019, 11 (4): 310-319.

[47] Di W S, Gao X, Huang W M, et al. Direct measurement of length scale dependence of the hydrophobic free energy of a single collapsed polymer nanosphere [J]. Physical Review Letters, 2019, 122 (4): 047801.

[48] Lyu X J, Song Y, Feng W. et al. Direct observation of single-molecule stick-slip motion in polyamide single

crystals [J]. ACS Macro Letters, 2018, 7 (6): 762-766.

[49] Song Y, Ma Z W, Yang P, et al. Single-molecule force spectroscopy study on force-induced melting in polymer single crystals: the chain conformation matters [J]. Macromolecules, 2019, 52 (3): 1327-1333.

[50] You W, Yu W, Zhou C X. Cluster size distribution of spherical nanoparticles in polymer nanocomposites: Rheological quantification and evidence of phase separation [J]. Soft Matter, 2017, 13 (22): 4088-4098.

[51] He P, Yu W, Zhou C. X. Agglomeration of crystals during crystallization of semicrystalline polymers: A suspension-based rheological study [J]. Macromolecules, 2019, 52 (3): 1042-1054.

[52] Dai L J, Fu C L, Zhu Y L, et al. Heterogeneous dynamics of unentangled chains in polymer nanocomposites [J]. Journal of Chemical Physics, 2019, 150 (18): 184903.

[53] Pan D, Sun Z Y. Influence of chain stiffness on the dynamical heterogeneity and fragility of polymer melts [J]. Journal of Chemical Physics, 2018, 149 (23): 234904.

[54] Chen P Y, Yue H, Zhai X B, et al. Transport of a graphene nanosheet sandwiched inside cell membranes [J]. Science Advances, 2019, 5 (6): eaaw3192.

[55] Huang Z H, Zhu G L, Chen P Y, et al. Plastic crystal-to-crystal transition of janus particles under shear [J]. Physical Review Letters, 2019, 122 (19): 198002.

[56] Zhao B, Jiang W B, Chen L, et al. Emergence and stability of a hybrid lamella-sphere structure from linear ABAB tetrablock copolymers [J]. ACS Macro Letters, 2018, 7 (1): 95-99.

[57] Zhao M T, Li W H, Laves phases formed in the binary blend of AB (4) miktoarm star copolymer and a-homopolymer [J]. Macromolecules, 2019, 52 (4): 1832-1842.

[58] Zhang Q, Qiang Y C, Duan C, et al. Single helix self-assembled by frustrated ABC (2) branched terpolymers [J]. Macromolecules, 2019, 52 (7): 2748-2758.

[59] Shao S, Zhou Q, Si J, et al. A non-cytotoxic dendrimer with innate and potent anticancer and anti-metastatic activities [J]. Nature Biomedical Engineering, 2017, 1 (9): 745-757.

[60] Zhou Q, Shao S, Wang J, et al. Enzyme-activatable polymer-drug conjugate augments tumour penetration and treatment efficacy [J]. Nature Nanotechnology, 2019, https://doi.org/10.1038/s41565-019-0485-z.

[61] Zheng D W, Hong S, Xu L, et al. Hierarchical micro-/nanostructures from human hair for biomedical applications [J]. Advanced Materials, 2018, 30 (27): 1800836.

[62] Zhang, C, Zhang, L, Wu, W, et al.Artificial super neutrophils for inflammation targeting and hclo generation against tumors and infections [J]. Advanced Materials, 2019, 31 (19): 1901179.

[63] Liu W L, Zou M Z, Liu T, et al. Expandable immunotherapeutic nanoplatforms engineered from cytomembranes of hybrid cells derived from cancer and dendritic cells [J]. Advanced Materials, 2019, 31 (18): 1900499.

[64] Fang H P, Guo Z P, Lin L, et al. Molecular strings significantly improved the gene transfection efficiency of polycations [J]. Journal of the American Chemical Society, 2018, 140 (38): 11992-12000.

[65] Shen S, Li H J, Chen K G, et al. Spatial targeting of tumor-associated macrophages and tumor cells with a ph-sensitive cluster nanocarrier for cancer chemoimmunotherapy [J]. Nano Letters 2017, 17 (6): 3822-3829.

[66] Li D D, Ma Y C, Du J Z, et al.Tumor acidity/nir controlled interaction of transformable. Nanoparticle with biological systems for cancer therapy [J]. Nano Letters 2017, 17 (5): 2871-2878.

[67] Liu, C. Y, Wan, T, Wang, H, et al. A boronic acid-rich dendrimer with robust and unprecedented efficiency for cytosolic protein delivery and CRISPR-Cas9 gene editing [J]. Science Advances, 2019, 5 (6): eaaw8922.

[68] Zhang Z J, Shen W W, Ling J, et al. The fluorination effect of fluoroamphiphiles in cytosolic protein delivery [J]. Nature Communications, 2018, 9: 1377.

[69] Liu X Y, Sun M M, Sun J W, et al. Polymerization induced self-assembly of a site-specific interferon alpha-block copolymer conjugate into micelles with remarkably enhanced pharmacology [J]. Journal of the American Chemical

Society, 2018, 140 (33): 10435-10438.

[70] Wang Z, Guo J, Sun J, et al. Thermoresponsive and protease-cleavable interferon-polypeptide conjugates with spatiotemporally programmed two-step release kinetics for tumor therapy, Advanced Science, 2019, 1900586.

[71] Zheng, X, Mao, H, Huo, D. et al. Successively activatable ultrasensitive probe for imaging tumour acidity and hypoxia, Nature Biomedical Engineering, 2017, 1, 0057.

[72] Zhang Z, Liu C, Li C, et al. Shape effects of cylindrical versus spherical unimolecular polymer nanomaterials on in vitro and in vivo behaviors, Research, 2019, 2391486.

[73] Mou Q B, Pan, G F, Xue B, et al. DNA Trojan Horses: The Self-Assembled Floxuridine-Containing DNA Polyhedra for Cancer Therapy, Angew. Chem. Int. Ed., 2017, 56: 12528-12532.

[74] Mou Q B, Ma Y, Gao X H, et al. Chemogene Assembled from Drug-Integrated Antisense Oligonucleoti des to Reverse Chemoresistance, Journal of the American Chemical Society, 2019, 141: 6955-6966.

[75] Meng B, Ren Y, Liu J, et al. P-pi conjugated polymers based on stable triarylborane with n-type behavior in optoelectronic devices [J]. Angewandte Chemie-International Edition, 2018, 57 (8): 2183-2187.

[76] Dou Min Y, Tian C D, Geng H K, et al. N-type azaacenes containing b <- n units [J]. Angewandte Chemie-International Edition, 2018, 57 (7): 2000-2004.

[77] Zheng Y Q, Yao Z F, Lei T, et al. Unraveling the solution-state supramolecular structures of donor-acceptor polymers and their influence on solid-state morphology and charge-transport properties [J]. Advanced Materials, 2017, 29 (42): 1701072.

[78] Yao Z F, Zheng Y Q, Li Q Y, et al. Wafer-scale fabrication of high-performance n-type polymer monolayer transistors using a multi-level self-assembly strategy [J]. Advanced Materials, 2019, 31 (7): 1806747.

[79] Yao Y F, Dong H L, Liu F, et al. Approaching intra- and interchain charge transport of conjugated polymers facilely by topochemical polymerized single crystals [J]. Advanced Materials, 2017, 29 (29): 1701251.

[80] Ni Z J, Wang H L, Dong H L, et al. Mesopolymer synthesis by ligand-modulated direct arylation polycondensation towards n-type and ambipolar conjugated systems [J]. Nature Chemistry, 2019, 11 (3): 271-277.

[81] Ni Z J, Wang H L, Zhao Q, et al. Ambipolar conjugated polymers with ultrahigh balanced hole and electron mobility for printed organic complementary logic via a two-step c-h activation strategy [J]. Advanced Materials, 2019, 31 (10): 18060.

[82] Wang J Y, Zhang J X, Xiao Y Q, et al. Effect of isomerization on high-performance nonfullerene electron acceptors [J]. Journal of the American Chemical Society, 2018, 140 (29): 9140-9147.

[83] Zhang M Y, Dai S X, Chandrabose S, et al. High-performance fused ring electron acceptor-perovskite hybrid [J]. Journal of the American Chemical Society, 2018, 140 (44): 14938-14944.

[84] Yan C Q, Barlow S, Wang Z H, et al. Non-fullerene acceptors for organic solar cells [J]. Nature Reviews Materials, 2018, 3 (3): 18003.

[85] Zhao W C, Li S S, Yao H F, et al. Molecular optimization enables over 13% efficiency in organic solar cells [J]. Journal of the American Chemical Society, 2017, 139 (21): 7148-7151.

[86] Cui Y, Yao H F, Gao B W, et al. Fine-tuned photoactive and interconnection layers for achieving over 13% efficiency in a fullerene-free tandem organic solar cell [J]. Journal of the American Chemical Society, 2017, 139 (21): 7302-7309.

[87] 崔勇，姚惠峰，杨晨熠，等．具有接近 15% 能量转换效率的有机太阳能电池．高分子学报，2018,（2）：223-230.

[88] 张希．叠层聚合物太阳电池取得接近 15% 的光伏效率［J］．高分子学报，2018,（2）：129-131.

[89] Yao H F, Cui Y, Qian D P, et al. 14.7% efficiency organic photovoltaic cells enabled by active materials with a large electrostatic potential difference [J]. Journal of the American Chemical Society, 2019, 141 (19): 7743-7750.

[90] Cui Y, Yao H F, Zhang J Q, et al. Over 16% efficiency organic photovoltaic cells enabled by a chlorinated acceptor with increased open-circuit voltages [J]. Nature Communications 2019, 10: 2515.

[91] Yu Z P, Liu Z X, Chen F X, et al. Simple non-fused electron acceptors for efficient and stable organic solar cells [J]. Nature Communications 2019, 10: 2152.

[92] Li S X, Zhan L L, Liu F, et al. An unfused-core-based nonfullerene acceptor enables high-efficiency organic solar cells with excellent morphological stability at high temperatures [J]. Advanced Materials 2018, 30 (6): 1705208.

[93] Bin H J, Yang Y K, Zhang Z G, et al. 9.73% efficiency nonfullerene all organic small molecule solar cells with absorption-complementary donor and acceptor [J]. Journal of the American Chemical Society, 2017, 139 (14): 5085-5094.

[94] Zhang Z G, Yang Y K, Yao J, et al. Constructing a strongly absorbing low-bandgap polymer acceptor for high-performance all-polymer solar cells [J]. Angewandte Chemie-International Edition 2017, 56 (43): 13503-13507.

[95] Meng Y, Wu J N, Guo X, et al. 11.2% efficiency all-polymer solar cells with high open-circuit voltage [J]. Science China-Chemistry 2019, 62 (7): 845-850.

[96] Fan B, Du X, Liu F, et al. Fine-tuning of the chemical structure of photoactive materials for highly efficient organic photovoltaics[J]. Nature Energy, 2018, 3: 1051-1058.

[97] Li Z Y, Ying L, Zhu P, et al. A generic green solvent concept boosting the power conversion efficiency of all-polymer solar cells to 11%[J]. Energ Environ Sci, 2019, 12: 157-163.

[98] Fan B, Zhang D, Li M, et al. Achieving over 16% efficiency for single-junction organic solar cells[J]. Sci China Chem, 2019, 62: 746-752.

[99] 黄飞. 有机叠层太阳能电池光电转化效率突破 17% [J]. 高分子学报, 2018,(9): 1141-1143.

[100] Meng L X, Zhang Y M, Wan X J, et al. Organic and solution-processed tandem solar cells with 17.3% efficiency [J]. Science 2018, 361 (6407): 1094.

[101] Liu S, Cheng Y, Zhang H, et al. Making Invisible Visible: In Situ Monitoring the RAFT Polymerization by Tetraphenylethylene-Containing Agents with Aggregation-Induced Emission Characteristics, Angew. Chem. Int. Ed. 2018, 57: 6274-6278.

[102] Liu S, Zhang H, Li Y, et al. Strategies to Enhance the Photosensitization: Polymerization and D/A Even-Odd Effect, Angew. Chem. Int. Ed. 2018, 57: 15189-15193.

[103] Zhang H, Zheng X, Kwok R T K, et al. In Situ Monitoring of Molecular Aggregation Using Circular Dichroism. Nat. Commun. 2018, 9: 4961(1-9).

[104] Peng H Q, Zheng X, Han T, et al. Dramatic Differences in Aggregation-Induced Emission and Supramolecular Polymerizability of Tetraphenylethene-Based Stereoisomers, J. Am. Chem. Soc. 2017, 139: 10150-10156.

[105] Zheng N, Hou J J, Zhao H B, et al. Mechano-plastic pyrolysis of dynamic covalent polymer network toward hierarchical 3D ceramics [J]. Advanced Materials, 2019, 31: 1807326.

[106] Zhang G G, Peng W J, Wu J J, et al. Digital coding of mechanical stress in a dynamic covalent shape memory polymer network [J]. Nature Communications, 2018, 9: 4002.

[107] Jin B J, Song H J, Jiang R Q, et al. Programming a crystalline shape memory polymer network with thermo- and photo-reversible bonds toward a single component soft robot [J]. Science Advances, 2018, 4: eaao3865.

[108] Wang X, Li Y, Qian Y, et al. Mechanically robust atomic oxygen-resistant coatings capable of autonomously healing damage in low earth orbit space environment [J]. Advanced Materials, 2018, 30 (36): 1803854.

[109] Zhang L, Liu Z, Wu X, et al. A highly efficient self-healing elastomer with unprecedented mechanical properties [J]. Advanced Materials, 2019, 31 (23): 1901402.

[110] Lai J C, Jia X Y, Wang D P, et al. Thermodynamically stable whilst kinetically labile coordination bonds lead to strong and tough self-healing polymers [J]. Nature Communications, 2019, 10 (1): 1164.

[111] Ye X C, Cui J X, Li B W, et al. Self-reporting inhibitors: A single crystallization process to obtain two optically pure enantiomer [J]. Angewandte Chemie-International Edition 2018, 57 (27): 8120-8124.

[112] Ye X C, Cui J X, Li B W, et al. Enantiomer-selective magnetization of conglomerates for quantitative chiral separation [J]. Nature Communications, 2019, 10: 1964.

[113] Zhang Z T, Cui L Y, Shi X, et al. Textile display for electronic and brain-interfaced communications [J]. Advanced Materials, 2018, 30 (18): 1800323.

[114] Wang L, Qiu Y, Lv H, et al. 3D superelastic scaffolds constructed from flexible inorganic nanofibers with self-fitting capability and tailorable gradient for bone regeneration [J]. Advanced Functional Materials, 2019: 1901407.

[115] Liang Y, Zhao F, Cheng Z H, et al. Electric power generation via asymmetric moisturizing of graphene oxide for flexible, printable and portable electronics [J]. Energy & Environmental Science, 2018, 11 (7): 1730-1735.

[116] Nie X W, Ji B X, Chen N, et al. Gradient doped polymer nanowire for moistelectric nanogenerator [J]. Nano Energy, 2018, 46: 297-304.

[117] Xu T, Ding X T, Huang Y X, et al. An efficient polymer moist-electric generator [J]. Energy & Environmental Science, 2019, 12 (3): 972-978.

[118] 王献红. 图灵结构聚酰胺分离膜突破纳滤膜的透水极限 [J]. 高分子学报，2018,(6): 665-667.

[119] Tan Z, Chen S F, Peng X S, et al. Polyamide membranes with nanoscale turing structures for water purification. Science, 2018, 360 (6388): 518-521.

[120] Gao H, Zhao Z, Cai Y, et al. Adaptive and freeze-tolerant heteronetwork organohydrogels with enhanced mechanical stability over a wide temperature range. Nature Communications, 2017, 8: 15911.

[121] Zhao Z, Zhang K, Liu Y, et al. Highly stretchable, shape memory organohydrogels using phase-transition microinclusions. Advanced Materials 2017, 29 (33): 1701695.

[122] Zhao Z G, Zhuo S Y, Fang R C, et al. Dual-programmable shape-morphing and self-healing organohydrogels through orthogonal supramolecular heteronetworks, Advanced Materials, 2018, 30 (51): 1804435.

[123] Zhang Y Y, Duan J Y, Ma D, et al. Three-dimensional anionic cyclodextrin-based covalent organic frameworks [J]. Angewandte Chemie-International Edition, 2017, 56 (51): 16313-16317.

[124] Shao P P, Li J, Chen F, et al. Flexible films of covalent organic frameworks with ultralow dielectric constants under high humidity [J]. Angewandte Chemie-International Edition, 2018, 57 (50): 16501-16505.

[125] Zhang M, Jing X, Zhao S, et al. Electropolymerization of molecular-sieving polythiophene membranes for H2 separation [J]. Angewandte Chemie International Edition, 2019, 58 (26): 8768-8772.

[126] Xie Y M, Huang W, Zheng B N, et al. All-in-one porous polymer adsorbents with excellent environmental chemosensory responsivity, visual detectivity, superfast adsorption, and easy regeneration [J]. Advanced Materials, 2019, 31 (16): 1900104.

[127] Li, C F, Liu, S H, Shi, C G, et al. Two-dimensional molecular brush-functionalized porous bilayer composite separators toward ultrastable high-current density lithium metal anodes [J]. Nature Communications 2019, 10: 1363.

[128] Wang K, Yang L M, Wang, X, et al. Covalent triazine frameworks via a low-temperature polycondensation approach [J]. Angewandte Chemie International Edition, 2017, 56 (45): 14149-14153.

[129] Chen R, Shi, J L, Ma Y, et al. Designed synthesis of a 2D porphyrin-based sp2 carbon-conjugated covalent organic framework for heterogeneous photocatalysis [J]. Angewandte Chemie International Edition, 2019, 58 (19): 6430-6434.

[130] Xu Q S, Huang T, Li S L, et al. Emulsion-assisted polymerization-induced hierarchical self-assembly of giant sea urchin-like aggregates on a large scale [J]. Angewandte Chemie-International Edition, 2018, 57 (27): 8043-8047.

[131] Xiao Y F, Sung H, Du J Z, Sugar-breathing glycopolymersomes for regulating glucose level [J]. Journal of the American Chemical Society, 2017, 139 (22): 7640-7647.

[132] Ma F H, Li C, Liu Y, et al. Mimicking molecular chaperones to regulate protein folding [J]. Advanced Materials, 2019: 1805945.

[133] Ma F H, An, Y L, Wang J Z, et al. Synthetic nanochaperones facilitate refolding of denatured proteins [J]. ACS Nano, 2017, 11 (10): 10549-10557.

[134] Liu S J, Zhou X, Zhang H K, et al. Molecular motion in aggregates: Manipulating tict for boosting photothermal theranostics [J]. Journal of the American Chemical Society, 2019, 141 (13): 5359-5368.

[135] Qin B, Zhang S, Song Q, et al. Supramolecular interfacial polymerization: A controllable method of fabricating supramolecular polymeric materials [J]. Angewandte Chemie-International Edition, 2017, 56 (26): 7639-7643.

[136] Tang X Y, Huang Z H, Chen H, et al. Supramolecularly catalyzed polymerization: From consecutive dimerization to polymerization [J]. Angewandte Chemie-International Edition 2018, 57 (28): 8545-8549.

[137] Pang X, Duan R L, Li X, et al. Breaking the paradox between catalytic activity and stereoselectivity: Rac-lactide polymerization by trinuclear salen-al complexes [J]. Macromolecules, 2018, 51 (3): 906-913.

[138] Duan R L, Hu C Y, Li X, et al. Air-stable salen-iron complexes: Stereoselective catalysts for lactide and epsilon-caprolactone polymerization through in situ initiation [J]. Macromolecules, 2017, 50 (23): 9188-9195.

[139] 袁鹏，洪缪，“非张力环” γ-丁内酯及其衍生物开环聚合的研究进展 [J]，高分子学报，2019，50 (4)：327-337.

[140] Chen J L, Li M S, He W J, et al. Facile organocatalyzed synthesis of poly (epsilon-lysine) under mild conditions [J]. Macromolecules, 2017, 50 (23): 9128-9134.

[141] Lei W W, Russell T P, Hu L, et al. Pendant chain effect on the synthesis, characterization, and structure-property relations of poly (di-n-alkyl itaconate-co-isoprene) biobased elastomers [J]. ACS Sustainable Chemistry & Engineering, 2017, 5 (6): 5214-5223.

[142] Hu H, Zhang R Y, Wang, J G, et al. A mild method to prepare high molecular weight poly (butylene furandicarboxylate-co-glycolate) copolyesters: Effects of the glycolate content on thermal, mechanical, and barrier properties and biodegradability [J]. Green Chemistry, 2019, 21 (11): 3013-3022.

[143] Hu H, Zhang R Y, Jiang Y H, et al. Toward biobased, biodegradable, and smart barrier packaging material: Modification of poly (neopentyl glycol 2, 5-furandicarboxylate) with succinic acid [J]. ACS Sustainable Chemistry & Engineering, 2019, 7 (4): 4255-4265.

[144] Huang J C, Zhong Y, Zhang L N, et al. Extremely strong and transparent chitin films: A high-efficiency, energy-saving, and "green" route using an aqueous koh/urea solution [J]. Advanced Functional Materials, 2017, 27 (26): 1701100.

[145] Xu H, Fang Z, Tian W, et al. Green fabrication of amphiphilic quaternized β-chitin derivatives with excellent biocompatibility and antibacterial activities for wound healing [J]. Advanced Materials, 2018, 30 (29): 1801100.

[146] Jia R N, Tian W G, Bai H, et al. Sunlight-driven wearable and robust antibacterial coatings with water-soluble cellulose-based photosensitizers [J]. Advanced Healthcare Materials, 2019, 8 (5): 1801591.

[147] Jia R N, Tian W G, Bai, H T, et al. Amine-responsive cellulose-based ratiometric fluorescent materials for real-time and visual detection of shrimp and crab freshness [J]. Nature Communications, 2019, 10: 795.

[148] Liu Y, Zhou H, Guo J Z, et al. Completely recyclable monomers and polycarbonate: Approach to sustainable polymers [J]. Angewandte Chemie-International Edition, 2017, 56 (17): 4862-4866.

[149] Yuan J S, Xiong W, Zhou X H, et al. 4-Hydroxyproline-derived sustainable polythioesters: Controlled ring-opening polymerization, complete recyclability, and facile functionalization [J]. Journal of the American Chemical Society, 2019, 141 (12): 4928-4935.

[150] Song Y, Guan A, Zeng L, Zheng Q. Time-concentration superpositioning principle accounting for the reinforcement and dissipation of high-density polyethylene composites melts [J]. Composites Science and Technology, 2017, 151: 104-108.

[151] Song Y, Zeng L, Guan A, Zheng Q. Time-concentration superpositioning principle accounting for reinforcement and dissipation of multi-walled carbon nanotubes filled polystyrene melts [J]. Polymer, 2017, 121: 106-110.

[152] Song Y, Zeng L, Zheng Q. Reconsideration of the rheology of silica filled natural rubber compounds [J]. Journal of Physical Chemistry B 2017, 121 (23): 5867-5875.

[153] Yang R, Song Y, Zheng Q. Payne effect of silica-filled styrene-butadiene rubber [J]. Polymer, 2017, 116 (5): 304-313.

[154] Song Y, Zheng Q. Time-concentration superpositioning principle accounting for the size effects of reinforcement and dissipation of polymer nanocomposites [J]. Composites Science and Technology, 2018, 168: 279-286.

[155] Xu H, Xia X, Hussain M, Song Y, Zheng Q. Linear and nonlinear rheological behaviors of silica filled nitrile butadiene rubber [J]. Polymer, 2018, 156: 222-227.

[156] Wu S, Cao X, Zhang Z, et al. Molecular design of highly-stretchable ionomers [J]. Macromolecules, 2018, 51: 4735-4746.

[157] Wu S, Liu S, Zhang Z, et al. Dynamics of Telechelic Ionomers with distribution of number of ionic stickers at chain ends [J]. Macromolecules, 2019, 52: 2265-2276.

[158] Liu C, Zhang Z, Chen Q, et al. Stability of flow-induced precursors in poly-1-butene and copolymer of 1-butene and ethylene [J]. Journal of Rheology 2018, 62: 725-737.

[159] Liu C, Liu P, Chen Q, et al. Entanglement relaxation of poly (1-butene) and its copolymer with ethylene detected in conventional shear rheometer and quartz resonator [J]. Journal of Rheology 2019, 63: 167-177.

[160] Wen Q Q, Wang Y, Feng J B, et al. Transient response of magnetorheological elastomers to step magnetic field [J]. Applied Physics Letters, 2018, 113: 081902.

[161] Pang H M, Pei L, Sun C L, et al. Normal stress in magnetorheological polymer gel under large amplitude oscillatory shear [J]. Journal of Rheology, 2018, 62: 1409.

[162] Ding L, Xuan S H, Pei L, et al. Stress and Magnetic Field Bimode Detection Sensors Based on Flexible CI/CNTs-PDMS Sponges [J]. ACS Applied Materials & Interfaces, 2018, 10: 30774-30784.

[163] Wang S, Gong L P, Shang Z J, et al.Novel safeguarding tactile e-skins for monitoring human motion based on SST/PDMS-AgNW-PET hybrid structures [J]. Advanced Functional Materials, 2018, 28: 1707538.

[164] Wang S, Ding L, Fan X W, et al. A liquid metal-based triboelectric nanogenerator as stretchable electronics for safeguarding and self-powered mechanosensing [J]. Nano Energy, 2018, 53: 863-870.

[165] Wang S, Ding L, Wang Y, Gong XL. Multifunctional triboelectric nanogenerator towards impact energy harvesting and safeguards [J]. Nano Energy, 2019, 59: 434-442.

[166] 张劲军，冯凯，马晨波，等. 一种用于改善液体流动性的装置及其应用 [P]：中国，201610357677.X. 2017.

[167] 张劲军，冯凯，马晨波，等. 一种用于改善液体流动性的装置 [P]：中国，201620490365.1. 2016.

[168] 张劲军，马晨波，陈朝辉，等. 一种用于改善并测量液体流动性的装置 [P]：中国，201720036892.X. 2017.

[169] Ma C, Lu Y, Chen C, et al. Electrical treatment of waxy crude oil to improve its cold flowability [J]. Industrial & Engineering Chemistry Research, 2017, 56 (38): 10920–10928.

[170] Li H, Wang X, Ma C, et al. Effect of electrical treatment on structural behaviors of gelled waxy crude oil [J]. Fuel, 2019, 253: 647–661.

[171] Ma C, Zhang J, Feng K, et al. Influence of asphaltenes on the performance of electrical treatment of waxy oils [J]. Journal of Petroleum Science and Engineering, 2019, 180: 31–40.

[172] 张劲军，马晨波，冯凯，等. 一种使易凝高黏油品降凝降黏的综合处理方法 [P]：中国，201610361753.4，2017.

3.6 核化学和放射化学

[1] 赵皓贵，李铮，于婷，等. Thorex 流程离心萃取器验证台架实验 [J]. 核化学与放射化学，2018，40 (1)：23–29.

[2] Li Z, Zhao H, Chen M, et al. Enhancing decontamination of zirconium and ruthenium in the Thorex process using acetohydroxamic acid [J]. Hydrometallurgy, 2018, 182: 1–7.

[3] Li R, Liu C, Zhao H, et al. Di–1–methyl heptyl methylphosphonate (DMHMP): A promising extractant in Th–based fuel reprocessing [J]. Separation and Purification Technology, 2017, 173: 105–112.

[4] Li R, Zhao H, Liu C, et al. Th–based spent fuels with di–1–methyl heptyl methyl phosphonate using centrifugal extractors [J]. Hydrometallurgy, 2017, 174: 84–90.

[5] Li R, Zhao H, Liu C, et al. The recovery of uranium from irradiated thorium by extraction with di–1–methyl heptyl methylphosphonate (DMHMP)/n–dodecane [J]. Separation and Purification Technology, 2017, 188: 219–227.

[6] Li R, Cao X, Zhao H. et al. Radiolysis products and degradation mechanism studies on di–1–methyl heptyl methyl phosphonate [J]. Journal of Radioanalytical and Nuclear Chemistry, 2017, 314 (3): 1715–1725.

[7] Li R, Cao X, Zhao H, et al. Radiolysis products and degradation mechanism studies on tri–isoamyl phosphate (TiAP) [J]. Radiochimica Acta, 2018, 106 (3): 239–247.

[8] 于婷，李瑞芬，李铮，等. Thorex 流程钍铀分离工艺单元计算机模拟研究 [J]. 原子能科学技术，2016，50 (2)：227–234.

[9] 窦强，付海英，孙理鑫，等. 钍基熔盐堆核能系统的燃料处理技术研究 [C]. 第十五届全国和化学与放射化学学术研讨会. 西安，2018：21.

[10] 耿俊霞，窦强，王子豪，等. 钍基熔盐堆核能系统中熔盐的蒸馏纯化与分离 [J]. 核化学与放射化学，2017，39 (1)：36–42.

[11] Wang Z, Fu H, Yang Y, et al. The evaporation behaviors of rare–earth–doped FLiNaK melts during low–pressure distillation [J]. Journal of Radioanalytical and Nuclear Chemistry, 2017, 311 (1): 637–642.

[12] 周金豪，孙波，窦强，等. 干法后处理熔盐冷冻壁防护性能研究 [C]. 第十五届全国和化学与放射化学学术研讨会. 西安，2018：22.

[13] Zhou J, Tan J, Sun B, et al. The protective performance of a molten salt frozen wall in the process of fluoride volatility of uranium [J]. Nuclear Science and Techniques, 2019, 102. https://doi.org/10.1007/s41365-019-0620-4.

[14] 黄卫，佘长锋，蒋锋，等. 熔盐堆燃料的电化学分离研究 [C]. 第十五届全国和化学与放射化学学术研讨会. 西安，2018：23.

[15] Sun L, Niu Y, Hu C, et al. Influence of molten salt composition on the fluorination of UF4 [J]. Journal of Fluorine Chemistry, 2018, 218: 99–104.

[16] 张凯，王有群，肖益群，等. LiCl–KCl 共晶熔盐的纯化 [J]. 核化学与放射化学，2018，40 (6)：382–387.

[17] 肖益群，王有群，林如山，等. LiCl-KCl 熔盐中 Zr（IV）于 Mo 电极上的电化学行为［J］. 核化学与放射化学，2018，40（2）：100-104.
[18] Zhou W，Wang Y，Zhang J，et al. Thermodynamic properties of $GdCl_3$ in LiCl-KCl eutectic molten salt［J］. Journal of Nuclear Material，2018，508：40-50.
[19] 周文涛，王德忠. 钕在 LiCl-KCl 熔盐中的电化学行为［C］. 第十五届全国和化学与放射化学学术研讨会. 西安，2018：41.
[20] 李雪松，何小兵，余功硕，等. 三种铀靶中裂变气体产物氪、氙的释放［J］. 核化学与放射化学，2018，40（1）：37-41.
[21] 宋志君，丁有钱，马鹏，等. 99Tc 放化传感器原理机的研制［C］. 第十五届全国和化学与放射化学学术研讨会. 西安，2018：48.
[22] 张凌，张海路，熊鹏辉，等. 氧化石墨烯在铀同位素质谱分析中的应用研究［C］. 第十五届全国和化学与放射化学学术研讨会. 西安，2018：82.
[23] 沈小攀，李志明，王文亮，等. 激光共振电离质谱法测量锡的同位素比［J］. 分析化学，2017，45（3）：342-347.
[24] Yuan X，Zhai L，Wei G，et al. Development of an ion guide device in orthogonal acceleration time-of-flight mass spectrometer coupled with laser resonance ionization source［J］. International Journal of Mass Spectrometry. 2018，434：52-59.
[25] 邸斌. AMP 固相萃取树脂对土壤中 137Cs 的分离及富集研究［D］. 兰州. 兰州大学，2017.
[26] 史克亮，侯小琳，吴王锁. AMP-PAN 树脂对放射性铯的分离及其稳定性研究［C］. 第十五届全国和化学与放射化学学术研讨会. 西安，2018：80.
[27] Guo H，Wang J，Bai J，et al. Low-temperature synthesis of uranium monocarbide by a Penchini-type in situ polymerizable complex method［J］. Journal of the American Ceramic Society，2018，101（7）：2786-2795.
[28] Tian W，Guo H，Chen D，et al. Preparation of UC ceramic nuclear fuel microspheres by combination of an improved microwave-assisted internal gelation with carbothermic reduction process［J］. Ceramics International，2018，44（15）：17945-17952.
[29] Guo H，Wang J，Chen D，et al. Boro/Carbothermal reduction synthesis of uranium tetraboride and its oxidation behavior in dry air［J］. Journal of the American Ceramic Society，2018，102（3）：1049-1056.
[30] 王鑫，褚泰伟. 基于铌酸银的耐高温放射性碘吸附剂的制备及性能［J］. 核化学与放射化学，2018，40（4）：250-257.
[31] 王凯峰，林志茂，杨颛维，等. 高庙子膨润土胶体的基本性质［J］. 核化学与放射化学，2018，40（3）：189-195.
[32] 齐立也，杨小雨，王春丽，等. 125I- 在高庙子膨润土上的吸附行为［J］. 核化学与放射化学，2018，40（2）：112-120.
[33] Li J，Dai X，Zhu L，et al. $^{99}TcO_4$- remediation by a cationic polymeric network［J］. Nature Communications，9（1）. doi：10.1038/s41467-018-05380-5.
[34] Sheng D，Zhu L，Dai X，et al. Successful Decontamination of 99TcO4- in Groundwater at Legacy Nuclear Sites by a Cationic Metal-Organic Framework with Hydrophobic Pockets［J］. Angewandte Chemie，2019，58（15）：4968-4972.
[35] 钟建秋，王欣璐，陈永明，等. 靶向整合素 αvβ3 受体的新型 RGDyC-PEG-PAMAM 纳米探针的设计制备、131I 标记及其质量控制［J］. 核化学与放射化学，2018，40（1）：74-80.
[36] 阳国桂，胡骥. 用活性碳纤维从 99Mo 中提取 99Tcm［J］. 核化学与放射化学，2018，40（2）：132-138.
[37] 程亮，陈尚东，石彬，等. 18F- 乙基胆碱（18F-FECH）合成新工艺［J］. 核化学与放射化学，2018，40（2）：139-144.

3.7 交叉学科及其他学科

3.7.1 化学生物学

[1] Wang J, Xie Z X, Ma, Y, et al. Ring synthetic chromosome V SCRaMbLE [J]. Nature Communications, 2018, 9: 3783.

[2] Jia B, Wu Y, Li B Z, et al. Precise control of SCRaMbLE in synthetic haploid and diploid yeast [J]. Nature Communications, 2018, 9: 1933.

[3] Liu X, Kang F, Hu C, et al. A genetically encoded photosensitizer protein facilitates the rational design of a miniature photocatalytic CO_2-reducing enzyme [J]. Nature Chemistry, 2018, 10: 1201–1206.

[4] Tang S, Zuo C, Huang D L, et al. Chemical synthesis of membrane proteins by the removable backbone modification method [J]. Nature Protocols, 2017, 12: 2554–2569.

[5] Tang S, Liang L J, Si Y Y, et al. Practical Chemical Synthesis of Atypical Ubiquitin Chains by Using an Isopeptide-Linked Ub Isomer [J]. Angewandte Chemie International Edition, 2017, 56: 13333–13337.

[6] Lv J, Zhang, Y, Gao S, et al. Endothelial-specific m6A modulates mouse hematopoietic stem and progenitor cell development via Notch signaling [J]. Cell research, 2018, 28: 249–252.

[7] Chu G C, Pan M, Li J, et al. Cysteine-Aminoethylation-Assisted Chemical Ubiquitination of Recombinant Histones [J]. Journal of the American Chemical Society, 2019, 141: 3654–3663.

[8] Pan M, Zheng Q Y, Ding S, et al. Chemical Protein Synthesis Enabled Mechanistic Studies on the Molecular Recognition of K27-linked Ubiquitin Chains [J]. Angewandte Chemie International Edition, 2019, 131: 2653–2657.

[9] Li X, Zhu Q, Shi X, et al. O-GlcNAcylation of core components of the translation initiation machinery regulates protein synthesis [J]. Proceedings of the National Academy of Sciences of the United States of America, 2019, 116: 7857–7866.

[10] Nielander A C, McEnaney J M, Schwalbe J A, et al. A Versatile Method for Ammonia Detection in a Range of Relevant Electrolytes via Direct Nuclear Magnetic Resonance Techniques [J]. ACS Catalysis, 2019: 5797–5802.

[11] Liu Y, Feng Y, Wang L, et al. Structural Insights into Phosphite Dehydrogenase Variants Favoring a Non-natural Redox Cofactor [J]. ACS Catalysis, 2019, 9: 1883–1887.

[12] Zhao L, Zou H, Zhang H, et al. Enzyme-Triggered Defined Protein Nanoarrays: Efficient Light-Harvesting Systems to Mimic Chloroplasts [J]. ACS nano, 2017, 11: 938–945.

[13] Li X, Qiao S, Zhao L, et al. Template-Free Construction of Highly Ordered Monolayered Fluorescent Protein Nanosheets: A Bioinspired Artificial Light-Harvesting System [J]. ACS Nano, 2019, 13: 1861–1869.

[14] Yang J H, Wang C L, Xu S L, et al. Ynamide-Mediated Thiopeptide Synthesis [J]. Angewandte Chemie International Edition, 2019, 58 1: 382–1386.

[15] Yu X Q, Guo Y, Zhang J, et al. Zn (II) coordination to cyclen-based polycations for enhanced gene delivery [J]. Journal of Materials Chemistry B, 2019: 451–459.

[16] Xiao Y P, Zhang J, Liu Y H, et al. Ring-opening polymerization of diepoxides as an alternative method to overcome PEG dilemma in gene delivery [J]. Polymer, 2018, 134: 53–62.

[17] Yu X Q, He X, Luo Q, et al. Gadolinium-doped Carbon Dots as Nano-theranostic Agent for MR/FL Diagnosis and Gene Delivery [J]. Biomater Science. 2019, 7: 1940–1948.

[18] Wang H J, He X, Luo T Y, et al. Amphiphilic carbon dots as versatile vectors for nucleic acid and drug delivery [J]. Nanoscale, 2017, 9: 5935–5947.

[19] Wang B, Chen P, Zhang J, et al. Self-assembled core-shell-corona multifunctional non-viral vector with AIE

property for efficient hepatocyte-targeting gene delivery [J]. Polymer Chemistry, 2017, 8: 7486-7498.

[20] Wang B, Zhang J, Liu Y H, et al. A reduction-responsive liposomal nanocarrier with self-reporting ability for efficient gene delivery [J]. Journal of Materials Chemistry B, 2018, 6: 2860-2868.

[21] Li Z, Davidson R G, Vάzquez G M, et al. Multi-triggered Supramolecular DNA/Bipyridinium Dithienylethene Hydrogels Driven by Light, Redox, and Chemical Stimuli for Shape-Memory and Self-Healing Applications [J]. Journal of the American Chemical Society, 2018, 140: 17691-17701.

[22] Wang J, Liu Y, Liu Y, et al. Time-resolved protein activation by proximal decaging in living systems [J]. Nature, 2019, 569: 509-513.

[23] Xiang C G, Du Y Y, Meng G F, et al. Long-term functional maintenance of primary human hepatocytes in vitro [J]. Science, 2019, 364 (6438): 399-402.

[24] Li J B, Kong H, Huang L, et al. Visible Light-Initiated Bioorthogonal Photoclick Cycloaddition [J]. Journal of the American Chemical Society, 2018, 140: 14542-14546.

[25] Wang H, Li W G, Zeng K, et al. Photocatalysis Enables Visible-Light Uncaging of Bioactive Molecules in Live Cells [J]. Angewandte Chemie International Edition, 2019, 58: 561-565.

[26] Li B, Zhou X H, Yang P Y, et al. Photoactivatable Fluorogenic Labeling via Turn-On "Click-Like" Nitroso-Diene Bioorthogonal Reaction [J]. Advanced Science, 2019: 1802039.

[27] Chen Y H, Ke G L, Ma Y L, et al. A Synthetic Light-Driven Substrate Channeling System for Precise Regulation of Enzyme Cascade Activity Based on DNA Origami [J]. Journal of the American Chemical Society. 2018, 140 (28): 8990-8996.

[28] Gao N, Du Z, Guan Y, et al. Chirality-Selected Chemical Modulation of Amyloid Aggregation [J]. Journal of the American Chemical Society, 2019 141: 6915-6921.

[29] Wang F, Zhang Y, Liu Z, et al. A Biocompatible Heterogeneous MOF-Cu Catalyst for In Vivo Drug Synthesis in Targeted Subcellular Organelles [J]. Angewandte Chemie International Edition, 2019, 58: 6987-6992; Fu Y, Han H H, Zhang J, et al. Photocontrolled Fluorescence "Double-Check" Bioimaging Enabled by a Glycoprobe-Protein Hybrid [J]. Journal of the American Chemical Society, 2018, 140: 8671-8674.

[30] Hong T T, Yuan Y S, Chen Z G, et al. Precise antibody -Independent m6A identification via 4SedTTP-Involved and FTO-Assisted strategy at Single-Nucleotide resolution [J]. Journal of the American Chemical Society, 2018, 140 (18): 5886-5889.

[31] Wang S R, Wang J Q, Fu B S, et al. Supramolecular Coordination-Directed reversible regulation of protein activities at epigenetic DNA marks [J]. Journal of the American Chemical Society, 2018, 140 (46): 15842-15849.

[32] Wang S R, Song Y Y, Wei L, et al. Cucurbit [7] uril-Driven Host-Guest chemistry for reversible intervention of 5-Formylcytosine-Targeted biochemical reactions [J]. Journal of the American Chemical Society, 2017, 139 (46): 16903-16912.

[33] Wang Y F, Liu C X, Wu F, et al. Highly selective 5-Formyluracil labeling and genome-wide mapping using (2-Benzimidazolyl) Acetonitrile probe [J]. ISCIENCE, 2018, 9: 423.

[34] Liu C X, Zou G R, Peng S, et al. 5-Formyluracil as a multifunctional building block in biosensor designs [J]. Angewandte Chemie-International Edition, 2018, 57 (31): 9689-9693.

[35] Peng S, Bie B L, Sun Y, et al. Metal-organic frameworks for precise inclusion of single-stranded DNA and transfection in immune cells [J]. Nature communications, 2018, 9 (1): 1293.

[36] Wang J R, Gao W N, Grimm R, et al. A method to identify trace sulfated IgG N-glycans as biomarkers for rheumatoid arthritis [J]. Nature Communications, 2017, 8 (631).

[37] Zhang L J, Xia L, Xie H Y, et al. Quantum Dot Based Biotracking and Biodetection. Special Issue: Fundamental and Applied Reviews in Analytical Chemistry [J]. Analytical Chemistry, 2019, 91: 532-547.

[38] Zhang L J, Xia L, Liu S L, et al. A "Driver Switchover" Mechanism of Influenza Virus Transport from Microfilaments to Microtubules [J]. ACS Nano, 2018, 12 (1): 474–484.

[39] Hong Z Y, Zhang Z, Tang B, et al. Equipping inner central components of influenza a virus with quantum dots [J]. Analytical Chemistry, 2018, 90 (23): 14020–14028.

[40] Wu Q M, Liu S L, Chen G, et al. Uncovering the Rab5–Independent autophagic trafficking of influenza a virus by Quantum–Dot–Based Single–Virus tracking [J]. Small, 2018, 14 (170284112).

[41] Sun E Z, Liu A A, Zhang Z L, et al. Real–Time Dissection of Distinct Dynamin–Dependent Endocytic Routes of Influenza a Virus by Quantum Dot–Based Single–Virus Tracking [J]. ACS Nano, 2017, 11: 4395–4406.

[42] Xu J C, Qin G G, Luo F, et al. Automated stoichiometry analysis of Single–Molecule fluorescence imaging traces via deep learning [J]. Journal of the American Chemical Society, 2019, 141 (17): 6976–6985.

[43] Yang F, Xiao P, Qu C X, et al. Allosteric mechanisms underlie GPCR signaling to SH3–domain proteins through arrestin [J]. Nature Chemical Biology, 2018, 14 (9): 876.

[44] Wang W, Lin L, Du Y, et al. Assessing the viability of transplanted gut microbiota by sequential tagging with D–amino acid–based metabolic probes [J]. Nature Communications, 2019, 10 (1317).

[45] Zhang C Y, Zhang Q Z, Zhang K, et al. Dual–biomarker–triggered fluorescence probes for differentiating cancer cells and revealing synergistic antioxidant effects under oxidative stress [J]. Chemical Science, 2019, 10 (7): 1945–1952.

[46] Li F C, Zhang Y Q, Bai J, et al. 5–Formylcytosine yields DNA–Protein Cross–Links in nucleosome core particles [J]. Journal of the American Chemical Society, 2017, 139 (31): 10617–10620.

[47] Guo F M, Yue Z K, Trajkovski M, et al. Effect of Ribose Conformation on RNA Cleavage via Internal Transesterification [J]. Journal of the American Chemical Society, 2018, 140 (38): 11893–11897.

[48] Wang Y, Patil K M, Yan S H, et al. Nanopore sequencing accurately identifies the mutagenic DNA lesion o6 –Carboxymethyl guanine and reveals its behavior in replication [J]. Angewandte Chemie International Edition. 2019, 58 (25): 8432–8436.

[49] Chen Y L, Liu H P, Xiong Y Y, et al. Quantitative screening of Cell–Surface gangliosides by nondestructive extraction and hydrophobic collection [J]. Angewandte Chemie International Edition, 2018, 57 (3): 785–789.

[50] Liu S Y, Xiong H, Yang J Q, et al. Discovery of Butyrylcholinesterase–Activated Near–Infrared fluorogenic probe for Live–Cell and in vivo imaging [J]. ACS Sensors, 2018, 3 (10): 2118–2128.

[51] Tian Y, Ma L, Gong M F, et al. Protein Profiling and Sizing of Extracellular Vesicles from Colorectal Cancer Patients via Flow Cytometry [J]. ACS Nano, 2018, 12 (1): 671–680.

[52] Chen Q X, Jin C Z, Shao X T, et al. Super–Resolution tracking of mitochondrial dynamics with an Iridium (III) luminophore [J]. Small, 2018, 14 (180216641).

[53] Zhang Z, Chen L Q, Zhao Y L, et al. Single–base mapping of m6A by an antibody–independent method [J]. Science Advances, 2019, 575555.

[54] Shi L, Li K, Li L L, et al. Novel easily available purine–based AIEgens with colour tunability and applications in lipid droplet imaging [J]. Chemical Science, 2018, 9 (48): 8969–8974.

[55] Zhou Q, Li K, Liu Y, et al. Fluorescent Wittig reagent as a novel ratiometric probe for the quantification of 5–formyluracil and its application in cell imaging [J]. Chemical Communications, 2018, 54 (97): 13722–13725.

[56] Li L L, Li K L, Li M, et al. BODIPY–Based Two–Photon fluorescent probe for Real–Time monitoring of lysosomal viscosity with fluorescence lifetime imaging microscopy [J]. Analytical Chemistry, 2018, 90 (9): 5873–5878.

[57] Fu Y, Han H H, Zhang J, et al. Photocontrolled Fluorescence "Double–Check" Bioimaging Enabled by a Glycoprobe–Protein Hybrid. Journal of the American Chemical Society, 2018, 140: 8671–8674.

[58] Zhou B, Zhang J Y, Liu X S, et al. Tom20 senses iron-activated ROS signaling to promote melanoma cell pyroptosis [J]. Cell Research, 2018, 28: 1171-1185.

[59] Jing Y, Liu Z, Tian G, et al. Site-Specific Installation of Succinyl Lysine Analog into Histones Reveals the Effect of H2BK34 Succinylation on Nucleosome Dynamics [J]. Cell Chemical Biology, 2018, 25: 166-174.

[60] Li X, Li X M, Jiang Y, et al. Structure-guided development of YEATS domain inhibitors by targeting pi-pi-pi stacking [J]. Nature Chemical Biology, 2018, 14: 1140-1149.

[61] Liu J, Wang Y, Gong Y, et al. Structural Insights into SHARPIN-Mediated Activation of HOIP for the Linear Ubiquitin Chain Assembly [J]. Cell Reports, 2017, 21: 27-36.

[62] Li F, Xu D, Wang Y, et al. Structural insights into the ubiquitin recognition by OPTN (optineurin) and its regulation by TBK1-mediated phosphorylation [J]. Autophagy, 2018, 14: 66-79.

[63] Fu T, Liu J, Wang Y, et al. Mechanistic insights into the interactions of NAP1 with the SKICH domains of NDP52 and TAX1BP1 [J]. Proceedings of the National Academy of Sciences of the United States of America, 2018, 115: E11651-E11660.

[64] Wang K, Zhu C, He Y, et al. Restraining Cancer Cells by Dual Metabolic Inhibition with a Mitochondrion-Targeted Platinum (II) Complex [J]. Angewandte Chemie International Edition, 2019, 58: 4638-4643.

[65] Zhu Z, Wang Z, Zhang C, et al. Mitochondrion-targeted platinum complexes suppressing lung cancer through multiple pathways involving energy metabolism [J]. Chemical Science, 2019, 10: 3089-3095.

[66] Huang Y, Su R, Sheng Y, et al. Small-Molecule Targeting of Oncogenic FTO Demethylase in Acute Myeloid Leukemia [J]. Cancer Cell, 2019, 35: 677-691.

[67] Xie L J, Yang X T, Wang R L, et al. (2019) Identification of Flavin Mononucleotide as a Cell-Active Artificial N6-Methyladenosine RNA Demethylase [J]. Angewandte Chemie International Edition, 2019, 131: 5082-5086.

[68] Huang Z, Zhao J, Deng W, et al. Identification of a cellularly active SIRT6 allosteric activator [J]. Nature Chemical Biology, 2018, 14: 1118-1126.

[69] Li X, Li X M, Jiang Y, et al. Structure-guided development of YEATS domain inhibitors by targeting $\pi-\pi-\pi$ stacking [J]. Nature Chemical Biology, 2018, 14: 1140-1149.

[70] Tang H T, Dai Z, Qin X W, et al. Proteomic Identification of Protein Tyrosine Phosphatase and Substrate Interactions in Living Mammalian Cells by Genetic Encoding of Irreversible Enzyme Inhibitors [J]. J Am Chem Soc. 2018 140 (41): 13253-13259.

[71] Qin H, Zhao C, Sun Y, et al. Metallo-supramolecular Complexes Enantioselectively Eradicate Cancer Stem Cells in Vivo [J]. Journal of the American Chemical Society, 2017, 139: 16201-16209.

[72] Zhou Z, Liu J, Rees T W, et al. Heterometallic Ru-Pt metallacycle for two-photon photodynamic therapy [J]. Proceedings of the National Academy of Sciences, 2018, 115: 5664.

[73] Ma Y, Zhu Y, Wang C, et al. (2018) Annealing novel nucleobase-lipids with oligonucleotides or plasmid DNA based on H-bonding or $\pi-\pi$ interaction: Assemblies and transfections [J]. Biomaterials, 2018, 178: 147-157.

[74] Zhuang S, Li Q, Cai L, et al. Chemoproteomic Profiling of Bile Acid Interacting Proteins [J]. ACS Central Science, 2017, 3: 501-509.

[75] Huang K B, Wang F Y, Tang X M, et al. Organometallic Gold (III) Complexes Similar to Tetrahydroisoquinoline Induce ER-Stress-Mediated Apoptosis and Pro-Death Autophagy in A549 Cancer Cells [J]. Journal of Medicinal Chemistry, 2018, 61: 3478-3490.

[76] Wang F Y, Tang X M, Wang X, et al. Mitochondria-targeted platinum (II) complexes induce apoptosis-dependent autophagic cell death mediated by ER-stress in A549 cancer cells [J]. European Journal of Medicinal Chemistry, 2018, 155: 639-650.

[77] Ma Y, Yue J, Zhang Y, et al. ACF7 regulates inflammatory colitis and intestinal wound response by orchestrating tight junction dynamics [J]. Nature Communications, 2017, 8: 15375.

3.7.2 纳米化学

[1] Chen Y, Wang D, Li Y, et al. Isolated single iron atoms anchored on n-doped porous carbon as an efficient electrocatalyst for the oxygen reduction reaction, Angewandte Chemie International Edition, 2017, 56 (24): 6937-6941.

[2] Zhang M, Wang D, Li Y, et al. Metal (hydr) oxides@polymer core-shell strategy to metal single-atom materials, Journal of the American Chemical Society, 2017, 139 (32): 10976-10979.

[3] Li Q, Li Z, Li Y, et al. Fe isolated single atoms on S, N codoped carbon by copolymer pyrolysis strategy for highly efficient oxygen reduction reaction, Advanced Materials, 2018, 30(25): 1800588.

[4] Zhang J, Wang D, Li Y, et al. Cation vacancy stabilization of single-atomic-site Pt1/Ni (OH) x catalyst for diboration of alkynes and alkenes. Nature Communications, 2018, 9 (1): 1002.

[5] Wei S, Li Z, Li Y, et al. Direct observation of noble metal nanoparticles transforming to thermally stable single atoms. Nature Nanotechnology, 2018, 13 (9): 856-861.

[6] Qu Y, Wu Y, Li Y, et al. Direct transformation of bulk copper into copper single sites via emitting and trapping of atoms, Nature Catalysis, 2018, 1 (10): 781-786.

[7] Yang Y, Yang Y, Chen S, et al. Atomic-level molybdenum oxide nanorings with full-spectrum absorption and photoresponsive properties. Nature Communications 2017, 8: 1559.

[8] Li H, Chen S, Xu B, et al. Amorphous Ni-Co complexes hybridized with 1T-MoS2 through hydrazine-induced phase transformation as bifunctional electrocatalysts for overall water splitting. Nature Communications 2017, 8: 15377.

[9] Li H, Chen S, Zhang Y, et al. Systematic design of superaerophobic nanotube-array electrode comprised of transition-metal sulfides for overall water splitting. Nature Communications 2018, 9: 2452.

[10] Xiang G, Tang Y, Liu Z, et al. Probing adsorbate-surface orbital interactions on 0.37-nm-thick TiO2 nanosheets. Nano Letters 2018, 18: 7809-7815.

[11] Lei Z, Pei X L, Guan Z J, et al. Full Protection of Intensely Luminescent Gold (I)-Silver (I) Cluster by Phosphine Ligands and Inorganic Anions. Angewandte Chemie International Edition, 2017, 56: 7117-7120.

[12] Lei Z, Wang Q M, Homo and heterometallic gold (I) clusters with hypercoordinated carbon. Coordination Chemistry Reviews, 2019, 378: 382-394.

[13] Lei Z, Wan X K, Yuan S F, et al. Alkynyl a Approach toward the protection of metal nanoclusters [J]. Accounts of chemical research, 2018, 51 (10): 2465-2474.

[14] Wan X K, Guan Z J, Wang Q M, Homoleptic alkynyl-protected gold nanoclusters: Au44 (PhC≡) 28 and Au36 (PhC≡C) 24 [J]. Angewandte Chemie International Edition, 2017, 56 (38): 11494-11497.

[15] Lei Z, Li J J, Wan X K, et al. Isolation and total structure determination of an all alkynyl-protected gold nanocluster Au144 [J]. Angewandte Chemie International Edition, 2018, 57 (28): 8639-8643.

[16] Li J J, Guan Z J, Lei Z, et al. Same magic number but different arrangement: alkynyl-protected Au25 with D3 symmetry [J]. Angewandte Chemie International Edition, 2019, 58 (4): 1083-1087.

[17] Guan Z J, Zeng J L, Yuan S F, et al. $Au_{57}Ag_{53}(C\equiv CPh)_{40}Br_{12}$: A large nanocluster with C1 symmetry [J]. Angewandte Chemie International Edition, 2018, 57 (20): 5703-5707.

[18] Wan X K, Cheng X L, Tang Q, et al. Atomically precise bimetallic $Au_{19}Cu_{30}$ nanocluster with an icosidodecahedral Cu30 shell and an alkynyl-Cu interface [J]. Journal of the American Chemical Society, 2017, 139 (28): 9451-9454.

[19] Wang J Q, Guan Z J, Liu W D, et al. Chiroptical activity enhancement via structural control: the chiral synthesis and reversible interconversion of two intrinsically chiral gold nanoclusters [J]. Journal of the American Chemical Society, 2019, 141 (6): 2384–2390.

[20] Yuan S F, Xu C Q, Li J, et al. A ligand-protected golden fullerene: the dipyridylamido Au_{32}^{8+} nanocluster [J]. Angewandte Chemie, 2019, 131 (18): 5967–5970.

[21] Sun Z, Ikenmto K, Fukunaga T M, et al. Finite phenine nanotubes with periodic vacancy defects. Science, 2019, 363: 151–155.

[22] Danon J J, Krüger A K, Leigh D A, et al. Braiding a molecular knot with eight crossings. Science, 2017, 355: 159–162.

[23] Zhang L, Stephens A J, Nussbaumer A L, et al. Stereoselective synthesis of a composite knot with nine crossings. Nature Chemistry, 2018, 10: 1083–1088.

[24] Ma T Q, Kapustin E A, Yin S X, et al. Single-crystal x-ray diffraction structures of covalent organic frameworks. Science, 2018, 361: 48–52.

[25] Evans A M, Parent L R, Flanders N C, et al. Seeded growth of single-crystal two-dimensional covalent organic frameworks. Science, 2018, 361: 52–57.

[26] Liu X G, Zhang F, Jing X, et al. Complex silica composite nanomaterials templated with DNA origami. Nature, 2018, 559: 593–598.

[27] Zhang J, Zhou K, Zhang Y, et al. Precise self-assembly of nanoparticles into ordered nanoarchitectures directed by tobacco mosaic virus coat protein. Advanced Materials, 2019, 31: 1901485.

[28] Zhou K, Ke Y G, Wang Q B. Selective in situ assembly of viral protein onto DNA origami. Journal of the American Chemical Society, 2018, 140: 8074–8077.

[29] Mao X H, Li K, Liu M M, et al. Directing curli polymerization with DNA origami nucleators. Nature Communications 2019, 10: 1395.

[30] Shi Y H, Duan P F, Huo S W, et al. Endowing perovskite nanocrystals with circularly polarized luminescence. Advanced Materials, 2018, 30: 1705011.

[31] Ma T, Gao H L, Cong H P, et al. A Bioinspired interface design for iImproving the strength and electrical conductivity of graphene-based fibers. Advanced Materials, 2018, 30 (15): e1706435.

[32] Gao H L, Zhao R, Cui C, et al. Bioinspired hierarchical helical nanocomposite macrofibers based on bacterial cellulose nanofibers. National Science Review, 2019, DOI: 10.1093/nsr/nwz077.

[33] Pan X F, Gao H L, Lu Y, et al. Transforming ground mica into high-performance biomimetic polymeric mica film [J]. Nature communications, 2018, 9 (1): 2974.

[34] Xiao C, Li M, Wang B, et al. Total morphosynthesis of biomimetic prismatic-type $CaCO_3$ thin films [J]. Nature communications, 2017, 8 (1): 1398.

[35] Lv J, Ding D, Yang X, et al. Biomimetic Chiral Photonic Crystals. Angewandte Chemie International Edition, 2019, 58 (23): 7783–7787.

[36] Gao H L, Chen S M, Mao L B, et al. Mass production of bulk artificial nacre with excellent mechanical properties [J]. Nature communications, 2017, 8 (1): 287.

[37] Chen S M, Gao H L, Zhu Y B, et al. Biomimetic twisted plywood structural materials. National Science Review, 2018, 5 (5): 703–714.

[38] Zhang Y, Zheng J, Yue Y, et al. Bioinspired LDH-based hierarchical structural hybrid materials with adjustable mechanical performance [J]. Advanced Functional Materials, 2018, 28 (49): 1801614.

[39] Du G, Mao A, Yu J, et al. Nacre-mimetic composite with intrinsic self-healing and shape-programming capability [J]. Nature communications, 2019, 10 (1): 800.

[40] Huang C, Peng J, Wan S, et al. Ultra-Tough Inverse Artificial Nacre Based on Epoxy-Graphene by Freeze-Casting [J]. Angewandte Chemie International Edition, 2019, 58 (23): 7636-7640.

[41] Chen H, Ran T, Gan Y, et al. Ultrafast water harvesting and transport in hierarchical microchannels [J]. Nature Materials, 2018, 17 (10): 935-942.

[42] Liu J, Wang N, Yu L J, et al. Bioinspired graphene membrane with temperature tunable channels for water gating and molecular separation [J]. Nature Communications, 2017, 8 (1): 2011.

[43] Liang B, Wang H, Shi X, et al. Microporous membranes comprising conjugated polymers with rigid backbones enable ultrafast organic-solvent nanofiltration [J]. Nature chemistry, 2018, 10 (9): 961.

[44] Li L, Lin R-B, Krishna R, et al. Ethane/ethylene separation in a metal-organic framework with iron-peroxo sites [J]. Science, 2018, 362 (6413): 443-446.

[45] Gu C, Hosono N, Zheng J-J, et al. Design and control of gas diffusion process in a nanoporous soft crystal [J]. Science, 2019, 363 (6425): 387-391.

[46] Chen L, Shi G, Shen J, et al. Ion sieving in graphene oxide membranes via cationic control of interlayer spacing [J]. Nature, 2017, 550 (7676): 380.

[47] Li N, Zhao Z, Sun Y, et al. Single-molecule imaging and tracking of molecular dynamics in living cells [J]. National Science Review, 2017, 4: 739-760.

[48] Xu J, Qin G, Luo F, et al. Automated stoichiometry analysis of single-molecule fluorescence imaging traces via deep learning [J]. Journal of the American Chemical Society, 2019, 141: 6976-6985.

[49] Xin N, Guan J, Zhou C, et al. Concepts in the design and engineering of single-molecule electronic devices [J]. Nature Reviews Physics, 2019, 1: 211-230.

[50] Zhou C, Li X, Gong Z, et al. Direct observation of single-molecule hydrogen-bond dynamics with single-bond resolution [J]. Nature Communications, 2018, 9: 807.

[51] Xue J J, Liu H H, Chen S M, et al. Mass spectrometry imaging of the in situ drug release from nanocarriers [J]. Science advances, 2018, 4 (10): eaat9039.

[52] Fan Y. Wang P Y, Lu Y Q, et al. Lifetime-engineered NIR-II nanoparticles unlock multiplexed in vivo imaging [J]. Nature nanotechnology, 2018, 13 (10): 941.

[53] Wang R W, Jin C, Zhu X, et al. Artificial Base zT as Functional "Element" for Constructing Photoresponsive DNA Nanomolecules [J]. Journal of the American Chemical Society, 2017, 139 (27): 9104-9107.

[54] Li X W, Wang R W, Jiang Y, et al. Cross-Linked Aptamer-Lipid Micelles for Excellent Stability and Specificity in Target-Cell Recognition [J]. Angewandte Chemie, 2018, 130 (36): 11763-11767.

[55] Liu C, Zhao J, Tian F, et al. Low-cost thermophoretic profiling of extracellular-vesicle surface proteins for the early detection and classification of cancers [J]. Nature Biomedical Engineering, 2019, 3: 183-193.

[56] Li S P, Jiang Q, Liu S L, et al. A DNA nanorobot functions as a cancer therapeutic in response to a molecular trigger in vivo [J]. Nature biotechnology, 2018, 36 (3): 258.

[57] Yang L, Sun H, Liu Y, et al. Self-Assembled Aptamer-Grafted Hyperbranched Polymer Nanocarrier for Targeted and Photoresponsive Drug Delivery [J]. Angewandte Chemie International Edition, 2018, 57 (52): 17048-17052.

[58] Zhang L L, Abdullah R, Hu X X, et al. Engineering of Bioinspired, Size-controllable and Self-degradable Cancertargeting DNA Nanoflowers via Incorporation of an Artificial Sandwich Base [J]. Journal of the American Chemical Society, 2019, 141 (10): 4282-4290.

[59] Chao Y, Xu L, Liang C, et al. Combined local immunostimulatory radioisotope therapy and systemic immune checkpoint blockade imparts potent antitumour responses [J]. Nature biomedical engineering, 2018, 2 (8): 611.

[60] Gong N Q, Ma X W, Ye X X, et al. Carbon-dot-supported atomically dispersed gold as a mitochondrial oxidative

stress amplifier for cancer treatment[J]. Nature nanotechnology, 2019, 14(4): 379.

[61] Chong Y, Dai X, Fang G, et al. Palladium concave nanocrystals with high-index facets accelerate ascorbate oxidation in cancer treatment[J]. Nature communications, 2018, 9(1): 4861.

[62] Fang G, Li W, Shen X, et al. Differential Pd-nanocrystal facets demonstrate distinct antibacterial activity against gram-positive and gram-negative Bacteria[J]. Nature communications, 2018, 9(1): 129.

[63] Wang Y, Cai R, Chen C. The nano-bio interactions of nanomedicines: understanding the biochemical driving forces and redox reactions[J]. Accounts of chemical research, 2019.

[64] Yan G H, Wang K, Shao Z, et al. Artificial antibody created by conformational reconstruction of the complementary-determining region on gold nanoparticles[J]. Proceedings of the National Academy of Sciences, 2018, 115(1): E34-E43.

[65] Zhu J, Xu M, Wang F, et al. Low-dose exposure to graphene oxide significantly increases the metal toxicity to macrophages by altering their cellular priming state[J]. Nano Research, 2018, 11(8): 4111-4122.

[66] Zhang J, Wang S, Gao M, et al. Multihierarchically profiling the biological effects of various metal-based nanoparticles in macrophages under low exposure doses[J]. ACS Sustainable Chemistry & Engineering, 2018, 6(8): 10374-10384.

[67] Peng G, He Y, Zhao M, et al. Differential effects of metal oxide nanoparticles on zebrafish embryos and developing larvae[J]. Environmental Science: Nano, 2018, 5(5): 1200-1207.

[68] Javed I, Yu T, Peng G, et al. In vivo mitigation of amyloidogenesis through functional-pathogenic double-protein coronae[J]. Environmental Science: Nano, 2018, 5(5): 1200-1207.

[69] Lu X, Zhu Y, Bai R, et al. Long-term pulmonary exposure to multi-walled carbon nanotubes promotes breast cancer metastatic Cascades[J]. Nature Nanotechnology, 2019: 1.

[70] Cai X, Dong J, Liu J, et al. Multi-hierarchical profiling the structure-activity relationships of engineered nanomaterials at nano-bio interfaces[J]. Nature communications, 2018, 9(1): 4416.

[71] Wang X, Wang M, Lei R, et al. Chiral surface of nanoparticles determines the orientation of adsorbed transferrin and its interaction with receptors[J]. ACS nano, 2017, 11(5): 4606-4616.

[72] Wang X, Wang X, Wang M, et al. Probing adsorption behaviors of bsa onto chiral surfaces of nanoparticles[J]. Small. 2018, 14(16): e1703982.

[73] Zhen M M, Shu C Y, Li J, et al. A highly efficient and tumor vascular-targeting therapeutic technique with size-expansible gadofullerene nanocrystals[J]. Science China Materials, 2015, 58: 799-810.

[74] Zhang S C, Kang L X, Wang X, et al. Arrays of horizontal carbon nanotubes of controlled chirality grown using designed catalysts[J]. Nature, 2015, 543: 234-238.

[75] Yang F, Wang X, Zhang D Q, et al. Chirality-spectific growth of single-walled carbon nanotubes on solid alloy catalysts[J]. Nature, 2015, 510: 522-524.

[76] Qiu C G, Zhang Z Y, Xiao M M, et al. Scaling carbon nanotube complementary transistors to 5-nm gate lengths[J]. Science, 2017, 355: 271-276.

[77] Qiu C G, Liu F, Xu L, et al. Dirac-source field-effect transistors as energy-efficient, high-performance electronic switches[J]. Science, 2018, 361: 387-392.

[78] Lin L, Deng B, Sun J Y, et al. Bridging the gap between reality and ideal in chemical vapor deposition growth of graphene. Chemical Reviews, 2018, 118: 9281-9343.

[79] Chen Z L, Qi Y, Chen X D, et al. Direct CVD growth of graphene on traditional glass: methods and mechanisms[J]. Advanced Materials, 2019, 31: 1803639.

[80] Pei S F, Wei Q W, Huang K, et al. Green synthesis of graphene oxide by seconds timescale water electrolytic oxidation[J]. Nature Communications, 2018, 9: 145.

[81] Gao X, Zhu Y H, Yi D, et al. Ultrathin graphdiyne film on graphene through solution-phase van der Waals epitaxy [J]. Science Advances, 2018, 4: eaat6378.

[82] Jia Z Y, Li Y J, Zuo Z C, et al. Synthesis and Properties of 2D Carbon-Graphdiyne [J]. Accounts of Chemical Research, 2017, 50: 2470-2478.

[83] Xue Y R, Huang B L, Yi Y P, et al. Anchoring zero valence single atoms of nickel and iron on graphdiyne for hydrogen evolution [J]. Nature Communications, 2018, 9: 1460.

[84] Liu J Y, Li J, Zhang T, et al. Single-atom catalysis of CO oxidation using Pt1/FeOx [J]. Nature chemistry, 2011, 3 (8): 634.

[85] Wang Y, Deng D H, Bao X H, et al. Catalysis with two-dimensional materials confining single atoms: concept, design, and applications [J]. Chemical reviews, 2018, 119 (3): 1806-1854.

[86] Liu P X, Fu G, Zheng N F, et al. Surface coordination chemistry of metal nanomaterials [J]. Journal of the American Chemical Society, 2017, 139 (6): 2122-2131.

[87] Liu Y T, Li N, Zhang T, et al. Integrated conversion of cellulose to high-density aviation fuel [J]. Joule, 2019, 3 (4): 1028-1036.

[88] Lang R, Xi W, Liu J C, et al. Non defect-stabilized thermally stable single-atom catalyst [J]. Nature communications, 2019, 10 (1): 234.

[89] Liu P X, Fu G, Zheng N F, et al. A vicinal effect for promoting catalysis of Pd1/TiO_2: Supports of atomically dispersed catalysts play more roles than simply serving as ligands [J]. Science bulletin, 2018, 63 (11): 675-682.

[90] Meng X G, Deng D H, Bao X H, et al. Direct methane conversion under mild condition by thermo-, electro-, or photocatalysis [J]. Chem, 2019.DOI: 10.1016/j.chempr.2019.05.008.

[91] Cui X J, Deng D H, Bao X H, et al. Room-temperature electrochemical water-gas shift reaction for high purity hydrogen production [J]. Nature communications, 2019, 10 (1): 86.

[92] Zhang J, Wang L, Xiao F S, et al. Sinter-resistant metal nanoparticle catalysts achieved by immobilization within zeolite crystals via seed-directed growth [J]. Nature Catalysis, 2018, 1 (7): 540.

[93] Yao S Y, Zhang X, Zhou W, et al. Atomic-layered Au clusters on α-MoC as catalysts for the low-temperature water-gas shift reaction [J]. Science, 2017, 357 (6349): 389-393.

[94] Cao L N, Liu W, Luo Q Q, et al. Atomically dispersed iron hydroxide anchored on Pt for preferential oxidation of CO in H_2 [J]. Nature, 2019, 565 (7741): 631.

[95] Zhao X J, Fu G, Zheng N F, et al. Thiol treatment creates selective palladium catalysts for semihydrogenation of internal alkynes [J]. Chem, 2018, 4 (5): 1080-1091.

[96] Wu X J, Zhang Q H, Wang Y, et al. Solar energy-driven lignin-first approach to full utilization of lignocellulosic biomass under mild conditions [J]. Nature Catalysis, 2018, 1 (10): 772.

[97] Rong X H, Liu J, Hu E Y, et al. Structure-induced reversible anionic redox activity in Na layered oxide cathode [J]. Joule, 2018, 2: 125-140.

[98] Qi Y R, Lu Y X, Ding F X, et al. Slope-dominated carbon anode with high specific capacity and superior rate capability for high safety Na-ion batteries [J]. Angewandte Chemie International Edition, 2019, 58: 4361-4365.

[99] Zheng Y H, Lu Y X, Qi X G, et al. Superior electrochemical performance of sodium-ion full-cell using poplar wood derived hard carbon anode [J]. Energy Storage Materials, 2019, 18: 269-279.

[100] Wu C, Gu S C, Zhang Q H, et al. Electrochemically activated spinel manganese oxide for rechargeable aqueous aluminum battery [J]. Nature Communications, 2019, DOI: 10.1038/s41467-018-07980-7.

[101] Bin D, Li Y, Sun Y, et al. Structural engineering of multishelled hollow carbon nanostructures for high-performance Na-ion battery anode [J]. Advanced Energy Materials, 2018, 4 (7): 1685-1695.

[102] Wang J Y, Cui Y, Wang D. Design of hollow nanostructures for energy storage, conversion and production [J]. Advanced Materials, 2018, 30: 1801993.

[103] Mao D, Wan J W, Wang J Y, et al. Sequential templating approach: A ground breaking strategy to create multishelled hollow materials [J]. Advanced Materials, 2018, 30: 1802874.

[104] Meng L X, Zhang Y M, Wan X J, et al. Organic and solution-processed tandem solar cells with 17.3% efficiency [J]. Science, 2018, 361 (6407): 1094-1098.

[105] Wang L G, Zhou H P, Hu J N, et al. A Eu^{3+}-Eu^{2+} ion redox shuttle imparts operational durability to Pb-I perovskite solar cells [J]. Science, 2019, 363 (6424): 265-270.

[106] Chen H, Ye F, Tang W T, et al. A solvent- and vacuum-free route to large-area perovskite films for efficient solar modules [J]. Nature, 2017, 550: 92-95.

[107] Zhao Y S, Wan J W, Yao H Y, et al. Few-layer graphdiyne doped with sp-hybridized nitrogen atoms at acetylenic sites for oxygen reduction electrocatalysis [J]. Nature Chemistry, 2018, 10: 924-931.

[108] Liu W L, Wang Z, Wang G, et al. Integrated charge excitation triboelectric nanogenerator [J]. Nature Commications, 2019, DOI: 10.1038/s41467-019-09464-8.

[109] Liang X, Jiang T, Liu G, et al. Triboelectric nanogenerator networks integrated with power management module for water wave energy harvesting [J]. Advanced Functional Materials, 2019, DOI: 10.1002/adfm.201807241.

[110] Wang Z L, Jiang T, Xu L. Toward the blue energy dream by triboelectric nanogenerator networks [J]. Nano Energy, 2017, 39: 9-23.

3.7.3 绿色化学

[1] Lin L L, Yao S Y, Gao R, et al. A highly CO-tolerant atomically dispersed Pt catalyst for chemoselective hydrogenation [J]. Nature Nanotechnology, 2019, 14: 353-361.

[2] Xu Y, Li J, Li W J, et al. Direct conversion of CO and H_2O into liquid fuels under mild conditions [J]. Nature Communications, 2019, DOI: 10.1038/s41467-019-09396-3.

[3] Deng Y C, Gao R, Lin L L, et al. Solvent tunes the selectivity of hydrogenation reaction over α-MoC Catalyst [J]. Journal of the American Chemical Society, 2018, 140, (43): 14481-14489.

[4] Sun X F, Lu L, Zhu Q G, et al. MoP nanoparticles supported on indium-doped porous carbon: outstanding catalysts for highly efficient CO_2 electroreduction [J]. Angewandte Chemie International Edition, 2018, 57 (9): 2427-2431.

[5] Sun X F, Chen C J, Liu S J, et al. Aqueous CO_2 reduction with high efficiency using alpha-Co $(OH)_2$-supported atomic Ir electrocatalysts [J]. Angewandte Chemie International Edition, 2019, 58 (14): 4669-4673.

[6] Lu L, Sun X F, Ma J, et al. Highly efficient electroreduction of CO_2 to methanol on palladium-copper bimetallic aerogels [J]. Angewandte Chemie-International Edition, 2018, 57 (43): 14149-14153.

[7] Yang D X, Zhu Q G, Chen C J, et al. Selective electroreduction of carbon dioxide to methanol on copper selenide nanocatalysts [J]. Nature Communications, 2019, 10: 677.

[8] Wang M Y, Wang N, Liu X F, et al. Efficient tungstate catalysis: pressure-switched 2- and 6- electron reductive functionalization of CO_2 with amines and phenylsilane [J]. Green Chemistry, 2018, 20: 1564-1570.

[9] Lang X D, He L N. Integration of CO_2 reduction with subsequent carbonylation: towards extending chemical utilization of CO_2 [J]. ChemSusChem, 2018, 11: 2062-2067.

[10] He X, Cao Y, Lang X D, et al. Integrative photoreduction of CO_2 with subsequent carbonylation: photocatalysis for reductive functionalization of CO_2 [J]. ChemSusChem, 2018, 11: 3382-3387.

[11] Liu K, Zhao Z B, Lin W W, et al. N-methylation of N-methylaniline with carbon dioxide and molecular hydrogen

over a heterogeneous non-noble metal Cu/TiO_2 catalyst [J]. *ChemCatChem*, 2019, DOI: 10.1002/cctc.201900582.

[12] Zhao L J, Cheng H Y, Liu T, et al. A green process for production of p-aminophenol from nitrobenzene hydrogenation in CO_2/H_2O: The promoting effects of CO_2 and H_2O [J]. Journal of CO_2 Utilization, 2017, 18: 229-236.

[13] Peng Y B, Liu J, Qi C R, et al. nBu_4NI-catalyzed oxidative cross-coupling of carbon dioxide, amines, and aryl ketones: access to O-beta-oxoalkyl carbamates [J]. Chemical Communications, 2017, 53 (18): 2665-2668.

[14] Jiang H F, Zhang Y, Xiong W F, et al. A three-phase four-component coupling reaction: selective synthesis of o-chloro benzoates by KCl, arynes, CO_2, and chloroalkanes [J]. Organic Letters, 2019, 21 (2): 345-349.

[15] Dong L, Lin L F, Han X, et al. Breaking the limit of lignin monomer production via cleavage of interunit carbon-carbon linkages [J]. Chem, 2019, 5: 1521-1536.

[16] Liu Q Y, Wang H Y, Xin H S, et al. Selective cellulose hydrogenolysis to ethanol using Ni@C combined with phosphoric acid catalysts [J]. ChemSusChem, 2019, DOI: 10.1002/cssc.201901110.

[17] Li X L, Zhang K, Jiang J L, et al. Synthesis of medium-chain carboxylic acids or α, ω-dicarboxylic acids from cellulose-derived platform chemicals [J]. Green Chemistry, 2018, 20 (2): 362-368;

[18] Xie Z Y, Deng J, Fu Y, et al. $W(OTf)_6$-catalyzed synthesis of γ-lactones by ring contraction of macrolides or ring closing of terminal hydroxy fatty acids in ionic liquid [J]. ChemSusChem, 2018, 11 (14): 2332-2339.

[19] Luo Y P, Li Z, Li X L, et al. The production of furfural directly from hemicellulose in lignocellulosic biomass: A review [J]. Catalysis Today, 2019, 319: 14-24.

[20] Jiang Z C, Zhao P P, Li J M, et al. Effect of tetrahydrofuran on the solubilisation and depolymerisation of cellulose in a biphasic system [J]. ChemSusChem, 2018, 11(2): 397-405.

[21] Xu S, Cheng Y Y, Zhang L, et al. An effective polysulfides bridgebuilder to enable long-life lithium-sulfur flow batteries [J]. Nano Energy, 2018, 51: 113-121.

[22] Feng J P, Zeng S J, Liu H Z, et al. Insights into carbon dioxide electroreduction in ionic liquids: carbon dioxide activation and selectivity tailored by ionic Microhabitat [J]. ChemSusChem, 2018, 11 (18): 3191-3197.

[23] Cheng Y Y, Zhang L, Xu S, et al. Ionic liquid functionalized electrospun gel polymer electrolyte for use in a high-performance lithium metal battery [J]. Journal of Materials Chemistry A, 2018, 6 (38): 18479-18487.

[24] Zhang Q, Hou Y C, Ren S H, et al. Efficient regeneration of SO_2-absorbed functional ionic liquids with H_2S via the liquid-phase Claus reaction [J]. ACS Sustainable Chemistry & Engineering, 2019, 7 (12): 10931-10936.

[25] Zhang K, Ren S H, Meng L Y, et al. Efficient and reversible absorption of sulfur dioxide of flue gas by environmentally benign and stable quaternary ammonium inner salts in aqueous solutions [J]. Energy & Fuels, 2017, 31 (2): 1786-1792.

[26] Fu M C, Shang R, Zhao B, et al. Photocatalytic decarboxylative alkylations mediated by triphenylphosphine and sodium iodide [J]. Science, 2019, 363 (6434): 1429-1434.

[27] Lu X, Wang Y, Zhang B, et al. Nickel-catalyzed defluorinative reductive cross-coupling of gem-difluoroalkenes with unactivated secondary and tertiary alkyl halides [J]. Journal of the American Chemical Society, 2017, 139: 12632-12637.

[28] Cheng W M, Shang R, Fu Y, et al. Irradiation-induced palladium-catalyzed decarboxylative desaturation enabled by a dual ligand system [J]. Nature Communications, 2018, 9: 5215.

[29] Ma W G, Wang H, Yu W, et al. Achieving simultaneous CO_2 and H_2S conversion via a coupled solar-driven electrochemical approach on non-precious catalysts [J]. Angewandte Chemie International Edition, 2018, 57: 3473-3477.

[30] Wang X M, Wang H, Zhang H F, et al. Dynamic interaction between methylammonium lead iodide and TiO_2

nanocrystals leads to enhanced photocatalytic H_2 evolution from HI Splitting [J]. ACS Energy Letters, 2018, 3: 1159–1164.

[31] Wang H, Wang X M, Chen R T, et al. Promoting photocatalytic H_2 Evolution on organic–inorganic hybrid perovskite nanocrystals by simultaneous sual–charge transportation modulation [J]. ACS Energy Letters, 2019, 4: 40–47.

[32] Liu H K, Wang S E, Selectivity switch in a rhodium (II) carbene triggered cyclopentannulation: divergent access to three polycyclic indolines [J]. Angewandte Chemie International Edition, 2019, 58: 4345–4349.

[33] Liu Q J, Zhu J, Song X Y, et al. Highly enantioselective [3+2] annulation of indoles with quinones to structurally diverse benzofuroindolines [J]. Angewandte Chemie International Edition, 2018, 57: 3810–3814.

[34] Ren H, Song X Y, Wang Sun E, et al. Highly enantioselective nickel–catalyzed oxa– [3+3] –annulation of phenols with benzylidene pyruvates for chiral chromans [J]. Organic Letters, 2018, 20: 3858–3861.

[35] Liang C, Ma Q Y, Yuan H R, et al. Aerobic oxidation of 2–methoxy–4–methylphenol to vanillin catalyzed by cobalt/NaOH: identification of CoOx (OH) nanoparticles as the true catalyst [J]. ACS Catalysis, 2018, 8: 9103–9114.

[36] Wang Y T, Wang G Q, Yao J, et al. Restricting effect of solvent aggregates on distribution and mobility of $CuCl_2$ in homogenous catalysis [J]. ACS Catalysis, 2019, 6, doi.org/10.1021/acscatal.9b01723.

[37] Tang X D, Wu W Q, Zeng W, et al. Copper–catalyzed oxidative carbon–carbon and/or carbon–heteroatom bond formation with O_2 or internal oxidants [J]. Accounts of Chemical Research, 2018, 51 (5): 1092–1105.

[38] Zhu C L, Zeng H, Chen F L, et al. Intermolecular C (sp^3) –H amination promoted by internal oxidants: synthesis of trifluoroacetylated hydrazones [J]. Angewandte Chemie International Edition, 2018, 57 (52): 17215–17219.

[39] Xu H, Meng S J, Luo G H. Ionic liquids–coordinated Au catalysts for acetylene hydrochlorination: DFT approach towards reaction mechanism and adsorption energy [J]. Catalysis Science & Technology, 2018, 8: 1176–1182.

[40] Cai D L, Hou Y L, Zhang C X, et al. Analyzing transfer properties of zeolites using small–world networks [J]. Nanoscale, 2018, 10 (35): 16431–16433.

[41] Wang N, Sun W J, Hou Y L, et al. Crystal–plane effects of MFI zeolite in catalytic conversion of methanol to hydrocarbons [J]. Journal of Catalysis, 2018, 360: 89–96.

[42] Chen Z H, Hou Y L, Song W L, et al. High–yield production of aromatics from methanol using a temperature–shifting multi–stage fluidized bed reactor technology [J]. Chemical Engineering Journal, 2019, 371: 639–646.

3.7.4 晶体化学

[1] Yao Z, Xu J, Zou Bo, et al. A Dual–Stimuli–Responsive Coordination Network Featuring Reversible Wide–Range Luminescence–Tuning Behavior [J]. Angewandte Chemie International Edition, 2019, 58 (17): 5614–5618.

[2] Shi Y, Zhang W, Brendan F, et al. Fabrication of New Photoactuators: Macroscopic Photomechanical Responses of Metal–Organic Frameworks to Irradiation by UV Light [J]. Angewandte Chemie International Edition, 2019, 58: 9453.

[3] Huang R, Wei Y, Dong X, et al. Hypersensitive dual–function luminescence switching of a silver–chalcogenolate cluster–based metal–organic framework [J]. Science Foundation in China, 2017, 9 (7): 689–697.

[4] Wen Y, Sheng T, Zhu X, et al. Introduction of Red–Green–Blue Fluorescent Dyes into a Metal–Organic Framework for Tunable White Light Emission [J]. Advanced Materials, 2017, 29 (37): 1700778.

[5] Pan M, Zhu Y, Wu K, et al. Epitaxial Growth of Hetero–Ln–MOF Hierarchical Single Crystals for Domain– and Orientation–Controlled Multicolor Luminescence 3D Coding Capability [J]. Angewandte Chemie International Edition, 2017, 56 (46): 14582.

[6] Wang Y, Liu X, Li X, et al. Direct Radiation Detection by a Semiconductive Metal–Organic Framework [J].

Journal of the American Chemical Society, 2019, 141 (20): 8030–8034.

[7] Ding H, Li J, Xie G, et al. An AIEgen-based 3D covalent organic framework for white light-emitting diodes [J]. Nature Communications, 2018, 9 (1): 5234.

[8] Gui B, Meng Y, Xie Y, et al. Tuning the Photoinduced Electron Transfer in a Zr-MOF: Toward Solid-State Fluorescent Molecular Switch and Turn-On Sensor [J]. Advanced Materials, 2018, 30 (34): 1802329.

[9] Kan J L, Jiang Y, Xue A, et al. Surface Decorated Porphyrinic Nanoscale Metal-Organic Framework for Photodynamic Therapy [J]. Inorganic Chemistry, 2018, 57 (9): 5420–5428.

[10] Liao P, Huang N, Zhang W, et al. Controlling guest conformation for efficient purification of butadiene [J]. Science, 2017, 356 (6343): 1193–1196.

[11] Li L, Lin R, Krishna R, et al. Ethane/ethylene separation in a metal-organic framework with iron-peroxo sites [J]. Science, 2018, 362 (6413): 443–446.

[12] Hao H, Zhao Y, Chen D, et al. Simultaneously Trapping C_2H_2 and C_2H_6into a Robust Metal-Organic Framework from a Ternary Mixture of $C_2H_2/C_2H_4/C_2H_6$for Purification of C_2H_4 [J]. Angewandte Chemie International Edition, 2018, 57: 16067–16071.

[13] Pang J, Yuan S, Du D, et al. Flexible Zirconium MOFs as Bromine-Nanocontainers for Bromination Reactions under Ambient Conditions [J]. Angewandte Chemie, 2017, 129 (46): 14814–14818.

[14] Jie K, Zhou Y, Li E, et al. Reversible Iodine Capture by Non-Porous Pillar [6]arene Crystals [J]. Journal of the American Chemical Society, 2017, 139 (43): 15320–15323

[15] Jie K, Zhou Y, Li E, et al. Linear Positional Isomer Sorting in Nonporous Adaptive Crystals of a Pillar [5] arene [J]. Journal of the American Chemical Society, 2018, 140: 3190–3193.

[16] Jie K, Liu M, Zhou Y, et al. Near-Ideal Xylene Selectivity in Adaptive Molecular Pillar [n]arene Crystals [J]. Journal of the American Chemical Society, 2018 140(22): 6921–6930.

[17] Jie K, Zhou Y, Li E, et al. Separation of Aromatics/Cyclic Aliphatics by Nonporous Adaptive Pillararene Crystals [J]. Angewandte Chemie International Edition, 2018, 130 (39): 13027–13031.

[18] Li E, Jie K, Zhou Y, et al. Post-Synthetic Modification of Nonporous Adaptive Crystals of Pillar [4]arene [1] quinone by Capturing Vaporized Amines [J]. Journal of the American Chemical Society, 2018, 140: 15070–15079.

[19] Li E, Zhou Y, Zhao R, et al. Dihalobenzene Shape Sorting by Nonporous Adaptive Crystals of Perbromoethylated Pillararenes [J]. Angewandte Chemie International Edition, 2019, 58: 3981–3985.

[20] Yuan Y, Yang Y, Ma X, et al. Molecularly Imprinted Porous Aromatic Frameworks and Their Composite Components for Selective Extraction of Uranium Ions [J]. Advanced Materials, 2018, 30 (12): 1706507.

[21] Yuan Y, Yang Y, Faheem M, et al. Molecularly Imprinted Porous Aromatic Frameworks Serving as Porous Artifcial Enzymes [J]. Advanced Materials, 2018, 30: 1800069.

[22] Li J, Dai X, Zhu L, et al. (99)TcO4 (–) remediation by a cationic polymeric network [J]. Nature Communications, 2018, 9 (1): 3007.

[23] Ma T, Kapustin E A, Yin S, et al. Single-crystal x-ray diffraction structures of covalent organic frameworks [J]. Science, 2018, 361 (6397): 48–52.

[24] Gao C, Li J, Yin S, et al. Isostructural Three-Dimensional Covalent Organic Frameworks [J]. Angewandte Chemie International Edition, 2019, 58: 9770–9775.

[25] Kong L, Zhu J, Shuang W, et al. Nitrogen-Doped Wrinkled Carbon Foils Derived from MOF Nanosheets for Superior Sodium Storage [J]. Advanced Energy Materials, 2018: 8 (25): 1801515.

[26] Zhang D, Gao Q, Chang Z, et al. Rational Construction of Highly Tunable Donor-Acceptor Materials Based on a Crystalline Host-Guest Platform [J]. Advanced Materials, 2018, 30 (50): 1804715.

[27] Li F, Shao Q, Huang X, et al. Nanoscale Trimetallic Metal–Organic Frameworks Enable Efficient Oxygen Evolution Electrocatalysis [J]. Angewandte Chemie International Edition, 2018, 57 (7): 1888–1892.

[28] Li H, Lang J, Lei S, et al. A High–Performance Sodium–Ion Hybrid Capacitor Constructed by Metal–Organic Framework–Derived Anode and Cathode Materials [J]. Advanced Functional Materials. 2018, 28, 1800757.

[29] Guo F, Guo J, Wang P, et al. Facet–dependent photocatalytic hydrogen production of metal–organic framework NH_2–MIL–125 (Ti) [J]. Chemical science, 2019, 10 (18): 4834–4838.

[30] Wu L, Mu Y, Guo X, et al. Encapsulating Perovskite Quantum Dots in Iron–Based Metal–Organic Frameworks for Efficient Photocatalytic CO_2 Reduction [J]. Angewandte Chemie International Edition, 2019, 58 (28): 9491–9495.

[31] Xiao J, Han L, Luo J, et al. Integration of Plasmonic Effects and Schottky Junctions into Metal–Organic Framework Composites: Steering Charge Flow for Enhanced Visible–Light Photocatalysis [J]. Angewandte Chemie International Edition, 2018, 57 (4): 1103–1107.

[32] Li D, Yu S, Jiang H. From UV to Near–Infrared Light–Responsive Metal–Organic Framework Composites: Plasmon and Upconversion Enhanced Photocatalysis [J]. Advanced Functional Materials. 2018, 30 (27): e1707377.

[33] Fang X, Shang Q, Wang Y, et al. Single Pt Atoms Confined into a Metal–Organic Framework for Efficient Photocatalysis [J]. Advanced Functional Materials. 2018, 30 (7): 1705112.

[34] Liu H, Xu C, Li D, et al. Photocatalytic Hydrogen Production Coupled with Selective Benzylamine Oxidation over MOF Composites [J]. Angewandte Chemie International Edition, 2018, 57 (19): 5379–5383.

[35] Chen Y, Wang Z, Wang H, et al. Singlet Oxygen–Engaged Selective Photo–Oxidation over Pt Nanocrystals/ Porphyrinic MOF: The Roles of Photothermal Effect and Pt Electronic State [J]. Journal of the American Chemical Society, 2017, 139 (5): 2035–2044.

[36] You Y, Liao W, Zhao D, et al. An organic–inorganic perovskite ferroelectric with large piezoelectric response [J]. Science, 2017, 357 (6348): 306–309.

[37] Zhao D, Tang Y, et al. A molecular perovskite solid solution with piezoelectricity stronger than lead zirconate titanate [J]. Science, 2019, 363 (6432): 1206–1210.

[38] Ye H, Tang Y, Li P, et al. Metal–free three–dimensional perovskite ferroelectrics [J]. Science, 2018, 361 (6398): 151–155.

[39] Li D, Zhao X, Zhao H, et al. Construction of Magnetoelectric Composites with a Large Room–Temperature Magnetoelectric Response through Molecular–Ionic Ferroelectrics [J]. Advanced Functional Materials. 2018, 30: 1803716.

[40] Ji C, Liu S, Han S, et al. Towards a Spectrally Customized Photoresponse from an Organic–Inorganic Hybrid Ferroelectric [J]. Angewandte Chemie International Edition, 2018, 57 (5): 16764–16767.

[41] Wu Z, Ji C, Li L, et al. Alloying n–Butylamine into $CsPbBr_3$ To Give a Two–Dimensional Bilayered Perovskite Ferroelectric Material [J]. Angewandte Chemie International Edition, 2018, 57 (27): 8140–8143.

[42] Shi G, Wang Y, Zhang F, et al. Finding the next deep–ultraviolet nonlinear optical material: $NH_4B_4O_6F$ [J]. Journal of the American Chemical Society, 2017, 139 (31): 10645–10648.

[43] Wang X, Wang Y, Zhang B, et al. CsB_4O_6F: A Congruent–Melting Deep–Ultraviolet Nonlinear Optical Material by Combining Superior Functional Units [J]. Angewandte Chemie International Edition, 2017, 56 (45): 14119–14123.

[44] Mutailipu M, Zhang M, Zhang B, et al. $SrB_5O_7F_3$ Functionalized with $[B_5O_9F_3]_6$– Chromophores: Accelerating the Rational Design of Deep–Ultraviolet Nonlinear Optical Materials [J]. Angewandte Chemie International Edition, 2018, 57 (21): 6095–6099.

[45] Mutailipu M, Zhang M, Wu H, et al. $Ba_3Mg_3(BO_3)_3F_3$ polymorphs with reversible phase transition and high

performances as ultraviolet nonlinear optical materials [J]. Nature communications, 2018, 9 (1): 3089.

[46] Zhou H, Xiong L, Chen L, et al. Dislocations that Decrease Size Mismatch within the Lattice Leading to Ultrawide Band Gap, Large Second-Order Susceptibility, and High Nonlinear Optical Performance of $AgGaS_2$ [J]. Angewandte Chemie International Edition, 2019, 58 (29): 9979–9983.

[47] Lu J, Yue J, Xiong L, et al. Uniform Alignment of Non- π -Conjugated Species Enhances Deep Ultraviolet Optical Nonlinearity [J]. Journal of the American Chemical Society 2019 141 (20): 8093–8097.

[48] Wang Z, Qiao H, Su R, et al. $Mg_3B_7O_{13}Cl$: A New Quasi-Phase Matching Crystal in the Deep-Ultraviolet Region [J]. Advanced Functional Materials. 2018, 28 (41): 1804089.

[49] Lan H, Liang F, Jiang X, et al. Pushing Nonlinear Optical Oxides into the Mid-Infrared Spectral Region Beyond 10 μm: Design, Synthesis, and Characterization of $La_3SnGa_5O_{14}$ [J]. Journal of the American Chemical Society, 2018, 140 (13): 4684–4690.

[50] Liu B, Hu C, Zeng H, et al. Strong SHG Response via High Orientation of Tetrahedral Functional Motifs in Polyselenide $A_2Ge_4Se_{10}$ (A = Rb, Cs) [J]. Advanced Optical Materials, 2018, 6 (13).

[51] Peng G, Ye N, Lin Z, et al. $NH_4Be_2BO_3F_2$ and γ -Be_2BO_3F: Overcoming the Layering Habit in $KBe_2BO_3F_2$ for the Next-Generation Deep-Ultraviolet Nonlinear Optical Materials. Angewandte Chemie International Edition, 2018, 57 (29): 8968–8972.

[52] Luo M, Liang F, Song Y, et al. $M_2B_{10}O_{14}F_6$ (M = Ca, Sr): Two Noncentrosymmetric Alkaline Earth Fluorooxoborates as Promising Next-Generation Deep-Ultraviolet Nonlinear Optical Materials [J]. Journal of the American Chemical Society, 2018, 140, 11, 3884–3887.

[53] Lin D, Luo M, Lin C, et al. KLi ($HC_3N_3O_3$) · $2H_2O$: Solvent-drop Grinding Method toward the Hydro-isocyanurate Nonlinear Optical Crystal [J]. Journal of the American Chemical Society, 2019, 141 (8): 3390–3394.

[54] Li Y, Liang F, Zhao S, et al. Two Non- π -Conjugated Deep-UV Nonlinear Optical Sulfates [J]. Journal of the American Chemical Society, 2019, 141 (9): 3833–3837.

[55] Han X, Zhang J, Huang J, et al. Chiral induction in covalent organic frameworks [J]. Nature Communications, 2018, 9 (1): 1294.

[56] Hou Y, Wu Kai, Wei Z, et al. Design and Enantioresolution of Homochiral Fe (II)-Pd (II) Coordination Cages from Stereolabile Metalloligands: Stereochemical Stability and Enantioselective Separation [J]. Journal of the American Chemical Society, 2018, 140 (51): 18183–18191.

[57] Xu L, Zhang H, Li M, et al. Chiroptical Activity from an Achiral Biological Metal-Organic Framework [J]. Journal of the American Chemical Society, 2018, 140 (37): 11569–11572.

[58] Shan W, Lin Y, Ekkehardt Hahn F, et al. Highly Selective Synthesis of Iridium (III) Metalla [2] catenanes through Component Pre-Orientation by π · · · π Stacking [J]. Angewandte Chemie International Edition, 2019, 58 (18): 5882–5886.

[59] Lei Z, Pei X, Guan Z, et al. Full Protection of Intensely Luminescent Gold (I)-Silver (I) Cluster by Phosphine Ligands and Inorganic Anions [J]. Angewandte Chemie International Edition, 2017, 56 (25): 7117–7120.

[60] Fang W H, Yang G Y. Induced Aggregation and Synergistic Coordination Strategy in Cluster Organic Architectures [J]. Accounts of Chemical Research, 2018, 51: 2888–2896.

[61] Wu Y, Li X, Qi Y, et al. $\{Nb_{288}O_{768}(OH)_{48}(CO_3)_{12}\}$: A Macromolecular Polyoxometalate with Close to 300 Niobium Atoms [J]. Angewandte Chemie International Edition, 2018, 57 (28): 8572–8576.

[62] Hu Z, Dong B, Liu Z, et al. Endohedral Metallofullerene as Molecular High Spin Qubit: Diverse Rabi Cycles in $Gd_2@C_{79}N$ [J]. Journal of the American Chemical Society, 2018, 140 (3): 1123–1130.

[63] Zheng X Y, Jiang Y H, Zhuang G L, et al. A Gigantic Molecular Wheel of $\{Gd_{140}\}$: A New Member of the Molecular

Wheel Family [J]. Journal of the American Chemical Society, 2017, 139, 50: 18178-18181.

[64] Zheng H, Du M H, Lin S C, et al. Assembly of a Wheel-Like $Eu_{24}Ti_8$ Cluster under the Guidance of High-Resolution Electrospray Ionization Mass Spectrometry [J].Angewandte Chemie International Edition, 2018, 57: 10976.

[65] Guo F, Day B M, Chen Y, et al. Magnetic hysteresis up to 80 kelvin in a dysprosium metallocene single-molecule magnet [J]. Science, 2018, 362 (6421): 1400-1403.

[66] Liu W, Peng Y, Wu S, et al. Guest-Switchable Multi-Step Spin Transitions in an Amine-Functionalized Metal-Organic Framework [J]. Angewandte Chemie International Edition, 2017, 129 (47): 15178-15182.

3.7.5 公共安全化学

[1] 杨俊超，曹树亚，杨柳，等. 化学毒剂及其干扰物的快速二维分离检测技术研究 [J]. 化学传感器，2018，38 (1): 55-63.

[2] 杨旸，周世坤，张兰波，等. 气相色谱 - 三重四级杆串联质谱检测芥子气代谢产物硫二甘醇亚砜 [J]. 刑事技术，2017, 42 (2): 98-102.

[3] 蔡元超. 检测神经毒剂类似物化学传感器的合成及应用 [D]. 合肥：中国科学技术大学，2017, 5.

[4] 周硕，唐鹏，王赟姣，等. 纳米孔分析方法在有毒物质检测中的应用 [J]. 分析化学，2018, 46 (6): 826-835.

[5] David Cyranosky. Privacy concerns and cultural differences make some researchers sceptical that the method could work in other countries [J]. Nature, 2018, 559 (7714): 310-311.

[6] 卢树华，王引书. 表面增强拉曼光谱检测爆炸物研究进展 [J]. 光谱学与光谱分析，2018, 38 (5): 1412-1419.

[7] 高风，刘文芳，孟子辉，等. 激光拉曼技术在火炸药分析检测中的应用研究进展 [J]. 含能材料，2018, 26 (2): 185-196.

[8] 任翼飞，郝红霞，杨瑞琴. 荧光探针检测 2，4，6- 三硝基苯酚研究进展 [J]. 刑事技术，2018, 43 (2): 104-110.

[9] 潘炎辉，张冀峰，申震宇，等. 太赫兹光谱与成像技术在炸药检测中的研究进展 [J]. 刑事技术，2017, 42 (6): 491-495.

[10] 段俊杰. 火工药剂宽带 THz 光谱检测与分析 [D]. 西安：西安理工大学，2017, 7.

[11] Yang Z, Chen J, Zhou Y, et al. Understanding the hydrogen transfer mechanism for the biodegradation of 2, 4, 6-trinitrotoluene catalyzed by pentaerythritol tetranitrate reductase: Molecular dynamics simulations [J]. Phys Chem Chem Phys, 2018, 20, 12157.

[12] Yang Z, Wei T, Huang H, et al. Key Factors that Control the Pathway of OYE Flavoprotein Reductases Degrading 2, 4, 6-Trinitrotoluene. π - π Stacking and π - π Interactions Competition [J]. Phys Chem Chem Phys, 2019, 21: 11589-11598.

[13] Liu C-M, Zhang L-Y, Li L, et al. Specific detection of latent human blood fingerprints using antibody modified NaYF4: Yb, Er, Gd fluorescent upconversion nanorods [J]. Dyes and Pigments, 2018, 149: 822-829.

[14] Peng D, Wu X, Liu X, et al. Color-Tunable Binuclear (Eu, Tb) Nanocomposite Powder for the Enhanced Development of Latent Fingerprints Based on Electrostatic Interactions. ACS Applied Materials & Interfaces [J]. 2018, 10: 32859-32866.

[15] Yu Y, Yan L, Xia Z. Non-toxic luminescent Au Nanoclusters@Montmorillonite nanocomposites powders for latent fingerprint development. RSC Advances [J]. 2017, 7: 50106-50112.

[16] Jiang B-P, Yu Y-X, Guo X-L, et al. White-emitting carbon dots with long alkyl-chain structure: Effective

inhibition of aggregation caused quenching effect for label-free imaging of latent fingerprint. Carbon [J]. 2018, 128: 12-20.

[17] Wang Z, Jiang X, Liu W, et al. A rapid and operator-safe powder approach for latent fingerprint detection using hydrophilic Fe_3O_4@SiO_2-CdTe nanoparticles. Science China Chemistry [J]. 2019, 62: 889.

[18] 刘珊珊，左桂福，韩大庆，等. 石墨碳化氮在荧光探针中的应用研究进展 [J]. 现代化工，2017, 37(11): 202-205.

[19] 余奕，居佳，栾林栋，等. 光功能金属有机骨架材料在爆炸物检测中应用的研究进展. 含能材料 [J]. 2017, 25 (9): 786-792.

[20] Wei X H, Chao L, Wang C L, et al. Rapid and destructive adsorption of paraoxon- ethyl toxin via a self-detoxifying hybrid electrospun nanofibrous membrane. Chemical Engineering Journal [J]. 2018, 351: 31-39.

[21] Sellik A, Pollet T, Ouvry L, et al. Degradation of Paraoxon (VX Chemical Agent Simulant) and Bacteria by Magnesium Oxide Depends on the Crystalline Structure of Magnesium Oxide [J]. Chemico-Biological Interactions, 2017, 267: 67-73.

[22] 吴凯. 化学战剂降解的双功能高效催化剂—双阴离子多金属氧簇 [J]. 物理化学学报，2017, 33 (05): 867-868.

[23] 曹秋娥，罗茂斌，刘碧清，等. 高等学校化学实验室安全基础 [M]. 北京：化学工业出版社，2018.

[24] 黄开胜. 清华大学实验室安全管理制度汇编 [M]. 北京：清华大学出版社，2019.

3.8 化学教育学

[1] 中华人民共和国教育部. 普通高中化学课程标准（2017 年版）[S]. 北京：人民教育出版社，2018.

[2] 房喻，周青. 凝练素养彰显魅力高效育人——对《普通高中化学课程标准（2017 年版）》的思考 [J]. 中学化学教学参考，2018,(11): 1-3.

[3] 郑长龙. 2017 年版普通高中化学课程标准的重大变化及解析 [J]. 化学教育（中英文），2018, 39 (09): 41-47.

[4] 王磊，魏锐. 学科核心素养发展导向的高中化学课程内容和学业要求——《普通高中化学课程标准（2017 年版）》解读 [J]. 化学教育（中英文），2018, 39 (09): 48-53.

[5] 王磊，于少华. 对高中化学课程标准若干问题的理论阐释及实践解读 [J]. 中学化学教学参考，2018 (13): 3-9.

[6] 李俊. 谈《普通高中化学课程标准（2017 年版）》的特点 [J]. 中学化学教学参考，2018 (09): 6-8.

[7] 王军翔. 以"素养为本"引领中学化学教育向深度发展——对《普通高中化学课程标准》(2017 年版) 变化及其意义的研究 [J]. 中学化学教学参考，2018 (07): 1-5.

[8] 王磊. 初中化学项目式学习教材 [M]. 山西：山西教育出版社，2018.

[9] 冯肖肖，闫春更，谯丹，等. 高中有机化学教材"烃类化合物"的国际比较研究 [J]. 化学教育（中英文），2019, 40 (07): 4-8.

[10] 王骄阳，闫春更，陈晓娜，等. 基于 Flow Map 的中美教材"氧化还原反应"难度比较 [J]. 化学教育（中英文），2018, 39 (17): 14-17.

[11] 周青，闫春更. 中小学理科教材难度国际比较研究丛书：中小学理科教材难度国际比较研究（高中化学卷）[M]. 北京：教育科学出版社，2017.

[12] 王磊. 基于学生核心素养的化学学科能力研究 [M]. 北京：北京师范大学出版社，2018.

[13] 王磊，周冬冬，支瑶，等. 学科能力发展评学教系统的建设与应用模式研究 [J]. 中国电化教育，2019, 01 (384): 28-34.

[14] 周冬冬，王磊. 初中生化学学科核心素养和关键能力的追踪评价研究 [J]. 中国考试，2018 (12): 25-32.

[15] 周冬冬，王磊，陈颖．基于核心素养的有机化合物主题学业质量水平模型构建及评价研究［J］．化学教育（中英文），2018，39（19）：1-7.

[16] 王磊，周冬冬，支瑶，等．学科能力发展评学教系统的建设与应用模式研究［J］．中国电化教育，2019（01）：28-34.

[17] Chi S，Wang Z，Liu X，et al. Associations among attitudes，perceived difficulty of learning science，gender，parents' occupation and students' scientific competencies［J］. International Journal of Science Education，2017，39（16）：2171-2188.

[18] Wang Z，Chi S，Luo M，et al. Development of an instrument to evaluate high school students' chemical symbol representation abilities［J］. Chemistry Education Research and Practice，2017，18（4）：875-892.

[19] Chi S，Wang Z，Luo M，et al. Student progression on chemical symbol representation abilities at different grade levels（Grades 10-12）across gender［J］. Chemistry Education Research and Practice，2018，19（4）：1055-1064.

[20] 邓阳，宋文花，王后雄．化学学习中高中生创造性科学想象力的评价研究［J］．课程·教材·教法，2019（4）.

[21] Deng Y，Kelly G J，Xiao L. The development of Chinese undergraduate students' competence of scientific writing in the context of an advanced organic chemistry experiment course［J］. Chemistry Education Research and Practice，2019，20（1）：270-287.

[22] Yang D. Gregory J. Kelly &Shili Deng. The influences of integratingreading，peer evaluation，and discussion on undergraduate students' scientific writing［J］. InternationalJournal of Science Education，2019，41：1408-1433.

[23] 王后雄．基于化学核心素养的高中学业水平考试命题策略［J］．课程·教材·教法，2018，(4)：87-95.

[24] 史凡，王磊．促进学生学科能力发展的高一原电池教学关键策略［J］．化学教育（中英文），2018，39（01）：19-26.

[25] 史凡，王磊．基于学科能力测评的教学改进——以高中化学原电池教学为例［J］．中国考试，2018（12）：17-24，47.

[26] 王婉洋，王磊，于少华，等．元素周期律复习教学中认识模型建构的有效策略［J］．化学教育（中英文），2018，39（07）：18-26.

[27] 陈颖，王磊，徐敏，等．高中化学项目教学案例——探秘神奇的医用胶［J］．化学教育（中英文），2018，39（19）：8-14.

[28] 宁燕丹，王磊，陈颖，等．素养导向的高中化学项目教学中教师有效行为研究——以“探秘神奇的医用胶”项目教学为例［J］．化学教育（中英文），2018，39（19）：15-22.

[29] 史凡，王磊．论国际化学教育研究热点：模型与建模［J］．全球教育展望，2019，48（05）：105-116.

[30] 史凡，王磊．国际科学教育建模教学研究综述——基于教师发展视角［J］．外国教育研究，2019，46（05）：89-103.

[31] 胡久华．深度学习：走向核心素养（学科教学指南·初中化学）［M］．北京：教育科学出版社，2019.

[32] 胡久华，宋晓敏．主题教学打通知识到素养的渠道［J］．中国教育学报，2017（3）：1-3.

[33] 胡久华．以深度学习促核心素养发展的化学教学［J］．基础教育课程，2019，2（243）：70-78.

[34] 刘洋，胡久华，于静．基于思维模型建构的“物质检验”初中复习教学研究［J］．化学教育，2018，29（21）：34-39.

[35] 刘洋，胡久华．电化学思维模型建构的教学策略研究［D］．北京：北京师范大学，2018，5.

[36] 罗铖吉，胡久华．在中学化学课堂中开展社会性科学议题教学的探索［D］，北京：北京师范大学，2019，5.

[37] 胡久华，罗铖吉，王磊，等．在中学课堂中开展社会性科学议题教学的探索［J］．教育学报，2018，14（5）：47-54.

[38] 李琦，胡久华. 促进化学实验问题解决思路方法建构的学生必做实验课的教学研究 [D]. 北京：北京师范大学，2019, 5.

[39] Chi S, Liu X, Wang Z, et al. Moderation of the effects of scientific inquiry activities on low SES students' PISA 2015 science achievement by school teacher support and disciplinary climate in science classroom across gender [J]. International Journal of Science Education, 2018, 40 (11): 1284-1304.

[40] 霍爱新，李双，靳莹. 基于 HPS 和 STS 培养学生化学核心素养的教学设计 [J]. 化学教学，2018,(5).

[41] 马英，吴晓红，康泽伟. 以枸杞中枸杞红素为背景的主题式教学设计 [J]. 化学教与学，2018 (11): 70-73.

[42] 吴晓红，马英，康志宁，等. 利用黑枸杞自制酸碱指示剂的趣味化实验设计 [J]. 教育与装备研究，2018, 34 (06): 82-84.

[43] 吴晓红，任斌，蒋思雪. 地方文化背景下的校本课程案例开发——利用手持技术测定枸杞中铁元素的含量 [J]. 中学化学教学参考，2015 (23): 49-50.

[44] 郭子超，靳莹. 蒙以养正的教育价值与德行意蕴 [J]. 教育理论与实践，2019 (14).

[45] Pu J, Zhou Q, Zhao B. An Analysis of High School Students' Learning Ability of Modelling about the Topic of Voltaic Cell [J]. Educational Sciences-Theory & Practice, 2018, 18 (6): 2904-2921.

[46] Zhou Q, Wang T, Zheng Qi. Probing High School Students' Cognitive Structures and Key Areas of Learning Difficulties on Ethanoic Acid Using a Flow Map Method [J].Chem. Educ. Res. Pract, 2015, 16 (3): 589-602.

[47] 周青，闫春更. 化学认知结构的测量 [M]. 北京：科学出版社，2017.

[48] Lu S, Bi H. Developing Measurement Instrument to Assess Students' Electrolyte Conceptual Understanding [J]. Chemistry Education Research and Practice, 2016, 17: 1030-1040

[49] Lu S, Bi H, Liu X. The effects of explanation-driven inquiry on students' conceptual understanding of redox [J]. International Journal of Science Education, 2018, 40: 1857-1873.

[50] Ye J, Lu S, Bi H. The Effects of Microcomputer-Based Laboratory on Students' Macro, Micro, and Symbolic Representation in Learning of Net Ionic Reaction [J]. Chemistry Education Research and Practice, 2019, 20: 288-301.

[51] Lu S, Bi H, Liu X. A Phenomenographic Study of 10th Grade Students' Understanding on Electrolyte [J]. Chemistry Education Research and Practice, 2019, 20: 204-212.

[52] 张丙香，毕华林. 高中生氧化还原反应三重表征心智模型的测查研究. 化学教学，2017, 9.

[53] 霍爱新，邓艺琳. 促进初中化学核心概念深层次理解的复习设计 [J]. 天津师范大学学报 (基础教育版)，2018.10.

[54] 王雪，李远蓉. 基于眼动数据的高一学生"物质的量"问题解决的差异研究 [D]. 重庆：西南大学，2017, 5.

[55] 吴娅妮，李远蓉. 基于眼动实验的初中生三重表征转换能力的追踪研究 [D]. 重庆：西南大学，2019, 5.

[56] 费小蓉，李远蓉. 基于眼动实验和口语报告的初三学生化学计算题审题能力的差异性研究 [D]. 重庆：西南大学，2019, 5.

[57] 易文思，李远蓉. 基于眼动的化学师范生不同类型知识认知差异研究 [D]. 重庆：西南大学，2019, 5.

[58] 王立新. 高中师生"离子反应"概念结构的研究 [D]. 广州：华南师范大学，2018.

[59] 唐文秀. 高中师生"氧化还原反应"概念结构的研究 [D]. 广州：华南师范大学，2019.

[60] 郑长龙. 2017 年版普通高中化学课程标准的重大变化及解析 [J]. 化学教育 (中英文)，2018, 39 (09): 41-47.

[61] Zheng C, Li L, He P, et al. The development, validation, and interpretation of a content coding map for analyzing chemistry lessons in Chinese secondary schools [J]. Chemistry Education Research and Practice, 2019, 20(1): 246-257.

[62] 李燕，胡久华. 实现学生不同认识发展目标的课堂教学行为研究 [D]. 北京：北京师范大学，2016, 5.

[63] 李燕，胡久华. 促进学生建立认识角度的化学课堂教学行为研究 [J]. 化学教育，2018，39（23）：51–57.
[64] 宋怡，丁小婷，马宏佳. 专家型教师视角下的化学学科核心素养——基于扎根理论的质性研究 [J]. 课程・教材・教法，2017，37（12）：78–84.
[65] 叶静，宋佳音，马宏佳. 教师自主支持认知与自主支持行为相关性的研究 [J]. 化学教育（中英文），2017，38（19）：37–41.
[66] 陈凯，马宏佳，许萌萌. 关注学科知识的职前化学教师自主研修——基于“化学师范生备课组”的活动个案 [J]. 化学教育（中英文），2017，38（18）：48–54.
[67] 王立新，钱扬义，苏华虹，等. 手持技术数字化实验与化学教学的深度融合：从“研究案例”到“认知模型”——TQVC 概念认知模型的建构 [J]. 远程教育杂志，2018，36（4）：104–112.
[68] 王立新，钱扬义，李言萍，等. 手持技术支持下概念学习的“多重转化、比较建构”认知模型——以“温室效应”概念学习为例 [J]. 电化教育研究，2017，38（10）：100–105，128.
[69] 陈秋伶. 应用 TQVC 理论发展学生“模型认知”素养的实践研究——以高二原电池教学为例 [D]. 广州：华南师范大学，2019.
[70] 苏华虹，钱扬义. 基于“手持技术”实验比较液体有机物分子间作用力大小——以醇类同系物和同分异构体为例 [J]. 化学教育（中英文），2017，38（15）：49–54.
[71] 温美凤，钱扬义. 应用手持技术测定氯化铁溶液与氢氧化钠溶液反应的 pH 曲线 [J]. 化学教育（中英文），2017，38（17）：50–56.
[72] 唐文秀，钱扬义，陈雪飞，等. 利用手持技术探究浓度对化学平衡的影响 [J]. 化学教育（中英文），2018，39（17）：68–70.
[73] 许雯辉，钱扬义，王立新，等. 利用手持技术探究铝的化合物之间的相互转化过程 [J]. 化学教育（中英文），2018，39（21）：54–62.
[74] 范婉贞，钱扬义，王立新，等. 利用手持技术探究建筑火灾逃生策略的合理性——测量氧气含量、二氧化碳浓度和温度的变化 [J]. 化学教育（中英文），2018，39（21）：63–69.
[75] 王立新，钱扬义，范婉贞，等. 利用手持技术探究加热过程中石棉网上表面的温度 [J]. 化学教育（中英文），2018，39（21）：70–76.
[76] 吴晓红，徐建菊. 基于传感器探究酸性条件下铁的吸氧腐蚀 [J]. 化学教育，2019，4001：50–53.
[77] 徐建菊，吴晓红，吴金花，等. 借助酸碱滴定手持实验体现教学中“数形结合”思想 [J]. 教育与装备研究，2019，3504：24–28.
[78] 徐建菊，吴晓红. 借助传感器探究碳酸钠与碳酸氢钠的热稳定性 [J]. 化学教学，2019，04：63–66.
[79] 孙影，信欣，许敏. 常见物质溶解过程温度变化的实验探究 [J]. 化学教学，2018（02）：75–78.
[80] 孙影，信欣，冯正午. 利用数字化实验探究氢氧化铁胶体粒子的形成过程 [J]. 化学教育（中英文），2018，39（03）：65–68.
[81] 温宁红，倪刚，赵瑞雪，等. 利用智能手机测定牛奶中蛋白质的含量 [J]. 化学教与学，2019，01：64，81–82.
[82] 温宁红，倪刚，李海玲，等. 利用智能手机测定药剂中维生素 B_（12）含量的研究 [J]. 化学教育（中英文），2019，4009：75–77.
[83] 陈乾，王璐璐，丁小婷，等. 利用数字化实验和手机软件测定胆矾结晶水含量 [J]. 化学教学，2018（08）：59–63.
[84] 吴晓红，徐琳，康志宁. 利用微距摄影技术分析乙醇还原性 [J]. 中学化学教学参考，2018，24：57.
[85] 陈博殷，钱扬义，李言萍. 游戏化学习的应用与研究述评——基于国内外课堂中的“化学游戏化学习”[J]. 远程教育杂志，2017（5）：93–104.
[86] 华南师范大学. 一种化学桌游教具：中国，CN109272823A [P]. 2019-01-25.
[87] 华南师范大学. 化学元素牌：中国，CN305189404S [P]. 2019-05-31.

[88] 陈博殷. 初二化学扑克游戏化教学活动课案例开发与应用 [D]. 广州：华南师范大学，2018.
[89] 李言萍. “问题游戏化”化学启蒙活动课案例开发与应用研究——以《水的奥秘》为例 [D]. 广州：华南师范大学，2018.
[90] 林丹萍. “520 中学化学骰子”教具研制与配套游戏教学资源开发及应用研究 [D]. 广州：华南师范大学，2019.
[91] 张惠敏. “520 中学化学元素牌”教具研制与配套教育游戏开发及应用研究 [D]. 广州：华南师范大学，2019.
[92] 张四方，江家发. 科学教育视域下增强现实技术教学应用的研究与展望 [J]. 电化教育研究，2018，39（7）：64-69，90.
[93] 张四方，江家发. 现实增强技术在化学教学中的研究现状与启示 [J]. 化学教育（中英文），2017，38（21）：43-49.
[94] 靳莹，张诗晴. 高中化学教学中渗透安全教育的现状调查 [J]. 教育与装备研究，2019,（2）：64-67.
[95] 靳莹，盖立春. 化学学科知识与教学能力（高中）[M]. 北京师范大学出版社，2018.
[96] 霍爱新，靳莹. 化学学科知识与教学能力（初中）[M]. 北京师范大学出版社，2018.
[97] 王磊，魏艳玲，胡久华，等. 教师教学能力系统构成及水平层级模型研究 [J]. 教师教育研究，2018，30（06）：16-24.
[98] 刘敬华主编. 追寻卓越的足迹——河北师范大学“国培”置换研修行思录：初中化学卷. 东北师范大学出版社，2018.
[99] 胡久华，王璇. 以化学教学能力为导向的全日制教育硕士全程一体化培养模式 [J]. 化学教育，2018，39（2）：43-49.
[100] 吴晓红，张晶. 共享发展理念下“本硕互动”学习模式的实施与评价——以“中学化学专题教学设计与实践”课程为例 [J]. 内蒙古师范大学学报（教育科学版），2019，32（6）：119-124.
[101] 孙佳林. 高中化学教师课堂教学表现的测量与评价研究 [D]. 长春：东北师范大学，2019.
[102] 王晓宁，吴育飞，刘敬华. 中学化学教师实践性知识调查研究 [J]. 化学教育，2014，35（09）：57-61.
[103] 段婷娟. 顶岗实习视域下化学专业师范生实践性知识研究 [D]. 石家庄：河北师范大学，2018.
[104] 刘敬华. 高师院校化学课堂教学实践指导 [D]. 河北大学出版社，2019.
[105] 黄元东，闫春更，高慧，等. 高中化学教师的学科主题 PCK 表征探究——以“化学平衡”为例 [J]. 化学教育（中英文），2018，39（07）：39-45.
[106] 李蕊. 高中化学骨干教师 P C K 现状及影响因素的调查研究 [D]. 石家庄：河北师范大学，2019.
[107] 梁爽爽. 优秀化学教研员学科教学知识个案研究 [D]. 石家庄：河北师范大学，2018.
[108] 王影，王磊. “高端备课”前、中、后高中化学教师 PCK 发展变化的案例研究——基于原电池主题 [J]. 化学教育（中英文），2018，39（01）：48-55.
[109] 王磊，李海刚，綦春霞. 基于学习进阶的卓越教师专业发展项目研究——以北京市中小学名师发展工程为例 [J]. 教师教育研究，2019，31（03）：93-98.

撰稿人：戴东旭

专题报告

有机固体研究进展

一、引言

19 世纪 70 年代，有机导体被首次发现后，有机固体研究得到了快速发展，特别是 2000 年 Alan J. Heeger、Alan G. MacDiarmid 与 Hideki Shirakawa 因导电聚合物的发现获得诺贝尔化学奖以来，有机固体研究进入了新阶段。有机固体是一个前沿交叉学科，涉及化学、物理、材料、生物、光学、高分子及光电子等领域，近几十年的飞速发展，展现了它的学科生命力，在信息、能源和生命三大主题领域不断孕育重大市场机遇。在信息领域，分子材料的发展催生了规模巨大有机电致发光市场并推动有机场效应晶体管的快速发展；在能源领域，分子体系太阳能电池和热电转换器件的性能指标持续突破；在生命领域，各类分子材料被广泛用作荧光探针、光敏剂等，向恶性重大疾病的高效早期诊断及治疗方向快速迈进。

我国在该领域的研究中已取得了系列重要成果，研究水平长期与国际最先进水平同步，在该领域培养了一支稳定的研究队伍，涵盖了化学、材料和信息等领域。近两年来，我国有机固体的研究取得了令人瞩目的成就，各种性能优良的分子材料与器件不断涌现。为了让大家详细了解近两年来我国有机固体研究取得的突破成果，本报告将对该领域的一些代表性工作进行介绍，按照具体内容可分为七个部分：有机高分子半导体；有机高分子电致发光材料；有机高分子光伏；有机高分子热电；有机高分子场效应晶体管；新型碳材料石墨炔；有机高分子生物应用。

二、有机固体研究现状与进展

（一）有机高分子半导体

20 世纪 70 年代，导电高分子的发现改变了人们长期以来对于高分子只能作为绝缘材料的传统认知，从而开辟了新的研究领域——有机电子学（organic electronics）。有机、高分子半导体材料是有机电子学的核心。这类材料具有其他已知任何一种材料所不具备的多种性能可集成性，例如：结构易调节、性能易调控、质轻价廉、柔性可弯曲、可溶液加工等。经过几十年的研究，有机、高分子半导体材料已经取得了长足进步，其种类不断丰富，相关器件性能也得到了显著提高。与此同时，关于有机、高分子半导体材料的聚集态研究，以及理解和认识发生在其中的电荷传输、激子形成及分离等基本物理过程对于有机电子学的发展具有非常重要的意义，有利于指导高性能材料的理性设计和器件的合理构筑。近两年来，我国学者在晶体、纳米 / 分子尺度组装体、有序薄膜等聚集态研究方面开展了系统、全面的研究，实现了揭示有机、高分子半导体材料本征性能研究的目的，同时发展了新的功能。

1. 基于聚集态结构及其光电功能的研究

天津大学胡文平课题组与南洋理工大学 Jiang 和 Kloc 合作，制备了系列无金属和金属酞菁染料分子，利用单晶结构详细研究了金属原子对于酞菁单元堆积的影响，发现酞菁中的金属原子 –π 以及 π–π 相互作用可以有效调控分子堆积，从而影响器件迁移率。这一研究证明了聚集态结构对于小分子半导体性能具有重要影响[1]。聚集态结构除了对迁移率有影响外，也可影响其他光电功能。如胡文平课题组通过分子设计，制备了 2，6– 萘基 – 蒽分子，该分子特殊的堆积使其兼具半导体和固态发光性能，他们进一步制备了电致发光晶体管。这一研究表明，通过对聚集态结构的精细调控，可使有机半导体材料具有新的光电功能[2]。

有机共轭小分子，如并苯、酞菁等，易形成边到面的鱼骨状堆积结构。然而，相比于鱼骨状堆积，一维（1–D）π–π 堆积对导电体系更加有利。中科院化学所郭云龙和东京大学 Nakamura 课题组发现在三氟乙酸的参与下，酞菁分子可以形成有序维纳结构，该结构可以具有一维同轴连续的 π–π 堆积作用，因此电导率获得大幅提高，可达到 1904 S/m。进一步研究发现，该微纳结构的电导率可以通过酸 / 碱掺杂进行可逆调控[3]。

有机半导体分子通常是以较弱且复杂的“非共价相互作用”结合在一起的，掺入掺杂剂有可能进一步破坏分子间作用力，从而导致排列的不规整，进而影响其电子学性能。因此，找寻合适的途径对有机半导体单晶材料进行可控而精细的能级调控是非常重要的研究方向之一。最近，北京大学裴坚课题组首次报道了通过将结构相似的衍生物合金化为单相来微调有机半导体能带结构。通过在主链的不同位置引入卤素原子，获得具有互补的分子内或分子间电荷分布的 BDOPV 衍生物。为了使库仑引力的相互作用最大化，并使排斥相互作用最小化，它们在单组分或合金单晶中形成反平行的共面堆积，从而产生有效的 π 轨道重叠。受益于自组装诱导的固态“烯烃复分解”反应，首次观察到三种 BDOPV 衍生物在一个单晶中共结晶。具有不同能级的分子像无机半导体中的掺杂剂一样起作用。因此，随着卤素原子总数的增加，合金单晶的最高占据分子轨道（HOMO）在 –5.94 eV 至 –6.96 eV

范围内单调递减，以及最低未占分子轨道（LUMO）水平从 –4.19 eV 降至 –4.48 eV [4]。

如何更精准地调控半导体能带则一直是半导体研究和实际应用的重要课题。通常，无机半导体能级调控是通过在半导体中掺入掺杂剂，并使之形成“合金”的方法实现的。实际的器件应用通常要求无机半导体和掺杂剂较为完美地混合并形成单相，甚至高质量单晶。然而，这对于有机半导体的能级调控是不切实际的。因此，找寻合适的途径对有机半导体单晶材料进行可控而精细的能级调控是非常重要的研究方向之一。

上述研究工作预期 BDOPV 和 F_6–BDOPV 的“互补”周边静电势能够使它们形成“合金”晶体，并且由于二者能级不同，此举可以对得到的晶体能级进行有效调控。因此，基于 BDOPV 分子，在其骨架上不同位置引入不同数量的卤素原子（F 或 Cl），设计合成一系列 BDOPV 衍生分子家族，并进行了单晶下的能级调控研究。研究发现在 F_3–BDOPV 与 Cl_3–BDOPV 单晶的生长过程中，通过对生长条件的控制，会得到同时含有 BDOPV、X_3–BDOPV 和 X_6–BDOPV 三组分的无序合金晶体。这一罕见且有趣的“烯烃复分解”反应使从简单的分子出发，通过不同的排列组合得到几种含有不同组分的有机晶体合金成为现实。该工作得到了一系列 BDOPV 衍生分子的单晶与共晶 / 合金，并发现该系列晶体的排列模式符合分子静电势分布规律。在晶体生长过程中发现了有趣的自组装诱导的“烯烃复分解”反应，对其机理进行了阐释。利用这一反应，可以有效而精细地实现了这一系列单晶和共晶 / 合金的能级调控，而测得的 OFET（有机场效应晶体管）器件迁移率的变化趋势也符合它们转移积分和能级变化的趋势，这也是首次在有机半导体晶体中实现这一调控 [4]。

2. 基于有机小分子及高分子的超薄（单层）聚集态结构及其光电功能的研究

相比于微纳晶结构，我国学者在二维有机半导体薄膜的研究方面亦有所建树，成功制备了系列二维有机半导体超薄膜，为构建高性能、低工作电压的有机薄膜场效应晶体管（OTFT）提供了一条新的路径。与传统 OTFT 相比，二维超薄沟道具有以下几个显著优点：①在单层极限下，仍保持极高的晶体质量与载流子迁移率；②金属电极与电荷传输层直接接触，可以有效提高载流子的注入效率，降低接触电阻；③器件结构简单，有利于从理论计算的角度研究有机半导体电荷传输机制与器件物理；④二维有机晶体的制备方法具有多样性，包括气相范德华外延、液相自组装、液相外延等方法，尤其是液相方法可以制备出多种厘米级二维有机半导体，为大面积器件集成奠定基础。然而，若试图完全发挥出二维 OTFT 的潜力，还需要对器件的各个界面进行系统优化，并从分子尺度就电荷传输和接触电阻等问题进行深入探讨。

南京大学王欣然教授、施毅教授与中国人民大学季威教授等人深入研究了二维 C8–BTBT OTFT 的本征载流子传输与电学接触特性，通过界面优化，实现了目前最高性能的二维 OTFT。他们利用氮化硼作为基底外延制备出高质量的 C8–BTBT 薄膜晶体，采用非侵入性电极转移工艺制作出 OTFT 器件，实现了金属电极与单层有机晶体导电层的完美接触，从而极大地提高了器件的整体性能。结合理论计算发现，由于第一层和第二层 C8-BTBT 分子堆叠不同，引起了费米面附近的态密度和分子轨道局域程度出现明显差异，使得第一层（1L）和第二层（2L）分子和电极之间呈现不同的界面输运机制。1L C8-BTBT 在费米面附近有较高的态密度和良好的传导态，增加载流子电荷隧穿概率，诱导了 1L C8-BTBT 和电极界面之间发生隧穿输运，显著地降低了 C8-BTBT 和金电极之间的接触电阻，从而实现欧姆接触。而 2L 费米面附近态密度较低，离费米面最近的分子轨道呈现局域态，钉扎效应导致 2L C8-BTBT 分子和电极的界面之间出现一个较大的肖特基势垒。器件结果表明：单层 C8-BTBT OTFT 的室温迁移率超过 30 cm^2/Vs，接触电阻为 100~400 Ohm/cm，饱和输出电压降低至 2 V 以下，均达到有机薄膜晶体管的最高水平。该结果表明二维超薄的 OTFT 既可以实现极好的电学性能，又为探索有机电子过程的内禀特性提供了一个新的平台，同时开启了通过研究分子堆积精准构筑，以期调控电荷传输及接触特性的新思路。考虑到最近发展起来的大面积溶液合成和转移技术，二维有机半导体在未来的商用有机电子领域具有广阔的潜在应用前景[6]。

相比于前文所述 p 型小分子材料，n 型材料的超薄膜制备更加困难。胡文平、江浪及 Sirringhaus 团队通过重力辅助二维空间限制法在 SiO_2/Si 和聚合物基底上成功制备了大面积的 n 型单层分子晶体（MMC）。MMC FET 显示出高达 1.24 $cm^2 \cdot V^{-1} \cdot s^{-1}$ 的高迁移率，高性能 MMC FET 为进行电荷传输研究提供了一个很好的平台。基于 BCB/SiO2 基板的 MMC 晶体管在 200 K 以上的温度下表现出带状传输，热活化传输具有低热激活能量，他们实现了基于 MMC 的高性能栅极 / 光可调谐横向有机晶体 p-n 结，在暗条件下和光照条件下，整流比分别为 4×10^5 和 1.8×10^6，光敏度高达 10^7，远远高于先前报道的值。同时他们在无陷阱聚合物表面上生长 MMC 的简便方法有望用于制备 MMC 分子设计要求的各种材料[7]。

共轭聚合物因其柔性、可溶液加工、低成本等优点，在柔性显示、电子皮肤和生物传感等功能器件中有潜在的应用价值。高均匀性的大面积加工是共轭聚合物作为有机半导体材料向实际应用转化的重要一步，但具有很强的挑战性。由于共轭聚合物的分子间强相互作用和复杂的链缠结，溶液加工过程中往往产生结晶与无定形区域、排列缺陷、厚度变化等非均匀性现象，限制了共轭聚合物的大面积加工。如何通过调控聚合物从溶液到固相薄膜的聚集态微观结构的组装过程，从而实现共轭聚合物的大面积加工，并进一步实现“从下而上”器件加工方式，成为很有挑战性的科学问题。

北京大学裴坚课题组利用共轭聚合物的多级组装策略实现了聚合物单分子薄膜的大面积加工。共轭聚合物由于分子之间的 $\pi-\pi$ 相互作用和链段缠结，在溶液中形成了特征的一维蠕虫状组装结构，组装体在溶液加工过程中进一步的生长，形成了网络状组装结构，最终在基底上形成二维聚合物单分子层网络。他们利用聚合物的组装策略，在 4 英寸晶圆上加工了聚合物单分子层网络，其微观结构、高度与器件性能均表现出了很好的均匀性。

基于聚合物单分子薄膜的场效应晶体管在空气下表现出稳定的电子传输性能，在持续开关 1500 s 后仍基本不变。相比于传统的旋涂薄膜（18 nm），聚合物单分子层（4 nm）保持了相似的电子传输性能，最高电子迁移率可达 1.88 $cm^2 \cdot V^{-1} \cdot s^{-1}$，是目前报道中聚合物单分子层最高的电子迁移率。此工作利用共轭聚合物的多级组装策略形成特定的聚合物固相形貌，为相关科研工作者提供了清晰明确的“分子间相互作用 – 溶液相组装结构 – 薄膜微观结构 – 功能器件性能”的研究策略[8]。

3. 利用侧链调控有机小分子及高分子聚集态的有序性及其光电功能的研究

有机、高分子半导体材料的可溶液加工性对有机光电器件至关重要。科学家在开发新型骨架方面做出了巨大努力，但是却很少研究侧链。通常认为：烷基侧链仅仅可以改善有机共轭聚合物的溶解性。但是，近年来的研究表明：烷基侧链可以影响共轭分子的堆积，以及聚集态的结晶性和有序性，进而可影响材料的半导体性能。我国学者在侧链调控有机小分子及高分子聚集态方面取得了系列进展。

香港中文大学的缪谦团队最近在侧链调控小分子迁移率方面取得了进展。他们在二萘 – 环丁基 – 蒽并环衍生物上接支了丁基、己基、辛基烷基侧链，并研究了烷基链对分子晶体堆积结构的影响。结果表明：烷基侧链可以调控共轭骨架的 $\pi-\pi$ 堆积。其中，含己基烷基侧链可以使分子呈现出 zigzag 模式的 $\pi-\pi$ 堆积排列。基于这种特殊的排列，其体现出最高的空穴迁移率，达到 2.9 $cm^2 \cdot V^{-1} \cdot s^{-1}$[9]。

中科院化学所张德清团队在侧链调控聚合物有序堆积方面取得了系列进展。比如，他们将吡咯并吡咯二酮（DPP）支链中的一个烷基链用直链替代，合成了含有支链 / 直链的共轭聚合物。理论计算结果显示：支链被直链部分代替后，聚合物的构型发生了改变，由之前的 zigzag 结构转变为更加线性舒展的结构，从而使烷基链之间距离变大，有利于减小烷基链间位阻。实验结果显示：①支链被直链替代后，可以有效降低烷基链与烷基链、烷基链与共轭骨架之间的位阻，从而提高聚合物的平面性；②直链有利于聚合物烷基链间的交错堆积；③直链促使聚合物的堆积更加有序，结晶性更好，使聚合物的堆积模式由 face-on 转变为对晶体管电荷传输更加有利的 edge-on 模式。最终，直链的引入有效提高了聚合物的半导体性能，它们在空气中的空穴迁移率最高可以达到 9.4 $cm^2 \cdot V^{-1} \cdot s^{-1}$。在氮气氛下，其最高空穴和电子迁移率达到 7.9/0.79 $cm^2 \cdot V^{-1} \cdot s^{-1}$[10]。

除烷基链之外，他们还设计合成了侧链含胸腺嘧啶官能团的给受体聚合物，通过胸腺嘧啶的氢键作用，加强了聚合物高分子链间的相互作用，增强了聚合物薄膜的有序堆积及结晶性。场效应晶体管测试结果表明：基于其的薄膜晶体管的空穴迁移率达到 9.4 $cm^2 \cdot V^{-1} \cdot s^{-1}$。进一步利用胸腺嘧啶官能团对金属离子的配位作用，以界面配位的方式获得了含有 Pd(Ⅱ) 和 Hg(Ⅱ) 离子的功能薄膜，并分别利用 Pd(Ⅱ) 和 Hg(Ⅱ) 离子对 CO 和 H_2S 的特异性化学反应，构筑了相应的高选择性及高灵敏度场效应晶体管气体传感器。其中，CO 气体传感器的检测限可达 10 ppb，而 H_2S 气体传感器的检测限达到 1 ppb。

这一研究表明，通过侧链的调控，不仅可以提高分子堆积有序性，提升半导体性能，还可以进一步引入功能，有利于器件的功能集成[11]。

4. 利用静电势调控异质结混相聚集态有序性及其光电功能的研究

与单组份聚集态相比，多组份聚集态的研究更为困难，但是也非常重要。比如：有机光伏电池器件多基于混相异质结结构，经过 20 多年的发展，虽然有机光伏电池效率已经超过 14% 能量转换效率，已经初步展现了其商业化的潜力，但即使最先进的有机光伏电池的效率仍然远远低于其他光伏电池（如硅、钙钛矿太阳能电池）。这主要是因为有机半导体材料较低的固有介电性能使得光生电子空穴对具有很强的库伦结合能，这使得需要额外的能量驱动分离电子空穴对形成自由电荷。这种额外的驱动能量往往涉及电荷转移态的形成和解离。这导致器件的开路电压与带隙具有很大的能量偏移，从而限制了器件的性能。因此，有效降低分离电子空穴对所需的额外驱动力对于提升有机光伏电池的性能具有重要意义。

我国科学家在这方面取得了重大突破。中科院化学所侯剑辉团队报道了一种聚合物给体 PTO2，并对其在有机太阳能电池中的应用进行了研究，通过使用非富勒烯受体 IT-4F 可获得 14.7% 的效率。更为重要的是，该体系表现出非常小的能量偏移态，器件表现出非常高的电荷产生效率。研究结果表明 PTO2 和 IT-4F 在分子间存在很大的静电势差，其组成两相异质结薄膜后，可以诱导光生载流子的分离。这些发现意味着微调聚集态薄膜混相间的内部静电势差可以作为有机光伏材料的分子设计策略，并且利用这种方法将提高有机光伏电池的开路电压电压，从而提高效率[12]。

（二）有机高分子电致发光材料

有机电致发光器件（OLED）在彩色显示和固体照明领域拥有广阔应用前景和发展机遇。近年来，在国家大力投入和国内研究者的不懈努力下，我国在有机电致发光领域取得了快速发展，围绕面向蒸镀工艺的有机小分子发光材料和面向溶液加工工艺的高分子发光材料，相继发展了一系列新发光机制、新材料体系和新器件结构。

1. 有机小分子发光材料

有机小分子发光材料方面的代表性研究进展主要集中在新发光机制探索、新材料体系开发和新器件结构应用三个方面。

在新发光机制探索方面，吉林大学李峰等发展了“双线态自由基发光”的新理论，克服了激子跃迁过程中的自旋禁阻问题，实现了外量子效率为 27% 的近红外器件，是目前为止报道的近红外有机发光二极管的最高效率，为解决三线态激子的利用问题，实现 100% 的器件内量子效率提供了全新途径[13]。华南理工大学马於光等提出了“热激子”理论，通过高能级三线态激子反向系间窜跃到单线态进行辐射跃迁发光，实现了荧光材料激子利用率的提升，其中以苯基咔唑 / 菲并咪唑为给体 / 受体单元设计合成的深蓝光材料其器件外量子效率达到 10.5%[14]。清华大学段炼等提出了“热活化敏化荧光（TASF）”的新机制，即采用热活化延迟荧光（TADF）材料敏化经典荧光染料发光，利用 TADF 材料高激子利用率的优势和荧光染料高荧光量子效率的特点，实现高效荧光器件，通过大位阻荧光染料的材料设计和多通道敏化发光的器件设计，制备出 5000 cd/m^2 亮度下外量子效率为 24.6% 的绿光器件[15, 16]。

在新材料体系开发方面，华南理工大学赵祖金等发展了具有聚集诱导发光（AIE）效应的热活化延迟荧光材料，利用 AIE 材料在固态条件下发光增强的特点，制备了具有非掺杂特性和低效率滚降的发光器件，基于吩噻嗪 / 芳基酮为给体 / 受体的黄光材料其非掺杂器件在 5000 cd/m^2 的亮度下具有 20.1% 的外量子效率[17]。华南理工大学苏仕健等报道了具有双荧光发射特性的 TADF 材料，通过在给体单元引入具有刚性结构的金刚烷取代基，获得了具有准轴向和准赤道两种构象的荧光材料，揭示出具有 TADF 特性的准赤道构象是提升激子利用率的本质，制备的天蓝光器件的外量子效率达到 28.9%[18]。武汉大学杨楚罗等设计合成了以萘酰亚胺为受体的橙红光 TADF 材料，膜态下表现出高的荧光量子效率和水平取向度，器件外量子效率为 29.2%[19]。南京大学郑佑轩等采用手性八氢联萘酚作为手性源，结合咔唑 / 苯腈 TADF 骨架发展了高效手性发光材料，绿光器件的外量子效率为 32.6%，不对称因子 gEL 为 2.3×10^{-3}[20]。苏州大学廖良生等设计合成了含有螺环结构的双极性芳胺 / 氧膦主体材料，利用蓝光和红光磷光染料以及绿光激基复合物的同时发射制备了白光器件，在保证高显色指数（CRI=80）的同时获得了 60 lm/W 的功率效率[21]。吉林大学王悦等报道了以二氰基喹喔啉为受体单元的红光到近红外 TADF 材料，通过掺杂含量调控制备了发光峰位在 644 nm 到 728 nm 可调的发光器件[22]。黑龙江大学许辉等利用芳基氧膦单元调控咔唑 / 三嗪分子的激发态特性，报道了具有高荧光量子效率的天蓝光 TADF 材料，器件外量子效率为 28.9%[23]。

在新器件结构应用方面，苏仕健等借鉴经典的无机 pn 结发光原理，发展了平面 pn 异质结 OLED 器件，简化器件结构的同时降低了器件驱动电压，在此基础上发展了空间电荷分离型 pn 异质结器件，可以同时提高器件效率并降低效率滚降[24]。苏州大学张晓宏等发展了基于激基复合物体系的 OLED 器件，利用激基复合物具有低电子交换能和双极传输的特点，组装出具有低驱动电压和高功率效率的荧光器件，特别是近期发展了三元激基复合物体系，将其器件外量子效率提升至 24%，是目前报道激基复合物荧光器件的最高效率[25]。苏仕健等开展了器件寿命的理论预测方法研究，利用分解活化能算符 ΔEA 与激子动力学理论，建立了分子基态和激发态下的分解衰减行为与器件稳定性的内在联系，为预测发光材料老化机制、提高器件寿命提供了理论支撑[26]。

2. 高分子发光材料

高分子电致发光材料方面的重要进展主要包括面向彩色显示器件的蓝绿红三基色高分子发光材料，面向固体照明光源的白光高分子材料，及其器件组装方面的研究。

在蓝光高分子方面，中国科学院长春应用化学研究所王利祥等突破经典高分子荧光材料以共轭主链为结构特点，和以化学键电荷转移为发光本质的设计思路，提出了“空间电荷转移非共轭高分子荧光材料”的学术概念，开拓出同时具有空间电荷转移（TSCT）效应、热活化延迟荧光（TADF）效应和聚集诱导发光（AIE）效应的蓝光高分子材料体系，外量子效率为 12.1%，不仅成为蓝光高分子荧光材料的代表性体系，而且也为设计全色高分子荧光材料开辟出新途径[27-29]。华南理工大学曹镛和杨伟等发展了含有硫氧芴和芳胺单元的聚芴蓝光高分子，在提高光谱稳定性的同时，表现出突出的双极传输特性，单层器件在 1000 cd/m^2 亮度下的效率达到 7.0 cd/A[30]。华南理工大学黄飞等报道了主链含二苯砜单元的蓝光高分子 TADF 材料，利用二苯砜单元的宽带隙和电子传输特性，实现了发光波长（538 nm）与发光效率（5.5 cd/A）的协同调控[31]。南京邮电大学黄维和解令海等开展了聚芴类蓝光高分子的相态结构研究，利用烷氧基取代和引入螺环共聚单元的设计策略实现了聚芴类高分子从 α 相态到 β 相态的转变，为调控聚合物的发光颜色、发光效率和传输特性提供了新途径[32]。南京邮电大学赖文勇等采用三聚茚为中心核，发展了一类单分散多臂结构的梯形蓝光齐聚物，不仅具有高荧光量子效率，同时表现出优异的光谱稳定性，电致发光光谱不随驱动电压发生改变[33]。北京化工大学任忠杰等开展了聚苯乙烯类蓝光高分子 TADF 材料的设计合成，采用具有高荧光量子效率的氧化硫杂蒽 TADF 染料为发光单元，获得了色坐标为（0.15，0.09）的深蓝光器件[34]。东南大学孙岳明等采用双极传输特性的咔唑 / 芳基氧膦杂化树枝，开发出蓝光树枝状 TADF 材料，在实现载流子注入和传输平衡的同时，降低了激子的浓度淬灭效应，为采用溶液加工途径组装非掺杂蓝光器件提供了代表性材料体系[35]。

在绿光和红光高分子方面，武汉大学杨楚罗等设计合成了侧链含有吩噁嗪 / 二苯砜发光单元的蓝绿光聚咔唑类 TADF 材料，通过掺杂含量调控和器件结构优化，组装出外量子效率为 16.1% 的溶液加工器件[36]。中国科学院长春应用化学研究所程延祥等采用“主链给体 / 侧链受体”的设计策略，报道了侧链含二苯甲酮单元的咔唑 / 吖啶共聚物，制备了具有高外量子效率和低效率滚降特征的绿光器件[37]。长春应用化学研究所丁军桥等采用具有扭曲结构的二甲基二苯醚 / 芴共聚物为高分子主链，报道了侧链型红光高分子 TADF 材料，溶液加工器件的最大外量子效率为 5.6%[38]。华南理工大学马於光等采用不同带隙的齐聚芴为发光中心，在外围通过烷基链引入电活性的咔唑单元，利用电化学聚合技术获得了蓝、绿、红光高分子薄膜，制备出彩色有源矩阵有机发光二极管（AMOLED）显示器件，为发展高分子发光材料的图案化技术提供了新途径[39]。

在白光高分子方面，王利祥等采用具有双极特性和高三线态能级的非共轭聚芳醚高分子为主体材料，通过调控主体电子能级与三线态能级和提升蓝光与黄光磷光染料的发光效率，解决了空穴散射和注入势垒较大导致高驱动电压的问题，发展了具有高功率效率特性的全磷光单一高分子白光材料，实现了单一高分子白光材料器件效率的突破，其功率效率超过 50 lm/W，达到荧光灯的效率水平[40]。

在器件组装方面，华南理工大学彭俊彪等报道了一种组装溶液加工多层器件的半正交溶剂工艺，不同于经典正交溶剂工艺的发光层和传输层分别采用油溶性和醇/水溶性材料，半正交溶剂工艺的发光层和传输层均为油溶性材料，利用传输层和发光层在不同油性溶剂中的溶解性差异解决相邻有机层界面处的层间互溶问题，其中以溶于对二甲苯的芳胺/芴共聚物作为空穴传输层和溶于二氧六环的硫氧芴/芴共聚物作为发光层组装的深蓝光器件其电流效率达到 5.1 cd/A[41]。

（三）有机高分子光伏

太阳能是绿色能源的重要组成部分，由此产生的光伏技术受到世界各国的广泛关注和高度重视。与传统的无机太阳能电池相比，本体异质结型有机太阳能电池可通过低廉的墨水印刷工艺制备大面积柔性器件，受到世界范围内学术界和工业界的持续关注。过去两年来，基于非富勒烯受体的太阳能电池蓬勃发展，中国学者在该领域处于引领性地位。以明星分子 ITIC 为代表的稠环电子受体材料应用于太阳能电池，获得的器件效率超过 15%，新稠环电子受体材料 Y6 的出现进一步的把单结太阳能电池效率提升到 16% 以上。基于非富勒烯受体的半透明电池器件效率不断提升，同时也实现了颜色可调以及多功能应用。三元太阳能电池在形貌和光电过程的控制和理解方面取得重要进展，厚膜高性能三元器件已经实现。目前叠层电池通过材料的优化选取，效率已经突破 17%，是文献报道有机太阳能电池最高效率，此外 NREL 效率表中关于有机光伏效率的最新纪录均由国内学者保持。降低光伏材料成本逐渐引起人们关注，高效率、低成本光伏材料已有报道。大面积、高效率器件也取得了较大进展，1 cm^2 下器件效率超过 13%。

非富勒烯受体推动有机光伏器件性能不断提升。继 2017 年年初，中科院化学所侯剑辉等人利用聚合物给体 PBDB-T-SF 与 IT-4F 受体匹配实现 13.1% 光电转换效率[42]；2018 年，他们利用比 PBDB-T-2F 更方便合成的聚合物给体 PBDB-T-2Cl 和 IF-4F 匹配实现了超过 14% 的效率[43]；2019 年，他们通过三元共混、共聚方法发展聚合物给体，与 IF-4F 匹配实现超过 15% 的效率[44]。2018 年，中南大学邹应萍等报道了一种非富勒烯受体 Y6，它具有梯形缺电子中心稠环主核，通过与聚合物给体 PM6 匹配实现高达 15.7% 的效率[45]。华南理工大学黄飞等利用 P2F-EHp 聚合物给体与 Y6 匹配，实现了超过 16% 的效率[46]。侯剑辉等将 Y6 中氟原子替换为氯原子合成了电子受体 BTP-4Cl，实现了 16.5% 的效率[47]。

半透明太阳能电池是有机太阳能电池未来商业化应用的重要方向。2017 年中科院化学所朱晓张等提出“发展非富勒烯受体实现活性层对可见光的高透过率和近红外光的高利用率”策略，基于窄带隙给体 PTB7-Th 和窄带隙受体 ATT-2 实现了高性能半透明太阳能电池[48]。北京大学占肖卫等利用强近红外吸收电子受体 IHIC 与 PTB7-Th 匹配，在可见光平均透过率 36% 下实现了高达 9.77% 的效率[49]。侯剑辉等人利用超窄带隙非富勒烯受体 IEICO–4Cl 与不同的聚合物给体匹配，实现了颜色可调的半透明光伏器件[50]。占肖卫等人利用异构化策略发展了稠环电子受体 FNIC1 和 FNIC2，在 20.3%~13.6% 可见光透过率下，实现了 9.51%~11.6% 的效率[51]。华南理工大学叶轩立等人利用光子晶体反射近红外光，提出具有隔热功能的半透明光伏技术[52]。素色半透明太阳能电池能够避免视觉障碍，苏州大学李耀文等人在 20% 透光率下获得了 9.37% 的效率，实现了高达 100 的显色指数[53]。

三元有机太阳能电池是克服有机材料窄吸收缺陷的有效途径。2017 年，四川大学彭强等人利用宽带隙小分子受体 SFBRCN 与窄带隙给体 PTB7–Th 和中带隙给体 PBDB–T 匹配，实现了多通道能量传输，通过器件优化实现了 12.27% 的效率[54]。中科院宁波材料所葛子义等人发展了电子受体 ITCN，其与 PBDB–T 给体和 IT–M 受体不仅具有互补光吸收，同时形成了级联式给受体能级排布，提高了电荷分离和传输效率，最终取得了 12.16% 的效率[55]。2018 年，北京航空航天大学孙艳明等人通过 ICBA 干扰 ITIC–2Cl 分子的 π–π 堆积从而形成均一形貌，实现高效电荷分离，降低双分子复合，获得平衡的电荷传输性能，取得了 13.4% 的效率[56]。北京交通大学张福俊等人利用两种具有良好兼容性的小分子受体 INPIC–4F 和 MeIC 与聚合物给体 PBDB–T 加工器件，实现了 13.73% 的效率，效率的提升归因于优化的光谱吸收和形貌[57]。香港科技大学颜河等人利用聚合物给体 PM6 和结构相似的非富勒烯受体 ITCPTC 和 MeIC 匹配，实现了对相区尺寸和结晶性协同调控，取得了 14.13% 的效率[58]；随后他们利用 PM7 和 ITC–2Cl 作为主体材料，向其中加入具有超小带隙的电子受体 IXIC–4Cl 实现了高达 15.37% 的效率[59]。2018 年，朱晓张等人选取强结晶、宽带隙电子给体材料 BTR，弱结晶、窄带隙噻吩并噻吩类电子受体材料 NITI 和具有强聚集和优异电子传输特性的富勒烯受体 $PC_{71}BM$ 制备了具有“分级结构”的三元共混薄膜，在 300 nm 最佳膜厚下取得高达 13.63% 的效率，相对二元器件性能提升幅度高达 51% 和 100%，也是目前全小分子太阳能电池的最高效率[60]。

叠层有机太阳能电池相比于单结电池的优势包括：①吸收互补的前后活性层可以有效克服单结电池由于有机材料低迁移率所导致的膜厚限制；②发挥有机材料的多样性优势实现前后电池材料丰富的可选择性；③减少热和穿透损失。2018 年，南开大学陈永胜等人针对前后电池的不同需求设计了可以覆盖 300~900 nm 吸收光谱的非富勒烯受体 F–M 和 NOBDT 并分别与宽带隙给体 PBDB–T 和窄带隙给体 PTB7–Th 匹配，在光学模拟的指导下，通过系统优化各层膜厚，实现了高达 14.11% 的效率[61]。随后他们将后电池材料变为 PBDB–T 和 NNBDT 给受体组合，通过器件优化实现了 14.52% 的效率[62]。2018 年，浙江大学李昌治等人发展了基于噻吩并［3，4–*b*］噻吩的近红外非富勒烯电子受体（T1–T4）用于构筑高效叠层电池，其中以 PTB7–Th 和 T2 为后电池材料组合，通过与以 PBDB–T：ITIC 为活性层材料的前电池匹配实现了 14.64% 的效率[63]。2018 年，陈永胜和国家纳米中心丁黎明课题组合作，利用 PTB7–Th 给体、光谱吸收超过 1000nm 的 O6T–4F 和 $PC_{71}BM$ 受体作为高效的后电池材料组合，实现了高达 17.3% 的效率，是目前文献报道有机太阳能电池效率的最高值[64]。

发展低成本材料、实现大面积器件可以推动有机光伏技术从基础研究到商业化应用的转变。2018 年，中科院化学所李永舫等人从廉价底物出发通过两步反应以 87.4% 的总收率合成了聚合物给体材料 PTQ10，通过与 IDIC 受体匹配实现了活性层膜厚不敏感的光伏器件[65]，效率最高达 12.70%。2019 年他们通过简化合成步骤发展了电子受体 MO–IDIC–2F，与 PTQ10 匹配取得了 13.46% 的效率，成本分析表明基于 MO–IDIC–2F 的聚合物太阳能电池具有更低的成本和更高的光伏性能[66]。李昌治等人通过两步合成了非稠环电子受体，通过分子内非共价键弱相互作用形成平面可堆叠构象，与 PBDB–TF 给体匹配获得了 10.27% 的效率，展现出极低的合成复杂性指数[67]。黄飞等人利用 P2F–EO 给体和 IF–2F 受体匹配在 $1cm^2$ 器件面积下实现了 12.25% 的效率[68]。侯剑辉等人利用萘酰亚胺型小分子化合物 NDI–N 作为可打印阴极修饰层，在面积为 1 cm^2 的 PBDB–T–2F：IT–4F 光伏器件中实现了 13.2% 的效率，是报道时大面积有机光伏器件效率的最高值[69]。

（四）有机高分子热电

伴随着柔性电子器件在健康监测与物联网等战略新兴领域的重大应用前景，热电发电与制冷器件成为能源领域的重要方向。有机热电材料可实现热能与电能的直接转换，且具有柔性好、本征热导低和室温区性能优异等特点，是满足领域发展需求的关键材料体系之一。近年来，有机热电开始得到关注并取得快速发展。朱道本院士等四位科学家于 2016 年在国内组织了以“热电转换：分子材料的新机遇与挑战”为主题的香山科学会议，围绕领域关键问题和我国的发展机遇开展了深入研讨。国际同行于 2016 年与 2018 年先后在日本和西班牙两次召开有机与杂化热电材料会议，系统探讨了领域的挑战与发展方向。英国工程和自然科学研究委员会于 2018 年发布了热电领域发展路线图，将有机热电材料列为重要的材料体系之一，表明有机热电正逐步成为有机电子学的前沿热点方向。

作为处于起步阶段的新兴方向，有机热电面临以下挑战：①高性能材料理性设计的基本策略；②分子的精确可控与稳定掺杂；③热电转换的基本过程和关键参数间的制约关系；④新型功能器件制备和大面积集成。近三年来，国内外学者在高性能材料创制、分子可控掺杂和器件功能化方面取得了系列进展，推动了领域的快速发展。

分子体系创制是推动有机热电材料发展的关键。2017 年以来，p 型材料研究稳步推进，而 n 型有机热电材料则取得快速发展。在小分子方面，中科院化学所的朱道本院士团队先后发现多个 n 型小分子热电材料新骨架。其中，掺杂后的 A–DCV–DPPTT 分子电导率和塞贝克系数分别达 5.3 S/cm 和 665 μV/K，功率因子 236 $\mu W \cdot m^{-1} \cdot K^{-2}$，ZT 值最高达到 0.26。该性能和此前同一团队获得的 n 型导电聚合物体系［poly（Ni–ett）］的性能相当，是 n 型小分子热电材料最优结果[70]。此外，n 型高分子半导体热电材料的骨架设计方面也取得系列进展。例如，北京大学裴坚课题组通过 D–A 聚合物中给体单元的设计，改变了分子 PDPF 的电子亲合势和分子链排列取向，相较于参照体系提升了掺杂效率并将电导率提升 3 个量级，薄膜功率因子为 4.65 $\mu W \cdot m^{-1} \cdot K^{-2}$，这为 n 型高分子热电材料的设计提供了新思路[71]。

有机 – 无机杂化材料是热电材料的重要组成部分。精确控制组分比例和材料表界面性质是制备高新能杂化材料的关键策略。上海硅酸盐研究所陈立东课题组采用一锅法制备了 Te 量子点和 PEDOT 杂化材料体系，该方法可以有效避免纳米颗粒团聚、氧化和分散不均匀等问题，材料功率因子可以达到 100 $\mu W \cdot m^{-1} \cdot K^{-2}$[72]。清华大学万春雷等人采用电化学插层法制备了 TiS_2 和氨类化合物的超晶格杂化材料。该材料具有规整的周期结构，在保持良好电荷输运能力的情况下可以显著降低声子热导，使得 413 K 下的热电优值达到 0.33，彰显了杂化有机热电材料的发展潜力[73]。

稳定与可控的掺杂是提高有机半导体热电性能的关键手段。目前，相关研究集中于主体材料的电子结构调控、掺杂剂开发和掺杂方法拓展三大方面。中科院化学所朱晓张等人发展了一系列醌式结构材料衍生物，发现 DQQT 类材料独特的双自由基性质具有较低的 LUMO 值并利于实现稳定的 n 型掺杂。例如：Se 原子的引入可以增强双自由基性质以及自掺杂程度，使得 2DQQT–Se 的电导率在空气中可保持 260 h 以上，功率因子也达到 1.4 $\mu W \cdot m^{-1} \cdot K^{-2}$[74]。在掺杂体系聚集体结构调控方法，美国加州大学 Michael L. Chabinyc 课题组对掺杂 PBTTT 薄膜的聚集态结构调控和热电性能开展了系统研究。他们发现 F_4–TCNQ 气相掺杂的薄膜具有更为优异的骨架长程有序排列，从而有利于载流子传输，其电导率和功率因子分别达到 670 S/cm 和 120 $\mu W \cdot m^{-1} \cdot K^{-2}$，是已报道 PBTTT 薄膜的最优性能[75]。

热电器件的功能应用主要包括温差发电（塞贝克效应）和热电制冷（帕尔贴效应）。尽管人们预测有机材料在制冷方面具有优势，但是相关研究受限于高性能器件构建和温差的高精度原位测量两大难题。朱道本院士团队针对有机热电器件帕尔帖效应研究中面临的关键难题，结合悬浮器件的制备和原位表征系统的搭建，利用高速 / 锁相红外技术揭示了有机薄膜器件中的帕尔贴效应，并实验验证了有机体系中的汤姆逊关系。他们发现 poly（Ni–ett）薄膜器件两端可以建立超过 40℃的温差，并且首次实现了有机热电器件的电致制冷。此外，理论计算预测该类材料的超薄器件有望实现热流密度超过 500 $W \cdot cm^{-2}$ 的大温差电致制冷，在柔性固态制冷和定点化瞬态制冷等方面具有重要的应用前景[76]。

不同于普通热电材料，离子热电材料是利用 Soret 效应实现热电转换的材料体系。尽管该类材料的性能评估方式和典型热电材料不同，但是可用于特定环境下的热电应用。瑞典林雪平大学的 Xavier Crispin 课题组近年来在离子热电效应方面取得多项进展。2017 年，他们利用基于乙烯基膦酸 – 丙烯酸共聚物［P（VPA–AA）］的电解质介电层制备了热电动势调控的有机晶体管。结合聚合物电解质超高塞贝克系数（10 mV/K）的特点和晶体管的信号放大功能，该类器件在高灵敏温度传感和红外光探测方面展现了重要的应用前景[77]。此外，他们利用偏氟乙烯 – 全氟丙烯共聚物、离子液体（[EMIM][TFSI]）和聚乙二醇（PEG）复合，通过改变[EMIM][TFSI]和 PEG 的含量即可改变材料的极性，为新型离子型热电器件的构筑奠定了材料基础[78]。近期，美国马里兰大学帕克分校的胡良兵课题组在基于纤维素的离子热电材料研究方面取得重要进展。他们利用定向排列的氧化纳米纤维素实现了空间限域的离子传导，从而大幅提高了 Soret 效应的性能，可用于低温差下的热电能量转换[79]。

（五）有机高分子场效应晶体管

有机高分子材料是单个分子通过分子间弱的相互作用而形成的功能材料。独特的分子结构特征和聚集方式赋予分子材料丰富的电学、光学和光电转换等物理化学性质，基于这类材料的场效应晶体管具有质轻、成本低、可溶液法加工、功能易调性等独特优势，是构建柔性电子器件的理想载体之一，从而推动柔性电子学特别是可卷曲、可穿戴电子器件的发展，该领域得到了学术界和工业界的广泛关注。在高分子材料研发方面，新型结构的光电高分子材料是核心研究内容。在高分子材料加工技术方面，不同的沉积方法影响高分子材料的聚集态结构和排列。在应用开发发面，高分子晶体管具有信号转换和放大功能，在智能传感器、柔性显示、电子皮肤以及可穿戴器件等领域有广阔的应用前景。

1. 有机高分子材料

近年来，有机高分子材料取得了重要进展，p 型聚合物半导体的性能已经超过了 20 $cm^2 \cdot V^{-1} \cdot s^{-1}$，但双极性和 n 型聚合物半导体发展滞后，其电子迁移率普遍低于 5 $cm^2 \cdot V^{-1} \cdot s^{-1}$。两者的不平衡性影响了逻辑电路和发光场效应晶体管等应用的实现。材料的设计合成是本领域的一个重要研究方向。增强电子迁移率需要引入吸电子体系来调控半导体的前线轨道能级，而较低的能级会导致合成难度的增加。近年我国在这两类材料方面做出了较多原创性科研成果，达到国际领先的水平。

吡咯并吡咯二酮（DPP）、异靛蓝（IID）和萘酰亚胺（NDI）是经典半导体构筑单元。2017 年，中科院化学所刘云圻院士组基于受体二聚策略发展了双 DPP 类双极性聚合物，引领了该类材料的发展[80]。之后，进一步研究了三受体聚合物体系，得到较平衡的双极性性能[81]。2018 年，天津大学胡文平教授组进一步引入喹啉体系，获得了 n 型主导的双极性性能，电子迁移率超过 6 $cm^2 \cdot V^{-1} \cdot s^{-1}$[82]。他们进一步通过碳氢活化反应合成了三受体型聚合物，其顶栅器件表现出高达 8.90 $cm^2 \cdot V^{-1} \cdot s^{-1}$ 和 7.71 $cm^2 \cdot V^{-1} \cdot s^{-1}$ 的空穴和电子迁移率[83]。2018 年，天津大学耿延候教授合成了含氮连二 IID 类聚合物，进一步降低轨道能级，相应器件表现出 n 型主导的双极性传输特性[84]。中科院化学所于贵研究员报道合成了含氟受体和 NDI 的共聚物，其电子迁移率为 3.2 $cm^2 \cdot V^{-1} \cdot s^{-1}$[85]。这些材料作为经典体系的重大进展，在国内外受到高度评价。

近年新材料体系尤其是含氮类受体材料开始受到国内外广泛关注。中科院长春应化所刘俊教授合成了一类新型的吸电子的受体，双 B ← N 桥连二吡啶，实现了 n 型主导的性能[86, 87]。2017 年，刘云圻院士报道了双吡啶并噻二唑类分子，具有强吸电子能力和 π 共轭。基于其的场效应器件表现出优异的双极性传输特性，空穴电子迁移率最高达到 6.87 $cm^2 \cdot V^{-1} \cdot s^{-1}$ 和 8.94 $cm^2 \cdot V^{-1} \cdot s^{-1}$[88]。之后，他们发展了一种通用的取代环化靛蓝的合成方法，极大地丰富双极性半导体材料的种类[89]。南方科技大学郭旭岗教授报道了二噻吩酰亚胺二聚体[90]、噻唑酰亚胺[91]等的全受体聚合物，最高迁移率达到 1.61 $cm^2 \cdot V^{-1} \cdot s^{-1}$，该结果是全受体聚合物最好的性能之一。

2. 高分子材料加工新技术

溶液法加工为低成本、大面积柔性电子产品奠定了基础。目前广泛使用的常规旋涂法已难以满足应用的需求。许多研究通过改善成膜过程来控制分子的结晶性。近年国内外主要进展包括：韩国光州科学技术院 Dong-Yu Kim 利用偏离中心旋涂法实现聚合物链的径向排列，使空穴迁移率提高到 8.09 $cm^2 \cdot V^{-1} \cdot s^{-1}$[92]。中科院化学所朱道本院士团队和剑桥大学 Henning Sirringhaus 团队研究员开发了一种新型的高速旋滴旋涂技术以实现溶液的铺展与快速成膜，节省材料并实现了超薄薄膜的制备，在超高灵敏度气体传感器上展现的巨大潜力[93]。中科院化学所刘云圻院士团队采用刮棒涂布法快速制备聚合物半导体薄膜，仅用 2 秒的时间制备出 A4 纸大小的薄膜，获得了超过 4.5 $cm^2 \cdot V^{-1} \cdot s^{-1}$ 的平衡的晶体管性能，是传统制备方法的 9 倍，可与工业化生产兼容[94]。长春应化所韩艳春教授采用新型印刷技术改变介质中混合溶剂比例和高分子溶质的分子量 / 浓度，调控液滴形成行为并实现稳定单一液滴喷墨的方法，并进一步提高液滴融合对称性和均匀性[95–97]。

3. 有机高分子场效应晶体管的应用

基于 LTPS-FET 的主动矩阵有机发光二极管（AMOLED）已商业化应用，但复杂的加工工艺和较低的良品率限制了其推广，且无法实现真正的柔性。基于 OFET 的 AMOLED 则可通过溶液法大面积加工实现低成本柔性显示。2017 年，胡文平教授通过基底修饰调节并五苯结晶，成功驱动 6 × 6 显示阵列[98]。高分子聚合物材料薄膜均匀性和缺陷等问题影响了其应用，所以目前基于此类材料的 AMOLED 尚未见报道。随着喷墨打印等图案化成膜技术的进一步发展，新型聚合物 OFET 驱动的 AMOLED 有望得到实现。

通过检测有机场效应晶体管的迁移率、阈值电压或开关比等电学参数可实现化学、物理和生物等信号的探测。中科院化学所朱道本院士团队将仿突触结构和压力传感器结合起来实现了实时的触觉感知，并制备了仿生分子触须来探测三磷酸腺苷[99, 100]。迟立峰教授利用 TIPS- 并五苯制备了超灵敏的 NO_2 探测器[101]。美国斯坦福大学鲍哲南教授也制备了大面积的柔性触觉传感器[102]。约翰斯 · 霍普金斯大学 Howard Katz 组通过引入扩展栅极结构实现了脑损伤标记物胶质纤维酸性蛋白的探测[103]。在信息化的时代，针对生物信号的探测和柔性大面积传感器的制备将是两个重要的发展方向，将人工智能和大数据引入传感器领域将会把此项研究推上一个新的台阶。

调控聚合物材料的韧性和电学性能可实现可拉伸的光电功能传感器的制备和功能化，拓宽聚合物晶体管的应用范围。美国斯坦福大学鲍哲南团队聚焦于高分子材料结构上的改进、平衡载流子迁移率和器件柔性。他们通过调控聚合物链中刚性和弹性结构单元数量，采用新型纳米限域效应等方法，可使材料在100%拉伸应变或被刺穿时仍保持稳定的电学性能，并实现了可拉伸阵列[104-106]。全橡胶电子器件继承了橡胶材料的机械性质，具有良好的可拉伸性、低成本、工艺简单等优点。可以预见，全橡胶电子将推动新一代柔性电子的技术革新。

有机近红外光探测器方向的工作主要利用了其可调的光电性能、易于加工、高兼容性以及室温可操作性等优点。其中，胡文平组制备了基于N型二维有机单晶的高性能近红外光电晶体管[107]。日本理化学研究所Takao Someya教授利用一个超薄的有机近红外光探测器，实现血流传感器的高灵敏度，展示了其在皮肤医疗诊断方面的潜力[108]。近年来，基于有机材料的近红外光电探测器在一些性能上能够达到甚至超过无机光电探测器，但在稳定性和寿命上仍有不足，限制了其市场的拓展，该类应用的基础与机理仍亟待完善。

（六）新型碳材料石墨炔

碳科学的快速发展以及它对诸多学科和高技术领域的影响，已经广泛影响到高技术科技的各个领域，从而确立了它在21世纪的战略地位。二维碳石墨炔是以sp和sp^2两种杂化态形成的新的碳同素异形体，它是由1，3-二炔键将苯环共轭连接形成二维平面网络结构，具有丰富的碳化学键、大的共轭体系、宽面间距、优良的化学稳定性和半导体性能，被预测为非天然碳的同素异形体中最稳定的结构。石墨炔特殊的电子结构和孔洞结构使其在光、电、信息技术、电子、能源、催化以及光电转换等领域具有潜在、重大的应用前景。2010年，中国科学院化学研究所李玉良院士研究团队在国际上首次化学合成了碳新同素异形体—石墨炔薄膜，使碳材料家族又诞生了一个新成员，开辟了人工化学合成新碳素异形体的先例。石墨炔已得到许多发达国家政府和企业界的高度重视，美国、日本、欧盟等国家都已启动专门的研究计划。目前全球从事石墨炔材料研究的高校和科研院所已经超过50家，石墨炔作为完全具有我国自主知识产权的碳材料，已经形成了一个新的研究领域。经过多年的深入系统研究，我国在石墨炔领域已经形成了自己的特色和优势，并在国际上处于引领的地位。

近年来，我国科学家在石墨炔的基础和应用研究中获得了原创性的研究成果。建立了以燃烧法为主的石墨炔宏量制备新技术和新方法，获得了高质量且宏量制备的石墨炔；发展了系列新方法实现了石墨炔聚集态结构从一维到三维的可控合成；首次报道了利用高活性纳米线控制石墨炔的大面积生长，得到了大面积的高取向的石墨炔纳米管和超薄1.9纳米石墨炔纳米片；制备了石墨炔晶体和厚度仅为 0.6 nm 石墨炔薄膜，及厚度为 1~2 nm 单晶石墨炔薄膜，确定石墨炔晶体和薄膜的精确结构，证明了无论是晶体或者薄膜它们的晶体结构和超分辨分析都是“ABC”堆垛层状结构[109-112]。首次提出了原子催化的概念。长期以来催化领域一直期待零价催化剂的出现，石墨炔丰富的 π 键、超大的表面和孔洞结构、能协同有力的锚定零价的过渡金属和贵金属，实现了该领域至今仍未突破的难题——零价原子催化。这类催化剂显著不同于传统载体上以团簇形式存在的单原子催化剂，克服了易迁移、易聚集，靠电荷转移不稳定等问题，使催化活性展示了变革性的变化，这些独特的优势将促生原子催化的新理念，形成一批原子催化剂，改变传统的催化观念，引领催化领域的变革性创新。自然界中钼普遍以高氧化态化合物形式稳定存在。传统单原子催化剂的制备方法无法得到零价钼原子催化剂。他们从理念上创新，提出了锚定零价钼原子的新策略，成功在石墨炔表面高负载了的零价钼原子，并实现了其表面活性组分的高度分散。目前，工业上主要使用 Haber-Bosch 法将氮气和氢气在高温、高压催化剂作用下合成氨。此法耗能巨大，并会导致严重的环境污染。零价原子催化剂具有确定的结构、明确的和众多的反应活性位点等特点，实现了在常温、常压下高选择性、高活性和高稳定性合成氨和产氢，为合成氨工业在低温、常压下生产创造了扎实的基础研究依据[113-116]。

无金属催化是催化领域的重要挑战，石墨炔作为一种新型二维碳材料，具有丰富的碳化学键、大的共轭体系、宽面间距以及优良的热稳定性和高的化学活性。成功在薄层石墨炔上引入新型的 sp 杂化的 N 原子，这种 sp-N 掺杂的石墨炔材料表现出非常优异的 ORR 性能。其碱性条件下 ORR 活性可媲美 Pt/C 催化剂，展示了超高的反应活性；从能量和结构因素出发，建立了多种石墨炔异质结构纳米片，实现了全 pH 范围内具备了优异的电化学析氢、析氧和全水解等催化活性，这些异质结构在高效电化学催化方面显示了优异性能并长效稳定性，显著超过了商品化 Pt/C（20 wt.%）；他们发展了新的氮掺杂方法，通过腈氨实现了对石墨炔纳米片阵列的原位掺杂，首次提出全碳材料在氧还原过程中的机理，获得了具有高效析氧性能的掺氮石墨炔纳米片阵列[117-119]。

他们还提出了炔 - 烯化学键转换新的致动机理，首次构筑了高性能的石墨炔电化学驱动器，实现了电能转化为机械能。目前国际上已经报道的换能材料，如合金、碳管、石墨烯，半导体材料以及压电材料等其电能转换机械能效率均低于 1.0%，由于石墨炔具有大比表面积、三维孔道结构、离子容纳能力强和面内面外均可发生形变等结构优势，使得石墨炔驱动器换能效率高达 6.03%，比电容高达 237 Fg-1，创造了新的换能纪录。我国实现了智能石墨炔的剥离，为石墨炔材料进一步智能化打下坚实基础[120-122]。研究表明由于石墨炔具有 sp 和 sp^2 的二维三角空隙、大表面积、电解质离子快速扩散等特性，基于石墨炔的锂离子电池具有优良的倍率性能、大功率、大电流、长效的循环稳定性等特点，他们发现石墨炔纳米片具有很高的储锂和储钠容量（分别 1380 $mA\cdot h\cdot g^{-1}$，650 $mA\cdot h\cdot g^{-1}$），倍率和循环性能及综合性能优异，获得系列杂原子掺杂高比容量、长寿命电池，比容量可达（4250 mA·h·g^{-1}）；他们利用石墨炔的高强度力学特点三维支撑电极活性材料，防止电极破碎粉化，显著优化稳定电极界面，实现了电化学储能的长效稳定性和安全性，解决Si负极的长效保护。为下一代二次电池的构建提出依据，打下坚实基础[123-128]。

（七）有机高分子生物应用

共轭高分子具有独特电子结构，每个组成单元之间通过电子离域与电子耦合相互作用，基于此特殊性质，美国麻省理工学院Swager教授首次提出了分子线效应的概念。也就是说，当具有强光捕获能力的共轭高分子受激发后，产生的激子可以沿着长程的π电子骨架快速传递至能量受体，从而将环境中的微小波动转换为共轭高分子荧光信号的变化，进而实现对被检测物的高灵敏检测[129]。此后，光电共轭高分子逐渐在化学、医学、生命科学等交叉领域中倍受研究者们的关注。近年来，研究者们设计并合成一系列新型水溶性光电共轭高分子，利用其独特的光化学和光物理性质及其与生物活性分子间的相互作用，成功地将其引入到生物传感、生物成像、疾病治疗以及生物电子体系的研究中，使得该研究领域进入了一个全新的阶段[130，131]。

1. 生物传感

有机薄膜晶体管（OTFT）具有柔韧性好、成本低和应用前景广阔等特点，相关研究是国际上广泛关注的前沿交叉领域。近年来，中科院化学所朱道本院士等在多功能OTFT的构建和功能应用研究方面开展了系统的创新研究。他们结合器件结构设计在高灵敏度压力传感、磁传感和气体灵敏检测方面取得系列进展[132-134]。此外，他们还结合热电原理，在国际上率先利用有机热电材料构建了自供电柔性压力－温度双参数传感器[135]。最近中科院化学所朱道本院士等首次成功构建了柔性悬浮栅有机薄膜晶体管（SGOTFT），有效避免了介电层弹性极限问题并使得器件的压力传感特性决定于栅极的机械性质。基于该原理，他们构建了灵敏度高达192 kPa^{-1}的超高灵敏度压力传感器。此外，该类器件展现了非常优异的柔韧性、稳定性和低电压操作特性，相应的器件阵列成功应用于人体脉搏的检测和微小物体的运动追踪，在人工智能和可穿戴健康监测方面显示了非常好的应用前景[136]。他们在此前悬浮栅OTFT压力传感器构建的基础上，通过错位栅极器件结构与质子介电层的引入成功构建了OTFT突触晶体管。更为重要的是，结合OTFT传感器与OTFT突触晶体管的集成实现了实时信号转换和类突触信号处理。该触觉系统显示了常规传感器难以具备的时程和动态压力感知功能，可以多维度地反映出压力施加的位置、强度、持续时间、时间间隔以及循环次数等综合信息，从而实现了对外界触觉信号的智能处理，为仿生智能器件和元件的构筑提供了新的思路[137]。

2. 疾病治疗

利用化学分子激活产生活性氧的原理，中科院化学所王树研究员等首次设计发展了无须外界光源的新模式光动力治疗体系，实现了对肿瘤与微生物感染的有效抑制[138]。

他们发现鲁米诺分子在过氧化物氧化酶以及双氧水存在下产生的生物发光通过能量转移（BRET）过程可以高效转移到阳离子寡聚对苯撑乙烯分子（OPV）上，激发态的 OPV 分子敏化周围环境的氧气分子产生活性氧（ROS），继而杀死相邻的肿瘤细胞与病原微生物。该体系无须外界光源，可克服目前光动力疗法中光源不能透过深部组织的缺点，为肿瘤和病原体感染提供了一个新的治疗方式。最近他们构建了基于电化学发光（ECL）驱动的抗菌器件系统，其中 ECL 代替物理光源激发光敏剂产生活性氧。该器件仅需通电 5 s，抗菌可持续 10 min 以上。这一独特的持久发光特性与长余辉寿命使该装置更适合于可控的抗菌应用[139]。

王树研究员等利用超分子自组装技术了实现共轭聚合物抗菌活性的调控，可降低病原菌的耐药性[140]。他们提出并构建了可逆抗菌超分子组装体系，通过组装与解组装过程，抗菌治疗时“开启”活性，治疗后“关闭”其抗菌活性。抗菌实验表明，该策略能有效地延缓耐药性病原菌（如：金黄色葡萄球菌）的进化过程。在进一步的研究中，他们通过自组装技术可提高抗肿瘤药物疗效，降低毒副作用并降低耐药性[141, 142]。他们设计、合成了一种新的共价连接 π 共轭寡聚分子与巯基的紫杉醇体系（OPV-S-PTX）。该分子通过 π-π 堆叠和疏水相互作用聚集，进一步在活性氧（ROS）作用下通过二硫键交联在肿瘤细胞内原位形成纳米颗粒，从而防止被排出细胞外。实验结果表明 OPV-S-PTX 的 IC_{50} 相比 PTX 本身降低 145 倍，即使对紫杉醇耐药的肿瘤细胞株 A549/T，IC_{50} 也降低 90 倍。裸鼠实验表明肿瘤的生长受到明显抑制。由于正常哺乳动物细胞中 ROS 活性较低，OPV-S-PTX 不发生聚集，该体系对正常细胞几乎无毒。分子机制研究表明 OPV-S-PTX 可极大促进微管束在肿瘤细胞的形成，从而导致细胞凋亡。通过细胞内原位自组装技术可提高药物分子在肿瘤部位的靶向富集，抑制肿瘤细胞内药物外排，并降低对正常细胞的毒副作用，为发展高效、低毒的化疗药物提供了一条有效途径。

3. 生物电子

南京邮电大学黄维院士和中科院上海应用物理研究所樊春海研究员等发展了基于链式反应的具有计算能力和分子智能的单分子 DNA 纳米机器人[143]。当激活（用引发剂）固定在折纸基板上的第一 DNA 发夹时，在具有纳米级可寻址性的明确位置上，将发生从一个邻居到另一个的路径铺设序列。这种机制可以称为近端链交换级联（PSEC），它等于数学中的节点访问过程。该系统利用了 DNA 碱基配对相互作用的序列特异性精度、DNA 折纸结构的分子可寻址性和 DNA 链位移级联的计算能力。与传统的电子计算相比，生物分子计算的特点在于可以直接与生物系统连接。将生物医学传感问题转化成 DNA 折纸平台上的图形表示有望为发展单分子智能传感和疾病诊疗提供新思路。

王树研究员等构建了共轭聚合物纳米粒子 - 叶绿体组装形成生物光学杂化体系[144]。他们通过纳米沉淀的方法制备了两种光捕获能力较强的共轭聚合物纳米粒子 PFP-NPs 和 PFBT-NPs。将纳米粒子与叶绿体组装可形成生物 - 光学杂化体系，利用纳米粒子优异的光吸收能力，叶绿体的吸收光谱可拓宽至紫外区，从而增加对光能的吸收，促进光合作用的光反应，进而提高光合作用效率。该策略为提高叶绿体光能转换效率提供了简易、有效的方法和良好的纳米材料，同时拓展了聚合物在调控生物生命活动方面的新应用。最近，他们设计了一种新型的共轭聚合物－类囊体杂化生物电极用以提高光合作用光反应速率和光电转换性能[145]。在白光照射下，类囊体主要吸收可见光，发生光反应，分解水产生氧气、氢离子和电子。电子通过电子传递链传递给碳纸产生光电流。共轭聚合物可以作为“分子天线”，吸收紫外光并且通过荧光共振能量转移（FRET）将吸收的能量转移给类囊体，提高类囊体的光能利用率，加速了光反应速率。同时，共轭聚合物的能级与电子传递链中光合蛋白的氧化还原电位相匹配，可以作为“电子桥梁”将类囊体光反应产生的电子传递给电极，加速了界面电子转移速率。测试结果表明，引入共轭聚合物之后，类囊体的光合放氧速率由 130 μmol $O_2 \cdot$ mg 叶绿素 $^{-1} \cdot h^{-1}$ 提高到了 270 μmol $O_2 \cdot$ mg 叶绿素 $^{-1} \cdot h^{-1}$；光照条件下，光电流由 316.6 ± 14.0 nA/cm^2 提高到了 1245 ± 41.1 nA/cm^2。该新型杂化生物电极成功利用了共轭聚合物优异的光学和导电性能，同时优化了生物材料的光能利用率以及生物材料与电极材料的界面性能，为光合作用的研究和生物电子器件的构筑提供了新思路。

三、发展趋势和展望

有机分子、高分子材料的本征性能研究是有机电子学领域中的一个长期而富有挑战的研究课题，其研究主要受限于共轭分子之间相互作用弱，其常规薄膜中分子高度无序等特性。而理解和认识共轭分子材料的聚集态性质是解决这一问题的关键。目前这一领域的研究仍处于初步探索阶段，还有许多需要深入研究的基础问题。比如：发展并完善大面积制备有序聚集体的方法，包括有机小分子和高分子，并用其制备电子电路，实现产业化；在制备有序聚集体的基础上，同时引入新的功能，不仅可简化器件的制备工艺，而且可为有机电子学带来更多的应用可能。

我国有机热电研究起步早，发展快，在高性能 n 型材料和热电器件方面一直处于国际引领地位，已成为我国在有机电子学领域的优势方向。在未来 5~10 年，有机热电即将进入快速发展的关键时期，应重点关注：导电聚合物分子与聚集态结构的跨尺度精细调控；高迁移有机半导体的可控掺杂；热电功能导向的组装方法学；共轭分子体系热电能量转换的基本过程；有机热电薄膜基本参数的准确测量与标准化；有机热电器件的大面积制备与功能应用。

有机高分子场效应晶体管由于其可低成本溶液法加工、良好的柔韧性等优势，在包括传感器、射频电子标签（RFID）、智能存储、医疗电子、柔性显示背板、可穿戴设备等领域发展迅速。然而，现阶段有机高分子场效应晶体管还是以科学研究为主，离实际应用还有一段距离，进一步的发展和最终走向应用有待科研人员的共同努力和不懈探索。其关键挑战在于，如何降低有机半导体材料的合成成本，提高材料的重复性，在采用低成本溶液法工艺的前提下，降低器件的工作电压并提高其空气稳定性，并能大面积进行加工。

我国学者在有机太阳能电池领域取得了众多重要进展，对推动该领域的发展起着引领性作用。未来五年，我国需要进一步加强材料和器件创新，实现效率不断提升，继续领跑。有机光伏效率预计可达 20% 以上，与其他光伏技术的效率差距将会显著缩小。有机材料的光电性质可调性强、成本低、柔性和大面积印刷的优势使有机光伏技术更具竞争力。为了真正实现产业化，除了进一步提升效率，还需进一步降低材料的成本，开发高质量器件的大面积加工工艺，使用环境友好的加工溶剂，大幅提升材料和器件的长期稳定性。只有多学科交叉和产学研联合攻关，方能继续领跑。期望通过五年的不懈努力，切实推动有机光伏技术从实验室走向商业化，为国计民生做出重要贡献。

有机高分子生物传感、成像、疾病治疗以及生物电子研究领域已经取得了很多令人瞩目的成果，但共轭聚合物材料用于临床重大疾病的诊断、相关的生命化学过程以及细胞与活体水平的生物大分子识别、重大疾病的高效治疗等研究将是未来的挑战。该领域的未来发展趋势是发展新型、高性能共轭聚合物材料体系，构建智能、可穿戴高效生物诊疗器件，实现其在高效生物检测、成像以及疾病诊疗等领域的实际应用。

综上所述，功能分子材料与器件的基础前沿研究主要集中于高迁移率有机半导体、高性能有机高分子发光材料、有机光伏材料、有机热电材料、新型有机二维（如石墨炔）和单分子材料等。虽然不同功能材料的设计策略、调控机制与器件应用方向不尽相同，但是 pi- 分子材料与器件仍存在诸多亟须突破的共性挑战，包括：①分子体系在原子尺度的精细化设计构成材料精准合成；②分子材料在电荷输运、光电转换、界面功能调控的机制仍不清楚；③基于分子体系的热电转换、生物电子和极限尺度下的电输运研究代表了领域发展的重要方向，但在诸多方面缺乏基本认知；④柔性分子电子器件的低成本制备技术研究亟待加强，可应用于大面积制备的印制与封装等技术无法适应产业化的需求。这些方面已经成为有机固体领域的研究重点。

参考文献

[1] Jiang H, Hu P, Ye J, et al. Hole mobility modulation in single-crystal metal phthalocyanines by changing the metal-pi/pi-pi interactions [J]. Angewandte Chemie International Edition, 2018, 57 (32): 10112-10117.

[2] Li J, Zhou K, Liu J, et al. Aromatic extension at 2, 6-positions of anthracene toward an elegant strategy for organic semiconductors with efficient charge transport and strong solid state emission [J]. Journal of the American Chemical Society, 2017, 139 (48): 17261-17264.

[3] Zhen Y, Inoue K, Wang Z, et al. Acid-responsive conductive nanofiber of tetrabenzoporphyrin made by solution

processing [J]. Journal of the American Chemical Society, 2018, 140 (1): 62–65.

[4] Dou J H, Yu Z A, Zhang J, et al. Organic semiconducting alloys with tunable energy levels [J]. Journal of the American Chemical Society, 2019, 141 (16): 6561–6568.

[5] Yao Y, Dong H, Liu F, et al. Approaching intra– and interchain charge transport of conjugated polymers facilely by topochemical polymerized single crystals [J]. Advanced Materials, 2017, 29 (29): 1701251.

[6] He D W, Qiao J S, Zhang L L, et al. Ultrahigh mobility and efficient charge injection in monolayer organic thin–film transistors on boron nitride [J]. Science Advances, 2017, 3: e1701186.

[7] Shi Y, Jiang L, Liu J, et al. Bottom–up growth of n–type monolayer molecular crystals on polymeric substrate for optoelectronic device applications [J]. Nature Communications, 2018, 9 (1): 2933.

[8] Yao Z F, Zheng Y Q, Li Q Y, et al. Wafer–scale fabrication of high–performance n–type polymer monolayer transistors using a multi–level self–assembly strategy [J]. Advanced Materials, 2019, 31 (7): 1806747.

[9] Wang J, Chu M, Fan J X, et al. Crystal engineering of biphenylene–containing acenes for high–mobility organic semiconductors [J]. Journal of the American Chemical Society, 2019, 141 (8): 3589–3596.

[10] Wang Z, Liu Z, Ning L, et al. Charge mobility enhancement for conjugated DPP–selenophene polymer by simply replacing one bulky branching alkyl chain with linear one at each DPP unit [J]. Chemistry of Materials, 2018, 30 (9): 3090–3100.

[11] Yang Y, Liu Z, Chen L, et al. Conjugated semiconducting polymer with thymine groups in the side chains: charge mobility enhancement and application for selective field–effect transistor sensors toward CO and H_2S [J]. Chemistry of Materials, 2019, 31 (5): 1800–1807.

[12] Yao H, Cui Y, Qian D, et al. 14.7% efficiency organic photovoltaic cells enabled by active materials with a large electrostatic potential difference [J]. Journal of the American Chemical Society, 2019, 141 (19): 7743–7750.

[13] Ai X, Evans E W, Dong S, et al. Efficient radical–based light–emitting diodes with doublet emission [J]. Nature, 2018, 563 (7732): 536–540.

[14] Xu Y, Liang X, Zhou X, et al. Highly efficient blue fluorescent OLEDs based on upper level triplet–singlet intersystem crossing [J]. Advanced Materials, 2019, 31 (12): 1807388.

[15] Zhang D, Song X, Cai M, et al. Versatile indolocarbazole–isomer derivatives as highly emissive emitters and ideal hosts for thermally activated delayed fluorescent OLEDs with alleviated efficiency roll–off [J]. Advanced Materials, 2018, 30 (7): 1705406.

[16] Zhang D, Song X, Li H, et al. High–performance fluorescent organic light–emitting diodes utilizing an asymmetric anthracene derivative as an electron–transporting material [J]. Advanced Materials, 2018, 30 (26): 1707590.

[17] Liu H, Zeng J, Guo J, et al. High–performance non–doped OLEDs with nearly 100% exciton use and negligible efficiency roll–off [J]. Angewandte Chemie International Edition, 2018, 57 (30): 9290–9294.

[18] Li W, Cai X, Li B, et al. Adamantane–substituted acridine donor for blue dual fluorescence and efficient organic light–emitting diodes [J]. Angewandte Chemie International Edition, 2019, 58 (2): 582–586.

[19] Zeng W, Lai H Y, Lee W K, et al. Achieving nearly 30% external quantum efficiency for orange–red organic light emitting diodes by employing thermally activated delayed fluorescence emitters composed of 1, 8–naphthalimide–acridine hybrids [J]. Advanced Materials, 2018, 30 (5): 1704961.

[20] Wu Z G, Han H B, Yan Z P, et al. Chiral octahydro–binaphthol compound–based thermally activated delayed fluorescence materials for circularly polarized electroluminescence with superior eqe of 32.6% and extremely low efficiency roll–off [J]. Advanced Materials, 2019, 31 (28): 1900524.

[21] Tang X, Liu X Y, Jiang Z Q, et al. High–quality white organic light–emitting diodes composed of binary emitters with color rendering index exceeding 80 by utilizing color remedy strategy [J]. Advanced Functional Materials, 2019, 29 (11): 1807541.

[22] Li C, Duan R, Liang B, et al. Deep-red to near-infrared thermally activated delayed fluorescence in organic solid films and electroluminescent devices [J]. Angewandte Chemie International Edition, 2017, 56 (38): 11525-11529.

[23] Li C, Duan C, Han C, et al. Secondary acceptor optimization for full-exciton radiation: toward sky-blue thermally activated delayed fluorescence diodes with external quantum efficiency of ≈ 30% [J]. Advanced Materials, 2018, 30 (50): 1804228.

[24] Li B, Gan L, Cai X. An effective strategy toward high-efficiency fluorescent OLEDs by radiative coupling of spatially separated electron-hole pairs [J]. Advanced Materials Interfaces, 2018, 5 (10): 1800025.

[25] Zhao J, Zheng C, Zhou Y, et al. Novel small-molecule electron donor for solution-processed ternary exciplex with 24% external quantum efficiency in organic light-emitting diode [J]. Materials Horizons, 2019, 6 (7): 1425-1432.

[26] Wang Z, Li M, Gan L, et al. Predicting Operational Stability for Organic Light-Emitting Diodes with Exciplex Cohosts [J]. Advanced Science, 2019, 6 (7): 1802246.

[27] Shao S, Hu J, Wang X, et al. Blue thermally activated delayed fluorescence polymers with nonconjugated backbone and through-space charge transfer effect [J]. Journal of the American Chemical Society, 2017, 139 (49): 17739-17742.

[28] Hu J, Li Q, Wang X, et al. Developing through-space charge transfer polymers as a general approach to realize full-color and white emission with thermally activated delayed fluorescence [J]. Angewandte Chemie International Edition, 2019, 58 (25): 8405-8409.

[29] Wang X, Wang S, Lv J, et al. Through-space charge transfer hexaarylbenzene dendrimers with thermally activated delayed fluorescence and aggregation-induced emission for efficient solution-processed OLEDs [J]. Chemical Science, 2019, 10 (10): 2915-2923.

[30] Peng F, Li N, Ying L, et al. Highly efficient single-layer blue polymer light-emitting diodes based on hole-transporting group substituted poly (fluorene-co-dibenzothiophene-S, S-dioxide) [J]. Journal of Materials Chemistry C, 2017, 5 (37): 9680-9686.

[31] Hu Y, Cai W, Ying L, et al. Novel efficient blue and bluish-green light-emitting polymers with delayed fluorescence [J]. Journal of Materials Chemistry C, 2018, 6 (11): 2690-2695.

[32] Bai L, Liu B, Han Y, et al. Steric-hindrance-functionalized polydiarylfluorenes: conformational behavior, stabilized blue electroluminescence, and efficient amplified spontaneous emission [J]. ACS Applied Materials & Interfaces, 2017, 9 (43): 37856-37863.

[33] Jiang Y, Fang M, Chang S J, et al. Towards monodisperse star-shaped ladder-type conjugated systems: design, synthesis, stabilized blue electroluminescence, and amplified spontaneous emission [J]. Chemistry-A European Journal, 2017, 23 (23): 5448-5458.

[34] Li C, Ren Z, Sun X, et al. Deep-blue thermally activated delayed fluorescence polymers for nondoped solution-processed organic light-emitting diodes [J]. Macromolecules, 2019, 52 (6): 2296-2303.

[35] Ban X, Jiang W, Sun K, et al. Self-host blue dendrimer comprised of thermally activated delayed fluorescence core and bipolar dendrons for efficient solution processable nondoped electroluminescence [J]. ACS Applied Materials & Interfaces, 2017, 9 (8): 7339-7346.

[36] Xie G, Luo J, Huang M, et al. Inheriting the characteristics of TADF small molecule by side-chain engineering strategy to enable bluish-green polymers with high PLQYs up to 74% and external quantum efficiency over 16% in light-emitting diodes [J]. Advanced Materials, 2017, 29 (11): 1604223.

[37] Yang Y, Wang S, Zhu Y, et al. Thermally activated delayed fluorescence conjugated polymers with backbone-donor/pendant-acceptor architecture for nondoped OLEDs with high external quantum efficiency and low roll-

off [J]. Advanced Functional Materials, 2018, 28 (10): 1706916.

[38] Yang Y, Zhao L, Wang S, et al. Red-emitting thermally activated delayed fluorescence polymers with poly (fluorene-co-3, 3′-dimethyl diphenyl ether) as the backbone [J]. Macromolecules, 2018, 51 (23): 9933-9942.

[39] Wang R, Zhang D, Xiong Y, et al. TFT-directed electroplating of RGB luminescent films without a vacuum or mask toward a full-color AMOLED pixel matrix [J]. ACS Applied Materials & Interfaces, 2018, 10 (21): 17519-17525.

[40] Shao S, Wang S, Xu X, et al. Realization of high-power-efficiency white electroluminescence from a single polymer by energy-level engineering [J]. Chemical Science, 2018, 9 (46): 8656-8664.

[41] Ma Y, Peng F, Guo T, et al. Semi-orthogonal solution-processed polyfluorene derivative for multilayer blue polymer light-emitting diodes [J]. Organic Electronics, 2018, 54: 133-139.

[42] Zhao W, Li S, Yao H, et al. Molecular optimization enables over 13% efficiency in organic solar cells [J]. Journal of the American Chemical Society, 2017, 139 (21): 7148-7151.

[43] Zhang S, Qin Y, Zhu J, et al. Over 14% efficiency in polymer solar cells enabled by a chlorinated polymer donor [J]. Advanced Materials, 2018, 30 (20): 1800613.

[44] Cui Y, Yao H F, Hong L, et al. Achieving over 15% efficiency in organic photovoltaic cells via copolymer design [J]. Advanced Materials, 2019, 31 (14): 1808356.

[45] Yuan J, Zhang Y Q, Zhou L Y, et al. Single-junction organic solar cell with over 15% efficiency using fused-ring acceptor with electron-deficient core [J]. Joule, 2019, 3 (4): 1140-1151.

[46] Fan B B, Zhang D F, Li M J. Achieving over 16% efficiency for single-junction organic solar cells [J]. Science China Chemistry, 2019, 62 (6): 746-752.

[47] Cui Y, Yao H F, Zhang J Q, et al. Over 16% efficiency organic photovoltaic cells enabled by a chlorinated acceptor with increased open-circuit voltages [J]. Nature Communications, 2019, 10: 2515.

[48] Liu F, Zhou Z C, Zhang C et al. Efficient semitransparent solar cells with high NIR responsiveness enabled by a small-bandgap electron acceptor [J]. Advanced Materials 2017, 29 (21): 1606574.

[49] Wang W, Yan C Q, Lau T-K, et al. Fused hexacyclic nonfullerene acceptor with strong near-infrared absorption for semitransparent organic solar cells with 9.77% efficiency [J]. Advanced Materials 2017, 29 (31): 1701308.

[50] Cui Y, Yang C Y, Yao H F et al. Efficient semitransparent organic solar cells with tunable color enabled by an ultralow-bandgap nonfullerene acceptor [J]. Advanced Materials 2017, 29 (43): 1703080.

[51] Wang J Y, Zhang J X, Xiao Y Q, et al. Effect of isomerization on high-performance nonfullerene electron acceptors [J]. Journal of the American Chemical Society, 2018, 140 (29): 9140-9147.

[52] Sun C, Xia, R X, Shi H, et al. Heat-insulating multifunctional semitransparent polymer solar cells [J]. Joule, 2018, 2 (9): 1816-1826.

[53] Zhang J W, Xu G Y, Tao F, et al. Highly efficient semitransparent organic solar cells with color rendering index approaching 100 [J]. Advanced Materials, 2019, 31 (10): 1807159.

[54] Xu X P, Bi Z Z, Ma W, et al. Highly efficient ternary-blend polymer solar cells enabled by a nonfullerene acceptor and two polymer donors with a broad composition tolerance [J]. Advanced Materials, 2017, 29 (46): 1704271.

[55] Jiang W G, Yu R N, Liu Z Y, et al. Ternary nonfullerene polymer solar cells with 12.16% efficiency by introducing one acceptor with cascading energy level and complementary absorption [J]. Advanced Materials, 2018, 30 (1): 1703005.

[56] Xie Y P, Yang F, Li W X, et al. Morphology control enables efficient ternary organic solar cells [J]. Advanced Materials, 2018, 30 (38): 1803045.

[57] Ma X L, Gao W, Yu J S, et al. Ternary nonfullerene polymer solar cells with efficiency >13.7% by integrating the

advantages of the materials and two binary cells [J]. Energy & Environmental Science, 2018, 11 (8): 2134-2141.

[58] Liu T, Luo Z H, Fan Q P, et al. Use of two structurally similar small molecular acceptors enabling ternary organic solar cells with high efficiencies and fill factors [J]. Energy & Environmental Science, 2018, 11 (11): 3275-3282.

[59] Liu T, Luo Z H, Chen Y Z, et al. A nonfullerene acceptor with a 1000 nm absorption edge enables ternary organic solar cells with improved optical and morphological properties and efficiencies over 15% [J]. Energy & Environmental Science, 2019, 12 (8): 2529-2536.

[60] Zhou Z C, Xu S J, Song J N, et al. High-efficiency small-molecule ternary solar cells with a hierarchical morphology enabled by synergizing fullerene and non-fullerene acceptors [J]. Nature Energy, 2018, 3 (11): 952-959.

[61] Zhang Y M, Kan B, Sun Y N, et al. Nonfullerene tandem organic solar cells with high performance of 14.11% [J]. Advanced Materials, 2018, 30 (18): 1707508.

[62] Meng L X, Yi, Y-Q-Q, Wan X J, et al. A tandem organic solar cell with PCE of 14.52% employing subcells with the same polymer donor and two absorption complementary acceptors [J]. Advanced Materials, 2019, 31 (18): 1804723.

[63] Chen F-X, Xu J-Q, Liu Z-X, et al. Near-infrared electron acceptors with fluorinated regioisomeric backbone for highly efficient polymer solar cells [J]. Advanced Materials, 2018, 30 (52): 1803769.

[64] Meng L X, Zhang Y M, Wan X J, et al. Organic and solution-processed tandem solar cells with 17.3% efficiency [J]. Science 2018, 361 (6407): 1094-1098.

[65] Sun C K, Pan F, Bin H J, et al. A low cost and high performance polymer donor material for polymer solar cells [J]. Nature Communications, 2018, 9 (1): 743.

[66] Li X J, Pan F, Sun C K, et al. Simplified synthetic routes for low cost and high photovoltaic performance n-type organic semiconductor acceptors [J]. Nature Communications, 2019, 10 (1): 519.

[67] Yu Z P, Liu Z X, Chen F X, et al. Simple non-fused electron acceptors for efficient and stable organic solar cells [J]. Nature Communications, 2019, 10 (1): 2152.

[68] Fan B B, Du X Y, Liu F, Fine-tuning of the chemical structure of photoactive materials for highly efficient organic photovoltaics [J]. Nature Energy, 2018, 3 (12): 1051-1058.

[69] Kang Q, Ye Long, Xu B W, et al. A printable organic cathode interlayer enables over 13% efficiency for 1-cm^2 organic solar cells [J]. Joule, 2019, 3 (1): 227-239.

[70] Huang D Z, Yao H Y, Cui Y T, et al. Conjugated-backbone effect of organic small molecules for n-type thermoelectric materials with ZT over 0.2 [J]. Journal of the American Chemical Society, 2017, 139 (37): 13013-13023.

[71] Yang C Y, Jin W L, Wang J, et al. Enhancing the n-type conductivity and thermoelectric performance of donor-acceptor copolymers through donor engineering [J]. Advanced Materials, 2018, 30 (43): 1802850.

[72] Shi W, Qu S Y, Chen H Y, et al. One-step synthesis and enhanced thermoelectric properties of polymer-quantum dot composite films [J]. Angewandte Chemie International Edition, 2018, 57 (27): 8037-8042.

[73] Wan C L, Tian R M, Kondou M, et al. Ultrahigh thermoelectric power factor in flexible hybrid inorganic-organic superlattice [J]. Nature Communications, 2017, 8 (1): 1024.

[74] Yuan D F, Guo Y, Zeng Y, et al. Air-stable n-type thermoelectric materials enabled by organic diradicaloids [J]. Angewandte Chemie International Edition, 2019, 58 (15): 4958-4962.

[75] Patel S N, Glaudell A M, Peterson K A, et al. Morphology controls the thermoelectric power factor of a doped semiconducting polymer [J]. Science Advances, 2017, 3 (6): e1700434.

[76] Jin W L, Liu L Y, Yang T, et al. Exploring peltier effect in organic thermoelectric films [J]. Nature

Communications, 2018, 9 (1): 3586.

[77] Zhao D, Fabiano S, Berggren M, et al. Ionic thermoelectric gating organic transistors [J]. Nature Communications, 2017, 8: 14214.

[78] Zhao D, Martinelli A, Willfahrt A, et al. Polymer gels with tunable ionic seebeck coefficient for ultra-sensitive printed thermopiles [J]. Nature Communications, 2019, 10 (1): 1093.

[79] Li T, Zhang X, Lacey S D, et al. Cellulose ionic conductors with high differential thermal voltage for low-grade heat harvesting[J]. Nature Materials, 2019, 18 (6): 608-613.

[80] Yang J, Wang H, Chen J, et al. Bis-diketopyrrolopyrrole moiety as a promising building block to enable balanced ambipolar polymers for flexible transistors [J]. Advanced Materials, 2017, 29 (22): 1606162.

[81] Yi Z, Jiang Y, Xu L, et al. Triple acceptors in a polymeric architecture for balanced ambipolar transistors and high-gain inverters [J]. Advanced Materials, 2018, 30(32): 1801951.

[82] Ni Z, Dong H, Wang H, et al. Quinoline-flanked diketopyrrolopyrrole copolymers breaking through electron mobility over 6 $cm^2 \cdot V^{-1} \cdot s^{-1}$ in flexible thin film devices [J]. Advanced Materials, 2018, 30 (10): 1704843.

[83] Ni Z, Wang H, Zhao Q, et al. Ambipolar conjugated polymers with ultrahigh balanced hole and electron mobility for printed organic complementary logic via a two-step C-H activation strategy [J]. Advanced Materials, 2019, 31 (10): 1806010.

[84] Chen, F, Jiang, Y, Sui, Y, et al. Donor-acceptor conjugated polymers based on bisisoindigo: energy level modulation toward unipolar n-type semiconductors [J]. Macromolecules, 2018, 51 (21): 8652-8661.

[85] Chen Z, Zhang W, Huang J, et al. Fluorinated dithienylethene-naphthalenediimide copolymers for high-mobility n-channel field-effect transistors [J]. Macromolecules, 2017, 50 (16): 6098-6107.

[86] Dou C, Long X, Ding Z, et al. An Electron-deficient building block based on the B ← N Unit: an electron acceptor for all-polymer solar cells [J]. Angewandte Chemie Internatioanal Edition, 2016, 55 (4): 1436-1440.

[87] Long X, Gao Y, Tian H, et al. Electron-transporting polymers based on a double B ← N bridged bipyridine (BNBP) unit [J]. Chemical Communications, 2017, 53 (10): 1649-1652.

[88] Zhu C, Zhao Z, Chen H, et al. Regioregular bis-pyridal [2, 1, 3]thiadiazole-based semiconducting polymer for high-performance ambipolar transistors [J]. Journal of the American Chemical Society, 2017, 139 (49): 17735-17738.

[89] Yang J, Jiang Y, Tu Z, et al. High-performance ambipolar polymers based on electron-withdrawing group substituted bay-annulated indigo [J]. Advanced Functional Materials, 2019, 29 (7): 1804839.

[90] Wang Y, Yan Z, Guo H, et al. Effects of bithiophene imide fusion on the device performance of organic thin-film transistors and all-polymer solar cells [J]. Angewandte Chemie International Edition, 2017, 56 (48): 15304-15308.

[91] Shi Y, Guo H, Qin M, et al. Thiazole imide-based all-acceptor homopolymer: achieving high-performance unipolar electron transport in organic thin-film transistors [J]. Advanced Materials, 2018, 30 (10): 1705745.

[92] Kim Y, Hwang H, Kim N K, et.al. π -Conjugated polymers incorporating a novel planar quinoid building block with extended delocalization and high charge carrier mobility [J]. Advanced Materials, 2018, 30 (22): 1706557.

[93] Zhang F, Di C A, Berdunov N., et al. Ultrathin film organic transistors: precise control of semiconductor thickness via spin-coating [J]. Advanced Materials, 2013, 25 (10): 1401-1407.

[94] Jiang Y Y, Chen J Y, Sun Y L, et al. Fast deposition of aligning edge-on polymers for high-mobility ambipolar transistors [J]. Advanced Materials, 2019, 31 (2): 1805761.

[95] Kenjiro F, Takao S, Recent progress in the development of printed thin-film transistors and circuits with high-resolution printing technology [J]. Advanced Materials, 2017, 29 (25): 1602736.

[96] Du Z H, Lin Y M, Xing R B, et al. Controlling the polymer ink's rheological properties and viscoelasticity to

suppress satellite droplets [J]. Polymer, 2018, 138 (28): 75-82.

[97] Du Z H, Xing R B, Cao X X, et al. Symmetric and uniform coalescence of ink-jetting printed polyfluorene ink drops by controlling the droplet spacing distance and ink surface tension/viscosity ratio [J]. Polymer, 2017, 115 (21): 45-51.

[98] Ji D, Xu X, Jiang L, et al. Surface polarity and self-structured nanogrooves collaboratively oriented molecular packing for high crystallinity toward efficient charge transport [J]. Journal of the American Chemical Society, 2017, 139 (7): 2734-2740.

[99] Zang Y, Shen H, Huan D G, et al. A Dual-organic-transistor-based tactile-perception system with signal-processing functionality [J]. Advanced Materials, 2017, 29: 1606088.

[100] Shen H, Zou Y, Zang Y, et al. Molecular antenna tailored organic thin-film transistors for sensing application [J]. Materials Horizons, 2018, 5 (2): 240.

[101] Wang Z, Huang L, Zhu X, et al. An ultrasensitive organic semiconductor NO_2 sensor based on crystalline tips-pentacene films [J]. Advanced Materials, 2017, 29 (38): 1703192.

[102] Wang S, Xu J, Wang W, et al. Skin electronics from scalable fabrication of an intrinsically stretchable transistor array [J]. Nature, 2018, 555 (7694): 83-88.

[103] Song J, Dailey J, Li H, et al., Extended solution gate of et-based biosensor for label-free glial fibrillary acidic protein detection with polyethylene glycol-containing bioreceptor layer [J]. Advanced Functional Materials, 2017, 27 (20): 1606506.

[104] Oh J Y, Rondeau-Gagné S, Chiu Y C, et al. Intrinsically stretchable and healable semiconducting polymer for organic transistors [J]. Nature, 2016, 539 (7629): 411-415.

[105] Xu J, Wang S, Wang G N, et al. Highly stretchable polymer semiconductor films through the nanoconfinement effect [J]. Science, 2017, 355 (6320): 59-64.

[106] Son D, Kang J, Vardoulis O, et al. An integrated self-healable electronic skin system fabricated via dynamic reconstruction of a nanostructured conducting networkSkin electronics from scalable fabrication of an intrinsically stretchable transistor array [J]. Nature Nanotechnology, 2018, 13 (11): 1057-1065.

[107] Wang C, Ren X, Xu C, et al., N-Type 2D organic single crystals for high-performance organic field-effect transistors and near-infrared phototransistors [J]. Advanced Materials, 2018, 30 (16): 1706260.

[108] Park S, Fukuda K, Wang M, et al. Ultraflexible near-infrared organic photodetectors for conformal photoplethysmogram sensors [J]. Advanced Materials, 2018, 30 (34): 1802359.

[109] Huang C, Li Y, Wang N, et al. Progress in research into 2D graphdiyne-based materials [J]. Chemical Reviews, 2018, 118 (16): 7744-7803.

[110] Zuo Z, Wang D, Zhang J, et al. Synthesis and applications of graphdiyne-based metal-free catalysts [J]. Advanced Materials, 2019, 31 (13): 1803762.

[111] Zhou W, Shen H, Wu C, et al. Direct synthesis of crystalline graphdiyne analogue based on supramolecular interactions [J]. Journal of the American Chemical Society, 2018, 141 (1): 48-52.

[112] Yu H, Xue Y, Li Y. Graphdiyne and its assembly architectures: synthesis, functionalization, and applications [J]. Advanced Materials, 2019: 1803101.

[113] Xue Y, Huang B, Yi Y, et al. Anchoring zero valence single atoms of nickel and iron on graphdiyne for hydrogen evolution [J]. Nature Communications, 2018, 9 (1): 1460.

[114] Xue Y, Hui L, Yu H, et al. Rationally engineered active sites for efficient and durable hydrogen generation [J]. Nature Communications, 2019, 10 (1): 2281.

[115] Hui L, Xue Y, Yu H, et al. Highly efficient and selective generation of ammonia and hydrogen on a graphdiyne-based catalyst [J]. Journal of the American Chemical Society, 2019, 141 (27): 10677-10683.

[116] Zuo Z, Li Y. Emerging electrochemical energy applications of graphdiyne [J]. Joule, 2019, 3 (4): 899–903.

[117] Yu H, Xue Y, Hui L, et al. Efficient hydrogen production on a 3D flexible heterojunction material [J]. Advanced Materials, 2018, 30 (21): 1707082.

[118] Hui L, Xue Y, Huang B, et al. Overall water splitting by graphdiyne–exfoliated and–sandwiched layered double–hydroxide nanosheet arrays [J]. Nature Communications, 2018, 9 (1): 5309.

[119] Zhao Y, Wan J, Yao H, et al. Few–layer graphdiyne doped with sp–hybridized nitrogen atoms at acetylenic sites for oxygen reduction electrocatalysis [J]. Nature Chemistry, 2018, 10 (9): 924.

[120] Jia Z, Li Y, Zuo Z, et al. Synthesis and properties of 2D carbon graphdiyne [J]. Accounts of Chemical Research, 2017, 50 (10): 2470–2478.

[121] Lu C, Yang Y, Wang J, et al. High–performance graphdiyne–based electrochemical actuators [J]. Nature Communications, 2018, 9 (1): 752.

[122] Yan H, Yu P, Han G, et al. High–yield and damage–free exfoliation of layered graphdiyne in aqueous phase [J]. Angewandte Chemie International Edition, 2019, 58 (3): 746–750.

[123] He J, Wang N, Cui Z, et al. Hydrogen substituted graphdiyne as carbon–rich flexible electrode for lithium and sodium ion batteries [J]. Nature Communications, 2017, 8 (1): 1172.

[124] Shang H, Zuo Z, Yu L, et al. Low–temperature growth of all–carbon graphdiyne on a silicon anode for high–performance lithium–ion batteries [J]. Advanced Materials, 2018, 30 (27): 1801459.

[125] Wang N, Li X, Tu Z, et al. Synthesis and electronic structure of boron–graphdiyne with an sp hybridized carbon skeleton and its application in sodium storage [J]. Angewandte Chemie International Edition, 2018, 57 (15): 3968–3973.

[126] Hong S, Zuo Z, Liang L, et al. Ultrathin graphdiyne nanosheets grown in situ on copper nanowires and their performance as lithium–ion battery anodes [J]. Angewandte Chemie International Edition, 2018, 57 (3): 774–778.

[127] Lv Q, Si W, He J, et al. Selectively nitrogen–doped carbon materials as superior metal–free catalysts for oxygen reduction [J]. Nature Communications, 2018, 9 (1): 3376.

[128] Wang F, Zuo Z, Li L, et al. A universal strategy for constructing seamless graphdiyne on metal oxides to stabilize the electrochemical structure and interface [J]. Advanced Materials, 2019, 31 (6): 1806272.

[129] Thomas S W, Joly G D, Swager T M. Chemical sensors based on amplifying fluorescent conjugated polymers [J]. Chemical Reviews, 2007, 107 (4): 1339–1386.

[130] Zhu C, Liu L, Yang Q, et al. Water–soluble conjugated polymers for imaging, diagnosis, and therapy [J]. Chemical Reviews, 2012, 112 (8): 4687–4735.

[131] Miao Q, Xie C, Zhen X, et al. Molecular afterglow imaging with bright, biodegradable polymer nanoparticles [J]. Nature Biotechnology, 2017, 35 (11): 1102.

[132] Zang Y, Zhang F, Huang D, et al. Flexible suspended gate organic thin–film transistors for ultra–sensitive pressure detection [J]. Nature Communications, 2015, 6: 6269.

[133] Zang Y, Zhang F, Huang D, et al. Sensitive flexible magnetic sensors using organic transistors with magnetic–functionalized suspended gate electrodes [J]. Advanced Materials, 2015, 27 (48): 7979–7985.

[134] Zang Y, Huang D, Di C, et al. Device engineered organic transistors for flexible sensing applications [J]. Advanced Materials, 2016, 28 (22): 4549–4555.

[135] Zhang F, Zang Y, Huang D, et al. Flexible and self–powered temperature–pressure dual–parameter sensors using microstructure–frame–supported organic thermoelectric materials [J]. Nature Communications, 2015, 6: 8356.

[136] Zang Y, Zhang F, Huang D, et al. Flexible suspended gate organic thin–film transistors for ultra–sensitive pressure detection [J]. Nature Communications, 2015, 6: 6269.

[137] Zang Y, Shen H, Huang D, et al. A dual-organic-transistor-based tactile-perception system with signal-processing functionality [J]. Advanced Materials, 2017, 29 (18): 1606088.

[138] Yuan H, Chong H, Wang B, et al. Chemical molecule-induced light-activated system for anticancer and antifungal activities [J]. Journal of the American Chemical Society, 2012, 134 (32): 13184-13187.

[139] Liu S, Yuan H, Bai H, et al. Electrochemiluminescence for electric-driven antibacterial therapeutics [J]. Journal of the American Chemical Society, 2018, 140 (6): 2284-2291.

[140] Bai H, Yuan H, Nie C, et al. A supramolecular antibiotic switch for antibacterial regulation [J]. Angewandte Chemie International Edition, 2015, 54 (45): 13208-13213.

[141] Zhou L, Lv F, Liu L, et al. Cross-linking of thiolated paclitaxel-oligo (p-phenylene vinylene) conjugates aggregates inside tumor cells leads to "chemical locks" that increase drug efficacy [J]. Advanced Materials, 2018, 30 (10): 1704888.

[142] Zhou L, Lv F, Liu L, et al. In situ-induced multivalent anticancer drug clusters in cancer cells for enhancing drug efficacy [J]. CCS Chemistry, 2019, 1 (1): 97-105.

[143] Chao J, Wang J, Wang F, et al. Solving mazes with single-molecule DNA navigators [J]. Nature Materials, 2019, 18 (3): 273.

[144] Wang Y, Li S, Liu L, et al. Conjugated polymer nanoparticles to augment photosynthesis of chloroplasts [J]. Angewandte Chemie International Edition, 2017, 56 (19): 5308-5311.

[145] Zhou X, Zhou L, Zhang P, et al. Conducting polymers-thylakoid hybrid materials for water oxidation and photoelectric conversion [J]. Advanced Electronic Materials, 2019, 5 (3): 1800789.

撰稿人：张德清　王利祥　彭俊彪　李玉良　裴　坚　刘子桐
狄重安　占肖卫　朱晓张　于　贵　郭云龙　王　树

大气细颗粒物的硅同位素指纹溯源技术研究进展

1 非传统稳定同位素技术在大气颗粒物溯源中的研究进展

1993 年，Walder 等[6]首次报道了基于 MC-ICP-MS 的同位素分析方法，揭开了非传统稳定同位素分析的新篇章。经过二十多年的发展，更多的非传统稳定同位素可以被精准测量，例如汞、铅、锶、铜、铁、锌、硅、钕、碘等。此外，得益于分离纯化技术的不断发展，逐渐克服了各种实际环境体系中复杂基质的干扰，使这些同位素体系在大气颗粒物溯源研究中得到广泛应用。

1.1 非传统稳定同位素技术理论基础

同位素理论经过一百多年的发展，逐渐在基础概念和同位素分馏体系等方面形成了一套较为完整的基础理论体系，为非传统稳定同位素技术的溯源研究提供了坚实的基础。同位素是质子数相同、中子数不同的一组原子，它们处于元素周期表中的同一位置，但却具有不同的质量数。由于质量数的差异，同位素之间在物理化学性质方面存在微小的差异，进而可以导致自然界中的各种物质出现同位素组成上的变化。稳定同位素和放射性同位素是同位素的两种基本类型，其中，放射性同位素经过放射性衰变会成为稳定同位素。进一步，稳定同位素又被细分为传统稳定同位素和非传统稳定同位素。传统稳定同位素主要包含氢、碳、氮、氧、硫五种元素，它们的研究起步较早，已经建立了较为成熟的同位素分析方法和应用体系。而非传统稳定同位素一般指的是传统稳定同位素之外的其他元素，例如过渡元素和重金属元素等，这些元素的同位素研究随着分析技术的进步，逐渐获得了广泛关注[7,8]。

在自然界中，稳定同位素分馏以一定的规律发生在环境地球化学的各个过程中，例如氧化还原反应、络合反应、吸附、溶解、沉淀和生物循环等，逐渐造成自然界中的不同储库具有了特定的同位素组成特征。因此，通过同位素分馏研究，可以很好地反推物质的来源和发生的地球化学过程。具体地，稳定同位素分馏是指由于不同质量数的稳定同位素之间存在微小的物理化学性质差异（热力学性质、扩散及反应速度上的差异等），导致它们在反应中以不同的比例分配到不同物质或物相中的现象。一方面，稳定同位素分馏程度受到同位素之间质量差异大小的影响；另一方面，稳定同位素分馏还受到相关元素地球化学行为的影响，例如元素的氧化态数量、成键环境和反应活性等。稳定同位素分馏可分为质量分馏（MDF）和非质量分馏（MIF），其中核体积效应和磁效应是导致非质量分馏的主要原因。进一步，质量分馏又可细分为动力学分馏和热力学分馏。动力学分馏通常发生在未达到浓度平衡状态的各种物理化学过程中，轻同位素具有更快的运动速率和反应速率，因此优先富集于反应产物中。而热力学分馏一般发生在已经达到浓度平衡的反应体系中，重同位素通常更倾向于富集在“更强的成键环境”中，比如更高的氧化态、更低的配位数和更短的键长等。

同位素比率 R（重同位素丰度 / 轻同位素丰度）可以用于表示物质的同位素组成，但为了更方便地观察同位素组成的微小变化，同时为了便于进行数据对比，物质的同位素组成更常用 δ 值（参比于同位素标准物质的相对千分差）表示，即

$$\delta^{x}\mathrm{E}=\left(\frac{({}^{x}\mathrm{E}/{}^{y}\mathrm{E})_{\text{样品}}}{({}^{x}\mathrm{E}/{}^{y}\mathrm{E})_{\text{标准物质}}}-1\right)\times 1000$$

其中，E 代表某种化学元素，x 和 y 分别代表该元素两种同位素的质量数。此外，非质量依赖分馏的程度是以物质的同位素组成偏离质量分馏线的大小来表示，即

$$\Delta^{y}\mathrm{E}=\delta^{x/y}\mathrm{E}-\beta_{\mathrm{MDF}}\times\delta^{y/z}\mathrm{E}$$

其中，Δ 表示该元素的质量依赖分馏和非质量依赖分馏之间的偏差，E 代表某种化学元素，δ 表示该元素相对于标准参考物质的同位素组成，y 代表该元素存在非质量分馏的同位素，x 和 z 代表该元素描述质量分馏线的两种同位素，β_{MDF} 代表该元素质量分馏线的斜率。

1.2 非传统稳定同位素技术在大气颗粒物溯源中的研究进展

大气颗粒物可对环境和人体健康造成了显著的负面影响，已成为亟待解决的环境污染问题之一[9, 10]。然而，大气颗粒物的成因和来源非常复杂，导致目前我国区域性重度灰霾的成因解析仍然存在诸多争议[1, 2]。铅、汞、锌、镉、铁、铜、锌、硅等非传统稳定同位素在大气颗粒物中广泛存在，因此稳定同位素技术在大气颗粒物来源示踪方面具有很大的应用潜力，并得到了快速应用和发展。目前，非传统稳定同位素技术在大气颗粒物溯源中的研究方向主要集中在以下 3 个方面：①发展更多元素的稳定同位素分析方法，提高示踪大气颗粒物来源的能力；②优化同位素前处理方法，克服大气颗粒物同位素分析的两大难点（复杂基质和痕量分析）；③提高非传统稳定同位素的溯源能力，包括继续完善各个大气污染源谱同位素数据库的数据和加强对大气传输过程伴随的同位素分馏效应的研究。

下面针对不同元素同位素，简要介绍非传统稳定同位素技术在大气颗粒物溯源中的

研究进展。汞、铅和锶本身就是典型环境重金属污染物，它们在大气中的同位素溯源研究最先引起人们的关注，并得到迅速发展[11-22]。以汞同位素研究为例[11, 13, 23]，大气中不同形态汞元素的同位素组成已经开展了较为全面的研究，且大气汞污染源谱同位素组成和传输过程导致的汞同位素分馏效应也有报道，由此可以看出汞同位素在大气汞污染溯源研究中已经具有了较好的应用基础。近些年，作为大气颗粒物中的高丰度金属元素，铜、铁和锌在大气颗粒物中的同位素研究也逐渐进入人们的视野，并取得了一些代表性研究成果[24-35]。以铜同位素研究为例[25, 28, 29]，已有研究报道了不同地区大气颗粒物中的铜同位素组成，且与其各个污染来源（轮胎、刹车和道路粉尘）的同位素组成进行了对比，判断了大气颗粒物中铜元素的污染来源。而硅、钕和碘等元素在大气颗粒物溯源研究中应用最晚，仅有少量报道[3-5, 36-38]。以硅元素研究为例[3-5]，Lu 等首次将硅稳定同位素应用于大气颗粒物的溯源研究中，结合污染源谱同位素数据推测春冬季节北京灰霾频发的主要原因可能是燃煤排放源的激增，并进一步根据硅稀释效应定量估算了北京地区二次气溶胶的贡献。下面以汞同位素为例，简要介绍其在大气污染领域的研究进展。

目前，汞同位素已成为示踪大气汞污染来源和转化过程的重要手段。在自然界中，汞有七种稳定同位素：^{196}Hg（0.15%）、^{198}Hg（9.97%）、^{199}Hg（16.87%）、^{200}Hg（23.10%）、^{201}Hg（13.18%）、^{202}Hg（29.86%）和 ^{204}Hg（6.87%），且同时存在质量分馏和非质量分馏。大气汞主要有三种存在形式：气态单质汞、活性气态汞和颗粒态汞，它们在大气中可以通过氧化还原反应相互转化，同时伴随着显著的同位素分馏效应。燃煤排放源作为重要的一次排放源，贡献了 40% 的人为源总汞排放量，因此其烟气中的汞同位素得到了广泛关注。Sun 等[23]和 Huang 等[13]发现，燃煤燃烧释放的气态单质汞在静电除尘器等大气污染防治装置中可以与活性气态汞和颗粒态汞进行相互转化，进而导致显著的同位素质量分馏，最终造成烟气中颗粒态汞具有最小的 δ^{202}Hg 值。他们进一步通过分析燃煤排放源中汞同位素的变化范围和分馏特征，揭示了燃煤燃烧是大气汞的重要污染源。此外，大气颗粒物中汞同位素组成也有广泛报道。Das 等[11]发现在印度加尔各答省不同大气污染源附近（汽车尾气源、垃圾焚烧源和工业排放源）采集的 PM10 具有不同的汞同位素组成，反映了不同人为排放源可能具有不同的汞同位素指纹特征。Huang 等[13]同时分析了北京地区 PM2.5 样品和 30 个潜在污染源样品中的汞同位素组成，通过对比分析发现 PM2.5 中汞污染在冬季和夏季分别受到燃煤燃烧源和生物质燃烧源的显著影响，而春季和初夏更有可能受到长距离迁移的影响。Fu 等[39]进一步基于汞同位素解析了我国大气汞污染的区域性来源差异。需要特别指出的是，大气环境中不同形态汞之间的相互转化可以导致显著的同位素分馏效应，进而增加颗粒态汞污染溯源的复杂性。Huang 等[40]发现北京地区 PM2.5 中汞同位素组成存在较大的昼夜变化，揭示了大气光化学反应可以显著改变 PM2.5 中汞元素的丰度和同位素组成。因此，在应用汞同位素示踪大气汞污染来源时，传输过程中光化学反应引起的汞同位素组成变化不容忽视。

2 硅稳定同位素指纹示踪大气细颗粒物的来源

大气污染可对生态环境和人体健康造成显著的负面影响，已成为我国亟须解决的环境问题之一。然而，大气细颗粒物的成因和来源非常复杂，导致目前我国区域性重度灰霾的成因解析仍然存在诸多争议。准确识别大气颗粒物的来源是有效管控大气污染的重要前提，因此不断完善和发展大气颗粒物来源示踪的方法一直是人们关注的焦点。目前，硅稳定同位素已经被广泛应用于元素的地球化学循环研究中，然而其他应用却鲜有报道。中科院生态环境中心江桂斌课题组首次将硅稳定同位素作为一种新型大气污染示踪物应用于PM2.5的来源解析[3,4]。

2.1 硅稳定同位素指纹示踪大气细颗粒物的来源

不同于传统稳定同位素（碳、氮、氧、氢等），硅元素具有较高的化学惰性，在大气传输过程中较难发生同位素分馏效应，因此很适合作为大气污染的指示物。该研究主要通过分析北京地区PM2.5和各个大气污染源中硅同位素的组成和它们之间的相关性，揭示了北京地区重度灰霾的主要来源，从而证明了硅稳定同位素指纹是示踪大气细颗粒物来源的有力工具。

2.1.1 PM2.5中硅元素的浓度和同位素组成

研究人员采集了2003年和2013年一年四季的PM2.5样品，并进一步借助透射电镜（TEM）、电感耦合等离子体质谱仪（ICP-MS）和多接收器电感耦合等离子体质谱仪（MC-ICP-MS）等仪器分析了其硅浓度和硅同位素组成。2013年，北京地区出现了非常严重的大气污染问题，PM2.5的日均浓度处在1.6~530.0 $\mu g/m^3$，年均浓度达到106.4 $\mu g/m^3$。其中，重度污染天气（PM2.5＞200 $\mu g/m^3$）在春季和冬季发生的频率更高，这可能与取暖季的供暖活动有关。此外，硅元素广泛存在于大气颗粒物中，其浓度一般可以达到1.0 $\mu g/m^3$以上。与PM2.5浓度不同的是，硅浓度和硅丰度（硅元素的质量占PM2.5质量的百分比）并没有出现明显的季节性变化特征。而对于硅同位素而言，2003年和2013年都出现了相同的季节性变化规律，即相对于夏季和秋季，春季和冬季PM2.5中的硅元素显著富集轻同位素。

2.1.2 PM2.5主要污染源中硅元素的浓度和同位素组成

为了将PM2.5与各个污染源联系起来，研究人员进一步分析了北京周边地区7种主要PM2.5一次污染源样品中硅元素的丰度和同位素组成（图1）。元素分析结果显示，所有的一次污染源都包含一定浓度的硅元素，且不同污染源中硅丰度差异较大。其中，土壤尘、建筑尘和城市扬尘中硅丰度最高（＞10%），其次是燃煤粉尘（8.1%），生物质燃烧源、工业排放源和机动车尾气中硅丰度最低（＜1%）。

进一步，研究人员基于 MC-ICP-MS 分析了这些不同一次污染源样品中的硅同位素组成。结果显示，汽车尾气排放的颗粒物中 δ^{30}Si 的分布范围为 0.8‰ ~1.2‰（$n = 3$），显著富集重同位素；土壤尘、建筑尘和城市扬尘中 δ^{30}Si 的分布范围为 −1.0‰ ~0.5‰（$n = 64$）；此外，生物质燃烧源也有类似的 δ^{30}Si 组成（−0.9‰ ~0.1‰，$n = 10$）；而工业排放源和燃煤燃烧源显著富集轻同位素，δ^{30}Si 组成分别为 −1.8‰ ~−0.9‰和 −3.4‰ ~−1.2‰。综上所述，这些污染源具有不同的硅同位素指纹特征，满足基于硅同位素示踪 PM2.5 来源的前提条件，基于此，可以进一步示踪北京地区 PM2.5 的来源。

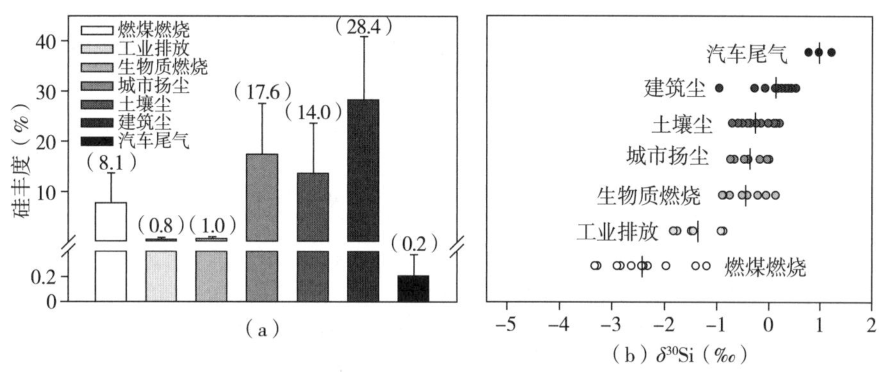

图 1　PM2.5 各个一次污染源的硅丰度（a）和稳定同位素组成（b）[3]

此外，硅元素具有很高的反应惰性，能够很好地保留污染源的同位素指纹信息，进而可以保证同位素溯源的准确性。大气颗粒物的生成过程非常复杂，通常伴随着复杂的大气化学反应[1]。在这一过程中，传统稳定同位素，例如碳、氮、氧等，由于具有较高的反应活性，很容易发生同位素分馏效应，进而丢失掉污染源的同位素指纹信息。与之不同的是，硅元素仅具有一个价态（+4），同时具有很高的反应惰性，几乎不参与大气化学反应，因此能够很好地保留一次污染源的同位素指纹信息。

2.1.3　硅稳定同位素示踪 PM2.5 的来源

一方面，各类污染源具有不同的硅同位素指纹特征；另一方面，硅元素具有较高的反应惰性，可以很好地保留污染源的同位素指纹信息。因此，PM2.5 中的硅同位素组成可以直接反映一次污染源的变化。2003 年和 2013 年，PM2.5 中硅同位素出现了相同的季节性变化特征。具体地，相比于夏季和秋季，春季和冬季 PM2.5 中硅同位素组成显著偏负（期间所有的月均 δ^{30}Si＜−1.0‰），说明在春季和冬季，燃煤排放源（−3.4‰ ~−1.2‰，图 1b）和工业排放源（−1.8‰ ~−0.9‰，图 1b）的贡献比重明显增加。此外，考虑到工业源的四季排放相对稳定，所以燃煤排放源可能是春季和冬季灰霾频发的主要贡献源，这也与北方供暖季供暖导致燃煤需求量激增的情况相符。

此外，研究人员进一步发现，PM2.5 浓度与硅同位素组成之间存在显著的相关性，基于此可进一步揭示 PM2.5 的来源信息。如图 2a、图 2b 所示，重度灰霾天气中（PM2.5＞200 μg/m^3），PM2.5 中硅丰度更小。同样地，δ^{30}Si 也随着 PM2.5 浓度增加而减小。如果将污染分为三个级别（PM2.5＜100，100~200，和＞200 μg/m^3；图 2d），可以清楚地发现，不同污染等级对应着不同的硅同位素组成，污染越重，δ^{30}Si 越负，说明随着污染程度的增加，δ^{30}Si 的污染源贡献比重增加，如燃煤排放源（–3.4‰ ~–1.2‰，图 1b）和工业排放源（–1.8‰ ~–0.9‰，图 1b）。

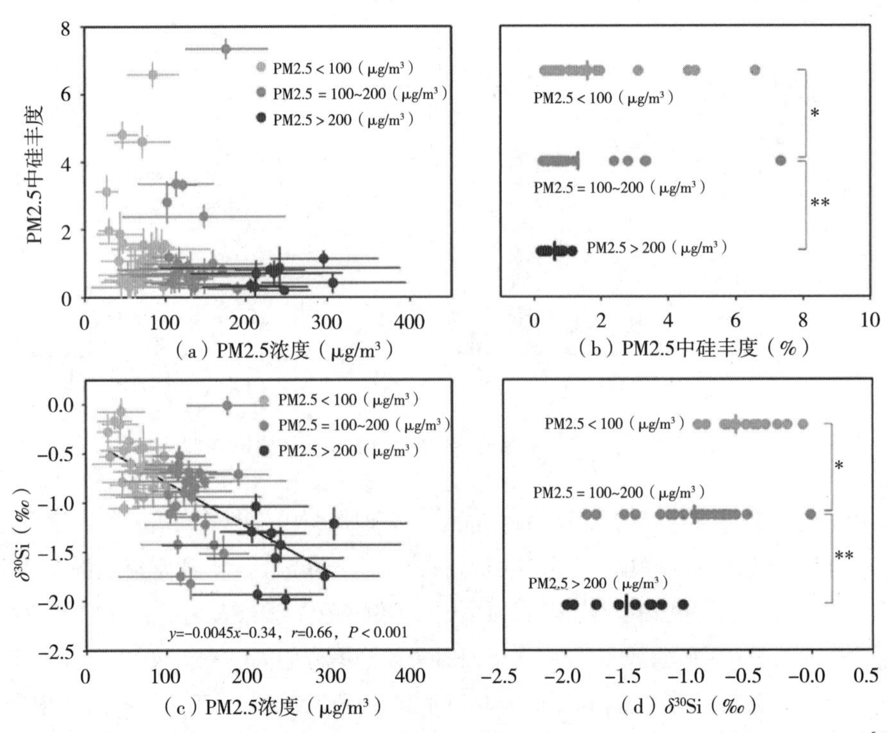

图 2　2013 年 PM2.5 浓度与硅丰度（a 和 b）和硅同位素组成（c 和 d）的相关性分析[3]

进一步，硅同位素还可用于解析典型重度灰霾事件的成因。在一起北京地区的典型灰霾事件中（2013 年 2 月 23 日到 2 月 25 日），34 小时内 PM2.5 浓度从 42.7 μg/m^3 迅速飙升到 401.4 μg/m^3。然而在这一过程中，硅丰度和硅同位素组成却没有出现显著变化，说明 PM2.5 的一次污染源并没有发生显著变化，进而可以推断二次颗粒物爆发性增长可能是这次灰霾事件的主要成因。与之不同的是，在另一起典型灰霾事件中（2013 年 5 月 6 日到 5 月 7 日），硅丰度急剧增加，硅同位素组成迅速接近几类天然源的同位素组成（土壤尘、建筑尘和城市扬尘），进而推断这一阶段的大气颗粒物可能主要来自这些高硅丰度的一次污染源。

2.2 硅元素用于评估细颗粒物中二次源贡献

大气二次污染组分主要包括铵盐、硝酸盐、硫酸盐和二次有机碳等，成因复杂，且对大气污染的贡献比重越来越高，因此逐渐成为人们关注的焦点[1]。然而，由于分析手段的限制，目前对二次气溶胶的定量分析依然存在较大误差。该研究首次将硅元素作为一种新型惰性示踪剂，用于定量评估二次颗粒物的贡献，从而为大气二次污染的研究提供了一种新的手段。

2.2.1 硅在颗粒物二次生成中的化学惰性

研究人员发现在灰霾爆发性增长阶段存在显著的硅稀释效应，即随着 PM2.5 浓度的增加，硅丰度显著降低。因此，可以通过硅稀释效应来定量估算二次气溶胶贡献（图 3）。该方法成立的前提是 PM2.5 中硅元素全部来自一次颗粒物，且大气环境中的有机硅转化和干沉降对 PM2.5 中硅丰度的影响可以忽略。

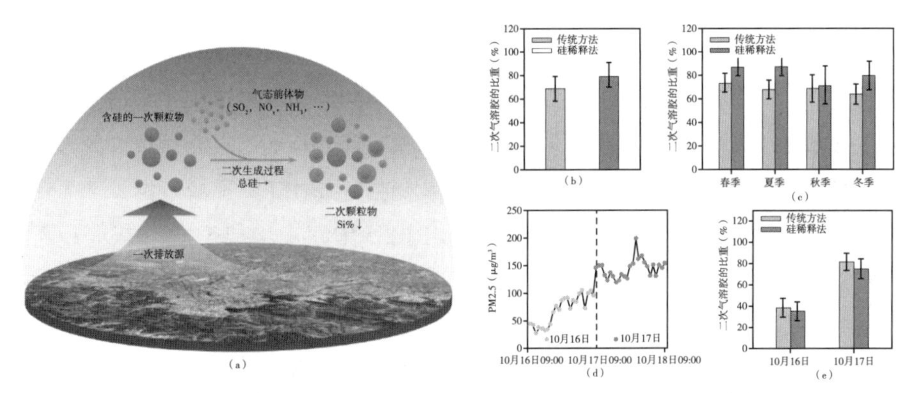

图 3　硅稀释法和传统方法估算二次污染比重结果对比[4]

a. 含硅元素的二次生成过程示意图；b. 2013 年北京地区二次气溶胶年平均贡献对比；c. 2013 年北京地区二次气溶胶四季平均贡献对比；d–e. 典型灰霾事件二次气溶胶贡献对比。

为了证明以上观点，研究人员首先分析了 2013 年北京地区 PM2.5 中的硅浓度与二次气溶胶的主要组分（SO_4^{2-}、NO_3^-、NH_4^+ 和 SOC）和二次前体物（SO_2、NO_2）的相关性，发现它们之间并没有显著相关性，证明了 PM2.5 中的硅浓度并没有受到二次气溶胶生成的影响，即 PM2.5 中的硅元素主要来自一次颗粒物。此外，尽管有研究指出，大气中的气态有机硅可以通过羟基自由基氧化转化成二次颗粒物，进而影响 PM2.5 中的硅丰度[41, 42]。需要指出的是，气态有机硅转化需要气态有机硅和羟基自由基的共同参与[43]。而在华北地区，已有研究表明大气中羟基自由基的浓度极低[44]，因此，可以推测在北京地区气态有机硅转化为二次含硅颗粒的可能性极低。干沉降存在明显的粒径依赖效应，即大气中粗颗粒的沉降速度要比细颗粒的快。但有报道指出，在大气颗粒物粒径小于 2.5 μm 范围内，硅丰度并未随着粒径变化而发生明显变化[45]，说明干沉降并不会影响 PM2.5 中的硅丰度。综上，实验结果证明了 PM2.5 中硅元素全部来自一次颗粒物，且有机硅转化和干沉降均不会显著影响 PM2.5 中的硅丰度，从而证明了硅稀释效应可以用于定量估算二次颗粒物贡献。

2.2.2 硅稀释法估算二次气溶胶的计算

在二次颗粒物生成过程中 PM2.5 中硅浓度保持不变的情形下，有：

$$m_{PM2.5}=m_{Pri}+m_{s}$$

$$Si_{PM2.5}=m_{PM2.5}\times C_{PM2.5}=m_{Pri}\times C_{pri}$$

其中，$m_{PM2.5}$、m_{Pri} 和 m_s 分别代表 PM2.5、一次颗粒物和二次颗粒物的质量。$Si_{PM2.5}$ 代表 PM2.5 中硅元素的质量，$C_{PM2.5}$ 和 C_{pri} 分别代表 PM2.5 和一次颗粒物中的硅丰度。因此，二次气溶胶占 PM2.5 的比重（f_s）可由下式计算：

$$f_s=\frac{m_s}{m_{PM2.5}}=1-\frac{C_{PM2.5}}{C_{pri}}$$

其中，$C_{PM2.5}$ 可以由采集的 PM2.5 样品直接测量得出。C_{pri} 可以由各个污染源的硅丰度和对应污染源的排放量计算得到，其中部分污染源的排放量是通过北京市大气污染排放清单获得（MEIC 数据库）[46]，而其他两类排放源（生物质燃烧源和城市尘源）需要进一步结合同位素平衡模型计算得到。在该研究中，PM2.5 中年平均硅丰度（$C_{PM2.5}$）为 1.56%，理论上排放源的平均硅丰度（C_{pri}）为 7.51%，因此计算得到 2013 年二次气溶胶占 PM2.5 的平均比重为 79.2%（图 3b）。此外，通过比较发现，硅稀释法获得的二次气溶胶比重与传统方法得到的结果非常接近（图 3b—图 3e），进一步证明了这一方法的可靠性。

2.3 小结

准确判断 PM2.5 的来源是制定有效管控措施的前提。由于高丰度和化学惰性，硅元素在大气化学的研究中适合作为一种新型惰性示踪物。硅稳定同位素可以作为一种新型溯源工具，用于指示 PM2.5 的来源。此外，基于灰霾生成期间伴随的硅稀释效应，可以定量评价二次颗粒物贡献，从而为大气二次污染提供了一种新的研究手段。研究结果表明，一方面北京地区具有很高的二次气溶胶贡献比重，值得关注；另一方面，春季和冬季重度灰霾频发的主要原因可能是燃煤使用量的激增，应进一步加强对相关污染源的管控力度。

3 硅 / 氧双同位素指纹示踪 SiO_2 颗粒的来源

二氧化硅（SiO_2）是大气颗粒物中的主要成分之一，且具有显著的健康风险，是需要重点关注的 PM2.5 有害组分[47]。在大气中，SiO_2 组分主要包含两类：石英晶体和无定形二氧化硅，它们的化学组成相同，因此很难进行区分。其中，石英晶体被国际癌症组织归为一类致癌物，过量暴露能导致慢阻肺、矽肺甚至肺癌[48]。同时，许多研究也报道了无定形二氧化硅的毒理学效应[49-51]。因此，准确识别大气颗粒物中 SiO_2 的来源是评价其毒理学效应的重要前提，也是制定相关管控措施的依据。为了解决这一难题，江桂斌课题组基于硅和氧双同位素指纹建立了一种能够甄别天然来源和人为来源 SiO_2 的方法，为大气中 SiO_2 组分的溯源研究提供了有效工具[5]。

3.1 不同来源 SiO_2 颗粒物的收集与常规表征

大气颗粒物中 SiO_2 有很多潜在来源。石英晶体是典型的天然源 SiO_2 组分，且广泛存在于大气颗粒物中。其次，很多与天然生物来源相关的 SiO_2 也会通过各种途径进入到大气颗粒物中，比如秸秆燃烧。此外某些人为来源的 SiO_2 也有可能进入到大气环境中，比如工程 SiO_2 纳米颗粒作为添加剂应用于汽车轮胎中，通过磨损进入到道路扬尘或是大气颗粒物中。这些不同来源的 SiO_2 具有不同的毒理学效应，因此有必要对它们的来源进行甄别。

研究人员推测，SiO_2 纳米颗粒的工业合成过程可能导致同位素分馏效应，进而改变人为源 SiO_2 纳米颗粒的同位素组成，基于此，可以实现 SiO_2 纳米材料的来源甄别。为了验证这个假设，研究人员选择了石英颗粒（地质源）和硅藻土颗粒（生物源）作为天然源 SiO_2 纳米材料的典型代表，3 种不同方法合成的工程 SiO_2 纳米颗粒（沉淀法、凝胶法和气相法）作为人为源 SiO_2 纳米材料的典型代表进行实验。研究人员对不同来源的 SiO_2 进行的物化性质进行了表征，结果显示由于高度相似性，形貌表征（SEM 和 TEM）、晶体结构表征（XRD）和元素组成表征（SEM-EDX）均无法用于甄别天然来源和人为来源的 SiO_2 组分。

3.2 不同 SiO_2 组分中硅和氧稳定同位素组成

首先，研究人员测量了 2 种天然源 SiO_2（石英晶体和硅藻土）和 3 种人为源 SiO_2（沉淀法、凝胶法和气相法合成的工程 SiO_2）的硅和氧同位素组成，结果显示硅 / 氧二维同位素指纹可以将硅藻土、石英晶体和工程 SiO_2 划分到 3 个独立的区域（以 $\delta^{18}O = 13‰$和 $\delta^{30}Si = 0.1‰$为界），从而实现人为源和天然源 SiO_2 的甄别（图 4）。

其次，研究人员进一步建立了机器学习模型（LDA 模型），可以定量给出每一个样品的判别概率，并根据最大判别概率值对样品进行来源归类。如表 1 所示，人为源和天然源二氧化硅的准确甄别概率达到了 93.3%。因此，该方法在甄别人为源和天然源 SiO_2 组分上具有显著的优势。

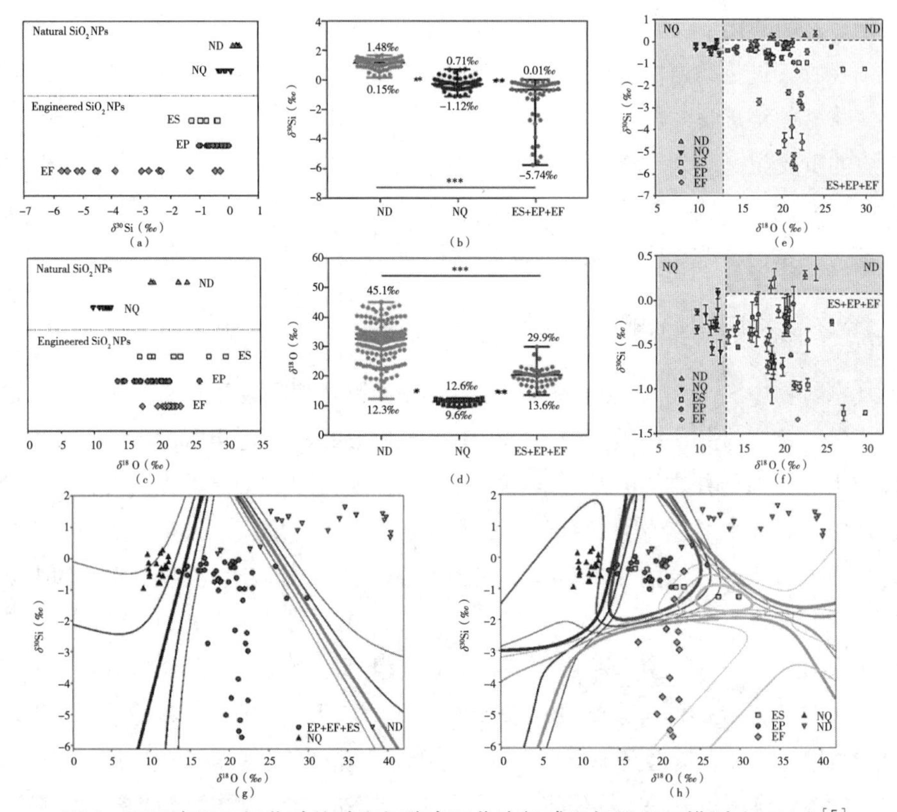

图 4 不同来源二氧化硅的硅和氧稳定同位素组成和机器学习模型（LDA）[5]

a-d. 不同来源二氧化硅组分的硅和氧同位素组成，其中 b 和 d 中包含文献中的数据；e-f. 硅和氧二维同位素指纹图谱，其中 f 是 e 的细节放大图；g-h. 机器模型分类图：三类（g）和五类（h）。备注：EP、EF 和 ES 分别代表沉淀法、气相法和凝胶法合成的工程二氧化硅，NQ 和 ND 分别代表天然石英晶体和天然硅藻土。

表 1 基于机器学习模型（LDA）的二氧化硅来源识别结果[5]

<table>
<tr><th rowspan="2">样品</th><th rowspan="2">总计</th><th colspan="5">来源识别</th><th rowspan="2">准确率</th></tr>
<tr><th>EP</th><th>EF</th><th>ES</th><th>NQ</th><th>ND</th></tr>
<tr><td>二氧化硅样品</td><td>90</td><td colspan="5">正确数目：84</td><td>93.3%</td></tr>
<tr><td>└ 人为来源</td><td>50</td><td colspan="3">49</td><td colspan="2">1</td><td>98.0%</td></tr>
<tr><td>└ EP</td><td>28</td><td>27</td><td>0</td><td>0</td><td>1</td><td>0</td><td>96.4%</td></tr>
<tr><td>└ EF</td><td>15</td><td>3</td><td>12</td><td>0</td><td>0</td><td>0</td><td>80.0%</td></tr>
<tr><td>└ ES</td><td>7</td><td>5</td><td>0</td><td>2</td><td>0</td><td>0</td><td>28.6%</td></tr>
<tr><td>└ 天然来源</td><td>40</td><td colspan="3">5</td><td colspan="2">35</td><td>87.5%</td></tr>
<tr><td>└ NQ</td><td>20</td><td>0</td><td>0</td><td>0</td><td>20</td><td>0</td><td>100%</td></tr>
<tr><td>└ ND</td><td>20</td><td>5</td><td>0</td><td>0</td><td>0</td><td>15</td><td>75.0%</td></tr>
</table>

备注：EP、EF 和 ES 分别代表沉淀法、气相法和凝胶法合成的工程二氧化硅，NQ 和 ND 分别代表天然石英晶体和天然硅藻土。

最后，研究人员进一步分析了硅/氧二维同位素指纹示踪 SiO_2 组分来源的机理。从工程 SiO_2 的合成工艺可以看出，工艺的初始原材料是两种天然源 SiO_2（石英和硅藻土），但原材料与最终产物的硅和氧同位素组成却出现了很大差别。根据产物比原材料优先富集轻同位素的结果，可以推断工业合成过程中的动力学分馏是导致人为源和天然源 SiO_2 之间出现同位素组成差异的原因。此外，部分工业中间体的使用（例如氢氧化钠、正硅酸乙酯等）也可能导致人为源 SiO_2 的氧同位素组成出现变化。

3.3 小结

大气颗粒物中 SiO_2 组分有多种潜在来源，难以通过常规表征进行来源甄别。该研究通过建立硅/氧二维同位素指纹图谱实现了对人为来源和天然来源 SiO_2 组分的甄别。进一步，结合机器学习模型，可以定量给出天然来源和人为来源 SiO_2 组分的识别概率，正确率达到93.3%。该方法能够应用于大气颗粒物中 SiO_2 组分的来源识别，对于大气中 SiO_2 组分的人体暴露评估具有重要的参考价值。

参考文献

[1] Huang R J, Zhang Y L, Bozzetti C, et al. High secondary aerosol contribution to particulate pollution during haze events in China. Nature, 2014, 514(7521): 218–222.

[2] Guo S, Hu M, Zamora M L, et al. Elucidating severe urban haze formation in China. Proceedings of the National Academy of Sciences of the United States of America, 2014, 111(49): 17373–17378.

[3] Lu D W, Liu Q, Yu M, et al. Natural silicon isotopic signatures reveal the sources of airborne fine particulate matter. Environmental Science & Technology, 2018, 52(3): 1088–1095.

[4] Lu D W, Tan J H, Yang X Z et al. Unraveling the role of silicon in atmospheric aerosol secondary formation: a new conservative tracer for aerosol chemistry. Atmospheric Chemistry and Physics, 2019, 19(5): 2861–2870.

[5] Yang X Z, Liu X, Zhang A Q, et al. Distinguishing the sources of silica nanoparticles by dual isotopic fingerprinting and machine learning. nature communications, 2019, 10(1): 1620–1628.

[6] Walder A J, Platzner I, Freedman P A. Isotope ratio measurement of lead, neodymium and neodymium–samarium mixtures, hafnium and hafnium–lutetium mixtures with a double focusing multiple collector inductively coupled plasma mass spectrometer. Journal of Analytical Atomic Spectrometry, 1993, 8(1): 19–23.

[7] Lu D W, Zhang T Y, Yang X Z, et al. Recent advances in the analysis of non–traditional stable isotopes by multi–collector inductively coupled plasma mass spectrometry. Journal of Analytical Atomic Spectrometry, 2017, 32(10): 1848–1861.

[8] Wiederhold J G. Metal stable isotope signatures as tracers in environmental geochemistry. Environmental Science & Technology, 2015, 49(5): 2606–2624.

[9] Anenberg S C, Henze D K, Tinney V, et al. Estimates of the Global Burden of Ambient PM2.5, Ozone, and NO_2 on Asthma Incidence and Emergency Room Visits. Environmental health perspectives, 2018, 126(10): 107004.

[10] Lim S S, Vos T, Flaxman A D, et al. A comparative risk assessment of burden of disease and injury attributable to

67 risk factors and risk factor clusters in 21 regions, 1990–2010: a systematic analysis for the Global Burden of Disease Study 2010. Lancet, 2012, 380(9859): 2224–2260.

[11] Das R, Wang X, Khezri B, et al. Mercury isotopes of atmospheric particle bound mercury for source apportionment study in urban Kolkata, India. Elementa–Science of the Anthropocene, 2016, 4: 1–12.

[12] Enrico M, Le Roux G, Marusczak N, et al. Atmospheric mercury transfer to peat bogs dominated by gaseous elemental mercury dry deposition. Environmental Science & Technology, 2016, 50(5): 2405–2412.

[13] Huang Q, Chen J, Huang W, et al. Isotopic composition for source identification of mercury in atmospheric fine particles. Atmospheric Chemistry and Physics, 2016, 16(18): 11773–11786.

[14] Hyeong K, Kim J, Pettke T, et al. Lead, Nd and Sr isotope records of pelagic dust: Source indication versus the effects of dust extraction procedures and authigenic mineral growth. Chemical Geology, 2011, 286(3–4): 240–251.

[15] Li P, Duan X, Cheng H, et al. Application of lead stable isotopes to identification of environmental source. Enuivonmental Science and Technology, 2013, 36(5): 63–67.

[16] Li X, Liu X, Li B, et al. Isotopic determinations and source study of lead in ambient PM2.5 in Beijing. Environmental Science, 2006, (27): 401–407.

[17] Rutter A P, Schauer J J, Shafer M M, et al. Dry deposition of gaseous elemental mercury to plants and soils using mercury stable isotopes in a controlled environment. Atmospheric Environment, 2011, 45(4): 848–855.

[18] Schleicher N J, Schäfer J, Blanc G, et al. Atmospheric particulate mercury in the megacity Beijing: Spatio–temporal variations and source apportionment. Atmospheric Environment, 2015, 109: 251–261.

[19] Simonetti A, Gariepy C, Carignan J. Pb and Sr isotopic evidence for sources of atmospheric heavy metals and their deposition budgets in northeastern North America. Geochimica Et Cosmochimica Acta, 2000, 64(20): 3439–3452.

[20] Wang X, Bao Z, Lin C J, et al. Assessment of global mercury deposition through litterfall. Environmental Science & Technology, 2016, 50(16): 8548–8557.

[21] Widory D, Liu X D, Dong S P. Isotopes as tracers of sources of lead and strontium in aerosols (TSP & PM2.5) in Beijing. Atmospheric Environment, 2010, 44(30): 3679–3687.

[22] Zhao D, Wei Y, Wei S, et al. Environment, Pb pollution source identification and apportionment in the atmospheric deposits based on the lead isotope analysis technique. Journal of Safety and Environment, 2013, 4(13): 107–110.

[23] Sun G, Sommar J, Feng X, et al. Mass–dependent and –independent fractionation of mercury isotope during gas–phase oxidation of elemental mercury vapor by atomic Cl and Br. Environmental Science & Technology, 2016, 50(17): 9232–9241.

[24] Beard B L, Johnson C M, Von Damm K L, et al. Iron isotope constraints on Fe cycling and mass balance in oxygenated Earth oceans. Geology, 2003, 31(7): 629–632.

[25] Dong S, Weiss D J, Strekopytov S, et al. Stable isotope ratio measurements of Cu and Zn in mineral dust (bulk and size fractions) from the Taklimakan Desert and the Sahel and in aerosols from the eastern tropical North Atlantic Ocean. Talanta, 2013, 114: 103–109.

[26] Flament P, Mattielli N, Aimoz L, et al. Iron isotopic fractionation in industrial emissions and urban aerosols. Chemosphere, 2008, 73(11): 1793–1798.

[27] Gioia S, Weiss D, Coles B, et al. Accurate and precise measurements of Zn isotopes in aerosols. Analytical Chemistry, 2008, 80: 9776–9780.

[28] Gonzalez R O, Strekopytov S, Amato F, et al. New insights from zinc and copper isotopic compositions into the sources of atmospheric particulate matter from two major European cities. Environmental Science & Technology, 2016, 50(18): 9816–9824.

[29] Gonzalez R O, Weiss D. Zinc isotope variability in three coal-fired power plants: a predictive model for determining isotopic fractionation during combustion. Environmental Science & Technology, 2015, 49(20): 12560-12567.

[30] Little S H, Vance D, Walker B C, et al. The oceanic mass balance of copper and zinc isotopes, investigated by analysis of their inputs, and outputs to ferromanganese oxide sediments. Geochimica et Cosmochimica Acta, 2014, 125: 673-693.

[31] Majestic B J, Anbar A D, Herckes P. Elemental and iron isotopic composition of aerosols collected in a parking structure. Science of The Total Environment, 2009, 407(18): 5104-5109.

[32] Maréchal C N, Télouk P, Albarède F. Precise analysis of copper and zinc isotopic compositions by plasma-source mass spectrometry. Chemical Geology, 1999, 156(1): 251-273.

[33] Mead C, Herckes P, Majestic B J, et al. Source apportionment of aerosol iron in the marine environment using iron isotope analysis. Geophysical Research Letters, 2013, 40(21): 5722-5727.

[34] Sivry Y, Riotte J, Sonke J E, et al. Zn isotopes as tracers of anthropogenic pollution from Zn-ore smelters The Riou Mort-Lot River system. Chemical Geology, 2008, 255(3): 295-304.

[35] Souto O C E, Babinski M, Araújo D F, et al. Multi-isotopic fingerprints (Pb, Zn, Cu) applied for urban aerosol source apportionment and discrimination. Science of The Total Environment, 2018, 626: 1350-1366.

[36] Geagea M L, Stille P, Gauthier L F, et al. Tracing of industrial aerosol sources in an urban environment using Pb, Sr, and Nd isotopes. Environmental Science & Technology, 2008, 42(3): 692-698.

[37] Grousset F, Biscaye P J C G. Continental aerosols, isotopic fingerprints of sources and atmospheric transport: a review. Chemical Geology, 2005, 222: 149-167.

[38] Zhang L Y, Hou X L, Xu S. Speciation analysis of ^{129}I and ^{127}I in aerosols using sequential extraction and mass Spectrometry detection. Analytical Chemistry, 2015, 87(13): 6937-6944.

[39] Fu X, Zhang H, Feng X, et al. Domestic and Transboundary Sources of Atmospheric Particulate Bound Mercury in Remote Areas of China: Evidence from Mercury Isotopes. Environmental Science & Technology, 2019, 53(4): 1947-1957.

[40] Huang Q, Chen J, Huang W, et al. Diel variation in mercury stable isotope ratios records photoreduction of PM2.5-bound mercury. Atmospheric Chemistry Physics, 2019, 19(1): 315-325.

[41] Ahrens L, Harner T, Shoeib M. Temporal variations of cyclic and linear volatile methylsiloxanes in the atmosphere using passive samplers and high-volume air samplers. Environmental Science & Technology, 2014, 48(16): 9374-9381.

[42] Xu L, Shi Y L, Wang T, et al. Methyl siloxanes in environmental matrices around a siloxane production facility, and their distribution and elimination in plasma of exposed population. Environmental Science & Technology, 2012, 46(21): 11718-11726.

[43] Wu Y and Johnston M V. Aerosol formation from OH oxidation of the volatile cyclic methyl siloxane (cVMS) decamethylcyclopentasiloxane. Environmental Science & Technology, 2017, 51(8): 4445-4451.

[44] Tan Z F, Fuchs H, Lu K D, et al. Radical chemistry at a rural site (Wangdu) in the North China Plain: observation and model calculations of OH, HO_2 and RO_2 radicals. Atmospheric Chemistry and Physics, 2017, 17(1): 663-690.

[45] Tan J H, Duan J C, Zhen N J, et al. Chemical characteristics and source of size-fractionated atmospheric particle in haze episode in Beijing. Atmospheric Research, 2016, 167: 24-33.

[46] Li M, Zhang Q, Kurokawa J, et al. MIX: a mosaic Asian anthropogenic emission inventory under the international collaboration framework of the MICS-Asia and HTAP. Atmospheric Chemistry and Physics, 2017, 17(2): 935-963.

[47] Li G, Li Y, Zhang H, et al. Variation of airborne quartz in air of Beijing during the Asia-Pacific Economic Cooperation Economic Leaders' Meeting. Journal of Environmental Sciences, 2016, 39: 62-68.

[48] Siemiatycki J, Richardson L, Straif K, et al. Listing occupational carcinogens. Environmental Health Perspectives, 2004, 112(15): 1447-1459.

[49] Choi J, Zheng Q, Katz H E, et al. Silica-based nanoparticle uptake and cellular response by primary microglia. Environmental Health Perspectives, 2010, 118(5): 589-595.

[50] Wei X, Jiang W, Yu J et al. Effects of SiO_2 nanoparticles on phospholipid membrane integrity and fluidity. Journal of Hazardous Materials, 2015, 287: 217-224.

[51] Yamashita K, Yoshioka Y, Higashisaka K et al. Silica and titanium dioxide nanoparticles cause pregnancy complications in mice. Nature Nanotechnology, 2011, 6(5): 321-328.

撰稿人：刘　倩　杨学志　陆达伟　江桂斌

电催化前沿进展

引　言

随着社会快速发展，人类对能源的需求不断增加，化石能源的过度消耗造成了严重的环境污染和能源危机。提高能源利用效率和开发新能源是解决能源危机的有效途径。新能源电转化装置因其高效清洁等优势得到了科学家们的广泛关注。其中电化学转化包含氧还原反应（ORR），析氧反应（OER）和析氢反应（HER）、二氧化碳还原（CO2RR）以及氮气还原（NRR）等。而这些电化学反应都需要催化剂才能够高效进行。催化材料是解决能源危机中的重要核心技术，理解催化机理、掌控催化活性位点、调节催化材料中的电子、离子的传输及其与反应物和产物分子的相互作用对提高催化剂的催化效率、选择性和耐久性等方面都起着重要作用。

电催化已成为国内外学者争相研究的一个热点领域，从事该领域研究的人数持续攀升，所产生的学术论文突飞猛进。近年来，国内研究学者在电催化这一领域取得了巨大发展，先后提出了研究电催化的新视角、新材料、新反应体系。电催化研究领域涉及面广，在各个方面都取得了巨大进展，但受限于报告篇幅，本专题报告特别选择近三年非常活跃的几个体系进行分别阐述，包括新的研究视角（缺陷电催化、非金属催化剂）、经典反应（水分解反应）、新兴反应（二氧化碳还原、氮气还原）。

一、缺陷电催化

电催化反应发生在电极 – 电解质的界面上，通常伴随着气体、液体分子和离子的传质过程。根据 Sabatier 原理，反应物的吸附不能过于强烈阻碍产物的脱附，也不能过于微弱抑制反应物的活化。电催化剂的吸附能与其表面原子的电子结构密切相关。在众多表面电子结构调控策略中，缺陷工程是一种的非常重要策略。

催化剂中缺陷是普遍存在的，缺陷可以改变晶体周期性结构，可以调节缺陷位及其周边原子的电荷分布。缺陷直接影响催化剂电子结构，影响反应物、中间体和产物的吸脱附过程，从而能调控其催化活性及选择性。在新型清洁能源亟须的时代背景下，缺陷电催化为新材料的创新带来了新的机遇。缺陷电催化已经被广泛应用于各类电催化反应体系。国内外科研工作者从缺陷角度出发，已经进行了大量、系统和深入的研究。

近三年来，我国缺陷电催化研究已掀起了热潮，发展势头良好。国内学者在缺陷电催化领域进行了大量的研究并做出了重要的贡献。研究者主要从缺陷的类型、缺陷的构筑、缺陷的作用以及缺陷的利用着手，研究其电催化过程。

研究者通过多种缺陷构筑策略，例如球磨法、等离子体法、酸碱刻蚀法、氢热还原法、原子掺杂等在催化剂中引入了不同种类缺陷，研究了缺陷种类与电催化性能的构效关系。最近，湖南大学王双印教授团队通过等离子体法和酸刻蚀的方法制备了富含多元缺陷的钴铁层状双金属氢氧化物提升了催化剂的氧析出活性[1, 2]；并利用元素晶格能的差异实现了阳离子缺陷的选择性构筑，制备富含 Sn 空位的 CoFe 氢氧化物，从而使得 Co 与 Fe 配位不饱和，提高了氧析出催化活性[3]；并将电催化剂缺陷化学的思路拓展到光电催化系统硅基保护层的梯度缺陷与多元缺陷的构筑，既提高了光电催化体系的活性，又大幅度提升了其稳定性[4]。中国科学技术大学谢毅团队通过氮原子掺杂 CoSe 纳米线增强了其电催化氢析出反应活性[5]；并利用氧空位调控 NiMoO 的电子结构促进了尿素的电催化氧化活性[6]。中国科学院理化研究所张铁锐团队通过 MnO_2 纳米片中引入氧空位，促使催化剂具有半金属的特性，增强了水的吸附，提升了其电催化氧析出和氢析出反应的活性[7]。清华大学王训教授利用“自下而上”的溶剂热方法成功合成了一系列富缺陷位的三元钯铜钴纳米合金，具有表面缺陷活性位、表面应力、异金属间协同效应联合作用的三元钯铜钴纳米合金，在用于氢燃料电池中的氧还原反应和甲酸燃料电池中表现出优异的催化特性，质量活性和耐久性远高于目前商业碳载铂催化剂[8]。中国科学技术大学的曾杰教授团队与汪国雄研究员采用简单的 H_2 等离子体刻蚀的方法在二维薄层 ZnO 纳米片表面产生不同浓度的氧空位缺陷，利用表面氧空位缺陷导致的电子富集态高效活化 CO_2 分子，从而增强 CO_2 电化学催化还原活性[9]；武汉理工大学的木士春教授以具有本征 C5 结构的富勒烯（C60）作为原材料，通过原位碱性刻蚀及高温热处理打开富勒烯框架，获得了含有大量本征 C5 缺陷的碳材料，采用理论计算和实验验证相结合的方法，证明了 C5 拓扑缺陷对电化学反应性有着显著的提升作用[10]。

研究结果表明，含有适量缺陷的催化剂通常显示出更加优秀的电催化活性。研究者也通过在催化剂中同时构筑多种类型缺陷，利用它们的协同作用进一步提升催化剂的电催化活性。王双印团队制备了富含本征缺陷和杂原子缺陷的碳基催化剂，显示了优异的 ORR 性能，验证了本征缺陷和杂原子掺杂缺陷的协同作用[11]。

为了进一步研究缺陷电催化反应的催化机理，研究者通过选取合适模型催化剂，结合原位、准原位表征技术和密度泛函理论计算等手段来探究缺陷在电催化反应中究竟起着怎样的作用？缺陷是如何影响其催化机理的？相关的研究结果表明：缺陷的存在，通常能够优化催化剂表面原子的电子结构和电荷分布，优化反应中间体的吸脱附过程，促进反应活性中间体的形成，最终促进了其电催化活性的提升。最近，王双印团队利用扫描离子电流显微镜及开尔文探针力显微研究了缺陷 HOPG 表面的荷电状态，发现，随着缺陷浓度的增加，电极表面电荷逐步增加。表面电荷的增加对其电催化性能有着明显的促进作用。与电催化反应进行关联，最终得到了经典的“火山图”关系，进而建立了碳材料本征缺陷与电催化行为之间的构效关系，并用于指导粉体碳基催化剂的设计[12]。

不同种类缺陷对催化剂的电催化活性的影响和贡献的大小也不同。因此，研究者也通过在同一催化剂中构筑了不同类型的缺陷，研究其分别对电催化活性的影响和贡献，建立了缺陷与电催化活性的构效关系，为高效缺陷电催化剂的设计提供了理论指导，也为缺陷电催化领域的后续深入研究提供了理论支撑和技术支撑。最近，王双印团队通过碱刻蚀法制备出含有二价镍缺陷位和三价铁缺陷位的 NiFe 层状双金属氢氧化物，结合理论计算揭示了不同类型缺陷位对 OER 电催化活性和催化机理的影响[13]；吉林大学姚向东教授研究发现，在 ORR 反应中，碳环结构的本征缺陷可能比 N 掺杂缺陷对电催化活性提升的贡献更大[14]。

此外，缺陷位本身往往比较活泼，这就为后续对其进行修饰或功能化提供了可能。因此，研究者利用缺陷位活泼特性，实现了缺陷位的功能化修饰，调控缺陷位电子结构，引入新的功能性位点，进一步调控表面电荷，赋予了催化剂新的、更优的催化活性，阐明了缺陷位原子修饰对电催化性能提升的作用机制，丰富了缺陷化学研究的内涵，为催化剂缺陷调控提供新的思路。王双印团队在 Co_3O_4 纳米片制造表面氧缺陷的过程中引入高浓度的活性 P 物种，可以原位的实现氧缺陷的部分 P 修饰，形成丰富的 Co–P 键，从而形成丰富的产氢催化活性中心（Co–P 具有活泼的电催化 HER 性能）。另外，部分缺陷位的 P 修饰使催化剂表面的几何结构、不同价态金属离子钴的比例得到优化，使得 OER 催化性能也得到提高[15]；利用等离子体技术对氧化铈进行表面改性，使其表面富含氧缺陷，用于锚定铂纳米颗粒进行催化甲醇氧化反应，金属氧化物中氧缺陷的存在可以有效地促进电荷转移，提高表面催化活性[16]。吉林大学姚向东教授团队也通过碳材料基底上的缺陷调控，成功制备了一种铂钴双金属原子催化剂，该催化剂具有极高的 ORR 反应活性以及 4 电子反应选择性[17]。通过缺陷位锚定单原子也是一种调控其催化活性的策略。清华大学李亚栋院士课题组通过有效的原位合成法在电化学 HER 过程中将单个 Pt 原子负载在 MXene 的 Mo 空位上用以实现超高的氢析出性能[18]。清华大学李亚栋院士课题组和中科大吴宇恩课题组利用 N 掺杂的碳载体中的缺陷位捕获 $Cu(NH_3)x$ 物种，形成孤立的铜位点，然后形成单原子铜催化剂，显示出高的 ORR 活性[19]。中国科学院长春应用化学研究所徐维林课题组和南开大学周震课题组合作，制备了一种由碳缺陷锚定的单原子 Pt 高效 ORR

电催化剂，并对 Pt 的单原子高效、高稳定分散原理以及高 ORR 催化活性的机理进行了系统研究[20]。

总之，针对电催化反应体系，国内研究者以认识缺陷、理解缺陷和利用缺陷为路线，开展了一系列系统深入的研究工作，取得了非常有价值的学术成果，为缺陷电催化领域的发展做出了非常有价值的贡献。缺陷在催化剂中的作用的基本认识将促进整个电催化领域的发展。

目前，尽管我国在缺陷电催化领域已经开展了许多研究，取得了非常有价值的研究成果。但是在缺陷电催化领域中，仍然存在着一些重大的挑战，这些挑战非常值得继续关注，以进一步探索缺陷对电催化的作用。催化剂表面缺陷构筑还需更加精准、更有选择性；表面缺陷本身较为活泼，在电催化反应复杂的过程中，其结构、成键模式、配位环境等如何变化，尚需动态跟踪；此外，电催化活性除了受催化剂表面特性影响之外，催化剂与电解液的界面环境同样制约其性能，表面缺陷的构筑对界面环境的创制有何影响，值得进一步探索。

二、非金属电催化剂

电催化剂多为贵金属（例如 Pt、Ir、Ru）基催化剂，而贵金属昂贵的价格及其有限的储量大大限制了这些绿色能源技术的商业化进程。半个多世纪来，人们试图开发非贵金属催化剂来替代贵金属催化剂。

相比于金属催化剂，非金属催化材料作为新型可持续催化剂的应用逐渐被人们认识和探索。特别是廉价丰富的非金属碳基纳米材料具有独特的结构、形貌和表界面性质，以及良好的稳定性和环境友好性，在诸多化学反应过程中展示出优异的催化性能。近年来，非金属碳基纳米催化材料在电催化方面的研究和应用已成为材料、化学领域的热点方向之一。国内的研究工作主要集中在新型非金属碳基纳米材料的制备、电催化活性的评价以及活性位点的识别及催化机理的认识等。厦门大学孙世刚院士针对纳米材料的电催化应用撰写专著《纳米材料前沿——电催化纳米材料》[21]，介绍了国内外电催化纳米材料的最新研究进展，其中包括碳基非金属电催化剂在燃料电池、电解水析氢析氧以及二氧化碳还原方面的应用，为科研人员在非金属催化剂的设计和探究提供相当重要的依据。

碳基非金属催化剂的催化活性位点可通过可控引入掺杂原子，缺陷，吸附基团或/和三维结构来调节。这为产生系列高效催化剂提供了强有力的手段，使碳基催化剂与传统的金属基催化剂有着本质的区别，甚至有更好的多功能性和更大的优化空间。杂原子如电负性的氮原子的引入，可诱导毗邻的碳原子产生部分正电荷，具有非常高的电催化活性。南京大学胡征教授多年来致力于研究碳纳米管的生长机理；实现了一系列新型碳基纳米笼的设计及可控制备、掺杂、缺陷工程等方面取得系列重要进展[22]。最近，湖南大学王双印教授课题组针对缺陷电化学作了详细的综述[23]，提出了一种设计氧电催化剂的新颖原理，提供了用于 ORR 的碳基无金属电催化剂中各种缺陷的概述；介绍了在电催化剂中产生的缺陷类型和可控策略以及识别缺陷的技术，并且通过理论方法探讨了缺陷活性之间的关系。北京理工大学曲良体教授和北京化工大学王峰教授分别在基于杂原子掺杂或缺陷设计构建新型碳材料的 ORR 非金属催化剂方面，开展了比较前沿的研究。重庆大学魏子栋教授团队克服了合成掺杂石墨烯的成本问题，申请了国家发明专利，获得了国家“973”重大基础研究计划和国家“863”高技术研究发展计划的资助。该成果意味着长期困扰燃料电池实用化的高成本问题不再是瓶颈问题[24]。武汉理工大学木士春教授发现了两种新的石墨烯制备方法，即无定形碳化物氯化法和二维金属碳化物氯化法，并发展了生物质高温 KOH 活化制备石墨烯的方法。在应用研究与开发方面，在多个科技部“863”项目及省市科技项目的支持下，研发出了具有自主知识产权的高性能燃料电池芯片（CCM），成功应用于千瓦级大功率燃料电池发动机，并已经开始向美国大批量出口 CCM 产品；同时，他们还参与研制出增强型燃料电池复合质子交换膜及试生产线。华南理工大学彭峰教授课题组通过理论计算和实验相结合分别解析了碳材料在酸性和碱性条件下的 ORR 活性位的来源及区别，这为今后设计不同电解质下的 ORR 催化剂提供很好的支撑。

近几年，科研工作者在非金属碳基电催化领域取得了丰富的成果。催化剂的效率提升、活性位点数量提升与稳定性提升是目前电催化剂需要解决的主要问题。而催化剂设计与理论计算相结合是未来的重要潜在方向之一，催化剂的性能的提高主要是取决于对电极表面反应的理解和反应的特点设计最优的催化剂。未来催化剂的设计要根据材料表面的化学特性与电催化反应的特点结合起来，便有针对性地找到高效的廉价的催化剂：

· 非金属碳基催化剂与金属催化剂在电催化机理上有所区别，需要通过先进的表征技术结合理论计算去探索碳基催化剂的电催化机理。

· 碳基催化剂的活性中心一般认为多种活性位存在协同作用，因此对于碳基催化剂活性中心的研究不应受限于传统的活性中心的模式，而应该从深层次、系统的角度，例如材料的电子结构、表面电荷密度、功函等进行综合研究，提出表面电子催化的新观点。

· 探讨晶面调控、形貌、缺陷调控等材料设计策略对催化剂性能的影响，并系统总结材料设计策略在非金属催化剂的应用，具体从材料合成、结构表征、性质调控及性能优化等方面系统展开讨论，建立形貌 / 缺陷调控、材料结构及催化性质三者之间的联系，为高活性、高选择性以及高稳定性的电催化材料的研发提供新思路。

· 揭示不同表 / 界面修饰方式对碳基纳米材料在氧还原反应、氧析出反应、析氢反应、二氧化碳还原以及氮还原反应中的催化性能影响规律，为实验设计催化材料奠定理论基础。

近几年，国外机构在非金属催化剂的研究中也取得了不少优异成果。例如，美国凯斯西储大学戴黎明团队开发了一种具有多组分活性中心的碳基非金属催化剂，可用作高效的氧还原、析氧和析氢三功能的催化过程[25]。澳大利亚阿德莱德大学的乔世璋团队针对目前有望成为高性能的二氧化碳还原电催化剂和载体（纳米结构碳材料，即石墨烯材料、碳纳米管、卟啉材料、纳米金刚石和玻碳）进行了分析，并总结了近几年对 CO2RR 的机理分析，对阐明活性位点和反应机制以及开发打破传统尺度关系的策略至关重要[26]。但总体来讲，相比之下，国内在非金属电催化材料方面的研究少之又少，尤其是二氧化碳电还原和氮气电还原的领域。

三、电催化水分解

由于日益严峻的能源与环境问题，对清洁可持续能源的开发与利用受到了国内外的广泛关注。上述清洁能源受自然环境影响较大，往往不能向国家电网提供稳定可靠的电能输入。因此，我们需要进行能量转化来解决这些清洁能源的存储与运输问题。利用清洁能源产生的电能进行电催化水分解制备氢气是实现清洁电能转化、储存与运输的有效手段之一。此外，随着氢燃料电池产业的快速发展，氢气的需求量将会日益提升。相较于传统的甲烷、甲醇、煤等化工制氢方案，电催化水分解制氢能提供更干净的氢燃料，有效解决残留含碳小分子对燃料电池催化剂的毒化作用。

过去几年中，电催化水分解在国内外都属于热点研究领域。在本专题报告的这一部分内容中，我们将从催化剂组分设计、催化剂结构与形貌调控、催化剂负载与界面研究、反应机理研究和工业领域进展等方面简要介绍国内外研究现状，特别是我国在这些领域取得的突破性进展。本小节内容将只关注金属基催化剂，非金属催化剂有单独的章节进行详细介绍。

（一）催化剂组分设计

组分调控是制备新型高效催化剂的最直接手段。国内外近几年在这一领域的研究基本都集中在对非贵金属催化剂体系的调控。国外课题组倾向于在晶体结构明确的催化剂中进行阳离子掺杂，研究金属中心配位环境、电子结构与本征活性之间的内在联系。国内课题组倾向于对金属氧化物等材料进行阴离子置换，以改进催化活性为目的合成制备了大量的新型催化剂，极大丰富了催化剂数据库。

从催化剂组分设计来看，常见的氢析出反应（HER）电催化剂主要包含廉价过渡金属的硫化物、硒化物、磷化物、氮化物、碳化物和贵金属单质等。国内外这一领域的研究集中在通过不同的调控手段实现阴阳离子掺杂来提升析氢活性。周伟家等通过简单、快速、可控的电化学阳极活化策略，实现了二硫化钼、磷化钼等的快速掺氧并提升了析氢活性[27]。邢巍等通过自发界面氧化还原掺杂低量 Pd 原子活化 MoS_2 惰性表面的策略，解决

了 MoS_2 本征活性、活性位点密度、导电性和稳定性等问题[28]。

对于氧析出反应（OER）电催化剂而言，贵金属 Ru、Ir 的氧化物表现出十分优异的催化性能。此外，廉价金属的化合物等被作为 OER 电催化剂大量研究及报道。胡劲松等发展了原位电化学转化策略，在 OER 条件下将泡沫铁基底上生长的 FeSe 纳米片转化为 Se 掺杂的 FeOOH 阵列，使该全铁基催化剂同时具有高本征活性位点和高电化学活性面积[29]。此外，廉价过渡金属的硫化物、硒化物、磷化物、氮化物、碳化物等材料也被报道为 OER 电催化剂。这些材料相较于氧化物体系而言具有更优异的导电性能，在活性、稳定性方面正趋近甚至超越贵金属催化剂，颇具应用潜力。但是，这些材料在强氧化条件及电解质作用下，表面组分均会发生显著变化，其真正的催化活性位点往往是原位表面生成的（羟基）氢氧化物。余家国等设计了一种准原位球差电镜观测技术，发现非晶 CoS_x 在 OER 催化过程中，活性位点以及催化晶面，是由表面形成的金属羟基氧化物来决定的。该研究将为未来电催化剂的形貌以及元素调控设计提供新的方向[30]。近年来，研究人员在大量开发新组分催化剂的基础上，已经逐步把研究重点放在了催化机理以及材料的构效关系上。

（二）催化剂结构与形貌调控

调控催化剂的形貌能够有效调节活性位点数量、暴露晶面、反应能垒、电子传导性能和底物扩散性能，从而提升催化性能。近年来，国内外研究人员在催化剂形貌调控方面进行了广泛的研究。主要包含以下几个方面：第一，合成无定形或多孔材料。这类材料较大的比表面积能增大电极和电解质界面。材料表面的大量缺陷结构有利于活性中心的形成。同时，可以形成渗透性的活性通道，利于活性离子和小分子快速扩散，降低体积膨胀影响。第二，构建多维结构材料。在电催化剂材料中，低维材料具有较高的电荷传输性能，高维材料具有优异的传质性能。设计同时包含不同维度材料特性的多维结构是开发高效电催化剂的有效方法。第三，制备单原子催化剂。单原子催化剂由于独特的原子分布，金属－金属键的缺失，在电催化反应中展现出了独特的性能。同时单原子催化剂可以大大降低贵金属的用量，提升原子经济性。第四，开发具有协同催化效应的异质结构。异质结界面电荷歧化可以调节催化剂电子结构，降低催化反应中决速步的反应能垒，进而大幅度加速水分解反应动力学来提高其催化性能。张伟等利用简单湿化学方法成功合成了新颖的 Co（OH）F 高维材料，提出了等级维材料的概念，并成功用于电催化水分解反应[31]。宋礼等独辟蹊径，利用催化效果佳的铂金属设计了遍布针尖的“松球结构”催化剂，将铂金属的用量降低了 75 倍。弯曲的球面会在针尖铂原子处形成非常强的局域电场，增强催化效率[32]。吴宇恩等利用表面缺陷工程技术捕获和稳定单原子的方法成功制备了 Ru 单原子催化剂，通过压缩应变调控 Ru 的电子结构来优化与活性中间物种的结合。该催化剂与商业钌基催化剂相比具有很大的活性和稳定性优势[33]。近几年，国外课题组在这一领域的研究亮点包含通过高端纳米合成手段精细调控纳米阵列结构，而国内课题组在单原子催化剂的合成与应用方面做出了大量开创性的工作。虽然国内外研究人员在催化剂形貌调控方面均取得了大量的进展，但在针对不同形貌导致的活性表面与本征活性内在联系方面的研究较少。

（三）催化剂负载与界面研究

在电催化电极制备中，传统的粉末催化剂往往需要通过高分子黏合剂物理负载到电极集流体上。对于有些导电能力差的催化剂，还需要额外添加纳米碳材料来提升导电能力。在这些情况下，催化剂与集流体之间简单的物理接触会导致二者之间缓慢的电荷传输以及催化剂从电极基底表面脱落的问题。此外，添加剂还会包覆部分催化活性位点并影响反应底物在催化剂涂层中的扩散。为了解决这类问题，通过在电极集流体上原位直接生长自支撑催化剂，或者通过金属集流体表面原子构建同源催化剂的方法被国内外文献广泛报道。这类电极制备方法包含水热合成、电镀、化学 / 物理气相沉积等。近期，黄小青、郭少军等通过水热法在电极基底表面生长了 WCoFe 三金属的氢氧化物，并详细研究了组分对电子结构的调控以及对电催化水氧化活性的影响[34]。程方益等通过含氧酸根还原的电镀方法在不同基底上制备了过渡金属的氢氧化物催化剂，研究表明了阴离子插入阴极还原电镀是一种可靠的制备高活性水氧化电极的方法[35]。孙晓明等通过水热方法在碳纸上生长了 WO_3 纳米阵列，然后通过混合三聚氰胺热解的方法将 WO_3 转化成 N- 掺杂的 WC 催化剂。该体系在酸性溶液中展现出优异的双功能产氢产氧电催化活性[36]。此外，电催化水分解反应在三相界面，因此催化材料与电解质之间的界面调控也是重要的研究领域。优异的催化界面，有助于水分解过程中的传质与传荷以及保护亚稳态、高活性的活性相。陈煜等通过在聚丙烯胺水溶液中还原铂离子的方法，成功构筑出聚丙烯胺官能团化的铂基催化剂。研究发现，聚丙烯胺官能团有助于捕捉并传输质子给金属活性位点，提升活性位周围质子的浓度，从而显著改善电催化析氢过程[37]。在这一研究领域，国外课题组关注催化剂与电解质界面的调控，关注催化剂表面的亲疏水性能、活性物种表面富积等。国内课题组关注催化剂与集流体界面的研究，并广泛利用泡沫金属作为集流体制备了一系列高活性、高稳定性的具有应用前景的自支撑电极。

（四）反应机理研究

对电催化水分解反应机理的研究能够深入指导开发具有高本征活性的催化剂。由于水分解反应本身涉及多步的电子质子转移、反应路径复杂（特别是对于阳极水氧化而言）、活性中间体难于观测等问题的存在，对电催化水分解反应机理的认识还不够深刻。特别是在异相电催化中，反应发生在三相界面、催化剂表面结构不明确、催化剂表面晶格氧原子可参与反应等因素都加大了对反应机理进行研究的难度。对于电催化 HER 而言，研究认为 H 原子与活性位点的结合能是反应效率的关键之一。一般认为 ΔG_H 越接近于零对 HER 越有利。结合太强不利于后续的氢气脱附，结合太弱不利于生成高活性中间体。对于 OER 而言，反应机理更加复杂。一般可以通过分析反应过程中的一系列活性中间体的结合能来判断催化剂性能。有研究认为，对于 OER 这种多步反应而言，最理想的情况是反应的总吉布斯自由能变化能够在每一基元步骤平均分配。谢毅等人在薄层硒化镍材料中通过结构畸变离域电子自旋态，这样不仅可以提升材料的导电能力还能改变活性位点与反应中间体之间的吸附能来提升材料的催化性能[38]。目前，国内外主流的机理研究手段集中在通过理论计算活性中间体物种的吸附能、计算催化剂电子结构和原位光谱监测活性物种等领域，而针对电极表界面的基础电化学研究较为欠缺。国外课题组通过镀膜电极材料，初步研究了电催化水分解的动力学过程，并通过各种光谱手段原位监测了活性中间体在催化过程中的变化情况。国内课题组在催化剂电子结构调控的基础上，结合理论计算对反应坐标势能变化进行了深入广泛的认识。

（五）工业领域进展

根据 2019 年 6 月 26 日中国氢能联盟发布的《中国氢能源及燃料电池产业白皮书》所述，目前工业电解水制氢技术主要有碱性水电解槽（AE）、质子交换膜水电解槽（PEM）和固体氧化物水电解槽（SOE）。碱性电解槽技术最为成熟，生产成本较低，理论上得到的气体纯度更高。质子交换膜水电解槽流程简单，能效较高，国内单台最大产气量为 50 m^3/h，但迄今 PEM 膜仍以杜邦公司的全氟磺酸质子交换膜（Nafion）为主流，成本居高不下。目前，如陶氏化学、AGC 等多家公司正在研发新型 PEM 膜，旨在通过降低成本实现 PEM 技术的工业化应用。固体氧化物水电解槽采用水蒸气电解，高温环境下工作，能效最高，但尚处于实验室研发阶段。国外在这一领域的研究起步较早，也具有较大的技术优势。国内的企业和科研单位也在积极开发具有自主知识产权的膜材料和电极体系。特别值得一提的是，复旦大学夏永姚、王永刚等设计了一系列循环使用的中转电极，使电解水中的产氢与产氧在不同时间完成，在不使用膜材料的情况下避免了电解水中氢氧混合的问题[39, 40]。

除此之外，支持性电价政策是当下发展电解水制氢的主要依托。如 2018 年 6 月广东出台相关政策支持电解水制氢，将电价最高限定为 0.26 元 / 千瓦时。但即便如此，电解水制氢和传统制氢相比仍不具有价格优势。又比如，张家口有丰富的可再生能源进行氢能制备，大大降低了成本，电价优惠到了 0.15 元 / 千瓦时，是目前氢能发展的主要城市之一。山西省今年的重大专项“弃风电力制氢能源互联网的研究与示范”即旨在建立风电耦合制氢、氢能综合利用的互联网示范工程。目前多项政策提出将电解水制氢与可再生能源结合实现能源转化可以更好地降低成本、发展氢能产业。除了电价和设备外，中国的可再生能源发电制氢仍然缺乏规模应用实践。目前，单个最大单位的最大制氢能力是 1000 m^3/h。

通过多个平行线，最大仅为 5000 m^3/h。可再生能源发电波动特征的相关实践仍处于示范阶段，迫切需要建设一个大型示范项目。

四、电催化氮还原合成氨

氮气电化学还原可在温和条件下实现从水和空气直接合成氨这一热力学非自发过程，如果使电流效率和转化率得到大幅提高，其成本将主要集中到单纯的电能消耗上，在电能充足的地区极具应用前景，特别是如果未来电化学合成氨的驱动能量能由可持续的绿色能源供给，将能够彻底克服当前工业合成氨所面临的涉及能耗、污染等方面的问题。

近年来，以美国、日本为代表的发达国家陆续开展了相应的合成氨示范项目。譬如美国能源部先进能源研究计划署于 2017 年启动了“REFUEL”系列项目，目的在于利用可再生能源驱动合成高能量密度的液体氨燃料。德国企业巨头西门子公司联合英国牛津大学、卡迪夫大学以及英国科学与技术设施委员会开展了世界首个氨储能先导计划——“Green Ammonia”项目，该示范系统已于 2018 年 6 月投入运行，合成氨规模为 30 kg/ 天。日本 JGC 公司与国家先进工业科学技术研究院（AIST）在国家战略创新推进计划的资助下，于 2018 年年底首次成功实现可再生能源电解水制氢合成氨与氨燃气轮机发电的集成示范，合成氨规模为 20 kg/ 天，燃气轮机发电规模达 47 kW。

目前国内在开展电化学合成氨研究的单位主要有华南理工大学、中科院长春应化所、吉林大学、湖南大学、复旦大学、清华大学、香港科技大学、电子科技大学等。但由于起步较晚，加上受资金投入等因素影响，我国电化学合成氨技术与世界先进水平存在一定距离，且不成规模。目前国内经同位素示踪证实的电化学合成氨平均电流效率约为 9%，平均产氨速率约在 10 $\mu g\ h^{-1}\ cm^{-2}$，低于国际先进水平，并远低于可实际应用的标准。

电化学合成氨在实施过程中存在着一系列的科学与工程问题。首先，由于氮气中的氮氮三键非常牢固，在温和条件下要实现氮气的高效活化非常困难。其次，析氢电位和氮还原电位非常接近，析氢作为竞争反应会严重制约氮还原合成氨的效率。此外，由于温和条件下，特别是常温常压下氮气的溶解度较低，从反应物料上也制约了合成氨的效率。这些因素使得当前电催化氮还原合成氨的性能还远低于目标标准（产率 $>10^{-3}\ g\ h^{-1}\ cm^{-2}$，电流效率达到 50% 以上）。

为克服电化学合成氨面临的问题，近三年来国内以华南理工大学、吉林大学等为代表的相关研究团队提出的解决策略主要集中在以下几个方面：①构建高效的氮还原催化剂。结合纳米技术和理论计算，筛选并构建高活性的氮气吸附活化位点，实现温和条件下氮气的选择性还原；②选择合适的电解质体系。主要是通过控制质子浓度来抑制析氢，以提高反应的选择性；③优化氮还原合成氨的反应器。主要是通过优化反应体系的传质过程来提升反应效率；④开发新型电化学反应体系，以期突破常规电化学反应体系下电流效率和产氨速率的瓶颈。

华南理工大学王海辉教授团队在国际上最先发布了电化学合成氨的试验流程报告，并最先报道了环境中的氨氮污染对实验结果的可能干扰（譬如氮气中的 NOx、试剂中的杂质如硝酸根等的还原影响），并建立了标准的 $^{15}N_2$ 同位素示踪实验技术和核磁定量方法（就目前合成氨的 ppm 级水平，同位素示踪应是不可或缺的检测手段），进而有效避免了指示剂法和氨敏电极等方法存在的检测误差。同时也指出了当前电化学合成氨研究领域存在的误区，这对推动电化学合成氨技术的健康发展具有重要的现实意义[41]。

中科院长春应化所张新波研究员团队在国际上率先提出以金（Au）作为氮还原催化剂实现了常温常压下氨的电化学合成。研究人员发现，Au 的晶面取向效应和无定型结构能够获得较好的催化选择性。例如，由（210）和（310）子面组成阶梯式高指数 {730} 面的四面体 Au 纳米棒（THH Au NRs）表面，可为催化吸附和活化氮气提供丰富的活性位点。实验证实，在 –0.2 V（vs. RHE）电位下获得了 1.648 $\mu g^{-1}\ h^{-1}\ cm^{-2}$ 的合成氨产率和近 4% 的最大法拉第电流效率[42]。

华南理工大学王海辉教授团队针对氮氮三键在常温常压下难被活化的难题，提出了利用锂离子耦合策略构建类锂氮还原催化剂的思路，借鉴聚酰亚胺还原可以耦合钠离子的经典反应，以酰胺的羰基作为给电子基团，通过电化学还原手段耦合 Li^+ 成功构建出了具有［$O–Li^+$］类锂活性位点的氮还原催化剂。实验结果表明，该催化剂在常温常压下催化氮还原的产氨速率超过 1.0 $\mu g\ h^{-1}\ cm^{-2}$ 时，最高法拉第（电流）效率可达 2.85%，首次利用非贵金属催化剂在常温常压下的水体系中将氮还原合成氨稳定的法拉第效率提升到了 1% 以上，并以 $^{15}N_2$ 作为供给气的示踪实验证实了合成的氨源于氮气的直接还原，从而也证实了该催化剂设计策略的先进性。这也是首次使用 $^{15}N_2$ 同位素示踪实验在全水体系中直接证实电化学合成氨的报道[43]。

在上述研究之后，一些典型的金属材料，譬如：Fe、Mo、Ru、Pd 等也被陆续证实确实可以催化氮气在常温常压下活化还原[44-47]。与此同时，考虑到金属催化剂的 d 轨道电子也利于金属 – 氢键的形成，一些合理的抑制析氢竞争反应的策略也被陆续报道，包括使用非金属材料来替代金属基催化剂[48-50]。这些探索性研究显著提升了国内电化学合成氨的技术水平，也促进了电化学合成氨技术的发展。

中科院长春应化所张新波研究员团队首次报道了基于锂氮电池的电化学合成氨技术，实现了高达 59% 的固氮法拉第效率[51]。团队研究人员利用电池反应，在足够负的电位下通过将 Li^+ 离子还原沉积在阴极表面，然后利用沉积的锂金属与 N_2 反应形成 Li_3N，进而水解得到了氨。为了验证固氮效果，该团队在不同的充放电状态下，将正极浸入奈斯试剂，核实了 Li_3N 水解产生的 NH^{4+}，并通过核磁共振波谱对结果进行了验证，这一基于可逆锂 – 氮气电池的设想，不仅是储能领域的技术进步，更提供了一种在温和条件下实现电化学高效合成氨的新路径。

尽管在当前的研究中法拉第电流效率已取得了较大的突破，但由于目前的高法拉第效率大多是以牺牲工作电流（通过使用较小的工作电流）来获得的，因此，产氨速率依然较低。而且质子氢也是合成氨的原料，倘若反应过程中的质子较少或质子无法与催化剂表面接触，那么氮还原过程也会被抑制。因此，在现有的电化学固氮体系上，通过催化剂的优化设计以及简单促进氮气扩散吸附等手段也很难进一步同时提升电化学合成氨的电流效率和产氨速率，至少很难达到与当前工业合成氨相比拟的水平。未来，开发高效的氮还原催化剂无疑仍然是一项长期的课题，但为了能走向应用，可能有必要对现有电化学反应体系进行革新或重新设计。考虑到环境条件下的氮的溶解度以及传质扩散等方面的制约因素，可能在较低的温度和压力下进行电化学合成氨是一个值得考虑的选项。

五、电催化二氧化碳还原

电催化还原二氧化碳（CO_2）是指在常温常压条件下，依靠太阳能、风能等可再生能源产生的电能，利用催化剂使 CO_2 还原成可再利用的碳氢化合物燃料的技术。这种技术能实现含碳燃料到 CO_2 再到含碳燃料的可持续的循环利用。这不仅能缓解人类社会发展面临含碳化石燃料急剧消耗引发的能源短缺，而且能降低大气中日益增多的 CO_2 引发的温室效应所带来的生态灾难。CO_2 电催化还原策略，其本质是如何激活惰性的 CO_2 分子并促使其还原转化，生成一碳到多碳产物。其难点则是，在 CO_2 还原电位区间内，要尽可能地抑制氢气的析出。

近两年，国外的研究团队在 CO_2 电催化还原上有相当多的重大进展。在催化基础研究上，美国斯坦福大学 Jens K. Nørskov 团队通过从头算动力学模型建立了从过渡金属到贵金属关于一氧化碳还原活性的火山图。他们发现一氧化碳还原的活性是由台阶位决定的，一氧化碳氢化过程的过渡态能垒与一氧化碳吸附能的关系，并确定了该描述符的最优值与铜的最优值非常接近[52]。在研究方法上，加拿大多伦多大学 Edward H. Sargent 团队利用原位同步辐射吸收技术对多次电沉积制备的不同形貌的铜纳米材料进行了原位表征测试，发现尖端形貌有利于表面铜的氧化态。在 –1.0 V（vs. RHE）下，乙烯的电流密度高达 160 mA cm^{-2}，乙烯与甲烷的比例为 200[53]。在催化剂的开发上，加拿大多伦多大学 Edward H. Sargent 团队与中南大学刘敏教授团队、哈尔滨工业大学陈刚教授团队合作，报道了硼掺杂 Cu 催化剂上获得了 CO_2RR 的高选择性 C_2 产物。从理论和实验上证实了电还原 CO_2 生成 C_2 烃与 Cu 氧化态的关系。在 Cu 平均价态为 +0.35 时，C_2 碳氢化合物实现了约 80% 的高法拉第效率。在该条件下，C_1 和 C_3 产物在气相和液相产物中都被完全抑制。硼掺杂 Cu 催化剂显示出优异的 CO_2RR 生成 C_2 的稳定性，可持续高效运行近 40 h。在器件方面，美国马里兰大学胡良兵等介绍了一种基于柔性木材正极结构的高容量、长寿命 Li–CO_2 电池。木质正极独特的孔道结构提供了最有效的离子与气体传输通道。同时，他们在木质微孔道中残留的碳纳米管中负载上 Ru 纳米催化剂获得了更快的反应动力学，这与改善后的传质过程相协同，促进了 Li-CO_2 电池电化学性能的提升[54]。

国内的研究团队在 CO_2 电催化还原从催化基础，研究技术和方法，到高效催化剂开发研究上也均有较大的进展。

在 CO_2 电催化剂还原的基础研究上，国内学界在 CO_2 电催化反应的动力学、催化活性位点、表面基团的助催化作用方面有一系列新的观点和认识。中国科学技术大学罗毅团队报道了 CO_2 扩散和吸附的相关研究。他们提出了一种新颖的反应 – 扩散动力学模型，能够解释催化剂形貌，特别是针尖结构，提升反应动力学的原因。他们发现最佳性能由二氧化碳与局部电场的相互作用决定，与二氧化碳的吸附速率密切相关，而与反应势垒无关[55]。中国科学技术大学谢毅团队则对 CO_2 电催化还原的活性位点提供了新的发现。他们提出了正电荷位点在二氧化碳还原中的应用。他们报道了单原子锡在氮掺杂的石墨烯材料中单原子锡具有正电荷性质，能够有利于二氧化碳的活化和转化，其转换率高达 11930 h^{-1}，并且在工作 200 小时以后没有失活[56]。天津大学巩金龙团队则提出了表面羟基官能团对二氧化碳还原的影响。他们报道了氧化亚铜表面部分羟基覆盖后，能够促进二氧化碳的还原和有效抑制析氢反应。通过电子结构的分析发现羟基电子转移到不饱和配位的铜位点能够稳定吸附的 COOH*[57]。

在 CO_2 电催化剂还原的研究方法上，国内学界则采用光谱技术有一系列新发现。香港科技大学邵敏华教授团队和复旦大学蔡文斌团队利用原位衰减全反射表面增强红外吸收光谱不仅探测到电催化 CO_2 还原过程中 Cu 催化剂表面产生的 *COOH 和 COO– 两个 CO_2 加氢初始产物以及 *CHO 等 CO 继续加氢产物，还发现在氩气饱和的 $KHCO_3$ 溶液中存在表面成键的 CO 产物[58]。这说明 HCO_3^- 在 CO_2 还原反应中所起的作用不仅限于 ph 缓冲剂和质子供体。南方科技大学梁永晔团队利用原位 X 射线吸收光谱，报道酞菁铜产甲烷条件下，铜（II）酞菁经历可逆的结构和氧化态变化，形成大概 2 nm 金属铜簇，实现催化二氧化碳转化为甲烷[59]。大连化物所黄延强研究员利用 X 射线光电子能谱证实了在氮掺杂石墨烯材料中，CO_2 还原活性位点是吡啶氮[60]。

在 CO_2 电催化还原催化剂的开发上，国内学界则广泛研究了各种类型的材料。在金属纳米颗粒方面，中南大学刘敏教授团队，首次通过将硫化物量子点原位电化学还原，实现了高倍率金属空位量子点的制备，并将其应用在二氧化碳还原领域。这种量子点衍生的催化剂，保持了 3~5 nm 的尺寸大小，但其金属空位高达 20%，并在金属量子点中呈现良好的原子级分散，从而为二氧化碳还原反应提供了合适的原子结构与电子结构；在数百小时的二氧化碳还原反应中，保持良好的催化活性，其性能超出现有催化剂的两倍之多。该研究具有良好的普适性，在多种金属，如金、银、铜、铅等，均得到良好的验证，在二氧化碳循环利用方面具有极大的应用前景[61]。在单原子材料方面，中科院化学所胡劲松团队发展了一种普适性的串联锚定策略大量制备金属单原子催化剂，其中 Ni–NC 单原子催化剂展现了极好的电催化还原 CO_2 性能[62]。在金属有机骨架材料方面（MOFs，也称为多孔配位聚合物），南京师范大学兰亚乾团队报道了杂多酸盐基的 MOFs 材料在较宽的电位范围（–0.8 ~ –1.0 V）上显示出显著的法拉第效率（＞94%），其最佳法拉第效率可达 99%（在已报道的金属 – 有机框架中最高），高达 1656 h^{-1} 的转换率和优异的催化稳定性（＞36 h）[63]。在原子层厚度的材料方面，苏州大学李彦光团队报道了氧化铋纳米片原位定向转化制备超薄铋纳米片用作 CO_2 还原制备甲酸，该催化剂展现 100% 的甲酸产物选择性和在宽的电压范围内的大电流密度，以及出色的催化稳定性（＞10 h）[64]。在层状双氢氧化物（LDHs）及其衍生物（过渡金属合金、氧化物、硫化物、氮化物、磷化物）材料方面，中科院理化所的王卓团队采用氨处理 NiZnAl–LDH/RGO 前驱体，合成了氮掺杂 NiZnAl 煅烧层状双氢氧化物石墨烯（N–NiZnAl–CLDH/RGO），具有良好的 CO_2 还原产 CO 活性，CO 的法拉第效率在 –0.83 V（vs. RHE）时达到 92%，电流密度为 9.4 mA cm^{-2}[65]。在多孔材料方面，中科院上海高研院陈为团队和上海科技大学孙予罕团队合成了掺氮有序介孔碳结构，能促进 CO_2 电还原过程中碳 – 碳键的偶联，生成 C2 产物。在 –0.56 V（vs. RHE）的电势下，CO_2 电还原生成乙醇的法拉第效率为 77%，而生成另一还原产物 CO 的过程得到完全的抑制，乙醇在 CO_2 还原产物中的选择性高达 100%[66]。在常规纳米粒子材料方面，天津大学巩金龙团队在 Au/Pd 合金进行脱合金调节金属的配位环境，得到了几乎 100% 转化 CO_2 到 CO 的 Au/Pd 催化剂[67]。

在 CO_2 电催化剂还原的器件方面，国内学界也有新的进展。复旦大学王永刚教授和郑耿锋教授团队利用金属锌 / 锌酸盐氧化还原对更负的热力学平衡电位，将其作为光伏电催化 CO_2 还原电解的媒介，实现了创纪录的太阳能 –CO 转换光效率（15.6%）和出色的电能量效率（63%）[68]。中科院福建物构所王要兵教授团队利用三维多孔钯催化剂上高效的 CO_2–HCOOH 相互转换，成功设计出水系可逆 Zn–CO_2 电池，在 1 V 充电电压下实现了 81.2% 的能量效率[69]。该工作为水溶液电催化 CO_2 还原技术提供了新的应用思路。

对比国内外的研究，国外在催化研究上有很深的积累，借助领先的理论计算和表征设备，在 CO_2 电催化还原的基础研究上确立了优势。而国内则在材料制备方面，发挥主观能动性，制备了大量高催化性能催化剂，在应用研究上并不落下风。随着国家对基础研究的不断投入，国内外的研究差距有望逐步缩小！

六、展望

尽管电催化的研究取得了一系列的进展，但也分别面临不同程度的挑战。比如，电催化剂缺陷位在电催化过程中或电池器件运行过程中的动态演变尚需进一步研究；非金属催化剂在实际器件中的电极结构工艺设计还面临诸多挑战；大电流电解水催化剂的电极构筑及其稳定性需要强化；处于起步阶段的电催化氮气还原需要更加精准的定性、定量方案；

电催化二氧化碳还原在前期大量基础研究的基础上，需探讨如何进一步推动并加速其产业化进程。此外，电催化研究学者来自不同的研究领域，研究方法、思路等不尽相同，因此，为了电催化研究领域的健康、长久发展，需要尽快建立一套标准化的评估方法。

参考文献

[1] Liu R, Wang Y, Liu D, et al. Water-Plasma-Enabled Exfoliation of Ultrathin Layered Double Hydroxide Nanosheets with Multivacancies for Water Oxidation [J]. Advanced Materials, 2017, 29 (30): 1701546.

[2] Zhou P, Wang Y, Xie C, et al. Acid-etched layered double hydroxides with rich defects for enhancing the oxygen evolution reaction [J]. Chemical Communications, 2017, 53 (86): 11778-11781.

[3] Chen D, Qiao M, Lu Y R, et al. Preferential cation vacancies in perovskite hydroxide for the oxygen evolution reaction [J]. Angewandte Chemie International Edition, 2018, 57 (28): 8691-8696.

[4] Zheng J, Lyu Y, Wang R, et al. Crystalline TiO 2 protective layer with graded oxygen defects for efficient and stable silicon-based photocathode [J]. Nature communications, 2018, 9 (1): 3572.

[5] Chen P, Zhou T, Chen M, et al. Enhanced catalytic activity in nitrogen-anion modified metallic cobalt disulfide porous nanowire arrays for hydrogen evolution [J]. ACS Catalysis, 2017, 7 (11): 7405-7411.

[6] Tong Y, Chen P, Zhang M, et al. Oxygen vacancies confined in nickel molybdenum oxide porous nanosheets for promoted electrocatalytic urea oxidation [J]. Acs Catalysis, 2017, 8 (1): 1-7.

[7] Zhao Y, Chang C, Teng F, et al. Defect-Engineered Ultrathin δ-MnO_2 Nanosheet Arrays as Bifunctional Electrodes for Efficient Overall Water Splitting [J]. Advanced Energy Materials, 2017, 7 (18): 1700005.

[8] Li C, Yuan Q, Ni B, et al. Dendritic defect-rich palladium-copper-cobalt nanoalloys as robust multifunctional non-platinum electrocatalysts for fuel cells. Nature communications, 2018, 9 (1): 3702.

[9] Geng Z, Kong X, Chen W, et al. Oxygen vacancies in ZnO nanosheets enhance CO_2 electrochemical reduction to CO [J]. Angewandte Chemie International Edition, 2018, 57 (21): 6054-6059.

[10] Zhu J, Huang Y, Mei W, et al. Effects of Intrinsic Pentagon Defects on Electrochemical Reactivity of Carbon Nanomaterials [J]. Angewandte Chemie, 2019, 131 (12): 3899-3904.

[11] Wang Y, Tao L, Xiao Z, et al. 3D Carbon Electrocatalysts In Situ Constructed by Defect-Rich Nanosheets and Polyhedrons from NaCl-Sealed Zeolitic Imidazolate Frameworks [J]. Advanced Functional Materials, 2018, 28 (11): 1705356.

[12] Tao L, Qiao M, Jin R, et al. Bridging the surface charge and catalytic activity of a defective carbon electrocatalyst [J]. Angewandte Chemie International Edition, 2019, 58 (4): 1019-1024.

[13] Wang Y, Qiao M, Li Y, et al. Tuning surface electronic configuration of NiFe LDHs nanosheets by introducing cation vacancies (Fe or Ni) as highly efficient electrocatalysts for oxygen evolution reaction [J]. Small, 2018, 14 (17): 1800136.

[14] Jia Y, Zhang L, Zhuang L, et al. Identification of active sites for acidic oxygen reduction on carbon catalysts with and without nitrogen doping [J]. Nature Catalysis, 2019. DOI: 10.1038/s41929-019-0297-4.

[15] Xiao Z, Wang Y, Huang Y C, et al. Filling the oxygen vacancies in Co3O4 with phosphorus: an ultra-efficient electrocatalyst for overall water splitting. Energy & Environmental Science, 2017, 10 (12): 2563-2569.

[16] Tao L, Shi Y, Huang Y C, et al. Interface engineering of Pt and CeO_2 nanorods with unique interaction for methanol oxidation. Nano energy, 2018, 53: 604-612.

[17] Zhang L, Fischer J M T A, Jia Y, et al. Coordination of Atomic Co-Pt Coupling Species at Carbon Defects as Active Sites for Oxygen Reduction Reaction. Journal of the American Chemical Society, 2018, 140 (34): 10757-10763.

[18] Zhang J, Zhao Y, Guo X, et al. Single platinum atoms immobilized on an MXene as an efficient catalyst for the hydrogen evolution reaction. Nature Catalysis, 2018, 1 (12): 985.

[19] Wei S, Li A, Liu J C, et al. Direct observation of noble metal nanoparticles transforming to thermally stable single atoms. Nature nanotechnology, 2018, 13 (9): 856.

[20] Liu J, Jiao M, Mei B, et al. Carbon-Supported Divacancy-Anchored Platinum Single-Atom Electrocatalysts with Superhigh Pt Utilization for the Oxygen Reduction Reaction. Angewandte Chemie, 2019, 131 (4): 1175-1179.

[21] 孙世刚，纳米材料前沿——电催化纳米材料 [M]. 北京，化学工业出版社，2018.

[22] Yang L, Shui J, Du L, et al. Carbon-Based Metal-Free ORR Electrocatalysts for Fuel Cells: Past, Present, and Future [J]. AdvancedMaterials, 2019, 31 (13): 1804799.

[23] Yan D, Li Y, Huo J, et al. Defect chemistry of nonprecious-metal electrocatalysts for oxygen reactions [J]. Advanced materials, 2017, 29 (48): 1606459.

[24] Ding W, Wei Z, Chen S, et al. Space-confinement-induced synthesis of pyridinic-and pyrrolic-nitrogen-doped graphene for the catalysis of oxygen reduction [J]. Angewandte Chemie International Edition, 2013, 52 (45): 11755-11759.

[25] Hu C, Dai L. Multifunctional carbon-based metal-free electrocatalysts for simultaneous oxygen reduction, oxygen evolution, and hydrogen evolution [J]. Advanced Materials, 2017, 29 (9): 1604942.

[26] Vasileff A, Zheng Y, Qiao S Z. Carbon Solving Carbon's Problems: Recent Progress of Nanostructured Carbon-Based Catalysts for the Electrochemical Reduction of CO_2 [J]. Advanced Energy Materials, 2017, 7 (21): 1700759.

[27] Deng Y, Liu Z, Wang A, et al. Oxygen-incorporated MoX (X: S, Se or P) nanosheets via universal and controlled electrochemical anodic activation for enhanced hydrogen evolution activity [J]. Nano Energy, 2019, 62: 338-347.

[28] Luo Z, Ouyang Y, Zhang H, et al. Chemically activating MoS 2 via spontaneous atomic palladium interfacial doping towards efficient hydrogen evolution [J]. Nature communications, 2018, 9 (1): 2120.

[29] Niu S, Jiang W J, Wei Z, et al. Se-Doping Activates FeOOH for Cost-Effective and Efficient Electrochemical Water Oxidation [J]. Journal of the American Chemical Society, 2019, 141 (17): 7005-7013.

[30] Fan K, Zou H, Lu Y, et al. Direct observation of structural evolution of metal chalcogenide in electrocatalytic water oxidation [J]. ACS nano, 2018, 12 (12): 12369-12379.

[31] Wan S, Qi J, Zhang W, et al. Hierarchical Co (OH) F Superstructure Built by Low-Dimensional Substructures for Electrocatalytic Water Oxidation [J]. Advanced Materials, 2017, 29 (28): 1700286.

[32] Liu D, Li X, Chen S, et al. Atomically dispersed platinum supported on curved carbon supports for efficient electrocatalytic hydrogen evolution [J]. Nature Energy, 2019, 4: 512-518.

[33] Yao Y, Hu S, Chen W, et al. Engineering the electronic structure of single atom Ru sites via compressive strain boosts acidic water oxidation electrocatalysis [J]. Nature Catalysis, 2019, 2 (4): 304.

[34] Pi Y, Shao Q, Wang P, et al. Trimetallic oxyhydroxide coralloids for efficient oxygen evolution electrocatalysis [J]. Angewandte Chemie International Edition, 2017, 56 (16): 4502-4506.

[35] Yan Z, Sun H, Chen X, et al. Anion insertion enhanced electrodeposition of robust metal hydroxide/oxide electrodes for oxygen evolution [J]. Nature communications, 2018, 9 (1): 2373.

[36] Han N, Yang K R, Lu Z, et al. Nitrogen-doped tungsten carbide nanoarray as an efficient bifunctional electrocatalyst for water splitting in acid [J]. Nature communications, 2018, 9 (1): 924.

[37] Xu G R, Bai J, Yao L, et al. Polyallylamine-functionalized platinum tripods: enhancement of hydrogen evolution

reaction by proton carriers [J]. ACS Catalysis, 2016, 7 (1): 452–458.

[38] Chen S, Kang Z, Hu X, et al. Delocalized spin states in 2D atomic layers realizing enhanced electrocatalytic oxygen evolution [J]. Advanced Materials, 2017, 29 (30): 1701687.

[39] Ma Y, Dong X, Wang Y, et al. Decoupling Hydrogen and Oxygen Production in Acidic Water Electrolysis Using a Polytriphenylamine–Based Battery Electrode [J]. Angewandte Chemie International Edition, 2018, 57 (11): 2904–2908.

[40] Ma Y, Guo Z, Dong X, et al. Organic Proton–Buffer Electrode to Separate Hydrogen and Oxygen Evolution in Acid Water Electrolysis [J]. Angewandte Chemie International Edition, 2019, 58 (14): 4622–4626.

[41] Chen G F, Ren S, Zhang L, et al. Advances in electrocatalytic N2 reduction—strategies to tackle the selectivity challenge [J]. Small Methods, 2019, 3 (6): 1800337.

[42] Bao D, Zhang Q, Meng F L, et al. Electrochemical reduction of N2 under ambient conditions for artificial N2 fixation and renewable energy storage using N2/NH3 cycle [J]. Advanced Materials, 2017, 29 (3): 1604799.

[43] Chen G F, Cao X, Wu S, et al. Ammonia electrosynthesis with high selectivity under ambient conditions via a Li+ incorporation strategy [J]. Journal of the American Chemical Society, 2017, 139 (29): 9771–9774.

[44] Hu L, Khaniya A, Wang J, et al. Ambient electrochemical ammonia synthesis with high selectivity on Fe/Fe oxide catalyst [J]. ACS Catalysis, 2018, 8 (10): 9312–9319.

[45] Han L, Liu X, Chen J, et al. Atomically dispersed molybdenum catalysts for efficient ambient nitrogen fixation [J]. Angewandte Chemie International Edition, 2019, 58 (8): 2321–2325.

[46] Geng Z, Liu Y, Kong X, et al. Achieving a Record–High Yield Rate of 120.9 for N2 Electrochemical Reduction over Ru Single–Atom Catalysts [J]. Advanced Materials, 2018, 30 (40): 1803498.

[47] Wang J, Yu L, Hu L, et al. Ambient ammonia synthesis via palladium–catalyzed electrohydrogenation of dinitrogen at low overpotential [J]. Nature communications, 2018, 9 (1): 1795.

[48] Qiu W, Xie X Y, Qiu J, et al. High–performance artificial nitrogen fixation at ambient conditions using a metal–free electrocatalyst [J]. Nature communications, 2018, 9 (1): 3485.

[49] Yu X, Han P, Wei Z, et al. Boron–doped graphene for electrocatalytic N2 reduction [J]. Joule, 2018, 2 (8): 1610–1622.

[50] Zhang L, Ding L X, Chen G F, et al. Ammonia Synthesis Under Ambient Conditions: Selective Electroreduction of Dinitrogen to Ammonia on Black Phosphorus Nanosheets [J]. Angewandte Chemie, 2019, 131 (9): 2638–2642.

[51] Ma J L, Bao D, Shi M M, et al. Reversible nitrogen fixation based on a rechargeable lithium–nitrogen battery for energy storage [J]. Chem, 2017, 2 (4): 525–532.

[52] Liu X, Xiao J, Peng H, et al. Understanding trends in electrochemical carbon dioxide reduction rates [J]. Nature communications, 2017, 8: 15438.

[53] De Luna P, Quintero–Bermudez R, Dinh C T, et al. Catalyst electro–redeposition controls morphology and oxidation state for selective carbon dioxide reduction [J]. Nature Catalysis, 2018, 1 (2): 103.

[54] Xu S, Chen C, Kuang Y, et al. Flexible lithium–CO 2 battery with ultrahigh capacity and stable cycling [J]. Energy & Environmental Science, 2018, 11 (11): 3231–3237.

[55] Jiang H, Hou Z, Luo Y. Unraveling the Mechanism for the Sharp–Tip Enhanced Electrocatalytic Carbon Dioxide Reduction: The Kinetics Decide [J]. Angewandte Chemie International Edition, 2017, 56 (49): 15617–15621.

[56] Zu X, Li X, Liu W, et al. Efficient and Robust Carbon Dioxide Electroreduction Enabled by Atomically Dispersed Sn δ + Sites [J]. Advanced Materials, 2019, 31 (15): 1808135.

[57] Yang P, Zhao Z J, Chang X, et al. The Functionality of Surface Hydroxyls on Selectivity and Activity of CO_2

Reduction over Cu_2O in Aqueous Solutions [J]. Angew. Chem., Int. Ed, 2018, 57: 7724–7728.

[58] Zhu S, Jiang B, Cai W B, et al. Direct observation on reaction intermediates and the role of bicarbonate anions in CO_2 electrochemical reduction reaction on Cu surfaces [J]. Journal of the American Chemical Society, 2017, 139 (44): 15664–15667.

[59] Weng Z, Wu Y, Wang M, et al. Active sites of copper–complex catalytic materials for electrochemical carbon dioxide reduction [J]. Nature communications, 2018, 9 (1): 415.

[60] Liu S, Yang H, Huang X, et al. Identifying Active Sites of Nitrogen–Doped Carbon Materials for the CO_2 Reduction Reaction [J]. Advanced Functional Materials, 2018, 28 (21): 1800499.

[61] Liu M, Liu M, Wang X, et al. Quantum–Dot–Derived Catalysts for CO_2 Reduction Reaction [J]. Joule, 2019. doi.org/10.1016/j.joule.2019.05.010.

[62] Zhao L, Zhang Y, Huang L B, et al. Cascade anchoring strategy for general mass production of high–loading single–atomic metal–nitrogen catalysts [J]. Nature communications, 2019, 10 (1): 1278.

[63] Wang Y R, Huang Q, He C T, et al. Oriented electron transmission in polyoxometalate–metalloporphyrin organic framework for highly selective electroreduction of CO_2 [J]. Nature communications, 2018, 9 (1): 4466.

[64] Han N, Wang Y, Yang H, et al. Ultrathin bismuth nanosheets from in situ topotactic transformation for selective electrocatalytic CO_2 reduction to formate [J]. Nature communications, 2018, 9 (1): 1320.

[65] Li W, Hou P, Wang Z, et al. Synergistic effect of N–doped layered double hydroxide derived NiZnAl oxides in CO_2 electroreduction [J]. Sustainable Energy & Fuels, 2019, 3 (6): 1455–1460.

[66] Song Y, Chen W, Zhao C, et al. Metal–free nitrogen–doped mesoporous carbon for electroreduction of CO_2 to ethanol [J]. Angewandte Chemie International Edition, 2017, 56 (36): 10840–10844.

[67] Yuan X, Zhang L, Li L, et al. Ultrathin Pd–Au Shells with Controllable Alloying Degree on Pd Nanocubes toward Carbon Dioxide Reduction [J]. Journal of the American Chemical Society, 2019, 141 (12): 4791–4794.

[68] Wang Y, Liu J, Wang Y, et al. Efficient solar–driven electrocatalytic CO_2 reduction in a redox–medium–assisted system [J]. Nature communications, 2018, 9 (1): 5003.

[69] Xie J, Wang X, Lv J, et al. Reversible Aqueous Zinc–CO_2 Batteries Based on CO_2–HCOOH Interconversion [J]. Angewandte Chemie, 2018, 130 (52): 17242.

撰稿人：王双印　王海辉　徐维林　张　伟　刘　敏

多孔材料研究进展

引 言

以分子筛为代表的多孔功能材料［包括沸石分子筛、介孔材料、金属有机框架（MOFs）材料、共价－有机框架（COF）材料以及无序多孔材料等］与国民经济发展密切相关。因其具有大的比表面积、规整的孔道结构以及可调控的活性中心和功能基元，作为催化、吸附分离以及离子交换材料在石油化工、精细化工和日用化工等领域具有极其重要的应用。近年来，多孔功能材料在可再生能源开发和环境治理等可持续发展方面亦发挥着越来越重要的作用，包括生物质转化、燃料电池、热能存储、二氧化碳捕获和转化、空气污染治理等。自 2017 年 5 月以来，在多孔材料领域国内外都取得了大量突出研究成果，在此简要总结了该领域国内外的研究进展和亮点以及国内产业界在多孔材料产品性能提升方面取得的突出成绩。

1 国际进展

在沸石分子筛合成方面，Fan Wei 提出了不使用氢氟酸的干胶沸石分子筛合成法（DGC），为纯硅分子筛更广泛的合成和应用奠定了基础。与传统的水热法在水溶液中合成分子筛晶体不同，干胶沸石合成法是将合成液混合，干燥成固体后，同少量水蒸气的作用促进分子筛晶体的形成。通过该方法，作者成功地在不使用氢氟酸的条件下合成了 CHA（AMH-4）、STT（AMH-5）、BEA、MFI 和 MRE 五种纯硅分子筛，从而证明了干胶合成法可以普遍应用于不同种类纯硅分子筛的合成。其中，纯硅 CHA 和纯硅 BEA 是第一次在无氟的条件下成功得以合成。在作者合成的五种分子筛中，CHA 由于具有独特的小孔道结构，在小分子有机物的分离中具有至关重要的作用，大大降低了工业分离的成本。这种创新的方法可以大大推动 CHA 分子筛在工业上的广泛应用。另外，BEA 和 MFI 也是工业中应用最广的两种分子筛[1]。

金属 – 有机框架（MOF）材料也得到了广泛研究，取得了大量突出研究成果。

在 MOF 的合成方面，英国 Matthew J. Rosseinsky 报道了由金属节点和短肽连接单元构成的新型类似蛋白质的环境响应性柔性 MOF，化学环境的改变可以影响晶体结构，以进行特定的化学过程，比如客体分子的吸附，为改变框架材料的孔隙几何形状、内表面化学以及功能提供了新的途径[2]。

Thomas D. Bennett 报道了同时施以高压和高温条件下 ZIF-62 和 ZIF-4 的复杂相变行为，发现 MOF 材料的熔点可以在压力增加的情况下显著降低，这有助于在较低温度下制备具有永久性多孔结构的 MOF 玻璃，从而避免常压下加热温度太高而导致的分解。这一研究将聚合物化学与矿物学联系起来，可指导创造更多功能性材料[3]。

Seth M. Cohen 报道了一种简单、可量产的后合成聚合法，将氨基功能化的 MOF UiO-66-NH_2 共价修饰到 PA-66 链上，制备得到共价键连接的尼龙 -MOF 聚合物复合材料 PA-66-UiO-66-NH_2。该材料保持了尼龙 -66 的柔韧性，并且在对化学战剂（CWA）的催化降解中表现出极佳的催化性能，尤其相对于物理包埋而非共价键连接的 MOF，其催化效率几乎高出一个数量级。由此也体现出在制备 MOF- 聚合物复合材料时，可实现共价键连接的 PSP 相对于物理吸附或包埋的绝对优势。该工作采用尼龙这样一种在日常生活和工业生产中应用都极为广泛的聚合物材料，在简便温和的条件下制备得到一种由共价键连接的尼龙 -MOF 复合物，用于化学战剂的高效催化降解，具有极强的实用性[4]。

周宏才结合动态共价化学和配位化学的方法，运用具有高度可调性的框架设计新理念，实现了分子层面的“移植手术”，使得 MOF 可以在面对特定刺激环境时伸缩自如。由此产生的大孔径非互穿 MOF 有望作为药物递送、生物分子固定和大分子催化的理想平台[5]。

Rob Ameloot 构筑了内含蒽（ANT）分子的 MOF 纳米限域主客体系统 ANT@ZIF-8，通过限域环境内客体蒽分子的光二聚作用，荧光可实现从黄色到紫色的可逆光控转变。这种光响应性主客体系统的可逆光致变色性能在光可擦写加密信息存储方面具有重要的应用[6]。

杨四海报道了一种高稳定性、高氨气填充密度的 MOF 材料——MFM-300Al。MFM-300Al 的氨气填充密度在室温下便可达到 0.62 g/cm^3，与液氨的密度接近。同时，MFM-300Al 材料在高填充密度的同时也表现出极强的氨气耐受性。在 50 次吸附 – 脱附实验后，材料依旧保持良好的结晶度，氨气吸附量也并未出现明显下降[7]。

杨培东和 Omar M. Yaghi 通过在厌氧菌 Moorella thermoacetica 外包裹一层由金属有机框架（MOF）纳米片构成的超薄“防护服”，让厌氧菌在氧气存在环境下的死亡率下降 5 倍，乙酸的产量提高 2 倍，同时不影响细菌的繁殖[8]。

Russell E. Morris 合成出一种铜基 MOF（STAM-17-OEt），其金属中心的配位环境中存在非结构性的弱配位相互作用，在接触水分子时会破坏这些弱配位相互作用，但 MOF 的框架结构还可保持稳定[9]。

徐强通过对 MOF 的可控去配体处理，构建了一种“准 MOF”（quasi-MOF）结构，得到的金属纳米 / “准 MOF” 复合物不仅保留多孔性，而且实现了客体金属颗粒和“准 MOF” 的无机金属簇之间的强相互作用。该工作提出全新的概念，“准 MOF” 可同时实现多孔结构和对客体（客体金属颗粒、客体分子）的强相互作用，是 MOF 或金属氧化物无法实现的。这种简单的热处理进行可控的去配体化策略有望成为普适的制备“准 MOF” 的方法，将大幅度提升现有 MOF 的性能[10]。

Takashi Uemura 与法国 Christian Serre 合作报道了一例新型的 3D 多孔 Ti-MOF［$Ti_{12}O_{15}(midp)_3(formate)_6$］，即 MIL-177-LT（LT：low temperature），其不仅合成简单、稳定性好、缩合度高，而且利用其相变产生的 MIL-177-HT（HT：high temperature）为受体，可以成功地与聚噻吩（polythiophene，PTh）供体构建一个在分子水平上相互交替排列的有序结构，结果使极不稳定的电荷的寿命大大提高，达到从前的 1000 倍。这种长程有序晶态结构被认为是太阳能电池的最终理想结构。此外，这种光电导性的显著提高第一次被发现来源于其中无机单元维度（从 0 维到 1 维）的增加，而不是来源于通常的有机单元。MIL-177 成为一个有希望的功能骨架，为 Ti-MOF 走向实际应用打下了基础[11]。

赵川发展了一种简单的化学沉积制备方法，实现了在不同基底上原位生长二维 MOF 阵列结构。这种制备方法可对 MOF 材料进行多种结构参数的调控和优化。同时，材料具有多级孔结构，包括 MOF 自身的微孔、阵列中二维纳米片的开放孔及泡沫镍基底的大孔。这些多级孔结构有利于电解液的浸润以及气体产物的析出。此外，他们还首次实现了直接在基底上生长二维纳米片阵列，MOF 与导电泡沫镍基底间的强相互作用可以显著提升电极的整体导电性。在 OER 反应中，催化电极在 10 $mA \cdot cm^{-2}$ 的条件下过电位仅为 240 mV，TOF（飞行时间）达到 3.8 S^{-1}。除此之外，MOF 电极可以对电解水的阴极和阳极反应进行同时催化。在二电极电解水的装置中，10 $mA \cdot cm^{-2}$ 的工作电压仅为 1.55 V，超越了很多最近报道的双功能催化剂，与传统贵金属催化剂性能接近[12]。

在 MOF 材料的吸附分离方面，国外的学者们取得了许多重要的进展。

Nobuhiko Hosono 和 Susumu Kitagawa 提出了一个多孔配位聚合物（PCP）设计策略，可以通过调节配体基团的翻转分子运动来调节客体分子在不同温度的扩散过程。他们在 PCP 中引入了包括笼状空腔和可根据温度改变尺寸的进口（即“温控门”）。这些“温控门”尺寸可变，从而使得 PCP 的气体吸附具有高选择性，能够在环境条件下从氩气中分离氧气（分离系数可达约 350），从乙烷中分离乙烯（分离系数可达约 75），以及进行长期的气体储存[13]。

Mohamed Eddaoudi 报道了一种含氟金属 - 有机框架（MOFs）材料 AlFFIVE-1-Ni，能够高效、高选择性地除去天然气中的水蒸气。同时，这种材料只需约 105 ℃热处理即可实现循环使用，所需能量仅为传统分子筛所需再生能量的一半[14]。

Omar K. Farha 合成了一系列基于三价金属（铁、铬和钪）和刚性三角形棱柱配体的 NU-1500 系列 MOF，它们孔隙率高，水稳定性优秀，具有令人印象深刻的水蒸气吸收与释放能力，其工作容量是当前所有 MOF、活性炭、沸石和多孔硅材料中最高的。在 20%~70% 相对湿度下进行 20 个水吸附 / 脱附循环，NU-1500-Cr 的水吸附等温线几乎保持一致。这证明了其出色的稳定性和循环性能[15]。

陈邦林和周伟合作，利用硝酸钙和方酸（squaric acid）合成了具有刚性一维通道的超微孔金属有机框架［Ca（C_4O_4）（H_2O）］。这些超微孔与乙烯分子具有相似的大小，但是由于孔的大小、形状和刚性，它们起到分子筛的作用，允许乙烯通过而阻止乙烷通过。另外，这种材料可以很容易地用环保的方法进行千克级合成，并且对水稳定，具备了潜在的工业应用的前景。使用具有可控刚性孔的高刚性 MOF 结构的策略也可以扩展到用于化学分离过程的其他多孔材料[16]。

Dong-Pyo Kim 和 Kyung Min Choi 利用一种称为“银催化脱羧（Silver-catalyzed decarboxylation）”的刻蚀技术，在不破坏 MOF 材料结构的前提下，通过脱羧反应引入了大孔和介孔，形成非均匀多级孔结构的 MOF 颗粒、图案和膜。此技术在高度稳定的 MOF 中也能形成多级孔。实验证明，脱羧 MOF 膜对尺寸接近的蛋白质的流动辅助分离具有 pH 响应、可切换的选择性。此方法可用于复杂大分子的分离，并且在能源和电子器件领域也有应用潜能[17]。

乔光华通过在 MOF 层表面组装 30 纳米聚合物“帽子（CAP）”层的方式，将中间层对膜总体性能的影响大幅降低至原先的 6%。相比于传统膜材料，该新型的复合物薄膜具有高稳定性、超高透过率与高选择性等诸多优势。这一工作成功解决了气体分离复合薄膜的最大问题，为气体分离膜领域将来的发展提供了新的解决方案和研究思路[18]。

杨四海开发了一种新型有机金属框架材料（MOF），并对核废料之一的碘进行了系统的吸附研究。结果表明：此类 MOF 材料 MFM-300 不仅可以高效移除碘蒸汽，同时碘分子在 MOF 一维孔道内可进行自聚集而形成一类特殊的三重螺旋碘链结构，大大提高了碘分子在 MOF 材料中的存储密度，达到固体碘密度的 63%，由此表明此类材料是一种优秀的存储碘的介质[19]。此外，杨四海还报道了一种具有超级甲烷存储量的 MOF 材料——MFM-115（一种由六羧酸的有机配体和双核铜离子结构单元形成的具有立方堆积结构的多孔材料），当压力从 85 降为 5 个大气压，MFM-115 在室温下能够释放的甲烷达到 208 v/v（v/v：体积比，一体积的材料吸附气体的体积），高于任何已知的 MOF 材料在相同条件下的甲烷吸附量。原位中子粉末衍射实验确定了甲烷分子在这种孔状材料中的位置，证实了 MFM-115 的优化孔结构，使甲烷分子能够紧密堆积在其空隙中。该研究对设计与合成新型的高甲烷存储量材料具有极其重要的意义[20]。

MOF 材料在催化方面也取得了许多重要的进展，Matthias Beller 报道了一种石墨壳包覆的钴（Co）纳米颗粒作为还原胺化的催化剂，稳定性好且催化效率高，可循环多次用于催化伯胺、仲胺、叔胺以及 N- 甲基胺的高效合成。该反应具有良好的底物普适性，并可实现复杂结构天然产物及药物分子的还原胺化。另外，这种催化剂在克量级规模的放大反应中表现也十分优秀，有望在大规模的工业生产中得到实际应用[21]。

林文斌开发了一种新型的负载纳米金属有机框架（nMOF）的碳纳米管（CNT）复合材料用于催化高效的 HER。在该材料中，具有高效 HER 催化活性的卟啉 - 钴富集在 nMOF 的配体中，并通过共价键作用将 nMOF 修饰到 CNT 表面，从而克服了 MOF 导电性差的难题。该复合材料具有优异的电催化 HER 活性，在 30 分钟内的反应转化数可达 32000，对应的转化频率为 17.7 S^{-1}，可循环使用 10000 次以上[22]。此外，林文斌还设计了两种物理有机的方法用于定量分析 MOF 缺陷位点的酸性，并且设计合成了一类缺陷位点丰富并且酸性很强的 UiO 型全氟化 MOFs。这种全氟化 MOFs 是通过使用全氟化的双羧酸配体（H_2fBDC 与 H_2fBPDC）与氯化氧锆通过溶剂热法直接制备得到的。制得的 MOFs 具有很丰富的缺陷位点。对于 Zr_6-fBDC 来说，每个 Zr_6 节点包含 2.66 个羧酸缺陷。这一 MOF 的路易斯酸性远高于未经全氟代相同结构的 MOF 以及硝基取代相同结构的 MOF[23]。

马胜前通过简单的配位作用成功将均相路易斯酸碱对负载到 MOF 上，实现了选择性催化，并具有良好的循环性能，该方法可以广泛应用于多孔异相催化剂的制备。考虑到路易斯酸碱对在催化中的广泛应用，他们的工作为开发新的高效异相路易斯酸碱对催化剂提供了一种新的思路[24]。

吴新平、Laura Gagliardi 和 Donald G. Truhlar 等通过理论计算提出在 MOF 材料中掺入铈（Ce）能够促进光生电子空穴对的分离。因此，作者提出含 Ce 的 MOF 材料应当具有很好的光催化前景，为光催化 MOF 材料的设计指明了方向[25]。

西班牙研究者报道了一种在 MOF 中生长 Pd 团簇的方法，能可控地得到 Pd_4 团簇。这种 Pd_4 团簇在催化一些卡宾参与的反应中表现出新颖的性质。这项工作显示，通过化学合成，金属催化剂的结构以及配位环境可以在原子尺度上进行精细调节，从而得到超越传统催化剂的催化行为。这样的新催化材料可以催化常规催化剂无法实现的反应发生，丰富我们对金属参与催化反应的认识[26]。

除了在合成、吸附分离以及催化方面取得进展，MOF 材料在功能及生物方面的应用也获得了广泛的研究，并取得了突出的进展。

瑞士洛桑联邦理工学院一个团队合成了一种新的生物功能化 MOF（bio-MOF），将其用作纳米捕获器与反应器，能够通过氢键作用捕获胸腺嘧啶（Thy），在 MOF 的空腔中实现 A-T 碱基配对，使 MOF 能够模拟 DNA 的作用，为 MOF 及其他多孔性的纳米材料的生物应用提供一种新的思路——直接将生物分子“镶嵌”进纳米材料的框架中，让其发挥作用。这类新型的 bio-MOF 可以被用于吸附分离特定分子、实现靶向递药、完成固相催化反应[27]。

林文斌提出了利用铪基 nMOF 作为放射增强剂并与免疫检测点阻断疗法（α-PD-L1）

联合的新型疗法。在铪基 nMOF 中，铪氧团簇形成的二级构筑单元（SBU）可以被看作直径小于 1 nm 的超小氧化铪纳米颗粒，有望表现出良好的 X 射线增强效果。同时，nMOF 的多孔特性可以帮助放射治疗产生的羟基自由基扩散，从而进一步提升放射治疗效果[28]。此外，林文斌还设计了纳米尺度的铁基卟啉 MOF 来实现对乏氧实体瘤的高效光动力疗法，并与 PD-L1 抗体联用提高免疫检测点阻断从而实现协同治疗。该 MOF 的铁氧簇节点催化芬顿反应分解过氧化氢生成氧气，而桥联卟啉配体在光照下产生细胞毒性的单线态氧。基于 MOF 的纳米光敏剂能有效用于乏氧实体瘤的光动力治疗产生免疫原性细胞死亡，极大提高了免疫检测点阻断疗法的疗效[28]。

Jeffrey R. Long、杨培东以及 Gary J. Long 等将 $Fe_2(BDP)_3$（BDP = 1，4-benzenedipyrazolate）MOF 的一维孔道里 μ_2- 吡唑桥联的三价铁离子核心进行部分还原，这样部分还原成二价铁的 MOF 中的吡唑桥联铁离子链可成为电子传输的途径，同时孔道内可插入平衡电荷的钾离子（K^+）。所得 $K_xFe_2(BDP)_3$ MOF 在母体框架内显示出完全电荷离域，电荷迁移率大幅提高，与相关领域的导电聚合物和导电陶瓷相当，对未来调控其导电性具有很大的启发意义，为将来的进一步拓展研究打开一扇新的大门[29]。

周宏才提出一个可控配体热解的策略，在一系列多元框架材料中构建超稳定的多级孔结构。这个策略可以通过脱羧过程选择性去除骨架中的热敏感连接体，从而形成 MO@HP-MOF 复合材料。通过控制热解温度，加热时间和热不稳定连接体的比例，孔径可以从 0.8 nm 调控到 15 nm。这项工作进一步探讨了 MTV-MOFs 中连接体分布与 HP-MOFs 中介孔布局之间的关系，为解译多元系统中的单元分布提供了独特的视角。热解后得到的 MO@HP-MOFs 表现出增强的吸附性能和催化性能，为基于 MO@HP-MOF 复合材料的合成与调控提供了新的机会[30]。

张华合成了载有金纳米颗粒的二维超薄金属卟啉 MOF 纳米片，其中金纳米颗粒具有葡萄糖氧化酶的功能而金属卟啉 MOF 纳米片能模拟过氧化物酶，合在一起可以用作串联反应催化剂。另外，这种混合体系还可以用于检测生物分子，例如葡萄糖，为新型仿酶系统的构建提供了新的思路[31]。

Paolo Falcaro 与 Kang Liang 利用酶和金属有机框架（MOF）材料给酵母菌设计了一件神奇的“外套”——它能够将环境中酵母菌不能利用的乳糖转化为可利用的葡萄糖[32]。

黄海涛、Ju Li 和 John B. Goodenough 合作，报道了一种可大规模合成且以 MOF 复合物为基础的氮掺杂、多孔、石墨化程度高、具有大面间距的碳材料。该材料作为钠离子电池的负极材料表现出优异的电化学性能[33]。

共价 - 有机框架（COF）材料是除了沸石分子筛及金属 - 有机框架材料之外的另外一个研究热点。

江东林在溶剂热条件下以有序的方式连接由 sp^2 碳构成的有机单元，并使其通过碳碳双键连接成为特定的拓扑结构排列，获得高结晶性的二维 sp^2 碳全共轭共价有机框架结构

（sp^2c-COF）。该方法通过化学合成实现了基于 sp^2 碳（或 sp^2 碳构成的有机单元）组成的二维全共轭有序排列的碳材料，该材料拥有有序的二维层状结构，并使其电子共轭能沿着二维 sp^2 碳构成的拓扑网络结构扩展。这种二维全共轭共价有机聚合物有别于传统的二维共价有机框架结构聚合物，在空气中可以长期放置（一年），并且在各种有机溶剂、水、酸或碱性条件下都表现出良好的稳定性[34]。

马胜前和肖丰收通过将由溶剂分子组成的线性聚合物和含有催化中心的共价有机骨架材料（COFs）结合，成功将溶剂化效应引入到多相催化材料中，并用于生物质的高效转化，实现了催化剂和高沸点溶剂的一步分离，从而大幅简化了分离过程，解决了生物质转化反应所面临的困境，并为研发其他高性能催化材料提供新思路[35]。

冯新亮通过席夫碱反应，合成出三种亚胺连接的、不含金属及双金属化（锌铜和锌镍）的全卟啉单元的多孔二维共价有机框架材料 Por-COFs，该材料具有少见的强度依赖的非线性光交换性能，可能在光交换设备和光学限制器中有重要作用[36]。

Silvia Vignolini 和德国卡尔斯鲁厄理工学院 Hendrik Hölscher 从仿生角度出发，以商业化的聚甲基丙烯酸甲酯（PMMA）为材质，基于相分离原理构筑了高散射白色多孔网络结构聚合物膜材料。该多孔膜同时具备优异的柔韧性和低折射率特性（可见光范围折射指数为 1.5 左右）。同时，基于 PMMA 分子量的优化可进一步增强材料的散射特性。此外，当该多孔膜处于润湿状态时则展现出与水相匹配的折射指数，也就是说这种平常类似“白纸”聚合物膜在润湿之后就变得透明。这一特性使其在构筑透明度可调的智能响应性涂层方面具有重要的应用价值[37]。

柯晨峰合成了一种氢键交联有机框架（hydrogen-bonded cross-linked organic frameworks，HcOFs）材料，该材料结合了 COFs 和 HOFs 的优点，具有更高的化学稳定性。这种材料具有分子层面的弹性，可以有效地吸附水溶液中的碘单质。在环境污染物的处理上有着潜在的应用[38]。

其他类型的多孔材料也有报道，比如 Aitor Mugarza 和 César Moreno 与 Diego Peña 合作，合成了孔径可以调整至 1 nm 左右的有序纳米孔阵列石墨烯。这种纳米孔石墨烯具有半导体的性质，所制造的晶体管器件具有良好的性能，有潜力用于分子的筛分与传感[39]。

戴黎明与 Yi Lin 以及 John W. Connell 合作，开发了一种新型的硼、氮共掺杂的多孔石墨烯材料作为正极催化剂，实现了碳酸锂在电池中的高度可逆分解，得到具有长循环寿命的锂 - 二氧化碳二次电池[40]。

2 国内进展

国内学者在分子筛、介孔材料、金属 - 有机框架材料（MOFs）、共价 - 有机框架材料（COFs）等方面也取得了突出的研究成果，产业界在分子筛产品性能提升方面取得了突出的成绩。

于吉红利用高效等量浸渍的合成策略，将超小的 Ru 亚纳米团簇负载到酸性的纳米薄片状硅磷铝 SAPO-34 以及硅铝（MFI、*BEA 及 FAU）分子筛晶体上。超小的 Ru 团簇与毗邻分子筛载体上的 Bronsted 酸性位作为双功能活性位点，协同活化胺硼烷分子与水分子，极大地促进了胺硼烷水解产氢速率。同时，胺硼烷水解产氢性能随着分子筛载体的酸性增强而逐渐提升。具有最高酸性的 Ru/SAPO-34-0.8Si（Si/Al=0.8）和 Ru/FAU（去铝 H-型 Y- 型分子筛，Si/Al=30）催化剂展现出超高的产氢速率，在 25℃，胺硼烷完全分解的前提下，其 TOF（飞行时间）值分别高达 490 min^{-1} 和 627 min^{-1}。在相似的催化产氢条件下，这些 TOF 数值远远高于目前所有报道的 Ru- 基催化剂，也是目前报道的金属多相催化剂应用于胺硼烷分解催化性能的最优值。该工作为利用分子筛与金属团簇的协同效应设计高效纳米催化剂提供了有益的指导。此外，所报道的分子筛负载金属纳米催化剂优异的催化活性和简单的合成方法，使其在化学储氢及燃料电池等方面具有良好的应用前景[41]。此外，于吉红还利用氨基酸辅助策略，通过控制分子筛晶体生长动力学，制备出具有单晶结构且无缺陷的多级孔 ZSM-5 纳米分子筛，且样品具有较好的单分散性、较高的结晶度、和较高的固体产率。他们通过 Cs-corrected STEM，LV-HR-SEM，和 NMR 等表征手段，探究了单晶多级孔分子筛晶体的形貌和介孔演变过程，对分子筛晶体的可控合成有了较为深入的认识和把握。本工作为单晶多级孔纳米分子筛的合成提供了新策略，为多级孔分子筛在生物质转化等大分子催化领域提供了新动力[42]。

徐君和邓风利用原位 ^{13}C 固体 NMR 技术，在乙醇脱水反应过程中首次捕捉到三乙基氧鎓离子（triethyloxoium ion，TEO）中间体物种的生成，并发现其对产物乙烯的生成起到了关键作用。该研究工作加深了人们对分子筛催化乙醇转化反应机理的理解，也为进一步探索醇类转化中的氧鎓离子化学提供了新思路[43]。此外，他们还发现在 MTO 反应过程中，沸石分子筛的骨架外铝物种在第一个碳 - 碳（C-C）键生成过程中起到了关键作用，并揭示了相关的催化反应机理，深化了人们对 MTO 反应机理和分子筛上甲醇化学的理解[44]。

车顺爱及韩璐在模板剂中引入偶氮基团，在合成沸石的过程中，模板剂之间可以通过 π - π 、氢键、配位键等特殊的相互作用组装形成棒状、球状和多面体等胶束，导向合成了二维有序的介孔 MFI 型沸石分子筛材料。该工作为合成有序多级孔沸石分子筛材料提供了新的观点和合成策略[45]。

樊卫斌、马丁将铁基催化剂 Na-Zn-Fe_5C_2（FeZnNa）与改性处理后的介孔 HZSM-5 分子筛混合，有效地实现了以烯烃为中间体的合成气直接制备芳烃。在 340 ℃、2 MPa 的条件下在烃类产物中最多可以得到 51% 的芳烃，其中以轻质芳烃为主。同时甲烷的选择性只有 10%，CO_2 的选择性被控制在 27% 左右，芳烃的总体收率可以达到 33%，时空收率高达 16.8 garomatics $gFe^{-1}\cdot h^{-1}$，因而在工业化上具有非常高的应用潜力[46]。

王野设计出 Zn 掺杂 ZrO_2/H-ZSM-5 双功能催化剂，实现了合成气一步高选择性、高稳定性制备芳烃。通过对催化剂组分、分子筛酸度以及活性组分微观间距的精准调控，Zn-ZrO_2/H-ZSM-5 催化剂最终实现了较高的 CO 转化率（>20%）和很好的芳烃选择性（近80%）。此外，该双功能催化剂还显示了异常的稳定性，在 1000 小时反应过程中没有明显失活，作者发现催化剂中精确控制的强酸性位点密度和氢气氛围均可抑制催化剂积碳[47]。

姜久兴使用传统中药中提取的生物碱为有机结构导向剂合成了一种新型超大孔硅锗分子筛（SYSU-3），该分子筛具有三维 24×8×8 元环交叉孔道结构。此外，他们还发现苦参碱衍生的结构导向剂能合成手性介孔分子筛 ITQ-37 和具有介孔 - 微孔等级结构的分子筛 ITQ-43。与合成上述分子筛价格昂贵、难于合成的结构导向剂相比，生物碱衍生的结构导向剂具有易于合成、成本低的特点。该工作对改性天然产物作为新型廉价有机结构导向剂合成新结构超大孔分子筛和介孔分子筛具有一定的启示性和实际意义[48]。

范杰近十年来一直致力于沸石止血的基础研究，实现了两个关键突破：一是揭示了沸石止血的分子机制。沸石止血不是简单的物理吸附现象，而是发生了化学反应，当沸石与血液接触时，其表面迅速被血浆蛋白包裹，形成了一层高促凝血活性的“蛋白质冠”，与沸石孔道中释放的钙离子结合，使其具有快速止血能力；二是首次采用原位无模板的方法一步得到具有介孔结构的沸石分子筛与棉纤维的复合材料，在无黏结剂的条件下，实现了无机沸石与有机纤维的紧密结合，合成方法新颖且绿色，解决了美军作战纱布中无机活性粉体遇血液易脱落的难题，并首次实现猪颈动脉的止血，止血效果明显优于美军作战纱布，技术国际领先。沸石纤维复合材料协同了沸石的促凝性与棉纤维的柔软性，适合各种形状的中度、重度出血伤口的止血，引起国内外同行专家的高度关注。为了让该技术尽快服务于社会，范杰正在进行产业化推广，有望成为军队、公安、学校、交通、地震、医院等场所的一线急救装备，提升我国紧急救生水平[49]。

在介孔材料领域国内学者们也取得了一些突出的研究成果。

于吉红提出了一种利用自由基路线在无酸体系合成高度有序介孔氧化硅 SBA-15 的新方法，利用紫外光照射产生的 ·OH 自由基促进原硅酸四乙酯（TEOS）的水解以及硅物种与表面活性剂的自组装过程，在完全无酸的绿色反应条件下得到了高度有序的介孔二氧化硅 SBA-15。在反应体系中加入 Fenton 试剂，可以合成铁负载效率高达 50% 的有序介孔 Fe-SBA-15，解决了在酸反应体系中过渡金属难以负载的问题。通过向反应体系中加入痕量的自由基引发剂 $Na_2S_2O_8$，也可以得到高度有序的 SBA-15。该研究开创了利用自由基路线合成高度有序的介孔氧化硅材料的新思路，并为其大规模工业生产提供了应用前景[50]。

赵东元探索了一种界面限域单胶束组装的普适性方法，用于精确控制包覆介孔氧化钛层厚度。这种限域组装过程还能够实现介孔壳层厚度的精准控制，介孔层数从一层至五层，介孔孔径从 4.7 nm 至 18.4 nm。该新型单层介孔氧化钛展现了优异的储钠性能，包括高放电容量、倍率性能和循环性能[51]。

林君 / 马平安制备了超大介孔二氧化硅包覆的上转换纳米粒子作为一种新型的免疫佐剂，该佐剂显著提高了光敏剂和抗原的担载量，细胞和活体动物实验显示该佐剂表现出良好的光动力和免疫协同治疗的效果[52]。

葛建平报道了具有介孔响应特性的液态光子晶体材料，并发展了基于光子晶体的全新介孔测量方法。与传统氮气吸附脱附技术相比，该方法测量样品时间短、测量成本低，适用于原位无损测试，有望成为传统方法的有效补充[53]。

邓勇辉以两亲性嵌段共聚物 PEO-b-PS 作为模板剂，采用乙酰丙酮（AcAc）作为配位剂延缓前驱体水解交联的速度，合成出一系列具有孔道高度连通的高比表面积介孔 WO_3 材料，并首次将该材料用于构建高性能的气体传感器，快速选择性地检测食源性致病菌[54]。

金属 - 有机框架材料（MOFs）仍然是国内的研究热点，取得的突出研究结果也比较多。

在 MOFs 的合成方面，李映伟与圣安东尼奥分校陈邦林合作，以高度有序的聚苯乙烯（PS）微球三维结构为模板，采用双溶剂诱导的异相成核法首次制备出有序大孔 - 微孔 MOF 单晶材料。该方法可以应用于各种有序大孔单晶材料的制备，所得 MOF 材料具有大孔高度有序且孔径可调、单晶结构稳定等优势，具有很好的推广意义。制备的有序大孔 - 微孔 MOF 单晶材料在化学吸附 / 分离、大分子催化转化或生物药物递送等方面具有广泛的应用潜力[55]。

贲腾对金属有机骨架 MOFs 中的手性诱导效率进行了研究，采用廉价的非手性构筑单元以及可重复利用的手性诱导剂来控制 Eu（BTC）（H_2O）· DMF 的手性，得到了 P- 和 M- 过量的手性 MOFs。这一研究成果不仅填补了微孔手性孔道构筑中手性诱导效率研究的空白，也为手性有机小分子的手性拆分提供了新的思路[56]。

石子亮、马余强利用超高真空扫描隧道显微镜（UHV-STM）技术描述了非共价金属 - 有机配位键（metal-organic coordination）在表面共价反应中的模板机制，发现金属 - 有机配位键这一非共价作用能够有效地诱导表面共价偶合的反应路径。该工作将表面超分子自组装和表面共价反应这两个相对独立的研究方向有机地结合了起来，为未来设计构筑复杂的表面功能有机纳米材料提供了启发性策略[57]。

宋宇飞与 Leroy Cronin 合作，利用 3D 打印技术制备出一种内部构型可控的反应器，成功应用于多步水热合成，并可通过动力学控制，进一步扩大水热合成的参数空间，更加方便、快捷地制备出新型晶体材料[58]。

徐航勋、江海龙以及周宏才合作开发了一种可控高效制备超薄 MOF 纳米片的插层 / 化学剥离的方法，得到了大面积的超薄二维 MOF 纳米片，通过控制二硫配体中二硫键的还原程度进一步得到不同厚度的金属有机纳米片，成功克服了以往通过机械剥离的方式制备类似材料面临的尺寸与厚度不可控的难点[59]。

江海龙与俞书宏合作，通过模板导向生长出各种排列整齐的 MOF 阵列材料，即在多种导电基底（如泡沫状镍、铜网、铁网等）上选择性地生长不同结构的金属氧化物或者氢氧化物［如 CoO、NiO、$Cu(OH)_2$ 等］阵列，以此作为 MOF 的金属源和导向模板指引生长出期望的 MOFs 及其阵列结构。该制备方法不仅可以理性地改变阵列结构的导电基底、MOFs 类型以及阵列形貌，而且可以实现 MOFs 仅在相应模板上异相成核生长，进而得到高质量且排列整齐的阵列。这项研究不仅提供了一种普适的策略组装各种 MOF 纳米晶得到自支撑的阵列材料，同时为 MOFs 材料在电催化应用领域的优化设计开辟了新的思路[60]。

在 MOFs 的吸附与分离方面，李晋平、Wei Zhou 和陈邦林等人合作，利用氧分子先与 Fe–MOF 材料中的不饱和空位结合，有效阻挡不饱和金属空位与乙烯间的 π 键相互作用，显著降低乙烯吸附量。同时，新构建的 $Fe\text{–}O_2$ 基团能够与乙烷显示出更强的吸附亲和力，实现吸附乙烷强于乙烯，从而达到选择性脱除乙烯中杂质乙烷的目的。该研究不仅巧妙地实现了“乙烷 – 乙烯吸附反转”，也制备出迄今为止最高效的乙烷选择吸附剂，可对不同浓度的乙烷 / 乙烯混合物一步分离得到聚合级乙烯。该研究成果为低碳烃分离开辟了新途径[61]。此外，李晋平还联合陈邦林和周伟，利用新型的柔性 – 刚性金属有机骨架（MOFs）材料实现了丙烯中低浓度丙炔的高效分离。在实际的丙炔 – 丙烯（1/99）混合气体分离实验中，该 MOF 成功实现了丙烯中低浓度丙炔的高效分离，在长时间段内可以得到超高纯度的丙烯（>99.9998 %）。并且该 MOF 具有优良的重复性和稳定性。该柔性 – 刚性 MOF 有望应用于丙烯生产中丙炔的净化，从而服务于烯烃工业的发展[62]。

张杰鹏发展了一种利用金属 – 有机框架结构（MOF）特殊吸附选择性分离纯化 1，3– 丁二烯的方法，以具有准离散空腔的结构诱导柔性客体分子发生构象变化，通过 1，3– 丁二烯客体分子损耗较大的弯曲能削弱 MOF 对其吸附，基于该方法，他们发现亲水性［$Zn_2(btm)_2$］［MAF–23，其中 H_2btm 为双（5– 甲基 –1H–1，2，4– 三氮唑 –3– 基）– 甲烷］作为主体吸附材料时，可以实现室温及常压下对 1，3– 丁二烯的最弱吸附和高效纯化。这种吸附分离概念对今后发展其他客体分子的吸附与分离将具有重要的指导意义[63]。此外，张杰鹏还使用基于柔性的亚甲基桥联双三氮唑配体 H_2btm 与 Zn（II）盐合成了具有合适的孔道形状、活性位点和框架柔性的金属有机框架材料 MAF–23，在较高温度下，MAF–23 中的亚甲基桥连的 btm_2– 配体能被氧气选择性氧化，即只有方向指向孔道的亚甲基会被氧化。由于引入了新的客体结合位点和框架柔性的减小，氧化生成的 MAF–23–O 对丙烯 / 丙烷的热力学和动力学吸附选择性同时增加。在实际 1∶1 混合气体突破实验中，丙烯 / 丙烷的选择性从 1.5 提升至 15，高于 Co–MOF–74（6.5，基于金属离子配位原理分离）和 KAUST–7（12，基于分子筛效应分离）[64]。

陆伟刚和李丹将酶的诱导契合效应引入到 MOF 中，合成出了一种柔性金属有机框架。乙炔 / 二氧化碳的穿透实验发现该材料对两者具有非常好的分离效果[65]。

张振杰、陈邦林和李晋平 / 李立博合作发展了一种利用金属 – 有机框架材料（MOFs）选择性的从丙烯中高效同步去除痕量丙炔和丙二烯杂质的新策略，所合成的 MOFs 同时对丙炔和丙二烯具有强的作用力和较弱的丙烯作用力，能够在常温常压下捕获丙炔和丙二烯气体分子，并且分离效果超过了目前报道的其他材料，创造了新的丙炔 / 丙二烯 / 丙烯三组分气体分离的世界纪录[66]。此外，张振杰还和 Michael J. Zaworotko 合作报道了一类超微孔金属 – 有机框架材料（NKMOF–1）。该类材料具有超强的水和酸碱稳定性，对乙炔具有前所未有的分离效果。该材料在低压区，对乙炔的吸附能力超过目前所有的材料，并且对 C_2H_2/CO_2 和 C_2H_2/CH_4 混合气体的分离比打破了世界纪录，对于 C_2H_2/C_2H_4 的选择性稍低于目前最好的材料（SIFSIX–14–Cu–i）。NKMOF–1 与乙炔气体分子的作用机理不同于已经报道的最好材料（SIFSIX 系列材料中 MF62– 阴离子的强作用），为设计和合成新型的可用于乙炔分离的多孔材料提供了新的策略[67]。

王海辉利用快速电流驱动法一步制备出展现出良好的 CO_2/CH_4 分离性能且相对刚性、可孔尺寸可连续调节的混合配体 ZIF–7_x–8 膜，其中，ZIF–7_{22}–8 膜对 CO_2/CH_4 的分离因子高达 25，相比传统 ZIF–8 膜提高了近一个数量级，且具有长期的升降温稳定性。这一“刚性和缩孔”的双策略，可进一步应用于其他柔性 MOF 膜的制备以提高气体分子的分离性能[68]。

李建荣制备出一种新型的 MOF 材料（BUT–66），作为吸附剂，其对空气中痕量的苯系物表现出极强的吸附作用、去除性能优异且稳定性良好，具有潜在的应用价值。该研究的难点在于苯系物 VOC 在大气中平均含量低，而大气中又不可避免地含有大量水蒸气，因此，理想材料需要在明显更多水的竞争吸附下还能高效地吸附空气中痕量的苯系物，有望为空气净化、雾霾治理功用材料的设计和优化提供新的借鉴[69]。

邢华斌与国外合作，根据丙炔分子的形状特征，设计了相适应的阴离子柱撑超微孔材料，增强了对丙炔分子的“专一性”以及“亲和力”，从而实现丙烯混合气中痕量丙炔的高效脱除。在 25 ℃、700 ppm 时，丙炔的吸附量高达 80 mg · g^{-1}，极低浓度（3000 ppm）下即达到饱和吸附容量 106 mg · g^{-1}，相应的丙烯吸附量低于 3 mg · g^{-1}，丙炔 / 丙烯分离选择性超过 250，是迄今为止报道的性能最佳的材料。固定床吸附实验证实丙炔单分子笼吸附可以实现痕量丙炔（1000 ppm）的深度脱除，获得的丙烯中丙炔浓度低于 2 ppm，且吸附容量是文献报道的最佳材料的 9 倍以上[70]。

在 MOFs 催化研究方面，国内的学者也取得了大量突出的研究结果。

周永丰同麦亦勇合作开发了具有超高 Pt 单原子负载量的超薄卟啉基 MOF 纳米片光催化材料。在大于 420 nm 波长的可见光照射下的光催化水分解产氢研究中，该超薄 MOF 纳米片表现出优异的产氢性能（11320 μmol g^{-1} · h^{-1}）和循环稳定性，好于目前已报道的 MOF 基光催化材料。此外，所得到的纳米片还能通过简单的溶剂挥发成膜法沉积到固体基板上形成均匀的薄膜，且该薄膜保留了高的光催化活性（17.8 mmol h^{-1} · m^{-2}），表明该超薄纳米片具备良好的可加工性。该研究不仅提供了一种简单的制备具有高单原子负载量催化材料的方法，实现了单原子负载量的突破，同时也为超薄二维催化材料的制备提供了新思路[71]。

王定胜和李亚栋利用分子笼限域－还原的方法，构筑了原子级分散的单原子 Ru_1 和 Ru_3 团簇与 MOFs 的复合催化剂，该复合催化剂对苯乙炔的加氢具有优异的催化活性，而对二苯乙炔几乎没有活性，同时实现了金属物种的选择性可控合成、底物的选择性筛分和产物的选择性加氢[72]。

邓意达、胡文彬通过精确调节双金属 ZnCo-ZIFs 前驱体中的锌的掺杂量，实现了钴原子在原子水平上的空间分隔，在氮掺杂碳基底上制备出不同钴原子聚集的钴基催化剂：钴纳米颗粒、钴原子簇和钴单原子。他们的研究表明，单原子钴具有较高的化学活性，主要原因包括与基底中的 N 配位保证了其稳定性、碳基底优良的导电性和丰富的孔结构，以及大的比表面积。这项工作为通过空间分隔效应调控颗粒尺寸提供了参考，对深入理解纳米催化剂尺寸－性能关系具有借鉴作用[73]。

李东升与 Xianhui Bu、Chenghua Sun 合作，将异金属簇和纳米片结构引入 MOF 材料的可控合成中，获得了构筑双金属 MOF 分级纳米结构的有效方法，相比块状双金属 MOF 材料，所得到的对应分级纳米结构的电催化析氧反应性能得到大幅度提升。这一研究结果和分级纳米材料合成策略对新型高性能 MOF 电催化剂的设计合成具有一定的借鉴意义[74]。

王丹与刘云凌、冯守华合作，设计合成了二氧化锡－中空多壳层结构（SnO_2-HoMS），在 SnO_2-HoMSs 表面包覆致密的 MOF 材料 MIL-100（Fe），然后采用惰性气氛下煅烧碳化有机物、稳定金属骨架，再通过空气中煅烧去除碳的两步法煅烧方式处理获得包覆致密且多孔异质的 SnO_2@Fe_2O_3（MOF）HoMSs 材料。电化学性能研究表明，异质型 SnO_2@Fe_2O_3（MOF）HoMSs 具有优异的可逆容量和循环稳定性，不但远优于单一的 SnO_2 HoMSs 结构，而且显著优于用其他方法制备的异质 SnO_2@Fe_2O_3（Particle）HoMSs。这表明该性能的增强不但得益于表面包覆了氧化铁，而且具有 MOFs 结构遗传信息的多孔结构也做出了贡献。该研究不仅成功合成了具有优异性能的异质 HoMS 电极材料 SnO_2@Fe_2O_3（MOF）HoMSs，还同时提出了一种普适性的合成策略，为设计构建异质 HoMS 材料提供了新思路[75]。

王博开发了可用于臭氧高效降解的铁基金属有机骨架材料 MIL-100（Fe），该材料在室温、相对湿度为 45% 的条件下，在 100 小时内具有 100% 的持久臭氧转化效率，远远超过大多数金属氧化物催化剂的性能。此外，他们通过热压（HoP）法对 MIL-100（Fe）进行了加工，制造了一种基于金属有机骨架（MOFs）的催化过滤器（MOFilter），并将其应用于口罩，它显示了对低浓度臭氧几乎完全的滤除效果。该研究证明了 MOFs 在臭氧污染控制方面的巨大潜力，也为臭氧分解催化剂的设计提供了新的可能性[76]。

邹如强和徐强合作合成了一种负载有单原子的大尺寸的碳网络催化剂材料。该材料不仅在三维尺度上具有分级的孔道结构，而且均匀地分散了单原子金属催化位点。作为催化剂材料应用于燃料电池的氧还原反应中时，该材料展现出优于 Pt/C 的催化活性及稳定性[77]。

郑和根与戴黎明以及张明道合作，采用新型手性金属 – 有机框架材料（MOFs）作为前驱体，开发了一系列具有多重活性中心和多级纳米结构的电催化剂，这些电催化剂具有优异的氧还原和氧析出性能，同等条件下与商业化铂、钌、铱等贵金属催化剂相当[78]。

王博将 MOF 材料应用于 Li–CO_2 电池正极催化剂，在达到高放电比容量的同时实现低充电过电势，该催化剂对于放电产物 Li_2CO_3 沉积具有良好的引导作用，并能有效改善 Li_2CO_3 分解时的界面电荷转移，大大提高了电池的可逆性和能量效率。该工作为合成高性能的 Li–CO_2 电池催化剂提供了思路，同时展示了 MOF 材料在气体电池中具有广阔的应用前景[79]。

崔勇和刘燕通过微调配体的结构来改变 MOFs 材料的稳定性和催化活性，证明了通过调节配体不但可以提高 MOFs 材料的稳定性而且可以增强它的催化活性。此项工作为设计合成同时具备高催化活性、高选择性以及高稳定性的固相催化剂提供了有效途径，且 MOF 材料作为固载催化剂用于连续流动反应为 MOF 在药物合成和精细化工领域产业应用迈出了重要的一步[80]。

吴宇恩与李亚栋合作报道了一种利用金属有机骨架材料（MOFs）为前驱体合成贵金属单原子催化剂的配位辅助策略，合成了一种单原子 Ru 锚定在多孔的氮掺杂碳上的 RuSAs/N–C 催化剂，并且这种单原子催化剂对喹啉及其衍生物选择性氢化反应表现出极高的催化活性、选择性[81]。

除了合成、吸附与分离和催化，MOFs 材料在其他领域的应用也有广泛的研究，取得了大量的优秀成果。

金属有机框架材料存在一个弊端就是其大部分已知材料在水环境体系下难以保持结构稳定。而放射性废水又经常处于高酸度、高离子强度以及强辐射场等极端条件下，一般的金属有机框架材料无法应用。王殳凹制备出了一系列有机磷酸锆金属有机框架材料，并解析出了它们的晶体结构。这类材料可以在浓盐酸、浓硝酸、发烟硫酸以及王水中保持晶体结构的稳定性。通过铀酰离子吸附研究，发现该类材料即使在强酸性或高离子强度条件下，仍能将溶液中的铀酰离子选择性去除，这是绝大部分固相吸附材料所无法实现的[82]。他们还将有机膦酸锆用于放射性 ^{90}Sr 的去除，吸附实验表明其对 Sr 的去除容量达到 117.9 ± 3.8 mg/g，且表现出极好的选择性，超快的动力学，在 pH 为 1–12 的范围内，去除深度（Kd）几乎优于所有其他知名材料，其最高 Kd 值可达 4.06×10^6 mL/g（KMS–1~1.58×10^5 mL/g）。重要的是，其能在一个小时内去除真实海水中 80% 的放射性 ^{90}Sr[83]。他们还进一步将荧光金属中心引入金属有机框架中，利用高稳定性、高荧光量子产率（44.7%）的功能化稀土铽的有机框架材料以及铀酰离子对其荧光强度的选择性淬灭作用实现了针对复杂环境水体系（淡水 / 海水）中铀酰离子的选择性识别。该材料能够在快速从淡水和海水中富集铀酰离子的同时对体系中的痕量铀酰离子进行定量检测。在去离子水和海水中的检测下限分别达到 0.9 ppb 和 3.5 ppb，均远低于 EPA 标准中所允许的饮用水中铀酰浓度上限 30 ppb[84]。团队还制备了一例新型三维阳离子 MOFs 材料，该材料中的 NO_3^- 可与 $^{99}TcO_4^-$ 进行高效的离子交换，在 10 分钟内即可去除溶液中几乎全部的 $^{99}TcO_4^-$，远远快于传统的阴离子交换树脂和其他阳离子 MOFs 材料；对 ReO_4^-（$^{99}TcO_4^-$ 的模拟物，具有相似的物理化学性质）的吸附容量为 291 mg/g，高于大部分已报道的纯无机阳离子骨架材料。更重要的是，该材料是目前报道对 $^{99}TcO_4^-$ 选择性最高的材料。在实际受污染的 Hanford 地下水验证实验中，大量过量的 SO_4^{2-}、CO_3^{2-}、SiO_3^{2-}、Cl^- 等离子存在的条件下，该材料仍可高选择性地完全去除 $^{99}TcO_4^-$（分配系数 Kd 值高达 5.6×10^5 mL/g）[85]。除了金属有机框架材料 MOFs 外，该团队还开发了阳离子型二维和三维共价有机框架材料（COFs）用于放射性 $^{99}TcO_4^-$ 污染去除，获得了一类合成简单，产率高的新颖耐酸耐辐照的共价有机阳离子聚合物材料，该材料对 TcO_4^-/ReO_4^- 的分离具有以下特点：①吸附动力学快，仅需 30 s 即可近乎全部去除 TcO_4^-；②对 ReO_4^- 的吸附容量高达 999 mg/g，远高于目前已报道的其他材料；③选择性好，能在硝酸根或硫酸根大量共存的条件下高效分离 TcO_4^-；④耐酸性好，在 3M HNO_3 条件下结构保持稳定，重复试验 4 次后，TcO_4^- 的分离效率仍保持不变；⑤耐辐照，经过 1000 kGy 的 β 或 γ 辐照后仍能保持结构的稳定且对 ReO_4^- 的吸附容量保持不变。远好于传统的阴离子交换树脂，一方面解决了传统阴离子交换树脂材料在选择性、动力学及耐辐照性能方面的缺陷，另一方面解决了阳离子金属有机框架材料和无机阳离子骨架材料在强酸条件下结构不稳定的缺点[86]。

赵斌、胡憾石和 Kaltsoyannis 合作，合成出了一例基于过渡金属 / 钍的异金属 MOF 框架材料，可用于放射性物质的富集。对放射性高锝酸根模拟物高铼酸根吸附研究表明，1 g 该材料可吸附 807 mg 高铼酸根，表明该 MOF 对放射性物质具有出色的富集作用。作为一个多功能孔材料，该 MOF 还可有效富集 CO_2，并在温和条件下实现 CO_2 的高效催化转化，生成重要的工业原料环状碳酸酯，在环保和催化领域展现出重要应用前景。该研究为制备新结构 MOFs 材料和放射性废料处理等热点问题的解决提供了新的思路[87]。

郎建平报道了一例晶态烯烃基金属有机框架（MOF）光 – 能转换驱动材料，首次在 MOF 材料中成功实现了单晶态快速光 – 能转换特性（$80° s^{-1}$）。通过调节光响应 MOF 单晶的横纵比与光辐射晶面，可实现其螺旋、趋光扭曲、碎裂等光 – 机械转变行为。该项研究为 MOF 基光驱动器的设计合成提供了一种可行的途径，在光 – 机械微器件领域具有重要的应用前景[88]。

张先正利用含多环芳烃结构的蒽基配体合成了蒽基 MOF（DPA-MOF），DPA-MOF 能够捕获单线态氧，生成对应的内过氧化 MOF（EPO-MOF），这一过程可用于氧气的储存；而对应的 EPO-MOF 在紫外照射或者加热的条件下能够释放氧。通过 DPA-MOF 与 EPO-MOF 之间的可逆化学转变，该团队实现了氧气的可控捕获与释放。该工作在可控定量供氧、氧气相关的分离、氧气载体等方面研究也具有重要的研究意义和应用前景[89]。

尹梅贞报道了一例三维苝酰亚胺（PDI）金属有机骨架（MOF）Zr-PDI，通过框架屏蔽作用可稳定自身产生的阴离子自由基。这类材料还具有高效的近红外升温效果，光热转化效率高达 52.3%，展现出近红外光热升温性能，在光热抗肿瘤领域具有潜在应用[90]。

欧阳钢锋和朱芳提出一种氨基酸增强的仿生封装策略，可快速、高效地将不同表面化学性质的蛋白质（包括酶）封装在 MOFs 内。这种封装策略具有普遍适用性，而且封装过程简单快速，不需要仪器辅助，因此可以用于生物样品中蛋白质类生物标志物的现场采集和长期储存。此外，MOFs 保护层的 pH 敏感性也可简易地实现生物标志物的可控释放[91]。

何腾和陈萍与吴安安合作，利用金属的电负性差异，修饰有机储氢材料的电子性质，合成了一类有机 - 无机杂化储氢体系金属有机化合物。该类金属有机化合物可以在常温常压下存储和运输氢气，可以避免高压气罐带来的危险。另外，有机底物种类多、变化多样，与无机金属杂化后，可以衍生出更多种类的候选材料供进一步筛选。该研究为未来低温可逆储氢材料的开发开辟了新的思路[92]。

段鹏飞制备了一种具有手性发光性质的沸石咪唑型金属有机框架（MOFs）材料，利用手性发光分子在 MOF 材料表面的有序自组装，实现了圆偏振发光不对称性和荧光发光量子效率同时放大。该研究工作通过将手性分子在 ZIF-8 表面重组的办法不仅放大了圆偏振发光的不对称性，同时保持了高的发光效率，在构筑 CPL 材料方面提供了新的策略[93]。

黄维和朱纪欣通过金属有机骨架材料（MOF）与基底间的选择性自组装调控，结合高温催化有机分子气相沉积的方法（CMVD），成功制备了柔性良好、形貌可控的多级结构碳基杂化膜，该杂化膜用作锂 / 钠离子电池负极，表现出优异的储锂性能（在 200 mA · g^{-1} 下放电比容量为 680 mAh · g^{-1}，2000 mA · g^{-1} 下循环 550 次后仍有 550 mAh · g^{-1}，比容量保持率高达 92%）和储钠性能（100 mA · g^{-1} 下循环 500 多次循环后放电比容量为 220 mAh · g^{-1}）。该方法巧妙应用了有机物高温分解与过渡金属的相互作用，具有操作性高、危险系数低、可大面积制备、实际组分可调、形貌可控等优势，具有不错的实用前景和研究价值[94]。

杨东江利用 Bi 基金属 - 有机框架物（Bi-CAU-17）作为吸附剂实现了对污水中 SeO_3^{2-} 高效快速的选择性捕获，对 SeO_3^{2-} 饱和吸附量高达 255.3 mg/g，且吸附速度非常快（1 min 内即可达到吸附容量的 80%）。在宽 pH 范围内（4–11）都能够稳定并且高效地吸附 SeO_3^{2-}，且在 2000 倍共存竞争离子的条件下表现出较强的选择性吸附性能，真正实现了对 SeO_3^{2-} 高效高选择性的富集。该研究中确定的 Bi-O（金属 - 氧）吸附活性中心为选择性捕获 SeO_3^{2-} 提供了新的研究思路，这种不可逆吸附对含放射性硒核废水中放射源的收集和处理具有非常重要的意义[95]。

赵远锦将微流控技术与金属有机骨架（MOF）化合物结合起来，通过微流控纺丝（microfluidic spinning）的方法，制备了一种含维生素 MOF 的水凝胶微纤维材料。这种微纤维以海藻酸盐水凝胶为壳，以铜-维生素或锌-维生素 MOF 为核。通过利用微流控技术集成和精确操作的优势，实现了微纤维材料尺寸和形状的调节。通过该方法制备的微纤维具有长、薄、柔性等特点，可应用于生物医学领域，作为促进伤口愈合的辅助材料，在生物医学工程中具有重要的潜在应用价值[96]。

尹学博构筑了 Lab-on-MOFs 多目标荧光检测系统，即利用白色荧光金属有机骨架（MOFs）探针，基于单一激发下的单一白色荧光颜色变化实现了从阳离子、阴离子、小分子到生物分子的多目标物检测。与其他检测体系相比，该 Lab-on-MOFs 体系的检测集成度更高，制备方法和检测过程更简单。其他可以获得单一激发白色荧光、具有多重作用位点的基质也可以用于单一荧光的多目标物检测[97]。该课题组还通过一锅法制备了 MIL-NH2 包埋的三联吡啶钌复合纳米探针，成功实现了有机溶剂中水分的宽范围、高灵敏度比例型荧光和可视化检测[98]。

曹达鹏通过对 MOF-5 材料进行氨基官能化制备出一种可以快速传感检测 SO_2 及其衍生物的荧光探针，并将其组装成 MOF 荧光检测试纸，实现了 SO_2 及其衍生物的实时响应和便携式检测，整个检测过程响应时间小于 15 s，最低检测浓度达到 50 ppb[99]。

苏成勇和潘梅以单层稀土 MOF 作为晶种，通过不同稀土离子 MOF 的异质同晶特性和液相各向异性外延生长策略，构筑了具有亚毫米尺度的间隔色域发光多层次异核稀土 MOF 单晶，并实现了独特的光谱编码和空间编码结合的三维微区编码器件模型，为分层次多功能金属-有机发光材料体系的设计提供了一种新的“自下而上”的构筑策略，并为其在集成化、微型化先进光学材料与器件领域的应用开辟了一条新的途径[100]。

在共价-有机框架材料（COFs）研究方面，方千荣采用邻二酚类单体和邻二氟苯类单体，在碱性条件下通过溶剂热的方法合成了两种通过芳香醚键连接的新型共价有机骨架材料（PAE-COFs）。该材料具有高的结晶度和丰富的孔道结构，同时其能够在包括沸水、强酸（12 M 盐酸，18 M 硫酸，40% 氢氟酸）、强碱（14 M 氢氧化钠，5 M 甲醇钠/甲醇溶液）、强氧化剂（铬酸溶液）、强还原剂（2.4 M 氢化铝锂/四氢呋喃溶液）等苛刻的条件下保持稳定，其稳定性超过了目前所有已知的结晶多孔材料[包括金属-有机骨架材料（MOFs）、分子筛和其他 COFs]。该材料经羧基功能化和氨基功能化后，对污水中的抗生素四环素、土霉素和金霉素在广泛的 pH 范围（1-13）内具有高的吸附，且经过 5 次吸附-脱附循环后吸附量没有明显的降低。该材料是制备可在极端化学环境下使用的功能材料的理想平台[101]。

贲腾利用不同酸性的有机酸和不同碱性的有机碱制备出了一系列晶态多孔有机盐，这些多孔有机盐不仅有着明确的晶体结构，同时也展现出了高微孔表面积。此外，由于其一维极性孔道中存在水分子，使这些多孔有机盐展现出了优异的质子导电性。该结果为后续多孔有机盐的制备提供了新的思路，同时也有利于多孔有机盐在燃料电池等领域的推广。该工作被报道后，引起了国际国内同行的广泛关注[102]。

张振杰与 Michael J. Zaworotko、清华 – 伯克利深圳学院余旷合作，设计合成了一种酰亚胺连接的［2+3］柔性多孔有机笼，通过自组装可以形成具有客体分子响应的柔性多孔有机笼晶体。这种柔性多孔有机笼对多种气体展示了独特的开孔效应，利用其对丙炔、丙烯和丙烷的不同开孔行为可以有效地实现 C3 混合气体的选择性分离[103]。

王树与马玉国以及顾奇合作，合成了一种含有聚对苯撑乙烯的骨架和对硝基苯酚碳酸酯的侧链的共轭聚合物 PPV–NP，可以和 β 淀粉样蛋白（Aβ）通过疏水作用结合，并且其侧链的活性酯基团可以和 Aβ 中赖氨酸侧链的氨基反应形成稳定的共价键，进而抑制 Aβ 进一步的折叠和组装。反应中对硝基苯酚基团离去引起的荧光增强可以用于监测反应的进程。此外，PPV–NP 还可以将已经形成的 Aβ 纤维解组装，并且有效减弱由 Aβ 聚集引起的细胞毒性。作者们进行了阿尔茨海默病小鼠模型的活体脑片离体培养实验，发现 PPV–NP 和小鼠脑片共培养一段时间后可以观察到脑组织中 Aβ 斑块的明显减少，表明 PPV–NP 在抑制淀粉样蛋白组装中的潜力，为解决淀粉样沉积相关的疾病提供了重要思路[104]。

赵英杰、李志波和黄晓文利用 Knoevenagel 缩合反应成功制备了基于三嗪结构的全共轭 sp^2– 碳二维 COF，该二维 COF 是一种优良的半导体材料，其 LUMO 为 –3.23 eV，带隙为 2.36 eV，并表现出前所未有的辅酶再生效率，可以显著提高辅酶介导的 L– 谷氨酸的合成，仅需 12 min，便可突破性的实现 97% 的 L– 谷氨酸的产率，为辅酶高效再生提供了一个全新的材料和应用前景[105]。

唐智勇采用基于 C–C 偶联反应的“表面引发聚合”策略制备了大面积的共轭微孔聚合物膜，这种膜的骨架由全刚性的共轭体系组成，在有机溶剂中的稳定性很高，作为有机纳滤膜展现出了优秀的截留率和超高的溶剂通量，以聚丙烯腈为支撑基底的膜（厚度小于 42 nm）在非极性有机溶剂正己烷和极性有机溶剂甲醇中的通量分别高达 $32\ l\ m^{-2} \cdot h^{-1} \cdot bar^{-1}$ 和 $22\ l\ m^{-2} \cdot h^{-1} \cdot bar^{-1}$。在同等选择性基础上，过滤速度较目前商用的一维柔性聚合物薄膜高出两个数量级。实验和理论模拟表明该刚性膜体系中存在的永久性微孔结构及高孔隙率是其优异纳滤性能的关键[106]。

谭必恩和金尚彬发展了一种全新构建共价三嗪环骨架的共缩聚方法，实现了低温和简易条件下制备共价三嗪环骨架材料。该类材料具有层状结构和高比表面积，保持了本征的能带结构，避免了高温碳化失去能带结构。该材料具有优异的光催化分解水析氢的性能，在可见光的条件下最大析氢量可达 $2647\ \mu mol \cdot h^{-1} \cdot g^{-1}$，相比同类有机材料具有较大的提升。基于独特的层状结构，该材料在碳化后还可作为钠离子电池的负极材料，最大充放电容量可达 $467\ mAh \cdot g^{-1}$。该研究为共价三嗪环骨架的发展提供了一种新的策略，推动该领域进一步发展[107]。

除了沸石分子筛、介孔材料、MOFs 和 COFs 外，还有其他类型的多孔材料，相关的研究也取得了重要的进展。

贲腾与 A · Trewin 合作，采用乙炔基甲烷作为构筑基元，通过有机合成的办法制备出了完全由 sp^3 与 sp 碳构成的三维结构的多孔碳，该材料具有优异的比表面积和半导体特性，在锂离子电池电极方面表现出超高的比容量和高电流密度下优异的倍率性能，在过充等苛刻条件下仍能够完美抑制锂枝晶生长，为解决石墨等传统电极材料在锂离子电池应用中的枝晶难题提供了新的解决思路。这一研究成果不仅为锂离子电池电极材料提供了一种更安全、更高效的解决方案，更提出了一种从分子水平上设计制备多孔碳的策略，为今后功能多孔碳的制备提供了新的思路[108]。

李亚栋、王定胜和王宇通过双模板结合裂解的策略，制备了一种分级有序多孔氮掺杂碳负载金属钴单原子催化剂（Co–SAs/HOPNC），该催化剂具有丰富的原子级分散的 $Co–N_4$ 活性位点，比表面积高达 716 $m^2 \cdot g^{-1}$，有利于充分暴露活性位点，分级有序相互连通的大孔 / 介孔结构有利于反应物和产物的扩散，表现出卓越的电催化 ORR 和 HER 活性及稳定性。该双模板合成战略为构建结构可控的单原子催化剂提供了新的思路，同时对于催化性能增强机制的探索将为提高非贵金属电催化剂的效率提供重要的借鉴[109]。

石碧报道了一种生物质衍生的微孔膜，基于形成稳定的金属 – 多酚网络（MPN），可从海水中高效、低成本的捕获铀。用这种微孔膜处理来自我国东海的 10 L 天然海水后，铀吸附质量高达 27.81 μg，效率比传统方法高出 9 倍以上。当与潮汐驱动系统或海水淡化厂结合使用时，基于这种微孔膜的铀生产成本估算为约每千克 275 美元，具有很好的经济可行性，有望将海水提铀用于核工业的实际生产中。这种微孔膜材料对铀具有很高的吸附选择性，在海水中常见的多种金属离子 Na^+、Ca^{2+}、Mg^{2+}、Cu^{2+} 和多种阴离子 Cl^-、NO_3^-、HCO_3^- 存在下，铀的吸附量并没有受到明显影响。此外，这种微孔膜在 293~333 K 温度范围都可以正常工作。经过吸附动力学的分析，作者认为这种微孔膜在吸附铀的过程中的确形成了超分子铀 – 多酚网络[110]。

彭扬和邓昭在商业镍泡沫上直接生长片状镍基金属有机框架，高温退火后获得多级架构非掺杂的镍 – 碳复合材料，对全水分解反应表现出显著的催化活性。这种多级结构包括多孔泡沫镍、超薄金属有机框架衍生的纳米片以及石墨烯和碳纳米管包裹的镍纳米颗粒。这种镍 – 碳复合催化剂具有成本低、活性高和稳定性好等优点，为实现全解水中取代贵金属基催化剂提供了一种极具吸引力的解决方案[111]。

陆安慧合成了一系列孔径精准可控的分子筛型纳米炭片，实现了多种混合气的高效分离。这种纳米炭片 sp^2 杂化碳的含量超过 80%，微孔孔径在 0.53~0.58 nm 范围精准可调，炭片厚度在 30~65 nm 精准可控。用于气体分离时，纳米炭片可实现低压（< 0.1 bar）下对吸附质分子的大量、快速吸附。在常温常压条件下，纳米炭片对 CO_2、C_2H_6 和 C_3H_8 表现出高吸收量（5.2 $mmol \cdot g^{-1}$、5.3 $mmol \cdot g^{-1}$ 和 5.1 $mmol \cdot g^{-1}$）和高选择性（7、71 和 386）。此外，模拟真实天然气组成的动态穿透实验进一步证实该多孔炭材料吸附量大、选择性好、再生容易、耐水汽性能好的优点[112]。

臧双全选用一种氮磷双杂原子混配型铜基金属 - 有机框架材料（Cu-NPMOF）作为一种单源前驱体，通过煅烧及磷化制备了一种新型的氮、磷共掺杂分级多孔碳包覆磷化亚铜（Cu3P）纳米颗粒复合型电催化产氢及氧还原双功能催化剂（Cu_3P@NPPC），该催化剂在酸性电解质溶液中（0.5 M H_2SO_4）表现出突出的 HER 电催化性能（在电流密度为 10 mA · cm–^{2} 时，过电位为 89 mV，塔菲尔斜率为 76 mv · dec^{-1}），析氢效果超过大部分已经报道的过渡金属磷化物材料。同时，研究还发现，该复合型催化剂在碱性电解质溶液中也表现出了优越的 ORR 电催化性能（氧气饱和的 0.1 M 氢氧化钾溶液中，氧还原半波电位为 0.78 V，极限扩散电流为 5.57 mA · cm^{-2}），而且无论在电催化析氢反应还是氧还原反应中均表现出优异的稳定性[113]。

彭新生与陈忠伟合作，以 HKUST-1/CNT 为前驱体，制备了一种多级孔结构的高导电柔性碳薄膜用于锂硫电池正极。该材料具有优异的循环性能，在 1 C 电流密度下循环 500 圈后仍保持 900 mAh · g^{-1} 左右的比容量，衰减率仅为 0.0054%/ 圈，同时库伦效率保持在 98% 以上。此外，电极具有良好的倍率性能，在高达 10 C 的电流密度下电极仍具有 650 mAh · g^{-1} 的比容量。当载硫量升至 3.8 mg · cm^{-2}、6.4 mg · cm^{-2} 和 8.0 mg · cm^{-2}，该电极可获得高达 960 Ah · L^{-1} 的体积比容量，并于高载硫量下仍具有良好的循环稳定性。该工作为高能量锂硫电池的正极设计提供了一种简便有效的方法，有利于进一步推动锂硫电池的商业化应用[114]。

除了学术研究，国内分子筛企业的创新能力也在不断增强，开发出的分子筛产品性能已经达到或超过国外同类产品的性能。近年来，洛阳建龙微纳新材料股份有限公司在分子筛应用产品研发方面也取得了重大的进展，开发的变压吸附（VPSA）制氧分子筛和深冷空分高效制氧分子筛的性能指标已经优于或达到国际同类产品性能指标。与传统的 VPSA 制氧分子筛 5A 相比，建龙开发的分子筛氮气吸附量在 25 ℃，1 bar 条件下由 10 mL/g 提高到 20 mL/g 以上，氮氧分离系数由 3.0 提高到 6.0 以上，从而显著降低了 PSA 制氧成本，将制氧成本由原来的每标方纯氧 0.7~1.2 kW · h/Nm^3 降低至 0.35~0.4 kW · h/Nm^3。与传统的深冷空分制氧分子筛 13X 相比，建龙开发的深冷空分高效制氧分子筛在 25 ℃，2.0 mmHg 压强条件下 CO_2 吸附容量提高了 1.6~1.7 倍，可使深冷空分空气纯化器的切换周期由之前 4 小时提高至 6 小时以上，从而综合节约能耗 20% 以上，节能和经济效益显著。

制氮型碳分子筛的国产化已有近 40 年，制氮能力从最开始的每小时每吨几十立方米到现在的几百立方米，取得了长足的进展。特别是 2015 年前后，国产碳分子筛的原料从煤扩展到了椰壳、酚醛树脂等新材料，所制的碳分子筛制氮能力有了巨大提升，达到 260 立方米每小时每吨碳分子筛。但在之后的几年，不管是国内还是国外，碳分子筛制氮性能的提高都遇到了瓶颈。湖州强大分子筛科技公司在 2018 年年初，研发出一种新型碳分子筛 CMS-300，大幅度提高了制氮能力，产气率超过 300 立方米每小时每吨碳分子筛，处于国际领先的水平。并且随着产氮纯度的提高，回收率提高幅度越来越大，在高纯度

（99.9995%）时，回收率提高幅度将近 20%，与国外性能最好的日本武田 RZ-420 碳分子筛相比，不仅产气率相当，而且回收率要略好。

3 展望

多孔材料作为一类重要的功能材料，其类型从传统的沸石分子筛发展到现在的有机多孔聚合物，其组成也从传统单一的无机组成发展到有机无机杂化材料，再发展到纯的有机材料，其研究领域不仅在化学科学领域内交叉渗透，而且其应用也逐渐渗透到其他领域。

目前，虽然合成的多孔材料种类以及很多，但是实际用于工业应用的却非常有限，仅有十多种类型的分子筛用于石油化工的催化、吸附和分离等领域，金属—有机框架材料以及共价—框架材料目前还没有进入工业应用阶段。因此，在多孔材料研究领域，应该更加注重以功能为导向的研究，实现多孔材料的多种应用，为能源环境和健康等问题提供解决途径。

此外，在多孔材料领域，国内研究单位之间以及国内单位和国际同行的合作日益广泛，大量成果由两个或多个单位合作完成，显示了强强联合的趋势。

除了基础研究外，国内生产分子筛的企业的创新能力也在逐渐加强，所生产的产品性能已经达到或超过国外大公司同类产品的性能。

参考文献

[1] Vattipalli V, Paracha AM, Hu W, et al. Broadening the Scope for Fluoride-Free Synthesis of Siliceous Zeolites[J]. Angew. Chem. Int. Ed., 2018, 57: 3607-3611.

[2] Katsoulidis AP, Antypov D, Whitehead GFS, et al. Chemical control of structure and guest uptake by a conformationally mobile porous material[J]. Nature, 2019, 565: 213-217.

[3] Widmer RN, Lampronti GI, Anzellini S, et al. Pressure promoted low-temperature melting of metal-organic frameworks[J]. Nat. Mater., 2019, 18: 370-376.

[4] Kalaj M, Denny Jr. MS, Bentz KC, et al. Nylon-MOF Composites through Postsynthetic Polymerization[J]. Angew. Chem. Int. Ed., 2019, 58: 2336-2340.

[5] Feng L, Yuan S, Qin J-S, et al. Lattice Expansion and Contraction in Metal-Organic Frameworks by Sequential Linker Reinstallation[J]. Matter, 2019, 1: 156-167.

[6] Tu M, Reinsch H, Rodríguez-Hermida S, et al. Reversible Optical Writing and Data Storage in an Anthracene-Loaded Metal-Organic Framework[J]. Angew. Chem. Int. Ed., 2019, 58: 2423-2427.

[7] Godfrey HGW, da Silva I, Briggs L, et al. Ammonia Storage by Reversible Host-Guest Site Exchange in a Robust Metal-Organic Framework[J]. Angew. Chem. Int. Ed., 2018, 57: 14778-14781.

[8] Ji Z, Zhang H, Liu H, et al. Cytoprotective metal-organic frameworks for anaerobic bacteria[J]. Proc. Natl. Acad. Sci., 2018, 115: 10582-10587.

[9] McHugh LN, McPherson MJ, McCormick LJ, et al. Hydrolytic stability in hemilabile metal-organic frameworks[J]. Nat. Chem., 2018, 10: 1096-1102.

[10] Tsumori N, Chen L, Wang Q, et al. Quasi-MOF: Exposing Inorganic Nodes to Guest Metal Nanoparticles for Drastically Enhanced Catalytic Activity[J]. Chem, 2018, 4: 845-856.

[11] Wang S, Kitao T, Guillou N, et al. A phase transformable ultrastable titanium-carboxylate framework for photoconduction[J]. Nat. Commun., 2018, 9: 1660.

[12] Duan J, Chen S, Zhao C Ultrathin metal-organic framework array for efficient electrocatalytic water splitting[J]. Nat. Commun., 2017, 8: 15341.

[13] Gu C, Hosono N, Zheng J-J, et al. Design and control of gas diffusion process in a nanoporous soft crystal[J]. Science, 2019, 363: 387-391.

[14] Cadiau A, Belmabkhout Y, Adil K, et al. Hydrolytically stable fluorinated metal-organic frameworks for energy-efficient dehydration[J]. Science, 2017, 356: 731-735.

[15] Chen Z, Li P, Zhang X, et al. Reticular Access to Highly Porous acs-MOFs with Rigid Trigonal Prismatic Linkers for Water Sorption[J]. J. Am. Chem. Soc., 2019, 141: 2900-2905.

[16] Lin R-B, Li L, Zhou H-L, et al. Molecular sieving of ethylene from ethane using a rigid metal-organic framework [J]. Nat. Mater., 2018, 17: 1128-1133.

[17] Jeong G-Y, Singh AK, Kim M-G, et al. Metal-organic framework patterns and membranes with heterogeneous pores for flow-assisted switchable separations[J]. Nat. Commun., 2018, 9: 3968.

[18] Xie K, Fu Q, Xu C, et al. Continuous assembly of a polymer on a metal-organic framework (CAP on MOF): a 30 nm thick polymeric gas separation membrane[J]. Energ. Environ. Sci., 2018, 11: 544-550.

[19] Zhang X, da Silva I, Godfrey HGW, et al. Confinement of Iodine Molecules into Triple-Helical Chains within Robust Metal-Organic Frameworks[J]. J. Am. Chem. Soc., 2017, 139: 16289-16296.

[20] Yan Y, Kolokolov DI, da Silva I, et al. Porous Metal-Organic Polyhedral Frameworks with Optimal Molecular Dynamics and Pore Geometry for Methane Storage[J]. J. Am. Chem. Soc., 2017, 139: 13349-13360.

[21] Jagadeesh RV, Murugesan K, Alshammari AS, et al. MOF-derived cobalt nanoparticles catalyze a general synthesis of amines[J]. Science, 2017, 358: 326-332.

[22] Micheroni D, Lan G, Lin W Efficient Electrocatalytic Proton Reduction with Carbon Nanotube-Supported Metal-Organic Frameworks[J]. J. Am. Chem. Soc., 2018, 140: 15591-15595.

[23] Ji P, Drake T, Murakami A, et al. Tuning Lewis Acidity of Metal-Organic Frameworks via Perfluorination of Bridging Ligands: Spectroscopic, Theoretical, and Catalytic Studies[J]. J. Am. Chem. Soc., 2018, 140: 10553-10561.

[24] Niu Z, Bhagya Gunatilleke WDC, Sun Q, et al. Metal-Organic Framework Anchored with a Lewis Pair as a New Paradigm for Catalysis[J]. Chem, 2018, 4: 2587-2599.

[25] Wu X-P, Gagliardi L, Truhlar DG Cerium Metal-Organic Framework for Photocatalysis[J]. J. Am. Chem. Soc., 2018, 140: 7904-7912.

[26] Fortea-Pérez FR, Mon M, Ferrando-Soria J, et al. The MOF-driven synthesis of supported palladium clusters with catalytic activity for carbene-mediated chemistry[J]. Nat. Mater., 2017, 16: 760-766.

[27] Anderson SL, Boyd PG, Gładysiak A, et al. Nucleobase pairing and photodimerization in a biologically derived metal-organic framework nanoreactor[J]. Nat. Commun., 2019, 10: 1612.

[28] Ni K, Lan G, Chan C, et al. Nanoscale metal-organic frameworks enhance radiotherapy to potentiate checkpoint blockade immunotherapy[J]. Nat. Commun., 2018, 9: 2351.

[29] Aubrey ML, Wiers BM, Andrews SC, et al. Electron delocalization and charge mobility as a function of reduction in a metal-organic framework[J]. Nat. Mater., 2018, 17: 625-632.

[30] Sun H, Lian Y, Yang C, et al. A hierarchical nickel-carbon structure templated by metal-organic frameworks for efficient overall water splitting[J]. Energ. Environ. Sci., 2018, 11: 2363-2371.

[31] Huang Y, Zhao M, Han S, et al. Growth of Au Nanoparticles on 2D Metalloporphyrinic Metal-Organic Framework Nanosheets Used as Biomimetic Catalysts for Cascade Reactions[J]. Adv. Mater., 2017, 29: 1700102.

[32] Liang K, Richardson JJ, Doonan CJ, et al. An Enzyme-Coated Metal-Organic Framework Shell for Synthetically Adaptive Cell Survival[J]. Angew. Chem. Int. Ed., 2017, 56: 8510-8515.

[33] Chen Y, Li X, Park K, et al. Nitrogen-Doped Carbon for Sodium-Ion Battery Anode by Self-Etching and Graphitization of Bimetallic MOF-Based Composite[J]. Chem, 2017, 3: 152-163.

[34] Jin E, Asada M, Xu Q, et al. Two-dimensional sp^2 carbon-conjugated covalent organic frameworks[J]. Science, 2017, 357: 673-676.

[35] Sun Q, Tang Y, Aguila B, et al. Reaction Environment Modification in Covalent Organic Frameworks for Catalytic Performance Enhancement[J]. Angew. Chem. Int. Ed., 2019, 58: 8670-8675.

[36] Biswal BP, Valligatla S, Wang M, et al. Nonlinear Optical Switching in Regioregular Porphyrin Covalent Organic Frameworks[J]. Angew. Chem. Int. Ed., 2019, 58: 6896-6900.

[37] Syurik J, Jacucci G, Onelli OD, et al. Bio-inspired Highly Scattering Networks via Polymer Phase Separation[J]. Adv. Funct. Mater., 2018, 28: 1706901.

[38] Lin Y, Jiang X, Kim ST, et al. An Elastic Hydrogen-Bonded Cross-Linked Organic Framework for Effective Iodine Capture in Water[J]. J. Am. Chem. Soc., 2017, 139: 7172-7175.

[39] Moreno C, Vilas-Varela M, Kretz B, et al. Bottom-up synthesis of multifunctional nanoporous graphene[J]. Science, 2018, 360: 199-203.

[40] Qie L, Lin Y, Connell JW, et al. Highly Rechargeable Lithium-CO_2 Batteries with a Boron- and Nitrogen-Codoped Holey-Graphene Cathode[J]. Angew. Chem. Int. Ed., 2017, 56: 6970-6974.

[41] Sun Q, Wang N, Bai R, et al. Synergetic Effect of Ultrasmall Metal Clusters and Zeolites Promoting Hydrogen Generation[J]. Adv. Sci., 2019, 6: 1802350.

[42] Zhang Q, Mayoral A, Terasaki O, et al. Amino Acid-Assisted Construction of Single-Crystalline Hierarchical Nanozeolites via Oriented-Aggregation and Intraparticle Ripening[J]. J. Am. Chem. Soc., 2019, 141: 3772-3776.

[43] Zhou X, Wang C, Chu Y, et al. Observation of an oxonium ion intermediate in ethanol dehydration to ethene on zeolite[J]. Nat. Commun., 2019, 10: 1961.

[44] Wang C, Chu Y, Xu J, et al. Extra-Framework Aluminum-Assisted Initial C-C Bond Formation in Methanol-to-Olefins Conversion on Zeolite H-ZSM-5[J]. Angew. Chem. Int. Ed., 2018, 57: 10197-10201.

[45] Shen X, Mao W, Ma Y, et al. A Hierarchical MFI Zeolite with a Two-Dimensional Square Mesostructure[J]. Angew. Chem. Int. Ed., 2018, 57: 724-728.

[46] Zhao B, Zhai P, Wang P, et al. Direct Transformation of Syngas to Aromatics over Na-Zn-Fe_5C_2 and Hierarchical HZSM-5 Tandem Catalysts[J]. Chem, 2017, 3: 323-333.

[47] Cheng K, Zhou W, Kang J, et al. Bifunctional Catalysts for One-Step Conversion of Syngas into Aromatics with Excellent Selectivity and Stability[J]. Chem, 2017, 3: 334-347.

[48] Zhang C, Kapaca E, Li J, et al. An Extra-Large-Pore Zeolite with $24 \times 8 \times 8$-Ring Channels Using a Structure-Directing Agent Derived from Traditional Chinese Medicine[J]. Angew. Chem. Int. Ed., 2018, 57: 6486-6490.

[49] Yu L, Shang X, Chen H, et al. A tightly-bonded and flexible mesoporous zeolite-cotton hybrid hemostat[J]. Nat. Commun., 2019, 10: 1932.

[50] Feng G, Wang J, Boronat M, et al. Radical-Facilitated Green Synthesis of Highly Ordered Mesoporous Silica Materials[J]. J. Am. Chem. Soc., 2018, 140: 4770-4773.

[51] Lan K, Xia Y, Wang R, et al. Confined Interfacial Monomicelle Assembly for Precisely Controlled Coating of Single-Layered Titania Mesopores[J]. Matter, 2019, 1: 527-538.

[52] Ding B, Shao S, Yu C, et al. Large-Pore Mesoporous-Silica-Coated Upconversion Nanoparticles as Multifunctional Immunoadjuvants with Ultrahigh Photosensitizer and Antigen Loading Efficiency for Improved Cancer Photodynamic Immunotherapy[J]. Adv. Mater., 2018, 30: 1802479.

[53] Zhu B, Fu Q, Chen K, et al. Liquid Photonic Crystals for Mesopore Detection[J]. Angew. Chem. Int. Ed., 2018, 57: 252-256.

[54] Zhu Y, Zhao Y, Ma J, et al. Mesoporous Tungsten Oxides with Crystalline Framework for Highly Sensitive and Selective Detection of Foodborne Pathogens[J]. J. Am. Chem. Soc., 2017, 139: 10365-10373.

[55] Shen K, Zhang L, Chen X, et al. Ordered macro-microporous metal-organic framework single crystals[J]. Science, 2018, 359: 206-210.

[56] Das S, Xu S, Ben T, et al. Chiral Recognition and Separation by Chirality-Enriched Metal-Organic Frameworks[J]. Angew. Chem. Int. Ed., 2018, 57: 8629-8633.

[57] Xing S, Zhang Z, Fei X, et al. Selective on-surface covalent coupling based on metal-organic coordination template[J]. Nat. Commun., 2019, 10: 70.

[58] Lin C-G, Zhou W, Xiong X-T, et al. Digital Control of Multistep Hydrothermal Synthesis by Using 3D Printed Reactionware for the Synthesis of Metal-Organic Frameworks[J]. Angew. Chem. Int. Ed., 2018, 57: 16716-16720.

[59] Ding Y, Chen Y-P, Zhang X, et al. Controlled Intercalation and Chemical Exfoliation of Layered Metal-Organic Frameworks Using a Chemically Labile Intercalating Agent[J]. J. Am. Chem. Soc., 2017, 139: 9136-9139.

[60] Cai G, Zhang W, Jiao L, et al. Template-Directed Growth of Well-Aligned MOF Arrays and Derived Self-Supporting Electrodes for Water Splitting[J]. Chem, 2017, 2: 791-802.

[61] Li L, Lin R-B, Krishna R, et al. Ethane/ethylene separation in a metal-organic framework with iron-peroxo sites[J]. Science, 2018, 362: 443-446.

[62] Li L, Lin R-B, Krishna R, et al. Flexible-Robust Metal-Organic Framework for Efficient Removal of Propyne from Propylene[J]. J. Am. Chem. Soc., 2017, 139: 7733-7736.

[63] Liao P-Q, Huang N-Y, Zhang W-X, et al. Controlling guest conformation for efficient purification of butadiene[J]. Science, 2017, 356: 1193-1196.

[64] Wang Y, Huang N-Y, Zhang X-W, et al. Selective Aerobic Oxidation of a Metal-Organic Framework Boosts Thermodynamic and Kinetic Propylene/Propane Selectivity[J]. Angew. Chem. Int. Ed., 2019, 58: 7692-7696.

[65] Zeng H, Xie M, Huang Y-L, et al. Induced Fit of C_2H_2 in a Flexible MOF Through Cooperative Action of Open Metal Sites[J]. Angew. Chem. Int. Ed., 2019, 58: 8515-8519.

[66] Peng Y-L, He C, Pham T, et al. Robust Microporous Metal-Organic Frameworks for Highly Efficient and Simultaneous Removal of Propyne and Propadiene from Propylene[J]. Angew. Chem. Int. Ed., 2019, 58: Doi: 10.1002/anie.201904312.

[67] Peng Y-L, Pham T, Li P, et al. Robust Ultramicroporous Metal-Organic Frameworks with Benchmark Affinity for Acetylene[J]. Angew. Chem. Int. Ed., 2018, 57: 10971-10975.

[68] Hou Q, Wu Y, Zhou S, et al. Ultra-Tuning of the Aperture Size in Stiffened ZIF-8_Cm Frameworks with Mixed-Linker Strategy for Enhanced CO_2/CH_4 Separation[J]. Angew. Chem. Int. Ed., 2019, 58: 327-331.

[69] Xie L-H, Liu X-M, He T, et al. Metal-Organic Frameworks for the Capture of Trace Aromatic Volatile Organic Compounds[J]. Chem, 2018, 4: 1911-1927.

[70] Yang L, Cui X, Yang Q, et al. A Single-Molecule Propyne Trap: Highly Efficient Removal of Propyne from Propylene with Anion-Pillared Ultramicroporous Materials[J]. Adv. Mater., 2018, 30: 1705374.

[71] Zuo Q, Liu T, Chen C, et al. Ultrathin Metal–Organic Framework Nanosheets with Ultrahigh Loading of Single Pt Atoms for Efficient Visible–Light–Driven Photocatalytic H2 Evolution[J]. Angew. Chem. Int. Ed., 2019, 58: DOI: 10.1002/anie.201904058.

[72] Ji S, Chen Y, Zhao S, et al. Atomically Dispersed Ruthenium Species Inside Metal–Organic Frameworks: Combining the High Activity of Atomic Sites and the Molecular Sieving Effect of MOFs[J]. Angew. Chem. Int. Ed., 2019, 58: 4271–4275.

[73] Han X, Ling X, Wang Y, et al. Generation of Nanoparticle, Atomic–Cluster, and Single–Atom Cobalt Catalysts from Zeolitic Imidazole Frameworks by Spatial Isolation and Their Use in Zinc–Air Batteries[J]. Angew. Chem. Int. Ed., 2019, 58: 5359–5364.

[74] Zhou W, Huang D–D, Wu Y–P, et al. Stable Hierarchical Bimetal–Organic Nanostructures as HighPerformance Electrocatalysts for the Oxygen Evolution Reaction[J]. Angew. Chem. Int. Ed., 2019, 58: 4227–4231.

[75] Zhang J, Wan J, Wang J, et al. Hollow Multi–Shelled Structure with Metal–Organic–Framework–Derived Coatings for Enhanced Lithium Storage[J]. Angew. Chem. Int. Ed., 2019, 58: 5266–5271.

[76] Wang H, Rassu P, Wang X, et al. An Iron–Containing Metal–Organic Framework as a Highly Efficient Catalyst for Ozone Decomposition[J]. Angew. Chem. Int. Ed., 2018, 57: 16416–16420.

[77] Zhao R, Liang Z, Gao S, et al. Puffing Up Energetic Metal–Organic Frameworks to Large Carbon Networks with Hierarchical Porosity and Atomically Dispersed Metal Sites[J]. Angew. Chem. Int. Ed., 2019, 58: 1975–1979.

[78] Zhang M, Dai Q, Zheng H, et al. Novel MOF–Derived Co@N–C Bifunctional Catalysts for Highly Efficient Zn–Air Batteries and Water Splitting[J]. Adv. Mater., 2018, 30: 1705431.

[79] Li S, Dong Y, Zhou J, et al. Carbon dioxide in the cage: manganese metal–organic frameworks for high performance CO_2 electrodes in Li–CO_2 batteries[J]. Energ. Environ. Sci., 2018, 11: 1318–1325.

[80] Chen X, Jiang H, Hou B, et al. Boosting Chemical Stability, Catalytic Activity, and Enantioselectivity of Metal–Organic Frameworks for Batch and Flow Reactions[J]. J. Am. Chem. Soc., 2017, 139: 13476–13482.

[81] Wang X, Chen W, Zhang L, et al. Uncoordinated Amine Groups of Metal–Organic Frameworks to Anchor Single Ru Sites as Chemoselective Catalysts toward the Hydrogenation of Quinoline[J]. J. Am. Chem. Soc., 2017, 139: 9419–9422.

[82] Zheng T, Yang Z, Gui D, et al. Overcoming the crystallization and designability issues in the ultrastable zirconium phosphonate framework system[J]. Nat. Commun., 2017, 8: 15369.

[83] Zhang J, Chen L, Dai X, et al. Distinctive Two–Step Intercalation of Sr^{2+} into a Coordination Polymer with Record High ^{90}Sr Uptake Capabilities[J]. Chem, 2019, 5: 977–994.

[84] Liu W, Dai X, Bai Z, et al. Highly Sensitive and Selective Uranium Detection in Natural Water Systems Using a Luminescent Mesoporous Metal–Organic Framework Equipped with Abundant Lewis Basic Sites: A Combined Batch, X–ray Absorption Spectroscopy, and First Principles Simulation Investigation[J]. Environ. Sci. Technol., 2017, 51: 3911–3921.

[85] Sheng D, Zhu L, Dai X, et al. Successful Decontamination of $^{99}TcO_4^-$ in Groundwater at Legacy Nuclear Sites by a Cationic Metal–Organic Framework with Hydrophobic Pockets[J]. Angew. Chem. Int. Ed., 2019, 58: 4968–4972.

[86] Li J, Dai X, Zhu L, et al. $^{99}TcO_4^-$ remediation by a cationic polymeric network[J]. Nat. Commun., 2018, 9: 3007.

[87] Xu H, Cao C–S, Hu H–S, et al. High Uptake of ReO_4^- and CO_2 Conversion by a Radiation–Resistant Thorium–Nickle [$Th_{48}Ni_6$] Nanocage–Based Metal–Organic Framework[J]. Angew. Chem. Int. Ed., 2019, 58: 6022–6027.

[88] Shi Y–X, Zhang W–H, Abrahams BF, et al. Fabrication of Photoactuators: Macroscopic Photomechanical

Responses of Metal-Organic Frameworks to Irradiation by UV Light[J]. Angew. Chem. Int. Ed., 2019, 58: 9453-9458.

[89] Zeng J-Y, Wang X-S, Qi Y-D, et al. Structural Transformation in Metal-Organic Frameworks for Reversible Binding of Oxygen[J]. Angew. Chem. Int. Ed., 2019, 58: 5692-5696.

[90] Lü B, Chen Y, Li P, et al. Stable radical anions generated from a porous perylenediimide metal-organic framework for boosting near-infrared photothermal conversion[J]. Nat. Commun., 2019, 10: 767.

[91] Chen G, Huang S, Kou X, et al. A Convenient and Versatile Amino-Acid-Boosted Biomimetic Strategy for the Nondestructive Encapsulation of Biomacromolecules within Metal-Organic Frameworks[J]. Angew. Chem. Int. Ed., 2019, 58: 1463-1467.

[92] Yu Y, He T, Wu A, et al. Reversible Hydrogen Uptake/Release over a Sodium Phenoxide-Cyclohexanolate Pair[J]. Angew. Chem. Int. Ed., 2019, 58: 3102-3107.

[93] Zhao T, Han J, Jin X, et al. Enhanced Circularly Polarized Luminescence from Reorganized Chiral Emitters on the Skeleton of a Zeolitic Imidazolate Framework[J]. Angew. Chem. Int. Ed., 2019, 58: 4978-4982.

[94] Du M, Song D, Huang A, et al. Stereoselectively Assembled Metal-Organic Framework (MOF) Host for Catalytic Synthesis of Carbon Hybrids for Alkaline-Metal-Ion Batteries[J]. Angew. Chem. Int. Ed., 2019, 58: 5307-5311.

[95] Ouyang H, Chen N, Chang G, et al. Selective Capture of Toxic Selenite Anions by Bismuth-based Metal-Organic Frameworks[J]. Angew. Chem. Int. Ed., 2018, 57: 13197-13201.

[96] Yu Y, Chen G, Guo J, et al. Vitamin metal-organic framework-laden microfibers from microfluidics for wound healing[J]. Mater. Horiz., 2018, 5: 1137-1142.

[97] Wang Y-M, Yang Z-R, Xiao L, et al. Lab-on-MOFs: Color-Coded Multitarget Fluorescence Detection with White-Light Emitting Metal-Organic Frameworks under Single Wavelength Excitation[J]. Anal. Chem., 2018, 90: 5758-5763.

[98] Yin H-Q, Yang J-C, Yin X-B Ratiometric Fluorescence Sensing and Real-Time Detection of Water in Organic Solvents with One-Pot Synthesis of Ru@MIL-101 (Al)-NH_2[J]. Anal. Chem., 2017, 89: 13434-13440.

[99] Wang M, Guo L, Cao D Amino-Functionalized Luminescent Metal-Organic Framework Test Paper for Rapid and Selective Sensing of SO_2 Gas and Its Derivatives by Luminescence Turn-On Effect[J]. Anal. Chem., 2018, 90: 3608-3614.

[100] Pan M, Zhu Y-X, Wu K, et al. Epitaxial Growth of Hetero-Ln-MOF Hierarchical Single Crystals for Domain- and Orientation-Controlled Multicolor Luminescence 3D Coding Capability[J]. Angew. Chem. Int. Ed., 2017, 56: 14582-14586.

[101] Guan X, Li H, Ma Y, et al. Chemically stable polyarylether-based covalent organic frameworks[J]. Nat. Chem., 2019, 11: 587-594.

[102] Xing G, Yan T, Das S, et al. Synthesis of Crystalline Porous Organic Salts with High Proton Conductivity[J]. Angew. Chem. Int. Ed., 2018, 57: 5345-5349.

[103] Wang Z, Sikdar N, Wang S-Q, et al. Soft Porous Crystal Based upon Organic Cages That Exhibit Guest-Induced Breathing and Selective Gas Separation[J]. J. Am. Chem. Soc., 2019, 141: 9408-9414.

[104] Sun H, Liu J, Li S, et al. Reactive Amphiphilic Conjugated Polymers for Inhibiting Amyloid β Assembly[J]. Angew. Chem. Int. Ed., 2019, 58: 5988-5993.

[105] Zhao Y, Liu H, Wu C, et al. Fully Conjugated Two-Dimensional sp^2-Carbon Covalent Organic Frameworks as Artificial Photosystem I with High Efficiency[J]. Angew. Chem. Int. Ed., 2019, 58: 5376-5381.

[106] Liang B, Wang H, Shi X, et al. Microporous membranes comprising conjugated polymers with rigid backbones enable ultrafast organic-solvent nanofiltration[J]. Nat. Chem., 2018, 10: 961-967.

[107] Wang K, Yang L-M, Wang X, et al. Covalent Triazine Frameworks via a Low-Temperature Polycondensation

Approach[J]. Angew. Chem. Int. Ed., 2017, 56: 14149-14153.

[108] Zhao Z, Das S, Xing G, et al. A 3D Organically Synthesized Porous Carbon Material for Lithium-Ion Batteries [J]. Angew. Chem. Int. Ed., 2018, 57: 11952-11956.

[109] Sun T, Zhao S, Chen W, et al. Single-atomic cobalt sites embedded in hierarchically ordered porous nitrogen-doped carbon as a superior bifunctional electrocatalyst[J]. Proc. Natl. Acad. Sci., 2018, 115: 12692-12697.

[110] Luo W, Xiao G, Tian F, et al. Engineering robust metal-phenolic network membranes for uranium extraction from seawater[J]. Energ. Environ. Sci., 2019, 12: 607-614.

[111] Sun H, Lian Y, Yang C, et al. A hierarchical nickel-carbon structure templated by metal-organic frameworks for efficient overall water splitting[J]. Energ. Environ. Sci., 2018, 11: 2363-2371.

[112] Zhang L-H, Li W-C, Liu H, et al. Thermoregulated Phase-Transition Synthesis of Two-Dimensional Carbon Nanoplates Rich in sp^2 Carbon and Unimodal Ultramicropores for Kinetic Gas Separation[J]. Angew. Chem. Int. Ed., 2018, 57: 1632-1635.

[113] Wang R, Dong X-Y, Du J, et al. MOF-Derived Bifunctional Cu_3P Nanoparticles Coated by a N, P-Codoped Carbon Shell for Hydrogen Evolution and Oxygen Reduction[J]. Adv. Mater., 2018, 30: 1703711.

[114] Liu Y, Li G, Fu J, et al. Strings of Porous Carbon Polyhedrons as Self-Standing Cathode Host for High-Energy-Density Lithium-Sulfur Batteries[J]. Angew. Chem. Int. Ed., 2017, 56: 6176-6180.

撰稿人：闫文付　于吉红

手性催化研究进展

引　言

手性是自然界的基本属性，与生命、健康和日常生活息息相关。随着医药、农药、香料、材料和信息科学等多个领域的迅猛发展，对手性物质的需求无论数量和种类都在不断增长，因此手性物质的高效合成受到广泛重视[1]。手性催化可实现手性增值，利用单个手性催化剂诱导合成成百上千个手性分子，是获得手性物质最有效的方法之一。2001 年的诺贝尔化学奖授予了手性催化领域；2018 年未来科学大奖物质科学奖的三位获奖者中，周其林和冯小明均从事手性催化研究。同样在 2018 年，国家自然科学基金委对“多层次手性物质的精准构筑”重大研究计划立项。这充分说明手性催化的重要科学意义以及可能对相关领域产生的深远影响。我国的手性科学与技术研究虽然起步相对较晚，但经过二十多年高速发展，已跻身世界先进行列，在这一领域发表的论文数量、SCI 引文数量和高被引论文数量均名列前茅[2]：数据显示，2011—2015 年，我国在不对称合成领域发表的 SCI 论文数量、引文数量和高被引论文数量均居世界首位。近年来，手性催化领域的研究成果有十项获得国家自然科学奖二等奖，分别是：中科院上海有机所丁奎岭等的“基于组合方法与组装策略的新型手性催化剂研究”（2009 年）、兰州大学王锐等的“若干手性催化合成方法学及其在多肽研究中的应用”（2009 年）、四川大学冯小明等的“含氮手性催化剂的设计合成及其不对称催化有机反应研究”（2012 年）、中科院上海有机所唐勇等的“基于边臂策略的立体化学控制与催化反应研究”（2012 年）、中科院上海有机所侯雪龙等的“基于手性膦氮配体的不对称催化”（2013 年）、中国科大龚流柱等的“有机小分子和金属不对称催化体系及其协同效应研究”（2013 年）、中科院上海有机所林国强等的“高效不对称碳 – 碳键构筑若干新方法的研究”（2016 年）、兰州大学涂永强等的“碳 – 碳键重组构建新方法与天然产物合成”（2016 年）、北京大学深圳研究生院杨震等的“具有重要生物活性的复杂天然产物的全合成”（2016 年）、中科院上海有机所游书力等的“芳香化合物立体及对映选择性直接转化新策略”（2017年）。中科院上海有机所林国强等的“抗肿瘤新药盐酸吉西他滨及制剂的研制和产业化”获得了国家科技进步奖二等奖（2013年）。此外南开大学周其林等的“高效手性螺环催化剂的发现”已通过2019年国家自然科学奖一等奖初评。这些成绩从侧面彰显了我国近年来手性催化研究的飞速发展。

手性催化可分为手性金属催化、有机小分子催化以及生物催化。利用不同催化剂之间的协同作用来实现一些挑战性较高的反应是研究新趋势。结合手性催化剂的开发，我国科学家在发展新反应、新方法以及新应用方面均取得了重要进展。本章按照催化体系的不同来简要介绍近几年的主要成果。

一、手性金属催化

手性金属催化迄今已研究了六十多年，发展了许多优异的手性配体和金属配合物催化剂以及不同类型的高效高对映选择性的不对称催化反应，其中部分已成功用于工业生产。然而，从理想合成的角度考察，绝大多数的现有方法仍然存在底物普适性较窄、催化效率不高以及原子经济性不理想等问题。其次，已经实现的手性催化反应仅是已知有机反应中的冰山一角。因此，设计合成新的优势手性配体及催化剂，拓展重要反应的底物类型并改善其立体选择性控制和催化效率，尤其是发展高原子经济性的新型不对称催化反应，已成为国内外手性催化的主流。近年来，我国科学家在发展新型手性配体和高效新反应等方面取得了长足的进展，并在若干方面引领了国际发展趋势。

手性配体是绝大多数金属催化反应的手性源泉，同时也对中心金属的催化性能和稳定性有显著影响，因此发展新型手性配体是手性金属催化源头创新的重要环节。我国化学家在发展具有自主知识产权的手性配体方面成绩斐然[3]，一些代表性的优势配体如图1所示。自陈新滋和蒋耀忠等率先开发具有螺环骨架的手性亚磷酸酯配体1以来，我国科学家在手性螺环结构配体的研发方面取得了群体性特色成果。周其林等发展的手性螺二氢茚骨架配体，通过链接叔膦、噁唑啉和胺等多种官能团形成了包括手性螺环双膦配体2、膦氮氮配体3等在内的富于结构多样性、性能优异的配体库[4]。周氏配体可与包括钌、铑、铱、钯、镍、铁和铜等在内的多种过渡金属形成手性配合物，进而高效高选择性催化一系列不对称氢化、不对称碳–碳键和碳–杂原子键形成反应[5]。丁奎岭等发展的手性螺缩酮双膦配体7[6]已成功应用于钯、金、铜和铑催化的不对称反应中并取得优异结果。涂永强等最近发展的氮杂螺环骨架6，可通过模块化设计发展新型手性配体和有机小分子催化剂[7]，并在多个导向生物活性分子合成的不对称反应中开始崭露头角。

冯小明等发展的手性双氮氧配体7，是硬配体中的杰出代表，突破了对配体刚性骨架的传统要求，结构灵活可调，可与钪、铜、镍、镁、锌、铁、铥和铟等数十种金属形成手性金属配合物，以较低的用量催化各种常见官能团参与的不对称反应，展现了手性催化的魅力[8]。尤其是他们首次实现的重氮酸酯对醛的不对称加成反应，被称为 Roskamp-Feng 反应，成为少数几个以华人名字命名的人名反应之一[9]。冯小明和刘小华等还发展了氨基酸衍生的手性胍配体 8，在不对称插入反应、炔基化反应等多个反应中表现优异[10]。

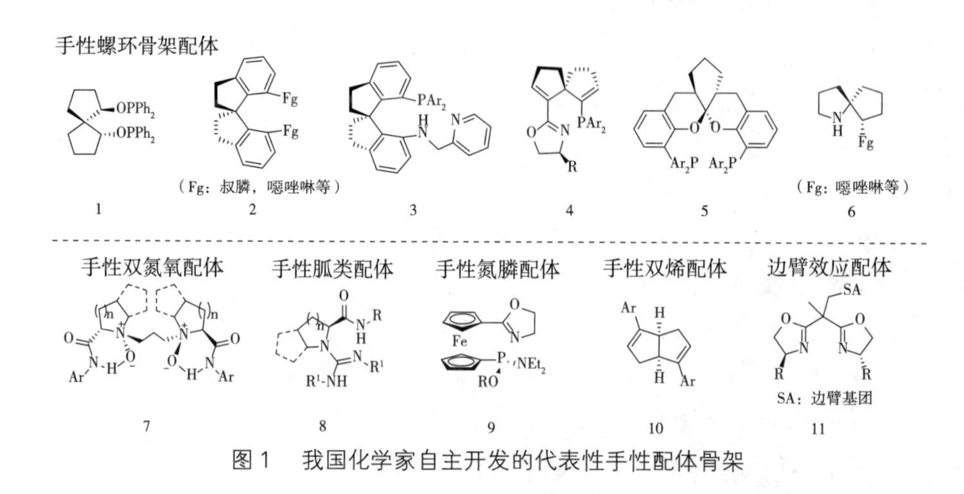

图 1　我国化学家自主开发的代表性手性配体骨架

戴立信和侯雪龙等发展的基于二茂铁骨架的手性膦氮配体 9[11]，在钯催化的不对称烯丙基取代、不对称 Heck 反应以及不对称环丙烷化反应中取得了优异结果[12]。林国强等发展的具有双环刚性骨架的双烯配体 10，在铑催化的芳基硼酸参与的多种不对称加成反应中表现出色[13]，特别是实现了对不稳定的烷基亚胺的高选择性加成反应[14]。唐勇等利用“边臂效应”策略发展了边臂噁唑啉类配体 11，通过边臂基团与中心金属的配位作用、位阻效应和 p-p 弱相互作用等方式，成功实现了对反应选择性和远程手性的精确调控，开发了给体 - 受体环丙烷的系列环加成或开环反应，并且在这些反应中，显示了明显的“边臂效应”[15]。

此外，国内许多课题组还设计合成了许多其他类型的手性配体及催化剂。例如，范青华等利用主客体相互作用发展的氮杂冠醚修饰的亚磷酰胺配体，在铑催化的脱氢氨基酸酯的不对称氢化中显示出独特的催化活性可调控性[16]。张绪穆等设计的手性二级膦氧配体实现了 α - 亚甲基 - γ - 酮酸的不对称氢化[17]。丁奎岭等发展的手性膦氮氮三齿配体实现了锰催化的酮的高对映选择性氢化[18]。汤文军等的深口袋双膦配体实现了铑催化的不对称氢化和酮的对映选择性芳基化[19]。胡向平等的手性酮亚胺三齿膦氮氮配体实现了铜催化的不对称脱羰炔丙基烷基化反应[20]。廖建[21]、徐明华[22]等分别发展出杂化手性膦 / 烯 - 亚砜配体并成功用于不对称加成反应。张俊良等开发了合成简便的手性亚磺酰胺单齿膦配体，在手性亚砜合成等多个不对称反应中取得优异结果[23]。徐利文等的轴手性亚磺酰胺 / 膦配体实现了银催化的不对称环加成反应[24]。张敏等的手性多功能脲 / 酰胺 / 膦配体，实现了铜催化的不对称 1，3- 偶极环加成反应[25]。肖文精等的手性杂化膦硫配体，成功用于钯或铜等金属催化的不对称环加成反应[26]。黄正[27]和陆展[28]等分别独立发展了手性亚胺吡啶－噁唑啉配体，并成功用于烯烃的硼氢化和炔烃的硅氢化/氢化、硼氢化/氢化串联反应等。肖文精等链接光敏基团和手性噁唑啉配体发展了一种新型双功能光催化剂，应用于可见光催化的 β－酮酸酯的对映选择性有氧氧化[29]。周剑等发现膦叶立德可以高效活化 salen（AlCl）络合物，从而解决了脂肪酮的不对称硅氰化反应的选择性控制难题[30]。

在发展手性配体及金属配合物催化剂的基础上，我国化学家发展了许多不同类型的高效不对称催化新反应。不对称催化氢化反应因为其优异的原子经济性，一直受到学术界和工业界的广泛关注，近年来又取得新的突破。例如，周其林等发展的手性螺环三齿配体3 在铱催化的简单酮的不对称氢化中给出了几乎光学纯的产物，并且催化剂的周转数高达455 万，这是目前世界上报道的最高纪录[31]。该方法已被浙江九洲药业公司应用于卡巴拉汀、克唑替尼以及阿瑞吡坦等手性药物的公斤级合成。丁奎岭等发展的螺环配体 4 用于串联的不对称氢化/环合反应，实现了不对称催化高效构建手性螺环配体 7 的骨架[6]。张绪穆等实现了钌催化的高对映选择性的芳基烷基酮的不对称还原胺化反应[32]和动态动力学拆分的不对称还原胺化反应[33]，可高对映选择性合成无保护基的手性胺类化合物。常明欣等发现手性膦－铱配合物也能高效催化酮的分子内和分子间不对称还原胺化反应[34]。张万斌等利用膦手性配体实现了镍催化的酮亚胺以及大位阻酮亚胺的不对称氢化反应[35]。侯国华等实现了手性铑催化的 α, β- 不饱和腈的高选择性不对称氢化[36]。周永贵等设计发展了一类基于平面手性二茂铁骨架的手性可再生 NAD（P）H 类似物，应用于钌催化的亚胺和烯烃的仿生不对称还原[37]。此外，在其他不对称还原反应方面我国科学家也取得了新的进展。如：陆展等实现了钴催化的烯烃的高立体选择性氢硅化反应[38]；黄正等报道了手性钴催化的炔烃的对映选择性氢硅化反应，高效合成具有硅手性的烯基硅烷[39]。

轴手性和面手性结构单元广泛存在于天然产物和活性分子中，其不对称催化构建受到国内外高度重视。手性联烯是一类重要的轴手性化合物，其不对称催化合成近年来进展显著。麻生明等实现了手性钯催化的从联烯基磷酸酯高选择性合成手性 2，3- 联烯胺，以及联烯基碳酸酯与丙二酸酯的不对称反应合成手性 1，3- 取代联烯[40]。冯小明等利用手性双氮氧/镍配合物，实现了炔丙基烯基醚的动力学拆分和不对称炔丙基 Claisen 重排反应来合成手性联烯[41]，以及手性胍/铜络合物催化的 α－重氮酸酯与末端炔烃的不对称插入反应，高效合成手性 2，4- 二取代联烯酸酯[42]。王剑波等报道了非稳定芳基重氮烷烃与末端炔烃的不对称偶联反应合成手性三取代联烯[43]。在不对称催化构建其他轴手性化合物方面，游书力发展了螺环手性环戊二烯基配体，成功用于双芳基化合物与烯烃的不对称脱氢 Heck 偶联反应构建轴手性[44]。该配体最近被汪君等用于手性铑催化的具有 C–N 轴手性的 *N*- 芳基氧化吲哚的合成[45]。李兴伟等报道了铑催化的亲核环化反应合成轴手性 2，3- 双吲哚[46]。谭斌和刘心元等利用脱氮转环化策略，实现了手性镍催化合成轴手性异喹啉酮[47]。周永贵等通过不对称转氢化方法，实现了轴手性5-或8-取代的喹啉的对映选择性动力学拆分[48]。顾振华发展了轴手性烯基芳烃类化合物的不对称合成[49]。史炳锋等利用钯催化的C–H键官能团化反应，实现了系列轴手性双芳基化合物的高效合成[50]。面手性的不对称催化构建也有亮点，谢作伟等发展的不对称分子内B–H键的芳基化-环化反应构建了新型碳硼烷笼手性化合物[51]，游书力等通过C–H键活化实现了手性二茂铁类衍生物的高效构建[52]，以及何伟等实现了分子内C–H键硅化反应构建平面手性金属茂络合物[53]。

芳香化合物性质稳定并且价格低廉，是理想的化工合成原料。破坏芳香结构来实现不对称转化，为饱和或部分饱和的手性环状化合物甚至螺环化合物的合成提供了一个高效方法。由于去芳构化需要较大的活化能，因此，在相对温和的反应条件下实现芳香化合物的不对称转化极具挑战性。取代杂芳环的不对称氢化反应研究最广，已成功用于合成手性杂环化合物，国内周永贵[54]、范青华[55]等在这一领域进行了长期的系统研究，实现了喹啉、异喹啉、喹喔啉、吲哚、吡啶、邻菲罗啉、萘啶等多种杂芳环的不对称催化氢化，而且被成功用于多种生物碱以及药物分子的合成。近年来，利用对映选择性的碳碳键或碳杂原子键形成反应来破坏芳香结构来合成手性杂环化合物受到广泛关注。这类芳香族化合物的转化反应由游书力首次命名为催化不对称去芳构化反应[56]。围绕“催化不对称去芳构化反应”策略，游书力等使用不对称烯丙基取代反应、亲电胺化、交叉偶联反应、环加成反应等方法，实现了吲哚、吡咯、吡啶、吡嗪、苯并（异）噁唑、苯并咪唑、苯并噻唑和苯酚等简单底物的去芳构化反应[57]。随后，栾新军[58]、王锐[59]、钟国富[60]等分别利用金属催化的不对称反应实现了萘酚的去芳构化反应。汤文军等发展了手性钯催化的苯酚衍生物的分子内去芳构化环化反应，并用于合成手性萜类和甾体类化合物[61]。王春江等通过手性铜催化的串联反应实现了吲哚和2-甲氧基呋喃的去芳构化[62]。这一策略将去芳构化过程与不对称官能团化反应相结合，巧妙地实现了从来源广泛的芳香化合物出发，高选择性构建含有手性季碳的复杂螺环和并环化合物，从而有望在复杂天然产物和药物分子的全合成中发挥更大作用。

催化的对映选择性C–H键官能团化反应是合成化学经久不衰的挑战性课题之一。近年来，我国青年化学工作者在这一难点领域开展了大力攻关研究。从2013年起，游书力、王细胜、顾振华、刘澜涛等就报道了通过C–H键的活化获得金属茂的平面手性化合物。最近，游书力还实现了铑催化的C（sp^2）–H键官能团化的串联反应高效构建螺环吡唑啉酮类化合物[63]。韩福社[64]、段伟良[65]等利用去对称化的C–H键官能团化来构建膦手性。施章杰等发展了铱催化的对映选择性的芳香C–H键的硅化反应[66]。韩志勇报道了钯催化的C（sp^2）–H键官能团化/烯丙基化反应来制备手性吲哚啉[67]。陈弓等实现了钯催化的非活化烯烃的对映选择性氢碳官能团化反应[68]。叶萌春等利用手性膦氧配体结合镍和铝双金属催化体系，实现了分子内咪唑与烯烃的*exo*-选择性C–H键环化，高效高选择性地合成了一系列手性双环或多环化合物[69]。李兴伟等实现了去对称化的铑催化的吲哚与 7- 氮杂苯并降冰片二烯的对映选择性偶联反应[70]。徐森苗等发展的手性双齿硼基配体，实现了铱催化的二芳基甲胺的芳香 C(sp^2)–H 键的不对称硼化反应[71]。针对 C(sp^3)–H 键的不对称官能团化反应研究也有了可喜进展。龚流柱等系统研究了基于烯丙位 C–H 键活化的分子内或分子间不对称烯丙基取代反应，高选择性和步骤经济性合成手性苯并二氢吡喃、吡唑酮、二氢噁唑酮衍生物[72]。陈弓等报道了铱催化的二氧杂唑酮的分子内对映选择性 C（ sp^3 ）–H 键的酰胺化反应[73]。史炳锋等实现了首例钯催化的酰胺 β 位亚甲基 C（ sp^3 ）–H 键的炔基化反应[74]。徐森苗也实现了去对称化的铱催化的环丙烷的对映选择性 C（ sp^3 ）–H 硼化反应，并用于左旋米那普仑的合成[75]。

尽管自由基反应具有相对温和的反应条件、良好的官能团容忍性以及高效组装功能和复杂分子的能力，但由于自由基的活性往往较高并且不稳定，使得发展不对称自由基反应极具挑战性。刘国生等利用自由基传递的策略，在苄位 sp^3 杂化碳氢键的直接不对称氰基化反应方面实现了突破[76]。进一步实现了手性噁唑啉 / 铜络合物催化的烯烃的胺氰化、叠氮氰化、三氟甲基氰化、三氟甲基炔基化、三氟甲基芳基化等系列不对称双官能化反应，以及苄位仲碳和叔碳自由基的不对称芳基化反应[77]。刘心元课题组发展铜 / 手性阴离子催化剂实现了自由基参与的烯烃双官能团化和去对称化、非活性碳氢键、卤代烃交叉偶联不对称化学反应[78]。此外，结合光催化和电催化来发展金属催化的不对称自由基反应也有新的进展。刘国生等结合光氧化还原实现了铜催化的 α – 烷基芳基乙酸酯的不对称氰化反应[79]。黄培强等利用冯氏手性双氮氧钪络合物与钌光催化剂，实现了硝酮与醛的还原偶联反应，并用于（+）–ephedrine 和（–）–selegiline 的合成[80]。龚磊等发展了可见光促进的酮酸酯亚胺的不对称烷基化反应，手性铜催化剂同时作为光催化剂启动烷基自由基的形成[81]。俞寿云等结合光氧化还原作用，实现了手性钯催化的支链烯丙基酯的不对称烷基化反应[82]。郭昌等利用电催化启动的自由基形成策略，实现了手性镍催化的 2- 酰基咪唑衍生物的羰基 α – 位不对称烷基化反应[83]。

烯烃作为来源广泛、性质稳定的大宗化工原料，其不对称官能团化反应一直是手性催化的研究热点。近年来，李必杰发展了高对映选择性的烯烃的不对称氢炔基化、硼氢化反应[84]。张绪穆等发展了铑催化的 1，1- 二取代烯烃的对映选择性氢甲酰化反应[85]，还实现了反式 –1，2- 二取代烯烃的分子内氢胺甲基化[86]。汤平平利用发展的三氟甲基芳基磺酸酯试剂，实现了银催化的烯烃分子间不对称溴三氟甲氧基化反应[87]。张前实现了铜催化的环丙烯与肟的氢胺化反应[88]。此外，龚流柱等利用钯催化的芳基化 / 烯丙基化串联反应，实现了共轭二烯的对映选择性 1，2- 官能团化和形式上的 1，4- 官能化反应[89]；刘国生等发展了钯催化的非活化烯烃的不对称胺烷氧基化和胺三氟甲氧基化反应等[90]；同时报道了手性钯络合物催化烯烃的分子内胺芳基化反应，高效地构建了系列手性多环化合物[91]。黄汉民等报道了钯催化的共轭二烯的不对称胺甲基胺化反应[92]。余达刚在不对称催化的二氧化碳转化中取得重要进展，实现了苯乙烯和 1，3- 二烯的不对称还原羟甲基化反应[93]。此外，汤文军等实现了钯催化的烯烃的不对称芳基酚氧化反应[94]。张俊良等利用亚磺酰胺膦配体实现了芳基碘链接烯烃的对映选择性分子内碳碘化反应[95]；孔望清发展了镍催化的烯烃的还原双芳基化反应[96]；朱强等发展了钯催化的烯烃的不对称羰基Heck环化反应[97]；舒兴中等实现了手性镍催化的非活化烯烃的交叉亲电芳基/烯基化反应[98]等。

为了实现单金属催化不能获得的高活性和选择性，化学家们发展了双金属催化的策略。两种金属可以分别活化反应的两个组分，从而实现协同催化；两种金属催化剂可以一个是手性的，也可以两者都是手性的。如果利用两种手性金属的四种非对映异构形式的催化剂组合，还可能实现立体发散性合成，获得多手中心化合物的几个甚至全部非对映异构体。其次，两种金属还能发展接力催化的串联反应，提高合成效率。我国化学家在这一领域做出了杰出贡献。一个典型例子是丁奎岭等发展的手性双Salen-钛络合物，仅需百万分之五的用量就能实现高效的醛硅氰化反应[99]。张万斌等利用手性铱和手性锌的四种非对映异构的催化剂组合，实现了α-羟基酮的立体发散性烯丙取代反应，高选择性获得产物的四种非对映异构体[100]。他们还结合手性钯和手性铜催化实现了甘氨酸衍生物的不对称烯丙基取代反应[101]。他们[102]和王春江[103]利用手性金属铱和铜的协同催化，同时实现了α-取代甘氨酸酯立体发散性不对称烯丙基取代反应，高效高选择性合成手性季碳氨基酸衍生物的全部四种非对映异构体。施敏等利用手性铑和银的协同催化，发展了酮-亚乙烯基环丙烷与末端炔烃的对映选择性环异构化-交叉偶联反应[104]。叶萌春利用手性镍和铝双金属催化，实现了环丙基甲酰胺与炔烃的对映选择性环加成反应[105]。钮大文利用铜/钛或铜/锌的协同催化分别实现了5*H*-噁唑-4-酮和5*H*-噻唑-4-酮的不对称炔丙基化反应[106]。在发展双金属不对称接力催化方面，胡文浩等报道了醋酸铑和手性锌络合物共催化的重氮、水和α，β-不饱和酰基咪唑的不对称三组分反应[107]。冯小明等结合手性双氮氧配体金属络合物和其他金属催化剂，通过双金属接力催化发展了系列不对称新反应，包括金和镍催化的α，β-炔基酸酯与烯丙醇分子间的氢烷氧基化/Claisen重排串联反应、铑/钪催化的1，6-烯炔的多样性的环异构化/Diels-Alder串联反应等[108]。范青华等利用手性钌络合物与铜（II）的接力催化，实现了从邻炔基芳基酮合成手性异苯并吡喃类化合物[109]。张国柱等利用铬和钴协同催化，实现了1，3-丁二烯、烷基卤化物和醛的三组分偶联反应的1，3-丁二烯的不对称1，2-官能团化[110]。

二、手性有机小分子催化及协同催化

有机小分子催化是指不需要金属参与，仅使用手性有机小分子来催化不对称反应，具有环境友好、反应条件温和、无重金属离子残留等优点。进入21世纪以来，有机小分子催化得到蓬勃发展，建立和发展了烯胺/亚胺催化、叔胺攫氢活化、亲核催化、氮杂卡宾催化、氢键给体催化、手性质子酸催化等不同的活化方式，为不对称催化带来了新的突破，成为继酶催化和金属催化之后的第三类支柱型手性催化反应[111]。我国在有机小分子催化领域的研究几乎与国际同行同期起步，取得了一系列重要成果。龚流柱和吴云东等引领了运用不同氢键给体修饰脯氨酸进而提升其催化效率的研究[112]。罗三中等受生物体内Aldolase抗体结构的启发，先后成功设计了一系列伯叔二胺催化剂12，并成功将其应用在不对称aldol反应、环氧化反应、环加成反应、Michael加成反应、质子化反应、胺化反应、烷基化反应和氧化反应等[113]，是催化反应种类最为丰富的一类氨基催化体系。冯小明和刘小华等发展的手性双功能胍8（图1），除了作为手性配体外，还成功作为有机催化剂实现了1，3-二酮酸酯对硝基烯烃的加成反应和反电子需求的杂Diels-Alder反应以及吖内酯和氧杂吖丙啶的不对称羟氨基化反应等[114]。叶松等设计发展了氮杂卡宾催化剂14，在系列烯酮的环加成反应中获得成功应用。他们还发展了含自由羟基的卡宾催化剂，实现了氢键参与的双功能卡宾催化，建立了卡宾催化烯酮、烯酰氯和官能化烯醛的双位点成键环化反应新模式[115]。龚流柱等通过对磷酸本身双功能催化剂特性的研究，设计合成了新型的桥联手性双磷酸催化剂17，并实现了醛、氨基酯和缺电子烯烃的不对称三组分1，3-偶极环化反应，从而为合成多取代手性四氢吡咯类衍生物提供了高效的新方法[116]。林旭锋在国际上同步发展了螺环手性磷酸催化体系18，目前已在系列催化反应中获得成功应用[117]。杜海峰等设计合成了一类新型手性硼催化剂16，该催化体系可以通过手性双烯和五氟苯基硼烷的硼氢化反应原位生成，实现了亚胺、多取代芳香杂环、烯醇硅醚以及1，2-二羰基化合物的高对映选择性硅氢化反应[118]，代表了不对称有机小分子催化氢化的最好水平（图2）。

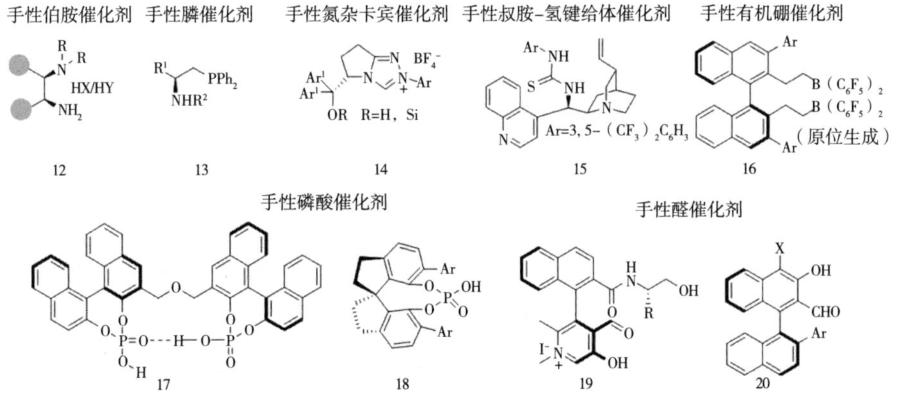

图2　我国化学家自主开发的代表性有机小分子催化剂

我国在有机膦催化方面做出了开拓性的工作，陆熙炎等发展了联烯的［3+2］环加成反应，被誉为“陆氏反应”[119]。施敏等发展了手性膦催化剂，用于不对称Morita-Baylis-Hillman反应等[120]；赵刚[121]、黄有[122]、张俊良[123]等发展了手性β-氨基双功能叔膦催化剂 13，在联烯酸酯与烯烃的环加成反应、联烯酸酯与酮亚胺的顺次［2+3］/［3+2］环化反应、MBH 碳酸酯与三氟甲基酮亚胺的极性翻转加成反应等中获得成功应用。

此外，陈应春和国际同行同时报道了优势催化剂金鸡纳碱衍生的双功能硫脲催化剂 15［124］。王春江等发展了多氢键给体的叔胺催化剂，成功用于硝基 Mannich 反应［125］。周剑等发展了基于磷酰胺的手性双功能叔胺和仲胺催化剂，成功用于系列不对称共轭加成反应，构建季碳氧化吲哚［126］，特别是胺活化氟代氟代烯醇硅醚参与不对称催化反应的发现，为对映选择性引入二氟或单氟酮羰基提供了一个较好的方案［127］。

尽管有机小分子催化在过去近二十年得到了飞速发展，已具有了多种催化模式和种类繁多的催化剂体系，但相比于手性金属催化和酶催化，仍然存在催化效率低、底物范围和适用性等方面的局限。近年来，单纯拓宽利用成熟有机小分子催化体系研究日渐式微，开发有机催化新体系、新策略和新反应，以及把有机小分子催化和金属催化等其他催化方式结合实现协同催化已逐渐成为该领域研究的重要内容。近年来，我国科学家在新型催化剂、催化新反应及新策略方面均取得了重要进展。主要亮点工作如下：

第一，设计合成了几类新型的手性有机小分子催化剂。如：赵保国［128］和郭其祥［129，130］分别独立发展了手性醛催化剂 19 和 20，在甘氨酸衍生物的不对称 Mannich 反应和不对称 Michael 加成等反应研究中取得了突破性进展；赵晓丹等发展了特色的手性硒催化剂，在烯烃的亲电官能化研究中取得系列进展［131，132］；龚流柱等设计了改进的手性碘催化剂［133］等。

第二，发展了系列有机催化的不对称新反应。如：在氨基催化方面，罗三中等利用手性伯胺催化剂实现了高效的不对称 Mannich 反应［134］和 4- 取代环己酮的去对称化反应［135］；邵志会等利用同样的手性伯胺催化实现了简单醛和芳香酮亚胺的不对称 Mannich 反应［136］。在手性氮杂卡宾（NHC）催化方面，叶松等实现了手性 NHC 催化的醛与烯胺的动态动力学拆分［137］；汪舰等利用手性 NHC 实现了不对称大环内酯的合成［138］、手性化合物构建［139，140］和去芳构化 / 芳构化串联反应［141］；黄湧等实现了 NHC 催化的不对称氢酰胺化［142］和氢氟化反应［143］；黄维等利用 NHC 实现了二烯醛和硅基烯酮的不对称环加成反应［144］。在手性磷酸催化新反应拓展中，谭斌等利用手性磷酸实现了一系列轴手性化合物的构建［145-147］和不对称四组分 Ugi 反应［148］；游书力等利用手性磷酸催化剂实现了吲哚二氢吡啶和 α－萘酚的不对称去芳构化反应［149，150］；周其林等利用手性磷酸催化剂实现了不对称傅克共轭加成反应［151］；石枫等利用手性磷酸实现了杂芳基轴手性的构建［152］；赵军锋等实现了手性磷酸催化的多烯环化反应［153］等。在氢键催化方面，李鑫等利用奎宁衍生物实现了不对称的苯酰胺和 Morita-Baylis-Hillman 酯的烯丙基化反应［154］以及磷双酚的去对称化反应［155］；杜海峰利用氢键催化的策略，实现了硼烷参与的不对称转移氢化反应［156］；在手性膦催化方面，张俊良等利用亲核性手性膦催化剂实现了 α，β－不饱和酮的不对称双官能化反应［157］和吲哚及呋喃衍生物的不对称去芳构化反应［158］；闫海龙等利用奎宁衍生物催化剂实现了一系列邻联烯 2- 萘醌的不对称转化反应[159-161]等。王晓晨等也利用了 *C*2 对称性的并环和螺环双环双硼催化剂分别实现了简单酮亚胺[162]和芳香氮杂环[163]的不对称氢化反应。

第三，结合多种催化模式，还发展了一些有机小分子协同催化新策略[164, 165]。如：龚流柱结合金属催化和 Lewis 碱催化实现了酯的不对称胺化反应[166]和烷基溴代物与一氧化碳和亚胺的三组分不对称串联反应[167]，将铜催化和 NHC 催化结合实现了手性螺环吲哚酮的合成[168]；罗三中等使用手性磷酸和 Lewis 酸协同催化实现非活化联烯的不对称［4+2］环加成反应[169]；刘心元等发展了手性磷酸与铜协同催化的不对称自由基反应，取得了重要进展[170]；陈应春利用奎宁衍生物、不对称磷酸以及取代硫酚实现多组分协同催化的［5+3］环加成反应[171, 172]。江智勇等将手性磷酸催化与光催化结合，实现了系列不对称自由基反应[173-175]；傅尧也在三苯基膦和碘化钠介导光促自由基反应中，利用手性磷酸实现了高效手性控制[176]。肖文精等结合了铱催化和氨基催化实现了乙烯基氨基醇和羰基化合物的不对称［4+2］环加成反应[177]；周其林等利用手性磷酸催化剂和 Lewis 酸催化剂实现了吲哚烯酮的不对称 Nazarov 环化反应[178]；胡文浩和徐新芳等使用金属催化剂和手性质子酸催化剂协同实现不对称 Mannich 氧化环化反应和三组分胺甲基化反应[179, 180]。

三、在天然产物和手性药物合成中的应用

天然产物及药物分子的全合成，是有机合成化学最具魅力的分支学科之一。利用手性催化的方法来提高复杂天然产物和药物分子的合成效率，是新催化剂和新方法证明其优越性的舞台。近年来，我国化学家运用所发展的手性催化新方法，开展了一系列具有重要药用价值的天然产物及药物分子的不对称催化全合成研究，并取得了显著进展。

具有自主知识产权的手性技术所实现的不对称反应被越来越多地用于天然产物及药物分子的不对称全合成研究。例如，涂永强等发展的基于氮杂螺环骨架 6 的系列手性催化剂所实现的不对称反应，成功应用于一系列天然产物的不对称催化全合成中。运用手性螺环吡咯酰胺衍生的三唑型相转移催化剂，发展了不对称双烷基化反应，高效构建具有连续全碳季碳手性中心的双氧化吲哚，进而实现了（-）-Chimonanthidine 的首次不对称全合成[181]。手性螺环吡咯催化剂实现的不对称分子内 Michael 加成反应可高选择性构建具有全碳季碳的顺式氢化苯并呋喃，进而用于（-）-Morphine 的全合成研究[7]。手性双功能螺环吡咯催化剂实现的不对称 Mannich 反应，用于天然产物 Naucleofficine I 和 II 的高效合成[182]。周其林和谢建华等运用螺环骨架配体 3 实现的铱催化的环戊烯酮的十克级规模的不对称氢化反应为关键步骤，完成了七种 Mulinane 型二萜的首次不对称全合成[183]。冯小明等利用手性双氮氧配体实现了镍催化的氮杂 Diels-Alder 反应，应

用于抗疟候选药物 KAE609 的不对称催化合成[184]；以及镍催化的 Claisen 重排反应合成天然产物 hyperolactones B，C。冯氏手性氮氧配体形成的钪催化剂被贾彦兴等成功用于发展 3- 烷基取代苯并呋喃酮对烯酮的不对称共轭加成反应，进而实现了石蒜科生物碱（-）-Galanthamine 和（-）-Lycoramine 的手性全合成[185]；还被谢卫青等用于 3- 取代氧化吲哚与炔基酮的对映选择性串联 Michael 加成反应，进而作为关键步骤完成了马钱子生物碱（-）-Tubifolidine、（-）-Tubifoline 和（-）-Dehydrotubifoline 的不对称全合成[186]。唐勇等利用边臂修饰的噁唑啉配体实现了高选择性的铜催化的烯烃的不对称［2+2］环加成反应，进而八步高效地实现了具有抗癌细胞毒性的天然产物（+）-Piperarborenine B 的不对称全合成[187]。汤文军利用其发展的膦手性配体衍生的钯络合物催化的分子内去芳构化反应，首次实现了免疫抑制剂（+）-Dalesconol A 和 B 的不对称全合成[188]。张卫东、李昂和沈云亨等还利用汤文军发展的膦手性大位阻配体实现了铑催化的高选择性的茚类四取代烯烃的不对称氢化，并以此作为关键步骤完成了具有抗癌活性的异喹啉生物碱 Delavatine A 的全合成[189]。周剑等利用发展的双功能硅氰化试剂 $Me_2(CH_2Cl)SiCN$，通过酮的不对称硅氰化 / 氯甲基转移串联反应，实现了马铃薯甲虫信息素的一锅法四步不对称催化全合成[190]。

另一方面，利用文献报道的手性催化方法来设计发展复杂天然产物的全合成路线已被广泛采用。例如，杨震等采用手性硼催化的不对称分子间 Diels-Alder 反应来构建手性环己烯衍生物，进而实现具有抗肿瘤、抗 HIV 等活性的五味子三萜类家族中 Lancifodilactone G 醋酸酯的不对称合成[191]。马大为在具有抗菌、抗癌等活性的对映 - 贝壳杉烯二萜家族中 Lungshengenin D 的不对称全合成中使用了手性硼催化的不对称还原反应以及钯催化的脱羧烯丙基取代反应构建季碳手性中心[192]；雷晓光等利用十克规模的环己烯酮的不对称共轭加成反应作为关键步骤，完成了结构复杂的桥连多环天然产物对映 - 贝壳杉烯二萜类（+）-Jungermatrobrunin A 的不对称全合成[193]。李昂等利用手性铱催化的 Carreira 多烯环化反应，首次实现了从乌头属 Sepentrionale 分离得到含氧 hetidine 型生物碱 Septedine 和 7-Deoxyseptedine 的首次不对称全合成[194]；杨玉荣等利用手性铱催化的 2- 取代吲哚的串联不对称分子间烯丙基取代 / 环化反应，实现了具有显著细胞毒性和杀虫活性的七环生物碱（-）-Communesin F 的首次不对称催化全合成[195]。黄培强等利用手性双功能伯胺催化的硝基甲烷对环己烯酮的共轭加成构建手性季碳，进而完成了具有抗白血病细胞活性的大环生物碱 Haliclonin A 的不对称合成[196]。利用相同有机催化方式实现的九十克规模的丙二酸酯对烯酮的不对称共轭加成反应制备手性原料，翟宏斌和李云等首次实现生物活性天然产物（+）-Arboridinine 的全合成[197]。秦勇等利用手性金属铜催化的共轭加成 /aldol 串联反应完成了二萜类生物碱（-）-Arcutinine 的不对称全合成[198]；他们还利用不对称钯催化的脱羧烯丙基取代反应实现了具有类胆碱功能、抗风湿抗炎活性生物碱 Kopsine 的对映选择性全合成[199]。

此外，我国的药企也逐渐开展各种手性药物关键生产技术的研究，如浙江九洲药业股份有限公司与南开大学周其林课题组合作，利用手性螺环铱催化剂实现的不对称氢化反应，成功实现了多种手性药物如治疗阿尔茨海默病的 Rivastigmine[200] 和抗哮喘新药 Montelukast[201] 等关键中间体的手性合成。凯瑞斯德苏州有限公司利用张绪穆等发展的高效不对称氢化方法，实现了治疗心血管疾病的新药 Ramipril 等手性药物的手性合成[202]。

四、我国手性催化发展趋势和展望

经过多年奋起直追，我国手性催化研究已大大缩小了和国际顶尖水平的距离，不但涌现出了以周氏手性螺环配体、冯氏手性双氮氧配体为代表的一批享誉海内外的优势手性配体和催化剂，发展了以 Roskamp–Feng 反应为代表的系列高效手性催化新方法，而且形成了以中青年骨干为主的梯度合理的活力研究队伍。其次，具有自主知识产权的手性催化新方法已经开始走出实验室，应用于工业生产；研究人员开始瞄准国家的战略需求，围绕国民经济建设的需要来规划和开展研究工作。百花齐放、百舸争流的良好发展态势的佐证是我国在手性催化领域发表的研究论文的数量和质量都有了飞跃，步入世界一流水平。尽管如此，我们也清醒认识到，我国手性催化研究还很长一段路需要追赶，才能实现从一流到顶尖水平，从“紧跟”到“引领”研究，进而以点带面不断夯实原创性和开创性成果的厚度和系统性，为解决国家“卡脖子”的战略需求问题如新药研发等做出应有的贡献。为此，我们需不断锐意进取、开拓创新，针对领域中的两个关键科学问题进行大力攻关研究。

第一，手性催化走向“实用化”。尽管我们能像酶一样高选择性合成手性物质，但多数现有的方法存在着催化剂用量高、效率不理想、底物普适性不高等问题，真正能够用于工业生产的仍然屈指可数。手性催化作为手性科学的研究基础，需大力发展具有原创性、实用性的手性催化方法，提供种类丰富、结构新颖的手性物质，满足药学、农药、香料和食品添加剂、材料等领域进行新功能和新应用的研究。因此，设计与合成新型、高效、高选择性的手性配体及催化剂，发展手性催化的新策略与新方法，发展实用的不对称催化新反应，实现手性物质的高效、多样性和经济性创制将是今后的重要发展方向之一。此外，均相催化剂的分离回收也是制约实用化的因素之一，结合纳米科技和超分子化学的研究进展，发展可方便分离回收的新型手性催化材料已受到广泛关注。近年来，崔勇[203]、王为[204]和段春迎[205]等设计构筑了系列新型手性框架材料，实现了系列高效的多相不对称催化反应甚至串联反应，为如何利用手性材料的功能化的微环境来发展高效的手性催化新方法提供了借鉴。

第二，手性催化走向“精准化”。自然是手性物质的巨大宝库，提供了众多复杂但结构新颖的手性化合物，为寻找和发现新药不断提供新动力和新机遇，但由于天然产物分子往往具有多官能团和多手性中心，人工合成中的手性控制具有巨大的挑战性。很多能在简单底物中取得优异结果的手性催化方法，在用于构建天然产物分子的手性片段时，往往不甚理想。因此，发展精准的手性催化方法以及发展手性片段的精准集成策略，从而实现复杂天然产物分子合成中手性的精准控制是未来发展的挑战性方向之一，同时也将推动手性化学与生命科学、环境科学等其他学科的深度交叉与融合。发展精准手性催化还需重视生物手性催化，这是迄今为止最为高效、最具有选择性且环境最为友好的催化方式，能获得的大量高纯度且常规方法难以合成的复杂手性砌块，在某种程度上与化学不对称合成可以很好地形成互补。我国科学家如许建和[206]和王梅祥[207]等在生物催化方面取得了一些重要进展，但整体而言，相关研究队伍还需要进一步扩大。

此外，手性物质在材料、信息等领域中的应用我们还知之甚少，但手性液晶材料在显示方面所展现出的特殊性能，足以使我们相信手性物质未来在信息科学、材料科学等领域将大有作为，甚至会带来革命性的变化。因此，我们应该及早重视光学活性手性物质在信息科学、材料科学等领域的潜在用途，深入探索多层次手性物质的精准构筑并揭示手性传递与放大的规律，精准创造出更丰富的手性功能物质和材料。

参考文献

[1] 谢建华，周其林. 手性物质创造的昨天、今天和明天[J]. 科学通报，2015，60：1-18.

[2] 国家自然科学基金委员会化学科学部政策局. 化学十年：中国与世界. 2012.

[3] Zhou Q L. Privileged chiral ligands and catalysts. Wiley-VCH，2011.

[4] Xie J H，Zhou Q L. Chiral diphosphine and monodentate phosphorus ligands on a spiro scaffold for transition-metal catalyzed asymmetric reactions[J]. Accounts of Chemical Research，2008，41（5）：581-593.

[5] Li K，Li M L，Zhou Q L，et al. Highly enantioselective nickel-catalyzed intramolecular hydroalkenylation of N- and O-tethered 1，6-dienes to form six-membered heterocycles[J]. Journal of the American Chemical Society，2018，140（24）：7458-7461.

[6] Wang X，Han Z，Wang Z，et al. Catalytic asymmetric synthesis of aromatic spiroketals by SpinPhox/iridium（I）-catalyzed hydrogenation and spiroketalization of α，α'-bis（2-hydroxy -arylidene）ketones[J]. Angewandte Chemie International Edition，2012，51（4）：936-940.

[7] Zhang Q，Zhang F M，Zhang C S，et al. Enantioselective synthesis of cis-hydrobenzofurans bearing all-carbon quaternary stereocenters and application to total synthesis of（-）-morphine[J]. Nature communications，2019，10（1）：2507-2513.

[8] Liu X H，Lin L L，Feng X M. Chiral N，N'-Dioxides：new ligands and organocatalysts for catalytic asymmetric reactions[J]. Accounts of Chemical Research，2011，44（8）：574-587.

[9] Li W，Wang J，Hu X，et al. Catalytic asymmetric roskamp reaction of α-alkyl-α-diazoesters with aromatic aldehydes：highly enantioselective synthesis of α-slkyl-β-keto esters[J]. Journal of the American Chemical Society，2010，132（25）：8532-8533.

[10] Dong S X，Feng X M，Liu X H. Chiral guanidines and their derivatives in asymmetric synthesis[J]. Chemical

Socoiety Reviews, 2018, 47 (23): 8525–8540.

[11] Dai L X, Tu T, You S L, et al. Asymmetric catalysis with chiral ferrocene ligands [J]. Accounts of Chemical Research, 2003, 36 (9): 659–667.

[12] Huang J Q, Liu W, Zheng B H, et al. Pd–Catalyzed asymmetric cyclopropanation reaction of acyclic amides with allyl and polyenyl carbonates. experimental and computational studies for the origin of cyclopropane formation [J]. ACS Catalysis, 2018, 8 (3): 1964–1972.

[13] Wang Z Q, Feng C G, Xu M H, et al. Design of C2–symmetric tetrahydropentalenes as new chiral diene ligands for highly enantioselective Rh–catalyzed arylation of N–tosylarylimines with arylboronic acids [J]. Journal of the American Chemical Society, 2007, 129 (17): 5336–533.

[14] Cui Z, Yu H J, Yang R F, et al. Highly enantioselective arylation of N–tosylalkyl– aldimines catalyzed by rhodium–diene complexes [J]. Journal of the American Chemical Society, 2011, 133 (32): 12394–12397.

[15] Liao S, Sun X L, Tang Y. Side arm strategy for catalyst design: modifying bisoxazolines for remote control of enantioselection and related [J]. Accounts of Chemical Research, 2014, 47 (8): 2260–2272.

[16] Ouyang G, He Y, Li Y, et al. Cation–triggered switchable asymmetric catalysis with chiral aza–CrownPhos [J]. Angewandte Chemie International Edition, 2015, 54 (14): 4334–4337.

[17] Chen C Y, Zhang Z F, Jin S C, et al. Enzyme–Inspired chiral secondary–phosphine–oxide ligand with dual noncovalent interactions for asymmetric hydrogenation [J]. Angewandte Chemie International Edition, 2017, 56 (24): 6808–6812.

[18] Zhang L L, Tang Y T, Han Z B, et al. Lutidine–Based chiral pincer manganese catalysts for enantioselective hydrogenation of ketones [J]. Angewandte Chemie International Edition, 2019, 58 (15): 4973–4977.

[19] Huang L, Zhu J, Jiao G, et al. Highly enantioselective rhodium–catalyzed addition of arylboroxines to simple aryl ketones: efficient synthesis of escitalopram [J]. Angewandte Chemie International Edition, 2016, 55 (14): 4527–4531.

[20] Zhu F L, Zou Y, Zhang D Y. et al. Enantioselective copper–catalyzed decarboxylative propargylic alkylation of propargyl beta–ketoesters with a chiral ketimine P, N, N–ligand [J]. Angewandte Chemie International Edition, 2018, 53 (5): 1410–1414.

[21] Wang J, Wang M, Cao P, et al. Rhodium–Catalyzed asymmetric arylation of β, γ–unsaturated α–ketoamides for the construction of nonracemic γ, γ–diarylcarbonyl compounds [J]. Angewandte Chemie International Edition, 2014, 53 (26): 6673–6677.

[22] Wang H, Jiang T, Xu M H. Simple branched sulfur–olefins as chiral ligands for Rh–catalyzed asymmetric arylation of cyclic ketimines: highly enantioselective construction of tetrasubstituted carbon stereocenters [J]. Journal of the American Chemical Society, 2013, 135 (3): 971–974.

[23] Wang L, Chen M J, Zhang P C, et al. Palladium/PC–Phos–Catalyzed enantioselective arylation of general sulfenate anions: scope and synthetic applications [J]. Journal of the American Chemical Society, 2018, 140 (9): 3467–3473.

[24] Bai X F, Song T, Xu Z, et al. Aromatic amide–derived non–biaryl atropisomers as highly efficient ligands in silver–catalyzed asymmetric cycloaddition reactions [J]. Angewandte Chemie International Edition, 2015, 54 (17): 5255–5259.

[25] Xiong Y, Du Z Z, Chen H H, et al. Well–Designed phosphine–urea ligand for highly diastereo– and enantioselective 1, 3–dipolar cycloaddition of methacrylonitrile: a combined experimental and theoretical study [J]. Journal of the American Chemical Society. 2019, 141 (2): 961–971.

[26] Feng B, Lu, L Q, Chen J R. Umpolung of imines enables catalytic asymmetric regio–reversed [3+2] cycloadditions of iminoesters with nitroolefins [J]. Angewandte Chemie International Edition, 2018, 57 (20): 5888–5892.

[27] Zhang L, Zuo Z Q, Wan X L, et al. Cobalt-Catalyzed enantioselective hydroboration of 1, 1-disubstituted aryl alkenes [J]. Journal of the American Chemical Society, 2014, 136 (44): 15501-15504.

[28] Guo J, Cheng B, Shen X Z. Cobalt-Catalyzed asymmetric sequential hydroboration/ hydrogenation of internal alkynes [J]. Journal of the American Chemical Society. 2017, 139 (43): 15316-15319.

[29] Ding W, Lu L Q, Zhou Q Q, et al. Bifunctional photocatalysts for enantioselective aerobic oxidation of β-ketoesters [J]. Journal of the American Chemical Society, 2017, 139 (1): 63-66.

[30] Zeng X P, Cao Z Y, Wang X, et al. Activation of chiral (Salen) AlCl complex by phosphorane for highly enantioselective cyanosilylation of ketones and enones [J]. Journal of the American Chemical Society. 2016, 138 (1): 416-425.

[31] Xie J H, Liu X Y, Xie J B, et al. An additional coordination group leads to extremely efficient chiral iridium catalysts for asymmetric hydrogenation of ketones [J]. Angewandte Chemie International Edition, 2011, 50 (32): 7329-7332.

[32] Lou Y, Hu Y, Lu J, et al. Dynamic kinetic asymmetric reductive amination: synthesis of chiral primary β-amino lactams [J]. Angewandte Chemie International Edition, 2018, 57 (43): 1419314197.

[33] Tan X, Gao S, Zeng W, et al. Asymmetric synthesis of chiral primary amines by ruthenium-catalyzed direct reductive amination of alkyl aryl ketones with ammonium salts and molecular H2 [J]. Journal of the American Chemical Society, 2018, 140 (6): 2024-2027.

[34] Zhou H, Liu Y, Yang S, et al. One-Pot N-deprotection and catalytic intramolecular asymmetric reductive amination for the synthesis of tetrahydroisoquinolines [J]. Angewandte Chemie International Edition, 2017, 56 (10): 2725-2729.

[35] Li B, Chen J, Zhang Z, et al. Nickel-Catalyzed asymmetric hydrogenation of N-sulfonyl Imines [J]. Angewandte Chemie International Edition, 2019, 58 (22): 7329-7334.

[36] Yan Q, Kong D, Li M, et al. Highly efficient Rh-catalyzed asymmetric hydrogenation of α, β-unsaturated nitriles [J]. Journal of the American Chemical Society, 2015, 137 (32): 10177-10181.

[37] Wang J, Zhu Z H, Chen M W, et al. Catalytic biomimetic asymmetric reduction of alkenes and imines enabled by chiral and regenerable NAD (P) H models [J]. Angewandte Chemie International Edition, 2019, 58 (6): 1813-1817.

[38] Cheng B, Lu P, Zhang H, et al. Highly enantioselective cobalt-catalyzed hydrosilylation of alkenes [J]. Journal of the American Chemical Society, 2017, 139 (28): 9439-9442.

[39] Wen H, Wan X, Huang Z. Asymmetric synthesis of silicon-stereogenic vinylhydrosilanes by cobalt-catalyzed regio- and enantioselective alkyne hydrosilylation with dihydrosilanes [J]. Angewandte Chemie International Edition, 2018, 57 (21): 6319-6323.

[40] Song S, Zhou J, Fu C, et al. Catalytic enantioselective construction of axialchirality in 1, 3-disubstituted allenes [J]. Nature communications, 2019, 10: 507-516.

[41] Liu Y, Liu X, Hu H, et al. Synergistic kinetic resolution and asymmetric propargyl claisen rearrangement for the synthesis of chiral allenes [J]. Angewandte Chemie International Edition, 2016, 55 (12): 4054-4058.

[42] Tang Y, Chen Q, Liu X, et al. Direct synthesis of chiral allenoates from the asymmetric C-H insertion of α-diazoesters into terminal alkynes [J]. Angewandte Chemie International Edition, 2015, 54 (33): 9512-9516.

[43] Chu W D, Zhang L, Zhang Z, et al. Enantioselective synthesis of trisubstituted allenes via Cu (I)-catalyzed coupling of diazoalkanes with terminal alkynes [J]. Journal of the American Chemical Society, 2016, 138 (44): 14558-14561.

[44] Zheng J, Cui W J, Zheng C, et al. Synthesis and application of chiral spiro Cp ligands in rhodium-catalyzed

asymmetric oxidative coupling of biaryl compounds with alkenes [J]. Journal of the American Chemical Society, 2016, 138(16): 5242–5245.

[45] Li H, Yan X, Zhang J, et al. Enantioselective synthesis of C–N axially chiral N–aryloxindoles by asymmetric rhodium–catalyzed dual C–H activation [J]. Angewandte Chemie International Edition, 2019, 58 (20): 6732–6736.

[46] Tian M, Bai D, Zheng G, et al. Rh(III)–Catalyzed asymmetric synthesis of axially chiral biindolyls by merging C–H activation and nucleophilic cyclization [J]. Journal of the American Chemical Society, 2019, 141 (24): 9527–9532.

[47] Fang Z J, Zheng S C, Guo Z, et al. Asymmetric synthesis of axially chiral isoquinolones: nickel–catalyzed denitrogenative transannulation [J]. Angewandte Chemie International Edition, 2015, 54 (33): 9528–9532.

[48] Wang J, Chen M W, Ji Y, et al. Kinetic resolution of axially chiral 5– or 8–substituted quinolines via asymmetric transfer hydrogenation [J]. Journal of the American Chemical Society, 2016, 138 (33): 10413–10416.

[49] Feng J, Li B, He Y, et al. Enantioselective synthesis of atropisomeric vinyl arene compounds by palladium catalysis: a carbene strategy [J]. Angewandte Chemie International Edition, 2016, 55 (6): 2186–2190.

[50] Yao Q J, Zhang S, Zhan B B, et al. Atroposelective synthesis of axially chiral biaryls by palladium–catalyzed asymmetric C–H olefination enabled by a transient chiral auxiliary [J]. Angewandte Chemie International Edition, 2017, 56 (23): 6617–6621.

[51] Cheng R, Li B, Wu J, et al. Enantioselective synthesis of chiral–at–cage o–carboranes via Pd–catalyzed asymmetric B–H substitution [J]. Journal of the American Chemical Society, 2018, 140 (13): 4508–4511.

[52] Cai Z J, Liu C X, Gu Q, et al. PdII–Catalyzed regio–and enantioselective oxidative C–H/C–H cross–coupling reactionbetween ferrocenesand azoles [J]. Angewandte Chemie International Edition, 2019, 58 (7): 2149–2153.

[53] Zhang Q W, An K, Liu L C, et al. Rhodium–Catalyzed enantioselective intramolecular C–H silylation for the syntheses of planar–chiral metallocene siloles [J]. Angewandte Chemie International Edition, 2015, 54 (23): 6918–6921.

[54] Wang D S, Chen Q A, Lu S M, et al. Asymmetric hydrogenation of heteroarenes and arenes [J]. Chemical Reviews, 2012, 112 (4): 2557–2590.

[55] Yang Z, Chen F, He Y, et al. Highly enantioselective synthesis of indolines: asymmetric hydrogenation at ambient temperature and pressure with cationic ruthenium diamine catalysts [J]. Angewandte Chemie International Edition, 2016, 55 (44): 13863–13866.

[56] Zhuo C X, Zhang W, You S L. Catalytic asymmetric dearomatization reactions [J]. Angewandte Chemie International Edition, 2012, 51 (51): 12662–12686.

[57] Cheng Q, Xie J H, Weng Y C, et al. Pd–Catalyzed dearomatization of anthranils with vinylcyclopropanes by [4+3] cyclization reaction [J]. Angewandte Chemie International Edition, 2019, 58 (17): 5739–5743.

[58] Yang L, Zheng H, Luo L, et al. Palladium–Catalyzed dynamic kinetic asymmetric transformation of racemic biaryls: axial–to–central chirality transfer [J]. Journal of the American Chemical Society, 2015, 137 (15): 4876–4879.

[59] Yang D, Wang L, Han F, et al. Intermolecular enantioselective dearomatization reaction of β–naphthol using meso–aziridine: a bifunctional in situ generated magnesium catalyst [J]. Angewandte Chemie International Edition, 2015, 54 (7): 2185–2189.

[60] Shen D, Chen Q, Yan P, et al. Enantioselective dearomatization of naphthol derivatives with allylic alcohols by cooperative iridium and Brønsted acid catalysis [J]. Angewandte Chemie International Edition, 2017, 56 (12): 3242–3246.

[61] Du K, Guo P, Chen Y, et al. Enantioselective palladium–catalyzed dearomative cyclization for the efficient synthesis of terpenes and steroids [J]. Angewandte Chemie International Edition, 2015, 54 (10): 3033–3037.

[62] Huang R, Chang X, Li J, et al. Cu (I)–Catalyzed asymmetric multicomponent cascade inverse electron–demand Aza–Diels–Alder/nucleophilic addition/ring–opening reaction involving 2–methoxyfurans as efficient dienophiles [J]. Journal of the American Chemical Society, 2016, 138 (12): 3998–4001.

[63] Zheng J, Wang S B, Zheng C, et al. Asymmetric synthesis of spiropyrazolones by rhodium–catalyzed C (sp2)–H functionalization/annulation reactions [J]. Angewandte Chemie International Edition, 2017, 56 (16): 4540–4544.

[64] Du Z J, Guan J, Wu G J, et al. Pd (II)–Catalyzed enantioselective synthesis of P–stereo–genic phosphinamides via desymmetric C–H arylation [J]. Journal of the American Chemical Society, 2015, 137 (2): 632–635.

[65] Lin Z Q, Wang W Z, Yan S B, et al. Palladium–Catalyzed enantioselective C–H arylation for the synthesis of P–stereogenic compounds [J]. Angewandte Chemie International Edition, 2015, 54 (21): 6265–6269.

[66] Su B, Zhou T G, Li X W, et al. A chiral nitrogen ligand for enantioselective, iridium–catalyzed silylation of aromatic C–H bonds [J]. Angewandte Chemie International Edition, 2017, 56 (4): 1092–1096.

[67] Chen S S, Wu M S, Han Z Y. Palladium–Catalyzed cascade sp2 C–H functionalization /intramolecular asymmetric allylation: from aryl ureas and 1, 3–dienes to chiral indolines [J]. Angewandte Chemie International Edition, 2017, 56 (23): 6641–6645.

[68] Wang H, Bai Z, Jiao T, et al. Palladium–Catalyzed amide–directed enantioselective hydrocarbofunctionalization of unactivated alkenes using a chiral monodentate oxazoline ligand [J]. Journal of the American Chemical Society, 2018, 140 (10): 3542–3546.

[69] Wang Y X, Qi S L, Luan Y X, et al. Enantioselective Ni–Al bimetallic catalyzed exo–selective C–H cyclization of imidazoles with alkenes [J]. Journal of the American Chemical Society, 2018, 140 (16): 5360–5364.

[70] Yang X, Zheng G, Li X. Rhodium (III)–Catalyzed enantioselective coupling of indoles and 7–azabenzonorbornadienes by C–H activation/desymmetrization [J]. Angewandte Chemie International Edition, 2019, 131 (1): 328–332.

[71] Zou X, Zhao H, Li Y, et al. Chiral bidentate boryl ligand enabled iridium–catalyzed asymmetric C (sp2)–H borylation of diarylmethylamines [J]. Journal of the American Chemical Society, 2019, 141 (13): 5334–5342.

[72] Lin H C, Xie P P, Dai Z Y, et al. Nucleophile–Dependent Z/E– and regioselectivity in the palladium–catalyzed asymmetric allylic C–H alkylation of 1, 4–dienes [J]. Journal of the American Chemical Society, 2019, 141 (14): 5824–5834.

[73] Wang H, Park Y, Bai Z, et al. Iridium–Catalyzed enantioselective C (sp3)–H amidation controlled by attractive noncovalent interactions [J]. Journal of the American Chemical Society, 2019, 141 (17): 7194–7201.

[74] Han Y Q, Ding Y, Zhou T, et al. Pd(II)–Catalyzed enantioselective alkynylation of unbiased methylene C(sp3)–H bonds using 3, 3′–fluorinated–BINOL as a chiral ligand [J]. Journal of the American Chemical Society, 2019, 141 (11): 4558–4563.

[75] Shi Y, Gao Q, Xu S. Chiral bidentate boryl ligand enabled iridium–catalyzed enantioselective C (sp3)–H borylation of cyclopropanes [J]. Journal of the American Chemical Society, 2019, 141 (27): 10599–10604.

[76] Zhang W, Wang F, McCann S, et al. Enantioselective cyanation of benzylic C–H bonds via copper–catalyzed radical relay [J]. Science, 2016, 353 (6303): 1014–1018.

[77] Wu L, Wang F, Chen P, et al. Enantioselective construction of quaternary all–carbon centers via copper–catalyzed arylation of tertiary carbon–centered radicals [J]. Journal of the American Chemical Society, 2019, 141 (15): 1887–1892.

[78] Li X T, Gu Q S, Dong X Y, et al. A copper catalyst with a cinchona–clkaloid–based sulfonamide ligand for asymmetric radical oxytrifluoromethylation of alkenyl oximes [J]. Angewandte Chemie International Edition, 2018, 57 (26): 7668–7672.

[79] Wang D, Zhu N, Chen P, et al. Enantioselective decarboxylative cyanation employing cooperative photoredox

catalysis and copper catalysis［J］. Journal of the American Chemical Society, 2017, 139（44）: 15632–15635.

［80］Ye C X., Melcamu Y. Y., Li H H., Dual catalysis for enantioselective convergent synthesis of enantiopure vicinal amino alcohols［J］. Nature Communications, 2018, 9（1）: 410.

［81］Li Y, Zhou K, Wen Z, et al. Copper（Ⅱ）–catalyzed asymmetric photoredox reactions: Enantioselective alkylation of imines driven by visible light［J］. Journal of the American Chemical Society, 2018, 140（46）: 15850–15858.

［82］Zhang H H, Zhao J J, Yu S. Enantioselective allylic alkylation with 4–alkyl–1, 4–dihydro–pyridines enabled by photoredox/palladium cocatalysis［J］. Journal of the American Chemical Society, 2018, 140（49）: 16914–16919.

［83］Zhang Q, Chang X, Peng L, et al. Asymmetric Lewis acid catalyzed electrochemical alkylation［J］. Angewandte Chemie International Edition, 2019, 131（21）: 7073–7077.

［84］Wang Z X, Li B J. Construction of acyclic quaternary carbon stereocenters by catalytic asymmetric hydroalkynylation of unactivated alkenes［J］. Journal of the American Chemical Society, 2019, 141（23）: 9312–9320.

［85］You C, Li S, Li X, et al. Design and application of hybrid phosphorus ligands for enantioselective Rh–catalyzed anti–Markovnikov hydroformylation of unfunctionalized 1, 1–disubstituted alkenes［J］. Journal of the American Chemical Society, 2018, 140（15）: 4977–4981.

［86］Chen C, Jin S, Zhang Z, et al. Rhodium/Yanphos–Catalyzed asymmetric interrupted intramolecular hydroaminomethylation of trans–1, 2–disubstituted alkenes［J］. Journal of the American Chemical Society, 2016, 138（29）: 9017–9020.

［87］Guo S, Cong F, Guo R, et al. Asymmetric silver–catalysed intermolecular bromotrifluoromethoxylation of alkenes with a new trifluoromethoxylation reagent［J］. Nature Chemistry, 2017, 9（6）: 546–551.

［88］Li Z, Zhao J, Sun B, et al. Asymmetric nitrone synthesis via ligand–enabled copper–catalyzed cope–type hydroamination of cyclopropene with oxime［J］. Journal of the American Chemical Society, 2017, 139（34）: 11702–11705.

［89］Shen H C., Wu Y F., Zhang Y, et al. Palladium–Catalyzed asymmetric aminohydroxylation of 1, 3–dienes［J］. Journal of the American Chemical Society, 2018, 57（9）: 2372–2376.

［90］Chen C, Pflüger P. M, Chen P, et al. Palladium（Ⅱ）–Catalyzed enantioselective aminotrifluoromethoxylation of unactivated alkenes using $CsOCF_3$ as a trifluoromethoxide source［J］. Angewandte Chemie International Edition, 2019, 58（8）: 2392–2396.

［91］Zhang W, Chen P, Liu G. Enantioselective palladium（Ⅱ）–catalyzed intramolecular aminoarylation of alkenes by dual N–H and aryl C–H bond cleavage［J］. Angewandte Chemie International Edition, 2017, 129（19）: 5420–5424.

［92］Liu Y, Xie Y, Wang H, et al. Enantioselective aminomethylamination of conjugated dienes with aminals enabled by chiral palladium complex–catalyzed C–N bond activation［J］. Journal of the American Chemical Society, 2016, 138（13）: 4314–4317.

［93］Gui Y Y., Hu N, Chen X W., et al. Highly regio– and enantioselective copper–catalyzed reductive hydroxymethylation of styrenes and 1, 3–dienes with CO_2［J］. Journal of the American Chemical Society, 2017, 139（47）: 17011–17014.

［94］Hu N F, Li K, Wang Z, et al. Synthesis of chiral 1, 4–benzodioxanes and chromans by enantioselective palladium–catalyzed alkene aryloxyarylation reactions［J］. Angewandte Chemie International Edition, 2016, 55（16）: 5044–5048.

［95］Zhang Z M., Xu B, Wu Li, et al. Palladium/XuPhos–Catalyzed enantioselective carboiodination of olefin–tethered aryl iodides［J］. Journal of the American Chemical Society, 2019, 141（20）: 8110–8115.

［96］Wang K, Ding Z, Zhou Z, et al. Ni–Catalyzed enantioselective reductive diarylation of activated alkenes by domino cyclization/cross-coupling[J]. Journal of the American Chemical Society, 2018, 140(39): 12364-12368.

[97] Hu H, Teng F, Liu J, et al. Enantioselective synthesis of 2-oxindole spirofused lactones and lactams by heck/carbonylative cylization sequences: method development an applications[J]. Angewandte Chemie International Edition, 2019, 58 (27): 9225-9229.

[98] Tian Z X, Qiao J B, Xu G L, et al. Highly enantioselective cross-electrophile aryl-alkenylation of unactivated alkenes[J]. Journal of the American Chemical Society, 2019, 141(18): 7637-7643.

[99] Zhang Z, Wang Z, Zhang R, et al. An efficient titanium catalyst for enantioselective cyanation of aldehydes: cooperative catalysis[J]. Angewandte Chemie International Edition, 2010, 49 (38): 6746-6750.

[100] Huo X, He R, Zhang X, et al. An Ir/Zn dual catalysis for enantio- and diastereodivergent α-allylation of α-hydroxyketones[J]. Journal of the American Chemical Society, 2016, 138 (35): 11093-11096.

[101] Huo X, He R, Fu J, et al. Stereoselective and site-specific allylic alkylation of amino acids and small peptides via a Pd/Cu dual catalysis[J]. Journal of the American Chemical Society, 2017, 139 (29): 9819-9822.

[102] Huo X, Zhang J, Fu J, et al. Ir/Cu dual catalysis: enantio-and diastereodivergent access to α, α-disubstituted α-amino acids bearing vicinal stereocenters[J]. Journal of the American Chemical Society, 2018, 140 (6): 2080-2084.

[103] Wei L, Zhu Q, Xu S M, et al. Stereodivergent synthesis of α, α-disubstituted α-amino acids via synergistic Cu/Ir catalysis[J]. Journal of the American Chemical Society, 2018, 140 (4): 1508-1513.

[104] Yang S, Rui K H, Tang X Y, et al. Rhodium/silver synergistic catalysis in highly enantioselective cycloisomerization/cross coupling of keto-vinylidenecyclopropanes with terminal alkynes[J]. Journal of the American Chemical Society, 2017, 139 (16): 5957-5964.

[105] Liu Q S, Wang D Y, Yang Z J, et al. Ni-Al bimetallic catalyzed enantioselective cycloaddition of cyclopropyl carboxamide with alkyne[J]. Journal of the American Chemical Society, 2017, 139 (50): 18150-18153.

[106] Fu Z, Deng N, Su S N, et al. Diastereo-and enantioselective propargylation of 5H-thiazol-4-ones and 5H-oxazol-4-ones as enabled by Cu/Zn and Cu/Ti catalysis[J]. Angewandte Chemie International Edition, 2018, 57 (12): 15217-15221.

[107] Guan X Y, Yang L P, Hu W. Cooperative catalysis in multicomponent reactions: highly enantioselective synthesis of γ-hydroxyketones with a quaternary carbon stereocenter[J]. Angewandte Chemie International Edition, 2010, 49 (12): 2190-2192.

[108] Zheng H, Wang Y, Xu C, et al. Diversified cycloisomerization/Diels-Alder reactions of 1, 6-enynes through bimetallic relay asymmetric catalysis[J]. Angewandte Chemie International Edition, 2019, 58 (16): 5327-5331.

[109] Miao T, Tian Z Y, He Y M, et al. Asymmetric hydrogenation of in situ generated isochromenylium intermediates by copper/ruthenium tandem catalysis[J]. Angewandte Chemie International Edition, 2017, 56 (15): 4135-4139.

[110] Xiong Y, Zhang G, Enantioselective 1, 2-difunctionalization of 1, 3-butadiene by sequential alkylation and carbonyl allylation[J]. Journal of the American Chemical Society, 2018, 140 (8): 2735-2738.

[111] Seayad J, List B. Asymmetric organocatalysis[J]. Organic. Biomolecular. Chemistry. 2005, 3 (5): 719-724.

[112] Tang Z, Jiang F, Yu L T. et al. Novel small organic molecules for a highly enantioselective direct aldol reaction[J]. Journal of the American Chemical Society, 2003, 125 (18): 5262-5263.

[113] Zhang L, Luo, S. Bio-inspired chiral primary amine catalysis[J]. Synlett, 2012, 23 (11): 1575-1589.

[114] Dong S, Liu X, Zhu Y, et al. Organocatalytic oxyamination of azlactones; kinetic resolution of oxaziridines and asymmetric synthesis of oxazolin-4-ones[J]. Journal of the American Chemical Society, 2013, 135 (27): 10026-10029.

[115] Huang X L, He L, Shao P L, et al. [4+2] Cycloaddition of ketenes with N-benzoyldiazenes catalyzed by N-heterocyclic carbenes [J]. Angewandte Chemie International Edition, 2009, 48: 192–195.

[116] He L, Chen X H, Wang D N, et al. Binaphthol-Derived bisphosphoric acids serve as efficient organocatalysts for highly enantioselective 1, 3-dipolar cycloaddition of azomethineylides to electron-deficient olefins [J]. Journal of the American Chemical Society, 2011, 133 (34): 13504–13518.

[117] Xu F, Huang D, Han C, et al. SPINOL-Derived phosphoric acids: synthesis and application in enantioselective Friedel-Crafts reactions of indoles with imines [J]. Journal of Organic Chemistry 2010, 75 (24): 8677–8680.

[118] Ren X, Du H. Chiral frustrated lewis pairs catalyzed highly enantioselective hydrosilylations of 1, 2-Dicarbonyl Compounds [J]. Journal of the American Chemical Society, 2016, 138 (3): 810–813.

[119] Lu X, Zhang C, Xu Z. Reactions of electron-deficient alkynes and allenes under phosphine catalysis [J]. Accounts of Chemical Research, 2001, 34 (7): 535–544.

[120] Wei Y, Shi M. Multifunctional chiral phosphine organocatalysts in catalytic asymmetric Morita-Baylis-Hillman and related reactions [J]. Accounts of Chemical Research, 2010, 43 (7): 1005–1018.

[121] Xiao H, Chai Z, Zheng C W, et al. Asymmetric [3+2] cycloadditions of allenoates and dual activated olefins catalyzed by simple bifunctional N-acyl aminophosphines [J]. Angewandte Chemie International Edition, 2010, 49: 4467–4470.

[122] Li E, Jin H, Jia P, et al. Bifunctional-Phosphine-Catalyzed sequential annulations of allenoates and ketimines: construction of functionalized polyheterocycle rings [J]. Angewandte Chemie International Edition, 2016, 55 (38): 11591–11594.

[123] Chen P, Yue Z, Zhang J, et al. Phosphine-Catalyzed asymmetric umpolung addition of trifluoromethyl ketimines to Morita-Baylis-Hillman carbonates [J]. Angewandte Chemie International Edition, 2016, 55: 13316–13320.

[124] Li B J, Jiang L, Liu M, et al. Asymmetric Michael addition of arylthiols to α, β-unsaturated carbonyl compounds catalyzed by bifunctional organocatalysts [J]. Synlett 2005, 4: 603–606.

[125] Wang C J, Dong X Q, Zhang Z H, et al. Highly anti-selective asymmetric nitro-Mannich reactions catalyzed by bifunctional amine-thiourea-bearing multiple hydrogen-bonding donors [J]. Journal of the American Chemical Society, 2008, 130: 8606–8607.

[126] Yu J S, Liao F M, Gao W M, et al. Michael addition catalyzed by chiral secondary amine phosphoramide using fluorinated silyl enol ethers: formation of quaternary carbon stereocenters [J]. Angewandte Chemie International Edition, 2015, 54: 7381.

[127] Cao Z Y, Zhou F, Zhou J. Development of synthetic methodologies via catalytic enantioselective synthesis of 3, 3-disubstituted oxindoles [J]. Accounts of Chemical Research, 2018, 51: 1443–1454.

[128] Chen J, Gong X, Li Y, et al. Carbonyl catalysis enables a biomimetic asymmetric Mannich reaction [J]. Science, 2018, 360: 1438–1442.

[129] Wen W, Chen L, Luo M, et al. Chiral aldehyde catalysis for the catalytic asymmetric activation of glycine esters [J]. Journal of the American Chemical Society, 2018, 140: 9774–9780.

[130] Chen L, Luo M, Zhu F, et al. Combining chiral aldehyde catalysis and transition-metal catalysis for enantioselective α-allylic alkylation of amino acid esters [J]. Journal of the American Chemical Society, 2019, 141: 5159–5163.

[131] Luo J, Cao Q, Cao X, et al. Selenide-catalyzed enantioselective synthesis of trifluoromethyl -thiolated tetrahydronaphthalenes by merging desymmetrization and trifluoromethylthiolation [J]. Nature Communications, 2018, 9: 527.

[132] Liu X, Liang Y, Ji J, et al. Chiral selenide-catalyzed enantioselective allylic reaction and Intermolecular difunctionalization of alkenes: efficient construction of C-SCF3 stereogenic molecules [J]. Journal of the

American Chemical Society, 2018, 140: 4782–4786.

[133] Zhang D, Zhang Y, Wu H, et al. Organoiodine–Catalyzed enantioselective alkoxylation/ oxidative rearrangement of allylic alcohols [J]. Angewandte Chemie International Edition, 2019, 58: 7450–7453.

[134] You Y, Zhang L, Cui L, et al. Catalytic asymmetric Mannich reaction with N–carbamoyl imine surrogates of formaldehyde and glyoxylate [J]. Angewandte Chemie International Edition, 2017, 56: 13814–13818.

[135] Zhu L, Zhang L, Luo S. Catalytic desymmetrizing dehydrogenation of 4–substituted cyclohexanones through enamine oxidation [J]. Angewandte Chemie International Edition, 2018, 57: 2253–2258.

[136] Dai J, Xiong D, Yuan T, et al. Chiral primary amine catalysis for asymmetric Mannich reactions of aldehydes with ketimines: stereoselectivity and reactivity [J]. Angewandte Chemie International Edition, 2017, 56: 12697–12701.

[137] Chen Q, Gao Z, Ye S. (Dynamic) kinetic resolution of enamines/imines: enantioselective N–heterocyclic carbene catalyzed [3+3] annulation of bromoenals and enamines/imines [J]. Angewandte Chemie International Edition, 2019, 58: 1183–1187.

[138] Wu Z, Wang J. Enantioselective medium ring lactone synthesis through a NHC–catalyzed intramolecular desymmetrization of prochiral 1, 3–diols [J]. ACS Catalysis, 2017, 7: 7647–7652.

[139] Zhao C, Guo D, Munkerup K, et al. Enantioselective [3+3] atroposelective annulation catalyzed by N–heterocyclic carbenes [J]. Nature Communications, 2018, 9: 611.

[140] Yang G, Guo D, Meng D, et al. NHC–catalyzed atropoenantioselective synthesis of axially chiral biaryl amino alcohols via a cooperative strategy [J]. Nature Communications, 2019, 10: 3062.

[141] Wu Z, Wang J. A tandem dearomatization/rearomatization strategy: enantioselective N–heterocyclic carbenecatalyzed α –arylation [J]. Chemical Science, 2019, 10: 2501–2506.

[142] Yuan P, Chen J, Zhao J, et al. Enantioselective hydroamidation of enals by trapping of a transient acyl species [J]. Angewandte Chemie International Edition, 2018, 57: 8503–8507.

[143] Wang L, Jiang X, Chen J, et al. Enantio– and diastereoselective hydrofluorination of enals by N–heterocyclic carbene catalysis [J]. Angewandte Chemie International Edition, 2019, 58: 7410–7414.

[144] Zhang Y, Huang J, Guo Y, et al. Access to enantioenriched organosilanes from enals and β –silyl enones: carbene organocatalysis [J]. Angewandte Chemie International Edition, 2018, 57: 4594–4598.

[145] Qi L, Mao J, Zhang J, et al. Organocatalytic asymmetric arylation of indoles enabled by azo groups [J]. Nature Chemistry, 2018, 10: 58–64.

[146] Wang Y, Yu, P, Zhou Z, et al. Rational design, enantioselective synthesis and catalytic applications of axially chiral EBINOLs [J]. Nature catalysis, 2019, 2: 504–513.

[147] Zhang L, Xiang S, Wang J, et al. Phosphoric acid–catalyzed atroposelective construction of axially chiral arylpyrroles [J]. Nature Communications, 2019, 10: 566.

[148] Zhang J, Yu P, Li S, et al. Asymmetric phosphoric acid–catalyzed four–component Ugi reaction [J]. Science, 2018, 361: 1087.

[149] Xia Z, Zheng C, Wang S, et al. Catalytic asymmetric dearomatization of indolyl dihydropyridines through an enamine isomerization/spirocyclization/transfer hydrogenation sequence [J]. Angewandte Chemie International Edition, 2018, 57: 2653–2656.

[150] Xia Z, Zheng C, Xu R, et al. Chiral phosphoric acid catalyzed aminative dearomatization of α –naphthols/Michael addition sequence [J]. Nature Communications, 2019, 10: 3150.

[151] Li Y, Li Z, Zhou B, et al. Chiral spiro phosphoric acid–catalyzed Friedel–Crafts conjugate addition/enantioselective protonation reactions [J]. ACS Catalysis, 2019, 9: 6522–6529.

[152] Ma C, Jiang F, Sheng F T., et al. Design and catalytic asymmetric construction of axially chiral 3, 3' –bisindole skeletons [J]. Angewandte Chemie International Edition, 2019, 58 (10): 3014–3020.

[153] Fan L, Han C, Li X, et al. Enantioselective polyene cyclization catalyzed by a chiral Brønsted acid [J]. Angewandte Chemie International Edition, 2018, 57: 2115–2119.

[154] Li S, Yang C, Wu Q, et al. Atroposelective organocatalytic asymmetric allylic alkylation reaction for axially chiral anilides with achiral Morita–Baylis–Hillman carbonates [J]. Journal of the American Chemical Society, 2018, 140: 12836–12843.

[155] Yang G, Li Y, Li X, et al. Access to P–chiral phosphine oxides by enantioselective allylic alkylation of bisphenols [J]. Chemical Science, 2019, 10: 4322–4327.

[156] Zhou Q, Meng W, Yang J, et al. A continuously regenerable chiral ammonia borane for asymmetric transfer hydrogenation [J] Angewandte Chemie International Edition, 2018, 57: 12111–12115.

[157] Wang H, Zhang L, Tu Y, et al. Phosphine–Catalyzed difunctionalization of β–fluoroalkyl α, β–enones: a direct approach to β–amino α–diazo carbonyl compounds [J]. Angewandte Chemie International Edition, 2018, 57: 15787–15791.

[158] Wang H, Zhang J, Tu Y, et al. Phosphine–Catalyzed enantioselective dearomative [3+2]–cycloaddition of 3–nitroindoles and 2–nitrobenzofurans [J]. Angewandte Chemie International Edition, 2019, 58: 5422–5426.

[159] Liu Y, Wu X, Li S, et al. Organocatalytic atroposelective intramolecular [4+2] cycloaddition: synthesis of axially chiral heterobiaryls [J]. Angewandte Chemie International Edition, 2018, 57: 6491–6495.

[160] Jia S, Chen Z, Zhang N, et al. Organocatalytic enantioselective construction of axially chiral sulfone–containing styrenes [J]. Journal of the American Chemical Society, 2018, 140: 7056–7060.

[161] Peng L, Xu D, Yang X, et al. Organocatalytic asymmetric one–step desymmetrizing dearomatization reaction of indoles: development and bioactivity evaluation [J]. Angewandte Chemie International Edition, 2019, 58: 216–220.

[162] Tu X S, Zeng N N, Li R Y, et al. C2–symmetric bicyclic bisborane catalysts: kinetic or thermodynamic products of a reversible hydroboration of dienes [J]. Angewandte Chemie International Edition, 2018, 57 (46): 15096–15100.

[163] Li X, Tian J J, Liu N, et al. Spiro–Bicyclic bisborane catalysts for metal–free chemoselectiveand enantioselective hydrogenation of quinolines [J]. Angewandte Chemie International Edition, 2019, 131 (14): 4712–4716.

[164] Chen D F, Han Z Y, Zhou X L, et al. Asymmetric organocatalysis combined with metal catalysis: concept, proof of concept, and beyond [J]. Accounts of chemical research, 2014, 47 (8): 2365–2377.

[165] Du Z, Shao Z. Combining transition metal catalysis and organocatalysis–an update [J]. Chemical Society Reviews, 2013, 42 (3): 1337–1378.

[166] Song J, Zhang Z, Chen S, et al. Lewis base/copper cooperatively catalyzed asymmetric α–amination of esters with diaziridinone [J]. Journal of the American Chemical Society, 2018, 140: 3177–3180.

[167] Li L, Ding D, Song J, et al. Catalytic generation of C1 ammonium enolates from halides and CO for asymmetric cascade reactions [J]. Angewandte Chemie International Edition, 2019, 58: 7647–7651.

[168] Zhang Z J, Zhang L, Geng R, et al. N–heterocyclic carbene/copper cooperative catalysis for the asymmetric synthesis of spirooxindoles [J]. Angewandte Chemie International Edition, 2019, 58: 12190–12194.

[169] Wang L, Lv J, Zhang L, et al. Catalytic regio– and enantioselective [4+2] annulation reactions of non–activated allenes by a chiral cationic indium complex [J]. Angewandte Chemie International Edition, 2017, 56: 10867–10871.

[170] Lin J, Li T, Liu J, et al. Cu/Chiral phosphoric acid–catalyzed asymmetric three–component radical–initiated 1, 2–dicarbofunctionalization of alkenes [J]. Journal of the American Chemical Society, 2019, 141: 1074–1083.

[171] Yang Q, Yin X, He X, et al. Asymmetric formal [5+3] cycloadditions with unmodified Morita–Baylis–Hillman alcohols via double activation catalysis [J]. ACS Catalysis, 2019, 9: 1258–1263.

[172] Ran G, Yang X, Yue J, et al. Asymmetric allylic alkylation with deconjugated carbonyl compounds: direct

vinylogous umpolung strategy [J]. Angewandte Chemie International Edition, 2019, 58: 9210–9214.

[173] Yin Y, Dai Y, Jia H, et al. Conjugate addition–enantioselective protonation of N–aryl glycinesto α –branched 2–vinylazaarenes via cooperative photoredox and asymmetric catalysis [J]. Journal of the American Chemical Society, 2018, 140: 6083–6087.

[174] Li J, Kong M, Qiao B, et al. Formal enantioconvergent substitution of alkyl halides via catalytic asymmetric photoredox radical coupling [J]. Nature Communications, 2018, 9: 2445.

[175] Cao K, Tan S, Lee R, et al. Catalytic enantioselective addition of prochiral radicals to vinylpyridines [J]. Journal of the American Chemical Society, 2019, 141: 5437–5443.

[176] Fu M, Shang R, Zhao B, et al. Photocatalytic decarboxylative alkylation mediated by triphenylphosphine and sodium iodide [J]. Science 2019, 363: 1429–1434.

[177] Zhang M, Wang Y, Wang B, et al. Synergetic iridium and amine catalysis enables asymmetric [4+2] cycloadditions of vinyl aminoalcohols with carbonyls [J]. Nature Communications, 2019, 10: 2716.

[178] Wang G, Chen M, Zhu S, et al. Enantioselective Nazarov cyclization of indole enones cooperatively catalyzed by Lewis acids and chiral Brønsted acids [J]. Chemical Science, 2017, 8: 7197–7202.

[179] Wei, H, Bao M, Dong K, et al. Enantioselective oxidative cyclization/mannich addition enabled by gold (I)/ chiral phosphoric acid cooperative catalysis [J]. Angewandte Chemie International Edition, 2018, 57: 17200–17204.

[180] Kang Z, Wang Y, Zhang D, et al. Asymmetric counter–anion–directed aminomethylation: synthesis of chiral β –amino acids via trapping of an enol intermediate [J]. Journal of the American Chemical Society, 2019, 141: 1473–1478.

[181] Chen S K, Ma W Q, Yan Z B, et al. Organo–Cation catalyzed asymmetric homo/ heterodialkylation of bisoxindoles: construction of vicinal all–carbon quaternary stereocenters and total synthesis of (–) –Chimonanthidine [J]. Journal of the American Chemical Society, 2018, 140 (32): 10099–10103.

[182] Yuan Y H, Han X, Zhu F P, et al. Development of bifunctional organocatalysts and application to asymmetric total synthesis of naucleofficine I and II [J]. Nature communications, 2019, 10 (1): 3394.

[183] Liu Y T, Li L P, Xie J H, et al. Divergent asymmetric total synthesis of mulinane diterpenoids [J]. Angewandte Chemie International Edition, 2017, 56 (41): 12708–12711.

[184] Zheng H, Liu X, Xu C, et al. Regio– and enantioselective aza–Diels–Alder reactions of 3–vinylindoles: a concise synthesis of the antimalarial spiroindolone NITD609 [J]. Angewandte Chemie International Edition, 2015, 54 (37): 10958–10962.

[185] Li L, Yang Q, Wang Y, et al. Catalytic asymmetric total synthesis of (–)–Galanthamine and (–)–Lycoramine [J]. Angewandte Chemie International Edition, 2015, 54 (21): 6255–6259.

[186] He W G, Hu J D, Wang P Y, et al. Highly enantioselective tandem Michael addition of tryptamine–derived oxindoles to alkynones: concise synthesis of strychnos alkaloids [J]. Angewandte Chemie International Edition, 2018, 57 (14): 3806–3809.

[187] Hu J L, Feng L W, Wang L J. Enantioselective construction of cyclobutanes: a new and concise approach to the total synthesis of (+) –Piperarborenine B [J]. Journal of the American Chemical Society, 2016, 138 (40): 13151–13154.

[188] Zhao G, Xu G, Qian C, et al. Efficient enantioselective syntheses of (+) –Dalesconol A and B [J]. Journal of the American Chemical Society, 2017, 139 (9): 3360–3363.

[189] Zhang Z, Wang J, Li J, et al. Total synthesis and stereochemical assignment of delavatine A: Rh–catalyzed asymmetric hydrogenation of indene–type tetrasubstituted olefins and kinetic resolution through Pd–catalyzed triflamide–directed C–H olefination [J]. Journal of the American Chemical Society, 2017, 139 (15): 5558–5567.

[190] Zeng X P, Zhou J. Me2 (CH2Cl) SiCN: bifunctional cyanating reagent for the synthesis of tertiary alcohols with a chloromethyl ketone moiety via ketone cyanosilylation [J]. Journal of the American Chemical Society, 2016, 138: 8730–8733.

[191] Liu D D, Sun T W, Wang K Y, et al. Asymmetric total synthesis of Lancifodilactone G acetate [J]. Journal of the American Chemical Society, 2017, 139 (16): 5732–5735.

[192] Zhao X, Li W, Wang J, et al. Convergent route to ent–kaurane diterpenoids: total synthesis of lungshengenin D and 1α, 6α–diacetoxy–ent–kaura–9 (11), 16–dien– 12, 15–dione [J]. Journal of the American Chemical Society, 2017, 139 (8): 2932–2935.

[193] Wu J, Kadonaga Y, Hong B, et al. Enantioselective total synthesis of (+)–Jungermatrobrunin A [J]. Angewandte Chemie International Edition, 2019, 58 (32): 10879–10883.

[194] Zhou S, Guo R, Yang P, et al. Total synthesis of septedine and 7–deoxyseptedine [J]. Journal of the American Chemical Society, 2018, 140 (29): 9025–9029.

[195] Liang X, Zhang T Y, Zeng X Y, et al. Ir–catalyzed asymmetric total synthesis of (–)–Communesin F [J]. Journal of the American Chemical Society, 2017, 139 (9): 3364–3367.

[196] Guo L D, Huang X Z, Luo S P, et al. Organocatalytic, asymmetric total synthesis of (–)–Haliclonin A [J]. Angewandte Chemie International Edition, 2016, 55 (12): 4064–4068.

[197] Zhang Z, Xie S J, Chen B, et al. Enantioselective total synthesis of (+)–Arboridinine [J]. Journal of the American Chemical Society, 2019, 141 (17): 7147–7154.

[198] Nie W, Gong J, Chen Z, et al. Enantioselective total synthesis of (–)–Arcutinine [J]. Journal of the American Chemical Society, 2019, 141 (24): 9712–9718.

[199] Leng L, Zhou X, Liao Q, et al. Asymmetric total syntheses of kopsia indole alkaloids [J].Angewandte Chemie International Edition, 2017, 56 (13): 3703–3707.

[200] Yan P C, Zhu G L, Xie J H, et al, Industrial scale–up of enantioselective hydrogenation for the asymmetric synthesis of rivastigmine [J]. Organic Process Research & Development, 2013, 17 (2): 307–312.

[201] Zhu G L, Zhang X D, Yang L J, et al. Ir/SpiroPAP catalyzed asymmetric hydrogenation of a key intermediate of montelukast: process development and potential impurities study [J]. Organic Process Research & Development, 2016, 20 (1): 81–85.

[202] Liu Z, Lin S, Li W, et al, Enantioselective synthesis of cycloalkenyl–substituted alanines, United States Patent Application & Publication [P]. US 20110257408 A1 20111020, 2011.

[203] Gong W, Chen X, Jiang H, et al. Highly stable Zr (IV)–based metal–organic frameworks with chiral phosphoric acids for catalytic asymmetric tandem reactions [J]. Journal of the American Chemical Society, 2019. 141 (18): 7498–7508.

[204] Xu H S, Ding S Y, An W K, et al. Constructing crystalline covalent organic frameworks from chiral building blocks [J]. Journal of the American Chemical Society, 2016, 138 (36): 1489–11492.

[205] Han Q, Qi B, Ren W, et al. Polyoxometalate–based homochiral metal–organic frameworks for tandem asymmetric transformation of cyclic carbonates from olefins [J]. Nature Communications, 2015, 6: 10007.

[206] Chen F F, Zheng G W, Liu L, et al. Reshaping the active pocket of amine dehydrogenases for asymmetric synthesis of bulky aliphatic amines [J]. ACS Catalysis, 2018, 8 (3): 2622–2628.

[207] Wang M X, Enantioselective biotransformations of nitriles in organic synthesis [J]. Accounts of Chemical Research, 2015, 48: 602–611.

撰稿人：周　剑　罗三中　冯小明

空天动力中的燃烧化学问题研究进展

1 引言

航空涡轮、超燃冲压、液体火箭和组合动力发动机是将来空天动力发展的重要方向，燃烧室的研究与设计是关键性的技术瓶颈和国际难题，其核心关键问题是燃烧化学问题。关注燃料组分、燃烧机理和流动模拟之间的关联性，重点开展燃烧室内高速流动条件下的燃烧过程研究、揭示燃烧室内的高速流动反应机制，是基于过程研究进行合理设计的创新思路，也是解决空天飞行中燃料和动力相关性的根本手段。针对上述问题，燃烧化学学科在近年来开展了相关研究，主要集中在三个方面：喷气燃料燃烧化学、含能材料燃烧化学和吸热型碳氢燃料应用技术。

在喷气发动机燃烧化学方面，随着计算机发展，数值模拟已成为燃烧室研究的重要手段。燃烧室涉及湍流、两相流和燃烧等过程及相互作用，数值模拟燃烧室的湍流模型正在由 RANS 为主向 RANS/LES 混合及全 LES 发展，但是化学反应机理仍主要采用简单的火焰面模型或总包机理。这样的模拟能很好描述燃烧室热力特性，但因反应动力学模型分辨率不足，难以用于一些复杂燃烧问题的模拟，例如点火和联焰、熄火、燃烧不稳定性以及污染排放等。提高数值模拟中的燃烧反应分辨率，使其能够准确表征点火延迟和火焰传播等特性，是实现燃烧室全性能数值模拟的关键。

吸气式发动机涉及的燃料，如煤油，是复杂的碳氢化合物的混合物。针对这类燃料开发适用于吸气式发动机燃烧条件的详细可靠的燃烧动力学机理还存在一些困难，一方面，由于燃烧过程的复杂性，特别是在低于 1000 K 温度下，要得到能可靠描述燃烧过程的化学动力学机理，需要研究各种反应路径的重要性，并探索燃烧中的新反应路径。另一方面燃烧机理中包含的反应和物种数目庞大，其中的热力学和动力学数据的精度，特别是涉及大分子体系，仍然较低，导致由这些参数组成的反应动力学模型缺乏可靠性。此外，还需要进一步设计针对发动机燃烧条件的燃烧实验，以验证机理的合理性。另外，采用复杂的燃料燃烧化学反应机理针对吸气式发动机开展燃烧模拟也存在一定的困难：在真实燃烧室中直接求解复杂机理的输运方程是目前的计算条件难以承受的；化学反应源项包含非常宽的时间尺度，导致组分输运方程出现刚性，进而出现模拟的不稳定；燃烧室中化学反应尺度远小于湍流最小尺度，会在湍流燃烧模拟中产生非常多的高阶项，难以进行直接求解。因此，要把燃料燃烧的化学反应机理用于燃烧室的数值模拟，还需要针对复杂燃料化学动力学模型发展简化方法和模型，在减小求解复杂化学反应过程的计算量同时保证不损失过多的精度。

吸热型碳氢燃料（Endothermic Hydrocarbon Fuel，简称 EHF）是一类新型的高速飞行用燃料，具备优良的热安定性，能够同时满足高速飞行器冷却与燃烧要求，是可燃冷却剂。它在进入燃烧室燃烧之前，通过物理和化学吸热提供热沉，带走飞行器高温部件表面的大量热量并裂解生成燃烧性能更优的小分子产物，这些小分子在燃烧室燃烧时再将能量释放出来，从而提高能量的利用率，减少高速运载系统的热载荷。碳氢燃料来源丰富，价格低廉，兼容性好，特别适用于严格限制尺寸的高速飞行器。发展具备冷却和推进双功能的吸热型碳氢燃料成为先进液体燃料研究的主要方向之一。

含能材料涉及各类组成不同的燃料和氧化剂，在外界作用下能够快速反应，释放大量的气体和热量。含能材料通常包括炸药、推进剂、烟火剂等。含能材料的安全性是其两个最重要性能之一，深入了解含能材料的热分解行为对于理解其安全性有着十分重要的意义。近年来，在含能材料及其组分的热化学、火药燃烧化学以及含能材料燃烧诊断技术等方面国内开展了系统的研究工作。但由于目前实验方法的局限，还很难从微观层次揭示含能材料热分解过程，而计算模拟方法为我们提供了良好的手段来深入研究这一过程，研究取得了一系列重要的进展。

2 国内研究进展

2.1 喷气发动机燃烧化学研究进展

2.1.1 研究背景及现状

航空煤油等实际燃油包含的组分很复杂，构建其燃烧详细机理时通常先设计替代模型，再从组成其替代模型的链烷烃、环烷烃和芳香烃等单组分碳氢化合物的燃烧机理构建得到。碳氢化合物燃烧过程非常复杂，详细燃烧机理往往涉及上千个物种和上万个反应，且随着分子量的增加，机理也将越来越庞大。例如，Broadbelt 等建立的正十四烷烃燃烧机理包含了 19052 个物种和 479206 个反应[1]。由于燃烧反应详细机理的复杂性，燃烧反应详细机理通常按反应类型通过机理自动生成程序自动生成。因此，对机理自动生成程序中反应类体系提供精确动力学参数，是所生成详细机理应用于燃烧模拟能得到可靠结果的前提。得益于量子化学方法、反应速率理论和统计力学理论的发展，通过对燃烧基元反应进行化学动力学计算，并在此基础上构建用于燃烧数值模拟的动力学模型已经成为燃烧化学研究的基本手段。目前，在燃烧化学动力学理论研究领域中，高精度、高效率的反应势能面构建和热力学及动力学数据的计算，并合理评估基元反应热力学和动力学数据的不确定度是构建燃烧反应动力学机理的关键问题之一。另外，大分子体系反应动力学参数的精确计算也是对计算化学的一个挑战。

由于量子化学从头算方法的局限性，目前流行的机理生成程序通常采用速率规则方法在线计算动力学参数。速率规则方法包括：①简单速率规则方法：同一反应类中所有反应给予相同的数值。这种方法有时会带来很大误差，如 OH + 烷烃反应类，不同反应能垒差可达 8 kcal/mol，其反应速率常数在 500 K 时偏差可达 3 数量级[2]；②线性自由能关系：同一反应类中反应活化能 E_a 和反应焓 ΔH 间满足线性关系[3]：$E_a = a + b\Delta H$。机理自动生成程序中同一反应类的任一反应活化能可由其热力学参数得到的反应焓 ΔH 通过线性自由能关系法估算得到。该方法的缺点之一是假定同一反应类中所有反应速率常数表达式的指前因子一样，很明显这会带来较大的误差。而且 Orrego 等[4]和 Gomes-Balderas 等[5]研究发现，许多反应类型并没有这样的线性关系；③动力学基团加和法：动力学基团加和法最早是由 Saeys 等提出的，该方法从物种热力学性质的估算推广到化学反应活化能的估算[6]，随后由 Sabbe 等推广到指前因子的估算[7, 8]。同热力学基团加和法一样，动力学基团加和法对许多环分子反应类体系有较大误差，而且，目前许多反应类体系缺乏动力学基团贡献值的报道。因此，建立高精度从头算方法在线动力学参数计算是机理生成软件的发展方向。

2.1.2 国内具体研究进展

对于大分子体系反应动力学参数的精确计算问题，Truong 等提出了反应类过渡态理论[9]，李泽荣等提出了等键反应动力学理论解决此问题。针对碳氢化合物低温燃烧机理中重要反应类体系的动力学参数规则，李泽荣[10]等采用等键反应动力学理论，结合高精度量子化学计算，对氢过氧自由基从烷烃分子中提取氢反应[11]、氢过氧烷基过氧自由基协同消除反应[12]、烷基氢过氧化物与羟基自由基的氢提取反应[13]等反应类型，计算得到了高压极限速率常数，并建立了各反应类型高压极限速率常数规则；此外，针对碳氢化合物低温燃烧机理中许多压力相关反应类型，结合等键反应动力学理论和主方程方法，通过计算还建立了如烷基过氧化合物分子内氢迁移[14]，烯基过氧自由基分子内氢迁移反应类和协同消除反应[15]等反应类压力相关速率常数规则。这些工作为宽温度宽压力范围详细机理的构建提供了精确的动力学数据。此外，李泽荣[16]等建立了反应类体系过渡态几何结构自动构建方法，结合等键反应动力学理论实现了反应类体系动力学参数在线高精度自动计算。游小清课题组一方面通过大量的标定计算，发现了适于计算大分子能量的密度泛函方法[17]；另一方面，利用能量分块法，得到了长链脂肪酸甲酯高精度理论水平下的电子能量[18]。在大分子燃料反应动力学研究方面，游小清等研究了长链不饱和脂肪酸甲酯的氢提取反应的速率常数[19, 20]，评估了变分过渡态理论、小曲线隧穿和多结构扭转这些高级但计算量大的方法的适用性和必要性，并系统研究了分子大小、长链、不饱和性对氢提取反应速率常数的影响。针对长链分子内部扭转处理难度很大的问题，对比了不同的扭转势能面及振动频率分析方法对烷烃分子标准生成焓、比热容和熵预测的影响，提出了适用于烷烃分子的快速准确的内部扭转处理方法[21]。此外，游小清等还开发了一种智能、准确、快速预测标准生成焓的基团贡献方法[22]。

温度和压力依赖的燃烧反应速率常数是燃烧化学最重要的研究对象之一，更是燃烧动力学模型的基础。为了准确描述基于理论计算得到的燃烧反应速率常数的不确定性，从而发展包含反应动力学不确定性信息的燃烧动力学模型，张凤课题组基于对 RRKM/ 主方程模型的全局不确定性分析提出了反应速率常数误差的定量评估方法[23, 24]，成功实现了对理论计算得到的反应速率常数的误差分析从定性到定量的跨越。在此基础上，探究了多势阱多通道体系温度和压力依赖的不确定性传递机制，阐明了不同条件下影响速率常数及其分支比准确性的关键因素。

碳氢化合物燃烧反应的详细机理通常是由通用性较好的小分子核心机理和大分子扩展机理两部分构成。不同碳氢燃料燃烧所涉及基元反应中，涉及小分子的基元反应基本一致，通常也把这部分基元反应作为碳氢化合物燃烧的核心机理。核心机理通常是从 H_2、CO 的燃烧机理出发，再到单组分小分子体系如甲烷、乙烷、乙烯、乙炔、丙烷、丙烯、丁烷、丁烯等燃烧机理逐级发展建立的。核心机理是对比这些小分子体系不同工况条件下燃烧实验数据，经过优化和广泛验证所得到。C0–C4 核心机理包含着大量重要的自由基反应，包含控制燃烧放热、着火、火焰传播的重要反应。文献中对 C0–C4 核心机理进行了一系列的研究，但由于主要采用碳氢燃料作为研究对象，关键的小分子自由基只能在高温下产生，导致基于这些研究发展的核心机理主要适用于高温条件。近年来，随着均质压燃（HCCI）、反应活性控制压燃（RCCI）等发动机低温燃烧技术的发展，低温燃烧反应动力学已成为国际燃烧研究领域的热点问题，迫切需要可涵盖从低温区到高温区的 C0–C4 核心机理。针对这一问题，基于含氧基团对链接自由基键能的弱化，齐飞和李玉阳课题组在 600~900 K 的低温区条件下产生了甲基、乙基等一系列小分子自由基，并选择不同含氧基团分别实现热解和低温氧化环境，系统揭示了这些小分子自由基的复合反应和低温氧化反应途径，并将核心机理中小分子自由基反应的验证扩展到低温条件[25, 26]。还通过理论计算获得了 C0–C4 核心机理中关键低温反应的速率常数，构建了包括低温和高温反应的 C0–C4 核心机理；通过高强度、宽工况范围的实验验证，机理可对低温氧化特性、高压火焰传播和芳烃污染物生成等关键燃烧特性进行准确预测[27, 28]。张凤等研究了 C_4H_7、C_4H_6 和 C_4H_5 几种典型 C_4 组分，探究了缺失的反应路径，采用 RRKM/ 主方程方法计算了温度和压力依赖的速率常数，完善了核心机理中 C4 子机理[29–31]。

宽范围燃烧反应动力学模型的发展需要囊括全面的反应类型，拓展基础燃烧实验涵盖的工况范围，并通过高强度的验证确保动力学参数的准确性和模型在宽工况范围下的适用性。张凤等针对化石燃料的典型替代燃料组分 - 环烷烃（包括环己烷、甲基环己烷和乙基环己烷）的低温氧化反应路径展开了系统的高精度量子化学计算和动力学模拟，并与中国科技大学国家同步辐射实验室的真空紫外光电离质谱燃烧诊断平台的实验研究紧密结合，研究了环己烷和甲基、乙基环己烷的低温燃烧机理[32-34]（图 1、图 2）。

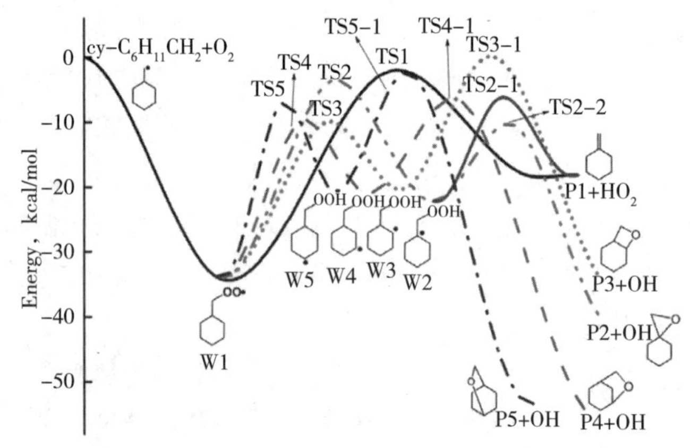

图 1　甲基环己烷低温反应势能面

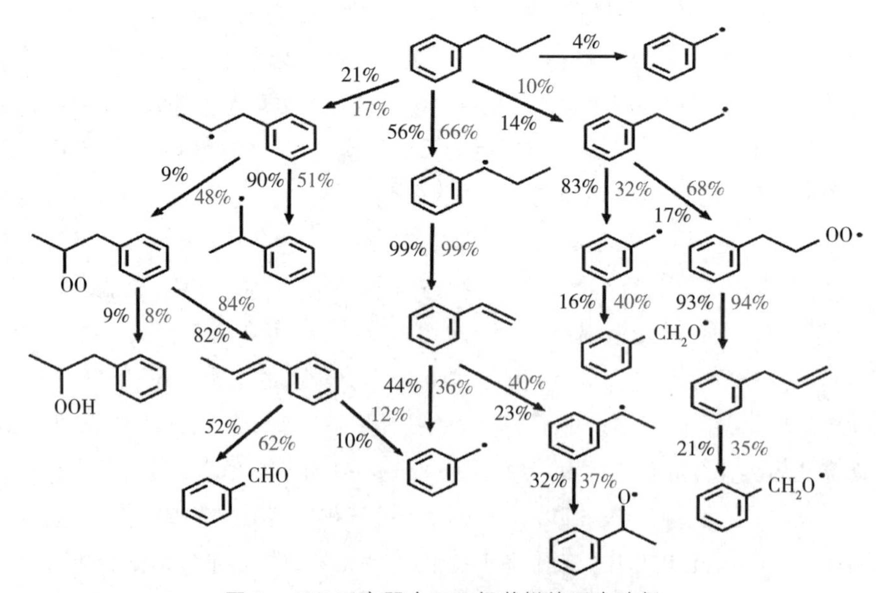

图 2　JSR 反应器中正丙级苯燃烧反应途径

齐飞和李玉阳等基于新颖的燃烧测量成果和变压力基础燃烧实验研究，通过添加多种燃烧新产物的反应路径，对运输燃料中的典型芳烃、链烃和环烷烃组分建立了具有高预测性的燃烧反应动力学模型[35-37]。特别是在芳烃模型中，结合对苄基分解新产物以及芳烃自由基的实验测量，率先考虑了 5- 亚乙烯基 -1，3- 环戊二烯及其自由基的最新基元反应理论研究成果，提高了模型中苄基分解子机理的准确性，可以很好地预测苄基、5- 亚乙烯基 -1，3- 环戊二烯及其自由基等关键中间产物的浓度[35]。针对前人模型验证不足、适用性有限的问题，全面运用燃烧中间产物浓度和着火延迟时间、火焰传播速度等宏观燃烧参数对模型进行宽广温度、压力、当量比范围的验证，大幅提高了模型的适用性和预测性。

四川大学李象远课题组围绕燃烧反应数据库系统和宽工况适用燃烧反应机理模型的构建，优化了机理自动生成程序 ReaxGen 的反应类型：采用本课题组高精度计算结果更新反应类型，同时采用实验数据和其他理论计算等文献值更新动力学数据；扩展三种低温燃烧反应类型，包括烷基过氧化物的氢提取及后续分解反应，羰基过氧化物的氢提取及后续分解反应；同时针对压力相关反应，包括断键反应、异构化反应等，加入压力相关的速率常数。实现了宽广条件（高温和低温，高压和低压）下燃烧机理构建（图 3）。

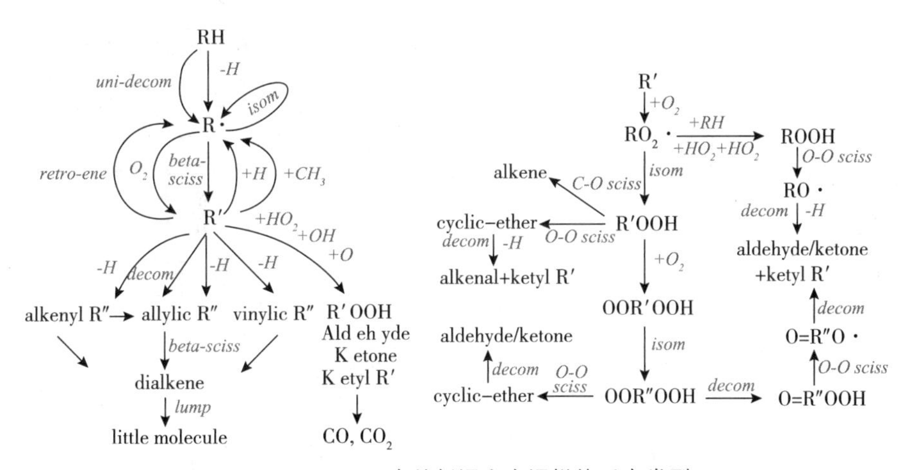

图 3　ReaxGen 中的低温和高温燃烧反应类型

该课题组结合自主机理简化程序 ReaxRed，开发了用户燃料自定义动力学建模模块，这种方法将克服国际商业燃烧软件不能为用户提供有限速率动力学模型的困难，具有集成创新性。开发了燃烧数据库，包含近 4000 个物种热力学数据和近 6000 个动力学参数，其中反应类型涉及单分子反应和双分子反应，包括小分子势能面上的反应，动力学参数包括压力相关和高压极限的速率常数。在给出动力学参数文件的同时，也给出了反应中对应物种的 mol 文件，方便用户查找与识别相应的物种名称。反应涉及的动力学参数均来源于高精度量子化学计算。基于 MongoDB 数据库，实现了燃烧数据的存储并公开检索，填补了我国燃烧数据库建设的空白（试运行网址：http://combus.vlcc.cn）；构建了 RP-3 航空煤油和单组分燃料正十烷的燃烧反应机理，在空气稀释的多个工况下，这些机理模拟精度高

（除极少数点达到 40% 多的误差外，大部分的工况下，都能保持 30% 及以下的误差范围），能够很好地再现 RP-3 航空煤油的高温燃烧反应特性。获得了可用于发动机燃烧室数值模拟框架机理和准稳态机理，实现了国产航油简化模型的自主构建。

利用大规模反应分子动力学模拟能够揭示航空发动机燃料燃烧全景式产物演化及反应机理，李晓霞团队在此方面取得重要进展。李晓霞团队首次利用含 24 个组分的燃油多组分模型进行了 RP-1（图 4）和生物油的氧化反应的 ReaxFF MD 模拟，考察了 RP-1 的化学反应性[38]、碳烟纳米颗粒形成机理[39]及生物油氧化反应机理[40]。以 RP-1 的 24 组分模型作为基准体系，模拟考察了 RP-1 的 3 组分替代燃料模型的热解反应性。发现热解反应物和乙烯演化的整体趋势相似，但燃料分子消耗的质量分数最多可相差 20%，原因是 3 组分模型中热稳定性好的环烃占比大。利用自主研发的独特的 VARxMD 揭示的 RP-1 燃料中复杂多支链结构、双环结构的反应路径，可为优化和补充现有反应机理库提供线索。ReaxFF MD 可作为基于计算快速评估现有替代燃料模型化学反应性的新途径[38]。通过对 RP-1 的 24 组分模型进行高温、贫氧、长时间模拟，首次观察到从燃料分子分解到初始环形成、类多环芳烃增长到初始核形成及随后环结构转变形成类石墨烯的纳米碳烟颗粒这一完整的微观反应过程。利用 VARxMD 所揭示的反应路径支持燃料分子侧链在成环、成核过程中发挥作用的猜测，观察到成环和环增长是通过链或侧链形成大环、大环内桥接实现的，是碳烟纳米颗粒形成的可能路径之一，这与主流的 HACA 路径不同。通过对基于文献实验表征数据所构建的 24 组分生物油模型的模拟，首次较为系统地观察了多组分生物油体系高温氧化条件下的反应行为。ReaxFF MD 模拟观察到的产物与文献报道相符，得到的反应路径类型可基本重现文献中报道的路径，揭示了生物油氧化条件下 5 个代表性组分的初始反应网络，说明 ReaxFF MD 可以用于描述生物油的氧化反应行为。

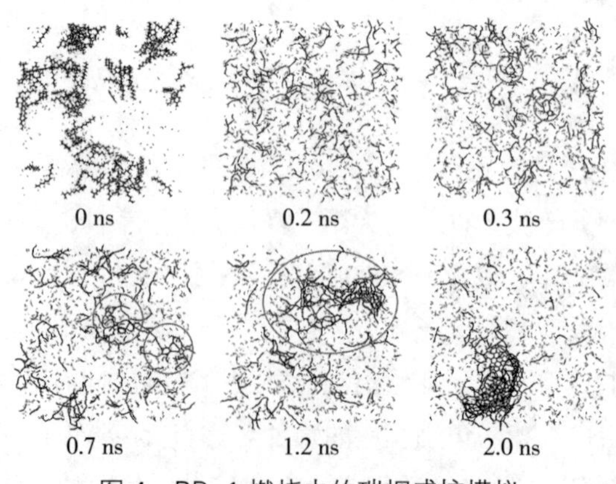

图 4　RP-1 燃烧中的碳烟成核模拟

层流火焰传播研究能够为发动机燃烧研究提供关键的层流火焰传播速度信息和火焰不稳定性理论分析，是验证燃烧反应动力学模型、推导湍流火焰传播速度的基础。但长期以来，传统的单腔定容燃烧弹和双腔定压燃烧弹方法均难以应用于高温高压条件，导致高沸点运输燃料的高压层流火焰传播研究长期存在空白。齐飞和李玉阳等基于双面保护自密封的石英视窗设计，发展了高温高压定容燃烧弹实验方法（图 5），装置可耐受最高静压 200 atm（初始压力超过 20 atm），可加热至 500 K[41，42]。利用这一方法对一系列高沸点运输燃料的高压火焰传播进行了研究，揭示了显著的燃料分子结构效应。例如，发现苯、甲苯和乙基苯等芳烃燃料由于碳氢比和生成苄基能力不同，其火焰传播速度出现了强烈的热效应和化学效应[41]；在正丙醇和异丙醇的火焰传播中发现了显著的燃料同分异构体效应，这主要源于燃料生成活泼自由基和稳定自由基能力的差异[43]。

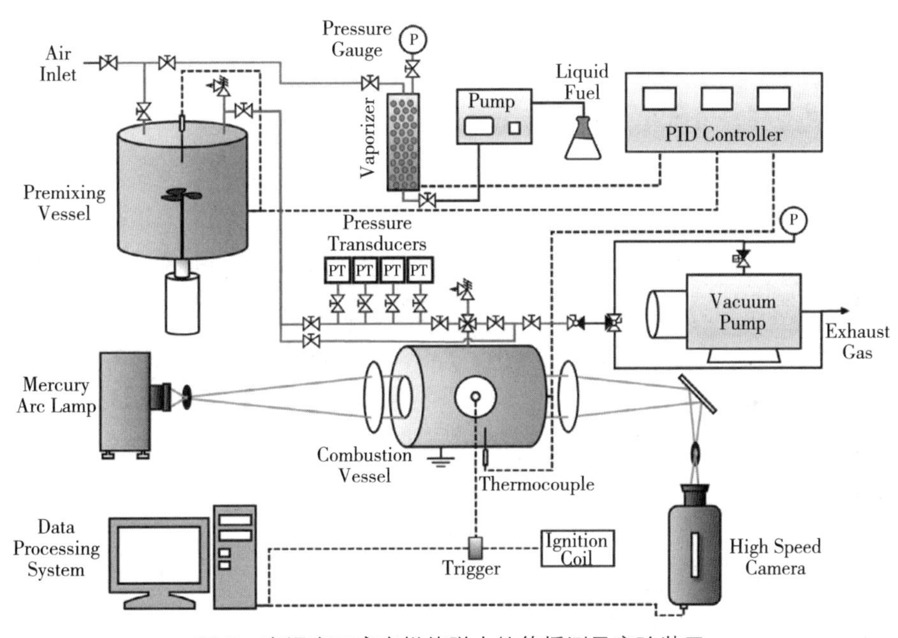

图 5　高温高压定容燃烧弹火焰传播测量实验装置

芳烃是实际航油关键组分，其基础燃烧特性决定航煤燃烧性能及污染物排放生成。但自身分子所带大 π 键导致其反应活性极低，现有实验方法和诊断手段难以实现 1000 K 以下点火延迟期测量。针对这一难题，张英佳等提出了无 HO_2 协同消除效应的活性物种介入方法，成功将传统自点火延迟温度下限由 1000 K 拓展至 720 K，首次在典型发动机燃烧温度下测得低活性组分点火延迟期[44，45]。该研究提供了一种基于现有实验平台研究低活性物种自点火特性的有效方法，填补了实际燃油低活性组分在典型发动机燃烧条件下点火延迟期的数据空白。

无论是理解碳氢燃料燃烧中的反应机理，还是建立燃料燃烧反应动力学模型，都离不开对燃烧中间产物的完备解析。21 世纪初，同步辐射真空紫外光电离质谱方法的应用为解决这一问题打开了一扇大门。然而，由于传统同步辐射真空紫外光电离质谱方法在取样方法上的局限，一系列重要自由基和活泼中间产物仍无法得到检测。齐飞和李玉阳等通过对取样方法的发展，利用紧凑型二级差分取样方法有效提高了同步辐射光电离区的分子束密度，实现了对一系列重要自由基和活泼中间产物的探测。例如，在醛类低温氧化中发现了过氧甲基自由基和一系列过氧化物，并在火焰低温区也观测到过氧化物，揭示了甲基低温氧化机理，解决了真实氧化体系中过氧自由基的探测难题[46, 47]。在运输燃料的燃烧中探测到一系列自由基、活泼分子和多环芳烃，对其中的同分异构体结构进行了鉴别，并测量了燃烧中间产物的浓度分布，为燃烧反应动力学模型的构建提供了重要依据[48-50]。

我国航空发动机主要采用 RP-3 航空煤油，组分上与欧美国家用的 Jet-A、JP-7、JP-10 差别显著，导致针对国外航空燃料建立的基础燃烧数据库及发展的反应动力学模型难以直接用于我国航油燃烧性能预测及过程仿真。黄佐华研究组集合了包括高压激波管、快速压缩装置、定容燃烧弹、射流搅拌反应器、流动反应器测量平台，从宏观和微观燃烧两个维度下建立了覆盖 300~2000 K、0.04~40 atm 下多物理场、宽时域、多参数国产航空煤油及其关键组分基础燃烧表征参数数据库[51-54]。该数据库的建立为我国航油替代燃料模型开发提供必要实验支撑。

为了研究初生碳烟的形成机理，游小清等建立了层流预混平面滞止火焰颗粒检测实验平台，测量得到了火焰不同高度下的碳烟颗粒物粒径分布、有效密度以及形貌，并探索了它们受燃料结构、火焰温度、燃空当量比、稀释气体成分的影响规律[55-61]；拓展了火焰中碳烟颗粒粒径检测下限，检测到电迁移直径小至 1.5 nm 的粒子，促进了对成核过程的认识[62]。在理论计算方面，对多环芳烃氢提取反应速率常数[63]、多环芳烃氧化基的高温热分解速率[64, 65]等进行了系统研究，完善了颗粒表面氧化模型。在碳烟模拟方面，采用群平衡模拟方法研究了碳烟在层流预混火焰中的形成长大过程[66]。在该模型中，碳烟颗粒用原生粒子组成的聚集体表示，而每个原生粒子由多环芳烃分子组成。由于跟踪了颗粒长大过程中原生粒子的坐标，颗粒的尺寸演变以及形貌变化得以预测并可与实验结果直接对比。结果表明该模型能较好地描述颗粒凝聚并生成聚集体的过程，能较准确地预测碳烟颗粒粒径分布，但多环芳烃反应动力学模型，以及颗粒成核、烧结的子模型还需进一步完善。

2.2 吸热型碳氢燃料及应用技术研究进展

2.2.1 研究背景及现状

对于飞行器，发动机如同“心脏”，燃料如同“血液”[67-71]。从国内外研究来看，吸热型碳氢燃料[72-79]与超燃冲压发动机两者相伴发展超过 50 年[80-82]。20 世纪 60 年代以来，在发展超声速飞机的同时，国外开始对吸热型碳氢燃料进行研究，20 世纪 80 年代由美国航空航天局（NASA）计划掀起了高超声速飞行研究热，美国联合技术研究公司（UTRC）20 世纪 90 年代针对 JP-7 开展的基础研究，促成美空军于 2001 年确证吸热型碳氢燃料能够为超燃冲压发动机提供净推力。俄罗斯于 2001 年 7 月发射双模式超燃冲压发动机支持的洲际导弹，2004 年 12 月成功试飞超燃冲压动力飞行器；德国于 2002 年进行的 Ma=6.5 的导弹低空飞行试验；美国空军在 1995—2015 年进行的 Ma=4~8 的超燃冲压发动机模拟演示、SR–71 高空侦察机等，都采用了吸热型碳氢燃料。

石油基高热稳定性吸热型碳氢燃料：从吸热型碳氢燃料的化学组成看，主体成分是高能量密度的烃类化合物，前后发展了石油基、煤基和化学合成等来源的燃料，石油基和煤基燃料来源较广、成本相对较低[83, 84]。燃料精制是提升其热稳定性能的有效手段，美军的 JP–7 燃料是最具代表性、最成功的精制燃料之一[85]。该燃料是由煤油精制馏分配伍所得，芳烃含量降低至 5% 以下（体积分数），总硫含量降低至 0.1% 以下。JP–7（MIL–T–38219）热稳定温度高达 288℃，是 SR–71（Ma=3）的专用燃料，也是目前美军使用的热稳定性能最好的燃料。U–2 高空侦察机由于需要在高空长时间巡航，对热稳定性能和冰点均有较高要求，JP–TS（MIL–T–25524）专门为此研制，热稳定温度约 219℃。虽然高热稳定性碳氢燃料 JP–7、JP–TS 具有优良的使用性能，但是生产成本过高，JP–7 的价格是 JP–8 的 3 倍左右，于是美军着手研制低成本高热稳定性碳氢燃料。1989 年，美国空军采用添加剂包将军用航煤 JP–8 的热稳定温度提高了 55℃，燃料相应的吸热能力提高了 50%，该燃料被命名为 JP–8+100[86]。

化学合成高能量密度碳氢燃料：为了弥补 JP–4 等传统石油精制产品性能的不足，美军期望能够制备出特殊化学结构的高密度烃类燃料以满足飞行器发动机发展的需求。JP–10（挂式四氢双环戊二烯，密度 0.94 g/mL）是目前最成功的合成高密度烃类燃料之一。美军经过多年研究，在高密度烃类燃料领域取得了很大进展，形成多个型号高密度碳氢燃料。当前仍在开发 RJ–7（JP–10、环戊二烯三聚体和环戊二烯 / 茚加合物的三元混合物），及环辛四烯二聚体异构而成的密度 1.09 g/ mL、能量密度为 45.3 kJ/ L 的碳氢燃料。JP–10 和 RJ–5 等均属于双环类高密度碳氢燃料，20 世纪 70 年代，美国开始研制多环类高密度烃燃料。如利用环戊二烯和甲基环戊二烯聚合得到的共聚物，经过加氢、异构化制得燃烧热值大于 41.2 MJ/L 的燃料；还有将双环戊二烯、甲基双环戊二烯、丁二烯、四氢化茚经过聚合、加氢、异构化合成四环［7.3.1.02，7 .17 ，11］十四烷衍生物，密度约 1 g/ mL，冰点小于 –70℃，热值 41.84 MJ/L，是一类优良的高能燃料。此外，还研究了金刚烷、高张力笼状烃作为吸热型碳氢燃料或其添加剂的可行性，并取得了阶段性成果。

吸热型碳氢燃料化学热沉的可控释放：与传统喷气燃料相比，吸热型碳氢燃料不仅拥有较高的物理热沉，还可以利用化学反应提供化学热沉[88–94]。利用催化裂解调控吸热型碳氢燃料的热沉释放一直受到关注[95–97]。20 世纪后期，美国进行了大量的研究工作，选用的催化剂包括 Cr_2O_3/Al_2O_3、贵金属和沸石催化剂等[98–100]。研究结果显示沸石催化剂具有较好的应用前景，它不仅催化活性高，裂解结焦量少，可使吸热型碳氢燃料获得更高的热沉，还有价格优势。为了克服传统多相催化在应用工艺上面临的技术问题，俄国科学家最早提出了均相催化方案。俄罗斯航空发动机中央研究所（CIAM）研制出一种液体引发剂，添加浓度低于0.18%，在500~630 ℃温度范围内能使燃料裂解速度提高2~7倍，裂解起始温度降低约100 ℃。美国有关研究公司对引发剂进行了比较深入的探索，发现引发剂在一定温度下可以较大幅提高燃料裂解率。

2.2.2 国内具体研究进展

我国的吸热型碳氢燃料研究起步较晚，1996年起开始了吸热型碳氢燃料的调研及基础探索工作，由此拉开了我国吸热型碳氢燃料的研究序幕。2009年以后逐步进入比较系统的基础研究和关键技术攻关阶段，已经取得一些重要进展。天津大学、浙江大学和四川大学等单位在燃料及其应用技术方面取得了一系列突出的成果。

天津大学张香文课题组、浙江大学方文军课题组和四川大学李象远课题组在吸热型碳氢燃料理论设计、燃料可控制备与应用[101-105]、超临界裂解机理[106-111]及结焦控制[112]、与热环境匹配的热沉可控释放[113-116]等研究上取得了原创性成果和重要突破。提出了燃料的设计理论和方法，比较系统地开展了燃料复杂分子体系组成与性能的定量构效关系，发展了碳氢燃料的超临界裂解理论及调控策略，突破了燃料分子结构调变、高温裂解结焦控制和热沉可控释放等关键技术，有效解决了从冷却能力（热沉）和常规性质逆向设计燃料组成、吸热型碳氢燃料规模化可控制备、结焦抑制添加剂/冷却通道惰性化处理、高活性涂层催化剂等液体燃料及应用领域技术难题[117-120]。同时，建立了类JP-7吸热型碳氢燃料模式生产线，形成了高密度吸热燃料HD-01生产技术和规模化生产线，成为产学研结合的典型代表。

在吸热型碳氢燃料研究过程中，李象远发明了燃料800 ℃高温非平衡反应流裂解热物性系列测试技术，建立了超燃冲压发动机冷却通道内燃料反应特性、流动特性和换热特性等燃料应用特性系统性测量平台，可为发动机主动冷却设计提供基础数据[121-123]。基于热力学状态函数法，建立了燃料裂解化学热沉的热力学循环测量方法[124]；结合冷态质量流量和差压测量，建立了燃料高温高压反应流密度和流速在线精确测试方法，该方法精度高且不受温度限制（800 ℃以下）；基于细管取压装置和Hagen-Poisenille定律，构建了燃料高温黏度的在线测定方法[125]。

四川大学燃烧动力学中心建立了煤油类复杂燃料反应机理的多级详细反应路径自动构建方法，首次实现了国产吸热型碳氢燃料详细裂解机理的自主构建，为发动机主动冷却设计提供燃料的高温裂解机理。针对过去我国裂解机理研究的空白，采用量化计算加统计修正的方法，以及等键反应和类过渡态思想，建立了燃料大分子裂解的热力学和动力学高效计算方法，开发了我国第一套航空燃料裂解机理自动生成软件Reaxgen（著作权）；针对国产多型吸热型碳氢燃料，构建了燃料高温裂解的详细机理及简化机理，为建立发动机主动冷却通道的换热设计提供了重要支持[126, 127]。

李象远提出了一种新型发动机主动冷却技术，解决了碳氢燃料超临界高温裂解吸热与结焦伴生的突出矛盾，有效拓展了燃料应用的安全换热边界[128]。针对目前发动机热防护普遍采用的超临界方案难于控制和易结焦问题，使燃料化学热沉提升约 1 倍，燃料结焦安全使用温度提升 50 ℃以上，前期的试验结果验证了该技术方案的现实可行性。

四川大学燃烧动力学中心发展了冷却通道内壁面的催化剂涂覆和钝化涂层的化学气相沉积技术[129-133]。壁面催化剂的应用实现了在高温裂解条件下，燃料热沉得到进一步提升，同时裂解产气率也得以提升，裂解的产物分布得到改善[129-131]；采用化学气相沉积方法钝化涂层沉积工艺的实现，有效抑制了表面催化导致的丝状焦生成，大幅提升了燃料的安全使用温度[132, 133]。

浙江大学方文军等深入研究碳氢燃料裂解及结焦机理，探索结焦抑制技术，成功研制了包含“金属钝化剂、结焦抑制剂、抗氧剂、清净分散剂及抗冰剂等”的多功能添加剂包，可以将碳氢燃料基础油使用温度提升 50 ℃，换热管道流阻变化控制在 15% 以内，并将燃料安全换热时间提升至 30 min。同时，提出了结焦无害化处理的理念，采用分子识别与自组装技术“抓取”结焦前驱体并调控其生长过程，降低燃料结焦的危害。

浙江大学方文军等提出将多功能纳米流体技术用于吸热型碳氢燃料领域[134-139]。全面开展了吸热型碳氢燃料基纳米流体的研制工作，纳米粒子能够有效地促进了燃料裂解、降低裂解温度、提升燃料的吸热能力、改善换热性能。开展了高能纳米添加剂（如纳米 Al-Ni 和 Al-Cu 合金）的研究，它们有利于提高燃料能量密度，促进燃料燃烧、减小点火延迟。提出“软纳米流体”概念，将多功能超支化聚合物用于吸热型碳氢燃料性能提升，取得了阶段性成果。

2.3 含能材料研究进展

2.3.1 研究背景及现状

目前，新型含能材料的发展，主要从提高爆轰性能、降低感度和提高能量密度这三个方面入手。自 20 世纪 80 年代以来，新型高能量密度材料的开发技术一直备受世界各国重视。常见的单体含能材料从分子结构上可分为环状化合物和直链化合物，环状化合物有三硝基甲苯（TNT）、黑索金（RDX）和三氨基三硝基苯（TATB），直链化合物有季戊四醇四硝酸酯（PETN）等，通常它们的能量和安全性是相互对立的。为协调好这其中的矛盾，世界各国研究人员对其开展了新的研究，并且获得了一系列进展。

在安全储备、高效毁伤领域，含能材料主要关注的是在热、机械刺激及冲击波作用下的宏观响应，因而含能材料的冲击起爆和热分解机制是高能材料应用领域比较根本且相对重要的研究内容。含能材料的热分解过程不是一步简单反应，也不是众多简单且连续的化学反应叠加，它是许多复杂的物理和化学反应共同作用的结果，并且其反应涉及的时间和空间尺度对实验构成了巨大的挑战。因此，具有多尺度模拟能力的分子动力学方法是关联极端条件下含能材料宏观现象和微观细节的有益桥梁。分子动力学模拟不仅可以研究含能材料的物理化学性质，还可以研究含能材料的热分解反应过程，从而给出具体的化学反应

路径，且主要关注于热分解过程涉及的活化能、初始化学反应路径、具体的产物分布及转化细节、反应速率、含碳团簇动力学过程以及最终产物的分布等问题。

2.3.2 国内具体研究进展

国内，燃烧与爆炸技术重点实验室主要围绕典型含能材料燃烧过程的本质规律开展研究，以含能材料的燃烧过程为研究对象，从基础理论研究入手，深入研究含能材料燃烧过程中的物理化学变化以及影响这些变化的因素，揭示燃烧过程的本质和内在规律，从而实现对燃烧性能的控制和调节。近年来，在含能材料及其组分的热化学、火药燃烧化学以及含能材料燃烧诊断技术等方面开展了系统的研究工作，取得了系列进展。

在含能材料及其组分的热化学方面，建立了微小剂量等级的含能材料热化学研究和热危险性评估平台，解析了六硝基六氮杂异伍兹烷（CL-20）、1，1’-二羟基-5，5’-联四唑二羟胺盐（HATO）、3，4-二硝基呋咱基氧化呋咱（DNTF）、二硝酰胺铵（ADN）、2-硝亚胺基-5硝基-六氢化-1，3，5-三嗪（NNHT）、3，6-双（1-氢-1，2，3，4-四唑-5-氨基）-1，2，4，5-四嗪（BTATz）、偶氮四唑胍盐（GUZT）、4，4，4-三硝基丁酸-2，2，2-三硝基乙酯（TNETB）等新型含能化合物以及3，3-双叠氮甲基氧丁环均聚物（PBAMO）、支化聚叠氮缩水甘油醚（B-GAP）和二羟丙氧纤维素醚硝酸酯（NGEC）等新型黏合剂在高压、快速加热等特殊条件下的热分解历程和热分解动力学特性[140-146]。针对高活性铝、α-AlH_3、新型燃烧催化剂、多功能纳米铝热剂等高性能含能材料的重要组分，研究并掌握了其与典型含能材料的热化学和相互作用机理[147-152]。

在火药燃烧化学方面，近年来重点针对新型燃烧催化剂的催化燃烧机理和金属氢化物等高能燃料的燃烧释能机理开展了大量研究。针对CL-20、DNTF等新型高能量密度化合物在固体推进剂中的应用，阐明了它们在固体推进剂中的多火焰混合燃烧机理，并建立了相应的燃速预估模型[153]。针对高活性金属粉、铝基合金以及金属氢化物等新型高活性燃料，实验室揭示了高活性金属粉的燃烧释能规律，掌握了高活性金属粉结构形态与燃烧反应活性间的关系，并建立了高活性金属粉的燃烧释能评价标准；在金属氢化物燃料方面，发现了AlH_3、ZrH_2、TiH_2等金属氢化物在推进剂燃烧过程中的释氢-燃烧反应过程，证实了H_2对于推进剂燃烧性能的重要影响[154-156]。此外，实验室还考察了30~100 MPa下的发射药燃烧特性和机理，发现了含能热塑性弹性体发射药的“孔穴燃烧”现象、高氯酸钾复合发射药“平台燃烧”现象以及双基和硝胺发射药的“燃速转折”现象，并建立了相关的数学物理模型[157]。

在含能材料燃烧诊断技术方面，探索将平面激光诱导荧光（PLIF）、可调谐半导体激光吸收光谱（TDLAS）、快速激光光谱等技术用于固体推进剂燃烧诊断，实现了对推进剂燃烧过程中含氮基团变化的跟踪和HCl、NO_x、H_2O等气相产物的实时监测以及Al-O键生成特性的检测，为推进剂燃烧机理的解析提供了可靠的技术支撑[158]；针对固体推进剂中高能固体燃料燃烧过程，发展了单颗粒燃烧测试技术，并利用高速显微摄像技术研究了金属燃料颗粒在燃烧过程中的形态变化，观察到了铝颗粒在推进剂燃烧过程中的融化 - 团聚过程以及氧化帽的形成过程，并发现了多硼烷化合物燃烧过程中释氢 - 氢气燃烧 - 骨架燃烧过程[159]。

张朝阳课题组采用计算模拟的方法研究了含能材料在热分解过程中的团簇演化机制、晶体结构对热分解的影响、新型含能材料热分解机理以及复合含能材料热分解反应机理。

含能材料团簇演化机制：在含能材料的热分解过程中，常常伴随着含碳团簇的生成。采用 ReaxFF 反应力场方法模拟研究 TATB、HMX 和 PETN 在热分解过程中的团簇演化过程发现：团簇的形成与炸药的氧平衡有关，团簇随着氧平衡增大而减小，在团簇形成过程中碳的含量逐渐增加，这与爆轰产物中发现烟灰的结果是一致的[160, 161]。采用 ReaxFF 反应力场方法模拟研究 1，3，5- 三氨基 -2，4，6- 三硝基苯（TATB）在不同条件下的热分解反应[162]表明：团簇形成是 TATB 的分子间碰撞和分子分解的竞争平衡结果，即团簇形成和存活需要适当的温度和一定的持续时间，发现 2000~3000 K 范围内的温度对于团簇的形成和存活是最佳的。此外，张朝阳等采用加热、膨胀和冷却顺序动力学方法模拟了 TATB 热分解形成石墨的过程[163]，如图 6 所示。发现 TATB 分解过程中形成石墨依次经历了分子分解、聚集，聚集生长为碳层，以及碳层堆积形成石墨烯。此外，研究发现只有按照加热、膨胀和冷却的顺序模拟 TATB 的热分解过程，才会有石墨结构的生成。

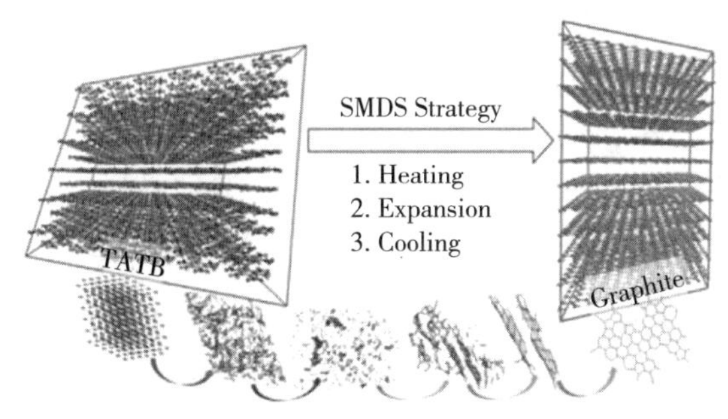

图 6　顺序动力学模拟 TATB 热解形成石墨

含能材料晶体结构对热分解的影响：针对含能材料晶体缺陷结构对热分解过程的影响，开展了单晶 HMX 及含孪晶缺陷的 HMX 晶体在不同热加载条件下的分子动力学模拟研究[164]。研究发现：缺陷处分子内能的增加是导致孪晶 HMX 热分解加速的内在原因。本研究解释了孪晶与单晶 HMX 的 DSC 试验所获表观活化能相当而孪晶 HMX 冲击波感度较高的原因。采用 ReaxFF 反应性力场模拟 CL20/HMX 共晶以及 CL-20、HMX 单晶热分解反应[165]发现：CL20/HMX 共晶在反应过程中其能量释放比 CL-20 要慢，较 HMX 释放较快。通过一级反应动力学拟合发现，相同温度下共晶中 CL20 的分解速率常数较 CL-20 单晶要小，而共晶中 HMX 的分解速率常数较单晶 HMX 要大。表明 CL20/HMX 共晶热感度介于二组分之间（图 7）。

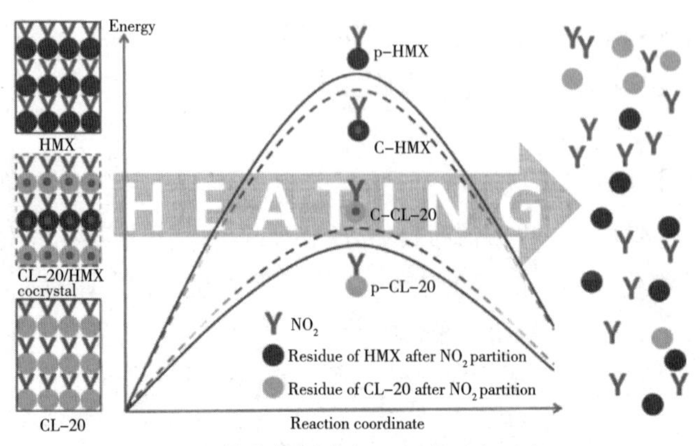

图 7 热分解活化能及初始分解路径

新型含能材料热分解机理：姜怀玉等采用密度泛函紧束缚方法（DFTB）对 FOX 热分解研究发现：加热方法对 FOX-7 的初始热分解机理有很大影响，如图 8 所示[166]。在程序升温过程中，N-O 键断被首次发现，同时也发生了 $N-NO_2$ 键的断裂。在恒温加热过程中 NO_2 断裂是 FOX-7 热分解的初始反应步骤。王君可等采用分子动力学方法研究了 LLM-105 在热刺激下的初始反应机制，提出了四种初始分解路径，包括分子内氢转移、NO_2 基团解离、酰基氧原子解离和 NO_2 基团氧原子解离[167]。马宇等通过 DFT 和分子动力学模拟计算羟胺盐发现：主要是由于质子化和阴阳离子分隔作用提高了其稳定性，单分子的羟胺阳离子的共价键强于羟胺分子，阴离子的分隔作用使得双分子羟胺反应变为单分子反应[168]。卢志鹏等采用第一性原理研究了压力对 TKX-50 热分解动力学过程的影响[169]：压力将增强 TKX-50 中（NH3OH）+ 阳离子之间的 H+ δ ··· H+ δ 长程库伦（静电）排斥作用，引起阴阳离子间的氢键蓝移，从而阻碍氢转移的发生；同时，压力将进一步阻止氢转移后 NH2OH 和（C2HO2N8）- 的单分子裂解，导致 TKX-50 的热分解温度随压力的增加而升高。

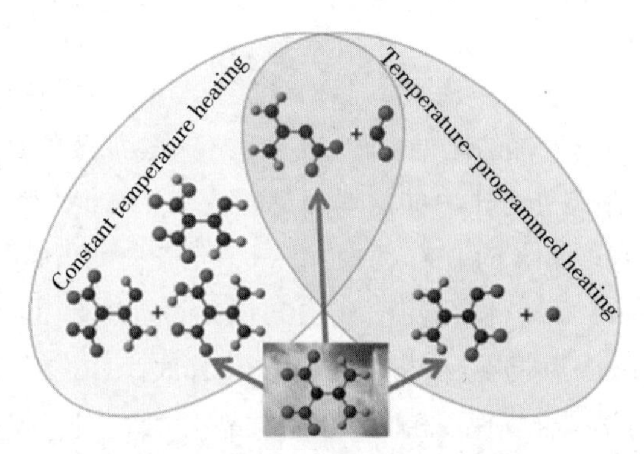

图 8 FOX-7 的初始热分解机理

复合含能材料热分解反应机理：张朝阳等采用反应力场方法研究功能化石墨烯 FGS 在硝基甲烷（NM，CH_3NO_2）热分解过程中的催化活性，如图 9 所示[170]。FGSs 和原始的石墨烯薄片（GSs）在硝基甲烷热分解过程中被氧化及功能化，并在随后过程中展示出其自加速的催化活性。郝维哲等基于大规模反应力场研究了纳米铝及其氧化物对 RDX 的热分解的影响[171]：Al 将主要的分解途径从 RDX 的单分子 N-NO_2 断裂改变为双分子自催化反应，显著降低 RDX/Al 体系反应势垒，纳米铝球具有强夺氧能力。

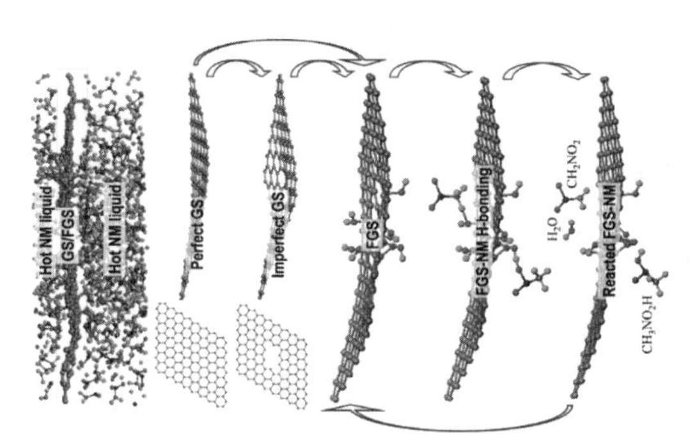

图 9　石墨烯催化硝基甲烷示意图

3　我国的发展趋势与对策

在面向空天动力的燃烧化学发展方面，我国的研究团队在结合量子化学和统计力学计算反应机理中的参数，特别是针对大分子体系的热动力学参数计算，构建小分子碳氢燃料以及空天动力燃料的燃烧机理，燃料的燃烧特性和燃烧中间体实验测量等多方面都取得了很好的研究成果，在很多方面都达到了国际的先进水平。我国在相关方面的研究团队与吸气发动机的工程设计团队紧密配合，为吸气发动机的设计提供了有力的支撑。

在喷气发动机燃烧化学进一步发展趋势方面，需要重点关注：

1）加强基础的燃烧热力学与动力学方面的理论研究：开发和利用先进的电子结构理论计算方法与反应速率计算方法，开展高精度、高效率的反应势能面构建和热力学及动力学数据的计算，并合理评估基元反应热力学和动力学数据的不确定度。此外，针对极端条件下的燃烧（如极端高温高压、激光或等离子体辅助燃烧等）可能涉及大量非热力学平衡的反应，以及涉及电子激发态、电子态之间的系间串跃等，开发准确刻画此类非平衡反应的动力学机制方法，考察电子激发态对燃烧反应机理的影响。此外，还需要开展新型燃料分子（如含氧或含氮化合物）的燃烧化学动力学研究。

2）加强基础的燃烧热力学与动力学方面的试验测量方法：在燃烧实验方面，设计新的实验装置，开展极端条件下和发动机运行条件下的燃烧实验，为检验燃烧机理提供可靠的实验支撑。

3）提升针对国产燃料的机理构建水平：一方面需要针对航空燃料和新型燃料开发更加可靠和合理的详细燃烧反应机理，能够合理描述相应燃料的燃烧特性如火焰速度、点火延迟时间等，以及燃烧过程中间物种的浓度演化；另一方面，也需要和燃烧室数值模拟配合，开发机理简化方法，获得不同尺度和不同精度的简化机理，为燃烧室数值模拟服务。

面向国家战略需求研制吸热型碳氢燃料，包含了大量基础研究和关键技术研究，需要扩展思路、加大投入，以下工作值得开展：

1）探索吸热型碳氢燃料制备的新途径、新工艺，吸热型碳氢燃料需要具备高能量密度、高热沉、低结焦和易燃烧等特征。为进一步提升燃料性能，可采用分子设计方法，设计并合成具有特殊结构的碳氢化合物，结合添加剂使用，实现燃料性能的综合提升。也可以石油基、煤基燃料为原料，研制、生产高热稳定性吸热型碳氢燃料，有利于推广应用。另外，开发优质添加剂包，提升现有喷气燃料热稳定性能，有利于降低成本、提升相容性。

2）凝练和研究吸热型碳氢燃料应用过程中的动力学问题，吸热型碳氢燃料从油箱温度开始在飞行器流道里高速运移，直至进入发动机中燃烧，经历了“原料→换热→裂解→燃烧”等高度耦合的环节，燃料组分不断变化。进入燃烧室时的燃料状态既是换热裂解的终态，又是燃烧的初态，这个状态既反映了主动冷却的效果，又决定了燃烧的性能。因此，针对不同类型吸热型碳氢燃料的原始组成和工作环境，充分认识和把握这一显著变化的热化学过程，研究化学反应动力学是必要的基础性研究。

3）研究吸热型碳氢燃料功能调控新技术

使吸热型碳氢燃料有高的有效热沉，始终是核心追求目标，但单靠物理热沉无法满足高超声速飞行器的热管理需求；对于更高马赫数，必须利用燃料的裂解吸热反应来提供化学热沉。在吸热碳氢燃料主体成分确定后，取决于对燃料体系热化学过程及其组分变迁的调控。在实际应用中，需要根据其热沉、热值和反应速率等关键性能综合考虑。研究合适的新方法、新技术，比如：表面涂层技术、均相引发技术、纳米流体技术等，可以一定程度上调控碳氢燃料的裂解和燃烧过程，使其功能得以较好实现。对燃料化学反应过程进行调控，在控制燃料结焦问题同时实现燃料化学热沉有效释放，是未来吸热型碳氢燃料研究的一个重要方向[172，173]。

在含能材料研究方面，将来的进一步发展主要应该集中在以下几个方向：

1）研发能量更高安全性可接受的新型含能材料：当前含能材料的能量水平是制约其应用的瓶颈问题之一，研发能量更高安全性可接受的新型含能材料。一方面，增加在金属氢、聚合氮（含聚合氮金属掺杂）、聚合 CO/CO_2 等颠覆性含能材料研究中的投入；另一方面，采用复合技术平衡含能材料的能量与安全性间矛盾，如共晶、限域合成、金属复合、强氧化剂复合等，实现含能材料适用性的进一步提升。另外，需要建立新的含能材料分子、晶体与配方的设计理论并研究含能材料的多种条件下的释能规律，依托高通量计算与大数据，引入机器学习手段提升含能材料设计效率。

2）加强应用环境下的含能材料燃烧机理和性能调控研究：在实际应用中，含能材料的燃烧反应主要发生在高压下，且多伴随着过载加速度的存在。高压以及过载条件下含能材料的燃烧行为及化学反应机理与常规条件下存在显著的区别，常规的燃烧性能调节手段难以满足要求。开展高压和过载条件下的含能材料燃烧化学反应机理研究，开发新型高效燃烧催化剂，实现燃烧性能的有效调节；考察过载条件下的燃烧不稳定性的产生机理，研究其精确模拟方法和抑制手段；实现对于应用环境下含能材料的燃烧过程的深入认识，是含能材料燃烧化学研究的重要方向。

3）研究含能材料的微观燃烧机理：含能材料的热分解和燃烧过程往往伴随着高温、高压和能量的快速释放，常规的实验手段难以获取其过程中的物质变化和能量释放信息，对微观燃烧机理的认识不易深入。但要实现对含能材料中所蕴含能量的高效、精准利用，掌握含能材料的燃烧释能机理是重要的前提。通过 Flash DSC、PLIF、TDLAS、全息成像以及微燃烧测试技术的应用，可以加深对于含能材料微观燃烧化学反应和释能机理的认识，为含能材料释能特性的调控以及新型含能材料的设计及制备提供重要的支撑。

参考文献

[1] De Witt M J, Dooling D J, Broadbelt L J. Computer generation of reaction mechanisms using quantitative rate information: Application to long-chain hydrocarbon [J]. Industrial & Engineering Chemistry Research, 2000, 39 (7): 2228-2237.

[2] Huynh L K, Ratkiewicz A, Truong T N. Kinetics of the hydrogen abstraction OH + alkane → H_2O + alkyl reaction class: An application of the reaction class transition state theory[J]. Journal of Physical Chemistry A, 2006, 110(2): 473-484.

[3] Roberts B P, Steel A J. An extended form of the Evans-Polanyi equation: a simple empirical relationship for the prediction of activation energies for hydrogen-atom transfer reactions [J]. Journal of Chemical Society, Perkin Transaction 2. 1994, 10: 2155-2162.

[4] Orrego J F, Truong T N, Mondrag ó n F. A linear energy relationship between activation energy and absolute hardness: a case study with the O (^{3}P) atom-addition reactions to polyaromatic hydrocarbons [J]. Journal of Physical Chemistry A, 2008, 112 (36): 8205-8207.

[5] Gómez-Balderas R, Coote M L, Henry D J, et al. Reliable Theoretical Procedures for Calculating the Rate of Methyl Radical Addition to Carbon-Carbon Double and Triple Bonds[J]. Journal of Physical Chemistry A, 2004, 108(15): 2874-2883.

[6] Saeys M, Reyniers M F, Marin G B, et al. Ab initio group contribution method for activation energies for radical additions [J]. AIChE Journal, 2004, 50 (2): 426-444.

[7] Paraskevas P D, Sabbe M K, Reyniers M F, et al. Group additive kinetic modeling for carbon-centered radical addition to oxygenates and β-scission of oxygenates [J]. AIChE Journal, 2016, 62 (3): 802-814.

[8] Sabbe M K, Reyniers M F, Speybroeck V V, et al. Carbon-centered radical addition and β-scission reactions: modeling of activation energies and pre-exponential factors [J]. ChemPhysChem, 2008, 9 (1): 124-140.

[9] Ratkiewicz A, Huynh L K, Truong T N. Performance of first-principles-based reaction class transition state theory [J]. Journal of Physical Chemistry B, 2016, 120 (8): 1871-1884.

[10] Wang B Y, Li Z R, Tan N X, et al. Interpretation and application of reaction class transition state theory for accurate calculation of thermokinetic parameters using isodesmic reaction method [J]. Journal of Physical Chemistry A, 2013, 117 (16): 3279-3291.

[11] 姚倩，彭莉娟，李泽荣，等. 烷烃与氢过氧自由基氢提取反应类反应能垒与速率常数的精确计算 [J]. 物理化学学报，2017，33 (4)：763-768.

[12] Sun X H, Yao Q, Li Z R, et al. Calculation of the rate constants for concerted elimination reaction class of hydroperoxyl-alkyl-peroxyl radicals [J]. Theoretical Chemistry Accounts, 2017, 136 (64).

[13] 陈芳芳，孙晓慧，姚倩，等. 烷基过氧化氢中氢提取反应类大分子体系的反应能垒与速率常数的精确计算. 化学学报，2018，76 (4)：311-318.

[14] Yao X X, Wang J B, Yao Q, et al. Pressure-dependent rate rules for intramolecular H-migration reactions of normal-alkyl cyclohexylperoxy radicals [J]. Combustion and Flame, 2019, 204: 176-188.

[15] Sun X H, Zong W G, Wang J B, et al. Pressure-dependent rate rules for cycloaddition, intramolecular H-shift, and concerted elimination reactions of alkenyl peroxy radicals at low temperature [J]. Physical Chemistry Chemical Physics, 2019, 21: 10693-10700.

[16] Li Y Q, Sun X H, Yao X X, et al. Automatic construction of transition states and on-the-fly accurate kinetic calculations for reaction classes in automated mechanism generators [J]. Combustion and Flame, 2019 (under review).

[17] Li X Y, Xu X F, You X Q, et al. Benchmark calculations for bond dissociation enthalpies of unsaturated methyl esters and the bond dissociation enthalpies of methyl linolenate [J]. Journal of Physical Chemistry A, 2016, 120 (23): 4025-4036.

[18] Chi Y W, You X Q, Zhang L D, et al. Utilization of generalized energy-based fragmentation method on the study of hydrogen abstraction reactions of large methyl esters [J]. Combustion and Flame, 2018, 190: 467-476.

[19] Chi Y W, You X Q. Kinetics of hydrogen abstraction reactions of methyl palmitate and octadecane by hydrogen atoms [J]. Journal of Physical Chemistry A, 2019, 123 (14): 3058-3067.

[20] Li X Y, You X Q, Law C K, et al. Kinetics and branching fractions of the hydrogen abstraction reaction from methyl butenoates by H atoms [J]. Physical Chemistry Chemical Physics, 2017, 19 (25): 16563-16575.

[21] Gao Y G, He T J, Li X, et al. Effect of hindered internal rotation treatments on predicting the thermodynamic properties of alkanes [J]. Physical Chemistry Chemical Physics, 2019, 21 (4): 1928-1936.

[22] He T J, Li S, Chi Y W, et al. An adaptive distance-based group contribution method for thermodynamic property prediction [J]. Physical Chemistry Chemical Physics, 2016, 18 (34): 23822-23830.

[23] Xing L L, Li S, Wang Z H, et al. Global uncertainty analysis for RRKM/master equation based kinetic predictions: A case study of ethanol decomposition [J]. Combustion and Flame, 2015, 162: 3427-3436.

[24] 黄灿，王佳星，杨斌，等. 多势阱多通道体系 RRKM/ 主方程动力学计算的全局不确定性分析，工程热物理学会第 30 届燃烧学年会，2018.

[25] Zhang X Y, Wang G Q, Zou J B, et al. Investigation on the oxidation chemistry of methanol in laminar premixed flames [J]. Combustion and Flame, 2017, 180: 20-31.

[26] Zhang X Y, Li Y Y, Cao C C, et al. New insights into propanal oxidation at low temperatures: An experimental and kinetic modeling study [J]. Proceedings of the Combustion Institute, 2019, 37 (1): 565-573.

[27] Li W, Wang G Q, Li Y Y, et al. Experimental and kinetic modeling investigation on pyrolysis and combustion of

n-butane and i-butane at various pressures [J]. Combustion and Flame, 2018, 191: 126-141.

[28] Zhang X Y, Maxence L, Cao C C, et al. Pyrolysis of butane-2, 3-dione from low to high pressures: Implications for methyl-related growth chemistry [J]. Combustion and Flame, 2019, 200: 69-81.

[29] Huang C, Yang B, Zhang F, et al. Quantification of the resonance stabilized C4H5 isomers and their reaction with acetylene [J]. Combustion and Flame, 2018, 198: 334-341.

[30] Huang C, Yang B, Zhang F. Initiation mechanism of 1, 3-butadiene combustion and its effect on soot precursors [J]. Combustion and Flame, 2017, 184: 167-175.

[31] Huang C, Yang B, Zhang F. Pressure-dependent kinetics on the C4H7 potential energy surface and its effect on combustion model predictions [J]. Combustion and Flame, 181: 100-109.

[32] Xing L L, Zhang L D, Zhang F, et al. Theoretical kinetic studies for low temperature oxidation of two typical methylcyclohexyl radicals [J]. Combustion and Flame, 182: 216-224.

[33] Xing L L, Zhang F, Zhang L D. Theoretical studies for reaction kinetics of cy-$C_6H_{11}CH_2$ radical with O_2 [J]. Proceedings of the Combusion Institute, 2016, 36 (1): 179-186.

[34] Wang Z D, Bian H, Wang Y, et al. Investigation on primary decomposition of ethylcyclohexane at atmospheric pressure [J]. Proceedings of the Combusion Institute, 2015, 35 (1): 367-375.

[35] Yuan W H, Li Y Y, Dagaut P, et al. Investigation on the pyrolysis and oxidation of toluene over a wide range conditions. I. Flow reactor pyrolysis and jet stirred reactor oxidation[J]. Combustion and Flame, 2015, 162: 3-21.

[36] Zeng M R, Li Y Y, Yuan W H, et al. Experimental and kinetic modeling study of laminar premixed decalin flames [J]. Proceedings of the Combusion Institute, 2017, 36 (1): 1193-1202.

[37] Yuan W H, Li Y Y, Dagaut P, et al. A comprehensive experimental and kinetic modeling study of n-propylbenzene combustion [J]. Combustion and Flame, 2017, 186: 178-192.

[38] Han S, Li X X, Zheng M, et al. Initial reactivity differences between a 3-component surrogate model and a 24-component model for RP-1 fuel pyrolysis evaluated by ReaxFF MD [J]. Fuel, 2018, 222 (15): 753-765.

[39] Han S, Li X X, Nie F G, et al. Revealing the initial chemistry of soot nanoparticle formation by ReaxFF molecular dynamics simulations [J]. Energy & Fuels, 2017, 31 (8): 8434-8444.

[40] Liu X L, Li X X, Nie F G, et al. Initial Reaction Mechanism of Bio-oil High-Temperature Oxidation Simulated with Reactive Force Field Molecular Dynamics [J]. Energy & Fuels, 2017, 31 (2): 1608-1619.

[41] Wang G Q, Li Y Y, Yuan W H, et al. Investigation on laminar burning velocities of benzene, toluene and ethylbenzene up to 20 atm [J]. Combustion and Flame, 2017, 184: 312-323.

[42] Wang G Q, Li Y Y, Yuan W H, et al. Investigation on laminar flame propagation of n-butanol/air and n-butanol/O2/He mixtures at pressures up to 20 atm [J]. Combustion and Flame, 2018, 191: 368-380.

[43] Li W, Zhang Y, Mei B, et al. Experimental and kinetic modeling study of n-propanol and i-propanol combustion: Flow reactor pyrolysis and laminar flame propagation [J]. Combustion and Flame, 2019, 207: 171-185.

[44] Zhang Y, El-Merhubi H, Lefort B, et al. Probing the low-temperature chemistry of ethanol via the addition of dimethyl ether [J]. Combustion and Flame, 2018, 190: 74-86.

[45] Zhang Y J, Somers K P, Mehl M, et al. Probing the antagonistic effect of toluene as a component in surrogate fuel models at low temperatures and high pressures. A case study of toluene/dimethyl ether mixtures [J]. Proceedings of the Combustion Institute, 2017, 36 (1): 413-421.

[46] Zhang X Y, Ye L L, Li Y Y, et al. Acetaldehyde oxidation at low and intermediate temperatures: An experimental and kinetic modeling investigation [J]. Combustion and Flame, 2018, 191: 431-441.

[47] Zhang X Y, Zhang Y, Li T Y, et al. Low-temperature chemistry triggered by probe cooling in a low-pressure premixed flame [J]. Combustion and Flame, 2019, 204: 260-267.

[48] Yuan W H, Li Y Y, Wang Z D, et al. Experimental and kinetic modeling study of premixed n-butylbenzene

flames [J]. Proceedings of the Combustion Institute, 2017, 36 (1): 815–823.

[49] Jin H F, Wang G Q, Wang Y Z, et al. Experimental and kinetic modeling study of laminar coflow diffusion methane flames doped with iso–butanol [J]. Proceedings of the Combustion Institute, 2017, 36: 1259–1267.

[50] Yuan W H, Li T Y, Li Y Y, et al. Experimental and kinetic modeling investigation on anisole pyrolysis: Implications on phenoxy and cyclopentadienyl chemistry [J]. Combustion and Flame, 2019, 201: 187–199.

[51] Liu Y, Tang C L, Wu Y T, et al. Low temperature ignition delay times measurements of 1, 3, 5–trimethylbenzene by rapid compression machine [J]. Fuel, 2019, 241: 637–645.

[52] Hu E J, Yin G Y, Ku J F, et al. Experimental and kinetic study of 2, 4, 4–trimethyl–1–pentene and iso–octane in laminar flames [J]. Proceedings of the Combustion Institute, 2019, 37 (2): 1709–1716.

[53] Zhao H R, Wang J H, Cai X, et al. A comparison study of cyclopentane and cyclohexane laminar flame speeds at elevated pressures and temperatures [J]. Fuel, 2018, 234: 238–246.

[54] Wu Y T, Liu Y, Tang C L, et al. Ignition delay times measurement and kinetic modeling studies of 1–heptene, 2–heptene and n–heptane at low to intermediate temperatures by using a rapid compression machine [J]. Combustion and Flame, 2018, 197: 30–40.

[55] Tang Q X, Wang M D, You X Q. Effects of fuel structure on structural characteristics of soot aggregates [J]. Combustion and Flame, 2019, 199: 301–308.

[56] Tang Q X, Wang M D, You X Q. Measurements of sooting limits in laminar premixed burner–stabilized stagnation ethylene, propane, and ethylene/toluene flames [J]. Fuel, 2019, 235: 178–184.

[57] Wang M D, Tang Q X, Mei J Y, et al. On the effective density of soot particles in premixed ethylene flames [J]. Combustion and Flame, 2018, 198: 428–435.

[58] Tang Q X, Ge B Q, Ni Q, et al. Soot formation characteristics of n–heptane/toluene mixtures in laminar premixed burner–stabilized stagnation flames [J]. Combustion and Flame, 2018, 187: 239–246.

[59] Mei J Y, Wang M D, Hou D Y, et al. Comparative study on nascent soot formation characteristics in laminar premixed acetylene, ethylene, and ethane Flames [J]. Energy & Fuels, 2018, 32 (11): 11683–11693.

[60] Tang Q X, Mei J Y, You X Q. Effects of CO_2 addition on the evolution of particle size distribution functions in premixed ethylene flame [J]. Combustion and Flame, 2016, 165: 424–432.

[61] Camacho J, Liu C, Gu C, et al. Mobility size and mass of nascent soot particles in a benchmark premixed ethylene flame [J]. Combustion and Flame, 2015, 162 (10): 3810–3822.

[62] Tang Q X, Cai R L, You X Q, et al. Nascent soot particle size distributions down to 1 nm from a laminar premixed burner–stabilized stagnation ethylene flame [J]. Proceedings of the Combustion Institute, 2017, 36 (1): 993–1000.

[63] Hou D, You X. Reaction kinetics of hydrogen abstraction from polycyclic aromatic hydrocarbons by H atoms [J]. Physical Chemistry Chemical Physics, 2017, 19 (45): 30772–30780.

[64] Wang H M, You X Q, Blitz M A, et al. Obtaining effective rate coefficients to describe the decomposition kinetics of the corannulene oxyradical at high temperatures [J]. Physical Chemistry Chemical Physics, 2017, 19 (18): 11064–11074.

[65] You X Q, Wang H M, Zhang H B, et al. Thermal decomposition of graphene oxyradicals under the influence of an embedded five–membered ring [J]. Physical Chemistry Chemical Physics, 2016, 18 (17): 12149–12162.

[66] Hou D Y, Lindberg C S, Manuputty M Y, et al. Modelling soot formation in a benchmark ethylene stagnation flame with a new detailed population balance model [J]. Combustion and Flame, 2019, 203: 56–71.

[67] 李华文. 刘兴洲院士访谈 [J]. 航空发动机, 2007(1): 17.

[68] 乐嘉陵. 吸气式高超声速技术研究进展 [J]. 推进技术, 2010(6): 641–649.

[69] 刘小勇. 超燃冲压发动机技术 [J]. 飞航导弹, 2003(2): 38–42.

[70] 俞刚，范学军. 超声速燃烧与高超声速推进 [J]. 高超声速技术国际动态，2014,(2)：45-52.

[71] Marley C D, Driscoll J F. Modeling an active and passive thermal protection system for a hypersonic vehicle [C]//55th AIAA Aerospace Sciences Meeting. 2017: 0118.

[72] Huang H, Sobel D R, Spadaccini L J. Endothermic Heat-Sink of Hydrocarbon Fuels for Scramjet Cooling AIAA 2002-3871 [R]. UNITED TECHNOLOGIES RESEARCH CENTER EAST HARTFORD CT, 2002.

[73] Taddeo L, Gascoin N, Chetehouna K, et al. Experimental investigation of fuel cooled combustor [C]//52nd AIAA/SAE/ASEE Joint Propulsion Conference. 2016: 5071.

[74] Wickham D T, Engel J R, Rooney S, et al. Additives to improve fuel heat sink capacity in air/fuel heat exchangers [J]. Journal of Propulsion and Power, 2008, 24 (1): 55-63.

[75] Stiegemeier B, Meyer M, Taghavi R. A thermal stability and heat transfer investigation of five hydrocarbon fuels [C]//38th AIAA/ASME/SAE/ASEE Joint Propulsion Conference & Exhibit. 2002: 3873.

[76] Zhang R, Zhao G, Le J. Numerical Studies for Heat Transfer of Hydrocarbon Fuel with Thermal Cracking [C]//20th AIAA International Space Planes and Hypersonic Systems and Technologies Conference. 2015: 3621.

[77] Jiang R, Liu G, Zhang X. Thermal cracking of hydrocarbon aviation fuels in regenerative cooling microchannels [J]. Energy & Fuels, 2013, 27 (5): 2563-2577.

[78] Zhang S, Qin J, Xie K, et al. Thermal behavior inside scramjet cooling channels at different channel aspect ratios [J]. Journal of Propulsion and Power, 2015, 32 (1): 57-70.

[79] Gokulakrishnan P, Fuller C, Klassen M, et al. Ignition of Light Hydrocarbon Mixtures Relevant to Thermal Cracking of Jet Fuels [C]//54th AIAA Aerospace Sciences Meeting. 2016: 0661.

[80] Lee J, Lin K C, Eklund D. Challenges in fuel injection for high-speed propulsion systems [J]. AIAA Journal, 2015, 53 (6): 1405-1423.

[81] Waltrup P J. Liquid-fueled supersonic combustion ramjets: A research perspective of the past, present and future [J]. AIAA 86-0158, 1986.

[82] Edwards T. Liquid fuels and propellants for aerospace propulsion: 1903-2003 [J]. Journal of propulsion and power, 2003, 19 (6): 1089-1107.

[83] Powell O A, Edwards J T, Norris R B, Numbers K E, Pearce J A. Development of Hydrocarbon-Fueled Scramjet Engines: The Hypersonic Technology (HyTech) Program, J Propulsion Power, 2001, 17: 1170-1176.

[84] Maurice L Q, Lander H, Edwards T, et al. Advanced aviation fuels: a look ahead via a historical perspective [J]. Fuel, 2001, 80 (5): 747-756.

[85] Gough R V, Widegren J A, Bruno T J. Thermal decomposition kinetics of the thermally stable jet fuels JP-7, JP-TS and JP-900 [J]. Energy & Fuels, 2014, 28 (5): 3036-3042.

[86] Bruno T J, Abel K R, Riggs J R. Comparison of JP-8 and JP-8+100 with the advanced distillation curve approach [J]. Energy & Fuels, 2012, 26 (9): 5843-5850.

[87] Zhang X, Pan L, Wang L, et al. Review on synthesis and properties of high-energy-density liquid fuels: hydrocarbons, nanofluids and energetic ionic liquids [J]. Chemical Engineering Science, 2018, 180: 95-125.

[88] Lu Y, Wang X, Li L, et al. Development and preliminary validation of a thermal analysis method for hydrocarbon regenerative-cooled supersonic combustor [C]//20th AIAA International Space Planes and Hypersonic Systems and Technologies Conference. 2015: 3556.

[89] Liang J, Liu Z, Pan Y. Coupled heat transfer of supercritical *n*-decane in a curved cooling channel [J]. Journal of Thermophysics and Heat Transfer, 2016: 635-641.

[90] Heinrich B, Luc-Bouhali A, Ser F, et al. Endothermic liquid fuels-Some chemical considerations on the cooling process [C]//10th AIAA/NAL-NASDA-ISAS International Space Planes and Hypersonic Systems and Technologies

Conference. 2001：1785.

[91] Maurice L, Corporan E, Minus D, et al. Smart fuels–' Controlled' chemically reacting [C]//9th International Space Planes and Hypersonic Systems and Technologies Conference. 1999：4916.

[92] Chelliah H K, Rahimi M J, Shrestha U, et al. Species Selectivity Ratios from Thermal Pyrolysis of Jet Fuels in a Microflow Tube Reactor：Experimental and Modeling Effort [C]//55th AIAA Aerospace Sciences Meeting. 2017：0610.

[93] Park S H, Kwon C H, Kim J, et al. Thermal stability improvement of *exo*–tetrahydrodicyclopentadiene by 1, 2, 3, 4–tetrahydroquinoxaline：Mechanism and kinetics [J]. The Journal of Physical Chemistry C, 2013, 117 (15)：7399–7407.

[94] Hou L, Jia Z, Gong J, et al. Heat sink and conversion of catalytic steam reforming for hydrocarbon fuel [J]. Journal of Propulsion and Power, 2012, 28 (3)：453–595.

[95] Sicard M, Grill M, Raepsaet B, et al. Comparison between thermal and catalytic cracking of a model endothermic fuel [C]//15th AIAA International Space Planes and Hypersonic Systems and Technologies Conference. 2008：2622.

[96] Shariatmadar F S, Pakdehi S G. Synthesis and characterization of aviation turbine kerosene nanofluid fuel containing boron nanoparticles [J]. Energy & Fuels, 2016, 30 (9)：7755–7762.

[97] Yue L, Lu X, Chi H, et al. Heat–sink enhancement of decalin and aviation kerosene prepared as nanofluids with palladium nanoparticles [J]. Fuel, 2014, 121：149–156.

[98] E X, Zhang Y, Zou J J, et al. Oleylamine–protected metal (Pt, Pd) nanoparticles for pseudohomogeneous catalytic cracking of JP–10 jet fuel [J]. Industrial & Engineering Chemistry Research, 2014, 53 (31)：12312–12318.

[99] Yetter R A, Risha G A, Son S F. Metal particle combustion and nanotechnology [J]. Proceedings of the Combustion Institute, 2009, 32 (2)：1819–1838.

[100] Van Devener B, Anderson S L. Breakdown and combustion of JP–10 fuel catalyzed by nanoparticulate CeO_2 and Fe_2O_3 [J]. Energy & Fuels, 2006, 20 (5)：1886–1894.

[101] Li Z, Pan L, Nie G, et al. Synthesis of high–performance jet fuel blends from biomass–derived 4–ethylphenol and phenylmethanol [J]. Chemical Engineering Science, 2018, 191：343–349.

[102] Nie G, Zhang X, Pan L, et al. One–pot production of branched decalins as high–density jet fuel from monocyclic alkanes and alcohols [J]. Chemical Engineering Science, 2018, 180：64–69.

[103] Chen H, Zhang X, Zhang J, et al. Controllable synthesis of hierarchical ZSM–5 for hydroconversion of vegetable oil to aviation fuel–like hydrocarbons [J]. RSC Advances, 2017, 7 (73)：46109–46117.

[104] Xie J, Zhang L, Zhang X, et al. Synthesis of high–density and low–freezing–point jet fuel using lignocellulose–derived isophorone and furanic aldehydes [J]. Sustainable Energy & Fuels, 2018, 2 (8)：1863–1869.

[105] Xie J, Zhang X, Pan L, et al. Renewable high–density spiro–fuels from lignocellulose–derived cyclic ketones [J]. Chemical Communications, 2017, 53 (74)：10303–10305.

[106] Zhou H, Gao X, Liu P, Zhu Q, et al. Energy absorption and reaction mechanism for thermal pyrolysis of n–decane under supercritical pressure, Applied Thermal Engineering, 2017, 112 : 403–412.

[107] Li F, Li Z, Jing K, et al. Thermal cracking of endothermic hydrocarbon fuel in regenerative cooling channels with different geometric structures [J]. Energy & fuels, 2018, 32 (6)：6524–6534.

[108] Jia X, Guo B, Jin B, et al. High–pressure thermal decomposition of tetrahydrotricyclopentadiene (THTCPD) and binary high–density hydrocarbon fuels of JP–10/THTCPD in a tubular flowing reactor [J]. Energy & Fuels, 2017, 31 (8)：8023–8035.

[109] Wang H, Gong S, Wang L, et al. High pressure pyrolysis mechanism and kinetics of a strained–caged hydrocarbon fuel quadricyclane [J]. Fuel, 2019, 239：935–945.

[110] Jin B, Jing K, Liu J, et al. Pyrolysis and coking of endothermic hydrocarbon fuel in regenerative cooling channel under different pressures [J]. Journal of Analytical and Applied Pyrolysis, 2017, 125: 117–126.

[111] Gong S, Wang Y, Wang H, et al. High–pressure pyrolysis of isoprenoid hydrocarbon *p*–menthane in a tandem micro–reactor with online GC–MS/FID [J]. Journal of analytical and applied pyrolysis, 2018, 135: 122–132.

[112] Yang Z, Li G, Yuan H, et al. Efficient coke inhibition in supercritical thermal cracking of hydrocarbon fuels by a little ethanol over a bifunctional coating [J]. Energy & fuels, 2017, 31 (7): 7060–7068.

[113] Yue L, Li G, He G, et al. Impacts of hydrogen to carbon ratio (H/C) on fundamental properties and supercritical cracking performance of hydrocarbon fuels [J]. Chemical Engineering Journal, 2016, 283: 1216–1223.

[114] Liu B, Wang Z, Zhu Q, et al. Performance of Pt/ZrO_2–TiO_2–Al_2O_3 and coke deposition during methylcyclohexane catalytic cracking, Fuel, 2017, 200: 387–394.

[115] Li G, Zhang C, Wei H, et al. Investigations on the thermal decomposition of JP–10/*iso*–octane binary mixtures [J]. Fuel, 2016, 163: 148–156.

[116] Yue L, Wu J, Gong Y, et al. Heat transfer and cracking performance of endothermic hydrocarbon fuel when it cools a high temperature channel [J]. Fuel Processing Technology, 2016, 149: 112–120.

[117] Hou X, Qiu Y, Zhang X, et al. Effects of regeneration of ZSM–5 based catalysts on light olefins production in *n*–pentane catalytic cracking [J]. Chemical Engineering Journal, 2017, 321: 572–583.

[118] Liu G, Jia X, Tian Y, et al. Preparations and remarkable catalytic cracking performances of Pt@FGS/JP–10 nanofluids [J]. Fuel, 2019, 252: 228–237.

[119] Li X, Zhang H, Liu B, Zhu Q, et al. Mo–promoted catalysts for supercritical n–decane cracking, Applied Thermal Engineering, 2016, 102: 1238–1240.

[120] Liu B, Zhu Q, Li X, et al. Heat Sink Enhancement of Supercritical Methylcyclohexane Cracking over La Modified Beta Zeolite. Journal of Propulsion Power, 2016, 32 (4): 801–809.

[121] Chen Y, Lei Z, Zhang T, Zhu Q, et al. Flow Distribution of Hydrocarbon Fuel in Parallel Minichannels Heat Exchanger, AIChE Journal, 2018, 64: 2781–2791.

[122] Liu P, Gao X, Zhang T, Zhu Q, et al. Experimental and numerical investigation on the isobaric heat capacity for methylcyclohexane at high temperature and high pressure, Applied Thermal Engineering, 2019, 146: 613–621.

[123] Gao X, Wen X, Zhou H, Zhu Q, et al. Novel Measurement of Isobaric Specific Heat Capacity for Kerosene RP–3 at High Temperature and High Pressure, Thermochimica Acta, 2016, 638: 113–119.

[124] 毛佳，郑洋，王健礼，等. 燃料热沉测定的热力学方法及效果评价，工程热物理学报，2013，34：1193–1197.

[125] 文旭，周灏，高新科，等. 苯高温高压下流体密度的在线测量，推进技术，2015，36（9）：1403–1409.

[126] Gong C, Ning H, Xu J, et al. Experimental and modeling study of thermal and catalytic cracking of n–decane, Journal of Analytical and Applied Pyrolysis, 2014, 110: 463–469.

[127] Zhang T, Zhou H, Chen Y, et al. Investigations on the thermal cracking and pyrolysis mechanism of China No.3 aviation kerosene under supercritical conditions, Petroleum Science and Technology. 2018, 36: 1396–1404.

[128] Chen Y, Liu B, Lei Z, et al. A control method for flow distribution in fuel–cooled plate based on choked flow effect, Applied Thermal Engineering, 2018, 142: 122–137.

[129] Wang Z, Zhang H, Li S, et al. The performance of Rh/SiO_2–Al_2O_3 catalysts in methycyclohexane cracking reaction, Journal of Analytical and Applied Pyrolysis, 2017, 124: 475–485.

[130] Zhang J, Chen T, Yao P, et al. Catalytic Cracking of *n*–Decane over Monometallic and Bimetallic Pt–Ni/MoO_3/La–Al_2O_3 Catalysts: Correlations of Surface Properties and Catalytic Behaviors [J]. Industrial & Engineering Chemistry Research, 2019, 58 (5): 1823–1833.

[131] Chen T, Zhang J, Wang L, et al. A study of methylcyclohexane cracking in a micro–channel reactor coated with M/

SiO_2（M= Fe, Co, Ni）catalysts under supercritical conditions [J]. Journal of Analytical and Applied Pyrolysis, 2019：104642.

[132] Zhang Y, Zhang S, Zhang T, et al. Characterization of MOCVD TiO_2 coating and its anti-coking application in cyclohexane pyrolysis, Surface Coating Technology, 2016, 296：108-116.

[133] 胡生望，刘斌，唐石云，等. 不锈钢表面 TiN、TiO_2 涂层化学气相沉积制备及抑焦性能研究，稀有金属材料与工程，2016, 45：3121-3127.

[134] Wu X, Ye D, Jin S, et al. Cracking of platinum/hydrocarbon nanofluids with hyperbranched polymer as stabilizer and initiator [J]. Fuel, 2019, 255：115782.

[135] Yue L, Wu J, Gong Y, et al. Thermodynamic properties and pyrolysis performances of hydrocarbon-fuel-based nanofluids containing palladium nanoparticles [J]. Journal of analytical and applied pyrolysis, 2016, 120：347-355.

[136] He G, Shen Y, Li J, et al. Solubilization of the macroinitiator palmitoyl modified hyperbranched polyglycerol（PHPG）in hydrocarbon fuels [J]. Fuel, 2017, 200：62-69.

[137] He G, Wu X, Ye D, et al. Hyperbranched poly（amidoamine）as an efficient macroinitiator for thermal cracking and heat-sink enhancement of hydrocarbon fuels [J]. Energy & fuels, 2017, 31（7）：6848-6855.

[138] Wu X, Chen X, Jin S, et al. Highly Stable Macroinitiator/Platinum/Hydrocarbon Nanofluids for Efficient Thermal Management in Hypersonic Aircraft from Synergistic Catalysis. Energy Conversion and Management, 2019, 198：111797.

[139] Ye D, Mi J, Bai S, et al. Thermal cracking of jet propellant-10 with the addition of a core-shell macroinitiator [J]. Fuel, 2019, 254：115667.

[140] 胡荣祖，高胜利，赵凤起，等. 热分析动力学 [M]. 北京：科学出版社，2018.

[141] Li N, Zhao FQ, Luo Y, et al. Study on Curing Reaction Thermokinetics of Azide Binder/Bispropargyl Succinate by Microcalorimetry [J]. Propellants, Explosives, Pyrotechnics, 2015.

[142] Li N, Zhao FQ, Xuan CL, et al. Thermochemical Properties of 2-oxo-1, 3, 5-trinitro-1, 3, 5-triazacyclohexane in dimethyl sulfoxide [J]. Journal of Thermal Analysis and Calorimetry, 2018, 131（3）：3047-3052.

[143] Ding L, Zhao FQ, Pan Q, et al. Research on The Thermal Decomposition Behavior of NEPE Propellant Containing CL-20 [J]. Journal of Analytical and Applied Pyrolysis, 2016, 121：121-127.

[144] An T, Zhao FQ, Wang Q, et al. Preparation, characterization and thermal decomposition mechanism of guanidinium azotetrazolate（GUZT）[J]. Journal of Analytical and Applied Pyrolysis, 2013, 103：405-411.

[145] Xiao LB, Zhao FQ, Luo Y, et al. Dissolution properties of ammonium dinitramide in N-methyl pyrrolidone [J]. Journal of Thermal Analysis and Calorimetry, 2014, 117：517-521.

[146] Li H, Yu QQ, Zhao FQ, et al. Polytriazoles based on alkyne terminated polybutadiene with and without urethane segments：morphology and properties [J]. Journal of Applied Polymer Science, 2017, 134（32）：45178.

[147] 赵凤起，仪建华，安亭，等. 固体推进剂燃烧催化剂 [M]. 北京：国防工业出版社，2016.

[148] Yan QL, Zhao FQ, Kuo KK, et al. Catalytic effects of nano additives on decomposition and combustion of RDX-, HMX-, and AP-based energetic compositions [J]. Progress in Energy and Combustion Science, 2016, 57：75-136.

[149] Li N, Zhao FQ, Luo Y, et al. Study on thermodynamics and kinetics for the reaction of aluminum hydride and water by microcalorimetry [J]. Journal of Thermal Analysis and Calorimetry, 2015, 120（3）：1847-1851.

[150] Niu SW, Fang YY, Zhou JB, et al. Manipulating the water dissociation kinetics of Ni3N nanosheets via in situ interfacial engineering [J]. Journal of Materials Chemistry A, 2019, 7：10924-10929.

[151] Qu WG, Zhao FQ, Yang YJ, et al. Nanoscale SnO_2 with well-defined facets improving combustion performance of

energetic materials [J]. International Journal of Energetic Materials and Chemical Propulsion, 2017, 16 (3): 197–205.

[152] Yang YJ, Bai Y, Zhao FQ, et al. Effects of metal organic framework Fe–BTC on the thermal decomposition of ammonium perchlorate [J]. RSC Advances, 2016, 6 (71): 67308–67314.

[153] 赵凤起，徐司雨，李猛，等. 改性双基推进剂性能模拟 [M]. 北京：国防工业出版社，2015.

[154] Yang YJ, Zhao FQ, Xu HX, et al. Hydrogen–enhanced combustion of a composite propellant with ZrH_2 as the fuel [J]. Combustion and Flame, 2018, 187: 67–76.

[155] Yang YJ, Zhao FQ, Yuan ZF, et al. On the combustion mechanisms of ZrH_2 in double–base propellant [J]. Physical Chemistry Chemical Physics, 2017, 19 (48): 32597–32604.

[156] Pang WQ, Fan XZ, Zhao FQ, et al. Effects of different metal fuels on the characteristics for HTPB–based fuel rich solid propellants. Propellants, Explosives, Pyrotechnics, 2013, 38: 852–859.

[157] 刘波，王琼林，刘少武，等. 改性单基药表层功能组分浓度分布对燃烧性能的影响研究 [J]. 兵工学报，2011, 32 (5): 564–568.

[158] 姚路，姚德龙，仪建华，等. 基于 TDLAS 的固体推进剂装药羽流流速测量方法 [J]. 火炸药学报，2016, 39 (5): 35–39.

[159] Wen Y, Xue X, Long X, Zhang C: Cluster Evolution during the Early Stages of Heating Explosives and its Relationship to Sensitivity: A Comparative Study of TATB, β –HMX and PETN by Molecular Reactive Force Field Simulations [J]. Phys. Chem. Chem. Phys., 2015, 17: 12013–12022.

[160] Peng L, Yao Q, Wang J, et al. Pyrolysis of RDX and Its Derivatives via Reactive Molecular Dynamics Simulations, ACTA PHYSICO–CHIMICA SINICA, 2017, 33: 745–754.

[161] Wen Y, Xue X, Long X, Zhang C: Cluster evolution at early stages of 1, 3, 5–Triamino–2, 4, 6–trinitrobenzene under various heating conditions: A molecular reactive force field study [J]. J. Phys. Chem. A, 2016, 120: 3929–3937.

[162] Zhang C, Wen Y, Xue X, Liu J, Ma Y, He X, Long X: Sequent Molecular Dynamics Simulations: A Strategy for Complex Chemical Reactions and a Case Study on the Graphitization of Cooked 1, 3, 5–Triamino–2, 4, 6–trinitrobenzene [J]. J. Phys. Chem. C, 2016, 120: 25237–25245.

[163] Deng C, Xue X, Chi Y, Li H, Long X, Zhang C: Nature of the Enhanced Self–heating Ability of Imperfect Energetic Crystals Relative to Perfect Ones [J]. J. Phys. Chem. C, 2017, 121: 12101–12110.

[164] Xue X, Ma Y, Zeng Q, Zhang C: Initial Decay Mechanism of the Heated CL–20/HMX Co–crystal: A Case of the Co–crystal Mediating the Thermal Stability of the Two Pure Components. J. Phys. Chem. C, 2017, 121: 4899–4908.

[165] Jiang H, Jiao Q, Zhang C: Early Events When Heating 1, 1–Diamino–2, 2– dinitroethylene: Self–Consistent Charge Density–Functional Tight Binding Molecular Dynamics Simulations [J]. J. Phys. Chem. C, 2018, 122: 15125–15132.

[166] Wang J, Xiong Y, Li H, Zhang C: Reversible Hydrogen Transfer as New Sensitivity Mechanism for Energetic Materials against External Stimuli: A Case of the Insensitive 2, 6–Diamino–3, 5–dinitropyrazine–1–oxide [J]. J. Phys. Chem. C, 2018, 122: 1109–1118.

[167] Ma Y, He X, Meng L, Xue X, Zhang C: Ionization and Separation as A Strategy for Significantly Enhancing the Thermal Stability of An Instable System: A Case for Hydroxylamine–based Salts Relative to that Pure Hydroxylamine. Phys. Chem. Chem. Phys. 2017, 19: 30933–30944.

[168] Lu Z, Zeng Q, Xue X, Zhang Z, Nie F, Zhang C: Does Pressure Increasing Always Accelerate the Condensed Material Decay Initiated Through Bimolecular Reactions? A Case of the Thermal Decomposition of TKX–50 at High Pressures [J]. Phys. Chem. Chem. Phys. 2017, 19: 23309–23317.

[169] Zhang C, Wen Y, Xue X: Self-Enhanced Catalytic Activities of Functionalized Graphene Sheets in the Combustion of Nitromethane: Molecular Dynamic Simulations by Molecular Reactive Force Field [J]. Appl. Mater. Interfaces 2014, 6: 12235-12244.

[170] Hao W, Niu L, Gou R, Zhang C. Influence of Al and Al_2O_3 Nanoparticles on the Thermal Decay of1, 3, 5-Trinitro-1, 3, 5-triazinane (RDX): Reactive Molecular Dynamics Simulations [J]. J. Phys. Chem. C 2019, 123: 14067-14080.

[171] Schietekat C M, Sarris S A, Reyniers P A, et al. Catalytic coating for reduced coke formation in steam cracking reactors [J]. Industrial & Engineering Chemistry Research, 2015, 54 (39): 9525-9535.

[172] Gascoin N, Abraham G, Gillard P. Thermal and hydraulic effects of coke deposit in hydrocarbon pyrolysis process [J]. Journal of Thermophysics and Teat Transfer, 2012, 26 (1): 57-65.

[173] Huang H, Tang X, Haas M. In-situ continuous coke deposit removal by catalytic steam gasification for fuel-cooled thermal management [C]//ASME Turbo Expo 2012: Turbine Technical Conference and Exposition. American Society of Mechanical Engineers, 2012: 1-9.

撰稿人：李象远　王　繁　方文军　赵凤起　齐　飞　朱　权　李玉阳　郭永胜
张朝阳　游小清　李泽荣　张　凤　李晓霞　张英佳　徐华胜

纤维素及可再生生物质基材料研究进展

一、引言

近年来，石油基聚合物产生的塑料因为不可生物降解，其废弃物对环境的污染日益严重。据统计，海洋垃圾中，报纸、塑料瓶、一次性尿布等废弃物的生物降解分别需要6周、450年、475年，各种动物由于误食塑料制品或者被其缠绕受到伤害甚至死亡，所以塑料垃圾已被分类为危险物。每年约有800万吨塑料倾倒在海里，如果继续下去，预计到2050年海洋中的塑料数量将超过鱼类。尤其，微塑料更是一种日益严重的污染物，严重危害健康。面对塑料废弃物的严重污染以及不可再生的石油煤炭等资源日益枯竭，开发和利用可再生资源生产环境友好材料和化学品已经引起全球极大重视。2019年6月在大阪举行的G20峰会上，各国领导人已签署协议，承诺至2050年将海洋中塑料垃圾减少为0。为此，一方面要做好塑料的回收和循环利用，另一方面要加大可持续的环境友好高分子新材料研究与开发。利用自然界中碳水化合物和聚多糖为原料生产环境友好的生物塑料、水凝胶、复合材料等均属于可持续聚合物材料。天然高分子作为可持续的高分子材料，具有来源丰富、可再生、可生物降解、环保等优点。纤维素、甲壳素、蛋白质是最主要几种天然高分子，具有可再生、可完全生物降解、生物相容性好等优点，但它们具有复杂的多级结构和强相互作用，难以溶解和熔融加工，限制了其广泛使用。目前，利用纤维素、甲壳素和蛋白质等生物质资源研究与开发化学产物和材料已成为国际科技前沿领域。由于篇幅有限，本报告将主要集中总结近三年纤维素和甲壳素及其衍生物，以及蛋白质基材料的研究进展。

二、发展现状及最新进展

（一）纤维素及其衍生物研究进展

发展新型高效的纤维素溶剂是实现纤维素的清洁加工及其高值化转化的有效途径。我国学者在此领域做出了出色的研究成果，特别是在碱/尿素水溶剂体系和离子液体溶剂体系。张俐娜团队突破使用有机溶剂加热溶解高分子的传统方法，利用碱/尿素水体系低温成功溶解了纤维素，并且直接用纤维素浓溶液中再生制备出纤维、膜、水凝胶、气凝胶和微球等新材料，并证明它们具有优良的性能和不同功能。实验证明这些新材料在纺织、包装、生物医用材料、储能材料、水处理材料以及纳米催化剂载体材料等有广泛应用前景[1]。张俐娜和危岩等利用动态酰腙键构建具有双重响应性、高修复效率和优良力学性能的自修复羧乙基纤维素–聚乙二醇水凝胶，适宜细胞的三维培养支架[2]。张俐娜和常春雨等通过纤维素分子间强自聚力作用制备出高强度的有细微皱纹结构的水凝胶，它能诱导心肌细胞的生长[3,4]。张俐娜和胡良斌等用纤维素溶液自组装成具有紧密堆积和排列结构的纤维素纳米纤维组成的强韧性再生纤维素薄膜，它具有高光学清晰度、低雾度和双折射行为，适宜用于柔性电子和光电应用[5]。张俐娜和谢佳等制备出纤维素/聚苯胺/十二烷基磺酸钠复合微球，并将其碳化得到N/S共掺杂的碳球，由于其层间距明显高于锂离子电池常用碳材料，当其作为钠离子电池的负极材料时具有高倍率和稳定循环充放电性能[6]。张俐娜和傅强等利用碱/尿素水溶剂体系低温溶解纤维素，在低温植酸凝固浴中使纤维素分子链平行排列并自聚集形成纳米纤维，成功制备出高强度纤维素纤维[7]。目前武汉大学与丝丽雅集团和四川大学正在合作推进产业化试验，有望替代传统黏胶法生产的黏胶纤维和玻璃纸。蔡杰等提出依次进行化学交联和物理交联的双交联策略，构建高强韧双交联纤维素水凝胶，并阐明“牺牲键–载荷受体–骨架”的协同增强机理。他们还构建出高韧性双交联纤维素膜，并发现在拉伸过程中出现聚多糖材料中尚未被报道的应力发白现象，阐明其应力发白和增韧机理[8]。他们还提出基于三维纤维素凝胶网络结构增强聚合物纳米复合材料的策略，通过原位开环聚合、自由基聚合等方法，制备出高性能聚丙烯酸酯、聚乳酸–*co*–聚己内酯和聚苯乙烯等聚合物纳米复合材料，并用修正的逾渗模型成功描述三维凝胶网络的力学增强行为[9-11]。

离子液体是目前最重要的绿色溶剂体系之一，部分离子液体对含氢键天然高分子（特别是纤维素）表现出良好的溶解能力。张军等发展了基于离子液体体系的再生纤维素材料制备的绿色新方法，制备出不同类型的再生纤维素材料，如纤维、薄膜、水凝胶和气凝胶材料，以及具有导电、抗菌、阻隔等不同功能性的再生纤维素材料[12]。他们与国内纤维素材料生产的企业合作，共同开发基于离子液体制备再生纤维素薄膜和纤维的工业化清洁生产新技术，其中千吨级纤维素薄膜的产业化生产线将于近期完成并投产，这将是国际上首次实现基于离子液体技术的再生纤维素膜规模化生产。他们还以离子液体为溶剂，提出模块化设计与合成多功能纤维素材料的新概念，获得具有阻燃、热塑性、固态荧光、环境响应以及手性识别等功能性纤维素新材料[13-17]。

纳米纤维素具有高强度、高比表面积、低热膨胀系数等特点。吴敏和黄勇等提出溶剂亲疏水环境与机械力协同作用诱导纤维素晶面剥离的理论，通过极性溶剂的溶胀作用削弱纤维素分子链间的氢键作用，在机械力的作用下使纤维素沿着亲水晶面解离，制备出亲水性纤维素纳米纤维[18]；另外，通过非极性溶剂对晶面的诱导作用削弱纤维素分子层间范德华力，在机械力的作用下使纤维素沿着疏水面剥离，制备出疏水性纤维素纳米片[19]。于海鹏等发展了有机溶剂和低共熔溶剂等结合超声制备纳米纤维素的改进方法[20]。范一民等利用漆酶氧化体系进行表面酶法修饰制备富羧基负电性纤维素纳米纤维[21]。付时雨等提出“酸辅助纤维素纳米纤维”方法获得纤维素纳米纤维[22]。此外，蔡杰等提出依次进行“自上而下”和“自下而上”策略，将纤维素溶解在碱 / 尿素水溶液中通过分子设计合成羧甲基化纤维素，进一步通过氢键自组装形成羧甲基化纤维素纳米纤维[23]。徐雁和张晓安等发现手性向列型晶态纳米纤维素膜的本征圆偏振能力，纳米纤维素膜可将与其光子禁带匹配的入射光分解为左右圆偏振光，并且还可将与其光子禁带匹配的自发辐射转化为右旋圆偏振荧光，其手性精准、不对称因子高[24]。徐雁、张晓安和唐智勇等基于晶态纳米纤维素膜的选择性反射、选择性透过、传播禁阻等特性，展示了晶态纳米纤维素膜在光学加密、圆偏振光检测领域的潜在应用[25, 26]。蒋兴宇和查瑞涛等制备了荧光纳纤化纤维素 / 碳量子点纸，可以高效转印和检测不同基材表面上的潜在指纹[27]。石高全和李春等通过蒸发诱导纤维素纳米晶和氧化石墨烯组装，并用氢碘酸还原后形成类似珍珠质的石墨烯薄膜，显著提高石墨烯薄膜的力学性能，并保持高电导率[28]。于海鹏和陈文帅等制备了木质纳米纤维素碳气凝胶[29]、透明摩擦纳米发电机[30]和再生纤维素隔膜[31]。

细菌纤维素是由微生物合成的纳米纤维素，具有高纯度、高聚合度、高结晶度、高比表面积、优良机械性能等优点。朱美芳和成艳华等合成高孔隙率、高比表面积、低导热系数的细菌纤维素 – 聚甲基倍半硅氧烷复合气凝胶，展示出可穿戴保护、可控热管理和超快油水分离等多功能性[32]。杨光、蒋兴宇和郑文富等通过微流控、微模板和外场有序调控微生物的行为，获得具有仿生微结构的有序图案化细菌纤维素材料，在创伤修复、神经组织定向诱导、人造椎间盘组织再生等方面具有潜在的应用[33–35]。袁国辉等利用细菌纤维素负载 r–Bi_2O_3、石墨烯以及 MXene 得到具有优异电化学性能和高力学性能的柔性电极材料，显著提高超级电容器性能[36, 37]。咸漠和张海波等将 6– 羧基荧光素修饰的葡萄糖作为底物，利用微生物原位发酵产生具有非自然特征荧光功能性的细菌纤维素[38]。海南省海南椰国食品有限公司建立拥有自主知识产权的醋酸杆菌菌种库，拥有微生物发酵生产细菌纤维素的相关上游技术和下游产品的开发能力。

（二）甲壳素及其衍生物研究进展

甲壳素是存量仅次于纤维素的天然高分子，也是最丰富的海洋聚多糖。张俐娜团队利用 NaOH/ 尿素水体系低温溶解甲壳素，证明 NaOH/ 尿素氢键键接的护套结构包覆甲壳素分子链促进其溶解[39]。基于该溶剂体系，并结合甲壳素良好的生物相容性、重金属离子以及有机物的吸附性等特点，制备出纤维、膜、水凝胶、塑料、微球等甲壳素基新材料，同时证明它们具有优良的力学性能、生物相容性、电子导电性、吸附分离功能，在生物医用、储能、水处理以及纳米催化剂载体等领域有广泛应用前景[40]。他们通过“自下而上”的方法制备出甲壳素微球，可有效地支撑和促进细胞三维黏附和生长，并表现出很好的生物相容性[41]。张俐娜、吕昂和傅强等利用 NaOH/ 尿素水溶剂体系低温溶解甲壳素，在低温植酸凝固浴中使甲壳素分子链平行排列并自聚集形成纳米纤维，成功制备出高强度甲壳素纤维[42]。张俐娜和黄亮等制备出具有多级孔结构的甲壳素基碳 / 聚苯胺微球用于超级电容器的电极材料，可显著提升电容量、倍率性以及循环稳定性[43]。张俐娜和雷爱文等制备出甲壳素基 N/O 双掺杂碳微球，有效地促进烷烃、氨基化合物与 CO 发生双羰基氧化偶联反应，生成 α – 酮酰胺[44]。他们还以此甲壳素基 N 掺杂碳球为载体，诱导钯催化剂的电子向其吡啶型和吡咯型 N 转移，减弱对中间产物烯烃的吸附能力和抑制其进一步氢化，从而实现高效和高选择性地转化炔烃为烯烃[45]。蔡杰等通过对甲壳素分子链的氢键和疏水作用，以及甲壳素水凝胶和膜的聚集态结构调控，创建基于 KOH/ 尿素水溶液的高效、节能、“绿色”途径制备高强度、透明甲壳素膜，为有效利用海洋生物质资源提供新途径和新技术[46]。他们提出依次进行化学交联和物理交联的双交联策略，通过交联剂与 *N*– 乙酰葡糖胺的摩尔比控制水凝胶的化学交联密度，并通过中和溶液的浓度调控甲壳素结晶水合物的结构和含量，进而调控整个水凝胶的聚集态结构，制备出高强度、高韧性的双交联甲壳素水凝胶[47]。他们还在 KOH/ 尿素水溶液中通过一步法均相合成两亲性季铵化 β – 甲壳素衍生物，对大肠杆菌、金黄色葡萄球菌、白色念珠菌和米根霉菌表现出优异的抗菌活性，并能够显著促进感染伤口的愈合[48]。姚宏斌等制备了氰乙基修饰的甲壳素纳米纤维隔膜，该隔膜具有较高的力学性能以及优异的离子传导性能，成功应用于高性能锂离子电池[49]。姚宏斌、俞书宏等利用虾壳为原料制备了高强度和热稳定性的甲壳素纳米纤维，进一步通过盐模板法制备了具有纳米孔结构的甲壳素纳米纤维隔膜，并将其成功应用于锂 / 钠离子电池[50]。李朝旭等利用 NaOH/ 尿素水溶液体系溶解甲壳素后进行均相乙腈化疏水改性制得甲壳素纳米片，将纳米片碳化后作为超级电容器电极材料和压力传感[51]。

壳聚糖是最重要的甲壳素衍生物。张俐娜等利用 LiOH/KOH/ 尿素水体系低温溶解壳聚糖，证明 LiOH/KOH/ 尿素氢键键接的护套结构包覆壳聚糖分子链促进其溶解[52]。他们还制备出壳聚糖微球并通过原位聚合制备出高强度、超拉伸、力敏感的导电壳聚糖 / 聚丙烯胺酰胺 / 聚苯胺复合水凝胶[53]。周金平等利用双重物理交联策略构筑了高强度、高韧性的壳聚糖 / 聚丙烯酸水凝胶，由于壳聚糖组分和配位银离子的存在，该水凝胶还具有优异的抗菌性能[54]。崔华等利用壳聚糖水凝胶作为基底，利用慢扩散控制异相催化机理成功制备了仿萤火虫高亮度、持久化学发光水凝胶[55]。狄重安和朱道本等利用壳聚糖和 PDPP3T 两种组分通过集成有机场效晶体管基突触设备和压力传感器制备了双有机晶体管基触觉元件，并在单一元件内实现了感应外界压力刺激并像突触一样将其转化电学信号的过程[56]。俞书宏等利用介观尺度的“组装 – 矿化”策略制备了与天然贝壳具有相同化学组成和异质结构的人造贝壳，其力学性能与天然贝壳相当[57]。

丁彬等制备出具有超弹性的 SiO_2 纳米纤维－壳聚糖三维支架，该支架在水相介质中具有良好的弹性、快速恢复率和良好的抗疲劳性能，并能自适应兔下颌骨缺损，促进缺损骨形成[58]。施晓文等开展了电化学沉积法制备壳聚糖凝胶的工作，并通过电信号精确控制凝胶的结构并改变凝胶的表面性质[59]。余桂华等以聚乙烯醇和壳聚糖为骨架，聚吡咯为光吸收剂制备高水化吸光水凝胶，提高太阳能蒸馏器的淡水生产率，并可有效去除离子污染物[60]。

（三）蛋白质基材料研究进展

动物丝蛋白基（包括蚕丝、蜘蛛丝和基因重组丝蛋白）材料最近十年受到了广泛的关注，相关研究也呈现逐年稳步增长的态势。对于动物丝蛋白的研究主要分为蚕丝蛋白和蜘蛛丝蛋白两个方面。其中，蚕丝蛋白获取相对容易，研究更加广泛。近年来，对于蚕丝蛋白的研究，已经由本体尺度延伸至了介观尺度（微米和纳米尺度的统称），其相应的应用也已经由传统纺织行业扩展至了各类新兴领域，如再生医学、光学器件、电子器件和环境材料等。此外，在自然界中存在一种结构非常稳定的蛋白质淀粉样聚集体，内部含有高度有序的 β－折叠结构，研究发现此类结构不仅与多种神经性疾病（阿尔兹海默症、帕金森症、亨廷顿病等）的发生有关，而且与细菌、藤壶等的界面黏附以及蚕丝、蜘蛛丝等的优异力学强度和稳定性密切相关。

1. 动物丝蛋白材料

动物丝蛋白通常需要经过溶解后才能制备其他形貌的材料。邵正中等通过限制 β－折叠生长的方法显著提高再生丝蛋白水凝胶的力学性能，其主要原因是在丝蛋白构象转变中形成小尺寸和均匀分布的 β－折叠区[61]。利用再生丝蛋白和羟丙基纤维素之间的氢键和疏水作用的协同效应制备出兼具生物相容性和优异的力学性能的再生丝蛋白／羟丙基纤维素共混水凝胶，其断裂能高于软骨、皮肤等天然弹性体[62]。他们还设计出具有导电性的高强度再生丝蛋白凝胶，发现凝胶中的水和离子液体能够提升在空气中的稳定性和可逆的吸／失水能力，无须封装就可作为多功能的柔性导电材料[63]。孙洪波和邵正中等提出基于丝蛋白的全水相多光子光刻技术，利用飞秒激光直写定制以丝蛋白为核心材料模块的功能特性多样化且可设计的微纳结构与器件[64]。陈新等报道了具有环境响应性的蚕丝纳米纤维／银纳米线复合膜材料，发现当银纳米线形成三维网络结构掺杂到蚕丝纳米纤维组成的基质中时，得到的复合膜具有湿度响应性，而当蚕丝纳米纤维和银纳米线形成层状结构时，得到的复合膜具有透明性并可作为压力传感器[65]。

作为可大量获得的天然纳米材料，丝蛋白微纤在最近两年受到广泛关注[66-68]。然而，由于天然丝蛋白层级结构的复杂性，直接从中提取介观结构单元，仍具有很大的挑战性。传统碱水解法和超声分散法只能获得长度在微米尺度的短切纤维，无法实现纳米尺度的剥离。基于"部分溶解结合机械剥离"的方法可实现对动物丝纤维的纳米尺度剥离，并且所剥离的微纤能稳定存在于水溶液中，为丝蛋白材料的纳米领域应用提供了可能性。例如，吕强等采用氯化钙/甲酸溶液部分溶解桑蚕丝的方式制备丝蛋白纳米纤维[69, 70]。David L. Kaplan 等开发出"定向溶解结合机械处理"技术从丝纤维中剥离获得尺寸单一、高稳定性的纳纤结构，实现单原纤水平剥离天然动物丝纤维，成功制备了宏量的水相丝纳纤分散液[71, 72]。凌盛杰和 David L. Kaplan 等通过次氯酸钠部分溶解结合超声分散的方式，实现对柞蚕茧丝和工业废丝的逐级剥离，制备出水性分散的介观结构丝蛋白纤维[73]。牟天成等利用尿素/盐酸胍体系从天然桑蚕丝纤维中剥离出纳米纤维[74]。此外，范一民等利用漆酶氧化体系进行表面酶法修饰制备富羧基负电性甲壳素纳米纤维[75]，并进一步利用脱乙酰酶法制备正电性甲壳素纳米纤维[76]。

除了"自上而下"提取丝蛋白微纤以外，利用丝蛋白分子的自组装来构筑具有不同层级的丝蛋白组装体也受到重视，主要是调控丝蛋白分子链由可水溶的无规构象/螺旋向水不溶的 β-折叠结构转变，并在此过程中调控 β-折叠的形成与生长，从而实现有序或定向组装来制备具有特定结构和性能的丝蛋白功能材料。相较于"自上而下"法制备的丝蛋白纳米材料而言，利用自组装策略制备的丝蛋白纳米组装体结构及制备方法均具有明显的优势。就技术而言，如利用乙醇处理、热处理、调节 pH 等方法诱导生长的自组装方法得率高、无副产物生成、无须使用有毒试剂和高耗能工艺[67, 77, 78]；就组装体结构而言，组装体尺度、形貌可控、均一性高、分散性和稳定性更加优异。加之材料独特的纳米效应使得丝蛋白纳米组装体在生物医学、食品和水处理等诸多领域具有良好的应用前景。Fiorenzo G. Omenetto 等使用同向流动双管道的微流控系统，将丝蛋白溶液分散在聚乙烯醇溶液中，使丝蛋白分子链自组装成微球，获得直径可调的微球[79]。Chris Holland 等使用微流控设备通过控制剪切环境诱导丝蛋白组装成富 β-折叠微结构的单分散微胶囊[80]。邵正中和陈新等利用低醇浓度诱导低浓度丝蛋白构象转变的方法制备了能长期保存的丝蛋白微纤水分散液[81]。吕强等使用浓缩稀释的方法，加热蒸发水分并且诱导无规丝蛋白转变成亚稳定结构，稀释后通过热调控丝蛋白成功自组装成纳米微纤[82]。Markus J. Buehler 等以热为调控因子，实现对丝蛋白分子一维定向自组装的控制，制备出具有液晶结构的高稳定丝蛋白纳纤分散液[83]。此外，Fiorenzo G. Omenetto 等利用限域自组装直接将丝蛋白组装成高取向、预设计的微纤 3D 网络结构[84]。

丝蛋白材料的应用领域主要包括生物医学、光学器件、电子器件等方面。在生物医学领域，丝蛋白的应用主要包括药物缓/控释[85, 86]、靶向给药[87–95]、创伤敷料[96]、神经修复[97]、骨损伤修复[98]等。丝蛋白基的光学器件也受到持续关注。利用纤维良好的光/波导性，蜘蛛丝已被用作生物光纤。此外，通过喷墨打印、胶体模版法、软/硬激光光刻法、飞秒激光加工技术、3D 打印等加工技术，丝蛋白材料被制备成具有特定周期性结构的光子晶体膜或具有良好光导性的光波导管，在生物治疗、器件集成、防伪、装饰、光学调制方面展现出良好的应用前景[99-104]。此外，虽然丝蛋白材料自身是绝缘材料，但是它可以进行不同方式的导电化处理，如填充功能填料（导电材料或光电功能材料）或碳化处理。加之蚕丝及丝蛋白材料优异的力学性能，可调节的结构，以及良好的生物相容性，使丝蛋白基材料适用于不同的电子器件应用场景，如生物传感器[73]、生物电极[96, 105-107]、人工皮肤[108, 109]和可穿戴设备[110]等。

2. 淀粉样聚集体材料

传统的蛋白质淀粉样聚集过程复杂耗时（数十小时至几天），制备效率低和条件苛刻（如需要烦琐昂贵的基因表达、极性有机溶剂、高温、极端 pH 等），很难大规模实际应用。杨鹏等发展了蛋白质构象调控的新方法，发现使用三（2- 羰基乙基）膦作为二硫键还原剂，即可在温和中性水溶液条件下高效打开溶菌酶的二硫键，促使大分子链发生从高能态 α -helix 到低能态 β -sheet 的自发转变，从而在溶液中快速形成大量寡聚体[111]。为进一步降低体系能量，短时间内形成的大量寡聚体会通过疏水、氢键等作用力，分别在溶液中和界面处聚集而成微米颗粒和纳米薄膜[112]。该策略不仅适用于溶菌酶，还可普适性的拓展到其他蛋白质如胰岛素、乳白蛋白和牛血清白蛋白[113]。他们发现相转变蛋白质聚集体通过稳定黏附，微米颗粒和寡聚体可在高分子、无机、金属等各类宏观材料以及微纳米粒子表界面形成蛋白质基涂层（纤维网络和纳米薄膜）。结合灵活的涂敷方式（浸涂、喷涂、界面转移或接触 – 转印法），蛋白质基涂层在材料表面改性方面表现出灵活和丰富的调控性，如基于紫外光或电子束敏感性的表面图案化和微纳米制造[112]，蛋白质基超疏水涂层制备及促进蛋白质结晶的应用[114]，基于细胞表面涂敷纳米薄膜的活细胞表面改性与固定[115]，基于金属离子掺杂纳米薄膜的柔性器件（隐秘摩斯密码传输和语言无声传输）[116]等。此外，基于表面暴露出的多种极性 / 非极性官能团以及纳米寡聚体聚集结构，相转变蛋白质聚集体可提供兼具多重实用功能的生物医用平台。以相转变溶菌酶聚集体涂层为例：羧基、羟基、氨基、胍基、巯基、苯环、烷基等基团的共存使涂层表面产生一定的结合水层、正负电性基团和疏水基团聚集微区，使表面具有适度的亲水性和排斥分子非特异性吸附的能力；通过极性基团与钙离子络合，使表面具有原位诱导体内和体外界面生物矿化的能力，可在各类材料表界面人工合成出界面黏附性 / 机械稳定性优异、媲美天然结构与性能的羟基磷灰石 HAp 矿化层[117]；正电性胍基和疏水微区使涂层表面具有广谱的体外及体内抗菌性，其抗菌性及稳定性均大大超越天然溶菌酶，可用于抗菌伤口敷料及医疗器械表面抑菌[118, 119]；涂层内在的寡聚体小球堆积结构间的缝隙为涂层提供了天然纳米通道，可用于高效血液透析，其分离效率较现有血透膜提升 5~6 倍[120]。他们还率先提出通过次级单元纳米晶的介观组装来构筑具有复杂结构的类淀粉样介晶结构的策略，在溶菌酶的微酸性缓冲溶液中加入一定量的三（2- 羧乙基）膦打断溶菌酶分子内二硫键，溶菌酶分子自发解折叠，并在准热力学平衡条件下发生 β -sheet 的可控组装，所形成的短程有序聚集体则通过 β -sheet 的进一步组装发生长程有序化，从而导致“核 – 壳”纳米片晶结构的形成[121]。该工作揭示了淀粉样晶体可以通过次级纳米晶体单元的晶体学有序堆积而实现生长。

目前，关于淀粉样黏附机理的研究主要集中于淀粉样纤维的形成机理及聚集结构对黏附性能的贡献。曹毅和胡碧茹等研究了基因重组的白脊藤壶 Cp19k 蛋白在不同 pH 下组装形态与黏附性能的关系，发现在碱性条件下 Cp19k 组装成纳米纤维形态时黏附性能更强[122]。Christopher R. So 等利用基因重组蛋白表达的方式得到藤壶黏附蛋白衍生肽片段，研究发现具有带电基团的核心序列更有利于形成反平行 β-折叠结构，得到的纤维尺寸更长，具有更高的黏附性[123]。对于分子层面黏附力贡献机制的研究，则主要基于分子动力学模拟的方法。Sinan Keten 等模拟了大肠杆菌 Curli 蛋白在石墨烯和石英表面的黏附性，发现带电极性残基 Arg、Lys 和 Gln 与石英有强相互作用，六个碳的芳香环 Tyr 和 Phe 在石墨烯表面有很好黏附[124]。除了淀粉样聚集体黏附机理的研究以外，近年来国内外研究人员利用其黏附性能，实现了仿生黏附和界面改性等多个领域的应用。钟超等通过基因工程编辑了大肠杆菌 CsgA 蛋白和贻贝足丝蛋白 Mfp，得到的淀粉样纳米纤维具有良好的水下黏附性能[125]。他们进一步利用基因工程改性的枯草芽孢杆菌生物被膜（含有 Mfp 的淀粉样蛋白）实现水下黏附功能，而且酶催化和金属离子辅助固化可提高其黏附强度[126]。

三、总结与展望

由于传统石油基聚合物生产的塑料不可生物降解，其废弃物对生态环境的污染日益严重。为了解决环境污染问题，一方面要做好废弃塑料的回收和循环利用，另一方面要加大可持续的高分子新材料研究与开发。纤维素和甲壳素是地球上最丰富的天然聚多糖，利用纤维素和甲壳素开发化学品和高性能、多功能新材料的优秀成果不断涌现。未来一段时间重点发展方向主要包括：开发具有自主知识产权的高效“绿色”新溶剂体系、高性能和多功能纤维素和甲壳素基新材料的基础研究和产业化关键技术、纳米纤维素和甲壳素的规模化制备技术和功能化应用、木质纤维素平台化合物的催化和合成等。国内外关于丝蛋白基材料的相关研究在近两年取得了长足的进步，已涵盖多个学科领域，且呈现明显的学科交叉态势。我国作为蚕丝的第一大生产和出口国，目前正处于提档升级的关键时期，如何更好地获取动物丝材料，并开发其新用途已变得十分急迫。但就科学研究而言，丝蛋白材料的相关研究工作也存在一些问题。例如，目前大多数再生的丝蛋白材料的结构和性能均无法跟动物丝纤维相比。如何有效地破译动物丝的构效关系，并将其构效关系传承到丝蛋白基材料中，将是未来研究的关键。此外，国内外对于丝蛋白基新材料的产业化实践探索目前相对欠缺，主要原因在于目前对于丝蛋白基材料的应用开发主要集中在生物医学领域，而生物医学产品的开发周期长，投入成本大，极大限制了丝蛋白基材料的实际转化，探索丝蛋白基材料在其他领域的应用可能性在今后的研究中可以进一步加强。此外，蛋白质基天然高分子材料的设计与应用依然存在以下挑战：缺乏人工干预及精确调控蛋白质构象变化的手段；蛋白质聚集和界面黏附的分子机制尚不清楚；蛋白质材料的成型加工方式十分有限；蛋白质基材料形式单一，力学强度、稳定性和耐水性依然较差，迫切需要开发基于绿色加工技术的新型蛋白质聚集体系，拓展其在低成本、高性能蛋白质基涂料、胶粘剂、纤维、塑料和弹性体中的大规模应用。

参考文献

[1] Wang S，Lu A，Zhang L. Recent advances in regenerated cellulose materials[J]. Progress in Polymer Science，2016，53：169–206.

[2] Yang X，Liu G，Peng L，et al. Highly Efficient Self–Healable and Dual Responsive Cellulose–Based Hydrogels for Controlled Release and 3D Cell Culture[J]. Advanced Functional Materials，2017，27（40）：1703174.

[3] Ye D，Cheng Q，Zhang Q，et al. Deformation Drives Alignment of Nanofibers in Framework for Inducing Anisotropic Cellulose Hydrogels with High Toughness[J]. ACS Applied Materials & Interfaces，2017，9（49）：43154–43162.

[4] Ye D，Yang P，Lei X，et al. Robust Anisotropic Cellulose Hydrogels Fabricated via Strong Self–aggregation Forces for Cardiomyocytes Unidirectional Growth[J]. Chemistry of Materials，2018，30（15）：5175–5183.

[5] Ye D，Lei X，Li T，et al. Ultrahigh Tough，Super Clear，and Highly Anisotropic Nanofiber–Structured Regenerated Cellulose Films[J]. Acs Nano，2019，13（4）：4843–4853.

[6] Xu D F，Chen C J，Xie J，et al. A Hierarchical N/S–Codoped Carbon Anode Fabricated Facilely from Cellulose/Polyaniline Microspheres for High–Performance Sodium–Ion Batteries[J]. Advanced Energy Materials，2016，6（6）：1501929.

[7] Zhu K，Qiu C，Lu A，et al. Mechanically Strong Multifilament Fibers Spun from Cellulose Solution via Inducing Formation of Nanofibers[J]. ACS Sustainable Chemistry & Engineering，2018，6（4）：5314–5321.

[8] Wei P D，Huang J C，Lu Y，et al. Unique Stress Whitening and High–Toughness Double–Cross–Linked Cellulose Films[J]. Acs Sustainable Chemistry & Engineering，2019，7（1）：1707–1717.

[9] Shi Z Q，Huang J C，Liu C J，et al. Three–Dimensional Nanoporous Cellulose Gels as a Flexible Reinforcement Matrix for Polymer Nanocomposites[J]. Acs Applied Materials & Interfaces，2015，7（41）：22990–22998.

[10] Li K，Huang J C，Gao H C，et al. Reinforced Mechanical Properties and Tunable Biodegradability in Nanoporous Cellulose Gels：Poly（L–lactide–co–caprolactone）Nanocomposites[J]. Biomacromolecules，2016，17（4）：1506–1515.

[11] Li K，Huang J C，Xu D D，et al. Mechanically strong polystyrene nanocomposites by peroxide–induced grafting of styrene monomers within nanoporous cellulose gels[J]. Carbohydrate Polymers，2018，199：473–481.

[12] Wan J，Zhang J，Yu J，et al. Cellulose Aerogel Membranes with a Tunable Nanoporous Network as a Matrix of Gel Polymer Electrolytes for Safer Lithium–Ion Batteries[J]. ACS Applied Materials & Interfaces，2017，9（29）：24591–24599.

[13] Tian W，Zhang J，Yu J，et al. Phototunable Full–Color Emission of Cellulose–Based Dynamic Fluorescent Materials[J]. Advanced Functional Materials，2018，28（9）：1703548.

[14] Nawaz H，Tian W，Zhang J，et al. Visual and Precise Detection of pH Values under Extreme Acidic and Strong Basic Environments by Cellulose–Based Superior Sensor[J]. Analytical Chemistry，2019，91（4）：3085–3092.

[15] Chen Z, Zhang J, Xiao P, et al. Novel Thermoplastic Cellulose Esters Containing Bulky Moieties and Soft Segments [J]. ACS Sustainable Chemistry & Engineering, 2018, 6 (4): 4931–4939.

[16] Jia R, Tian W, Bai H, et al. Amine-responsive cellulose-based ratiometric fluorescent materials for real-time and visual detection of shrimp and crab freshness [J]. Nature Communications, 2019, 10 (1): 795.

[17] Yang T, Xiao P, Zhang J, et al. Multifunctional Cellulose Ester Containing Hindered Phenol Groups with Free-Radical-Scavenging and UV-Resistant Activities [J]. ACS Applied Materials & Interfaces, 2019, 11 (4): 4302–4310.

[18] Kang X, Kuga S, Wang C, et al. Green Preparation of Cellulose Nanocrystal and Its Application [J]. ACS Sustainable Chemistry & Engineering, 2018, 6 (3): 2954–2960.

[19] Zhang Y, Kuga S, Wu M, et al. Cellulose nanosheets formed by mild additive-free ball milling [J]. Cellulose, 2019, 26 (5): 3143–3153.

[20] Liu Y, Guo B, Xia Q, et al. Efficient Cleavage of Strong Hydrogen Bonds in Cotton by Deep Eutectic Solvents and Facile Fabrication of Cellulose Nanocrystals in High Yields [J]. ACS Sustainable Chemistry & Engineering, 2017, 5 (9): 7623–7631.

[21] Jiang J, Ye W, Liu L, et al. Cellulose nanofibers prepared using the TEMPO/Laccase/O_2 system [J]. Biomacromolecules, 2016, 18 (1): 288–294.

[22] Peng Y, Duan C, Elias R, et al. A new protocol for efficient and high yield preparation of cellulose nanofibrils [J]. Cellulose, 2019, 26 (2): 877–887.

[23] Cheng D, Wei P, Zhang L, et al. New Approach for the Fabrication of Carboxymethyl Cellulose Nanofibrils and the Reinforcement Effect in Water-Borne Polyurethane [J]. ACS Sustainable Chemistry & Engineering, 2019, 7 (13): 11850–11860.

[24] Zheng H, Li W, Li W, et al. Uncovering the Circular Polarization Potential of Chiral Photonic Cellulose Films for Photonic Applications [J]. Advanced Materials, 2018, 30 (13): 1705948.

[25] Zheng H, Ju B, Wang X, et al. Circularly Polarized Luminescent Carbon Dot Nanomaterials of Helical Superstructures for Circularly Polarized Light Detection [J]. Advanced Optical Materials, 2018, 6 (23): 1801246.

[26] Qu D, Zheng H, Jiang H, et al. Chiral Photonic Cellulose Films Enabling Mechano/Chemo Responsive Selective Reflection of Circularly Polarized Light [J]. Advanced Optical Materials, 2019, 7 (7): 1801395.

[27] Liu Y, Long K, Mi H, et al. High-efficiency transfer of fingerprints from various surfaces using nanofibrillated cellulose [J]. Nanoscale Horizons, 2019, 4 (4): 953–959.

[28] Wen Y, Wu M, Zhang M, et al. Topological Design of Ultrastrong and Highly Conductive Graphene Films [J]. Advanced Materials, 2017, 29 (41): 1702831.

[29] Chen W, Zhang Q, Uetani K, et al. Sustainable Carbon Aerogels Derived from Nanofibrillated Cellulose as High-Performance Absorption Materials [J]. Advanced Materials Interfaces, 2016, 3 (10): 1600004.

[30] Chen B, Yang N, Jiang Q, et al. Transparent triboelectric nanogenerator-induced high voltage pulsed electric field for a self-powered handheld printer [J]. Nano Energy, 2018, 44: 468–475.

[31] Zhao D W, Chen C J, Zhang Q, et al. High Performance, Flexible, Solid-State Supercapacitors Based on a Renewable and Biodegradable Mesoporous Cellulose Membrane [J]. Advanced Energy Materials, 2017, 7 (18): 1700739.

[32] Zhang J, Cheng Y, Tebyetekerwa M, et al. "Stiff-Soft" Binary Synergistic Aerogels with Superflexibility and High Thermal Insulation Performance [J]. Advanced Functional Materials, 2019, 29 (15): 1806407.

[33] Li Y, Tian Y, Zheng W, et al. Composites of Bacterial Cellulose and Small Molecule-Decorated Gold Nanoparticles for Treating Gram-Negative Bacteria-Infected Wounds [J]. Small, 2017, 13 (27): 1700130.

[34] Yang J, Du M, Wang L, et al. Bacterial Cellulose as a Supersoft Neural Interfacing Substrate[J]. ACS Applied Materials & Interfaces, 2018, 10 (39): 33049-33059.

[35] Yang J, Wang L, Zhang W, et al. Reverse Reconstruction and Bioprinting of Bacterial Cellulose-Based Functional Total Intervertebral Disc for Therapeutic Implantation[J]. Small, 2018, 14 (7): 1702582.

[36] Liu R, Ma L, Niu G, et al. Oxygen-Deficient Bismuth Oxide/Graphene of Ultrahigh Capacitance as Advanced Flexible Anode for Asymmetric Supercapacitors[J]. Advanced Functional Materials, 2017, 27 (29): 1701635.

[37] Wang Y, Wang X, Li X, et al. Engineering 3D Ion Transport Channels for Flexible MXene Films with Superior Capacitive Performance[J]. Advanced Functional Materials, 2019, 29 (14): 1900326.

[38] Gao M, Li J, Bao Z, et al. A natural in situ fabrication method of functional bacterial cellulose using a microorganism [J]. Nature Communications, 2019, 10 (1): 437.

[39] Fang Y, Duan B, Lu A, et al. Intermolecular Interaction and the Extended Wormlike Chain Conformation of Chitin in NaOH/Urea Aqueous Solution[J]. Biomacromolecules, 2015, 16 (4): 1410-1417.

[40] Duan B, Huang Y, Lu A, et al. Recent advances in chitin based materials constructed via physical methods[J]. Progress in Polymer Science, 2018, 82: 1-33.

[41] Duan B, Zheng X, Xia Z X, et al. Highly Biocompatible Nanofibrous Microspheres Self-Assembled from Chitin in NaOH/Urea Aqueous Solution as Cell Carriers[J]. Angewandte Chemie-International Edition, 2015, 54 (17): 5152-5156.

[42] Zhu K K, Tu H, Yang P C, et al. Mechanically Strong Chitin Fibers with Nanofibril Structure, Biocompatibility, and Biodegradability[J]. Chemistry of Materials, 2019, 31 (6): 2078-2087.

[43] Gao L F, Xiong L K, Xu D F, et al. Distinctive Construction of Chitin-Derived Hierarchically Porous Carbon Microspheres/Polyaniline for High-Rate Supercapacitors[J]. Acs Applied Materials & Interfaces, 2018, 10 (34): 28918-28927.

[44] Lu L J, Pei X L, Mei Y, et al. Carbon Nanofibrous Microspheres Promote the Oxidative Double Carbonylation of Alkanes with CO[J]. Chem, 2018, 4 (12): 2861-2871.

[45] Li X X, Pan Y, Yi H, et al. Mott-Schottky Effect Leads to Alkyne Semihydrogenation over Pd-Nanocube@N-Doped Carbon[J]. Acs Catalysis, 2019, 9 (5): 4632-4641.

[46] Huang J C, Zhong Y, Zhang L N, et al. Extremely Strong and Transparent Chitin Films: A High-Efficiency, Energy-Saving; and "Green" Route Using an Aqueous KOH/Urea Solution[J]. Advanced Functional Materials, 2017, 27 (26): 1701100.

[47] Xu D D, Huang J C, Zhao D, et al. High-Flexibility, High-Toughness Double-Cross-Linked Chitin Hydrogels by Sequential Chemical and Physical Cross-Linkings[J]. Advanced Materials, 2016, 28 (28): 5844-5849.

[48] Xu H, Fang Z H, Tian W Q, et al. Green Fabrication of Amphiphilic Quaternized beta-Chitin Derivatives with Excellent Biocompatibility and Antibacterial Activities for Wound Healing[J]. Advanced Materials, 2018, 30 (29): 1801100.

[49] Zhang T W, Chen J L, Tian T, et al. Sustainable Separators for High-Performance Lithium Ion Batteries Enabled by Chemical Modifications[J]. Advanced Functional Materials, 2019: 1902023.

[50] Zhang T W, Shen B, Yao H B, et al. Prawn Shell Derived Chitin Nanofiber Membranes as Advanced Sustainable Separators for Li/Na-Ion Batteries[J]. Nano Letters, 2017, 17 (8): 4894-4901.

[51] You J, Li M, Ding B, et al. Crab Chitin-Based 2D Soft Nanomaterials for Fully Biobased Electric Devices[J]. Advanced Materials, 2017, 29 (19): 1606895.

[52] Fang Y, Zhang R R, Duan B, et al. Recyclable Universal Solvents for Chitin to Chitosan with Various Degrees of Acetylation and Construction of Robust Hydrogels[J]. Acs Sustainable Chemistry & Engineering, 2017, 5 (3): 2725-2733.

[53] Duan J J, Liang X C, Guo J H, et al. Ultra-Stretchable and Force-Sensitive Hydrogels Reinforced with Chitosan Microspheres Embedded in Polymer Networks[J]. Advanced Materials, 2016, 28 (36): 8037-8044.

[54] Cao J, Li J, Chen Y, et al. Dual Physical Crosslinking Strategy to Construct Moldable Hydrogels with Ultrahigh Strength and Toughness[J]. Advanced Functional Materials, 2018, 28 (23): 1800739.

[55] Liu Y T, Shen W, Li Q, et al. Firefly-mimicking intensive and long-lasting chemiluminescence hydrogels[J]. Nature Communications, 2017, 8 (1): 1003.

[56] Zang Y, Shen H, Huang D, et al. A Dual-Organic-Transistor-Based Tactile-Perception System with Signal-Processing Functionality[J]. Advanced Materials, 2017, 29 (18): 1606088.

[57] Mao L, Gao H, Yao H, et al. Synthetic nacre by predesigned matrix-directed mineralization[J]. Science, 2016, 354 (6308): 107-110.

[58] Wang L, Qiu Y, Lv H, et al. 3D Superelastic Scaffolds Constructed from Flexible Inorganic Nanofibers with Self-Fitting Capability and Tailorable Gradient for Bone Regeneration[J]. Advanced Functional Materials, 2019, 29(31): 1901407.

[59] Wu S, Yan K, Zhao Y, et al. Electrical writing onto a dynamically responsive polysaccharide medium: patterning structure and function into a reconfigurable medium[J]. Advanced Functional Materials, 2018, 28 (40): 1803139.

[60] Zhou X, Zhao F, Guo Y, et al. Architecting highly hydratable polymer networks to tune the water state for solar water purification[J]. Science Advances, 2019, 5 (6): eaaw5484.

[61] Su D H, Yao M, Liu J, et al. Enhancing Mechanical Properties of Silk Fibroin Hydrogel through Restricting the Growth of beta-Sheet Domains[J]. Acs Applied Materials & Interfaces, 2017, 9 (20): 17490-17499.

[62] Luo K Y, Yang Y H, Shao Z Z. Physically Crosslinked Biocompatible Silk-Fibroin-Based Hydrogels with High Mechanical Performance[J]. Advanced Functional Materials, 2016, 26 (6): 872-880.

[63] Yao M, Su D H, Wang W Q, et al. Fabrication of Air-Stable and Conductive Silk Fibroin Gels[J]. Acs Applied Materials & Interfaces, 2018, 10 (44): 38466-38475.

[64] Sun Y-L, Li Q, Sun S-M, et al. Aqueous multiphoton lithography with multifunctional silk-centred bio-resists[J]. Nature Communications, 2015, 6: 8612.

[65] Liu J L, He T Y, Fang G Q, et al. Environmentally responsive composite films fabricated using silk nanofibrils and silver nanowires[J]. Journal of Materials Chemistry C, 2018, 6 (47): 12940-12947.

[66] Ling S, Kaplan D L, Buehler M J. Nanofibrils in nature and materials engineering[J]. Nature Reviews Materials, 2018, 3 (4): 18016.

[67] Ling S, Chen W, Fan Y, et al. Biopolymer nanofibrils: Structure, modeling, preparation, and applications[J]. Progress in Polymer Science, 2018, 85: 1-56.

[68] Niu Q, Peng Q, Lu L, et al. Single molecular layer of silk nanoribbon as potential basic building block of silk materials[J]. ACS Nano, 2018, 12 (12): 11860-11870.

[69] Zhang F, Lu Q, Ming J, et al. Silk dissolution and regeneration at the nanofibril scale[J]. Journal of Materials Chemistry B, 2014, 2 (24): 3879-3885.

[70] Zhang F, You X, Dou H, et al. Facile fabrication of robust silk nanofibril films via direct dissolution of silk in $CaCl_2$-formic acid solution[J]. ACS Applied Materials & Interfaces, 2015, 7 (5): 3352-3361.

[71] Ling S, Li C, Jin K, et al. Liquid exfoliated natural silk nanofibrils: applications in optical and electrical devices[J]. Advanced Materials, 2016, 28 (35): 7783-7790.

[72] Ling S, Jin K, Kaplan D L, et al. Ultrathin free-standing bombyx mori silk nanofibril membranes[J]. Nano Letters, 2016, 16 (6): 3795-3800.

[73] Zheng K, Zhong J, Qi Z, et al. Isolation of Silk Mesostructures for Electronic and Environmental Applications[J].

Advanced Functional Materials, 2018, 28 (51): 1806380.

[74] Tan X, Zhao W, Mu T. Controllable exfoliation of natural silk fibers into nanofibrils by protein denaturant deep eutectic solvent: nanofibrous strategy for multifunctional membranes [J]. Green Chemistry, 2018, 20 (15): 3625–3633.

[75] Jiang J, Ye W, Yu J, et al. Chitin nanocrystals prepared by oxidation of α–chitin using the O_2/laccase/TEMPO system [J]. Carbohydrate Polymers, 2018, 189: 178–183.

[76] Ye W, Ma H, Liu L, et al. Biocatalyzed route for the preparation of surface–deacetylated chitin nanofibers [J]. Green Chemistry, 2019, 21 (11): 3143–3151.

[77] Wang Y, Guo J, Zhou L, et al. Design, fabrication, and function of silk–based nanomaterials [J]. Advanced Functional Materials, 2018, 28 (52): 1805305.

[78] Xiao L, Liu S, Yao D, et al. Fabrication of silk scaffolds with nanomicroscaled structures and tunable stiffness [J]. Biomacromolecules, 2017, 18 (7): 2073–2079.

[79] Mitropoulos A N, Perotto G, Kim S, et al. Synthesis of silk fibroin micro– and submicron spheres using a co–flow capillary device [J]. Advanced Materials, 2014, 26 (7): 1105–1110.

[80] Shimanovich U, Ruggeri F S, De Genst E, et al. Silk micrococoons for protein stabilisation and molecular encapsulation [J]. Nature Communications, 2017, 8: 15902.

[81] Ling S, Li C, Adamcik J, et al. Modulating materials by orthogonally oriented beta–strands: Composites of amyloid and silk fibroin fibrils [J]. Advanced Materials, 2014, 26 (26): 4569–4574.

[82] Ding Z, Han H, Fan Z, et al. Nanoscale silk–hydroxyapatite hydrogels for injectable bone biomaterials [J]. ACS Applied Materials & Interfaces, 2017, 9 (20): 16913–16921.

[83] Ling S, Qin Z, Huang W, et al. Design and function of biomimetic multilayer water purification membranes [J]. Science Advances, 2017, 3 (4): e1601939.

[84] Tseng P, Napier B, Zhao S, et al. Directed assembly of bio–inspired hierarchical materials with controlled nanofibrillar architectures [J]. Nature Nanotechnology, 2017, 12 (5): 474–480.

[85] Shuai Y, Yang S, Li C, et al. In situ protein–templated porous protein–hydroxylapatite nanocomposite microspheres for pH–dependent sustained anticancer drug release [J]. Journal of Materials Chemistry B, 2017, 5 (21): 3945–3954.

[86] Cao Y, Liu F, Chen Y, et al. Drug release from core–shell PVA/silk fibroin nanoparticles fabricated by one–step electrospraying [J]. Scientific Reports, 2017, 7 (1): 11913.

[87] Sun N, Lei R, Xu J, et al. Fabricated porous silk fibroin particles for pH–responsive drug delivery and targeting of tumor cells [J]. Journal of Materials Science, 2018, 54 (4): 3319–3330.

[88] Crivelli B, Perteghella S, Bari E, et al. Silk nanoparticles: from inert supports to bioactive natural carriers for drug delivery [J]. Soft Matter, 2018, 14 (4): 546–557.

[89] Mao B, Liu C, Zheng W, et al. Cyclic cRGDfk peptide and Chlorin e6 functionalized silk fibroin nanoparticles for targeted drug delivery and photodynamic therapy [J]. Biomaterials, 2018, 161: 306–320.

[90] Suktham K, Koobkokkruad T, Wutikhun T, et al. Efficiency of resveratrol–loaded sericin nanoparticles: Promising bionanocarriers for drug delivery [J]. International Journal of Pharmaceutics, 2018, 537 (1–2): 48–56.

[91] Jain A, Singh S K, Arya S K, et al. Protein nanoparticles: Promising platforms for drug delivery applications [J]. ACS Biomaterials Science & Engineering, 2018, 4 (12): 3939–3961.

[92] Perteghella S, Crivelli B, Catenacci L, et al. Stem cell–extracellular vesicles as drug delivery systems: New frontiers for silk/curcumin nanoparticles [J]. International Journal of Pharmaceutics, 2017, 520 (1–2): 86–97.

[93] Wang J, Yang S, Li C, et al. Nucleation and assembly of silica into protein–based nanocomposites as effective anticancer drug carriers using self–assembled silk protein nanostructures as biotemplates [J]. ACS Applied

Materials & Interfaces, 2017, 9 (27): 22259–22267.

[94] Totten J D, Wongpinyochit T, Seib F P. Silk nanoparticles: proof of lysosomotropic anticancer drug delivery at single–cell resolution [J]. Journal of Drug Targeting, 2017, 25 (9–10): 865–872.

[95] Brown J E, Tozzi L, Schilling B, et al. Biodegradable silk catheters for the delivery of therapeutics across anatomical repair sites [J]. Journal of Biomedical Materials Research Part B: Applied Biomaterials, 2019, 107 (3): 501–510.

[96] Zhang Y, Zhou Z, Sun L, et al. "Genetically engineered" biofunctional triboelectric nanogenerators using recombinant spider silk [J]. Advanced Materials, 2018, 30 (50): 1805722.

[97] Bai S, Zhang W, Lu Q, et al. Silk nanofiber hydrogels with tunable modulus to regulate nerve stem cell fate [J]. Journal of Materials Chemistry B, 2014, 2 (38): 6590–6600.

[98] Yan R, Chen Y, Gu Y, et al. A collagen–coated sponge silk scaffold for functional meniscus regeneration [J]. Journal of Tissue Engineering and Regenerative Medicine, 2019, 13 (2): 156–173.

[99] Zhou Z, Shi Z, Cai X, et al. The use of functionalized silk fibroin films as a platform for optical diffraction–based sensing applications [J]. Advanced Materials, 2017, 29 (15): 1605471.

[100] Wang Y, Li W, Li M, et al. Biomaterial–based "structured opals" with programmable combination of diffractive optical elements and photonic bandgap effects [J]. Advanced Materials, 2019, 31 (5): 1805312.

[101] Wang Y, Aurelio D, Li W, et al. Modulation of multiscale 3D lattices through conformational control: Painting silk Inverse opals with water and light [J]. Advanced Materials, 2017, 29 (38): 1702769.

[102] Sun Q, Qian B, Uto K, et al. Functional biomaterials towards flexible electronics and sensors [J]. Biosensors and Bioelectronics, 2018, 119: 237–251.

[103] Wang Y, Li M, Colusso E, et al. Designing the iridescences of biopolymers by assembly of photonic crystal superlattices [J]. Advanced Optical Materials, 2018, 6 (10): 1800066.

[104] Zhou Z T, Shi Z F, Cai X Q, et al. The Use of Functionalized Silk Fibroin Films as a Platform for Optical Diffraction–Based Sensing Applications [J]. Advanced Materials, 2017, 29 (15): 1605471.

[105] Xing Y, Shi C, Zhao J, et al. Mesoscopic–functionalization of silk fibroin with gold nanoclusters mediated by keratin and bioinspired silk synapse [J]. Small, 2017, 13 (40): 1702390.

[106] Wang Q, Ling S, Liang X, et al. Self–healable multifunctional electronic tattoos based on silk and graphene [J]. Advanced Functional Materials, 2019, 29 (16): 1808695.

[107] Hey Tow K, Chow D M, Vollrath F, et al. Exploring the use of native spider silk as an optical fiber for chemical sensing [J]. Journal of Lightwave Technology, 2018, 36 (4): 1138–1144.

[108] Wang C, Xia K, Zhang M, et al. An all–silk–derived dual–mode e–skin for simultaneous temperature–pressure detection [J]. ACS Applied Materials & Interfaces, 2017, 9 (45): 39484–39492.

[109] Chen G, Matsuhisa N, Liu Z, et al. Plasticizing silk protein for on–skin stretchable electrodes [J]. Advanced Materials, 2018, 30 (21): 1800129.

[110] Zhang M, Zhao M, Jian M, et al. Printable smart pattern for multifunctional energy–management e–textile [J]. Matter, 2019, 1 (1): 168–179.

[111] Yang P. Direct biomolecule binding on nonfouling surfaces via newly discovered supramolecular self–assembly of lysozyme under physiological conditions [J]. Macromolecular Bioscience, 2012, 12 (8): 1053–1059.

[112] Wang D, Ha Y, Gu J, et al. 2D protein supramolecular nanofilm with exceptionally large area and emergent functions [J]. Advanced Materials, 2016, 28 (34): 7414–7423.

[113] Li C, Xu L, Zuo Y Y, et al. Tuning protein assembly pathways through superfast amyloid–like aggregation [J]. Biomaterials Science, 2018, 6 (4): 836–841.

[114] Gao A, Wu Q, Wang D, et al. A superhydrophobic surface templated by protein self–assembly and emerging

application toward protein crystallization [J]. Advanced Materials, 2016, 28 (3): 579–587.

[115] Liu R, Zhao J, Han Q, et al. One-step assembly of a biomimetic biopolymer coating for particle surface engineering [J]. Advanced Materials, 2018, 30 (38): 1802851.

[116] Qin R, Liu Y, Tao F, et al. Protein-bound freestanding 2D metal film for stealth information transmission [J]. Advanced Materials, 2019, 31 (5): 1803377.

[117] Ha Y, Yang J, Tao F, et al. Phase-transited lysozyme as a universal route to bioactive hydroxyapatite crystalline film [J]. Advanced Functional Materials, 2018, 28 (4): 1704476.

[118] Gu J, Su Y, Liu P, et al. An environmentally benign antimicrobial coating based on a protein supramolecular assembly [J]. ACS Applied Materials & Interfaces, 2017, 9 (1): 198–210.

[119] Zhao J, Qu Y, Chen H, et al. Self-assembled proteinaceous wound dressings attenuate secondary trauma and improve wound healing in vivo [J]. Journal of Materials Chemistry B, 2018, 6 (28): 4645–4655.

[120] Yang F, Tao F, Li C, et al. Self-assembled membrane composed of amyloid-like proteins for efficient size-selective molecular separation and dialysis [J]. Nature Communications, 2018, 9 (1): 5443.

[121] Tao F, Han Q, Liu K, et al. Tuning crystallization pathways through the mesoscale assembly of biomacromolecular nanocrystals [J]. Angewandte Chemie International Edition, 2017, 56 (43): 13440–13444.

[122] Liang C, Ye Z, Xue B, et al. Self-assembled nanofibers for strong underwater adhesion: the trick of barnacles [J]. ACS Applied Materials & Interfaces, 2018, 10 (30): 25017–25025.

[123] So C R, Yates E A, Estrella L A, et al. Molecular recognition of structures is key in the polymerization of patterned barnacle adhesive sequences [J]. ACS Nano, 2019, 13 (5): 5172–5183.

[124] Debenedictis E P, Liu J, Keten S. Adhesion mechanisms of curli subunit CsgA to abiotic surfaces [J]. Science Advances, 2016, 2 (11): e1600998.

[125] Zhong C, Gurry T, Cheng A A, et al. Strong underwater adhesives made by self-assembling multi-protein nanofibres [J]. Nature Nanotechnology, 2014, 9 (10): 858–866.

[126] Zhang C, Huang J, Zhang J, et al. Engineered Bacillus subtilis biofilms as living glues [J]. Materials Today, 2019: https://doi.org/10.1016/j.mattod.2018.1012.1039.

撰稿人：蔡　杰　杨　鹏　凌盛杰　傅　强

农药化学研究进展

引　言

习近平总书记在指导十三五规划编制时明确指出："解决好吃饭问题始终是治国理政的头等大事"，要"确保谷物基本自给、口粮绝对安全"。农药是确保农业稳产丰产及粮食安全的核心战略性生产资料。随着食品安全的需求、环境与生态的压力、转基因作物的快速发展以及舆情的负面导向都给传统的农药带来压力，需要不断加强生态、环保、绿色农药研发，以不断适应当今社会需求。

目前，农药化学研究主要针对国家粮食安全、环境生态安全、食品安全等重大战略需求，以农药减施增效为主攻目标。在国家、地方和企业的共同努力下，我国农药正逐步改变靠仿制获利的时代，创新驱动正引领中国农药行业迈向新的发展阶段，我国已经成功创制了一批具有自主知识产权的农药新品种，形成了比较完善的农药科技创新体系，在杀虫剂、杀菌剂、除草剂和昆虫生长调节剂的基础研究方面接近或达到国际水平，在农药先导的原始创新和靶标分子发现方面取得了一定的研究进展，与发达国家的差距明显缩小，在国际同行中已具有一定的影响。本报告聚焦农业生物药物的靶标发现、合成方法、分子设计、创制研发等关键科学问题，对相关最新研究进展进行了介绍。

1　靶标机制研究

1.1　潜在靶标亚洲玉米螟几丁质酶 *Of*ChtIII 的结构与功能研究

几丁质在高等动植物体内没有分布，却是构成昆虫外骨骼及中肠围食膜的关键成分，因此昆虫几丁质代谢的关键酶一直被公认为是绿色农药设计的靶标[1]。亚洲玉米螟是我国玉米最主要的农业害虫，大连理工大学杨青、刘田课题组长期从事玉米螟几丁质水解酶的研究[2-5]。他们最近的研究发现几丁质酶 *Of*ChtIII 虽然在昆虫蜕皮过程发挥关键作用[6]，但可能并不参与旧表皮的水解[7]。该酶具有两个催化域和一个几丁质结合域，但是两个催化域之间并没有协同作用（图 1A）。这两个催化域都对单链几丁质底物有活性，而对固态几丁质没有活性（图 1B）。由两个催化域及其与底物复合物晶体结构表明，二者都具有短且狭窄的底物结合裂缝（图 1C，1D），表现出内切酶的结构特征。生理数据表明，*Of*ChtIII 的基因表达模式和几丁质合成关键酶（*Of*CHSA）相似，但明显不同于几丁质降解关键酶—*Of*ChtI 的表达模式（图 1E）。此外，免疫荧光实验表明 *Of*ChtIII 和 *Of*CHSA 共定位于细胞质膜（图 1E）。因此，*Of*ChtIII 很可能参与新表皮几丁质的合成过程。基于此，他们提出 *Of*ChtIII 的功能的模型（图 1F），首先 *Of*ChtIII 处于待命状态，等待几丁质纤维的形成，当几丁质纤维形成后，CBM14 锚定到几丁质纤维，两个 GH18 结构域得以靠近底物进行新生几丁质链的切割。该工作为开发针对昆虫几丁质合成系统的绿色农药分子提供了坚实的基础。

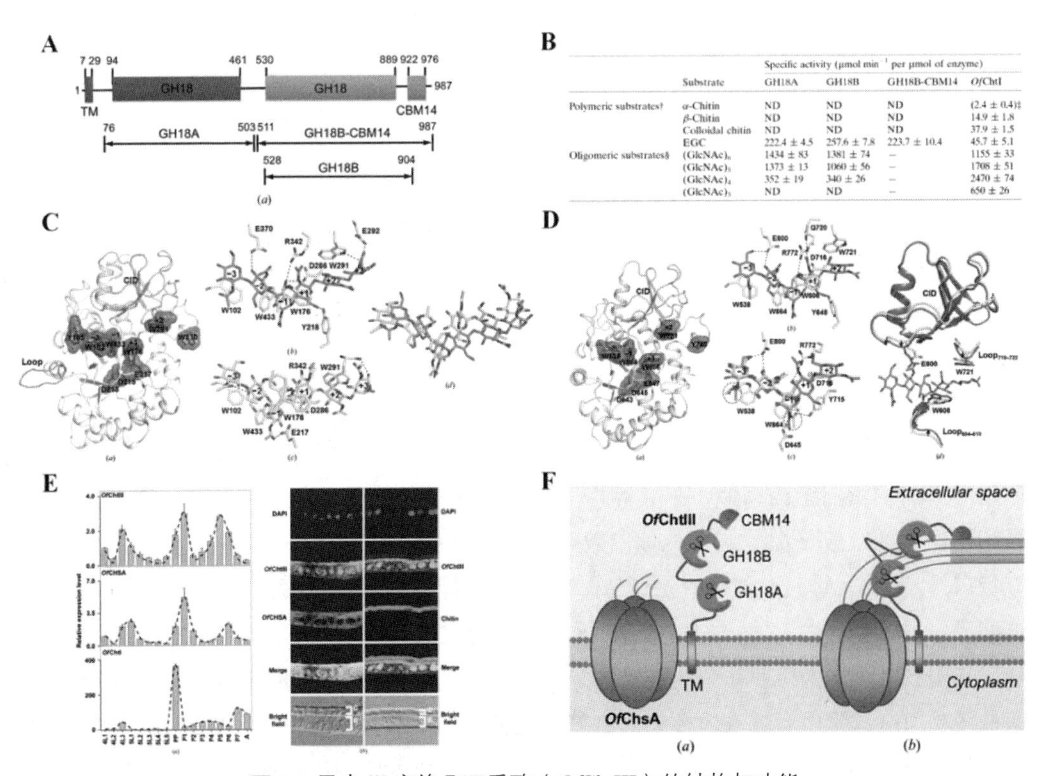

	Substrate	Specific activity (μmol min⁻¹ per μmol of enzyme)			
		GH18A	GH18B	GH18B-CBM14	*Of*ChtI
Polymeric substrates†	α-Chitin	ND	ND	ND	(2.4 ± 0.4)‡
	β-Chitin	ND	ND	ND	14.9 ± 1.8
	Colloidal chitin	ND	ND	ND	37.9 ± 1.5
	EGC	222.4 ± 4.5	257.6 ± 7.8	223.7 ± 10.4	45.7 ± 5.1
Oligomeric substrates§	$(GlcNAc)_6$	1434 ± 83	1381 ± 74	–	1155 ± 33
	$(GlcNAc)_5$	1373 ± 13	1060 ± 56	–	1708 ± 51
	$(GlcNAc)_4$	352 ± 19	340 ± 26	–	2470 ± 74
	$(GlcNAc)_3$	ND	ND	–	650 ± 26

图 1　昆虫 III 家族几丁质酶（*Of*ChtIII）的结构与功能

A. *Of*ChtIII 的结构域组成及截短体。B. *Of*ChtIII 对不同底物的酶活特异性。C. *Of*ChtIII-GH18A 的酶及底物复合物晶体结构。D. *Of*ChtIII-GH18B 的酶及底物复合物晶体结构。E. *Of*ChtIII 的基因表达模式和组织定位。F. *Of*ChtIII 功能的模型。

1.2 基于稻曲病菌基因组的靶标发现

稻曲病（Ricefalse smut disease）是严重为害水稻穗部的真菌病害。详细了解稻曲病菌中毒素的生物合成途径、毒素在病原与寄主互作中所起作用和规律，有助于制定有效的策略控制毒素的合成，抑制稻曲病菌的生长，同时针对毒素生物合成关键酶创制专一性杀菌剂，可以对稻曲病和毒素进行有效防控，减少毒素对水稻和人畜的为害。稻曲病菌的基因组序列已公开，其毒素合成酶基因已得到初步的预测，为研究的开展提供了便利的条件。中国农业大学周立刚、赖道万课题组前期已对稻曲病菌毒素的种类进行了系统的揭示，已分离鉴定稻曲菌素 6 个[8]、稻绿核菌素 27 个[9, 10]、山梨素 21 个[11, 12]，有效丰富了稻曲病菌毒素的多样性，并建立了主要稻曲病菌毒素的酶联免疫检测方法[13-16]，同时对稻绿核菌素生物合成途径的相关基因[17]进行了敲除，通过分析其生物学和化学表型，研究毒素合成基因的功能，提出了稻曲病菌中聚酮类化合物的生物合成途径[8, 11, 17]。研究结果将为明确稻曲病菌毒素的生物合成途径，阐明毒素在病菌致病性与水稻抗病性互作过程中的作用机制，以及为病菌中关键酶靶标的挖掘和防治稻曲病的杀菌剂创制提供依据。

1.3 植物病原物或植物生长发育关键蛋白结构

由稻瘟病菌引起的稻瘟病可导致水稻产量的巨大损失。稻瘟病菌在侵染水稻过程中会产生多种蛋白质以破坏植物的免疫系统，获得营养和参与寄主的识别和互作。解析这些蛋白的三维结构将为阐明其发挥作用的机制奠定基础，为设计绿色环境友好型农药提供新的靶点和开启新的途径。

中国农业大学刘俊峰课题组针对 18 种稻瘟病菌或水稻中的致病，抗病或者生长发育关键的重要蛋白开展研究。发现其中效应蛋白 AvrPib 的结构与已经解析的稻瘟病菌的其他效应蛋白的蛋白结构相似，只含有保守的 β-strand，属于一类具有序列一致性低而二级结构保守的效应蛋白，这一类蛋白被定义为 Magnaporthe AVRs 和 ToxB-like（MAX）效应蛋白[18]。前人研究发现效应蛋白 AvrPib 是一个能够被水稻抗病蛋白 Pib 识别进而激活抗病反应的效应蛋白[19]。与其他已解析的效应蛋白进行比较，AvrPib 主要通过疏水氨基酸残基构成的疏水内核而非二硫键来稳定其保守的三明治结构，且分离自田间的丧失功能菌株则是通过该蛋白质疏水内核关键氨基酸的突变来调节其功能。这些发现为植物与病原物互作研究提供结构基础。AvrPib 结构表面存在带正电的区域，这些区域由一级序列中不相邻的带正电的氨基酸组成，将其改变成不带电或者带相反电荷的氨基酸后，突变体丧失了其野生型蛋白所具有的功能。这表明这些带正电的氨基酸是与效应蛋白自身的功能密切相关的。这些发现将为效应蛋白 AvrPib 的功能研究提供重要线索，该工作 2019 年发表在 Plant J. 上[20]（图 2）。

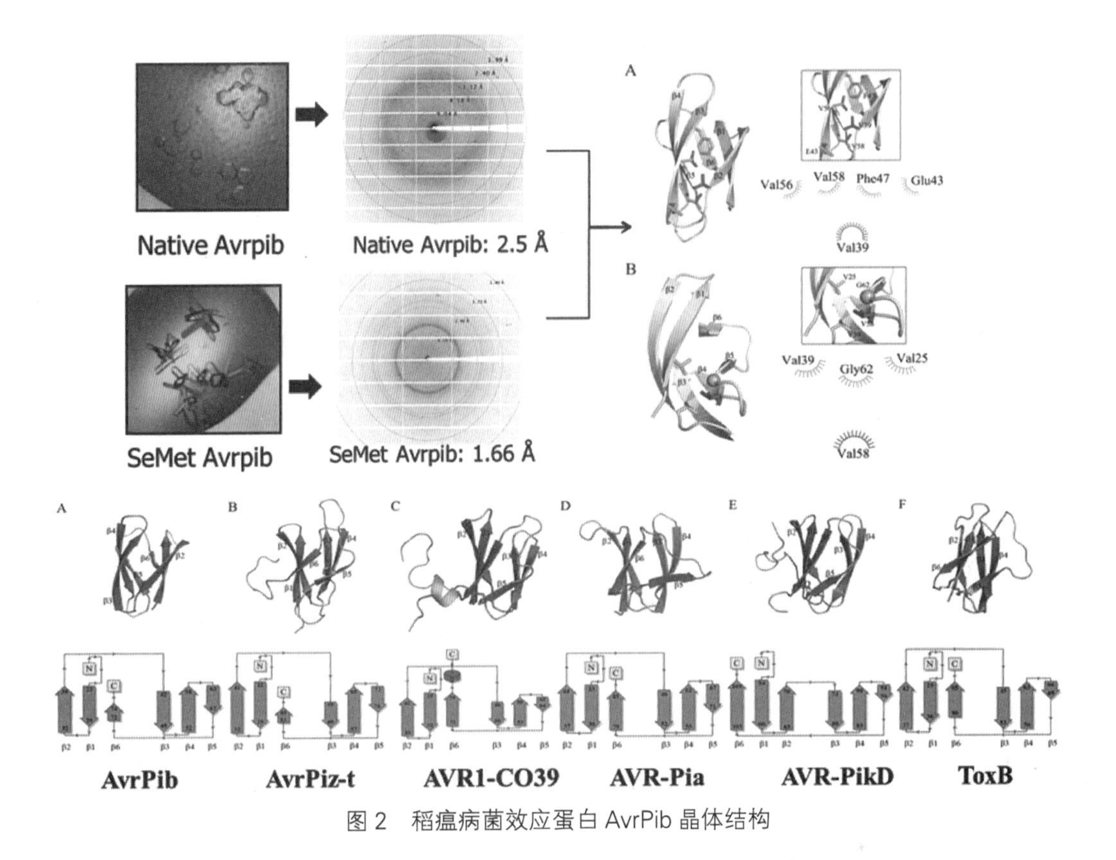

图 2　稻瘟病菌效应蛋白 AvrPib 晶体结构

1.4　乙酰羟酸合成酶新靶位的发现

乙酰羟酸合成酶（acetohydroxyacid synthase，AHAS，EC 2.2.1.6）是迄今为止最受关注的超高效除草剂作用靶标之一[21, 22]。除草剂的因为过度使用或单一机制长期大面积使用而产生的抗性问题是难于避免的[23]。利用已知靶酶，发现新作用机制或新靶位，是发展新型绿色除草剂，解决抗性的有效途径。

AHAS 全酶由催化亚基和调控亚基组成。AHAS 全酶所涉及的三个机制：① AHAS 酶的催化机制；②调控亚基对催化亚基的激活机制；③产物氨基酸对催化亚基的调控机制，均由 AHAS 亚基相互作用决定。南开大学席真课题组针对 AHAS 酶潜在亚基作用界面开展了系统研究[24-26]。在前期工作中发现商品化除草剂的重要靶标 AHAS 酶亚基间相互作用（PPI）的激活效应与除草剂对 AHAS 的抑制作用相当，揭示了亚基界面可作为潜在除草剂靶标。他们发展了研究蛋白间相互作用关键残基的普适性方法（global surface site-directed labeling scanning）；发现了 AHAS 调控亚基上具有完整 ACT 结构域且有异源激活能力的最小激活单元肽。为规避抗性、开发靶向蛋白界面的除草剂奠定了基础。最近，他们通过对大肠杆菌三种同功酶、拟南芥、油菜、酵母等多个种属的催化亚基和调控亚基相互作用研究，进一步证实不同 AHAS 间能够跨种属调控。突变及界面分析研究，确定了 AHAS 亚基间相互作用模式。种属间的界面共性为开发广谱 AHAS 抑制剂提供了基础。相关文章发表在 *ChemBioChem* 上[27]（图 3）。

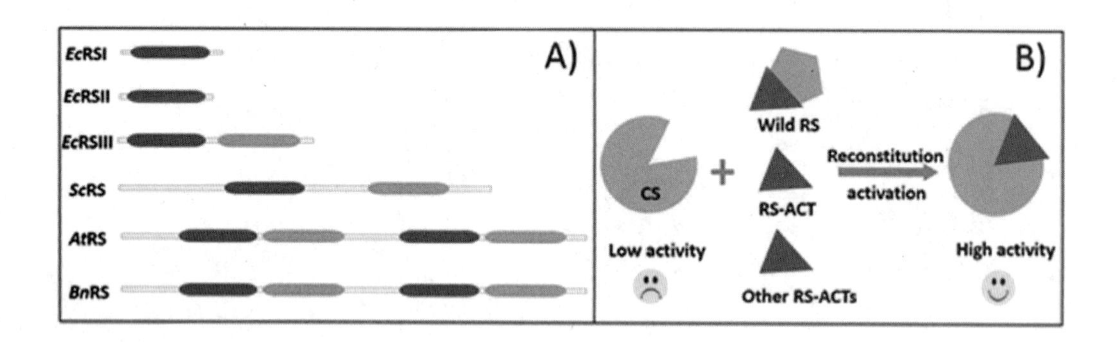

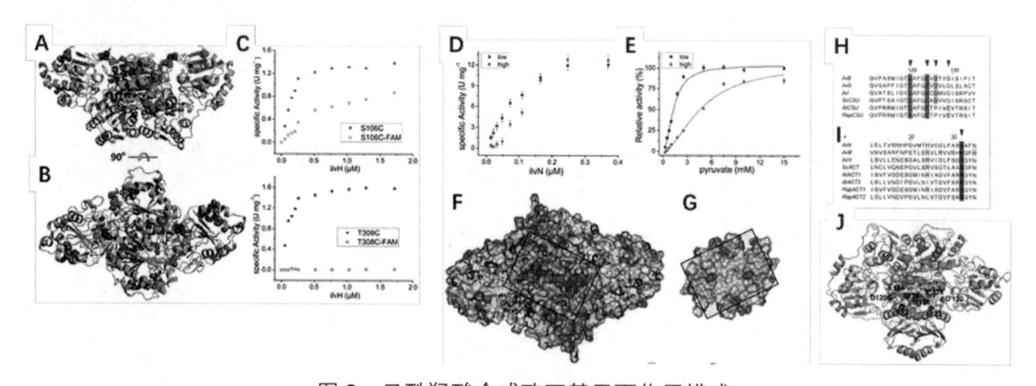

图 3　乙酰羟酸合成酶亚基界面作用模式

1.5　作物与农药一体化新理念及相关技术研究

为有效实现农田化肥与农药减施增效的目标，设计精准匹配的农作物与农药一体化体系将成为未来新农业技术的重要方向。针对农作物性状筛选（特别是除草剂抗性）烦琐、周期长、农药匹配性差等问题，南开大学席真课题组致力于建立系统的作物 - 农药匹配方法及技术，实现从分子水平的设计到作物性状（如除草剂抗性）的可控。前期工作中，他们建立了基于靶标组的农药靶标抗性定量预测方法[28]。基于抗性位点预测的分子模型，结合 CRISPR-Cas 工具介导的定向进化筛选方法，分别从分子生物学与活体生命系统两个角度进行双向匹配验证，以此实现除草剂与耐除草剂作物的平行获取。最近，他们发展了一套基于双荧光素酶报告系统辅助筛选的基因调控元件活性评估工具，可以灵敏准确揭示不同调控元的细胞内活性（图 4）。以此帮助筛选、设计和测试不同基因靶标、不同工具酶及不同靶标底物及突变体的活性[29]。结合该技术，他们设计了 CRISPR-Cas 切割位点库（CRISPR RNA 多簇子），在除草剂的定向压力下，可筛选与鉴定活体水平上的突变体[30]。与 MB-QSAR 预测突变位点进行比较分析，从而实现分子预测突变库与活体突变库双向匹配分析。系列工作为理性设计及培育除草剂耐受性的基因编辑作物提供了基础。

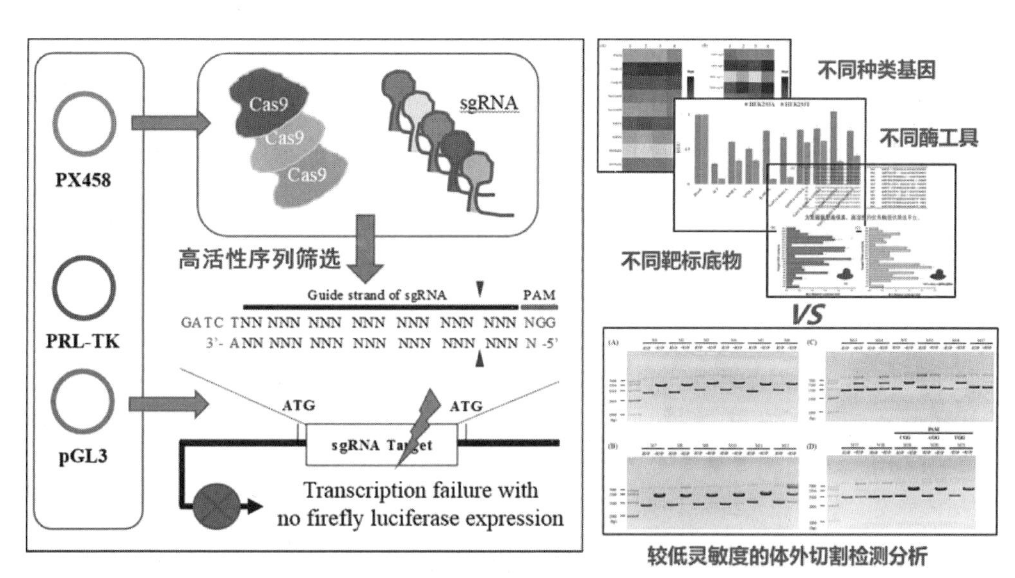

图 4 双荧光素酶响应的基因靶向干预活性评估平台

2 合成方法研究

2.1 含吡啶环状亚胺的不对称催化氢化

烟碱是一类重要的生物碱，具有多种生物活性和潜在药用价值。为了避免其成瘾性和毒性，人们一直探索通过合成烟碱类似物的方法寻找新的药物先导化合物。含吡啶环状亚胺的不对称催化氢化是合成烟碱及其类似物的理想方法，但是由于强配位的吡啶基团可能破坏活性催化剂，该反应一直无法实现。

徐效华、朱守非、周其林等人发展了一种底物控制的策略，通过在底物吡啶 N 的邻位引入取代基，降低吡啶对催化剂的配位能力，使用手性螺环膦－噁唑啉配体和铱的络合物催化剂实现了首例含吡啶环状亚胺的不对称催化氢化反应，实现了多种烟碱类生物碱的高效不对称合成[31, 32]，该研究将为发展烟碱类的手性药物提供便利。

2.2 “分子内交叉和平行环加成”构建多环骨架天然产物

提出 IMCC/IMPC 策略，并成功应用于天然产物复杂多环骨架的高效构筑。许多具有重要生物活性的天然产物都含有环状骨架，尤其是多环骨架，这些多环骨架普遍具有结构复杂性和多样性的特点。发展高效、通用的构筑结构复杂、多样性多环骨架的方法和策略，具有重要的理论和实际意义，也是有机合成领域的挑战性课题之一。

南开大学王忠文课题组提出了张力环的偶极调控“分子内交叉和平行环加成（Intramolecular Cross or Parallel Cycloaddition：IMCC/IMPC）”思路，成功发展了官能团化环丙烷、吖啶和环氧乙烷的IMCC/IMPC策略。该策略提供了一种构筑结构复杂、多样的中环、桥环、并环及相关多环骨架的新颖、高效、通用策略，并成功地应用于具有多环骨架天然产物的全合成上。上述策略和方法将在新医药/农药先导发现上展示其应用潜力。

3 农药分子设计研究

3.1 高选择性原卟啉原氧化酶抑制剂的分子设计

原卟啉原氧化酶（protoporphyrinogen oxidase，PPO，EC 1.3.3.4）是除草剂开发的重要作用靶标之一，但由于PPO并非植物所特有，考虑到对人畜及环境的安全性，种属选择性是针对该靶标设计、开发除草剂必然面对的问题。

华中师范大学杨光富研究团队在系统开展不同种属PPO化学生物学研究的基础上，提出了计算碎片生成与连接（Computational Fragment Generation & Coupling，CFGC）的分子设计策略，成功设计出第一个在人源和烟草PPO之间选择性最高（2749倍）的新型嘧啶二酮类探针分子（图5）[33]。该抑制剂分子不仅表现出很高的酶抑制活性及种属选择性，而且还表现出良好的除草活性，与商品化除草剂甲磺草胺、丙炔氟草胺和苯嘧磺草胺相比，在保持较高除草活性的同时，其种属选择性有了极大的提高。与此同时，该抑制剂分子对人体细胞表现出较低的光敏毒性（图5）。

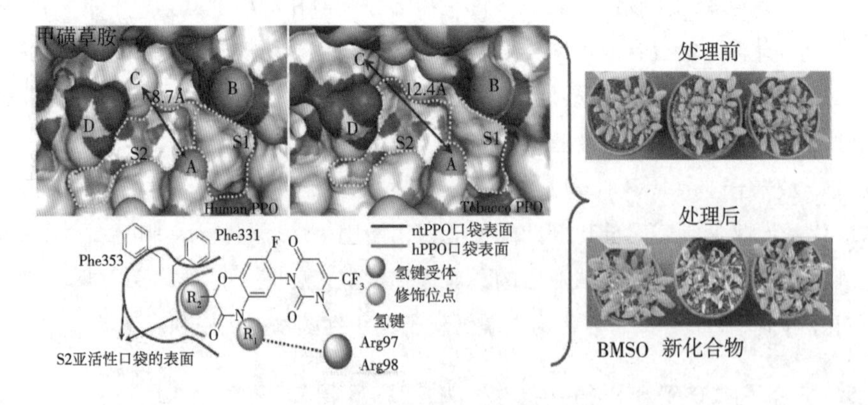

图5 基于CFGC方法设计高选择性绿色除草剂

3.2 具有新颖骨架 HPPD 抑制剂的设计与超高效除草剂喹草酮的创制

对羟基苯基丙酮酸双加氧酶（4-Hydroxyphenylpyruvate dioxygenase，HPPD）是一种典型的非血红素亚铁依赖型的双加氧酶，广泛存在于除少数革兰氏阴性菌之外的所有需氧生物体中，其催化对羟基苯基丙酮酸（4-Hydroxyphenylpyruvate，HPPA）转化为尿黑酸（2, 5-Dihydroxyphenylacetate，HGA）。现有的大部分商品化 HPPD 抑制剂的种属选择性并不理想，部分品种的生态风险已经逐渐显现。比如，部分研究表明环磺酮、硝磺草酮有可能对人类及动物产生毒副作用。因此，提高种属选择性尤其是在植物和人之间的选择性，是开发新型 HPPD 抑制型除草剂必须要解决的关键问题。

杨光富研究团队系统开展了 HPPD 靶标组研究，完成了十四个种属（人源、大鼠、三文鱼、玉米、高粱、小麦、小麦叶枯病菌、荧光假单孢菌、拟南芥和水稻等）HPPD 的质粒构建和重组野生型及突变型 HPPD 蛋白的原核表达，并建立了两种活性测试方法（HPLC 方法和偶联方法），对不同种属野生型和突变体 HPPD 的酶学性质进行了表征，对不同结构类型的抑制剂进行了系统的抑制动力学研究（表 1）[34, 35]。与此同时，他们解析了多个种属 HPPD 及其与探针分子复合物的晶体结构，以及首个结合有底物 HPPA 的 *At*HPPD 复合物晶体结构（分辨率为 2.8 Å，5XGK）。将已经解析的 HPPD 晶体结构进行一级序列比对和三维结构分析（图 6 和表 2）发现，植物 HPPD（如拟南芥和玉米）和哺乳动物（如人和大鼠）及微生物 HPPD（如荧光假单胞菌）的序列相似性均不超过 30%，其活性空腔结构也存在明显差异。

表 1　代表性六个种属 HPPD 的催化动力学常数和底物抑制常数

HPPD 种属	K_m（μM）	k_{cat}（s^{-1}）	K_{si}（μM）
拟南芥	12.80 ± 0.97	0.16 ± 0.02	338.10 ± 73.90
人	30.20 ± 2.64	1.52 ± 0.016	708.70 ± 103.10
大鼠	24.60 ± 3.82	0.35 ± 0.012	345.70 ± 48.80
小麦	60.60 ± 4.80	0.39 ± 0.02	528.10 ± 135.50
小麦叶枯病菌	97.50 ± 20.20	0.22 ± 0.03	626.30 ± 177.90
荧光假单孢菌	70.96 ± 3.82	0.10 ± 0.01	675.80 ± 85.30

表 2　已报道的 HPPD 全酶（holo）和复合物晶体结构信息

PDB 编号	种属	分辨率（Å）	复合物 / 全酶
1SQD 1TFZ，1TG5	拟南芥（*Arabidopsis thaliana*）	~1.90	复合物和全酶
1SP8	玉米（*Zea mays*）	2.00	全酶

续表

PDB 编号	种属	分辨率（Å）	复合物 / 全酶
3ISQ	人（*Homo sapiens*）	1.75	全酶
1SQI	大鼠（*Rattus norvegicus*）	2.15	复合物
1CJX	荧光假单胞菌（*Pseudomonas fluorescens*）	2.40	全酶
1T47	链霉菌（*Streptomyces avermitilis*）	2.45	复合物

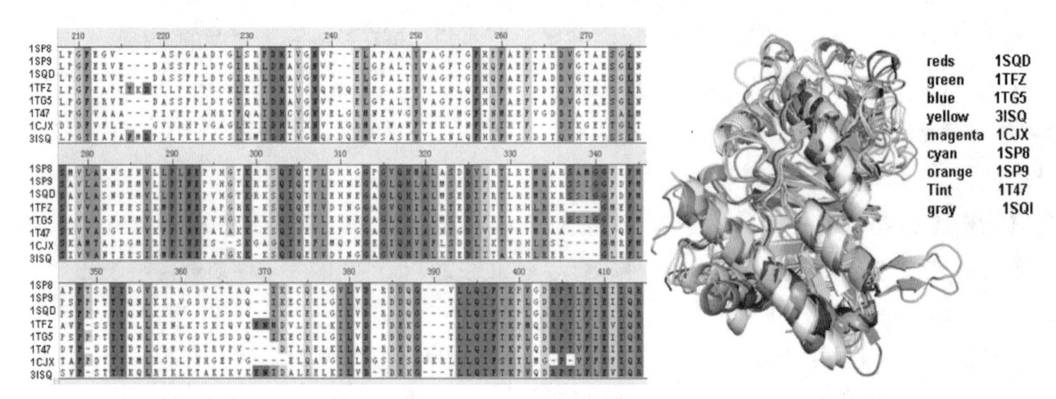

图 6　已有晶体结构报道的 HPPD 的氨基酸序列比对和三维结构叠加

由于目前已知的 HPPD 抑制剂都属于底物竞争型抑制剂，因此，底物 HPPA 与 *At*HPPD 复合物晶体结构的解析对于理解酶催化反应机理和新型抑制剂的设计均具有重要意义。为此，杨光富研究团队成功解析了第一个天然底物 HPPA 与 HPPD 复合物的晶体结构。如图 7 所示，在 *At*HPPD–HPPA 复合物晶体结构中，HPPA 的 α－酮酸部分与活性中心的金属离子形成双齿配位，酚羟基的氧原子与 Asn423 形成氢键，苯环部分与 Phe381 之间存在 T–π 疏水相互作用。将该复合物晶体结构与未结合配体的 holo–*At*HPPD 晶体结构（PDB 编号：1SQD）进行比较（图 7A 和 B）可以发现，当 HPPA 与 HPPD 结合时，Asn423 的侧链发生了构象变化并与 HPPA 的酚羟基形成氢键相互作用（距离 ~ 3.2 Å）；Gln293 的侧链也发生了偏转并与 Gln307 形成氢键相互作用（距离 ~ 3.5Å）（图 7C），而在 holo 结构中，Gln293 与 Gln307 的距离为 5.1 Å。根据报道，Gln307，Ser267 和 Asn282 组成的氢键网络对于 HPPD 的催化过程起着重要作用，而当 HPPA 结合在活性腔之后，Gln293 也参与到了这一氢键网络的之中（图 7D）。

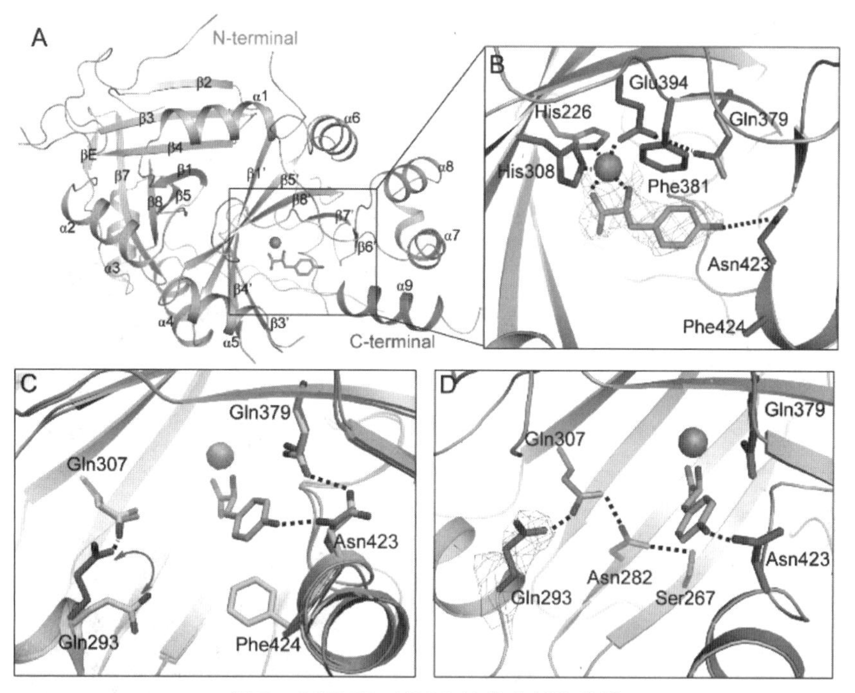

图 7　*At*HPPD–HPPA 结构分析和比较

A. 单体总体结构。B. HPPA 在活性腔中的结合模式。C. *At*HPPD–HPPA 与 *holo*–*At*HPPD 结构叠合比较，箭头表示构象差异较大的氨基酸残基。D. *At*HPPD–HPPA 结构中 Gln293 的电子云密度图和活性腔内的氢键网络。

通过进一步定点突变实验发现，当 Gln293 突变成丙氨酸后，其 k_{cat}/K_m 值相较于野生型 HPPD 降低了约 3700 倍（$k_{cat,\ WT} = 1.0792 \pm 0.0530\ s^{-1}$，$k_{cat,\ Q293A} = 0.0139 \pm 0.0010\ s^{-1}$；$K_{m,\ WT} = 1.87 \pm 0.37\ \mu M$，$K_{m,\ Q293A} = 90.41 \pm 11.33\ \mu M$），这表明 Gln293 在酶催化反应过程中起着重要作用。为方便起见，不妨将 HPPA 结合后的 Gln293 的构象定义为“活化构象”，将未结合底物时 Gln293 的构象定义为“非活化构象”。鉴于 Gln293 在底物 HPPA 结合前后的构象变化对于稳定底物及酶催化反应均具有重要意义，杨光富等人提出了靶向 Gln293 构象变化的分子设计策略：如果能设计一种抑制剂来阻止 Gln293 从“非活化构象”向“活化构象”转变，那么 HPPD 就无法对底物 HPPA 进行有效结合，酶催化反应自然也就无法进行。按照这个思路，他们首先利用 PADFrag 分子碎片与三酮片段连接，建立了一个包含 15、235 个化合物的虚拟分子库，以 Gln293 处于“非活化构象”的 HPPD 晶体结构为模板对该分子库进行虚拟筛选，从而发现了一系列高活性化合物，尤其是化合物 Y13161 的活性非常突出。通过多种属酶抑制动力学、温室筛选以及田间药效试验，发现 Y13161 具有良好的酶抑制活性（$K_{i,\ AtHPPD} = 24.10 \pm 0.30\ nM$），并在 105~150 g ai/ha 的剂量下对阔叶杂草及部分禾本科杂草表现出优异防效。

为了验证分子设计思路，他们还成功解析了 Y13161 与 *At*HPPD 复合物的晶体结构（图 8）。结果表明，Y13161 包含的喹唑啉二酮分子片段中二甲基取代的苯环侧链与

Phe392、Met335 以及 Leu368 和 Leu427 均形成了有效的疏水相互作用，而且 Gln293 侧链的构象确实处于“非活化构象”，与 holo-*At*HPPD 结构中的构象几乎完全一致。

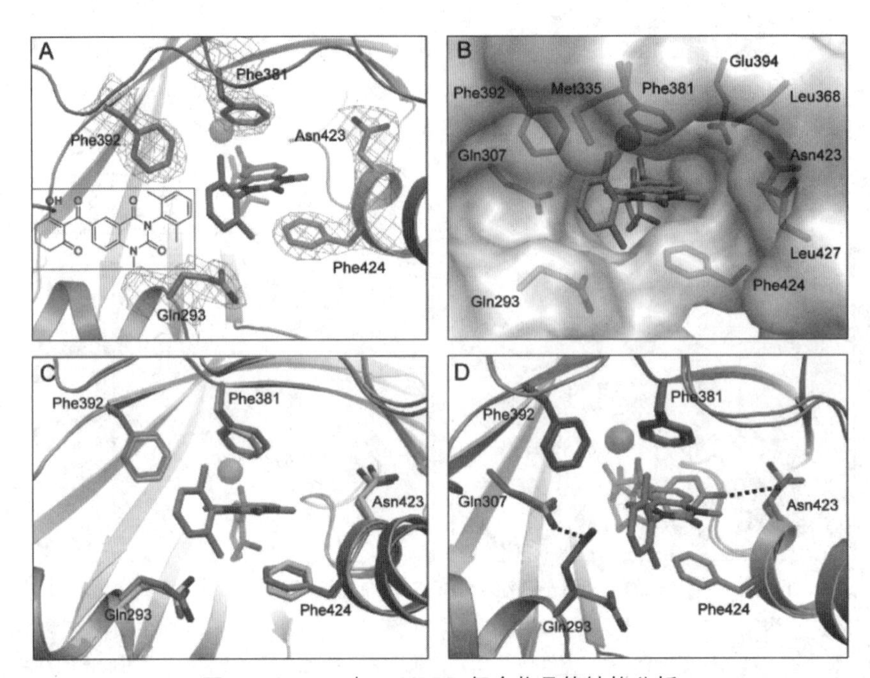

图 8 Y13161 与 *At*HPPD 复合物晶体结构分析

A. Y13161 在 *At*HPPD 活性腔中结合模式。B. Y13161 在 *At*HPPD 活性腔中结合模式的表面图。C. *At*HPPD-Y13161 与 holo-*At*HPPD 结构叠合比较图。D. *At*HPPD-Y13161 与 *At*HPPD-HPPA 结构叠合比较图，氢键相互作用用虚线表示。

3.3 具有反抗性的乙酰羟酸合成酶探针分子的设计

乙酰羟酸合成酶（Acetohydroxyacid synthase，AHAS）是植物以及细菌、酵母中支链氨基酸生物合成途径中的第一个关键酶。迄今为止针对该靶标已开发出众多超高效商品化除草剂，包括磺酰脲（SU）、咪唑啉酮（IMI）、三唑嘧啶磺酰胺（TP）以及嘧啶水杨酸类（PYB）等。由于世界范围内的广泛且长期使用，截至 2018 年，全世界已报道的 495 种抗性杂草类型中，涉及 AHAS 抑制型除草剂抗性的杂草种类高达 160 种，而且数量仍呈指数增长态势。

研究结果表明，杂草产生抗药性的分子机制是杂草 AHAS 催化亚基上的氨基酸序列发生了单点突变。目前已经鉴定的抗性突变位点有 6 个，其中最严重的突变类型是 W574L 和 P197L（以拟南芥 AHAS 的氨基酸序列进行编号），它们对所有商品化的 AHAS 抑制型除草剂都产生至少十倍以上的抗性。因此，如何规避 P197L 和 W574L 突变产生的抗性是针对 AHAS 设计合成新一代反抗性除草剂必须面临的一大挑战。

杨光富和席真研究团队一直致力于 AHAS 的化学生物学及反抗性分子设计研究[36-38]。他们发现，虽然不同结构类型的 AHAS 抑制剂结合在相同的口袋中，但它们对同一突变的敏感程度是不一样的，有时甚至差异极为显著。为此，他们系统研究了几类代表性商品化除草剂与拟南芥 AHAS（*At*AHAS）及 P197L、W574L 突变体的相互作用。从表 3 可以看出，乙氧嘧磺隆、氯磺隆等 SU 类除草剂对 P197L 和 W574L 突变体几乎失去了活性，抗性倍数均大于 1000；IMI 类除草剂咪草烟表现出和 SU 类除草剂相似的抗性倍数；TP 类除草剂阔草清对 W574L 和 P197L 突变体的抗性倍数虽然低于 SU 和 IMI 类除草剂，但仍表现出中等水平的抗性；在 PYB 类除草剂中，嘧硫草醚和双草醚对 P197L 突变体的抗性倍数仅有 1.51 和 3.05 倍，属于低抗性；而针对 W574L 突变体，双草醚显示出中等抗性，嘧硫草醚的抗性倍数却超过了 500 倍。

表 3　各类型商品化 AHAS 抑制剂对 AHAS 的抑制活性

除草剂	K_i/M				
	Wild Type *At*AHAS	P197L *At*AHAS	W574L *At*AHAS	RF_{P197L}	RF_{W574L}
乙氧嘧磺隆（SU）	0.06 μM	＞1000 μM	＞1000 μM	＞1000	＞1000
氯磺隆（SU）	0.05 μM	103.00 μM	＞500 μM	＞1000	＞1000
咪草烟（IMI）	2.31 μM	＞1000 μM	＞1000 μM	＞1000	＞1000
嘧硫草醚（PYB）	0.68 μM	1.03 μM	＞500 μM	1.51	＞500
双草醚（PYB）	0.42 μM	1.28 μM	19.40 μM	3.05	46.19
阔草清（TP）	0.53 μM	37.30 μM	＞500 μM	70.38	＞500

RF（resistant factor）= $K_{i,\ mutant} / K_{i,\ wild\text{-}type}$.

为了揭示这些不同结构类型小分子对 P197L 和 W574L 两种突变体敏感差异的分子机制，他们比较了三种代表性 AHAS 除草剂（SU、TP 以及 PYB）在突变前后的结合构象（图 9），发现氯磺隆和阔草清的结合构象在 W574L 突变前后没有发生明显变化，当 W574 突变成 L574 之后，分子与 W574 之间的 π－π 堆积作用丢失，从而导致小分子的结合能大幅度下降；而位于活性通道入口处的 P197 突变为 L197 时，残基体积增大，具有刚性的氯磺隆以及阔草清的构象不能有效偏转，使分子结构中的芳环与 L197 之间产生了立体冲突，结合能也大幅度下降。相反，双草醚（PYB）的结合构象在突变后均发生了明显的翻转或偏移，进而与其他氨基酸残基形成新的相互作用，在一定程度上弥补了与 W574 之间作用力的丢失或者避免了与大位阻残基 P197 之间的直接立体冲突，使得突变后分子的结合能未出现明显降低。以上结果表明，除草剂分子的构象柔性度与其反抗性能力是密切相关的，构象柔性越大，反抗性能力越强。

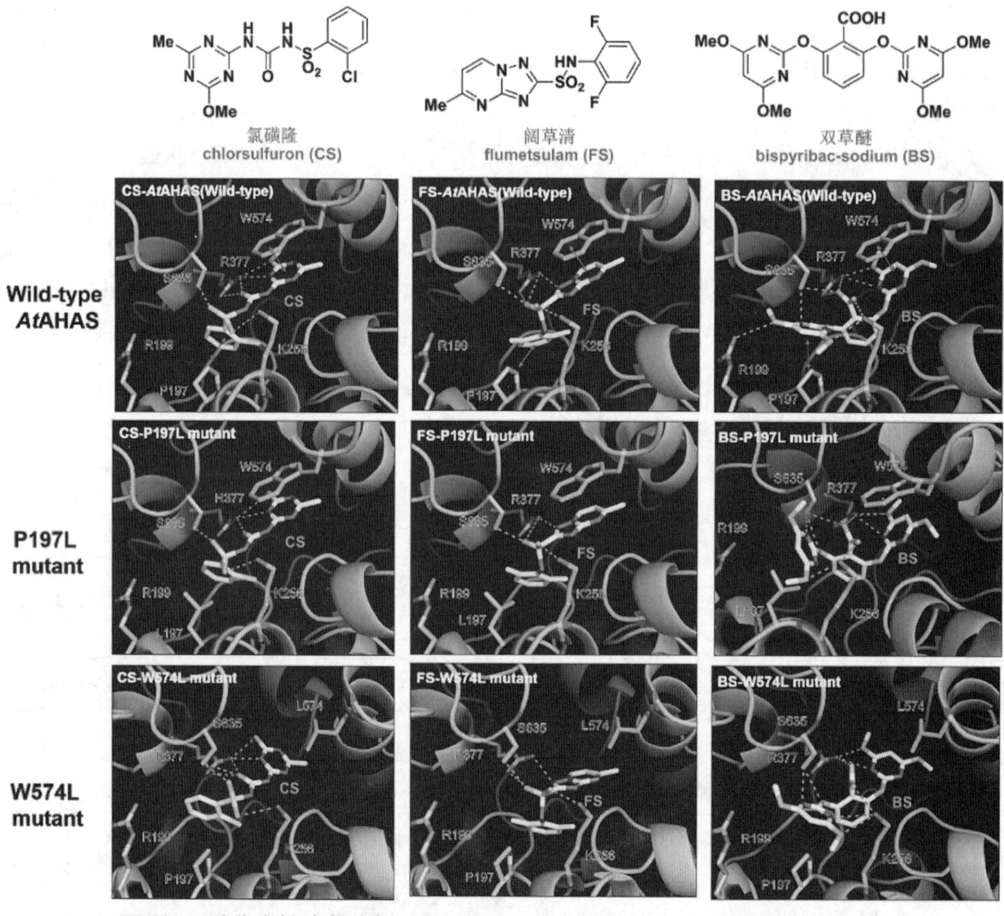

图 9　三种代表性除草剂在野生型及 P197L、W574L 突变体中的结合模式

上述三类商品化除草剂中，PYB 类除草剂由于具有较好的构象柔性度，其反抗性能力要高于 SU 和 TP 类除草剂，但其分子结构中 6- 位取代基对 PYB 类化合物的反抗性能力具有重要影响。为此，杨光富和席真研究团队利用他们自行发展的“基于药效团连接碎片的虚拟筛选（pharmacophore-linked fragment virtual screening，PFVS）”方法开展反抗性 AHAS 抑制剂的合理设计，具体设计流程如下：

第一步：药效团的确立（图 10）。如前所述，PYB 类除草剂具有较好的反抗性能力，但其 6- 位取代基对反抗性能力有重要影响。因此，他们将 2-（4，6- 二甲氧基嘧啶 -2- 氧基）苯甲酸作为药效团，希望通过对 6- 位取代基的优化，发现具有优异反抗性能力和除草活性的先导化合物。

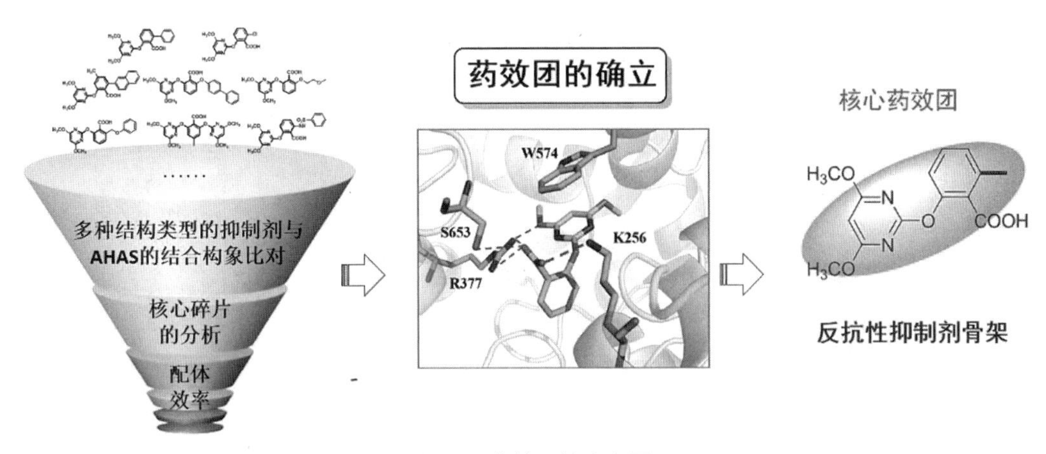

图 10 药效团的确立图

第二步：碎片链接分子库的生成及评价（图 11）。利用他们建立的碎片库 PADFrag，将碎片连接到野生型和 P197L 突变型 *At*AHAS 结合腔中药效团的 6- 位上，生成相应的虚拟分子，并进行能量优化及结合自由能计算，根据结合自由能对分子进行排序。

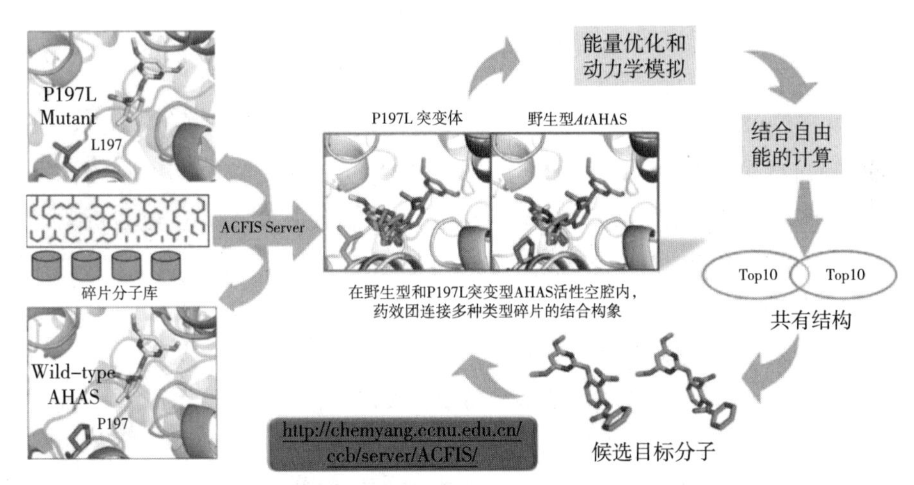

图 11 新型反抗性 AHAS 抑制剂的筛选流程

第三步：苗头化合物的选择（图 12）。根据结合自由能打分情况，分别对两个体系中排名前 10 的药效团连接碎片分子进行深入分析，结果发现药效团 6- 位连接有苯甲酰氧基的分子（化合物 9）在两个体系中均出现在打分前 10 名的苗头化合物中。酶水平筛选结果表明，该化合物对野生型及 P197L 突变型 *At*AHAS 均表现出较高的抑制活性，可以作为反抗性的苗头化合物深入研究。进一步的分子模拟表明，该苗头化合物具有较好的构象柔性度，可以通过调整其在活性腔中的构象从而与突变酶产生新的相互作用力，弥补因 P197L 突变而丢失的作用力。进一步针对化合物 9 的 6- 位取代基进行结构优化发现，以萘环或呋喃环替代苯环得到的化合物 10 和 11 对野生型及 P197L 突变型 *At*AHAS 均表现出亚微摩尔水平的抑制活性，且抗性倍数小于1，可以作为新的反抗性先导化合物深入研究。

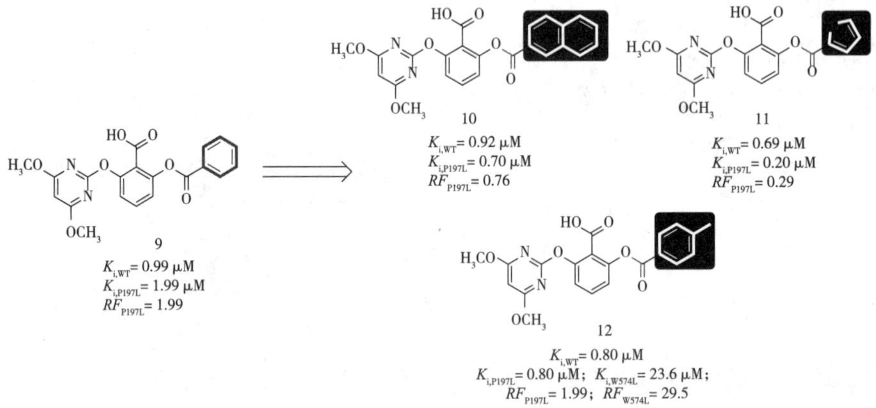

9
$K_{i,WT}$= 0.99 μM
$K_{i,P197L}$= 1.99 μM
RF_{P197L}= 1.99

10
$K_{i,WT}$= 0.92 μM
$K_{i,P197L}$= 0.70 μM
RF_{P197L}= 0.76

11
$K_{i,WT}$= 0.69 μM
$K_{i,P197L}$= 0.20 μM
RF_{P197L}= 0.29

12
$K_{i,WT}$= 0.80 μM
$K_{i,P197L}$= 0.80 μM; $K_{i,W574L}$= 23.6 μM;
RF_{P197L}= 1.99; RF_{W574L}= 29.5

图 12　基于 PFVS 方法发现的反抗性苗头化合物及其优化

第四步：双重反抗性苗头化合物的发现及优化。前面的反抗性分子设计都是基于野生型 AHAS 和 P197L 这个突变体来展开的，对所获得的苗头化合物开展 W574L 突变体筛选时幸运地发现化合物 12 对 W574L 突变体也表现出较强的抑制活性（图 12），可以作为同时针对 P197L 和 W574L 两个高抗突变体设计反抗性化合物的探针。分子模拟表明，化合物 12 同样具有较好的构象柔性度，无论是发生 P197L 突变还是 W574 突变，化合物 12 都可以通过自身构象的调整以形成新的相互作用力，从而使其始终保持较高的结合能。由于化合物 12 对野生型和 P197L 突变型 *At*AHAS 表现出高抑制活性（<1 μM），所以结构优化的主要目标是保持分子对野生型和 P197L 突变型 *At*AHAS 抑制活性的同时，提高对 W574L 突变型 *At*AHAS 的抑制活性。

考虑到化合物 12 分子结构中的酯基容易发生水解，导致其在活体筛选中并没有表现出理想的除草活性。因此，他们以化合物 12 为基础，采用骨架跃迁（Scaffold Hopping）策略对分子结构中的酯基进行优化，设计了酰胺、砜、磺酰胺、磺酸酯四类化合物 lead-A 至 lead-D（图 13）。通过酶抑制活性筛选发现：Lead-D（化合物 13）对野生型及 P197L、W574 突变型 *At*AHAS 均表现出较高的抑制活性，具有双重反抗性能力。需要指出的是，在此之前，同时针对两种高抗突变体的反抗性分子设计尚未见文献报道。为此，进一步的结构优化发现了 14 和 15 两个化合物，同时对野生型及 P197L、W574 突变型 *At*AHAS 均表现出亚微摩尔级别的抑制活性，而且这两个化合物在 10 克 / 亩的剂量下，对敏感及抗性（P197L 突变）播娘蒿均表现出优异的除草活性，相反商品化除草剂嘧硫草醚仅对敏感播娘蒿表现出较高除草活性。以上结果为抗性杂草治理及新型除草剂创制奠定了坚实基础。

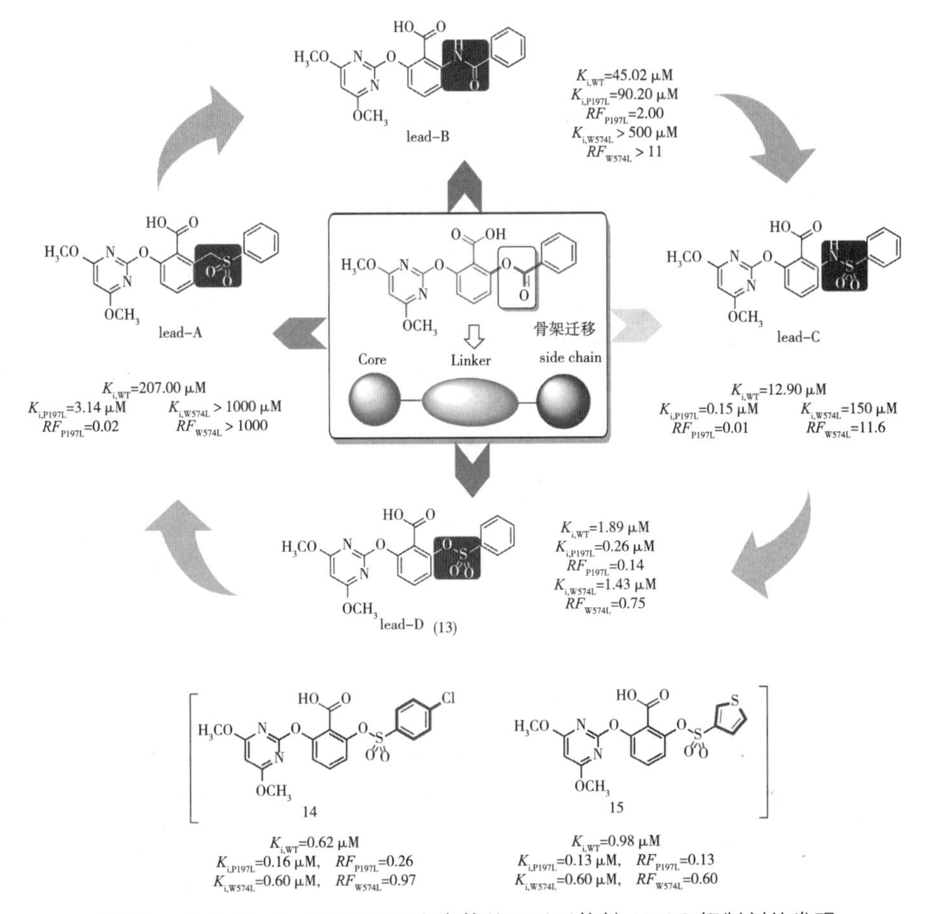

图 13 针对 P197L 和 W574L 突变体的双重反抗性 AHAS 抑制剂的发现

3.4 生物活性碎片在线数据库（PADFrag）的构建

2018 年，杨光富研究团队基于已经商品化的药物及农药分子，在 *J. Chem. Inf. Model.*（2018，58，1725-1730）上以封面论文的形式报道了 PADFrag 数据库（http://chemyang.ccnu.edu.cn/ccb/database/PADFrag/，图 14）[39]。PADFrag 不仅覆盖了具有广泛生物活性的碎片空间，而且具有较强大的碎片分子设计功能。例如：① PADFrag 可对每一个活性碎片在医药和农药中出现的频率进行分析，对任意碎片与活性碎片的相似性进行分析，进而预测其潜在的生物活性。②通过与 PDBbind 数据库中小分子碎片的相似性比较，对每个碎片潜在的蛋白作用位点进行预测，从而为药物新结构的靶标发现奠定基础。这也是目前首个药物活性碎片在线数据库，具有广泛的药物、农药分子设计应用前景[40, 41]。

图 14　PADFrag 在线数据库界面

3.5　自动计算突变扫描网络服务器

杨光富研究团队前期发展了一种计算突变扫描（Computational Mutation Scanning，CMS）的方法来预测靶标氨基酸残基突变导致的药物抗性，通过模拟野生型复合物的动力学轨迹，再将平衡轨迹上的点进行突变并计算结合前后药物分子与靶标结合自由能的变化值来评判突变是否引起了抗性。由于该方法是基于复合物的结构出发进行预测的，故相比于基于序列的预测方法，可以对抗性的机制进行明确的分析；相比于传统丙氨酸突变扫面（Computational Alanine Scanning，CAS），计算突变扫描方法可以计算更多的突变类型，应用范围更加广泛。

为了使 CMS 方法方便的被更多研究工作者使用，杨光富课题组将其发展为网络服务器（http://chemyang.ccnu.edu.cn/ccb/server/AIMMS/index.php），命名为 AIMMS（Auto *In Silico* Macromolecular Mutation Scanning），其网络界面如图 15 所示[42]。AIMMS 服务器有两个核心的突变扫描模块：①全突变扫描模块：全突变扫描模块是通过扫描复合物中药物分子周围一定范围内的氨基酸残基并将扫描到的氨基酸残基突变成各种不同种类的其他氨基酸，并对这些突变体进行抗性预测，用户只需简单地提交复合物的 PDB 文件，并选择自己想要扫描的范围即可；②定点突变扫描模块：定点突变扫描模块是由用户指定想要突变的氨基酸残基的位点和突变类型，方便有一定的生物化学知识的用户使用，比全突变扫描策略的针对性更强。该程序已经获得软件著作权（登记号：2017SR039908）。

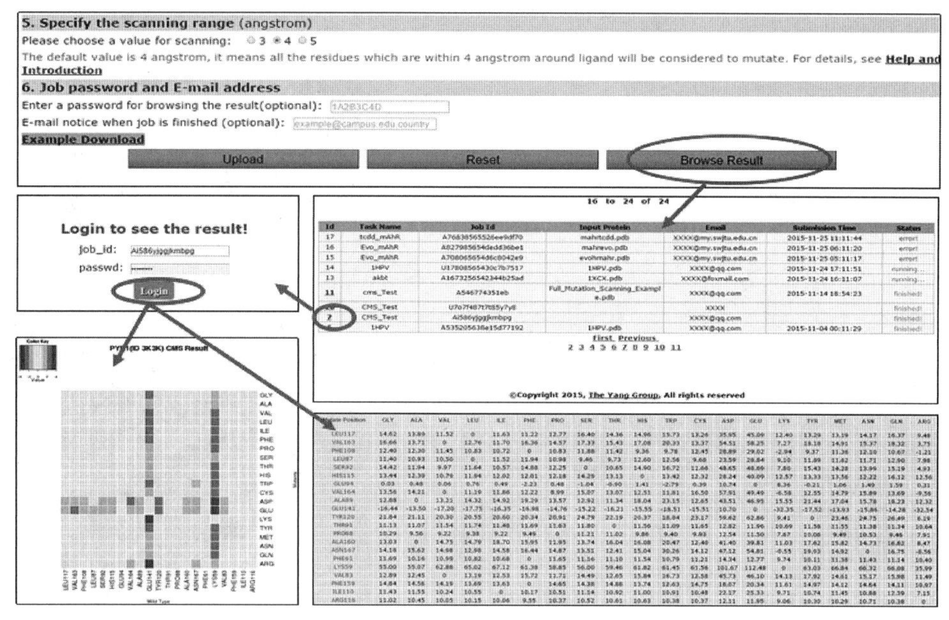

图 15　AIMMS 网页界面

3.6　以天然产物 Neopeltolide 为先导设计合成靶向细胞色素 bc1 复合物的抑制剂

Neopeltolide 是由 Wright 研究小组于 2007 年从深海海绵中分离得到的一个大环内脂类海洋天然产物，生物学研究显示其靶标为细胞色素 bc1 复合物。我们采用分子对接、分子动力学和结合自由能计算方法，确认了其作用机制：Neopeltolide 属于 bc1 复合物 Qo 位点抑制剂，与商品化杀菌剂 pyribencarb 的结合模式类似，其末端的氨基甲酸酯药效团与 E271 形成 Hbond，其大环内脂部分伸向活性腔口形成输水相互作用。结合课题组前期研究结果，我们将二苯醚片段引入 Neopeltolide 中替换其大环内脂部分，设计合成了一类含二苯醚片段的恶唑酰胺类 Neopeltolide 衍生物[43]（图 16、图 17）。

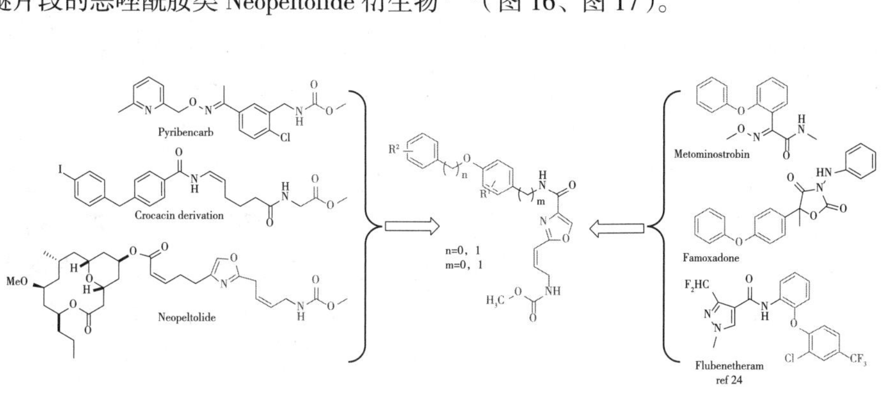

图 16　目标化合物的设计

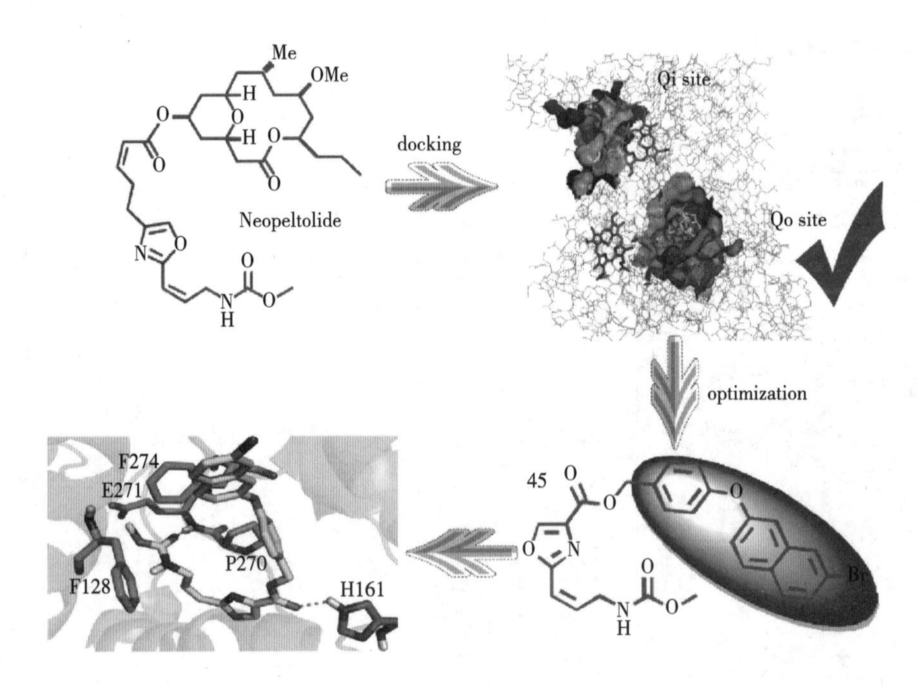

图 17　Neopeltolide 的作用机制和化合物 45 结合模式显示图

活性测试结果显示，部分化合物对猪心来源的 SCR 表现出了明显的抑制效果，如化合物 45 的 IC_{50} 值为 0.012 μM，明显优于对照药剂 azoxystrobin（IC_{50} = 0.205 μM）分子模拟研究显示，化合物 45 活性提高的原因主要为不仅与 E271 形成 Hbond，同时还与 H161 形成 Hbond，这是其活性增强的主要缘由。

4　创制农药研发进展

4.1　除草剂靶标原卟啉原氧化酶抑制剂的研究进展

原卟啉原氧化酶（PPO）抑制类除草剂的使用历史可以追溯到 20 世纪 60 年代[44-46]。目前，南开大学席真课题组近年设计合成了一系列 PPO 抑制剂类除草剂，活性测试显示出潜在的开发价值[47-50]。

4.1.1　吡啶并嘧啶二酮类 PPO 抑制剂研究进展

通过对已经报道的烟草 PPO（*nt*PPO）和商品化 PPO 除草剂相互作用分析，设计了一类含有吡啶并嘧啶二酮结构的 PPO 抑制剂（图 18）。通过活性测试发现，该类化合物对 *nt*PPO 均表现出了优良的抑制效果，部分化合物的抑制活性明显优于商品化除草剂丙炔氟草胺。其中，化合物Ⅰ-11q 和Ⅱ-b12 的 K_i 值分别为 0.0074 μM 和 0.0080 μM，显著优于商品化的除草剂丙炔氟草胺（K_i=0.046 mM）的抑制活性。在 37.5-150 g ai/ha 的剂量下，化合物Ⅰ-11q

和Ⅱ–b12 在苗前和苗后对所测试的几种禾本科杂草和阔叶杂草均表现出了优良的除草效果，与丙炔氟草胺的活性相当。此外，在 75–150 g ai/ha 的剂量下，化合物Ⅰ–11q 对大豆、棉花和花生表现出了良好的作物安全性，化合物Ⅱ–b12 对棉花和花生表现出了良好安全性。以上实验结果表明，Ⅰ–11q 和Ⅱ–b12 可作为除草剂先导化合物进行进一步的开发研究。

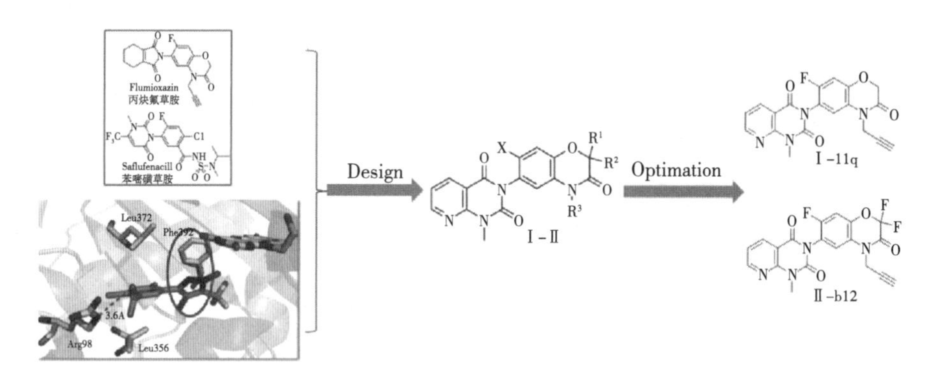

图 18 吡啶并嘧啶二酮类 PPO 抑制剂的设计

4.1.2 环烷烃并嘧啶二酮类 PPO 抑制剂的研究进展

通过对人源 PPO（hPPO）和 ntPPO 的活性空腔结构比较，设计了环烷烃并嘧啶二酮类 PPO 抑制剂Ⅰ–Ⅲ（图 19）。经过系统的结构优化，发现该系列化合物在 hPPO 和 ntPPO 之间的选择性高达 2000 倍，同时化合物Ⅰ–1，Ⅱ–1 和Ⅲ–1 在 37.5~75 g ai/ha 的剂量下表现出了广谱和高效的除草效果。

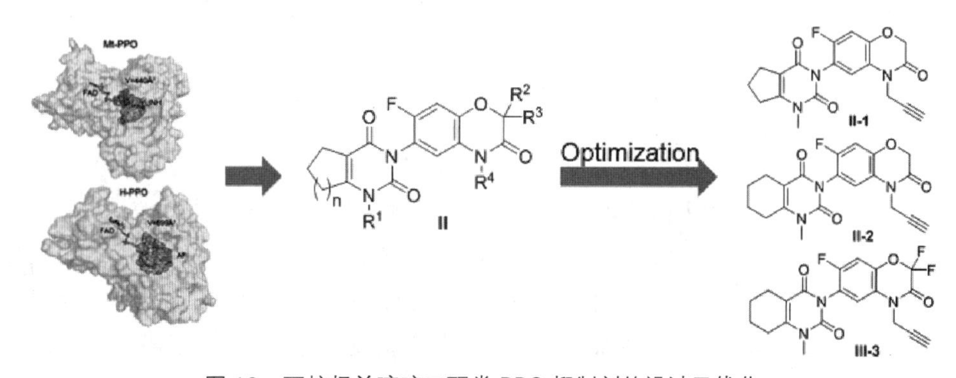

图 19 环烷烃并嘧啶二酮类 PPO 抑制剂的设计及优化

4.1.3 三嗪酮类 PPO 抑制剂的研究进展

三嗪酮类 PPO 抑制剂是最新开发出的一类 PPO 抑制剂，该类型的 PPO 抑制剂具有除草活性高，且与现有 PPO 除草剂不存在交互抗性，是一个很值得继续深入研究的除草剂类型。通过对现有 PPO 除草剂进行构效关系总结，设计了一类新型的 *N*– 苯基三嗪酮类 PPO 抑制剂（图 20），初步的活性测试结果表明部分化合物在苗后 9.375~37.5 g ai/ha 的剂量下对所测试的杂草表现出了非常优异的防效。部分化合物对 NtPPO 的抑制活性要优于商品化的除草剂苯嘧磺草胺。此外，在苗后 37.5~75 g ai/ha 的剂量下 X18002 表现出比苯嘧磺草胺更广的杀草谱，表现出了很大的进一步开发的潜能。

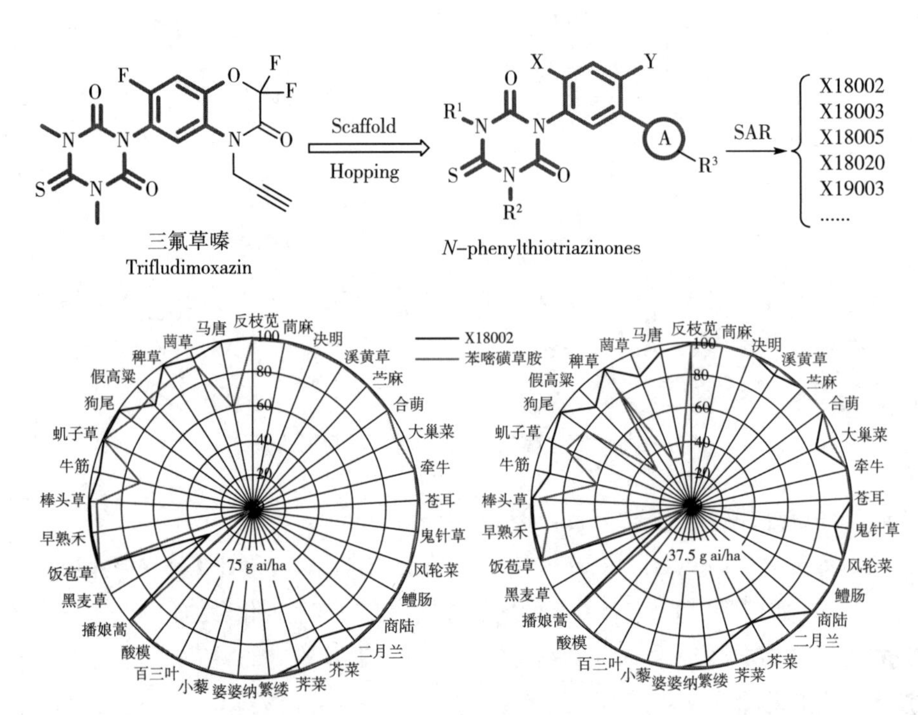

图 20　化合物 X18002 在苗后 37.5 和 75 g ai/ha 剂量下的杀草谱

4.2　列当种子萌发促进剂的研究进展

列当是一种恶性寄生性杂草，其主要分布在全球温带和亚热带地区，全球每年由寄生性杂草所造成的经济损失高达数十亿美元。我国新疆地区是瓜列当和向日葵列当的高发区，每年数百万亩的向日葵和加工番茄受到列当的危害，所造成的经济损失高达上亿元人民币[51, 52]。根寄生杂草的种子依赖寄主根系分泌的特定刺激物——独脚金内酯诱导才能萌发[53-55]。这一特点使得对根寄生杂草实施化学调控成为可能：在无寄主作物情况下，施以外源独脚金内酯或其类似物作为种子萌发剂刺激种子萌发，造成根寄生杂草萌发的时空错配（自杀性萌发），可以阻碍根寄生杂草寄生农作物，即可达到根寄生杂草的有效控制。南开大学席真课题组设计了 2 种非常高效的列当萌发刺激物。实验表明，部分化合物能够高效地刺激瓜列当种子的萌发及其活性，与通用的外源独脚金内酯类似物 GR24 相当[56, 57]。

4.2.1 1. 2- 丁烯羟酸内酯乙酰胺类瓜列当种子萌发促进剂

设计合成了系列 2- 丁烯羟酸内酯乙酰胺类化合物（ ），表现出对瓜列当优异的萌发促进效果，其中化合物 W1179 不仅对瓜列当的萌发促进率与 GR24 相当，同时也具有稳定性高、合成简单（仅需 2 步）等优点。温室实验结果表明，W1179 对向日葵列当的萌发促进效果要优于相同剂量下 GR24 的萌发促进效果（表 4）；1179 对瓜列当的萌发促进效果也要优于同样条件下 GR24 的萌发促进效果（图 21）。

表 4　W1179 等对瓜列当的萌发促进效果实验

NO	实验编号	浓度（M）/ 萌发率 %			
		10^{-5}	10^{-6}	10^{-7}	10^{-8}
1	W1179	96	91	90	79
2	GR24	94	94	94	75
3	1%acetone	5%			

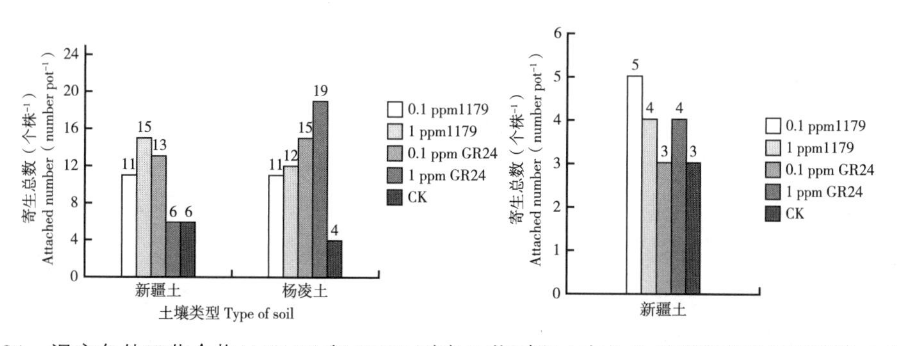

图 21　温室条件下化合物 W1179 和 GR24 对向日葵列当（左）及瓜列当萌发促进实验（右）

4.2.2 哌嗪酰胺类瓜列当种子萌发促进剂

采用计算机辅助设计的方法，发现了哌嗪酰胺类化合物能够很好地和独脚金受体蛋白 SHhtl7 结合（图 22）。经过结构优化，合成了系列化合物。部分化合物对瓜列当的萌发促进效果显著优于 GR24（表 5）。

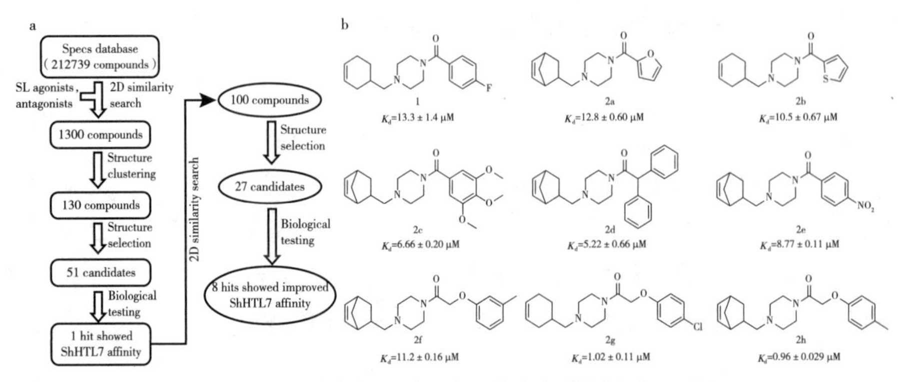

图 22 哌嗪酰胺类瓜列当种子萌发促进剂的发现过程

表 5 化合物 1420 及其异构体对瓜列当的萌发促进效果

编号	浓度 / 瓜列当萌发促进率（%）							
	10^{-5}	10^{-6}	10^{-7}	10^{-8}	10^{-9}	10^{-10}	10^{-11}	10^{-12}
1420	98.9 ± 0.7	92.2 ± 2.7	90.4 ± 2.0	70.1 ± 6.2	53.9 ± 9.1	53.6 ± 7.5	45.6 ± 3.2	30.6 ± 8.4
S-1420	95.0 ± 1.6	97.9 ± 1.8	97.0 ± 1.3	94.7 ± 1.4	92.1 ± 1.5	81.6 ± 6.1	76.8 ± 5.8	41.3 ± 2.5
R-1420b	94.8 ± 2.0	76.7 ± 8.8	7.3 ± 1.2					
GR24	97.4 ± 2.6	94.4 ± 1.0	89.6 ± 0.4	89.9 ± 2.1	77.5 ± 1.8	61.3 ± 9.8	44.7 ± 5.0	30.0 ± 7.1
0.1%AC	6.0 ± 4.2							

4.3 基于生态功能分子设计活性分子

生物物种之间以及生物与环境之间存在众多的相互作用关系，构成了丰富多彩的自然界。植物化感作用（allelopathy）是植物与植物以及植物与病原菌相互作用的生物化学关系。通过一种植物（微生物）向环境释放化学物质（化感物质）对另外一种植物（微生物）产生的直接或者间接的作用。基于化感物质设计农用化学品具有对生态安全环境相容性好等优点。基于生态观点，南开大学徐效华课题组设计了两类化感物质[58-61]。

4.3.1 新 HPPD 抑制剂苯并噻嗪二酮除草剂开发研究

基于稻田化感物质 4- 羟基香豆素利用电子等排设计原理，经过结构改造，发现全新结构苯并噻嗪二酮化合物新 HPPD 抑制剂，突破三酮类除草剂结构骨架（OH O N S O O R）。化合物 4w 除草活性防效每亩用量低于 10 克。作物安全评价对小麦和玉米安全性比硝环草酮好。玉米田田间试验结果表现防效好于商品硝环草酮，尤其对抗性杂草，表现出优异防效。稻田田间试验结果表明该类新分子除草剂对千金子、丁香蓼、稗草杂草有很好防效，4% 苯并噻嗪二酮 75 g ai/ha 防效达到 90% 以上。

4.3.2 噻唑酰胺类防治淡水有害藻水华新结构发现

Bacillamide 生物碱是从海洋菌分离得到的化感物质，针对 Bacillamide 生物碱及其衍生物进行了合成，发展了两条有效简便合成方法，对于该类化合物产品开发提供了合成方法[62-65]。通过结构修饰，通过杀藻活性筛选，明确该类化合物构效，发现了 20 个对三种藻的抑制活性达到了 0.1~1 mg/L，具有开发成为商品化杀藻剂的潜力。初步鱼毒实验，证明没有毒性，通过对昆虫与高等植物活性筛选，表明对这些生物没有活性，表明该类杀藻剂对生态安全。其中化合物 Ba-4，72h，0.78mg/L 对铜绿微蓝藻，有希望开发生态安全杀藻剂，防控淡水蓝绿藻水华（图 23）。

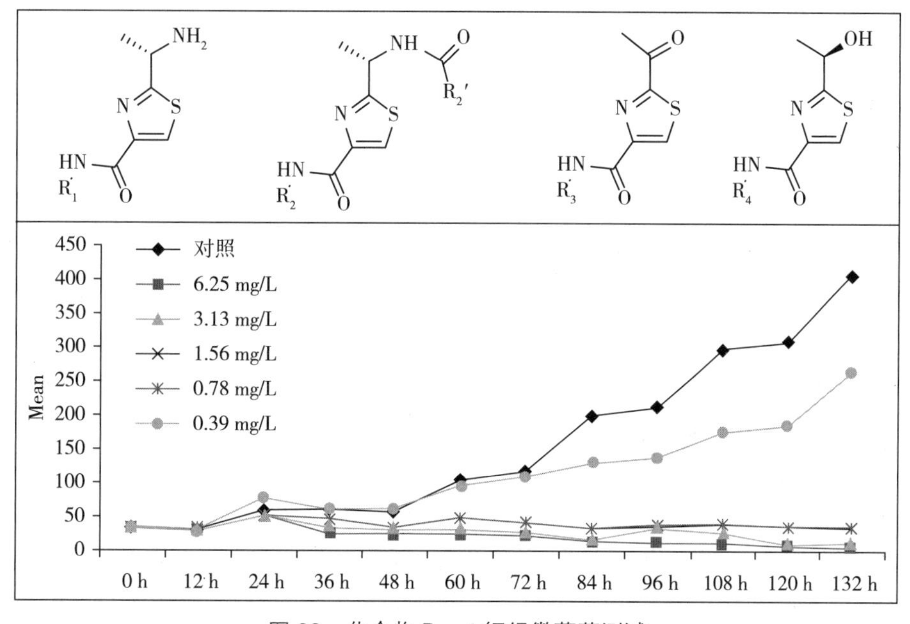

图 23　化合物 Ba-4 铜绿微蓝藻测试

5　最新自主创新农药品种

5.1　2017 年取得登记的自主创新农药

5.1.1　戊吡虫胍

戊吡虫胍是中国农业大学覃兆海教授创制研发的结构新颖的新烟碱类杀虫剂（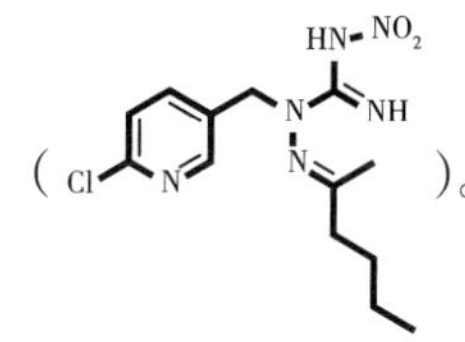

）。其将新烟碱类与缩氨脲类杀虫剂活性结构巧妙组建到同一分子中，获得兼具新烟碱类和钠离子通道抑制剂 2 种杀虫剂活性特点的硝基缩氨基胍类杀虫剂。该产品通过触杀作用，对害虫各发育期都有效（包括卵），具有杀虫广谱、速效和高活性特性，并有多个作用靶标，可降低抗性风险，对水生生物、两栖生物、蚯蚓等低毒，对环境非靶标生物友好，尤其对蜜蜂安全。该品种由合肥星宇化学有限责任公司取得登记。

96% 戊吡虫胍原药，低毒，登记证号 LS20170095；20% 戊吡虫胍悬浮剂，低毒，登记证号 LS20170094。登记用于防治水稻稻飞虱。目前已经处于临时登记过期状态。

5.1.2 环氧虫啉

环氧虫啉（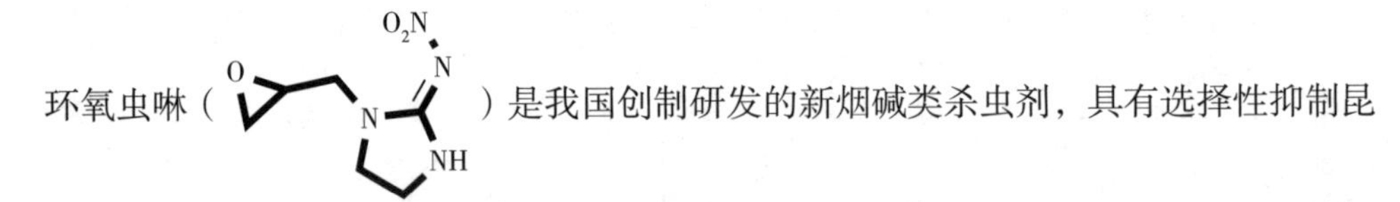）是我国创制研发的新烟碱类杀虫剂，具有选择性抑制昆虫神经系统烟碱型乙酰胆碱酯酶受体作用。是一种广谱、结构新、污染少、低毒性、高效新烟碱类杀虫剂。另外，在制备成本方面与传统烟碱类杀虫剂相比，有明显优势。拥有中国发明专利：ZL200810236885.X。该品种由四川和邦生物科技股份有限公司取得登记。

95% 环氧虫啉原药，低毒，登记证号：LS20170342；10% 环氧虫啉可湿性粉剂，低毒，登记证号：LS20170365。登记用于防治甘蓝蚜虫。目前已经处于临时登记过期状态。

5.1.3 苏云金杆菌 G033A

苏云金杆菌 G033A 是对天然野生 *B.t.* 菌株 G03 进行基因重组、转化及筛选而得到高毒力的 *B.t.* 工程菌株，同时，增加工程菌的环境安全性，构建了一种环境安全的 *B.t.-E. coli* 穿梭表达载体和相应的突变体。其作用方式为胃毒，对鳞翅目昆虫有毒杀作用，还对鞘翅目昆虫有特异性毒杀作用。中国农业科学院植物保护研究所取得苏云金芽孢杆菌工程菌 G033A 及其制备方法专利权（ZL200310100197.8），该品种由武汉科诺生物科技股份有限公司取得登记。32000 IU/mg 苏云金杆菌 G033A 可湿性粉剂，低毒，登记证号：PD20171726。主要用于防治甘蓝小菜蛾和马铃薯甲虫。

5.1.4 哌虫啶

哌虫啶（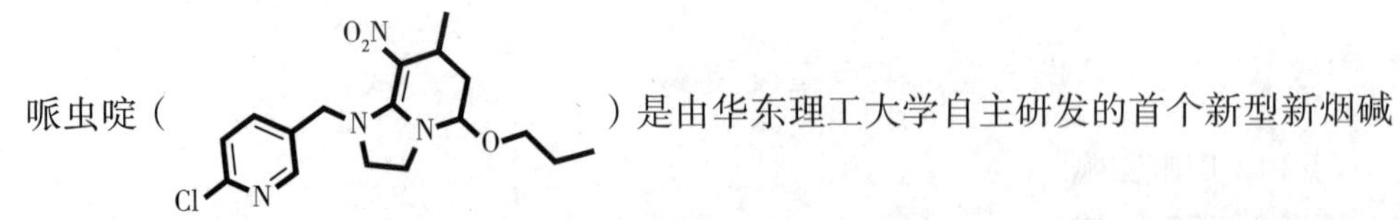）是由华东理工大学自主研发的首个新型新烟碱类杀虫剂，其作用于昆虫神经轴突触受体，阻断神经传导作用。哌虫啶具有很好的内吸传导功能，对各种刺吸式口器害虫有效，具有杀虫速度快、防治效果高、持效期长、广谱、低毒等特点。哌虫啶用于防治同翅目害虫，对稻飞虱和蔬菜蚜虫的防治效果分别达 90% 和 94% 以上，经江苏省农科院植保所对飞虱和蚜虫试验表明，其防效是吡虫啉的 2 倍。对鸟类低毒；对斑马鱼急性毒性为低毒；对家蚕急性毒性为低毒；对蜜蜂低毒。

哌虫啶已由江苏克胜集团 2017 年获得正式登记。登记证号：PD20171719（10% 悬浮剂），PD20171435（95% 原药）。2018 年，30% 吡蚜·哌虫啶悬浮剂（27% 吡蚜酮 +3% 哌虫啶）获得正式登记（PD20183805）。

5.2　2018 年取得登记的自主创新农药

5.2.1　环氧虫啶

环氧虫啶（Cycloxaprid）是我国绿色农药自主创制领域的标志性成果之一（ ），其杀虫谱广、药效高、无交互抗性，对作物无药害、低毒、低残留，对抗性害虫的活性优于吡虫啉，适用作物包括水稻、蔬菜、果树、小麦、棉花、玉米等，可用于茎叶处理。防治对象包括多种害虫，如稻飞虱、烟粉虱、蚜虫、稻纵卷叶螟等。在全国十多个省市进行了多年的多地、多种害虫的田间药效试验及防治飞虱和稻纵卷叶螟的田间示范试验，药效显著。目前，环氧虫啶的工艺优化及中试进展顺利，成本由最初的 80 万元 / 吨降低到 30 万元 / 吨，已开发出的 25% 环氧虫啶可湿性粉剂用于田间害虫防治，效果良好。目前，环氧虫啶共申请 49 项国内外发明专利，已获中国发明专利授权 2 项，美、日、欧等外国发明专利授权 14 项；是唯一被国际杀虫剂抗性治理委员会（IRAC）列入未来开发的自主创制杀虫剂品种，也是在全球范围内形成重要影响力的杀虫剂新品种，其中国发明专利已授权并专利实施许可给上海生农生化制品有限公司。

PD20184015（97%，原药），PD20184014（可湿性粉剂 25%）。

5.2.2　丁吡吗啉

丁吡吗啉（

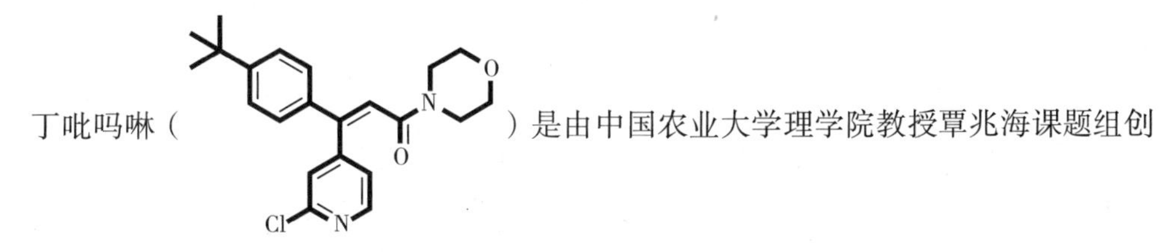

）是由中国农业大学理学院教授覃兆海课题组创制的新型杀菌剂，对各类作物疫病、霜霉病、炭疽病以及烟草黑胫病等具有优异的保护和治疗效果。研究表明，丁吡吗啉既能调控真菌细胞壁合成物质的极性分布，又能抑制真菌的能量合成系统，是第一个发现的 CAA 类线粒体呼吸链细胞色素 c 还原酶（复合物Ⅲ）抑制剂。其高效、低毒、环境安全性好，抗性风险低，是一种比较理想的广谱性杀菌剂。丁吡吗啉转让给江苏耘农化工有限公司，并已经获得农业部正式登记，原药登记证号为 PD20181611、制剂登记证号为 PD 20181610（20% 悬浮剂）。

2018 年，农业农村部科技发展中心列为“两减”专项关键技术取得的 14 项标志性成果之一。

5.2.3 双唑草酮

双唑草酮（ 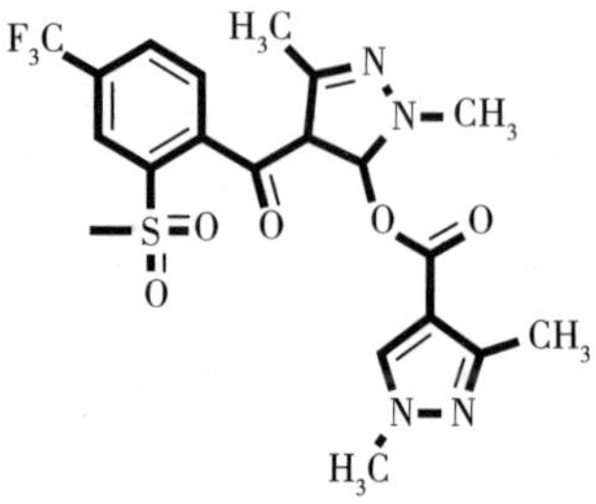 ）是江苏清原农冠杂草防治有限公司开发的HPPD抑制剂，具有内吸传导作用，是小麦田苗后茎叶处理的类除草剂，具有良好生物活性，不易产生交互抗性，有效防除小麦田多种恶性杂草，如猪殃殃、播娘蒿、荠菜、野油菜、繁缕、牛繁缕、麦家公、婆婆纳等阔叶杂草。具有杀草谱宽、彻底，不易反弹。为低毒农药。

双唑草酮已于2018年取得正式登记，原药和制剂的登记证号分别为：PD20184018（98%双唑草酮原药）、PD20184016（10%双唑草酮可分散油悬浮剂）及PD20184017（双唑草酮+氯氟吡氧乙酸异辛酯=5.5%+16.5%可分散油悬浮剂）。

5.2.4 环吡氟草酮

环吡氟草酮（ 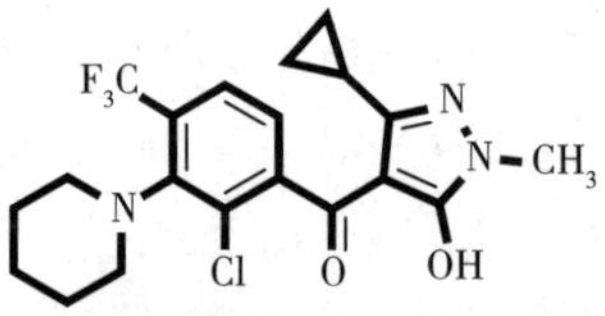 ）是江苏清原农冠杂草防治有限公司开发的HPPD抑制剂，对小麦田抗性杂草具有优异的防治效果，具有内吸传导作用和良好生物活性，不易产生交互抗性，有效防除小麦田多种恶性杂草，如猪殃殃、播娘蒿、荠菜、野油菜、繁缕、牛繁缕、麦家公、婆婆纳等阔叶杂草。具有杀草谱宽、彻底，不易反弹，安全性好（不需要安全剂）等特性，可用于无人机喷雾。

第十八届全国农药交流会上，获得第十一届农药创新贡献一等奖。登记有95%环吡氟草酮原药（低毒，登记号PD20184021）；6%环吡氟草酮可分散油悬浮剂（低毒，登记号PD20184019）；25%环吡·异丙隆可分散油悬浮剂（异丙隆+环吡氟草酮=22%+3%），低毒，登记号PD20184020。

5.2.5 二氯喹啉草酮

二氯喹啉草酮（ 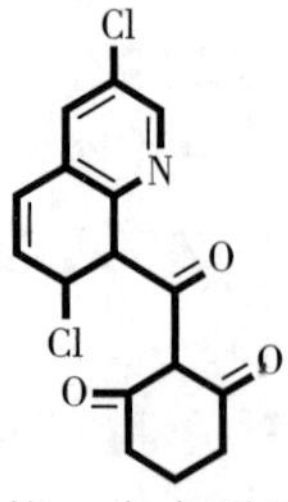 ）是三酮类除草剂，具有内吸性和选择性，并具有杀草谱广、安全性佳等优势，在水稻田应用前景广阔。主要防除稻田多种恶性禾本科、阔叶类

和莎草科秋熟杂草，如对稗草、马唐、鳢肠、陌上菜、异型莎草、碎米莎草等生物活性高，对高龄稗草有特效，对鸭舌草、耳叶水苋具有一定抑制作用。但对千金子防治效果较差，可与氰氟草酯等对混用，从而有效控制水稻生育期的稗草等部分禾本科杂草。

二氯喹啉草酮由北京法盖银科技有限公司研发具有自主知识产权的新型除草，由定远县嘉禾植物保护剂有限责任公司取得登记。PD20184028（98% 原药）；20% 二氯喹啉草酮可分散油悬浮剂的登记号 PD20184027。

5.3 正在开展登记的创制产品

5.3.1 喹草酮

喹草酮（）是华中师范大学杨光富教授通过多种属酶抑制动力学、温室筛选以及田间药效试验，发现 HPPD 抑制剂。喹草酮具有良好的酶抑制活性，并对阔叶杂草及部分禾本科杂草表现出优异防效。尤其值得说明的是，喹草酮对野黍子和狗尾草这两种高粱及玉米地极难防治的重要杂草防效卓越，对高粱、玉米、小麦、甘蔗等多种作物表现出优异的作物安全性。喹草酮具有良好的种属选择性，对哺乳动物以及蜂、鸟、鱼、蚕等环境生物均为低毒。目前，该化合物被国家农药标准化技术委员会命名为喹草酮，由山东先达农化股份有限公司开展新农药登记，预计 2020 年年初可取得正式登记。

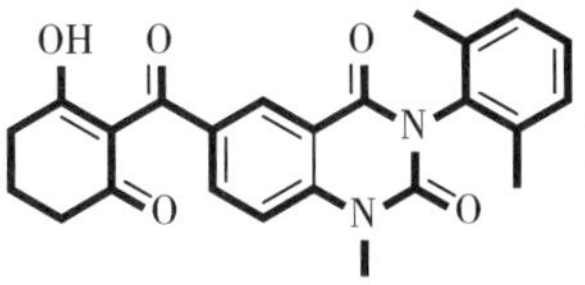

需要指出的是，迄今为止全世界尚没有可用于高粱地的选择性除草剂，而喹草酮对高粱表现出高度安全性。因此，喹草酮一旦进入市场后，将有望成为全球第一个高粱地选择性超高效除草剂，从而根本上解决长期制约高粱产业发展所面临的杂草防治这一关键技术难题。

5.3.2 香草硫缩病醚

香草硫缩病醚（）是贵州大学宋宝安院士团队以天然产物“香草醛”为先导，发现的高效低风险免疫激活剂。为低毒产品，对蜜蜂、家蚕、鸟类安全。香草硫缩病醚对水稻有促生长作用，对黄瓜花叶病毒有保护活性。当前，香草硫缩病醚正与海南正业中农高科有限公司进行产业化开发，目前正在开展相关的登记实验工作。预计 2020 年取得登记。

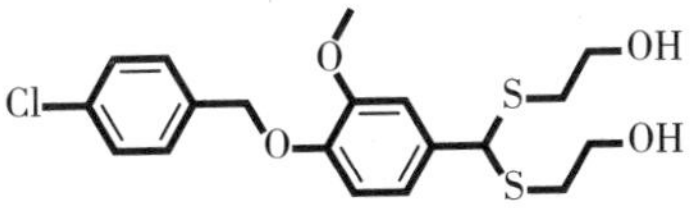

5.3.3 噁线硫乙醚

噁线硫乙醚（）是贵州大学宋宝安院士团队以天然产物“肉桂酸”为先导，引入噁二唑杂环结构和硫乙醚获得的一类新型的杀线虫剂。低毒产品，

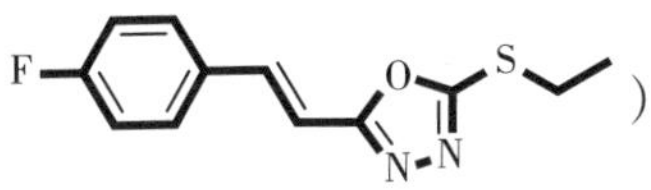

对蜜蜂、家蚕、鸟类安全。噁线硫乙醚正与佛山市盈辉作物科学有限公司进行产业化开发，目前正在开展相关的登记实验工作。预计于 2022 年取得登记。

参考文献

[1] Zhu K, Merzendorfer H, Zhang W, et al. Biosynthesis, Turnover, and Functions of Chitin in Insects [J]. Annual Review of Entomology, 2016, 61: 177–196.

[2] Liu T, Zhang H, Liu F, et al. Structural Determinants of an Insect β – N –Acetyl– d –hexosaminidase Specialized as a Chitinolytic Enzyme* [J]. Journal of Biological Chemistry, 2011, 286: 4049–4058.

[3] Chen L, Liu T, Zhou Y, et al. Structural characteristics of an insect group I chitinase, an enzyme indispensable to moulting [J]. Acta Crystallographica Section D–Structural Biology, 2014, 70: 932–942.

[4] Liu T, Chen L, Zhou Y, et al. Structure, Catalysis, and Inhibition of OfChi–h, the Lepidoptera–exclusive Insect Chitinase [J]. Journal of Biological Chemistry, 2017, 292: 2080–2088.

[5] Chen W, Qu M, Zhou Y, et al. Structural analysis of group II chitinase (ChtII) catalysis completes the puzzle of chitin hydrolysis in insects [J]. Journal of Biological Chemistry, 2018, 293: 2652–2660.

[6] Liu T, Zhu W, Wang J, et al. The deduced role of a chitinase containing two nonsynergistic catalytic domains [J]. Acta Crystallographica Section D–Structural Biology, 2018, 74: 30–40.

[7] Noh M, Muthukrishnan S, Kramer K, et al. A chitinase with two catalytic domains is required for organization of the cuticular extracellular matrix of a beetle [J]. PLoS Genet, 2018, 14, e1007307.

[8] Wang X, Wang J, Lai D, et al. Ustiloxin G, a New Cyclopeptide Mycotoxin from Rice False Smut Balls [J]. Toxins, 2017, 9: 54.

[9] Lu S, Sun W, Meng J, et al. Bioactive Bis–Naphtho–gamma–Pyrones from Rice False Smut Pathogen Ustilaginoidea Virens [J]. Journal of Agricultural and Food Chemistry, 2015, 63: 3501–3508.

[10] Sun W, Wang A, Xu D, et al. New Ustilaginoidins from Rice False Smut Balls Caused by Villosiclava Virens and Their Phytotoxic and Cytotoxic Activities [J]. Journal of Agricultural and Food Chemistry, 2017, 65: 5151–5160.

[11] Lai D, Meng J, Zhang X, et al. Ustilobisorbicillinol A, a Cytotoxic Sorbyl–Containing Aromatic Polyketide from Ustilagninoidea Virens [J]. Organic Letters, 2019, 21: 1311–1314.

[12] Meng J, Gu G, Dang P, et al. Sorbicillinoids from the Fungus Ustilaginoidea Virens and their Phytotoxic, Cytotoxic, and Antimicrobial Activities [J]. Frontiers in Chemistry, 2019, 7: 435.

[13] Fu X, Wang X, Cui Y, et al. A Monoclonal Antibody–Based Enzyme–Linked Immunosorbent Assay for Detection of Ustiloxin A in Rice False Smut Balls and Rice Samples [J]. Food Chemistry, 2015, 181: 140–145.

[14] Fu X, Wang A, Wang X, et al. Development of a Monoclonal Antibody–Based Indirect Competitive ELISA for Detection of Ustiloxin B in Rice False Smut Balls and Rice Grains [J]. Toxins, 2015, 7: 3481–3496.

[15] Fu X, Xie R, Wang J, et al. Development of Colloidal Gold–Based Lateral Flow Immunoassay for Rapid Qualitative and Semi–Quantitative Analysis of Ustiloxins A and B in Rice Samples [J]. Toxins, 2017, 9: 79.

[16] Fu X, Wang W, Li Y, et al. Development of a Monoclonal Antibody with Equal Reactivity to Ustiloxins A And B for Quantification of Main Cyclopeptide Mycotoxins in Rice Samples [J]. Food Control, 2018, 92: 201–207.

[17] Lai D, Meng J, Xu D, et al. Determination of the Absolute Configurations of the Stereogenic Centers of Ustilaginoidins by Studying the Biosynthetic Monomers from a Gene Knockout Mutant of Villosiclava Virens [J]. Scientific Reports, 2019, 9: 1855.

[18] Karine D, Diana O, Jérome G, et al. A. Structure Analysis Uncovers a Highly Diverse but Structurally Conserved Effector Family in Phytopathogenic Fungi [J]. PloS Pathogens. 2015, 11: e1005228.

[19] Zhang S, Wang L, Wu W, et al. Function and Evolution of Magnaporthe Oryzae Avirulence Gene Avrpib Responding to the Rice Blast Resistance Gene Pib [J]. Scientific Reports, 2015, 5: 11642.

[20] Zhang X, He D, Zhao Y, et al. A Positive-Charged Patch and Stabilized Hydrophobic Core Are Essential for Avirulence Function of Avrpib in the Rice Blast Fungus [J]. Plant Journal, 2018, 96: 133-146.

[21] Duggleby R, Pang S. Acetohydroxyacid synthase [J]. Journal of biochemistry and molecular biology, 2000, 33: 1-36.

[22] Chaleff R, Mauvais C. Acetolactate Synthase Is the Site of Action of Two Sulfonylurea Herbicides in Higher Plants [J]. Science, 1984, 224: 1443-1445.

[23] The International Survey of Herbicide Resistant Weeds. Online. Internet. Friday, March 2, 2018. Available www.weedscience.org.

[24] Niu C, Feng W, Zhou Y, et al. Homologous and heterologous interactions between catalytic and regulatory subunits of Escherichia coli acetohydroxyacid synthase I and III [J]. Science in China Series B Chemistry, 2009, 52: 1362-1371.

[25] Zhao Y, Niu C, Wen X, et al. The Minimum Activation Peptide from ilvH Can Activate the Catalytic Subunit of AHAS from Different Species [J]. ChemBioChem, 2013, 14: 746-752.

[26] Zhao Y, Wen X, Niu C, et al. Arginine 26 and Aspartic Acid 69 of the Regulatory Subunit are Key Residues of Subunits Interaction of Acetohydroxyacid Synthase Isozyme III fromE. coli [J]. ChemBioChem, 2012, 13: 2445-2454.

[27] Xie Y, Wen X, Zhao D, et al. Interactions between the ACT Domains and Catalytic Subunits of Acetohydroxyacid Synthases (AHASs) from Different Species [J]. ChemBioChem, 2018, 19: 2387-2394.

[28] He Y, Niu C, Wen X, et al. Biomacromolecular 3D-QSAR to Decipher Molecular Herbicide Resistance in Acetohydroxyacid Synthases [J]. Molecular informatics, 2013, 2: 139-144.

[29] Wang D, Niu C, Han J, et al. Target DNA mutagenesis- based fluorescence assessment of off- target activity of the CRISPRCas9 system [J]. RSC Advances, 2019, 9: 9067-9074.

[30] Wang D, Ma D, Han J, et al. CRISPR RNA Array-Guided Multisite Cleavage for Gene Disruption by Cas9 and Cpf1 [J]. Chembiochem, 2018, 19: 2195-2205.

[31] Guo C, Sun D, Yang S, et al. Iridium-Catalyzed Asymmetric Hydrogenation of 2Pyridyl Cyclic Imines: A Highly Enantioselective Approach to Nicotine Derivatives [J]. Journal of the American Chemical Society, 2015, 137: 90-93.

[32] 徐效华，郭翠，谢龙观，等．一种植物源农药烟碱和毒藜碱的不对称合成方法．中国发明专利，申请号：201410616324.8. 申请日：2014.11.04.

[33] Hao G, Zuo Y, Yang S, et al. Computational Discovery of Potent and Bioselective Protoporphyrinogen IX Oxidase Inhibitor via Fragment Deconstruction Analysis. Journal of Agricultural and Food Chemistry, 2017, 65, 5581-5588.

[34] Lin H, Yang J, Wang D, et al. Molecular insights into the mechanism of 4-hydroxyphenylpyruvate dioxygenase inhibition: enzyme kinetics, X-ray crystallography and computational simulations [J]. FEBS Journal, 2019, 286: 975-990.

[35] Lin H, Chen X, Chen J, et al. Crystal Structure of 4-Hydroxyphenylpyruvate Dioxygenase in Complex with Substrate Reveals A New Starting Point for Inhibitor Discovery [J]. Research, 2019, *in press*.

[36] Li K, Qu R, Liu Y, et al. Design, Synthesis, and Herbicidal Activity of Pyrimidine-Biphenyl Hybrids as Novel Acetohydroxyacid Synthase Inhibitors [J]. Journal of Agricultural and Food Chemistry, 2018, 66, 3773-3782.

[37] Qu R, Yang J, Kang W, et al. Discovery of New 2- [(4, 6-dimethoxy-1, 3, 5-triazin-2-yl) oxy]-6-

(substitutedphenoxy) benzoic acids as AHAS and P197L mutant inhibitors [J]. Journal of Agricultural and Food Chemistry, 2017, 65: 11170–11178.

[38] Qu R, Yang J, Liu Y, et al. Computational Design of Novel Inhibitors to Overcome Weed Resistance Associated with Acetohydroxyacid Synthase (AHAS) P197L Mutant [J]. Pest Management Science, 2017, 73: 1373–1381.

[39] Yang J, Wang F, Jiang W, et al. PADFrag: a database built for the exploration of bioactive fragment space for drug discovery [J]. Journal of Chemical Information and Modeling, 2018, 58: 1725–1730.

[40] Jia C, Wang F, Hao G, et al. InsectiPAD: a webtool dedicated to explore constitutive properties and evaluate insecticide–likeness of small molecules [J]. Journal of Chemical Information and Modeling, 2019, 59: 630–635.

[41] Wang M, Wang F, Hao G, et al. FungiPAD: A free web tool for compound property evaluation and fungicide–likeness analysis [J]. Journal of Agricultural and Food Chemistry, 2019, 67: 1823–1830.

[42] Wu F, Wang F, Yang J, et al. AIMMS suite: a web server dedicated for prediction of drug sensitivity and resistance on protein mutation [J]. Briefings in Bioinformatics, 2019, *in press.*

[43] Zhu X, Zhang R, Wu Q, et al. Natural Product Neopeltolide as a Cytochrome bc_1 Complex Inhibitor: Mechanism of Action and Structural Modification. Journal of Agricultural and Food Chemistry, 2019, 67: 2774–2781.

[44] Hao G, Zuo Y, Yang S, et al. Protoporphyrinogen Oxidase Inhibitor: An Ideal Target for Herbicide Discovery [J]. Chimia, 2011, 65: 961–969.

[45] Zuo Y, Wu Q, Su S, et al. Synthesis, Herbicidal Activity, and QSAR of Novel N–Benzothiazolyl–pyrimidine–2, 4–diones as Protoporphyrinogen Oxidase Inhibitors [J]. Journal of Agricultural and Food Chemistry, 2016, 64: 552–562.

[46] Selby T, Ruggiero M, Hong W, et al. Broad–Spectrum PPO–Inhibiting N–Phenoxyphenyluracil Acetal Ester Herbicides [J]. Discovery and Synthesis of Crop Protection Products, 2015, 1204: 277–289.

[47] Wang D, Li Q, Wen K, et al. Synthesis and Herbicidal Activity of Pyrido [2, 3–d] pyrimidine–2, 4–dione–Benzoxazinone Hybrids as Protoporphyrinogen Oxidase Inhibitors [J]. Journal of Agricultural and Food Chemistry, 2017, 65: 5278–5286.

[48] 席真，王现全，王大伟，等. 一种噁嗪草酮的制备方法. 中国发明专利，申请号：2017101689157. 申请日：2017.04.27.

[49] 席真，张瑞波，王大伟. 一种环烷烃并嘧啶二酮类化合物及其制备方法和应用以及一种农药除草剂. 中国发明专利，申请号：CN201910294735.2. 申请日：2019.04.12.

[50] 席真，张瑞波，王大伟，等. 硫代三嗪酮异恶唑啉类化合物及其制备方法和应用、原卟啉原氧化酶抑制剂和除草剂. 中国发明专利，申请号：CN201910419966.1. 申请日：2019.05.20.

[51] Cardoso C, Ruyter–Spira C, Bouwmeester H. Strigolactones and root infestation by plant–parasitic Striga, Orobanche and Phelipanche spp [J]. Plant Science, 2011, 180 (3): 414–420.

[52] Parker C. Observations on the current status of Orobanche and Striga problems worldwide [J]. Pest Management Science, 2009, 65 (5): 453–459.

[53] 庞智黎，席真. 根寄生杂草种子萌发剂概述 [J]. 农药学学报，2017，19 (3)：273–281.

[54] Matusova R, Mourik T, Bouwmeester H, et al. Changes in the sensitivity of parasitic weed seeds to germination stimulants [J]. Seed Science Research, 2004, 14: 335–344.

[55] Zwanenburg B, Pospíšil T, Zeljković S, et al. Strigolactones: new plant hormones in action [J]. Planta, 2016, 243: 1311–1326.

[56] 席真，王大伟，庞智黎. 哌嗪酮衍生物及其制备方法、抑制剂以及用于防治根寄生杂草的方法 . 中国发明专利，申请号：CN201810147150.3. 申请日：2018.02.12.

[57] 席真，王大伟，庞智黎. 2– 丁烯酸内酯乙酰胺类化合物及其制备方法和应用. 中国发明专利，申请号：CN201810801213.2. 申请日：2018.07.20.

［58］Lei K，Hua X，Tao Y，et al. Discovery of（2–Benzoylethen–1–ol）–Containing 1，2–Benzothiazine Derivatives as Novel 4–Hydroxyphenylpyruvate Dioxygenase（HPPD）Inhibiting–Based Herbicide Lead Compounds.Bioorg［J］. Medicinal Chemistry，2016，24：92–103.

［59］徐效华，雷康，孙东伟，等. 4–羟基 –3– 苯甲酰基 –1– 烷基 –2，1– 苯并噻嗪 –2，2– 二氧化物衍生物及其应用. 中国发明专利，申请号：201510016488.1. 申请日：2015.01.14.

［60］徐效华，雷康，孙东伟，等. 4–羟基 –3– 苯甲酰基 –2– 烷基 –1，2，– 苯并噻嗪 –1，1– 二氧化物衍生物. 中国发明专利，申请号：201510675846.X. 申请日：2015.10.16.

［61］徐效华，雷康，孙东伟，等. 4–羟基 –3– 苯甲酰基 –1– 烷基 –2，1– 苯并噻嗪 –2，2– 二氧化物衍生物及其应用. 中国发明专利，申请号：201510053120.2. 申请日：2015.01.28.

［62］Wang B，Tao Y，Liu Q，et al. Algicidal Activity of Bacillamide Alkaloids and Their Analogues against Marine and Freshwater Harmful AlgaeMar［J］. Drugs，2017，15：247，1–9.

［63］Wang Y，Liu Q，Wei Z，et al. Thiazole Amides，A Novel Class of Algaecides against Freshwater Harmful Algae［J］. Scientific Reports，2018，8：8555.

［64］徐效华，陶园园，刘奇声，等. 2–（1–羟乙基）、2– 乙酰基噻唑 –4– 甲酰胺类化合物及应用. 中国发明专利，申请号：201410616325.2. 申请日：2014.11.04.

［65］徐效华，刘奇声，陶园园，等. 2–（1–胺基 – 乙基）–N– 苯基噻唑 –4– 甲酰胺化合物水溶性成盐方法及其在杀灭淡水藻方面的应用. 中国发明专利，申请号：201410091119.4. 申请日：2014.03.13.

撰稿人：李　忠　席　真　杨光富　吴　剑　张　阳

仿生材料化学研究进展

引　言

在过去 20 年，仿生材料化学学科得到迅猛发展，尤其是仿生超浸润界面材料与界面化学研究，这是由我国科学家引领的多学科交叉的国际前沿领域。该学科已经对传统仿生材料化学的基本原理提出了挑战，正在颠覆着能源、环境、健康、信息、农业等领域诸多重大的关键技术，带动各领域基础研究和应用研究，推动新兴产业的形成和增长，受到各国政府和国际知名企业的高度重视。本专题将以仿生理念为牵引，围绕“仿生材料化学”的关键科学问题，对仿生轻质高强材料、仿生医用材料、仿生能源材料、仿生资源环境材料、仿生微加工技术、仿生界面化学反应等的前沿进展进行系统报告。今年是仿生材料化学专业委员会诞生的第一年，我们希望通过仿生材料化学的专题报告，总结中国仿生材料化学学科研究对化学学科发展的贡献，并对其未来发展方向做出展望。

一、仿生轻质高强材料

自然界中很多生物材料显示出优异的力学性能，主要是由于内部独特的多级次微纳米复合结构和丰富的界面相互作用，这为构筑新型轻质高强材料提供了重要思路。按照材料的维度，仿生轻质高强材料可以分为一维纤维，二维薄膜以及三维块体。近几年，国内外研究人员主要在仿生轻质高强材料的设计原理和组装策略方面取得了一系列创新成果。

1. 一维纤维

高性能纤维材料的开发受到越来越多的关注，如何设计和优化其结构 - 性质 - 功能的关系仍是该领域的关键问题。Daniel 等利用微流控技术不仅研究了蛋白质纤维组装过程[1]，同时制备出具有近乎完美取向的纤维素基仿生纤维材料[2]以及具备先进的生物功能纤维[3]。胡良兵等发展独特的方法分别利用细菌纤维素薄膜和木头获得了具有高度取向和优异力学性能的纤维材料[4,5]。马明明等制备了具有核壳结构的仿蛛丝聚合物导电纤维，由于聚合物纤维晶区与非晶区的可逆转变，使得纤维具有高拉伸性能和快速回弹性能[6]。俞书宏等提出了一种催化热解的方法，首次以廉价的木材为原材料制备了高质量的超细碳纳米纤维气凝胶材料[7]；继而通过合理的纳米纤维网络结构设计，使传统的刚性酚醛树脂转化为具有优异的机械性能和结构稳定性的超弹性硬碳气凝胶材料[8]；此外，受北极熊毛发中空结构的启发，俞书宏等还发展了一种由中空碳管构成的气凝胶，由于其独特的微观结构，该气凝胶材料表现出优异的轻质、隔热、疏水和弹性机械性能[9]。丁彬等通过将柔韧的 SiO_2 纳米纤维与其他基体结合，借助定向冷冻干燥法，制备了具有可调结构和密度的超弹性陶瓷纳米纤维气凝胶，并且展现出强大的耐火性、隔热性能和其他功能特性[10,11]。

2. 二维薄膜

同样受生物材料结构的启发，近年来，仿生高性能薄膜材料的设计与制备方面取得了众多创新性成果。Walther 等利用蒸发诱导自组装方法制备了多种优异的聚合物 / 纳米粘土复合薄膜[12,13]。俞书宏等利用喷涂组装方法制备了银纳米线 – 硫醇化壳聚糖复合膜以及以单层云母为基元的仿贝壳结构高性能薄膜材料，分别探究了分子尺度设计和微观基元设计对薄膜材料性能的影响[14]。程群峰等通过设计合理的 $\pi-\pi$ 键和共价键比例，获得高强度、高韧性、耐疲劳以及高导电性能的仿生石墨烯薄膜[15]。陈永胜等研制了一种具有良好的稳定性和高弹性新型“太空海绵”石墨烯材料，可耐高温抗极寒[16]。借助 3D 打印技术，高超等以石墨烯为打印浆料，研制出了具有超低密度、高度可拉伸的、和宽温度适用范围等优异性能的全碳气凝胶弹性体[17]。最近，曲良体等成功制备了一种具有优异塑性变形能力的石墨烯水凝胶，并可以通过常压干燥得到相应气凝胶，同时可以像“砌墙”一样规模组装得到大尺寸石墨烯气凝胶[18]。

3. 三维块体

相比纤维和薄膜材料，三维块体材料在力学承载结构应用中具有更广泛的空间，近年来，随着仿生结构薄膜材料研究的逐渐成熟，研究人员逐渐将焦点转移到块状仿生结构材料的研究开发中，并取得了系列重要进展。仿珍珠质层状“砖 – 泥”结构构筑轻质高强高韧性材料始终是仿生材料研究领域的焦点。在陶瓷基材料方面，傅正义等提出了“材料的过程仿生制备技术”，预期发展陶瓷的室温或者低温制备技术[19]。Ritchie 等成功合成了块状金属玻璃合金为兼容相的仿珍珠质氧化铝，实现了金属相和陶瓷相界面的完美融合，从而使其抗弯强度和断裂韧性得到有效平衡[20]；Studart 等通过在取向层状排列的氧化铝片之间引入矿物桥联，实现了抗弯强度的进一步提升[21,22]；Saiz 等通过在连续取向结构石墨烯框架中填充陶瓷前驱体，经转化烧结得到了可以利用导电信号进行损伤自监测的陶瓷基仿珍珠质材料[23]。而对于金属基材料，李晓东等研究表明通过将石墨烯引入到金属基质中，可得到既坚固、坚硬，又坚韧的复合材料[24, 25]。在复合材料方面，俞书宏、Ikkala 等发展了自上而下的高效组装策略，实现了大尺寸块状仿贝壳材料的构筑[26-28]；柏浩、郭林等利用双向冷冻技术，分别设计构筑了可拉伸、可变形且自愈合以及具有各向异性导热特性等仿贝壳材料[29-32]；陈勇等利用电场辅助 3D 打印研制了可以自监测损伤的仿生贝壳[33]。胡良兵等基于天然木材的特殊取向结构，分别将其转化成了具有吸油[34]、隔热[35]、催化[36]、导电[37]、压力传感[38]、锂氧电池正极[39]等系列高性能功能材料。除了贝壳的层状“砖 – 泥”这种经典结构，近年来，研究人员开始模仿自然界另一种具有优越损伤容忍能力的生物结构模型：螺旋胶合板结构，并取得了若干重要进展。俞书宏等发展了“刷涂与层积”相结合的方法，实现了在宏观三维尺度对微纳米纤维的有序排列，构筑了轻质高强、高韧的螺旋胶合板结构复合材料[40]；此外，基于 3D 打印技术，陈勇、Studart 等分别利用纳米复合浆料[41]、水泥[42]和液晶聚合物[43]，设计制备了韧性现在增强的宏观三维螺旋胶合板结构材料。除以上典型仿生结构外，研究人员受自然界如骨骼、牙齿等其他优异生物结构的启发，还研制出多种具有重要应用价值的其他高性能仿生结构材料。Tasan 等受启发于动物骨骼优越的抗断裂性能，通过深入研究骨骼微观构造，设计了拥有极其出色的抗疲劳断裂性能的仿骨结构“超级钢”[44]；Kotov 等利用仿生矿化方法构筑高硬、耐磨的仿生牙釉质等材料[45-47]；俞书宏等利用取向冷冻方法研制出防火隔热的人工木材[48]；卢磊、高华健等通过电化学方法，在金属铜中引入仿生梯度纳米结构，实现了强度和硬度的同时增强[49]。段镶锋、黄昱等报道了一种具有双曲结构的三维氮化硼陶瓷气凝胶，同时具有负的热膨胀系数和负的泊松比，具备超轻、高力学强度和超级隔热三大特点[50]。Rahul 等利用气溶胶喷射技术，通过点态三维空间打印实现了 3D 微工程层次材料的制备[51]。Bastian 等首次实现了 SiO_2 玻璃的 3D 打印[52]。Lewis 等通过直接泡沫书写法制备了分级多孔的、轻质的、刚性强的陶瓷材料[53]。田永君等以玻璃碳为原料制备了超强超轻的弹性导电压缩玻璃碳材料[54]。高华健等采用双光子光刻热解技术实现了轻质高强、抗损伤的纳米结构碳的制备[55]。Ritchie 等对核石墨在高温下的损伤容限和演变机制进行了探究[56]。

二、仿生医用材料

仿生生物医用材料已成为材料领域研究的热点和重点，它是集仿生、纳米技术、新材料科学和医学科学于一身，是仿生学研究的一个重要分支，是材料领域一个重要的、前瞻性的研究方向[57]。本报告将在对国内外纳米仿生生物技术现状进行综述的同时，重点对国内仿生生物医用材料相关最新研究进展进行总结，着重介绍仿生生物医用材料在仿免疫细胞黏附界面材料、仿免疫细胞精准诊疗材料和仿生人造血管材料等方面的应用。同时，揭示并分析这些材料的结构特点，最后对这方面研究的未来发展方向进行展望。

仿生生物医用材料已成为材料领域重要的分支，受到各国政府和国际知名企业的高度重视。美国、日本、欧盟等发达经济体都争相针对仿生生物医用材料的科学研究进行了重点布局，并作为“国家关键技术”给予重点支持。国际上许多顶尖高校如哈佛大学、剑桥大学、东京大学等也都积极开展了仿生生物医用材料的系统研究。国际上纳米生物仿生的研究主要集中在仿生矿化、仿免疫癌症等重大疾病精准诊疗材料和仿生人造器官等。

我国在纳米生物仿生领域取得了一系列原创性的重要成果和突破，特别在仿生超浸润界面、纳米生物仿生多尺度界面、仿生多尺度生物黏附界面和纳米生物仿生离子通道等领域处于世界领先水平，并且从基础科研到产业化，我国都走在了国际的前沿。在仿生生物医学领域，我国的众多研究团队也已经取得了瞩目的成绩。例如，阎锡蕴等[58]发现四氧化三铁纳米颗粒能够模拟过氧化物酶的活性，应用在酶联免疫吸附分析中。王树涛等受免疫细胞特异性识别癌细胞启发，在世界上率先提出结构匹配与分子识别协同的肿瘤检测仿生新理念，并仿生制备了系列肿瘤检测芯片[59, 60]。龙忆涛等报道了 Aerolysin 纳米孔用于 DNA 分子单碱基差异的超灵敏识别[61, 62]。马光辉等发展了仿生病原体黏弹性 Pickering 乳液疫苗佐剂等[63]。

循环肿瘤细胞（CTC）作为重要的癌症标志之一，其识别检测近年来备受关注，但是由于其在血液中的含量极低，传统的方法由于分离设备昂贵、费时、灵敏度低等局限性，限制了其在生物医学领域的应用，不能满足恶性肿瘤血液检测需求，因此，新型的细胞检测材料与技术的出现显得尤为迫切。王树涛等通过构筑一系列多尺度微纳结构的生物特异性黏附界面来实现血液中稀有细胞分离，包括仿生纳米生物黏附界面，响应性黏附界面，以及仿免疫细胞磁珠等用于临床癌症病人血液的检测。在该领域有杰出贡献的还有裴仁军、赵兴中等。

人体的免疫系统具有免疫监视、防御、调控的作用，当外来物质，如细菌、病毒、纳米粒子等侵入体内，免疫细胞便会感知到危险，从而启动一系列防御机制，最终将外来物质清除。张良方等提出了一个解决该问题的全新的思路——“伪装”。他们直接把生物体的细胞膜取下来包裹在纳米粒子表面，成功将纳米粒子伪装成细胞，逃过免疫系统的监视[64]。研究结果表明，细胞膜包裹纳米粒子，不仅可以大大延长纳米粒子在体内的停留时间，同时还可以重复使用，效果不受影响。该方法为纳米医学提供了一个全新的方向——仿生纳米医学。例如，将红细胞膜包裹在纳米粒子外，伪装成血小板，能够将药物靶向传递至机体受损血管及有害细菌感染的器官处，可以大大提高药物治疗心血管疾病和全身性细菌感染的能力。

心血管疾病具有患病率高、致死致残率高等特点，严重威胁人类的健康。即使采用最先进的医疗手段，全世界每年因心脑血管疾病死亡的人数也一直居高不下。仿造新一代的血管移植物，模拟天然血管的结构和功能，将成为生物材料的追求，同时将为心脑血管疾病患者带来巨大的福音。韩冬等于 2009 年通过原子力显微镜对大鼠血管进行了原位成像，发现正常的天然血管具有三层结构，包括内膜（由单层的血管内皮细胞组成），中膜（具有平滑肌细胞和弹性组织纤维构成）和外膜（由结缔组织构成），这些细微的结构赋予了健康的血管以卓越的强度、弹性和适应性以及出色的血液流动性和抗血栓性能[65]。蒋兴宇等将静电纺丝、微流控等技术和纳米材料相结合，模拟出自体血管结构，构建了直径为 2~3 mm、具有自调节结构功能的可降解人工血管[66]。虽然仿生人造血管的研究已初见曙光，但是未来对于小口径的人造血管的研究仍是一个长远的目标。

此外，在仿生器官芯片研究方面，通过在微流控器件上仿生构建微器官来替代生物有机体器官，进行药物评估和生物学研究越来越受到人们的关注。顾忠泽，赵远锦等在仿生器官芯片上做了一系列杰出的工作，构筑了仿生肝脏器官芯片[67]，仿生心脏器官芯片[68]，林炳承和秦建华等在仿生肾脏器官芯片以及脑器官芯片领域也取得了系列重要成果[69]。最近，王树涛等提出了协同仿生的血液净化理念，将受肾脏启发的多孔膜和天然海绵启发的异质多孔微球集成在微流控器件内，实现从小分子到大分子的高效清除[70]。生物矿化被认为是生物隐身和保护自身免受外部伤害的有效手段，自然界中的生物可以通过自身矿化，得到包括牙齿、骨骼、贝壳等在内的多级有序结构的功能材料。唐睿康等围绕生物矿化展开了一系列的前沿交叉探索，实现了有机生物和无机材料之间的相互调控[71]。

我国在仿生医用材料领域已经取得了一定的成就，甚至部分领域已经处于世界领先地位，未来，仿生生物医用材料的研发机遇与挑战并存。例如，仿生纳米诊疗、仿生器官芯片等技术在非侵入性早期诊断、疾病监测、癌症患者预后方面是一个强有力的工具，尽管已经取得了一定进展，但要想真正应用于临床，还有很长的路要走。同时，仿生生物医用材料领域是一个多学科交叉的领域，如何将不同研究领域的技术和测量方法进行融合、一体化和标准化，促进该领域不同学科之间的交流和向临床应用转化是目前该领域急需要解决的问题。

三、仿生能源材料

能源作为社会发展的动力之源，是人类社会赖以生存的基础。然而由于化石能源不可再生，同时大规模开发利用化石能源将引起气候变化、生态破坏等严重的环境问题[72]。因此，开发利用如太阳能、风能、地热能、盐差能等清洁和可再生能源刻不容缓，也是世界发展的共同议题。我国“十三五”规划明确提出加强现代能源产业体系的建设，坚持自主创新、在能源资源及新型能源材料研发领域取得新突破。自然界中的生命体经过长久以来的进化发展，实现了对能源的高效捕获和转换，如光合作用利用光系统的系列活性酶实现对太阳能向化学能的转换[73]、电鳗利用生物离子通道放电实现盐差能向电能的高效转换[74]等，这些是人们进行清洁能源开发利用的重要灵感来源。通过向自然学习，构建仿生酶材料和仿生通道膜材料的仿生能源材料研究，近年来业已成为实现高效能源转换的研究热点与潜在突破方向。这里，我们将对近年来最为活跃的仿生通道膜这一仿生能源材料进行进展报告。

自然界中的电鳗能够瞬间释放几百伏高电压进行捕食和自卫。通过研究发现，人们发现这一现象是电鳗通过控制腹部层级排列的离子通道与离子泵中离子的定向传输，从而形成瞬时的电势差，利用大量的跨膜电势差叠加从而实现其高电压释放的功能。科研工作者相继通过模仿生物离子通道构建了一系列人工纳米通道，并将该类材料应用于盐差能捕获，使得该领域获得极大的发展。在基于单通道研究方面：2010 年，江雷等首次将锥形单纳米通道应用于盐差能捕获，获得 26 pW 的输出功率[75]；之后，2013 年 Bocquet 等报道了基于单个氮化硼（BN）纳米管的盐差能转换[76]；2016 年，Radenovic 等基于单层二硫化钼（MoS_2）纳米孔材料对盐差能利用进行研究，指出理论上有望通过该材料实现 10^6 W/m^2 级别的能量输出功率密度[77]；同时，该团队在 2019 年报道了通过光辐照单纳米孔二硫化钼（MoS_2）材料，可实现盐差渗透能功率增大一倍[78]。利用光辐照来增大表面电荷密度，从而增加纳米孔的离子选择性，同时也可获得电导的提升。单通道研究为多通道膜材料的发展提供了研究思路。

在多通道仿生纳米通道膜材料应用于盐差能转换方面：2015 年，闻利平等将多级次非对称性思想引入仿生纳米通道的设计，构建了非对称有机复合多孔仿生纳米通道膜[79]。该膜上层利用嵌段聚合物自组装形成“小孔”的多孔功能层，下层则由“大孔”锥形纳米通道所构成。在实验条件下，上层呈正电性，下层呈负电性，由于多级次非对称性的存在，该膜显示出优异的离子门控性和离子选择性，其整流比接近 1075，为当时该领域中的最高值。将该材料应用于盐差能转换，获得了 0.35 W/m^2 的输出功率密度。之后，该团队将二维材料，如氧化石墨烯应用于盐差能转换领域，利用改性的氧化石墨烯薄膜构建盐差发电器件，其输出功率密度为 0.77 W/m^2[80]。这些研究中，膜阻是阻碍能量转换的重要因素之一，而减小膜阻的有效方法是减小膜厚。因此，闻利平和高龙成等于 2017 年构建超薄“两面神”纳米通道膜，膜厚仅为几百纳米，使得膜阻极大减小，从而盐差能输出功率密度可提升至 2.04 W/m^2[81]。同时，其他多种材料及复合膜材料也被用于盐差能转换研究[82, 83]，极大推进了盐差能转换领域发展。同时，理论指出表面电荷密度也是影响盐差能转换的重要因素。2018 年，周亚红和姜振华等通过调节膜表面电荷密度及孔隙率，构建了非对称纳米通道膜材料，该材料可在高盐浓度下保持离子整流性，在 50 倍浓差下将输出功率密度提升为 2.66 W/m^2，并在高浓差情况下（500 倍浓差）可提升至 5.10 W/m^2[84]。该膜材料在制备上实现了大面积制备，同时所制备的膜材料具有良好的机械性能与稳定性，所构建的盐差发电器件可为小型用电器件供电超过 120 小时而不出现明显的衰减。该工作为仿生纳米通道膜材料的大面积应用及批量制备提供了重要的研究基础。

“非对称”仿生纳米通道膜，作为一种具有跨尺度、多水平、可调谐的潜力纳米技术，在盐差能转换领域展现了极为优异的性能，为该领域注入了活力[85]。“蓝色能源”的高效利用作为一个高度交叉领域，涉及化学、材料、生物以及纳米流体传输等领域。这一个研究“大舞台”激发了科研工作者的研究热情并吸引越来越多领域的科学家共同研究。在这个舞台上，基础研究科学可以直接应用于提升仿生能源材料的能源转换效率。同时，科学实践也对仿生纳米通道材料的研究不断提出新的挑战与要求。如，对膜性能要求：高的离子选择性、高的离子通量、低的膜电阻、高盐浓度耐受性等；也对膜材料提出了要求：膜材料具有高的表面电荷密度、低的膜阻、合适的空间尺寸、跨尺度多层次的非对称性等。对于该领域的研究思路也应持续保持单通道研究与多通道设计并行发展。一方面，单通道研究将从原理上阐释影响盐差能转换的影响因素以及提升方向；而多通道研究将原理与应用搭建桥梁，揭示从单通道到多通道所出现的新的影响因素，并为盐差能的应用提供物质研究基础。

四、仿生资源环境材料

大气中含有丰富的淡水资源，约占地球表面积71%的海洋蒸发产生的水蒸气为大气提供了充足的淡水储备。实现对大气水源的开发利用，是解决全球范围内水资源短缺的极佳途径。某些生物体，如仙人掌、蜘蛛、甲壳虫等，具备从大气中高效地收集水分的特殊本领。深入探究这些生物的集水机制，并在此基础上开发仿生集水材料，实现集水效率的提升，是近年来国内外仿生材料学研究人员大量关注的研究方向。收集空气中的水，面临的主要挑战是如何控制水滴大小、形成速度及其流向。而通过对仿生集水材料的表面性质与微观结构的优化设计，实现水滴的快速生长和定向传输，是提高集水效率的关键。多年来江雷团队对蜘蛛丝网、仙人掌尖刺等生物结构的微观形貌及性质的深入研究[86-88]，揭示了生物体表面水的收集与定向输运机制，为开发新一代高效率仿生集水材料奠定了基础。2016年，陈华伟、张德远和江雷等[89]揭示了猪笼草的捕虫笼口缘表面基于其微观结构实现无动力连续定向水运输的原理，并模拟其表面结构进行了压印成形，成功复制了猪笼草口缘区的工作机制，使生物功能转移制造成为现实。同年，Aizenberg等[90]结合沙漠甲虫、仙人掌和猪笼草三类生物特性，设计出一种仿生超滑不对称圆凸表面，具有比现有空气集水材料高6倍的集水速率。2018年，陈华伟和江雷等[91]进一步对瓶子草表面细长绒毛液体收集与传输开展了系统研究，发现了其在表面湿润状态下由液体传输变为液体滑移，其集水传输速度提高了三个量级；同时通过光刻技术制造出相应的仿生微纳结构，验证了其高速液体传输性能。对于仿生集水材料的原理研究和材料设计，我国科研人员已取得世界领先的研究成果。然而，该领域的研究仍存在以下问题亟待解决：在基础研究上，还需要进一步从分子和原子尺度理解复杂的表面浸润与传输现象，探索新的理论和概念；更重要的是，需要从水资源利用的实际需求出发，设计仿生集水材料的应用载体，将集水材料与集水系统的优化设计相结合，将该领域从材料基础研究推进到工程化应用。

杨军等从虫子吃塑料的自然生活现象出发，证实了昆虫及其肠道微生物可以高效降解聚乙烯和聚苯乙烯，揭示了细菌能够利用过去被认为不可能生物降解的石油基塑料[92–94]。仿生超浸润膜材料在环境净化领域尤其是含油污水分离中的应用被广泛研究[95, 96]。随着水排放指标不断提高，传统水处理技术亟须结合功能先进、耐污染性能优异的分离膜来提高含油污水的分离效率。自提出通过构建表面微纳米结构制备超浸润膜并用于高效油水分离以来，超浸润油水分离膜的研究受到极大关注，研究论文数量快速增长，但适用于原油等高粘油分离的超浸润分离膜却鲜有报道。2016 年，靳健等报道了对高粘油具有水下超疏、超低黏附特性的离子化水凝胶修饰的高分子膜，成功解决了含原油污水分离的难题，阐明膜表面离子化凝胶层的强水合性是其优异疏油性能的原因[97]。2018 年，基于强水合性离子化纳米凝胶层和纳米凝胶球修饰的超亲水、水下超疏油高分子膜相继被报道，并在多组分如盐、蛋白质、表面活性剂、自然有机物等复杂环境中展现出良好的稳定性[98, 99]。针对原油分离难题，Darling 等[100]报道了金属氧化物纳米层修饰的高分子膜并筛选了水下超疏原油的氧化物材料，但所采用的原子层沉积技术成本高昂，实用性欠佳。为得到高孔隙率、高通量的超浸润分离膜，2018 年丁彬等[101]提出一种具有球丝相连结构的静电纺丝膜，其类荷叶的球凸结构大大提高了膜表面粗糙度，使分离膜具有超亲水 – 水下超疏油性质，并实现了油水乳液的快速分离。不同于分离膜形式，2018 年董智超等[102]通过 3D 打印技术制备了一种锯齿拟态的超疏水 – 超亲油材料，通过油和水在锯齿表面的反向传输实现微米级乳液滴的毫秒级快速分离。在仿生超浸润油水膜及油水分离的前瞻性研究中，国内学者已经走在国际前列。但随着研究深入，超浸润分离膜生产工艺的放大可行性、膜表面修饰层强度以及与底膜的结合强度、膜材料在长时间运行中的稳定性、实用环境中对油、微生物、胶质、固体杂质等多重污染物的控制、油水分离过程中膜通量与跨膜压差的控制、分离膜与现有水处理技术的对接等问题成为亟待解决的重要任务。

具有高效抗污和减阻性能的表面在船舶、航空机械和防冰等领域有着重要应用和广泛的需求。由于采用防污剂等传统的防污涂层材料会对环境造成二次污染，采用仿生的原理来设计和制造具有优异抗污性能和减阻性能的表面一直是研究的热点。许多海洋生物，例如鲨鱼、海豚等，其表皮上具有特殊的微结构和黏液组分，从而赋予这些海洋哺乳生物表皮优异的抗污染和减阻性能。因此，利用仿生原理设计合理的表面微结构结合表面化学性质调控，形成亲水性低表面能表面是获得对污染物具有低黏附特性表面的关键。2018 年，Holst 等[103]报道了一种低纵横比的博饼状结构，在这种薄饼状结构周围，水能够保持很好的流动性，从而形成一种动态的水合层。与高纵横比柱状结构的表面的静态水合层相比，这种动态的水合层表现出了更为优越的抗污染性能。2019 年，受哺乳动物表面黏液中的润滑素（LUB）启发，Banquy 和苏荣欣等[104]合作报道了一种刷子型的三嵌段共聚物。这种三嵌段共聚物由伸展的磷酸胆碱型两亲离子性聚合物刷和两个具有高黏附特性的聚阳离子尾端所组成。其中，聚阳离子提供了锚点作用，将聚合物牢牢地固定在固体表面，而两亲离子型聚合物刷赋予了该表面优异的抗生物黏附性能。在防冰减阻领域，王健君等[105, 106]通过将抗冻蛋白定向固定于基底表面，研究了抗冻蛋白两个面对冰核形成的影响，发现了抗冻蛋白的不同面对冰核的形成呈现出完全相反的效应，以此为基础仿生制备了系列高效控冰材料，大大丰富了冰晶形成的分子机制。目前的研究成果已经充分证实了仿生制备高效抗污减阻材料的应用前景。但是相对于传统的抗污减阻涂层材料，如何实现仿生抗污减阻材料的规模化制备仍然是一个十分具有挑战性的课题。此外，仿生涂层材料与基底材料间的黏合、耐摩擦等仍需进一步研究。

五、仿生微加工技术

光电子器件的微型化和集成化制备是新一代信息技术的主要发展方向[107]。“十三五国家科技创新规划”将光电子器件和集成列为重点发展的方向。针对信息技术在速率、能耗和智能化等方面的核心技术瓶颈，研制满足高速光通信设备所需的光电子集成器件，符合国家发展安全智能的新一代信息技术的需求。然而光电功能材料在微纳加工方面依然面临很大挑战。本报告将在对国内外光电功能材料加工技术现状进行综述的同时，重点对国内光电功能材料加工技术相关最新研究进展进行总结，着重介绍基于超浸润界面的有机材料微纳加工技术，通过在界面对流体的精准分割和定向输运实现对有机微单晶的成核和生长过程操控，实现大面积阵列化制备，最后对这方面研究的未来发展方向进行展望。

有机光电材料相比于传统的无机半导体，具有性能可调控范围广、价格低廉适宜大面积应用、器件加工成本低、可用于柔性可穿戴器件等优势,《中国制造 2025》已将有机发光显示的发光材料、薄膜晶体管阵列作为新一代信息技术重点发展。然而，由于有机分子不耐高温和溶剂，传统无机材料的集成技术，如光刻技术（Photolithography）、电子束直写（Electron-beam direct writing）技术等，不能和有机光电器件的集成相兼容。由于有机光电功能材料大多需在条件温和的液相条件下进行组装，而液相中材料的随机成核和无序生长很难调控，因此针对有机激光材料的图案化和集成技术研究还非常有限。目前国内外现有的有机材料微纳加工技术，如喷墨打印（inkjet printing）、软微影（soft lithography）、纳米压印（nanoimprinting）等，已广泛用于电子器件的加工。但是，受到“咖啡环效应”的制约，在上述的图案化工艺中，微纳液滴的三相接触线被钉扎或进行各向同性的退浸润，溶液中的质量传输是无序的，导致制备的材料结构边缘缺陷较多，极大影响了后续器件的性能，因此开发新一代高质量、高精度的微纳加工技术对有机光电功能材料从基础研究走向实际应用具有重大的意义。

江雷团队长期从事特殊浸润性界面材料的制备和应用。在微纳米结构图案化领域，发现超疏水、高黏附的微柱界面可以诱导液体形成毛细液桥阵列，最终液桥蒸发，形成微纳米结构阵列。通过调控液膜的分割位点和收缩方向可实现对结构单元的精准有序组装，这项创新技术的发展是有机光电功能材料在器件化微加工领域的重大突破。

利用溶液加工技术，实现大面积长程有序微纳结构的集成制备，对精准调控材料的物理性质和实现高性能器件制备至关重要。单晶结构具有长程有序的分子 / 原子排列、较低的缺陷密度，因此具有较高的迁移率、较大的载流子平均自由程和较高的量子产率。然而，由于溶液相中不可控的成核位点和生长方向，制备大面积单晶阵列仍面临挑战。吴雨辰等利用特殊浸润性的界面，调控液体的分割和收缩行为，实现对有机材料的限域组装。基于超浸润界面调控的思想，开发出了横向液桥诱导组装技术以及纵向液桥诱导组装技术。通过横向液桥诱导技术，调控液膜的收缩和锚定过程，可制备大面积有序排列的空心结构阵列。通过纵向液桥诱导技术，调控界面微区的亲疏液特质，可实现大面积实心图案化阵列结构的制备。基于上述两种液桥调控方式，将方法的普适性进行扩展，对不同种类可液相加工材料进行组装，目前已实现对聚合物、小分子、纳米颗粒、有机无机复合材料等多种结构单元的有序组装和图案化阵列制备，并对阵列结构进行器件化制备，实现了场效应晶体管阵列器件、柔性传感阵列器件、光波导阵列器件以及阵列激光器件等多种光电器件的构筑。

通过修饰其表面亲疏液状态，发现当侧壁为超亲液（接触角 $\theta<10°$）、顶端为疏液（$\theta>90°$），可形成稳定的横向液桥。横向液桥中，靠近微柱一侧形成了固 – 固 – 液三相线，由于该界面不存在气相，液相无法蒸发，因此始终处于锚定状态，固定了晶体成核位点；横向液桥外侧为气 – 液 – 固三相线，其移动方向控制了晶体的生长方向。当侧壁为亲液（$10°<\theta<90°$）和疏液（$\theta>90°$）状态时，横向液桥无法稳定形成，导致晶体无序生长。随着晶体的生长，分子进行层层堆积，形成分子排列长程有序的单晶。由于横向液桥的结构尺寸均一及其退浸润过程可控，实现了大面积（1 cm × 1 cm）尺寸均匀（均匀度>95%）的空心晶体阵列制备[108]。

相比于空心闭合结构，实心微纳结构具有更大的电子传输截面和最短的电子传输路径，因此在电子学领域具有重要的应用。然而，在横向液桥中，固 – 固 – 液三相线使溶液无法进入，因此不能制得中间填充的实心微纳结构。因此，为解决实心微纳结构的图案化制备问题，通过将微柱与基底拉开距离，并修饰微柱顶端为亲液状态，允许液体进入缝隙，形成纵向液桥阵列。同时，为避免晶体在微柱侧壁成核，将侧壁修饰为疏液状态。在此组装体系中，晶体成核位点由微柱位置决定，生长方向由气 – 液 – 固三相线收缩方向决定。同时，控制纵向液桥的高度还可以调控微纳晶体的厚度，控制液桥宽度可以调控结构宽度，由此，可以实现长宽高三个维度可控的实心晶体结构阵列组装[109]。

我国在仿生微加工技术领域已经取得了一定的成就，未来将从对光电功能有机分子在

特殊浸润性界面上的组装和结晶过程出发，开发高效、低价、高精确度、高集成密度的有机光电材料集成新技术，并使用原味观测和理论计算等手段，进一步揭示内在的图案化生长机制，为进一步理解制备方法和调节制备条件提供理论基础。同时拓展这种方法适用的材料体系，探索该项技术的适用性和调节技术，为有机光电器件的产业化应用提供解决思路，也为制备下一代高集成度、高性能的有机光电器件提供技术支持。

六、仿生界面化学反应

以超浸润界面为基础制备的仿生特殊浸润界面材料因为其特殊的结构和浸润性，能够实现对流体的排斥、吸引、引导等作用，从而达到优化操控流体行为的目的，进一步影响流体物理形态、流动方向和相态转化过程，实现在化学反应过程中的应用。仿生界面化学反应得益于界面限域作用，通常具有比体相反应更为优越的性能[110]。然而，这种纳米限域增强反应性能的本质机理仍不明确。这成为界面催化反应领域的一个有待解决的挑战性难题。

1. 超浸润界面化学反应

近年来，超浸润界面化学反应研究取得了很好的进展。通过调控界面的浸润性，构筑了包括一维纳米纤维 / 纳米管、二维纳米片及三维微纳复合等不同结构的超浸润界面，用于光 / 光电催化反应，生物电 / 光电催化反应等多个领域。2013 年 Lyons 等将光敏粒子负载在超疏水的硅氧烷（PDMS）基底上，并研究界面的光氧化反应[111]。他们发现在超浸润界面单线态氧的生成效率与亲水界面相比有了极大的提高，从而极大地促进了光氧化反应动力学（45 倍），随后他们研究了不同的供氧方式对界面反应的影响，发现连续流动的气相氧比静态的供氧有更高的效率[112]。2017 年，封心建等将纳米 TiO_2 颗粒负载在超疏水多孔碳纤维基底上，研究了其在光催化降解有机物反应中的应用[113]，发现由于超浸润所形成的气 – 液 – 固三相微环境实现了氧气在界面的快速供给，极大地促进了氧气与电子的反应，不仅使得光生电子和空穴的复合得到了抑制，同时还促进了活性氧物质（ROS）的生成，最终有效促进了光降解反应。随后，他们利用 TiO_2–Au 纳米颗粒作为光催化剂，研究了超浸润界面上光催化合成 H_2O_2，发现气 – 液 – 固三相反应环境提供了高的界面氧气浓度，并有效地抑制了电子空穴的复合以及副反应的发生，从而使得 H_2O_2 的稳定生成浓度提高了 44 倍[114]。将需氧的生物酶反应与电 / 光电化学反应在界面耦合，是开发高效生物传感器的途径，超浸润三相界面的引入为促进酶反应及耦合反应提供了很好的平台。2018 年，封心建等利用这一超浸润三相酶电极得到稳定的界面氧浓度，从而首次实现了利用还原原理检测葡萄糖[115]，这一原理的应用能够避免溶液中的其他生物质所产生的干扰。2018 年，孙晓明等首次总结并详细阐述了构筑超浸润结构化电极（超亲气和超疏气纳米阵列电极）及气体调控在气体参与的电催化反应中的具体影响等，提出了气体参与的电催化反应新的研究方向[116]。2019 年，孙晓明等提出电极三相界面调控二氧化碳还原选择性新概念，优化电极表面二氧化碳反应气体和质子的反应通路，实现对特定产物的选择性优化[117]。宋卫国等提出界面调控提高选择性，利用浸润性梯度等新颖手段完成高效催化[118]。肖丰收等开发了一种具有浸润选择性的催化材料，实现了潮湿空气中甲醛的高效消除，表现出高效率和长寿命的特点[119]。同时他们还利用超疏水的特性使亚磷酸酯结构的水解稳定性大大提高，展示了如何利用特殊微结构来提高催化剂的水解稳定性[120]。

2. 定向输运智能催化

纳米限域界面催化反应领域已经取得较大进展[121]。其中 1D 通道内的纳米限域界面催化反应研究最为广泛，包括碳纳米管（CNT）、金属氧化物纳米通道、介孔材料纳米通道、多孔氧化铝膜纳米通道等。作为纳米反应器的 2D 纳米通道包括石墨烯和还原氧化石墨烯等，3D 纳米通道有沸石分子筛和 Nafion 膜等。由于纳米限域效应，通道内的纳米限域化学反应一般表现出比体相反应更加优异的性能。包信和等报道了限域在 CNT 内的 Rh 纳米粒子对合成气转化生成乙醇的反应表现出优异的催化性能[122]。李灿等报道了金鸡纳啶修饰的 Pt 催化剂被封装在 CNT 中，其对 α－酮酯的不对称加氢表现出比 CNT 外表面负载催化剂更优的催化性能[123]。Aida 等以介孔 SiO_2 为模板，通过限域催化聚合制备高分子量的结晶聚乙烯（PE）纤维[124]。Martin 利用模板合成法在多孔 Al_2O_3 膜内限域制备聚苯胺、聚吡咯和聚 3- 甲基噻吩[125]。谢毅等以还原氧化石墨烯为 2D 纳米反应器，借助溶剂热合成法在石墨烯层间插入单层氧化钒框架，制备石墨烯基超晶格纳米片[126]。覃勇等报道了封装在各种介孔材料（如 SBA-15，SBA-16，MCM-41 等）的通道内部的 Co（III）催化剂，均可催化环氧丙烷水解，产物丙二醇对映选择性达到 98%，且催化剂具有优异的可重复使用性[127]。将超浸润界面引入到限域化学反应的载体设计当中，例如有气体分子参与或生成的催化反应，可以提高物质传输速率，从而显著提高化学反应的效率[113]。催化剂和通道内表面的相互作用也会显著影响催化效率，研究表明，纳米通道外部修饰的功能分子可以和通道内部修饰的功能分子产生协同作用，从而影响化学反应效率[128]。肖丰收等将由溶剂分子组成的线性聚合物和含有催化中心的共价有机骨架材料结合，成功将溶剂化效应引入到多相催化材料中，并用于生物质的高效转化[129]。他们通过在 Pd 纳米颗粒周围构筑亲水的沸石分子筛骨架，沸石亲水孔道调控一系列反应物、中间产物和目标产物分子的扩散效率，实现了糠醛高选择性氢化制备生物呋喃[130]。此外，肖丰收等利用封装结构实现了通过沸石孔道控制金属表面催化反应的微环境，在多种烷烃的 C–H 键直接氧化腈化反应中，该材料均给出了优异的产率[131]。迟力峰等报道了特定的金属表面，如 Au（110）和 Cu（110），用于研究纳米限域界面催化反应[132]。反应物分子首先沉积到金属表面，并以一定的分子取向预组装成有序结构，通常沿着某晶格方向，然后原位反应获得特定产物和纳米材料。金属基底的表面原子构造不仅可对沉积分子提供几何限域并改变反应途径，而且可以作为催化剂以降低反应能垒，从而实现高活性和高选择性的反应过程，这种过程称为“纳米限域预组装反应”[133]。

3. 量子限域超流体有序组装反应

生命体当中各种各样的酶催化生物合成，例如光合作用、细胞呼吸、ATP 合成、DNA 复制等，本质上都是一种高度有序的程序化反应过程，兼具高效率和高产率[134]。生命体中存在的如此高效和精确的程序化组装反应，可以启发我们更好地理解高效纳米限域化学反应的本质机理。前线分子轨道理论是一种用于解释反应机理、理解反应过程的实用理论。该理论通过研究分子的最高占据轨道（HOMO）和最低空轨道（LUMO），即前线轨道，来预测化学反应当中有机分子的反应活性和立体选择性[135]。2018 年，江雷等首次将生物孔道中离子和分子以单链的量子方式快速传输定义为“量子限域超流体”，并指出限域孔道内离子和分子的有序超流为“量子隧穿流体效应”，该“隧穿距离”与量子限域超流体的周期相一致[136]。同时他们发现仿生人工体系也存在量子限域超流体现象，例如人工离子通道和水通道内物质的快速传输（每秒近 10^6 个离子）。通过把量子限域超流体概念引入化学领域，将引发出精准化学合成，即量子有机、无机、高分子反应等。2019 年，受生命体中程序化组装反应的启发，通过结合量子限域超流体概念和前线分子轨道理论，张锡奇和江雷等提出基于量子限域超流体的“有序组装反应”的新概念，认为反应物分子以一定的分子构型在纳米通道中整齐排列、根据前线分子轨道理论进行反应，同时表现出超快定向流动状态，从而实现化学反应的高效率和选择性，因此也称为纳米限域有序组装反应[137]。将有序组装反应的概念引入到化学领域当中，可以进一步提高纳米限域化学反应的性能。一方面，受纳米限域的影响，反应物分子将有序排列并且转变分子构型，以满足前线轨道理论的对称性匹配原则，因而可以降低反应能垒，提高反应活性和立体选择性。另一方面，通道内的反应物分子流体将呈现出量子限域超流体特征的超快流动，在保证高反应效率的同时减少反应物和催化剂的接触时间，可以抑制副反应的发生，提高产物的选择性。此外，反应物分子在催化剂表面的快速吸附 - 解吸附过程可降低催化剂失活或中毒的概率，延长催化剂寿命。因此，纳米限域化学反应的性能在效率、产率和选择性方面均能得到进一步提升。尽管已报道的纳米限域化学反应具有优异的催化性能，但是同时获得高反应速率、高产率和高选择性却极为困难。这可能是由于反应物在通道内呈缓慢、无序的流动，以及反应物分子和通道内壁不充分的相互作用。有序组装反应概念的提出，有助于深入理解限域增强化学反应性能的本质机理，并可指导进一步提高纳米限域化学反应的性能。为实现有序组装反应的定向流动，纳米通道的尺寸和结构应当进一步精确设计。为获得类似量子限域超流体的超快流动，调控通道表面的浸润性十分必要。另外，通道内部需要进行一定的化学修饰，以锚定催化剂或反应物分子，有利于诱导分子取向和提高反应立体选择性。通过进一步调控和优化纳米通道的界面性质，包括尺寸设计和浸润性调控，可以进一步增强有序组装反应的反应活性。把有序组装反应概念引入到纳米限域化学反应领域，将促进仿生界面催化化学理论的发展，并实现高反应效率、高产率和高选择性的集成优化。可以预见，有序组装反应概念的提出，将为化学、化工和合成生物学等领域的未来发展开辟新的道路。

总之，依托物理、化学、材料、生物、信息等多种学科融合，着重开展新型仿生轻质高强材料、仿生医用材料、仿生能源材料、仿生资源环境材料、仿生微加工技术、仿生界面化学反应等的设计、表征和基础应用研究。基于当前存在的技术瓶颈和未来设计的目标，发展高效生物传感器材料、高效生物液体或流体分离材料、高性能纳米复合结构材料、高效能源转换材料、高性能界面催化材料、高效可控液体分离材料、环境友好农药制剂材料、高性能抗黏附材料、高精度高集成度有机光电材料等材料制备技术，为“十四五”至 2035 仿生材料化学学科建设提供重要的基础材料和关键性技术支撑。

参考文献

[1] Kamada A, Mittal N, Soderberg L D, et al. Flow-assisted assembly of nanostructured protein microfibers [J]. Proceedings of the National Academy of Sciences of the United States of America, 2017, 114 (6): 1232-1237.

[2] Mittal N, Ansari F, Gowda.V K, et al. Multiscale Control of Nanocellulose Assembly: Transferring Remarkable Nanoscale Fibril Mechanics to Macroscale Fibers [J]. ACS Nano, 2018, 12 (7): 6378-6388.

[3] Mittal N, Jansson R, Widhe M, et al. Ultrastrong and Bioactive Nanostructured Bio-Based Composites [J]. ACS Nano, 2017, 11 (5): 5148-5159.

[4] Jia C, Chen C, Kuang Y, et al. From Wood to Textiles: Top-Down Assembly of Aligned Cellulose Nanofibers [J]. Advanced Materials, 2018, 30 (30): 1801347.

[5] Wang S, Jiang F, Xu X, et al. Super-Strong, Super-Stiff Macrofibers with Aligned, Long Bacterial Cellulose Nanofibers [J]. Advanced Materials, 2017, 29 (35): 1702498.

[6] Zhao X, Chen F, Li Y, et al. Bioinspired ultra-stretchable and anti-freezing conductive hydrogel fibers with ordered and reversible polymer chain alignment [J]. Nature Communications, 2018, 9 (1): 3579.

[7] Li S-C, Hu B-C, Ding Y-W, et al. Wood-Derived Ultrathin Carbon Nanofiber Aerogels [J]. Angewandte Chemie International Edition, 2018, 57 (24): 7085-7090.

[8] Yu Z L, Qin B, Ma Z Y, et al. Superelastic Hard Carbon Nanofiber Aerogels [J]. Advanced Materials, 2019, 31 (23): e1900651.

[9] Zhan H-J, Wu K-J, Hu Y-L, et al. Biomimetic Carbon Tube Aerogel Enables Super-Elasticity and Thermal Insulation [J]. Chem, 2019, 5 (7): 1871-1882.

[10] Fu Q, Si Y, Duan C, et al. Highly Carboxylated, Cellular Structured, and Underwater Superelastic Nanofibrous Aerogels for Efficient Protein Separation [J]. Advanced Functional Materials, 2019, 29 (13): 1808234.

[11] Si Y, Wang X, Dou L, et al. Ultralight and fire-resistant ceramic nanofibrous aerogels with temperature-invariant superelasticity [J]. Science Advances, 2018, 4 (4): eaas8925.

[12] Eckert A, Rudolph T, Guo J Q, et al. Exceptionally Ductile and Tough Biomimetic Artificial Nacre with Gas Barrier Function [J]. Advanced Materials, 2018, 30 (32): e1802477.

[13] Jiao D, Guo J, Eckert A, et al. Facile and On-Demand Cross-Linking of Nacre-Mimetic Nanocomposites Using Tailor-Made Polymers with Latent Reactivity [J]. ACS Appl Mater Interfaces, 2018, 10 (24): 20250-20255.

[14] Pan X-F, Gao H-L, Lu Y, et al. Transforming ground mica into high-performance biomimetic polymeric mica film [J]. Nature Communications, 2018, 9 (1): 2974.

[15] Wan S J, Li Y C, Mu J K, et al. Sequentially bridged graphene sheets with high strength, toughness, and electrical conductivity [J]. Proceedings of the National Academy of Sciences of the United States of America, 2018, 115 (21): 5359-5364.

[16] Zhao K, Zhang T, Chang H, et al. Super-elasticity of three-dimensionally cross-linked graphene materials all the way to deep cryogenic temperatures [J]. Science Advances, 2019, 5 (4): eaav2589.

[17] Guo F, Jiang Y, Xu Z, et al. Highly stretchable carbon aerogels [J]. Nature Communications, 2018, 9 (1): 881.

[18] Yang H, Li Z, Sun G, et al. Superplastic Air-Dryable Graphene Hydrogels for Wet-Press Assembly of Ultrastrong Superelastic Aerogels with Infinite Macroscale [J]. Advanced Functional Materials, 2019, 1901917.

[19] Xie J, Ping H, Tan T, et al. Bioprocess-inspired fabrication of materials with new structures and functions [J]. Progress in Materials Science, 2019, 105: 100571.

[20] Wat A, Lee J I, Ryu C W, et al. Bioinspired nacre-like alumina with a bulk-metallic glass-forming alloy as a compliant phase [J]. Nature Communications, 2019, 10 (1): 961.

[21] Grossman M, Bouville F, Masania K, et al. Quantifying the role of mineral bridges on the fracture resistance of nacre-like composites [J]. Proceedings of the National Academy of Sciences of the United States of America, 2018, 115 (50): 12698-12703.

[22] Pelissari P I B G B, Bouville F, Pandolfelli V C, et al. Nacre-like ceramic refractories for high temperature applications [J]. Journal of the European Ceramic Society, 2018, 38 (4): 2186-2193.

[23] Picot O T, Rocha V G, Ferraro C, et al. Using graphene networks to build bioinspired self-monitoring ceramics [J]. Nature Communications, 2017, 8: 14425.

[24] Wang L, Yang Z, Cui Y, et al. Graphene-copper composite with micro-layered grains and ultrahigh strength [J]. Scientific Reports, 2017, 7: 41896.

[25] Zhang Y, Heim F M, Bartlett J L, et al. Bioinspired, graphene-enabled Ni composites with high strength and toughness [J]. Science Advances, 2019, 5 (5): eaav5577.

[26] Gao H L, Chen S M, Mao L B, et al. Mass production of bulk artificial nacre with excellent mechanical properties [J]. Nature Communications, 2017, 8 (1): 287.

[27] Morits M, Verho T, Sorvari J, et al. Toughness and Fracture Properties in Nacre-Mimetic Clay/Polymer Nanocomposites [J]. Advanced Functional Materials, 2017, 27 (10): 1605378.

[28] Chen Y, Dang B, Jin C, et al. Processing Lignocellulose-Based Composites into an Ultrastrong Structural Material [J]. ACS Nano, 2019, 13 (1): 371-376.

[29] Yang M, Zhao N, Cui Y, et al. Biomimetic Architectured Graphene Aerogel with Exceptional Strength and Resilience [J]. ACS Nano, 2017, 11 (7): 6817-6824.

[30] Du G, Mao A, Yu J, et al. Nacre-mimetic composite with intrinsic self-healing and shape-programming capability [J]. Nature Communications, 2019, 10 (1): 800.

[31] Han J, Du G, Gao W, et al. An Anisotropically High Thermal Conductive Boron Nitride/Epoxy Composite Based on Nacre-Mimetic 3D Network [J]. Advanced Functional Materials, 2019, 29 (13): 1900412.

[32] Zhang Y, Zheng J, Yue Y, et al. Bioinspired LDH-Based Hierarchical Structural Hybrid Materials with Adjustable

Mechanical Performance [J]. Advanced Functional Materials, 2018, 1801614.

[33] Yang Y, Li X, Chu M, et al. Electrically assisted 3D printing of nacre-inspired structures with self-sensing capability [J]. Science Advances, 2019, 5 (4): eaau9490.

[34] Guan H, Cheng Z, Wang X Highly Compressible Wood Sponges with a Spring-like Lamellar Structure as Effective and Reusable Oil Absorbents [J]. ACS Nano, 2018, 12 (10): 10365-10373.

[35] Li T, Song J, Zhao X, et al. Anisotropic, lightweight, strong, and super thermally insulating nanowood with naturally aligned nanocellulose [J]. Science Advances, 2018, 4 (3): eaar3724.

[36] Wang Y G, Sun G W, Dai J Q, et al. A High-Performance, Low-Tortuosity Wood-Carbon Monolith Reactor [J]. Advanced Materials, 2017, 29 (2): 1604257.

[37] Wan J, Song J, Yang Z, et al. Highly Anisotropic Conductors [J]. Advanced Materials, 2017, 29 (41): 1703331.

[38] Chen C, Song J, Zhu S, et al. Scalable and Sustainable Approach toward Highly Compressible, Anisotropic, Lamellar Carbon Sponge [J]. Chem, 2018, 4 (3): 544-554.

[39] Song H, Xu S, Li Y, et al. Hierarchically Porous, Ultrathick, "Breathable" Wood-Derived Cathode for Lithium-Oxygen Batteries [J]. Advanced Energy Materials, 2018, 8 (4): 1701203.

[40] Chen S-M, Gao H-L, Zhu Y-B, et al. Biomimetic twisted plywood structural materials [J]. National Science Review, 2018, 5 (5): 703-714.

[41] Yang Y, Chen Z, Song X, et al. Biomimetic Anisotropic Reinforcement Architectures by Electrically Assisted Nanocomposite 3D Printing [J]. Advanced Materials, 2017, 29 (11): 1605750.

[42] Moini M, Olek J, Youngblood J P, et al. Additive Manufacturing and Performance of Architectured Cement-Based Materials [J]. Advanced Materials, 2018, e1802123.

[43] Gantenbein S, Masania K, Woigk W, et al. Three-dimensional printing of hierarchical liquid-crystal-polymer structures [J]. Nature, 2018, 561 (7722): 226-230.

[44] Koyama M, Zhang Z, Wang M M, et al. Bone-like crack resistance in hierarchical metastable nanolaminate steels [J]. Science, 2017, 355 (6329): 1055-1057.

[45] Xiao C, Li M, Wang B, et al. Total morphosynthesis of biomimetic prismatic-type CaCO3 thin films [J]. Nature Communications, 2017, 8 (1): 1398.

[46] Yeom B, Sain T, Lacevic N, et al. Abiotic tooth enamel [J]. Nature, 2017, 543: 95.

[47] Rauner N, Meuris M, Zoric M, et al. Enzymatic mineralization generates ultrastiff and tough hydrogels with tunable mechanics [J]. Nature, 2017, 543: 407.

[48] Yu Z-L, Yang N, Zhou L-C, et al. Bioinspired polymeric woods [J]. Science Advances, 2018, 4 (8): eaat7223.

[49] Cheng Z, Zhou H, Lu Q, et al. Extra strengthening and work hardening in gradient nanotwinned metals [J]. Science, 2018, 362 (6414): eaau1925.

[50] Xu X, Zhang Q, Hao M, et al. Double-negative-index ceramic aerogels for thermal superinsulation [J]. Science, 2019, 363 (6428): 723-727.

[51] Saleh M S, Hu C, Panat R. Three-dimensional microarchitected materials and devices using nanoparticle assembly by pointwise spatial printing [J]. Science Advances, 2017, 3 (3): e1601986.

[52] Kotz F, Arnold K, Bauer W, et al. Three-dimensional printing of transparent fused silica glass [J]. Nature, 2017, 544 (7650): 337-339.

[53] Muth J T, Dixon P G, Woish L, et al. Architected cellular ceramics with tailored stiffness via direct foam writing [J]. Proceedings of the National Academy of Sciences of the United States of America, 2017, 114 (8): 1832-1837.

[54] Hu M, He J, Zhao Z, et al. Compressed glassy carbon: An ultrastrong and elastic interpenetrating graphene network [J]. Science Advances, 2017, 3 (6): e1603213.

[55] Zhang X, Vyatskikh A, Gao H, et al. Lightweight, flaw-tolerant, and ultrastrong nanoarchitected carbon [J]. Proceedings of the National Academy of Sciences of the United States of America, 2019, 116 (14): 6665-6672.

[56] Lyu J, Hammig M D, Liu L, et al. Stretchable conductors by kirigami patterning of aramid-silver nanocomposites with zero conductance gradient [J]. Applied Physics Letters, 2017, 111 (16): 161901.

[57] Peng C, Chen Z, Tiwari M K All-organic superhydrophobic coatings with mechanochemical robustness and liquid impalement resistance [J]. Nature Materials, 2018, 17 (4): 355-360.

[58] Fan K, Cao C, Pan Y, et al. Magnetoferritin nanoparticles for targeting and visualizing tumour tissues [J]. Nature Nanotechnology, 2012, 7: 459.

[59] Wang S, Wang H, Jiao J, et al. Three-Dimensional Nanostructured Substrates toward Efficient Capture of Circulating Tumor Cells [J]. Angewandte Chemie International Edition, 2009, 48 (47): 8970-8973.

[60] Zhang F, Jiang Y, Liu X, et al. Hierarchical Nanowire Arrays as Three-Dimensional Fractal Nanobiointerfaces for High Efficient Capture of Cancer Cells [J]. Nano Letters, 2016, 16 (1): 766-772.

[61] Cao C, Ying Y-L, Hu Z-L, et al. Discrimination of oligonucleotides of different lengths with a wild-type aerolysin nanopore [J]. Nature Nanotechnology, 2016, 11: 713.

[62] Ying Y-L, Hu Y-X, Gao R, et al. Asymmetric Nanopore Electrode-Based Amplification for Electron Transfer Imaging in Live Cells [J]. Journal of the American Chemical Society, 2018, 140 (16): 5385-5392.

[63] Xia Y, Wu J, Wei W, et al. Exploiting the pliability and lateral mobility of Pickering emulsion for enhanced vaccination [J]. Nature Materials, 2018, 17: 187.

[64] Kroll A V, Fang R H, Jiang Y, et al. Nanoparticulate Delivery of Cancer Cell Membrane Elicits Multiantigenic Antitumor Immunity [J]. Advanced Materials, 2017, 29 (47): 1703969.

[65] Mao Y, Sun Q, Wang X, et al. In vivo nanomechanical imaging of blood-vessel tissues directly in living mammals using atomic force microscopy [J]. Applied Physics Letters, 2009, 95 (1): 013704.

[66] Cheng S, Jin Y, Wang N, et al. Self-Adjusting, Polymeric Multilayered Roll that can Keep the Shapes of the Blood Vessel Scaffolds during Biodegradation [J]. Advanced Materials, 2017, 29 (28): 1700171.

[67] Wang H, Zhao Z, Liu Y, et al. Biomimetic enzyme cascade reaction system in microfluidic electrospray microcapsules [J]. Science Advances, 2018, 4 (6): eaat2816.

[68] Yu Y, Shang L, Gao W, et al. Microfluidic Lithography of Bioinspired Helical Micromotors [J]. Angewandte Chemie International Edition, 2017, 129 (40): 12295-12299.

[69] Qu Y, An F, Luo Y, et al. A nephron model for study of drug-induced acute kidney injury and assessment of drug-induced nephrotoxicity [J]. Biomaterials, 2018, 155: 41-53.

[70] Fan J B, Luo J, Wang S, Bio-Inspired Microfluidic Device by Integrating Porous Membrane and Heterostructured Nanoporous Particles for Biomolecule Cleaning [J]. ACS Nano, 2019, 137: 8374-8381.

[71] Yao S, Jin B, Liu Z, et al. Biomineralization: From Material Tactics to Biological Strategy [J]. Advanced Materials, 2017, 29 (14): 1605903.

[72] Daw R, Finkelstein J, Helmer M Chemistry and energy [J]. Nature, 2012, 488: 293.

[73] Schuller J M, Birrell J A, Tanaka H, et al. Structural adaptations of photosynthetic complex I enable ferredoxin-dependent electron transfer [J]. Science, 2019, 363 (6424): 257.

[74] Schroeder T B H, Guha A, Lamoureux A, et al. An electric-eel-inspired soft power source from stacked hydrogels [J]. Nature, 2017, 552: 214.

[75] Guo W, Cao L, Xia J, et al. Energy Harvesting with Single-Ion-Selective Nanopores: A Concentration-Gradient-Driven Nanofluidic Power Source [J]. Advanced Functional Materials, 2010, 20 (8): 1339-1344.

[76] Siria A, Poncharal P, Biance A-L, et al. Giant osmotic energy conversion measured in a single transmembrane boron nitride nanotube [J]. Nature, 2013, 494: 455.

[77] Feng J, Graf M, Liu K, et al. Single-layer MoS2 nanopores as nanopower generators [J]. Nature, 2016, 536: 197.

[78] Graf M, Lihter M, Unuchek D, et al. Light-Enhanced Blue Energy Generation Using MoS_2 Nanopores [J]. Joule, 2019, 3 (6): 1549-1564.

[79] Zhang Z, Kong X Y, Xiao K, et al. Engineered Asymmetric Heterogeneous Membrane: A Concentration-Gradient-Driven Energy Harvesting Device [J]. Journal of the American Chemical Society, 2015, 137 (46): 14765-14772.

[80] Ji J, Kang Q, Zhou Y, et al. Osmotic Power Generation with Positively and Negatively Charged 2D Nanofluidic Membrane Pairs [J]. Advanced Functional Materials, 2017, 27 (2): 1603623.

[81] Zhang Z, Sui X, Li P, et al. Ultrathin and Ion-Selective Janus Membranes for High-Performance Osmotic Energy Conversion [J]. Journal of the American Chemical Society, 2017, 139 (26): 8905-8914.

[82] Li R, Jiang J, Liu Q, et al. Hybrid nanochannel membrane based on polymer/MOF for high-performance salinity gradient power generation [J]. Nano Energy, 2018, 53: 643-649.

[83] Huang X, Zhang Z, Kong X-Y, et al. Engineered PES/SPES nanochannel membrane for salinity gradient power generation [J]. Nano Energy, 2019, 59: 354-362.

[84] Zhu X, Hao J, Bao B, et al. Unique ion rectification in hypersaline environment: A high-performance and sustainable power generator system [J]. Science Advances, 2018, 4 (10): eaau1665.

[85] Zhang Z, Wen L, Jiang L. Bioinspired smart asymmetric nanochannel membranes [J]. Chemical Society Reviews, 2018, 47 (2): 322-356.

[86] Zheng Y, Bai H, Huang Z, et al. Directional water collection on wetted spider silk [J]. Nature, 2010, 463: 640.

[87] Ju J, Bai H, Zheng Y, et al. A multi-structural and multi-functional integrated fog collection system in cactus [J]. Nature Communications, 2012, 3: 1247.

[88] Siria A, Bocquet M-L, Bocquet L. New avenues for the large-scale harvesting of blue energy [J]. Nature Reviews Chemistry, 2017, 1: 0091.

[89] Chen H, Zhang P, Zhang L, et al. Continuous directional water transport on the peristome surface of Nepenthes alata [J]. Nature, 2016, 532: 85.

[90] Park K-C, Kim P, Grinthal A, et al. Condensation on slippery asymmetric bumps [J]. Nature, 2016, 531: 78.

[91] Chen H, Ran T, Gan Y, et al. Ultrafast water harvesting and transport in hierarchical microchannels [J]. Nature Materials, 2018, 17 (10): 935-942.

[92] Yang J, Yang Y, Wu W-M, et al. Evidence of Polyethylene Biodegradation by Bacterial Strains from the Guts of Plastic-Eating Waxworms [J]. Environmental Science & Technology, 2014, 48 (23): 13776-13784.

[93] Yang Y, Yang J, Wu W-M, et al. Biodegradation and Mineralization of Polystyrene by Plastic-Eating Mealworms: Part 1. Chemical and Physical Characterization and Isotopic Tests [J]. Environmental Science & Technology, 2015, 49 (20): 12080-12086.

[94] Yang Y, Yang J, Wu W-M, et al. Biodegradation and Mineralization of Polystyrene by Plastic-Eating Mealworms: Part 2. Role of Gut Microorganisms [J]. Environmental Science & Technology, 2015, 49 (20): 12087-12093.

[95] Wang B, Liang W, Guo Z, et al. Biomimetic super-lyophobic and super-lyophilic materials applied for oil/water separation: a new strategy beyond nature [J]. Chemical Society Reviews, 2015, 44 (1): 336-361.

[96] Chu Z, Feng Y, Seeger S Oil/Water Separation with Selective Superantiwetting/Superwetting Surface Materials [J]. Angewandte Chemie International Edition, 2015, 54 (8): 2328-2338.

[97] Gao S, Sun J, Liu P, et al. A Robust Polyionized Hydrogel with an Unprecedented Underwater Anti-Crude-Oil-

Adhesion Property [J]. Advanced Materials, 2016, 28 (26): 5307–5314.

[98] Gao S, Zhu Y, Wang J, et al. Layer–by–Layer Construction of Cu^{2+}/Alginate Multilayer Modified Ultrafiltration Membrane with Bioinspired Superwetting Property for High–Efficient Crude–Oil–in–Water Emulsion Separation [J]. Advanced Functional Materials, 2018, 28 (49): 1801944.

[99] Zhu Y, Wang J, Zhang F, et al. Zwitterionic Nanohydrogel Grafted PVDF Membranes with Comprehensive Antifouling Property and Superior Cycle Stability for Oil–in–Water Emulsion Separation [J]. Advanced Functional Materials, 2018, 28 (40): 1804121.

[100] Yang H–C, Xie Y, Chan H, et al. Crude–Oil–Repellent Membranes by Atomic Layer Deposition: Oxide Interface Engineering [J]. ACS Nano, 2018, 12 (8): 8678–8685.

[101] Ge J, Zong D, Jin Q, et al. Biomimetic and Superwettable Nanofibrous Skins for Highly Efficient Separation of Oil–in–Water Emulsions [J]. Advanced Functional Materials, 2018, 28 (10): 1705051.

[102] Li C, Wu L, Yu C, et al. Peristome–Mimetic Curved Surface for Spontaneous and Directional Separation of Micro Water–in–Oil Drops [J]. Angewandte Chemie International Edition, 2017, 129 (44): 13811–13816.

[103] Akhtar N, Thomas P J, Svardal B, et al. Pillars or Pancakes? Self–Cleaning Surfaces without Coating [J]. Nano Letters, 2018, 18 (12): 7509–7514.

[104] Xia Y, Adibnia V, Huang R, et al. Biomimetic Bottlebrush Polymer Coatings for Fabrication of Ultralow Fouling Surfaces [J]. Angewandte Chemie International Edition, 2019, 131 (5): 1322–1328.

[105] Liu K, Wang C, Ma J, et al. Janus effect of antifreeze proteins on ice nucleation [J]. Proceedings of the National Academy of Sciences of the United States of America, 2016, 113 (51): 14739–14744.

[106] He Z, Liu K, Wang J Bioinspired Materials for Controlling Ice Nucleation, Growth, and Recrystallization [J]. Accounts of Chemical Research, 2018, 51 (5): 1082–1091.

[107] García de Arquer F P, Armin A, Meredith P, et al. Solution–processed semiconductors for next–generation photodetectors [J]. Nature Reviews Materials, 2017, 2: 16100.

[108] Wu Y, Feng J, Jiang X, et al. Positioning and joining of organic single–crystalline wires [J]. Nature Communications, 2015, 6: 6737.

[109] Feng J, Gong C, Gao H, et al. Single–crystalline layered metal–halide perovskite nanowires for ultrasensitive photodetectors [J]. Nature Electronics, 2018, 1 (7): 404–410.

[110] Zhang X, Liu H, Jiang L Wettability and Applications of Nanochannels [J]. Advanced Materials, 2019, 31 (5): 1804508.

[111] Aebisher D, Bartusik D, Liu Y, et al. Superhydrophobic Photosensitizers. Mechanistic Studies of 1O2 Generation in the Plastron and Solid/Liquid Droplet Interface[J]. Journal of the American Chemical Society, 2013, 135(50): 18990–18998.

[112] Zhao Y, Liu Y, Xu Q, et al. Catalytic, Self–Cleaning Surface with Stable Superhydrophobic Properties: Printed Polydimethylsiloxane (PDMS) Arrays Embedded with TiO_2 Nanoparticles [J]. ACS Applied Materials & Interfaces, 2015, 7 (4): 2632–2640.

[113] Sheng X, Liu Z, Zeng R, et al. Enhanced Photocatalytic Reaction at Air–Liquid–Solid Joint Interfaces [J]. Journal of the American Chemical Society, 2017, 139 (36): 12402–12405.

[114] Liu Z, Sheng X, Wang D, et al. Efficient Hydrogen Peroxide Generation Utilizing Photocatalytic Oxygen Reduction at a Triphase Interface [J]. iScience, 2019, 17: 67–73.

[115] Song Z, Xu C, Sheng X, et al. Utilization of Peroxide Reduction Reaction at Air–Liquid–Solid Joint Interfaces for Reliable Sensing System Construction [J]. Advanced Materials, 2018, 30 (6): 1701473.

[116] Xu W, Lu Z, Sun X, et al. Superwetting Electrodes for Gas–Involving Electrocatalysis [J]. Accounts of Chemical Research, 2018, 51 (7): 1590–1598.

[117] Cai Z, Zhang Y, Zhao Y, et al. Selectivity regulation of CO_2 electroreduction through contact interface engineering on superwetting Cu nanoarray electrodes [J]. Nano Research, 2019, 12 (2): 345-349.

[118] Li Z, Cao C, Zhu Z, et al. Superaerophilic Materials Are Surprising Catalysts: Wettability-Induced Excellent Hydrogenation Activity under Ambient H2 Pressure [J]. Advanced Materials Interfaces, 2018, 5 (22): 1801259.

[119] Jin Z, Wang L, Hu Q, et al. Hydrophobic Zeolite Containing Titania Particles as Wettability-Selective Catalyst for Formaldehyde Removal [J]. ACS Catalysis, 2018, 8 (6): 5250-5254.

[120] Sun Q, Aguila B, Verma G, et al. Superhydrophobicity: Constructing Homogeneous Catalysts into Superhydrophobic Porous Frameworks to Protect Them from Hydrolytic Degradation [J]. Chem, 2016, 1 (4): 628-639.

[121] Wu Y, Feng J, Gao H, et al. Superwettability-Based Interfacial Chemical Reactions [J]. Advanced Materials, 2019, 31 (8): 1800718.

[122] Pan X, Fan Z, Chen W, et al. Enhanced ethanol production inside carbon-nanotube reactors containing catalytic particles [J]. Nature Materials, 2007, 6: 507.

[123] Chen Z, Guan Z, Li M, et al. Enhancement of the Performance of a Platinum Nanocatalyst Confined within Carbon Nanotubes for Asymmetric Hydrogenation [J]. Angewandte Chemie International Edition, 2011, 50 (21): 4913-4917.

[124] Kageyama K, Tamazawa J-i, Aida T Extrusion Polymerization: Catalyzed Synthesis of Crystalline Linear Polyethylene Nanofibers Within a Mesoporous Silica [J]. Science, 1999, 285 (5436): 2113-2115.

[125] Martin C R. Nanomaterials: A Membrane-Based Synthetic Approach [J]. Science, 1994, 266 (5193): 1961-1966.

[126] Zhu H, Xiao C, Cheng H, et al. Magnetocaloric effects in a freestanding and flexible graphene-based superlattice synthesized with a spatially confined reaction [J]. Nature Communications, 2014, 5: 3960.

[127] Zhang S, Zhang B, Liang H, et al. Encapsulation of Homogeneous Catalysts in Mesoporous Materials Using Diffusion-Limited Atomic Layer Deposition [J]. Angewandte Chemie International Edition, 2018, 57 (4): 1091-1095.

[128] Gao P, Ma Q, Ding D, et al. Distinct functional elements for outer-surface anti-interference and inner-wall ion gating of nanochannels [J]. Nature Communications, 2018, 9 (1): 4557.

[129] Sun Q, Tang Y, Aguila B, et al. Reaction Environment Modification in Covalent Organic Frameworks for Catalytic Performance Enhancement [J]. Angewandte Chemie International Edition, 2019, 58 (26): 8670-8675.

[130] Wang C, Liu Z, Wang L, et al. Importance of Zeolite Wettability for Selective Hydrogenation of Furfural over Pd@Zeolite Catalysts [J]. ACS Catalysis, 2018, 8 (1): 474-481.

[131] Wang L, Wang G, Zhang J, et al. Controllable cyanation of carbon-hydrogen bonds by zeolite crystals over manganese oxide catalyst [J]. Nature Communications, 2017, 8: 15240.

[132] Sun K, Chen A, Liu M, et al. Surface-Assisted Alkane Polymerization: Investigation on Structure-Reactivity Relationship [J]. Journal of the American Chemical Society, 2018, 140 (14): 4820-4825.

[133] Cai Z, Pang R, Liu M, et al. Linear Alkane Polymerization on Au-Covered Ag (110) Surfaces [J]. Journal of Physical Chemistry C, 2018, 122 (42): 24209-24214.

[134] Otten R, Liu L, Kenner L R, et al. Rescue of conformational dynamics in enzyme catalysis by directed evolution [J]. Nature Communications, 2018, 9 (1): 1314.

[135] Levandowski B J, Svatunek D, Sohr B, et al. Secondary Orbital Interactions Enhance the Reactivity of Alkynes in Diels-Alder Cycloadditions [J]. Journal of the American Chemical Society, 2019, 141 (6): 2224-2227.

[136] Wen L, Zhang X, Tian Y, et al. Quantum-confined superfluid: From nature to artificial [J]. Science China

Materials, 2018, 61（8）: 1027–1032.

[137] Liu S, Zhang X, Jiang L 1D Nanoconfined Ordered–Assembly Reaction [J]. Advanced Materials Interfaces, 2019, 6（8）: 1900104.

撰稿人：江　雷　俞书宏　王树涛　闻利平
靳　健　刘明杰　程群峰　吴雨辰

ABSTRACTS

Comprehensive Report

Reports on Advances in Chemistry

In the modernization of human society, Chemistry has always been an important method and tool for humans to understand and transform the physical world. As a basic discipline that studies the nature, composition, structure, and changing rules of matter, the level of development of the chemistry is an important symbol of social civilization. Driven by the strong demand in the fields of clean energy, environmental protection, intelligent devices, information technology, and national security, China's chemical research is booming. This report summarizes and analyzes the hot spots of chemistry in the past two years, the latest research progress and future trend of chemistry in China according to the classification of sub-disciplines and cross-disciplines.

Inorganic Chemistry

Energy, information, environment, life and health and resources issues have become the key to global sustainable development. Inorganic chemistry is the key research foundation of new materials, and the discipline boundary of inorganic chemistry is still expanding. Inorganic chemistry can provide new materials and processes for energy materials, information materials and material conversion processes. Inorganic materials will continue to play an irreplaceable key role in green transformation and applications, in catalytic materials and surface/interface control, homogeneous/heterogeneous catalysis and green processes of fossil energy and biomass, storage and transport of fuel molecules such as hydrogen and methane, development and utilization of new energy sources (optical/electrical and electro/optical conversion, thermal/electrical and electro/thermal conversion, etc.), high density information storage, and catalytic cracking of water, etc. Inorganic chemistry can provide key technologies and materials for the enrichment, separation and utilization of heavy metals, POP and other important pollutants, and provide scientific and material basis for the protection and utilization of water resources. Inorganic chemistry can provide high performance materials for key technologies such as information generation, amplification, transmission and display. Inorganic chemistry can also provide scientific basis and technical guarantee for the development and efficient utilization of rare earth, tungsten and molybdenum, salt lake resources and other special minerals in China. Inorganic chemistry can provide new principles, new materials and new devices for special functional materials related to national defense security.

In recent years, Chinese scholars have made many innovative research achievements in metal–organic frameworks (MOF) materials, revealing the interaction between mesoporous MOF and biological macromolecules, inorganic clusters, nanoparticles and other objects, and showing great potential in catalysis, drug sustained release, gene therapy, energy storage and other aspects. In the field of new functional nano–composite catalysts and porous catalytic materials, a variety of synthesis methods of inorganic porous catalytic materials have been developed and expanded, focusing on the relationship between structure and function of materials. These methods not only maintain the advantages of low relative density, high specific strength, large specific area and good permeability of porous materials, but also effectively solve the problems. The key scientific problems such as channel modulation, multistage structure design, chemical stability and so on, provide its application in high efficiency catalysis and other fields. High–throughput prediction and screening of new materials with specific functions using computer technology. New achievements in self–repairing materials, wearable energy storage devices, molecular ferroelectrics, chiral luminescent materials and circular polarization devices are emerging. Combine rare earth upconversion luminescence materials with photothermal/photodynamic/photoacoustic optical diagnostic and therapeutic means, develop multi–functional nano–system, achieve multi–modal biomedical imaging and diagnosis and treatment of major diseases such as tumors.

Physical Chemistry

The last two years have witnessed the prosperous development in each branch of physical chemistry in our country. The scientists in biophysical chemistry have established new experimental techniques and novel theoretical methods, as well as unraveling the physical chemical mechanisms underlying the biological phenomena. They invented the new DNA sequencing technique of ECC, disclosed the molecular mechanism of UDP-glucose impairs lung cancer metastasis, and proposed the chromatin phase segregation model based on 1D mosaic sequence in space. In catalytic chemistry, scientists achieved significant progress both in fundamental science and applied engineering. In the field of fundamental catalytic chemistry, new catalytic system and catalysis were invented, and a number of new principles in catalytic chemistry were proposed which brings up new conception. On the meanwhile, the invented catalysis has found successful industrial application, which has formulated the independent chemical engineering industry of China. In chemical dynamics, the Chinese scientists have solidified their leading role in the international community. A series of breakthrough were made in disclosing the chemical dynamics of single molecular reaction as was as the atmospheric and interstellar chemistry. Instruments based on independent research was developed which have laid down the fundament for the advanced work in chemical dynamics. In thermal dynamic chemistry, scientists in China have discovered novel phase behavior in the mixture of water/ionic liquid. Theoretical model was established to unravel the phase behavior in ionic liquid systems. New principles were found when interfaces were introduced to a chemical system, which have formulated the thermal dynamics of a number of inter-discipline subjects of chemistry. In the field of colloid and interface science, world-leading progress were made in chiral luminescent materials, the self-assembly of bioactive molecules, and applied colloids based on new physical principles. Last but not the least, the groups in theoretical and computational chemistry have achieved significant progress in the methodology of computational chemistry as well as in explaining the mechanism of chemical reactions, excited states and photochemistry.

Analytical Chemical

In the period of 2017-2019, the number of analytical chemical researchers in China grew rapidly, and the research level elevated constantly. Great progresses have been made in the fields of bioanalysis and biosensing, together with big developments in the fields of single molecular and single cellular analysis, in vivo bioanalysis and imaging, bioanalysis based on functional nucleic acids, biomolecular reconnition, nanozyme based biosensing, nanoanalysis and interdiscipline combination analysis. Prof. Weihong Tan's team carried a series of excellent work in the researches of aptamer and their researches take the leading position in corresponding area worldwide. They selected aptamer specific to cell from nucleic library, based on which some biosensing methods and molecular diagnostic and treatment platform were established. Prof. Chunhai Fan and his collaborators created complex silica composite nanomaterials templated with DNA origami. They showed that, after coating with an amorphous silica layer, the thickness of which can be tuned by adjusting the growth time, hybrid structures can be up to ten times tougher than the DNA template while maintaining flexibility. These findings establish this approach as a general method for creating biomimetic silica nanostructures. The unexpected peroxidase mimicking activity of magnetic iron oxide nanoparticles was firstly discovered by Prof. Xiyun Yan and coworkers, and the concept of nanozyme was firstly introduced by Prof Erkang Wang. Since then, various nanozymes have been achieved by nanomaterials. Nanozymes have attracted enormous research interests in recent years for the unique advantages of low cost, high stability, tunable catalytic activity, and ease of mass production, as well as storage, which endow them with wide applications in biosensing, tissue engineering, therapeutics, and environmental protection. Researchers in China, represented by Prof. Xiyun Yan and Prof. Erkang Wang, have carried out many original works on it. Prof. Yitao Long et al construct an aerolysin nanopore in a lipid bilayer for single-oligonucleotide analysis. In comparison with other reported protein nanopores, aerolysin maintains its functional stability in a wide range of pH conditions, which allows for the direct discrimination of oligonucleotides between 2 and 10 nt in length and the monitoring of the stepwise cleavage of oligonucleotides by exonuclease I in real time. They describes the process of activating proaerolysin using immobilized trypsin to obtain the aerolysin monomer, the construction of a lipid membrane and the insertion of an individual aerolysin nanopore into this membrane. The total time required for this protocol is similar to 3 d. All these achievements represent the hot research areas in analytical chemistry in recent years, and also demonstrate the development trend of analytical chemistry in China in the future.

Mass spectrometry (MS) is an important method of rapid development and wide applications in different areas, e.g., life science, environment, medicine, food, energy, chemical, materials and other fields. In recent years, greatly supported by national research funding and big market demand, the technique of MS instrumentation and MS-related research have been significantly improved. Among them, the imaging, microfluidic jointed devices, and new application studies for mass spectrometry have been developed quickly in our country. Incomplete statistics from the Scopus database 2017–2019, in the area of mass spectrometry, Chinese researchers have published their works in the Journal of the American Chemical Society and Angewandte Chemie are 25 and 40 respectively, and published 4 in Nature Group, 2 in Science group, 136 in Analytical Chemistry, and 1 in Cell. The number of these high–impact factor articles accounted for 4.9% of the total number of papers. The contribution rate of articles in the field of mass spectrometry in the world Top journal was 27.41 %, close to 34.9% in the United States, highlighting the significant improvement in the research level. However, at present, the market rate of our domestic mass spectrometers is still unsatisfactory, in addition to some special differentiated areas, such as LC–MS, GC–MS and MALDL–TOF market share of less than 1%. In the field of mass spectrometry analysis, it is necessary for Chinese scientists to work together to reach the international leading level.

At present, the analysis of life sciences, public safety and other substances closely related to biological activities have changed from single component analysis to panoramic analysis of complex systems. However, the physical and chemical properties of the components of complex systems vary greatly, the spatial and temporal distribution and dynamic range of them are wide, the identification of unknown structures is difficult, the processing of massive data and information mining are very difficult, which make the panoramic qualitative and quantitative analysis of complex systems face enormous challenges. In response to these challenges, Chinese chromatographic researchers have made remarkable progress in sample pretreatment materials and methods, new chromatographic stationary phase and column technology, multi–dimensional and integrated technology, innovative chromatographic instruments and devices, and separation and analysis of complex samples (proteome, metabolome, traditional Chinese medicine group, etc.) , made important distributions for the development of life sciences, environmental sciences, new drug invention, public safety and other fields. Especially, important breakthroughs have been made in new intelligent materials, enrichment materials for proteome post–translational modification, proteomics, traditional Chinese medicine and other fields. Relevant achievements have been published on high–impact journals such as Advanced Materials, Nature and its series. Compared with the international counterparts, the number of SCI papers published in this field in China has continued to rise. From 2017 to May 2019, the number of SCI papers published reached nearly 19, 000, accounting for 28% of the total number of papers in this field, ranking first in the world. It shows that the development momentum of chromatographic discipline in China is good in recent years, the overall level has reached the international advanced level, and some research directions have reached the international leading level.

Interdisciplines and other disciplines

Chemical Biology

The chemical biology research in China has witnessed another major breakthrough in the past two years. This has further boosted the multidisciplinary research at the chemistry and biology interface, as well as the integration with the international community. Major progress has been made in the following areas in China: 1. The highly efficient synthesis and construction of bimolecular machinery. Examples include the precise l synthesis of yeast chromosome, the creation of photosensitizer protein that facilitate the development of photocatalytic CO_2 reduction enzyme and chemical synthesis of various forms of ubiquitin-modified proteins. 2. Manipulation of biomolecules and various life processes with small molecular probes as well as bioorthogonal reactions. Examples include the development of the bioorthogonal decaging-based protein activation strategy that is applicable to diverse proteins in living systems, the identification of small molecules for long-term functional maintenance of primary human hepatocytes in vitro, as well as the development of visible-light triggered bioorthogonal reactions. 3. Labeling and probing the dynamic modifications of biomolecules and the underlying biological processes. Examples include small molecule probe based detection and profiling of epigenetic modifications of DNA and RNA, photo-controlled duplexex fluorescent probes in living cells as well as machine-learning enabled single molecule fluorescent imaging traces. 4. Deciphering the molecular mechanism of biomolecular machinery. Examples include the discovery of iron participated pyroptosis in melanoma cells, histone succinylation modulated dynamic chromatin regulations. 5. Chemical biology-enabled small molecule drug candidate development and target identification. Examples include the development of mitochondria targeting small molecule inhibitors, Pt-, Ir- containg metal-complexes in particular, which kill cancer cells and suppress antibiotic resistance through various mechanism such as redox potential modulation, energy metabolism, etc. The development of small molecule inhibitors towards epigenetic enzymes such as the m6A-RNA demethylase FTO, the misregultion of which has been shown to cause various diseases such as leukemia. And the identification of allosteric pocket and the first allosteric agonist for epigenetic enzymes targets such as Sirt6, an crucial histone deacetylases in many disease processes. These progresses made by chemical biologists in China in the past two years had significant contributions to the development and thriving of chemical biology world-wide.

Nanochemistry

Nanochemistry is one of the important research fields with rapid development, and has shown wide application prospects in the fields of materials, energy, environment, etc. In the past two years, the research of nanochemistry in our country has made a series of important progress, and many new concepts, new technologies and new methods have played an important role in promoting the development of nanoscience. Moreover, whether in material preparation, properties, applications and industrial development, the research results are at the world's leading level, and have had an important impact on the international community. This is closely related to the existing research directions and excellent teams that have formed in this field in China. In the future, based on the preliminary work, nanochemistry will continue to integrate with other disciplines and continue to focus on precise design and synthesis of nanostructure units, discovery of the special functions of various new nanostructures in depth, and construction of highly ordered multi-functional nanostructured materials. Furthermore, orienting by the needs of engineering applications, a series of key scientific and technical problems will be solved including design, preparation, laboratory verification, and industrial applications of nanomaterials. It is hoped that the gradual industrial application of various achievements related to nanomaterials can be realized.

Green Chemistry

Green chemistry is multidisciplinary and interdisciplinary research subject in chemistry and playing an important role in social development. The core concept of green chemistry is to use environmentally benign and nontoxic raw materials to reduce or eliminate the harmful emission to environment. The focus of Green Chemistry is to find alternative routes to traditional processes that emit pollution to environment. The main feature of Green Chemistry is to pursuit complete utilization of atoms of reactant, mild reactions condition, zero emission of byproducts and usage of recyclable raw materials. In the past two years, researchers in china have made many breakthroughs in the fields of Green Chemistry and published many important scientific papers in the international top journals. Ding Ma et al. from Peking University have reported the utilization of raw hydrogen containing trace of CO in hydrogenation of functionalized nitrobenzene over single atom Pt1/α–MoC, showing high efficiency and resistance to CO, which was published in Nature Nanotechnology. The weakened CO binding over the electron–deficient Pt single atom and a new reaction pathway for nitro group hydrogenation confer high CO resistivity and chemo–selectivity on the Pt1/α–MoC. Yanqin Wang et al. from East China University of Science and Technology found an efficient catalyst system based on multifunctional Ru/$NbOPO_4$ catalyst that achieves the first example of catalytic cleavage of both interunit C–C and C–O bonds in lignin in one–pot reactions.

Yao Fu, et al. From University of Science and Technology of China reported an efficient photocatalysts for coupling reaction. The combination of triphenylphosphine and sodium iodide under 456nm irradiation by blue light–emitting diodes can catalyze the alkylation of silyl enol ethers by decarboxylative coupling with redox–active esters in the absence of transition metals. This work was published in Science. Junling Lu, et al. From University of Science and Technology of China reported an efficient atomically dispersed iron hydroxide anchored on Pt for preferential oxidation of CO in H_2, enables complete and 100 per cent selective CO removal over the broad temperature range of 198 to 380 K. Characterizations indicate that Fe1(OH)x–Pt single interfacial sites can readily react with CO and facilitate oxygen activation. These breakthroughs show that the development of Green Chemistry in China have achieved significant advances and some of research results have reached up to international level.

Crystal Chemistry

Driven by the strong demands of clean energy, environmental protection, intelligent devices, information technology, and national defense security, the researches on the high–performance functionalized COF/MOF materials, ferroelectric/piezoelectric materials, deep ultraviolet/mid–far infrared nonlinear optical crystals, photoelectric conversion/detection materials have been highly concerned in recent years, and many new achievements have been made. Chinese scholars published more than 10,000 academic papers in the field of crystal chemistry in 2017–2019. Many promising progresses have been achieved in the fields of COF/MOF crystalline materials, molecular–based crystalline materials, nonlinear optical crystals, and metal clusters.

In the research of COF/MOF materials, Chinese scholars are in a leading position. Some breakthroughs have been achieved in the accurate analysis of COF crystal structure and the MOF materials for the high–purity separation of chemical materials. Many high–quality results in terms of COF/MOF materials for light emitting, photoelectric response, energy storage and conversion have also been achieved. Especially the MOF materials for the high–purity separation of chemical materials are promising for practical application, which will greatly promote the development of fine chemicals in China. In addition, some breakthroughs on the molecular–based polar materials have also been obtained by Rengen Xiong et al. An organic–inorganic hybrid perovskite material with a piezoelectric coefficient of up to 1540 pC/N is obtained, which is more than 8 times that of the conventional piezoelectric ceramic $BaTiO_3$. In the past two decades, China has been in the leading position in the research of deep–UV nonlinear optical crystals. BBO, LBO and KBBF crystals are the landmark achievements of China in deep–UV optical crystals. In recent years, Chinese scholars have actively explored new deep–UV nonlinear optical crystal with high–quality and low–cost growth for shorter–wavelength deep–UV laser output. some new deep–UV nonlinear optical crystals of fluoroborate, fluorophosphate, etc have been found, of which the performance is better than that of KBBF. These results enable china continue to maintain the world's leading position in the field of deep–UV nonlinear optical crystal, and thus promote the development of deep ultraviolet laser devices in China.

In the next five years, the COF/MOF materials, flexible ferroelectric/piezoelectric crystalline materials, new photoelectric crystals, and metal cluster materials is expected to have greater development in china. Some materials will move to practical applications and drive the development of related industries.

Chemistry in Public Safety

This report summarized the progress and development trends on the theories, technologies and materials in the fields of the chemistry in public safety from 2017 to 2019. The national strategy of chemical safety and security was initiated. Many innovations have been achieved in the detection of explosives, drugs and foods. New fingerprint identification material, fluorescent material and broad–spectrum safety protection material have been practically applied and have achieved good results. Laboratory chemical safety training, big data technology and intelligent technology on chemistry in public safety have attracted more attention. Chemistry in public safety is an emerging subject, and its concept and connotation will be enriched and improved with the development of science and technology. Chemistry in public safety is developing and integrating with the artificial intelligence, big data, the internet, the internet of Things. The research, design and application of materials in the fields of chemistry in public safety will achieve significant breakthroughs. More attention will be paid on science popularization, culture, education and training on the public safety.

Chemistry Education

Chemistry education plays an important role in cultivating qualified citizens who are able to adapt to future life and outstanding talents in chemical technology and education and promoting the sustainable development of chemical science and the progress of social civilization. During the period from 2017 to 2019, Chinese chemistry educators have achieved important results in promoting the reform of basic chemistry education curriculum, training high-level chemistry teachers of middle schools, and improving the quality of higher chemistry education.

In terms of courses and textbooks, the standards for general high school chemistry curriculum have been revised and published, and three versions of high school textbooks (the People's Education Press, Shandong Science and Technology Press, and Jiangsu Education Press) have completed the revision and submission for review, which are important initiatives for promotion of chemistry curriculum reform. Besides, a large amount of research work has also been carried out in chemical textbook research and international comparison.

The cultivation of subject-oriented core competencies and chemical subject core competencies are important concepts in the current curriculum reform of basic chemistry education in China. Many scholars have continued to advance in this field and have achieved rich results. Their efforts have further developed the structure and meaning of chemical subject competencies, promoted systematic development of assessment tools such as scientific competency test, chemistry subject competency assessment, and scientific attitude assessment, etc., meticulously portrayed the progress of student competencies, and lay a solid foundation for empirical study of competency cultivation.

In the aspect of teaching improvement research that promotes the improvement of disciplinary competency, on the one hand, based on the disciplinary competence framework and indicator system, a systematic theoretical framework has been established for teaching improvement; on the other hand, the research and practice of project-based teaching and in-depth learning have been carried out so as to explore the teaching and learning methods which can promote student competency development.Through researches on the impact of scientific inquiry activities on science competency improvement of different students, the ways and means of teaching with scientific values, the development of teaching resources based on local characteristics, and cultivation of student competency based on excellent traditional Chinese culture, many insightful suggestions have been put forward to promote competency cultivation.

In terms of research on the learning mechanism of students, researchers have assessed the students'learning difficulties in chemistry, studied the process and characteristics of students' understanding of scientific and chemical concepts, revealed the chemical concept structure in the students' minds, and studied their chemistry learning mechanism by means of brain wave analyzer, eye-tracking device and other psychological equipment, which have provided important support for teaching improvement.

In terms of research on classroom teaching, researchers have conducted in-depth studies of the chemistry classroom structure based on systematic science theories, proposed the chemistry classroom hierarchical structure model and the chemistry classroom system element structure model, and developed the coding system of the chemistry classroom teaching content. The classroom teaching research based on the theory of chemical cognition development has also been deepened, and identified the critical effective teaching behaviors of promoting students to establish cognitive perspectives.

In terms of the chemistry experiment research of middle schools and the application of information technology means, researchers have, by means of the handheld experimental equipment, smart phones, macro photography, and augmented reality technology, carried out middle school chemistry experiment research, designed and developed chemical education games, and thus conducted teaching or learning research, which has enhanced the integration of experimental methods, information technology and teaching of chemistry.

In terms of research on pre-service and post-service teacher training, researchers have compiled teaching materials based on the implementation of the teacher qualification certificate system, carried out research on improving the effectiveness of teacher training, explored the training modes for bachelor and master pre-service teachers, established a model forthe components of PCK (Pedagogical Content Knowledge), conducted assessments, and carried out process-based research on the development of teachers' PCK, which will play an active role in optimizing the effect of pre-service and post-service training.

In terms of higher chemistry education, taking the release of the National Standards for the Teaching Quality of Chemistry Subjects in Colleges and Universities as a chance, colleges and universities have actively learned and implemented the national standards, strengthened the online open courses of chemistry and resource development, published and revised chemistry textbooks, and carried out researches on higher education in chemistry, which has achieved fruitful results.

Chemistry education research and practice in the following five years will continue to focus on the cultivation of high-level human resources in chemistry and chemistry education, solve the practical issues of core competencies and core competency education in chemistry subject, strengthen the research and practice of connection and integration of chemistry education in middle schools and universities, promote the reform of teaching methods of chemistry education in middle schools and universities, further strengthen experimental teaching, advocate project-based teaching and learning methods, promote the deep integration of information technology and chemistry teaching, summarize the results of theoretical research and practices of chemistry education in China, and promote the chemistry education research achievements to the world.

Written by: Dongxu Dai

Reports on Special Topics

Report on Advances in Organic Solids

Since Alan Heeger, Alan MacDiarmid and Hideki Shirakawa won the Nobel Prize in Chemistry for the discovery of conductive polymers in 2000, the field of organic solids has developed rapidly and entered a new stage. Organic solids is a frontier interdisciplinary filed, which involves chemistry, physics, materials, biology, information, optoelectronics and other fields. The rapid development in very recent years demonstrates the vitality of the field. Major market opportunities continue to be nurtured in the three thematic areas of information, energy and health. In the field of information, the development of molecular materials has led to a huge market of organic electroluminescence and promotes the rapid development of organic field-effect transistors. The development of flexible electronics, especially the wearable electronic devices, has attracted extensive attention for both academia and industry. In the field of energy, the significant performances of organic solar cells and thermoelectric devices continue to break through. Over the past two years, solar cells based on non-fullerene receptors have boomed with device efficiency of more than 15%. Ternary solar cells have made important progress in the control and understanding of morphology and optoelectronic processes. At present, the efficiency of tandem cells has exceeded 17% through the selection of optimized materials. In the field of health, various molecular materials are widely used as fluorescent probes and photosensitizers, which are advancing rapidly towards the efficient early diagnosis and treatment of major malignant diseases.

In the past two years, scientists in China have made many outstanding achievements and contribute a lot to the development of the organic solids field. Various molecular materials and devices with excellent properties have been designed and developed. In this research report, we discussed the latest advances and breakthroughs of organic solids field achieved by Chinese scientists in the past two years. This report is divided into seven parts according to the specific contents, organic semiconductor, organic electroluminescence, organic photovoltaics, organic thermoelectricity, organic field effect, graphdiyne and biological application of organic materials. The challenges and opportunities in this field are also discussed in the end of this report. We hope that through five years of unremitting efforts, researchers can effectively promote the commercialization of organic materials and devices from the laboratory, and make an important contribution to the national economy and people's livelihood.

Written by Deqing Zhang, Lixiang Wang, Junbiao Peng, Yuliang Li, Jian Pei, Zitong Liu, Chongan Di, Xiaowei Zhan, Xiaozhang Zhu, Gui Yu, Yunlong Guo,Shu Wang

Report on Advances in Si isotopic tracing technique

With the fast development of urbanization and economy, China has experienced severe air pollution. Atmospheric fine particles, especially PM2.5 are the main contributors to air pollution. PM2.5, with significant adverse effects on environment and human health, has become one of the most serious environmental problems to be urgently solved. However, the causes and sources of PM2.5 are extremely complicated to be fully understood, and until now many controversies remain on the understanding of the factors controlling severe haze events in typical pollution regions. In particular, in the aspect of the causes of pollution, PM2.5 can be directly released from primary sources (primary particles) or formed secondarily in the atmosphere from gaseous precursors (e.g., SO_2, NO_x , NH_3, and volatile organic compounds – VOCs) through complex gas-to-particle conversion (secondary particles) . In the aspect of chemical composition, there are still many unknown questions on the sources of plenty of heavy metal ions and toxic species in PM2.5. Focusing on these problems, Jiang Guibin's research group from the

Research Center for Eco-Environmental Sciences, Chinese Academy of Sciences established a Si isotopic fingerprint-based source tracing technique for atmospheric fine particles on the basis of the special chemical properties of Si (high chemical inertness and high abundance) . Based on this technique, they have made some progresses in the aspect of tracing the source of PM2.5, estimating the contributions of secondary particles, tracing the source of toxic species in PM2.5.

Written by Qian Liu, Xuezhi Yang, Dawei Lu, Guibin Jiang

Report on Advances in Electrocatalysis

Efficient and clean new energy electricity conversion devices have become the most critical technologies to solve the energy crisis at present. These electrochemical processes mainly include oxygen reduction reaction (ORR), oxygen evolution reaction (OER), hydrogen evolution reaction (HER), carbon dioxide reduction (CO_2RR) and nitrogen reduction (NRR) . At present, the main problems of electrocatalysts for these electrocatalytic reactions are the high cost, poor stability and low selectivity. In this report, we summarized recent progress of the electrocatalysis research in China, mainly focusing on the defect electrocatalysis, non-metal electrocatalysts, electrocatalytic water splitting, electrocatalytic nitrogen reduction and CO_2 reduction.

Written by Shuangyin Wang, Haihui Wang, Weilin Xu, Wei Zhang, Min Liu

Report on Advances in Zeolites and Related Porous Materials

Research progress and highlights achieved in the synthesis, adsorption, separation, and catalysis of zeolites, mesoporous materials, metal–organic frameworks, covalent–rganic frameworks, and related porous materials in 2017.05–2019.06 are summarized and compared. The trends in the field of zeolites and porous materials are predicted.

Written by Wenfu Yan, Jihong Yu

Report on Advances in Chiral Catalysis

With the rapid development of many fields such as medicine, pesticide, perfume, materials and information science, the demand for chiral substances is continuously growing in both quantity and category. This strong stimulates the development of efficient synthesis of various chiral materials in the past decades. As the most effective strategy to access chiral substances, asymmetric catalysis developed rapidly since three players in this field obtained Nobel Prize in 2001. Although the research of chiral science and technology in China started relatively late, it developed rapidly with significant accomplishments. The past two decades have witnessed tremendous progresses made by Chinese researchers in the field of asymmetric catalysis, as evidenced by a number of original privileged chiral catalysts and new efficient enantioselective transformations. In this research area, the number of ESI papers, SCI citations, and highly cited papers from China have ranked the top in the world. Since 2009, ten groups have obtained the Second Class Prize of National Natural Science Award. In 2018, two top chemists working in asymmetric catalysis Prof. Qi–Lin Zhou and Prof. Xiaoming Feng obtained the Material Science of Future Science Awards. In 2019, Prof. Qi–Lin Zhou have passed the preliminary assessment of the First Class Prize of National Natural Science Award.

The remarkable achievements of Chinese asymmetric catalysis include the successful design of some privileged chiral ligands and catalysts, the exploitation of new enantioselective catalytic reactions, and the application of these methodologies to the total synthesis of natural products and drugs. This chapter aims to highlight the exciting achievements in the past few years. First, a historical overview of the privileged chiral ligands or organocatalysts created by Chinese chemists is given. Second, new enantioselective catalytic reactions are introduced, and special attention is paid to asymmetric hydrogenation, dearomatization, cross–coupling and C–H bond functionalization reactions, as well as transformations for the construction of axial or planar chirality. These reactions are classified by two sections, namely the chiral metal catalysis and the chiral organocatalysis & cooperative catalysis. Third, the application of catalytic enantioselective reactions in the total synthesis of natural products and drugs is introduced. In particular, Chinese original methodologies enabled total synthesis are highlighted. Finally, a brief outlook of the future development of Chinese asymmetric catalysis is given.

Written by Jian Zhou, Sanzhong Luo, Xiaoming Feng

Report on Advances in Combustion Chemistry for Aero-Space Power

With ever demanding requirement of aero–space vehicle design and improved propellant and explosive research, the precise control of combustion chemical reaction becomes a bottleneck problem. For a long time, chemical research has been seriously divorced from aerospace requirements in China. To change this situation, the Chinese Chemical Society newly set up a special committee of combustion chemistry in 2017. In recent years, aiming at the requirements and demand of the country as well as the problems with the combustion chemistry for aero–space power, the Chinese combustion chemists have done a lot in many fields including jet

engine combustion chemistry, energetic material combustion chemistry, and the application technology of endothermic hydrocarbon fuel. They have also made a range of significant achievements in reaction mechanism, dynamics modeling, combustion spectrum measurement, combustion simulation platform and the fuel cooling technology for high-temperature engine parts. Their effort have given robust support to the independent design and manufacture of high-end equipment, deepened the understanding of the chemical nature in combustion processes, and accelerated the transformation from basic research to demand oriented development of combustion chemistry.

In the aero-space power oriented combustion chemistry, our research team has acquired superior findings in calculating the reaction mechanism parameters by combining quantum chemistry with statistical mechanics, especially the thermodynamic and kinetic parameters for macromolecular systems, constructing the combustion reaction mechanism for micromolecular hydrocarbon fuel and fuel for aero-space power generation, testing combustion characteristics and in measuring combustion intermediates, taking the lead in many aspects in the world.

In terms of research and applications of endothermic hydrocarbon fuel, our team has made original some achievements and major breakthroughs in theoretical fuel design, controllable fuel preparation and applications, supercritical cracking mechanism and coking control, and controllable release of heat sink designed for thermal environments. Great progress has been made in the systematic measurement of high-temperature fuel reaction, flow and endothermic characteristics, the self-construction of detailed cracking mechanism, the new active engine cooling technology, the coating of catalysts on the inner wall of cooling channels, the chemical vapor deposition of passivating coating, etc., which are internationally advanced.

As regard to the combustion chemistry of energetic materials, the team has conducted in-depth research of the physical and chemical changes in the combustion process of such materials as well as the factors affecting these changes, and revealed the nature and inherent laws of the combustion processes, thereby achieving the control over and adjustment of combustion performance. In recent years, systematic research has been carried out in the thermochemistry of energetic materials and their components, the combustion chemistry of propellants and explosive and in the combustion diagnosis of energetic materials, and a series of great progress has been achieved.

Written by Xiangyuan Li, Fan Wang, Wenjun Fang, Fengqi Zhao, Fei Qi, Quan Zhu, Yuyang Li, Yongsheng Guo, Chaoyang Zhang, Xiaoqing You, Zerong Li, Feng Zhang, Xiaoxia Li, Yingjia Zhang, Huasheng Xu

Report on Advances in Cellulose and Renewable Biomass-based Materials

The exploitation and utilization of environmental–friendly materials and chemicals derived from sustainable natural polymers have attracted great public awareness due to the severe pollution of waste plastics and the increased depletion of non–renewable petroleum and coal resources. Cellulose, chitin and protein are among the most important natural polymers, which possess merits of reproducible, biodegradable and biocompatible. The development of the new methods of utilization of cellulose, chitin and protein through clean and high–efficiency approaches is a critical research area in the fields of material science. The researchers have made great progress in both scientific research and industrial application of cellulose and chitin. The key development directions of cellulose and chitin sciences shall mainly include (i) novel solvents for cellulose and chitin; (ii) functionalization of nanocellulose and nanochitin materials; (iii) scalable preparation techniques and other key technologies of commercializing high performance and multi–functional cellulose– and chitin–based advanced materials; and (iv) the catalysis and synthesis of cellulose–based platform chemicals.

At the same time, researchers have also made significant progress in the fields of silk fibroin–based materials. However, in the scientific research point, silk fibroin materials still have some critical issues. For example, the structure and properties of most regenerated silk fibroin materials is not comparable to silk fibers from animals. How to efficiently understand the structure–properties relationships of silk and apply the learnings in developing high performance silk fibroin materials will be the key in future research. Although there are some application of silk fibroin materials in biomedical industry, long development cycle and high cost of these biomedical products, severely hindered silk fibroin materials from the applications in other common industrial areas. The exploration of the utilization of silk fibroin materials in other fields could be strengthened further.

Additionally, the design and application of protein–based natural polymer materials still remain challenging due to the following reasons: (i) the lack of methods in manual intervention and accurate control the conformation change of protein; (ii) the molecular mechanism of protein aggregation and interfacial adhesion is unclear; (iii) the processing methods of protein-based materials are limited; and (iv) the monotonous forms of protein-based materials, and the poor mechanical properties, stability and water resisting properties. Therefore, it is urgent to develop new protein aggregation systems through green process techniques for broadening the scalable applications of low-cost, high performance protein-based coatings, adhesives, fibers, plastics and elastomers.

Written by Jie Cai, Peng Yang, Shengjie Ling, Qiang Fu

Report on Advances in Pesticides Chemistry

Pesticides are the core strategic means of production to ensure stable and high yield in agriculture. The research of pesticides chemistry is mainly directed at the major strategic needs of food security, environmental and ecological security and food security and aimed at the reduction of application and increase of efficiency for pesticides. At present, with the joint efforts of the state, local and enterprises, innovation-driven development is leading China's pesticides industry to a new development stage, gradually changing the era of profit from imitation. A number of new pesticides varieties with independent intellectual property rights have been successfully created and a relatively complete innovation system of pesticides science and technology has been formed. It has approached or reached the international level in the basic research on insecticides, fungicides, herbicides and insect growth regulators. It has also made some progress in the original innovation of pesticides lead and the discovery of target molecules, which has significantly narrowed the gap with developed countries, and had a certain influence in the international counterparts.

This report focuses on the key scientific issues in the research of agricultural biological drugs, and mainly introduces the research progress of pesticides chemistry in China from five aspects, including the research of target mechanism, synthesis method, molecular design of pesticides, development progress of pesticides creation and the independently innovative pesticide varieties. In the research of target mechanism, the structure and function of potential target of Asian corn borer chitinase OfChtIII, target discovery based on ustilaginoidea virens genome, key protein structures of plant pathogens or plant growth and development, discovery of new target of acetylhydroxate synthase, new concept and related technology of crop-pesticide integration were introduced. In the molecular design of pesticides, molecular design of highly selective protoporphyrin prooxidase inhibitors, design of HPPD inhibitors with novel skeletons and the creation of the super-efficient herbicide quinoxone, design of probe molecules of acetylhydroxate synthase with resistance, construction of the bioactive fragment online database (PADFrag) , automatic calculation of mutation scan network server, design and synthesis of inhibitors targeting cytochrome bcl complex with natural product Neopeltolide as the lead were involved. In the development progress of pesticides creation, herbicide target protoporphyrin prooxidase inhibitor, broomrape seed germination accelerator, design of active molecules based on ecological functional molecules were referred to. It also gives an overview of the independently innovative pesticide varieties since 2017 and the innovative products under registration.

Written by Zhong Li, Zhen Xi, Guangfu Yang, Jian Wu, Yang Zhang

Report on Advances in Biomimetic Material Chemistry

In the past 20 years, the discipline of biomimetic material chemistry has developed rapidly, especially the study of bionic super-wetting interface materials and interface chemistry, which is a multi-disciplinary international frontier field led by Chinese scientists. The discipline has challenged the basic principles of traditional biomimetic materials chemistry, and is subverting many key technologies in the fields of energy, environment, health, information, agriculture, etc., driving basic research and applied research in various fields, and promoting the formation of emerging industries. Growth has been highly valued by governments and internationally renowned companies. This topic will be based on the concept of bionics, focusing on the key scientific issues of "biomimetic material chemistry" , including biomimetic lightweight high-strength materials, biomimetic medical materials, biomimetic energy materials, biomimetic resource environmental materials, biomimetic microfabrication technology, biomimetic interfacial chemical reactions. This year is the first year of the birth of the Biomimetic Materials Chemistry Committee. We hope to summarize the contribution of biomimetic material chemistry research in China to the development of chemistry disciplines through the special report on biomimetic material chemistry, and look forward to its future development direction. Relying on the integration of physics, chemistry, materials, biology, information and other disciplines, it is important to focus on the design, characterization and basic application of new biomimetic light-weight and high-strength materials, biomimetic medical materials, biomimetic energy materials, biomimetic environmental materials, biomimetic photoelectric information materials, biomimetic interfacial catalytic materials and other materials. Based on the current technical bottlenecks and future design goals, it is of significance to develop high-efficiency biosensor materials, high-efficiency bio-liquid or fluid separation materials, high-performance nanocomposite materials, high-efficiency energy conversion materials, high-performance interfacial catalytic materials, high-efficiency controllable liquid separation materials, environmentally friendly pesticide materials, high performance anti-adhesion materials, high-precision and high-integration organic photoelectric materials, which would provide important basic materials and key technical support for the construction of biomimetic materials chemistry in the 14th Five-Year Plan.

Written by Lei Jiang, Shuhong Yu, Shutao Wang, Liping Wen, Jian Jin, Mingjie Liu, Qunfeng Cheng, Yuchen Wu, Xiqi, Zhang

索 引

Z